U0316001

土木工程岩石开挖理论和技术

邹定祥　编著

北　京
冶　金　工　业　出　版　社
2017

岩石开挖是一项最基本而重要的工程。《土木工程岩石开挖理论和技术》一书总结了几十年来土木工程中岩石开挖的理论和技术，不仅系统地阐述了岩石开挖涉及的各种理论观点，也详尽地介绍了各种开挖技术。该书理论联系实际，图文并茂，既可作为相关专业的参考教材，又不失为一本难得的工具书。

邹定祥曾是中国工程爆破协会的常务理事。早在上世纪八十年代在马鞍山矿山研究院工作期间，他开发的"露天矿台阶爆破过程的三维数学模型"（BMMC模型）曾被编入我国爆破学科研究生教材中。于亚伦教授主编的《工程爆破理论与技术》和我主编的《爆破手册》中都作了介绍。

邹定祥既有扎实的理论基础，又在长期的工程实践中积累了丰富的经验，特别是近二十多年来在中国香港的工作中，有机会更多地接触到世界各国的先进理论和技术，这些都在书中得以充分体现。

邹定祥几十年来勤奋工作，刻苦钻研，退休后仍用三年时间完成了该书的中、英文版本的撰写工作，令人赞赏。他嘱我为该书作序，我欣然应允。在此特荐于各位同行，愿以广泛交流，切磋共进；并望后来之学者能弘扬这种钻研精神，继往开来，为土木工程中岩石开挖的理论和技术添砖加瓦，服务于全人类。

序　　二

岩石开挖是人改变地球表层岩石面貌的举措，而爆破是它最有效的手段。在局外人看来，开挖爆破是“一声巨响，山河改样”，三分神秘加七分惊险。对践行者而言，每次成功的爆破，都会给他带来无比的兴奋和内心的喜悦。这是因为他手中掌握的雷霆万钧之力，在岩层里完成了又一件“雕塑”的作品。本书作者五十多年的职业生涯，几乎都是在所谓岩石开挖爆破中度过的。

当本书作者在年逾古稀之后回顾一生，历数次次爆破，在感慨万端之余，却还希望能为后生、为社会再奉献点什么。他用了三年工夫，把积累的实际经验和学科思考，都融汇编织在这本《土木工程岩石开挖理论和技术》之中。这本著作，虽然在知识的海洋里，只添加了一点一滴，仅仅有一个小小的涟漪，可是这是他自己学识的体现，是生命留下的痕迹，也是给青年人留下最难能可贵的交代。

本书涉及面广，凡岩石开挖学科的方方面面都包括在内。从岩石的地质结构到工程性质；从开挖的设备、工具到爆破用的炸药、火工品；从光面开挖到预先加固，事后衬砌；从施工技术数据资料，到开挖设计的专家系统；从环保安全到施工组织管理，在各个环节无不做了阐述。在许多章节里，都融入了作者独到的见解和恰当的评价。本书数据资料翔实，内容丰富则可与“手册”相比美，实是岩石工程方面的一本力作。

作者有过三年的学位研究生经历，培养了富有理论思考的素养。在本书中，尤其在爆破理论方面，突破了传统的“爆破漏斗”理论。强调作为爆破对象的岩石，是被弱面切割过带有某种块度分布的结构物体，爆破就是对这种“天然块度”的再破碎，形成新的分布。在这个基础上，他还利用应力波传递的原理，编制了 BMMC 爆破模型程序，它更深刻地反映出实际爆炸破碎岩石的过程。

作者长期在中国香港工作，更早更多地接触到世界各国的先进设备、器材、观点和方法。这些新颖的内容构成了本书的特色。中国香港又是地窄人众的地方，对施工的安全、环保要求十分严格，在管理上也比较健全。书中详细介绍了这方面的成功经验，很值得内地借鉴。

由于地域不同行业相异的原因，本书个别用词术语与内地不尽一致，这是可以理解的。有的术语十分生动、形象，比如“主炮王”，也许有朝一日会被大家接受而流行。

中国是当今世界上岩石开挖工程量最多，规模最大的国家。希望从事岩石开挖的青年朋友，在读这本《土木工程岩石开挖理论和技术》中得到启迪，为中国的伟大复兴作出贡献。

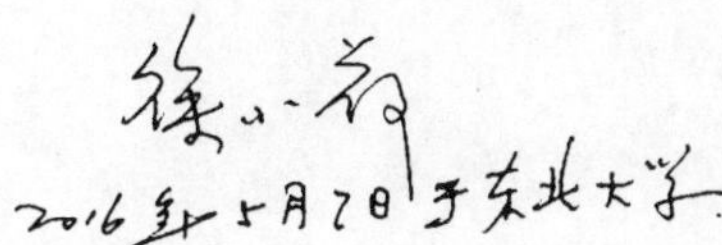

前　言

自从人类进入文明社会以来，为了开拓和改善生存空间以及从地球中获取各种资源，人类对地球的表层并逐步深入地球深层进行开挖，后经总结逐渐形成了土木工程和采矿业的重要内容。从早期的人工开挖到近代的机械开挖和爆破，人类经历了几千年的漫长历程，并随着科学技术的发展，积累了大量的知识，提出了各种理论来解释和预测开挖过程中遇到的各种问题。

本书作者曾在地下矿山工作了十一年，在研究领域又深造和工作了十一年，而后到中国香港工作了二十多年。五十年的职业生涯都没有离开过岩石开挖。长期的现场技术工作使作者积累了不少的实际经验和知识。1984 年在瑞典的短期进修使作者开阔了视野。在研究领域的深入钻研使作者的理论水平得以提升的同时，在中国香港的工作更使作者有机会接触到世界各国在岩石开挖中的先进理论和技术。这五十多年的经验和知识积累为这本书打好了坚实的基础。

本书作者总结了近几十年来各国学者和工程师们在开挖工程中——主要是岩石开挖（因为岩石开挖的难度使其更具有挑战性）技术的进展和提出的各种理论。考虑到采矿工程另具其更为复杂的特点，本书将其涉猎限于土木工程的范畴，但它的绝大部分内容仍适用于采矿工业。由于岩石爆破至今仍是岩石开挖工程的最重要的手段，本书中对岩石爆破的理论和技术较之其他开挖方法阐述得更为详细。

作者在浏览岩石开挖领域的各种书刊时发觉欧美国家（包括印度、日本和南非）的作者极少介绍中国和俄罗斯（包括苏联）学者在这一领域中所做的大量工作和提出的各种有价值的理论。因此，本书在介绍欧美各国学者们的论述的同时也对至今仍被广泛应用的一些中国和俄罗斯学者的著述进行了介绍。

本书内容分为三个部分。

第一部分是基础知识，包括开挖工程的对象——岩石和岩体的基本知识和有关理论、作为岩石开挖的最重要手段（钻孔爆破）必备的基本知识、基本的技术、主要材料和设备以及相关的基础理论。

第二部分讲述岩石的露天开挖。在介绍了非爆破开挖的各种技术后，重点阐述了各种露天爆破理论和技术以及计算机数字模拟技术和 CAD 技术在露天爆破中的应用。

第三部分讲述岩石的地下开挖。在详尽阐述地下开挖的钻爆、通风、装运、岩体支撑加固技术和理论以及计算机技术应用之前，也详尽地介绍了各种机械开挖的各种技术，包括隧道、天井和竖井掘进机技术。

由于岩石开挖的工作环境复杂，而地下开挖时岩体条件复杂多变，特别是爆破开挖时要应用爆炸品，因此在本书中作者用了较多的篇幅还尽可能详尽地阐述施工中的各项安全和环保事项、各种检测技术和设备、安全生产所必须采取的安全防护措施等。

为了使本书更具有实用性，书中也尽量收集了各种技术方法和技术数据，使本书尽可能成为一本既有理论又联系实际的应用型工具书。

本书可供从事岩石开挖的工程师们、该领域的研究人员或学者阅读，也可作为土木工程专业和采矿专业师生的教学用书或参考书。本书详细介绍了各国在该领域的成就，内容严谨、详尽，由于东西方的差异，国内尚未见到一本对岩石开挖的理论和技术如此全面阐述的著作，希望本书对读者有所帮助。

本书的英文版已由施普林格（Springer）出版社和冶金工业出版社在全球联合出版发行。

本书在写作过程中得到了很多朋友和同行们的支持和鼓励。特别要提到的是，作者的师弟杨瑞林博士（美国奥瑞克公司的首席研究员），广州宏大爆破工程有限公司郑炳旭总经理，香港 AMS 公司的张耀祥先生，石家庄成功机电有限公司的唐秋明董事长，中钢集团马鞍山矿山研究院爆破工程有限责任公司的刘为州总经理。阿特拉斯公司，山特维克公司除对本书给予支持外，也为本书提供了有价值的资料并对书中有关内容进行了审阅和修改。作者的同学和最好的朋友，东北大学资源与土木工程学院前院长陈宝智教授从一开始就积极鼓励和支持作者完成此书，在此一并致谢！

在书中作者明显流露出对母校——中国东北大学的偏爱。书中作者介绍了一些前辈们所做的至今也不失光彩的成就。作者的导师，一位备受尊敬的学者，年已八十多高龄的徐小荷教授还为本书作序，使作者备受鼓舞。

使作者感到特别荣幸的是，中国工程院院士、中国爆破行业协会理事长，尊敬的汪旭光教授特地为本书写了第一序言，在此作者表示由衷的感谢。

由于本书涉及较多学科，加之作者水平有限，书中如有不妥之处，恳请读者批评指正。

邹定祥
2016 年秋于中国香港

目　录

第一篇　基础知识

第二篇　露天开挖

第三篇　地下开挖

第一篇　基础知识

1 地　　质

1.1　岩石的分类

为了充分了解所进行开挖工程的地质条件，以便采用正确有效的施工方法和施工设备进行施工，就必须对开挖对象——岩石及其性质有清晰的了解。

地球上的岩石可分成三类：岩浆岩、沉积岩和变质岩。

1.1.1　岩浆岩（Igneous Rocks）

岩浆岩是沉积岩和变质岩的母岩。岩浆岩是岩浆冷凝后形成的岩石（图 1-1）。岩浆温度非常高，通常都含有大量的气体和液体。随着岩浆冷却和硬化其中的气体和液体也大多消失。岩浆通常称为熔岩。

当岩浆受到压力作用从地壳深部的岩浆池上升但并没冲出地表，并在一个新的地方慢慢地冷却下来而形成的岩石称之为“侵入岩”。有时这种侵入岩体非常庞大，可以延伸到几百公里。这样一种岩体有可能是一个山脉的岩核。庞大的侵入岩体通常称为岩基。

侵入岩的冷却过程很慢，从而形成粗的粒状结构，其矿物颗粒用肉眼就可以分辨。所形成的矿物由岩浆的化学成分和岩浆的冷却过程（慢或快，稳定或多变）所决定。颗粒之间互相咬合且颗粒大小较均衡。

岩墙是一种垂直生成或穿过沉积岩层的板状岩浆岩，那种水平生成或平行于沉积岩层面的称之为岩床。

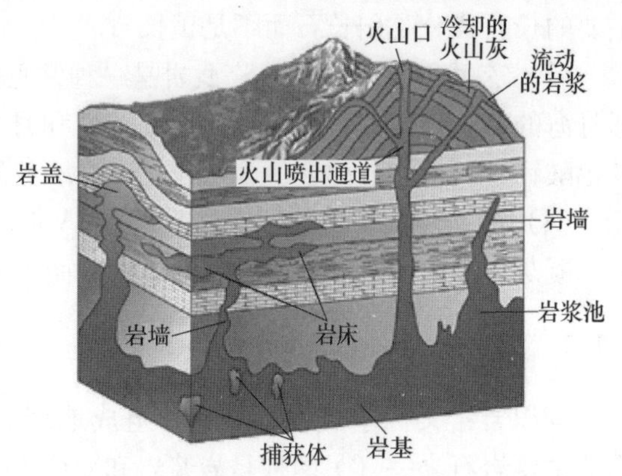

图 1-1　岩浆岩的形成

当岩浆冲出到地表而冷却并固化所形成的岩石叫喷出岩或火山岩，有时又称为火山喷出岩。喷出的岩浆岩冷却得非常快，因此形成的晶体颗粒通常都很细小。这种细颗粒的岩石如果不使用显微镜就只能凭其颜色来分辨。喷出岩矿物颜色反映出岩浆的化学成分。颜色从白色到黑色，通常夹杂一些粉红、黄褐色和灰色。喷出岩的构造也会受到岩浆冷却过程中所含气体多少的影响。

当岩石中二氧化硅（SiO_2）含量超过 62% 时称为酸性岩；当二氧化硅含量少于 62% 但大于 52% 时，称为中性岩；二氧化硅小于 52% 但大于 45%，称为基性岩；二氧化硅小于 45%，则称之为超基性岩。而酸性岩（如花岗岩）比基性岩（如玄武岩）具有更高的磨蚀性而且更坚硬，也更耐冲击。

下面是一些常见的岩浆岩（参见图 1-2）。

图 1-2　几种常见的岩浆岩（取自中国地质大学网页）

1.1.1.1　侵入岩

（1）花岗岩（Granite）。花岗岩是最常见的侵入岩，属于酸性岩浆岩，具有粒状的粗晶构造，主要由石英、云母和长石组成。花岗岩性质坚硬，通常用作石料或建筑石材。

（2）闪长岩（Diorite）。闪长岩是一种灰色至深灰色的中性侵入型岩浆岩，主要由斜长石（典型的为中钠长石）、黑云母、角闪石及（或）辉石组成，而且可以含有少量石英、微斜长石和橄榄石。

（3）辉长岩（Gabbro）。辉长岩是基性岩浆岩，其主要矿物成分为铁镁矿物及含钙较高的斜长石。铁镁矿物以辉石及橄榄石为主，也有角闪石，而黑云母极为少见。辉长岩常为暗色及黑色。

1.1.1.2　火山喷出岩

（1）流纹岩（Rhyolite）。流纹岩是一种浅色的，细粒状的喷出型岩浆岩，主要含石英和正长石等矿物。

（2）安山岩（Andesite）。安山岩是一种细粒状的喷出型岩浆岩。它有点像流纹岩但其颜色较黑，其主要的长石成分是斜长石而不是正长石。

（3）玄武岩（Basalt）。玄武岩是一种常见的喷出型岩浆岩。玄武岩属基性火山岩。是地球洋壳和月球月海的最主要组成物质，也是地球陆壳和月球月陆的重要组成物质。玄武岩的主要成分是硅铝酸钠或硅铝酸钙，二氧化硅的含量为45%~52%，还含有较高的氧化铁和氧化镁，是一种细粒致密的黑色岩石。

（4）凝灰岩和火山角砾岩（Tuff and Volcanic Breccia）。这一类岩石是由火山中喷出的物质凝固而成的。凝灰岩由火山灰和细小颗粒形成的，而火山角砾岩则由较大的砾石形成。

1.1.2　沉积岩（Sedimentary Rocks）

沉积岩，又称水成岩，是三种组成地球岩石圈的主要岩石之一（另两种是岩浆岩和变质岩）。

沉积岩存在于地表不太深的地方，是其他岩石的风化产物和一些火山喷发物，经过水流、或风或冰川的搬运至新地点并沉积下来，经过胶结和固化等成岩作用形成的岩石，其胶结物通常为钙质、硅质或氧化铁，如图 1-3 所示。在地球地表，70% 的岩石是沉积岩，但如果从地球表面到16km 深的整个岩石圈计算，沉积岩只占 5%，因此沉积岩是构成地壳表层的主要岩石。

图 1-3　沉积岩的形成过程

由于沉积物是一层一层沉积下来的，因此形成的沉积岩也是呈层状的，称之为层理。其构造包含由极细粒至极粗粒，颜色包括红色、灰色、黄色、粉红色、黑色、绿色和紫色。

下面列举一些常见的沉积岩（参见图1-4）。

图1-4　几种常见的沉积岩（取自中国地质大学网页）

（1）砾岩（Conglomerate）。砾岩是一种由碎岩形成的沉积岩，它含有大量直径大于2mm的圆形卵石。在这些圆形卵石之间充填着一些碎屑及某种化学胶联质并将这些卵石胶结在一起。

（2）角砾岩（Breccia）。角砾岩类似于砾岩但含有的不是圆形的卵石而是直径大于2mm的带棱角的碎石。

（3）砂岩（Sandstone）。砂岩主要由砂粒胶结而成的，其中砂粒含量要大于50%。绝大部分砂岩是由石英或长石组成的，砂粒的粒径为0.1~2mm之间。胶结物通常为硅质物、碳酸钙、黏土、氧化铁、硫酸钙等。砂岩的颜色和沙子一样，可以是任何颜色，最常见的是棕色、黄色、红色、灰色和白色。

（4）页岩（Shale）。页岩是一种沉积岩，成分复杂，具有薄页状或薄片层状的层理，主要是黏土沉积经压力和温度的作用形成的岩石，其中混杂有石英、长石的碎屑以及其他化学物质。根据其混入物的成分，页岩可分为钙质页岩、铁质页岩、硅质页岩、炭质页岩、黑色页岩和油母页岩。

（5）白云岩（Dolomite）。白云岩是以白云石（$CaMg(CO_2)_3$）为主要组分的碳酸盐岩石，含有少量的方解石和黏土等矿物，主要成分为碳酸镁钙和少量的二氧化硅、氧化铁、氧化铝等，外表类似石灰岩，为浅灰色、白色或灰黑色。野外识别白云岩和石灰岩通常是滴上盐酸，白云岩不发泡或微弱发泡，石灰岩发泡剧烈。

（6）铁矿石（Iron Ore）。地球上所发现的大多数铁矿石都属于沉积岩。它们通常由铁和氧在海水或淡水中形成。在这些铁矿床中主要是两种铁的氧化矿物，即赤铁矿（Fe_2O_3）和磁铁矿（Fe_3O_4）。

（7）煤（Coal）。煤是古代植物埋藏在地下经历了复杂的生物化学和物理化学变化逐渐形成的固体可燃性矿物。一种固体可燃有机岩，主要由植物遗体经生物化学作用，埋藏后再经地质作用转变而成，俗称煤炭。

（8）泥岩（Mudstone）。泥岩也是一种沉积岩，成分比较复杂，层理不明显，由细颗粒（颗粒直径小于0.0625mm）的沉积物形成，黑色泥岩中常含有有机物质。

1.1.3 变质岩（Metamorphic Rocks）

变质岩是由已有的岩石由于变质作用而形成的新的岩种。变质作用是指先已存在的岩石受物理和化学条件变化的影响，改变其结构、构造和矿物成分，成为一种新的岩石的转变过程（参见图1-5）。变质作用绝大多数与地壳演化进程中地球内部的热流变化、构造应力或负荷压力等有密切关系，也有少数是由陨石冲击月球和地球的表面岩石所产生的。变质作用是在岩石基本保持固体状态下进行的。地表的风化作用和其他外生作用引起岩石的变化，不属于变质作用。

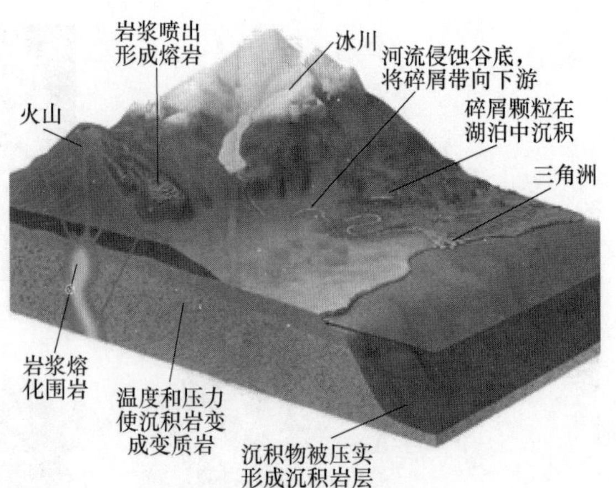

图1-5 变质岩的形成

下面是几种常见的变质岩（参见图1-6）。

（1）片麻岩（Gneiss）。片麻岩是地球上分布很广的一种变质岩，是由原来的岩浆岩或沉积岩经过深度变质作用而形成的，具有片麻状构造或条带状构造，有鳞片粒状变晶，主要由长石、石英、云母等组成，其中长石和石英含量大于50%，长石多于石英。

（2）石英岩（Quartzite）。石英岩是石英含量大于85%的一种变质岩，一般是由砂岩或其他硅质岩石经过区域变质作用重结晶而形成的。在岩浆附近，也可能是硅质岩石经过热接触变质作用而形成石英岩。主要矿物是石英，一般为浅色或白色，质密坚硬，但其颗粒常结成致密块状，肉眼不容易区分。石英岩一般为块状构造，粒状变晶结构也含有少量的长石、绢云母、角闪石、辉石等，有各种颜色，硬度高。

（3）大理石（Marble）。大理石是石灰岩或白云岩等受接触、区域变质作用重结晶形成的，主要成分是碳酸钙（$CaCO_3$），方解石和白云石的含量一般大于50%，有的达99%。它通常含有一些其他矿物，例如黏土矿、云母、石英、黄铁矿、氧化铁和石墨。大理石的一个近亲——白云石大理岩是由白云石受热和压力而形成的。

（4）板岩（Slate）。板岩是一种浅变质岩。由黏土质、粉砂质沉积岩或中酸性凝灰质岩石、沉凝灰岩经轻微变质作用形成。黑色或灰黑色。岩性致密，板状劈理发育。在板面上常有少量绢云母等矿物，使板面微显绢丝光泽。

片麻岩 (Gneiss)

石英岩 (Quartzite)

大理石 (Marble)

板岩 (Slate)

图1-6 几种常见的变质岩（取自中国地质大学网页）

1.2 岩石的性质

本节所讨论的岩石是指一块完整的，不含有任何地质构造的岩石，其岩石性质是指它们的物理性质和力学性质。

1.2.1 岩石的物理性质

岩石的物理性质主要包括它们的密度、孔隙率、硬度、磨蚀性、渗透性和波速。

（1）密度（Density）。密度用以度量单位体积内的物质。岩石的密度变化较大，通常同它的孔隙率有关。密度通常用单位质量来表示。大多数岩石密度为2500~2800kg/m^3。

(2) 孔隙率 (Porosity)。孔隙率反映岩石的致密程度，它是岩石中无固体的体积与岩石的总体积之比。它通常为0.01（致密的花岗岩）~0.5（多孔隙的砂岩）之间。孔隙率也可用百分比表示。

(3) 硬度 (Hardness)。岩石的硬度是指岩石抵抗工具侵入其表面的能力。它是影响机械方法破碎岩石效果的基本量值。岩石材料的硬度取决于其矿物组成和密度。硬度按测量方法不同，主要有刻划硬度、侵入硬度和回弹硬度三种。施密特锤是一种测量固体材料包括岩石的回弹硬度的简便仪器。图1-7是它的外型和使用方法。

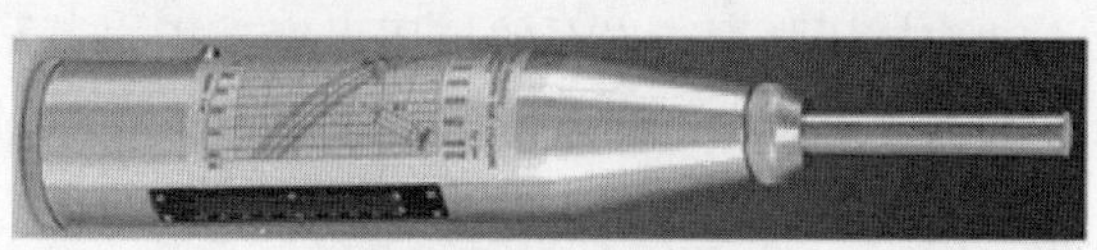

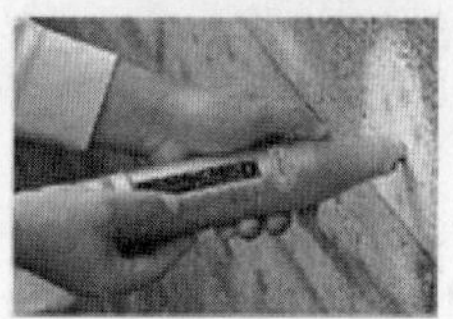

图1-7 岩石硬度测试——施密特锤

(4) 磨蚀性 (Abrasivity)。岩石的磨蚀性是指岩石与所接触的固体材料作相对运动时，对材料磨损作用强弱的性质。岩石的磨蚀性对于岩石钻进和掘进设备是一项很重要的指标，岩石中石英矿物的含量对于岩石的磨蚀性有很大的影响，石英含量高的岩石其磨蚀性也高。有几种方法可测定岩石的磨蚀性，其中舍恰（Cerchar）法和其他的磨蚀性测定方法将在后面的章节介绍。

(5) 渗透性 (Permeabiity)。渗透性是指岩石让液体渗透的能力，一般来说岩石具有很低的渗透性。岩石的渗透性受岩石的孔隙率影响。

(6) 波速 (Wave Velocity)。测量波在岩石中的传播速度通常采用纵波（P波），但有时也采用横波（S波）。波速的大小可反映出岩石材料的致密程度。运用同样的原理，波速的测定通常用来评估大范围内岩石中的裂隙，这一方法我们将在本书后续章节中讨论。

表1-1给出了一些常见岩石的物理性质的典型数值。

表1-1 部分常见岩石的物理性质

岩石	密度（干）/g·cm^{-3}	孔隙率 /%	施密特硬度指数	Cerchar磨蚀指数	P波速 /m·s^{-1}	S波速 /m·s^{-1}	渗透率 /m·s^{-1}
岩 浆 岩							
花岗岩	2.53~2.62	1.02~2.87	54~69	4.5~5.3	4500~6500	3500~3800	10^{-14}~10^{-12}
闪长岩	2.80~3.00	0.10~0.50		4.2~5.0	4500~6700		10^{-14}~10^{-12}
辉长岩	2.72~3.00	1.00~3.57		3.7~4.6	4500~7000		10^{-14}~10^{-12}
铁橄榄石	2.40~2.60	0.40~4.00					10^{-14}~10^{-12}
安山岩	2.50~2.80	0.20~8.00	67	2.7~3.8	4500~6500		10^{-14}~10^{-12}
玄武岩	2.21~2.77	0.22~22.1	61	2.0~3.5	5000~7000	3660~3700	10^{-14}~10^{-12}
沉 积 岩							
砾岩	2.47~2.76			1.5~3.8			10^{-10}~10^{-8}
砂岩	1.91~2.58	1.62~26.4	10~37	1.5~4.2	1500~4600		10^{-10}~10^{-8}
页岩	2.00~2.40	20.0~50.0		0.6~1.8	2000~4600		
泥岩	1.82~2.72		27				10^{-11}~10^{-9}
白云岩	2.20~2.70	0.20~4.00			5500		10^{-12}~10^{-11}
石灰岩	2.67~2.72	0.27~4.10	35~51	1.0~2.5	3500~6500		10^{-13}~10^{-10}
变 质 岩							
片麻岩	2.61~3.12	0.32~1.16	49	3.5~5.3	5000~75000		10^{-14}~10^{-12}
片岩	2.60~2.85	10.0~30.0	31	2.2~4.5	6100~6700	3460~4000	10^{-11}~10^{-8}
千枚岩	2.18~3.30						
板岩	2.71~2.78	1.84~3.64		2.3~4.2			10^{-14}~10^{-12}
大理石	2.51~2.86	0.65~0.81			5000~6000		10^{-14}~10^{-11}
石英岩	2.61~2.67	0.40~0.65		4.3~5.9			10^{-14}~10^{-13}

1.2.2 岩石的力学性质

岩石的力学性质主要包括抗压强度、抗拉强度、抗剪强度、杨氏模量、泊松比和其他工程力学性质。

(1) 抗压强度。岩石的抗压强度是指岩石承受轴向压缩力的能力。通常测定抗压强度采用单轴压力或称无约束下的压力，以获得其破坏前的最终压力值。岩石的抗压强度是岩石材料最重要的力学性质，常用作设计、分析和模拟研究。如图 1-8 所示为几种岩石的全应力-应变曲线。

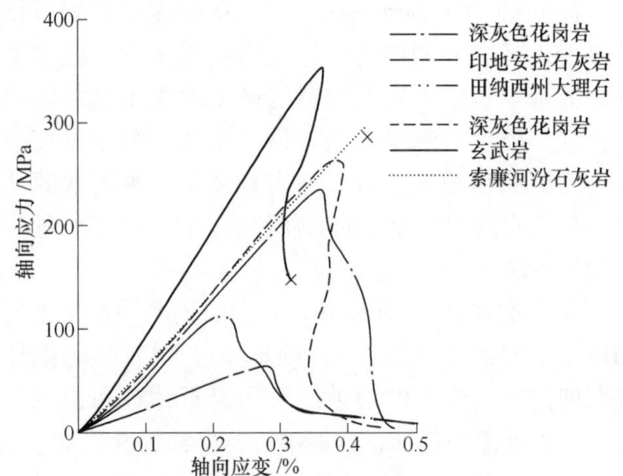

图 1-8 几种岩石的应力-应变曲线

(2) 杨氏模量（弹性模量）和泊松比。杨氏模量是度量岩石材料刚度的弹性模量。它定义为岩石材料承受应力微小增量与相应的应变增量之比值。同岩石的强度一样，不同岩石的杨氏模量也不相同。泊松比是岩石材料在其线性弹性区间内，侧向应变与轴向应变之比。岩石泊松比的数值为 0.15 ~ 0.4。

(3) 抗拉强度。岩石材料的抗拉强度是指其能承受的最大拉伸应力。由于岩石中存在微裂隙，岩石的抗拉强度通常很低。由于这种微裂隙的存在，可能导致岩石在极小的拉伸应力下破裂。用于测定岩石的抗拉应力的方法通常采用巴西拉伸试验法。如图 1-9 所示，试件的直径为 D，厚度为 t，试件的破坏载荷为 P，则岩石试件的抗拉强度按式 (1-1) 计算：

$$\sigma_t = \frac{0.636P}{D_t} \tag{1-1}$$

(4) 抗剪强度。岩石的抗剪强度（又称剪切强度）是岩石在剪切应力作用下抵抗变形的能力。岩石抵抗剪切应力取决于岩石内部的两个机理：黏聚力和内摩擦力。黏聚力主要是指矿物颗粒之间的相互作用力，或者是矿物颗粒与胶结物之间的联结力，或者是胶结物与胶结物之间的联结力。内摩擦力是颗粒之间的原始接触状态在即将破坏而产生抵抗位移的摩擦阻力。岩石的内摩擦阻力构成岩石破碎时的附加阻力，且随应力状态而变化，通常用内摩擦角 φ 定义。岩石的抗剪强度通常采用直接的剪切试验或三轴压力试验测定，如图 1-10 所示为三轴压力试验机的内部结构。

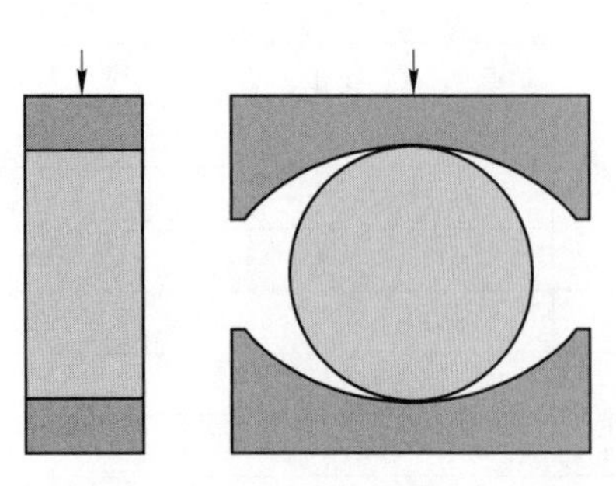
图 1-9 巴西拉伸试验法

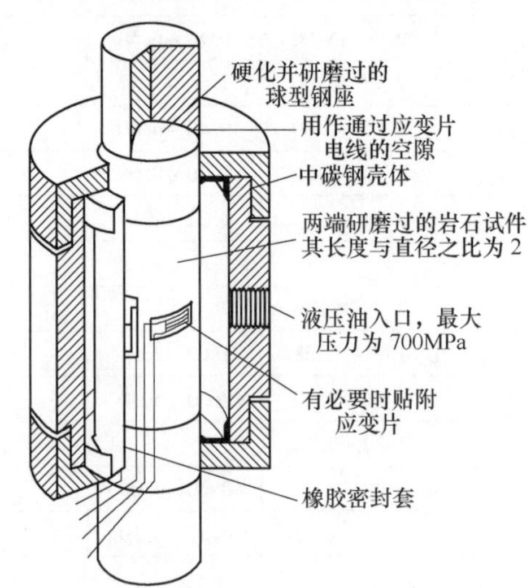

图 1-10 三轴试验机内部结构

岩石的抗拉和抗剪强度是岩石的两个重要参数，岩石破坏在大多数情况下是由拉伸应力或剪切应力造成，尽管表面上它承受的是压力。由于岩石具有较高的抗压强度，岩石破坏纯粹由压缩应力造成的情况很少见。

(5) 岩石材料的其他工程特性。

1）点载荷强度指标。点载荷强度指标是一种简单测试岩石强度的指标。其测试方法和设备如图 1-11 所示。点载荷强度指标用 $I_{s(50)}$ 表示。

$$I_{s(50)} = \frac{P}{D^2}\left(\frac{D}{50}\right)^{0.45} \tag{1-2}$$

式中 D——试件（岩芯）直径或不规则试件的等效直径或试件的轴向尺寸，mm；

P——施加的破坏载荷，MN。

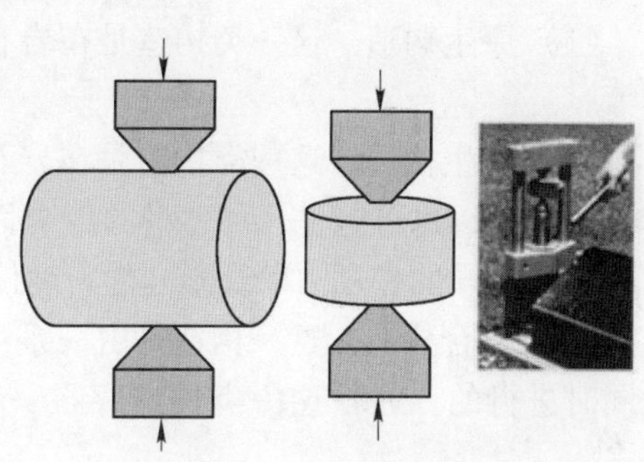

图 1-11 点载荷试验

2）断裂韧性，表征岩石材料阻止裂纹扩展的能力，是度量岩石材料的韧性好坏的一个定量指标。

3）脆性。

4）压痕。

5）膨胀。有些岩石在水中会膨胀。

一些常见岩石的力学和工程特性的典型数值可参见表 1-2。

表 1-2 部分常见岩石的力学性质

岩 石	单轴抗压强度/MPa	抗拉强度/MPa	弹性模量/GPa	泊松比	破裂应变量/%	点载荷强度/MPa	第一类断裂韧性
岩 浆 岩							
花岗岩	100 ~ 300	7 ~ 25	30 ~ 70	0.17	0.25	5 ~ 15	0.11 ~ 0.41
闪长岩	100 ~ 350	7 ~ 30	30 ~ 100	0.10 ~ 0.20	0.30		>0.41
辉长岩	150 ~ 250	7 ~ 30	40 ~ 100	0.2 ~ 0.35	0.30	6 ~ 15	>0.41
铁橄榄石	80 ~ 160	5 ~ 10	10 ~ 50	0.2 ~ 0.4			
安山岩	100 ~ 300	5 ~ 15	10 ~ 70	0.2		10 ~ 15	
玄武岩	100 ~ 350	10 ~ 30	40 ~ 80	0.1 ~ 0.2	0.35	9 ~ 15	>0.41
沉 积 岩							
砾岩	30 ~ 230	3 ~ 10	10 ~ 90	0.1 ~ 0.15	0.16		
砂岩	20 ~ 170	4 ~ 25	15 ~ 50	0.14	0.20	1 ~ 8	0.027 ~ 0.041
页岩	5 ~ 100	2 ~ 10	5 ~ 30	0.1			0.027 ~ 0.041
泥岩	10 ~ 100	5 ~ 30	5 ~ 70	0.15	0.15	0.1 ~ 6	
白云岩	20 ~ 120	6 ~ 15	30 ~ 70	0.15	0.17		
石灰岩	30 ~ 250	6 ~ 25	20 ~ 70	0.30		3 ~ 7	0.027 ~ 0.041
变 质 岩							
片麻岩	100 ~ 250	7 ~ 20	30 ~ 80	0.24	0.12	5 ~ 15	0.11 ~ 0.41
片岩	70 ~ 150	4 ~ 10	5 ~ 60	0.15 ~ 0.25		5 ~ 10	0.005 ~ 0.027
千枚岩	5 ~ 150	6 ~ 20	10 ~ 85	0.26			
板岩	50 ~ 180	7 ~ 20	20 ~ 90	0.20 ~ 0.30	0.35	1 ~ 9	0.027 ~ 0.041
大理石	50 ~ 200	7 ~ 20	30 ~ 70	0.15 ~ 0.30	0.40	4 ~ 12	0.11 ~ 0.41
石英岩	150 ~ 300	5 ~ 20	50 ~ 90	0.17	0.20	5 ~ 15	>0.41

1.3 岩体的地质构造

岩石开挖工程的实践证明，岩体的地质构造对岩石开挖过程的影响以及开挖空间的稳定性比起岩石的物理力学性质更为重要。

地壳岩石按地质构造的形成时间可分为三类：

（1）原生构造。这一类构造是在岩石形成过程中就已形成，例如沉积岩构造及某些火山喷出岩的构造等。

（2）次生构造。这一类构造是在岩石形成后受到地壳中的外部力量而形成的构造。外部力量可以是单一的力量，也可能是几种力量的组合而形成的地层应力，如地壳构造力、流体静力、孔隙力以及温度应力等。不同的作用力以及不同的力度使得岩体形成各种各样及不同程度的地质构造。

（3）复合构造。这一构造是由一系列构造活动而形成的，其中一些构造活动是与一些岩石的形成过程同时进行的。通常这一类构造存在一种不整合现象，在这不整合面上方的岩体要比下方的岩体年轻得多。

在本节主要讨论以下四种形态的地质构造，即：

（1）褶皱；

（2）断层；

（3）不连续面，包括层面、节理和裂隙；

（4）复合构造-不整合面。

1.3.1 褶皱

岩层一般在形成时是水平的。岩层在构造运动的作用下，因受力而发生弯曲，一个弯曲称为褶曲，如果发生的是一系列波状的弯曲变形，就称为褶皱。褶皱虽然改变了岩石的原始形态，但岩石并未丧失其连续性和完整性。褶皱的不同形态和规模大小，常常反映当时地壳运动的强度和方式（参见图1-12）。

图1-12 褶皱

大多数褶皱是岩层在压缩应力或剪切应力下产生的塑性变形。褶皱的延伸范围及最终形状取决于复合应力的强度和持续时间以及岩层本身的性质。

褶皱的基本形态分背斜和向斜。从形态上看背斜一般是岩层向上拱起，向斜一般是岩层向下弯曲。从岩层的新老接触关系看，背斜核心部分岩层较老，两翼岩层较新；向斜则相反，核心部分岩层较新，两翼岩层较老。通常用以描述褶皱的专业术语如图1-13所示。

1.3.2 断层

地表的岩层由于受到外力作用而发生破裂，且破裂带两侧的岩层发生了错动与位移，这样的断裂带就称为断层，如图1-14所示。

断层的错位量大小不一，小到几十毫米，大至几百公里。很多断层可以清楚地看到一个断层面，但也有很多其断层不限于一个简单的断层面而是形成一个断层破碎带。

褶皱主要由压应力造成，与此不同的是断层的形成可以是拉伸应力，也可以是压缩应力或者剪切应力（如图1-15和图1-16所示）所致。

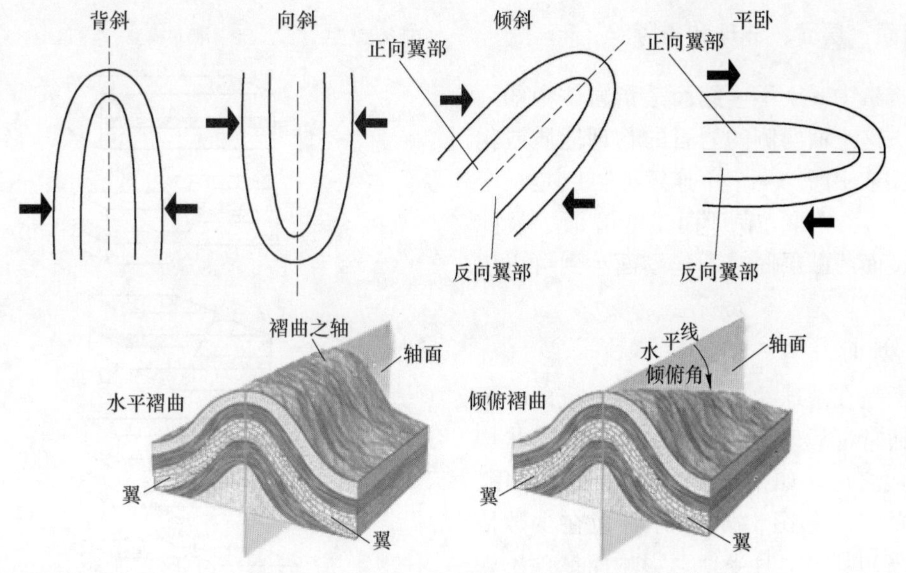

图 1-13 褶曲的形态和描述其产状的术语

图 1-14 断层

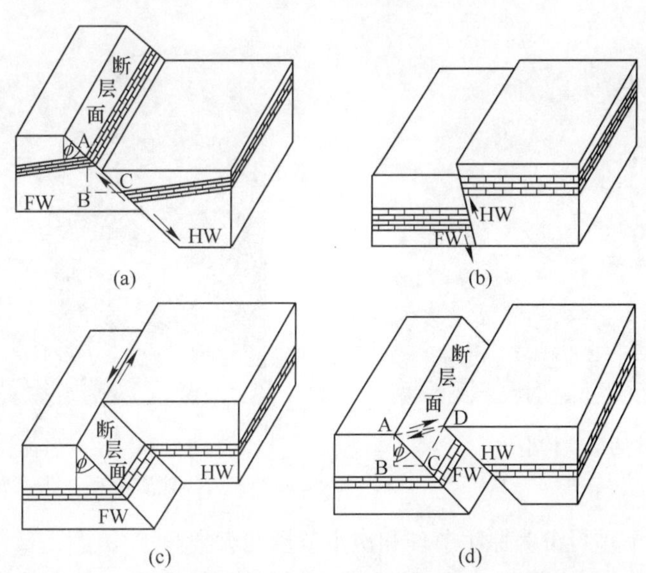

图 1-15 断层的类型和术语

（a）正断层；（b）逆断层；（c）平移断层；（d）斜滑断层

FW—下盘；HW—上盘；AB—落差；BC—拖距；

ϕ—断层余角，箭头表示上下盘相对位移的方向

1.3.3 不连续面：层面、节理和裂隙

在工程地质学中一个不连续面是指岩体中的一个界面或表面，这个面两侧的岩石的物理性质或化学性质的连续性被中断。一个不连续面可以是一个层面、片理面、叶理面、节理面、劈裂面、裂隙面、裂缝、破裂面或断层面。不连续面小到可以仅为小裂缝，大到可以是一个大断层。

1.3.3.1 *层面*

岩石的层面是在地球的表层地壳中形成的。沉积岩和变质岩通常都呈现为大致相互平行的层状构造。在它们形成之时，如未受到其他的干扰作用，层面多呈水平状态，如图 1-17 所示，但在少数情况下也会由于当初其沉构时受地形影响而呈现出朝一个方向倾斜或弯曲，如图 1-18 所示。岩体层面的原始状态遭到破坏或造成错位（断层）主要有两个原因：一个是内在的，即由地壳的构造运动造成；另一个是外在的，即由地球表面的一些作用，特别是地下水的作用而形成的地层滑落、崩塌和某些岩石溶解。

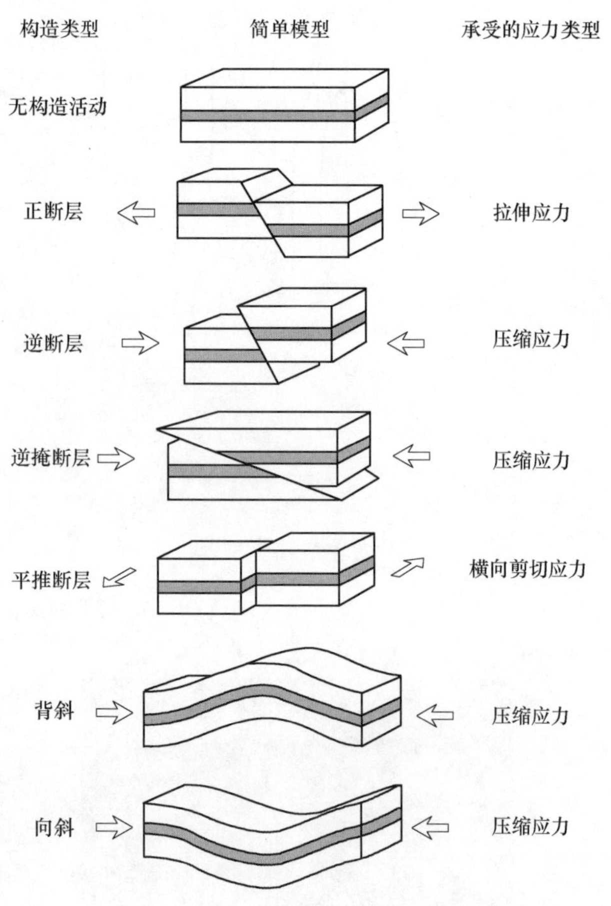

图 1-16 断层及褶曲及其形成原理

1.3.3.2 *节理和裂隙*

岩石中的节理是岩石中其两侧岩石没有明显位移的裂隙。岩体中节理面互相平行的称之为一组节理。两组或多组节理以不同的角度相交形成一个节理系。如果其中有一组节理占主导地位，称之为主节理，其他的节理组称之为次节理。裂隙是断裂构造的一种，通常把岩体中产生的无明显位移的裂缝称为裂隙。裂隙较之节理无规则，非成组出现。

图 1-17 岩体的层状构造

图 1-18 层状岩体被水流切割而形成的地质奇观（张家界世界地质公园）

（1）按节理的成因，节理可分为原生节理和次生节理两大类。

1）原生节理是指成岩过程中形成的节理。例如沉积岩中的泥裂，火花熔岩冷凝收缩形成的柱状节理，岩浆入侵过程中由于流动作用及冷凝收缩产生的各种原生节理等。

2）次生节理是指岩石成岩后形成的节理，包括非构造节理（风化节理）和构造节理。

其中构造节理是所有节理中最常见的，它根据力学性质又可分两类：张节理和剪切节理。前者即岩石受张应力形成的裂隙，裂口是张开的而且节理面粗糙不平，后者即岩石受切应力形成的，剪节理的裂

口是闭合的，节理面平直而光滑，常见有滑动擦痕和磨光镜面。沿最大切应力方向发育的细而密集的剪切节理，称为“劈理”。各种岩石节理如图1-19所示。

(a)

(b)

(c)

图1-19　岩石的节理

(a) 构造节理；(b) 原生节理—冷凝的柱状玄武岩；(c) 剥落节理—非构造次生节理

(2) 按节理与岩层的产状要素的关系节理可划分为以下四种：

1) 走向节理：节理的走向与岩层的走向一致或大体一致。

2) 倾向节理：节理的走向大致与岩层的走向垂直，即与岩层的倾向一致。

3) 斜向节理：节理的走向与岩层的走向既非平行，亦非垂直，而是斜交。

4) 顺层节理：节理面大致平行于岩层层面。

其中前三种最为常见。

(3) 节理还可以根据节理的走向与区域褶皱主要方向、断层的主要走向或其他线形构造的延伸方向的关系又可划分为三类：

1) 纵节理：两者的关系大致平行。

2) 横节理：两者大致垂直。

3) 斜节理：两者大致斜交。

如果褶皱轴延伸稳定，不发生倾伏（水平褶皱），则走向节理相当于纵节理，倾向节理相当于横节理，斜向节理相当于斜节理。

1.3.4　复式构造-不整合面

不整合面（unconformity）是将两个不同地质年代岩层分开的一个侵蚀面、沉积面或停止面，年代较新的地层都位于不整合面以上，较老的地层都位于不整合面以下，通常可以分成交角不整合面、假整合面、非整合面等。

交角不整合面（angular unconformity）：不整合面上下的新老地层并不平行，两者间的走向和倾角并不相同，呈现一定角度的相交（见图1-20）。

图1-20　亚利桑那州大峡谷的交角不整合面

假整合面（disconformsity）：不整合面上下的新老地层平行，但中间为一侵蚀面所分割，新地层沉积前老地层并没有发生变动，只有海底缓慢上升而造成沉积作用中断或侵蚀。

非整合面（nonconformity）：不整合面为分开沉积岩和它下面的岩浆岩或变质岩的侵蚀面。

1.3.5　地质构造要素的描述方法

1.3.5.1　地质构造要素的定义

可以用两种方式来定义一个地质平面（见图1-21）：走向（strike）/倾角（dip）或倾向（dip direction)/倾角（dip）。

走向（strike）是指该地质平面与水平面交线的方向。

倾角（dip）是指该地质平面与水平面相交的角度 φ。

倾向（dip direction）定义为倾角方向与正北方向夹角 α。

当采用电子计算机进行分析时，一般趋向于采用倾向来定义一个地质构造面的方向。例如一个地质面的倾向和倾角可记为 240/20，比采用走向和倾角表示 N30W/20SW 要简便得多。特别是用计算机处理大量地质数据时尤为方便。

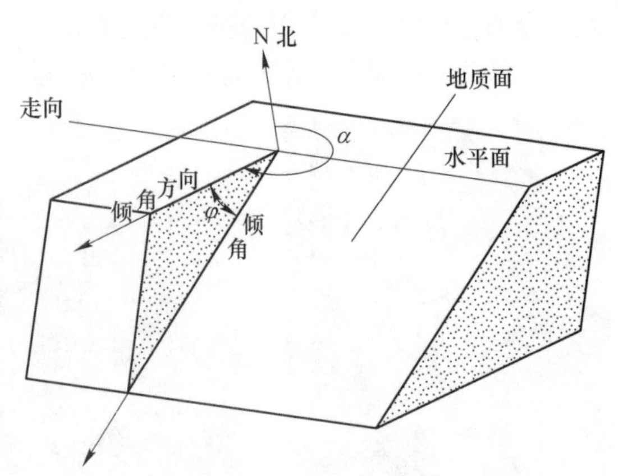

图 1-21　地质构造面各要素的定义

1.3.5.2　地质面的现场测量

通常测量地质构造面多使用罗盘测斜仪，或称地质罗盘。如图 1-22 所示是常用的两种地质罗盘，图 1-23 显示了如何用它们测量地质构造面的产状。

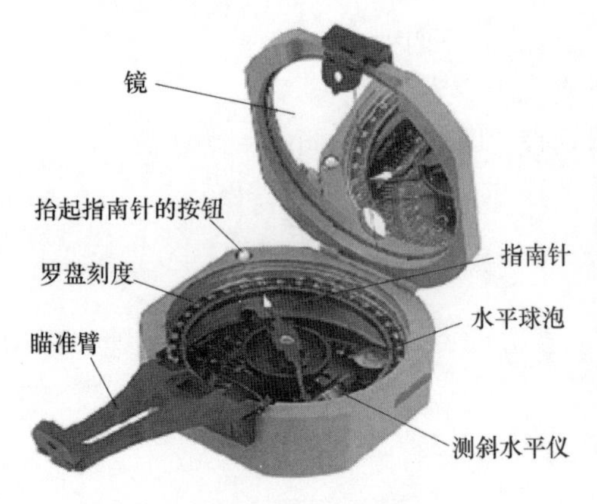

地质罗盘仪的各部件名称

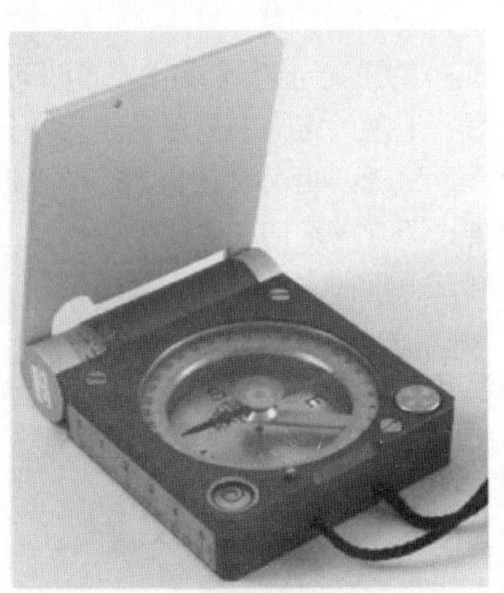

地质罗盘仪

图 1-22　两种地质罗盘仪及其各部件名称

1.3.5.3　极射赤平投影

极射赤平投影（stereographic projection）简称赤平投影，主要用来表示线和面的方位以及相互间的角距关系及其运动轨迹，把物体三维空间的几何要素（线、面）反映在投影平面上进行研究处理。它既是一种简便、直观的方法，又是一种形象、综合的定量图解，广泛应用于地质科学中。本书只作简单介绍，详细的内容读者可见参考文献［1，2］和文献［1～3］深入了解。

赤平投影中通常采用投影网。常用的有等角距的吴尔福网（wulff net）或等面积的施密特网（schmidt net），图 1-24 就是吴尔福网表示方法。

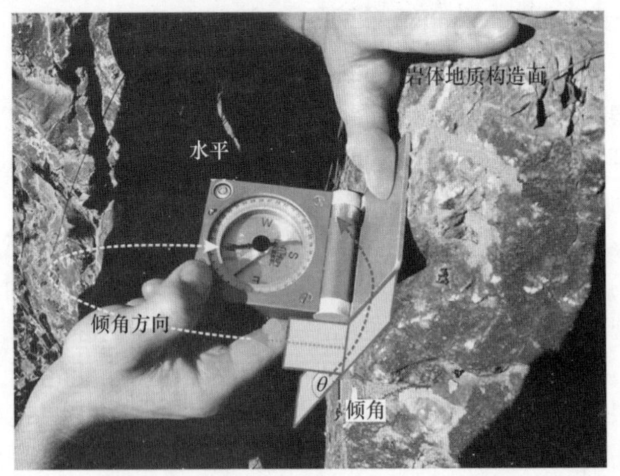

图 1-23　用地质罗盘测量地质构造面产状

投射在此球面上的线和平面即可用作定义这一线和面（地质构造的产状）的倾角和倾向（见图 1-25）。换言之，一个特定平面的倾角和方向可以用一个大圆（great circle）和与此平面垂直的法线（pole）来表示（在赤平投影网上，平面的投影即大圆，法线的投影即极点，两者互相垂直），然后再将大圆和极点描在覆盖于此投射网的透明纸上。往往用此平面的法线的投影即极点来代表该平面，会简单得多（参见图 1-26 和图 1-27）。现场记录的大量不连续面的产状（倾向和倾角）就可全部用此赤平投影网上的极点表示，从而可极为明显地看出这些不连续面的产状分布和集中状况以及它们对工程岩体的影响（图 1-28）。

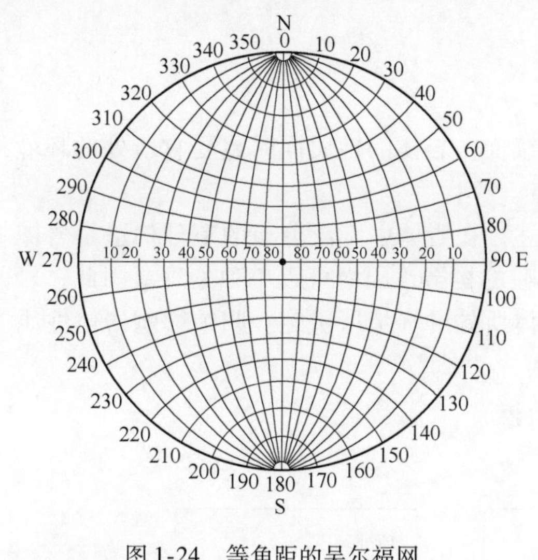

图 1-24　等角距的吴尔福网

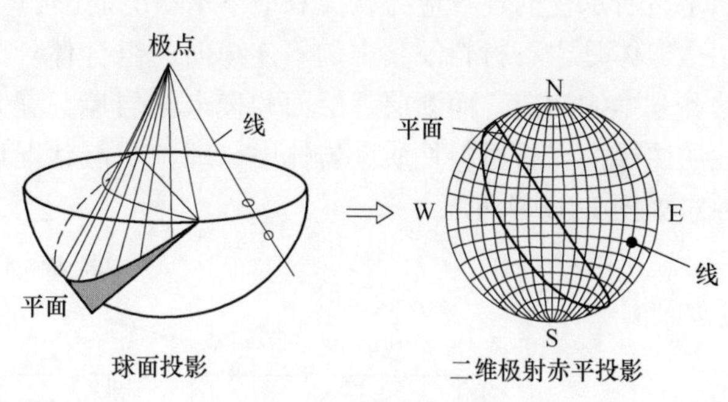

图 1-25　极射赤平投影

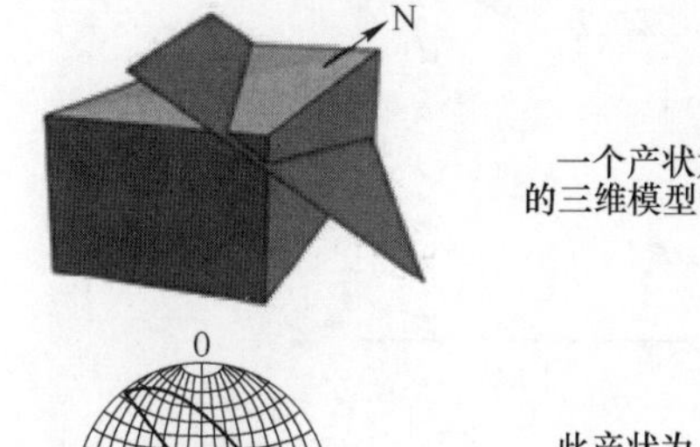

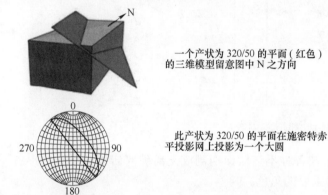

一个产状为 320/50 的平面（红色）的三维模型留意图中 N 之方向

此产状为 320/50 的平面在施密特赤平投影网上投影为一个大圆

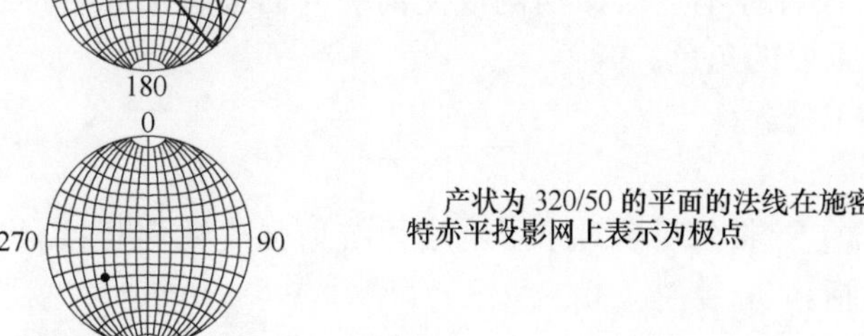

产状为 320/50 的平面的法线在施密特赤平投影网上表示为极点

图 1-26　一个平面在赤平投影网上表示为一个大圆或一个极点

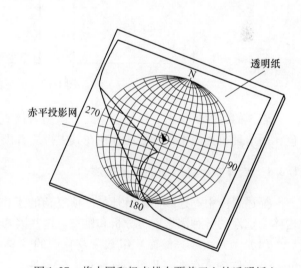

透明纸

赤平投影网

N

270

90

180

图 1-27　将大圆和极点描在覆盖于上的透明纸上

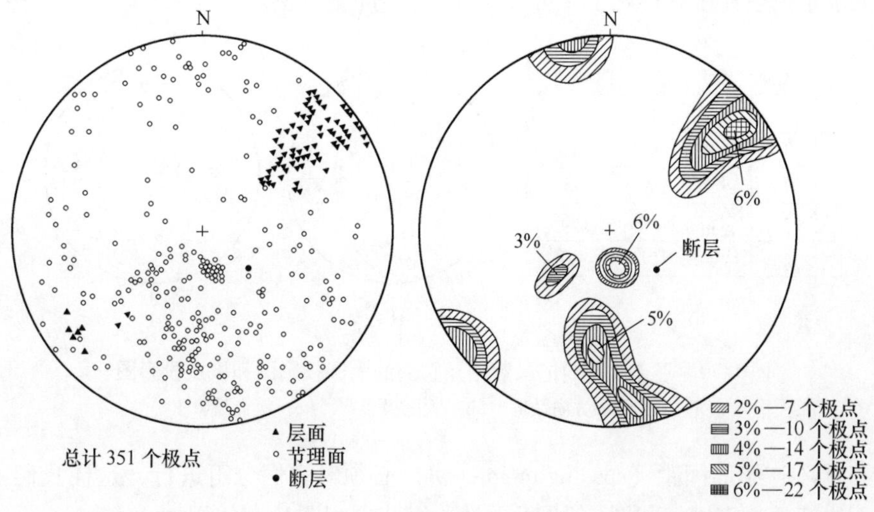

图 1-28　某坚硬岩体中 351 个地质构造面的极点及其分布与集中状况

使用计算机来作赤平投影图和进行分析研究比手工操作快很多，现已有很多可以免费。使用的软件，包括 WinWulff（JcrystalSoft）、OSXstereo（by Nestor Cardozo）、Stereonet（by Rick Alimendinger）等。

1.4 岩体的特性对开挖工程的影响

岩体的性质取决于组成它的所有岩石及岩体中的不连续面。岩体的性质同时也受它所处的环境，特别是它所承受的现场应力状况和地下水状况的影响。

岩体是岩石材料及其中的不连续面的组合体。如前所述，在岩体中广泛分布的节理构造是岩体主要的和基本的构造，而断层、层面和侵入的岩墙只是局部存在的构造，因而可以单独处理。因此，岩体的性质主要由岩石材料性质、岩体中节理分布与状况以及岩体所处的环境所决定。归纳影响岩体性质主要因素如图 1-29 所示。

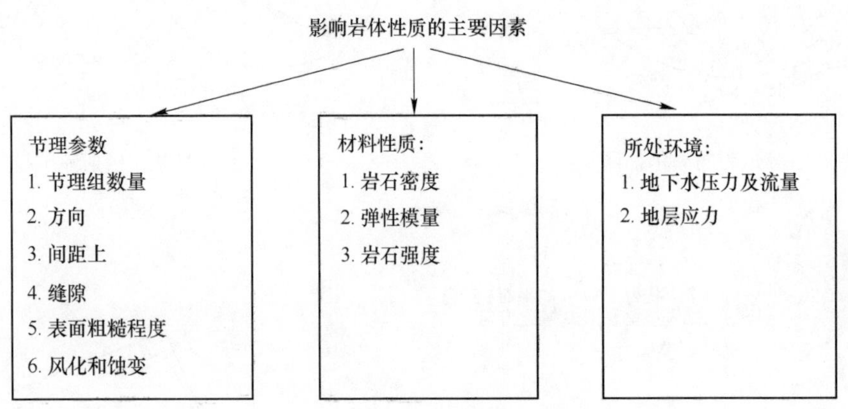

图 1-29 影响岩体性质的主要因素

岩体的特性从致密、弹性、坚固、连续岩体直至被各种不连续面切割成支离破碎岩体，形态各形各色，而节理及其他不连续面的存在在其中扮演着极为重要的角色。

1.4.1 岩体中不连续面的特征描述

描述岩体中不连续面的特征是一项复杂的工作。它要求在现场对于影响岩体抗剪强度从而直接影响岩体稳定性的各种因素进行分析和鉴别。这些因素包括：

（1）节理（不连续面）组数量及它们的方向（number of joint（discontinuities）sets and their orientation）。岩体中常存在有几组不连续面，三至四组是常见的情况。地质工程师在现场对各组节理进行测量和统计并将它们记录于极射赤平投影图上。如图 1-30 所示即是一例。

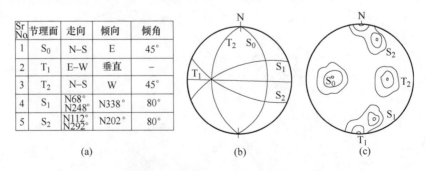

Sr No	节理面	走向	倾向	倾角
1	S_0	N–S	E	45°
2	T_1	E–W	垂直	–
3	T_2	N–S	W	45°
4	S_1	N68° N248°	N338°	80°
5	S_2	N112° N292°	N202°	80°

(a)

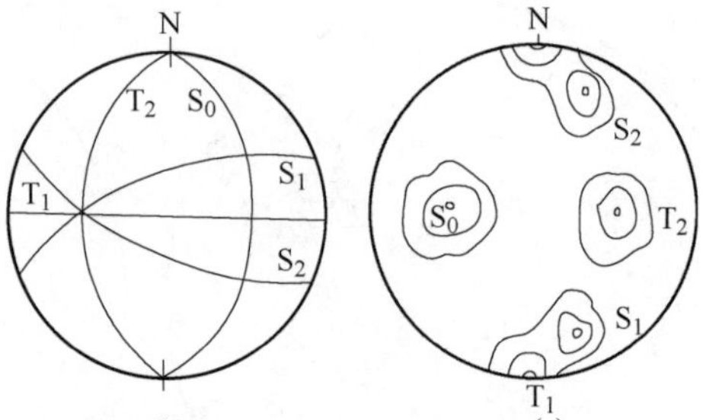

N T_2 S_0 T_1 S_1 S_2

(b)

N S_2 S_0 T_2 S_1 T_1

(c)

图 1-30 不连续面的记录数据及它们的大圆投影图和极点投影图

（a）不连续面方向数据；（b）大圆投影图；（c）极点投影图

（2）间距。量测不连续面间距（spacing or interval）必须对它们分组进行，这样我们才可以计算岩块的平均尺寸以及不连续面的密度。如图 1-31 所示是一组节理间距分布的举例。

（3）延展度（裂隙长度）。一个不连续面的延展度（persistemce）或长度是指该不连续面在岩体中延伸的长度。对于不同的不连续面组，地质工程师要搞清楚它到底是一组延展度极大的层面或断层还仅是一组延展度很小的节理。裂隙的长度当然也与不连续面的面积有关。由于某些不连续面的延展度比其他不连续面要大很多，因而它的延展度可能是控制地下水流量的一个非常重要的因素。要测量不连续面的延展度是相当困难的，因为它的倾角和走向也可能变化。通常只能在岩体的暴露面上按其走向和倾向测量其长度。

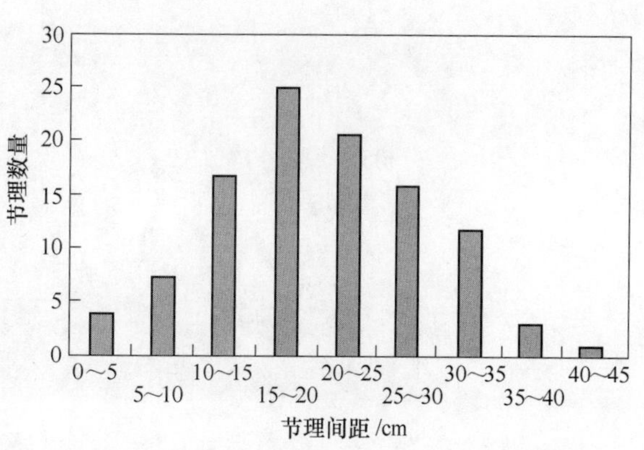

图 1-31 一组节理间距的频数分布直方图

（4）缝隙宽度。缝隙宽度（aperture）是指一个张裂隙的两侧岩壁之间的垂直距离，裂隙中充满空气或水。裂隙宽度有窄有宽。通常接近地表的岩体的缝隙宽度较窄。由张应力形成的裂隙较宽或者形成张裂隙，而剪应力形成的裂隙宽度比张应力裂隙要小很多。

（5）粗糙度。裂隙两壁并非两个相互平行光滑的平面，其表面呈现高低不平称之为粗糙度（roughness or asperity）。地质工程师在现场根据裂隙面上高低不平的大小和形状来确定其粗糙度。如果见到在裂隙面上有纵向拉长的粗糙，如同波浪一样的痕迹，可以确定此裂隙是由剪切应力所形成并可确定剪应力的方向。粗糙度对于岩体的剪切强度有很大的影响。

（6）充填。张裂隙可能充填（filling）有空气、水或松散物质，例如黏土、断层屑、角砾岩、黑硅石、方解石等。如果充填物为固体，应将充填物认真辨识并做好记录（如果其中有黏土则应首先筛分出来）。因为如果岩体的这一裂隙的两壁没有直接接触，这些充填物就决定着节理面的剪切强度。

（7）节理的水文地质学特性。如果不连续面中长期或临时存有地下水，节理的水文地质学特性（hydrogeological behavior of joints）就必须测定。

（8）岩体的风化情况（weather condition of the rock Body）。在节理面闭合的岩体中岩石的强度在一定程度上受到岩石风化程度的影响，特别是靠近节理面的岩石。有必要强调的是不连续面对于风化作用在岩体中的传播起着显著的作用。

1.4.2 岩体特性的现场勘测

岩体特性的现场勘测主要通过对岩体露头、已存在的地下洞穴和钻探来进行。工作中的一个主要困难是当我们要测定岩体的地质构造特性时如何正确评估对岩体露头勘测中的失真，例如岩体减压时裂隙放大、地表位移、风化以及其他一些因素。在地下洞穴中进行勘测时，也会遇到失真的情况，例如靠近洞壁的塑性变形，由于开挖而形成的破裂等。所有这些现象在对岩体的不连续面进行勘测时都必须考虑。

1.4.3 地下水

地下水是指地表以下存在于土壤孔隙及岩石构造裂隙中的水。地下水的主要水源是大气降水。渗入地下的水量取决于降水量。土壤的孔隙、岩石的裂隙以及孔洞中含有饱和地下水的深度称为地下水位 。地下水在不停地流动但比地表的溪流要慢得多，因为它必须通过岩石中各种错综复杂的信道。地下水的流速取决于岩体的两个性质：孔隙率和渗透率。

孔隙率是岩体中孔隙所占的体积百分比，它决定着岩体所能包含水量的多少。渗透率是度量岩体中孔隙的贯通程度和通道的大小。

1.4.4 岩体性质对开挖工程的影响

1.4.4.1 *岩石强度和节理分布密度对爆破块度的影响*

岩体中岩石本身的强度和岩体中节理的分布密度对于岩石爆破后的块度分布起着决定性的影响。坚硬且少节理的岩体爆破后多有大块产生（图 1-32）。而软弱的岩石并且节理发育的岩体爆破后岩块多很细碎（图 1-33）。

图 1-32 坚硬而少节理岩体爆破后易产生大块

图 1-33 节理发育的岩体爆破后少见大块

1.4.4.2 张节理可导致爆炸气体泄出

岩体中的张节理（Open Joints）可能影响炸药爆炸能量分配，特别是爆炸气体能量在岩体中的分布。它可能导致一系列负面的作用，例如爆炸气体的泄出，产生极强的空气冲击波，飞石并在爆堆中形成大块。如图 1-34 所示为中国香港安达臣道开发工地中的一次爆破。由于岩体中存在一个近于水平的张节理（地表下 2.5 ~ 3m）造成爆炸气体泄出而产生极强的空气冲击波，距离爆区 200m 处录得的空气冲击波超压为 135dBL。

图 1-34 中国香港安达臣道工地爆破时岩体中的张节理产生极高的空气冲击波超压

1.4.4.3 爆破自由面上的楔形节理产生飞石

在爆破台阶的自由面上两组相交的节理所形成的楔形破碎面由于它减小了前排炮孔的负荷（最小抵抗线），爆破时有可能产生飞石事故。如图 1-35 所示为发生在 2003 年中国香港佐敦谷工地由自由面上的楔形节理造成的飞石事故。

1.4.4.4 岩体中的破碎带有可能造成台阶顶部的飞石

当被爆岩体中存在一个破碎带，如果炮孔上部的填塞不够，有可能在台阶顶部造成飞石事故。如图 1-36 所示为 2003 年在中国香港佐敦谷爆破开挖工程中由于岩体中的破碎带而造成的台阶顶部垂直向上的

图 1-35　中国香港佐敦谷工地爆破台阶前方自由面上两交叉节理形成的V形缺口造成飞石事故

飞石事故。

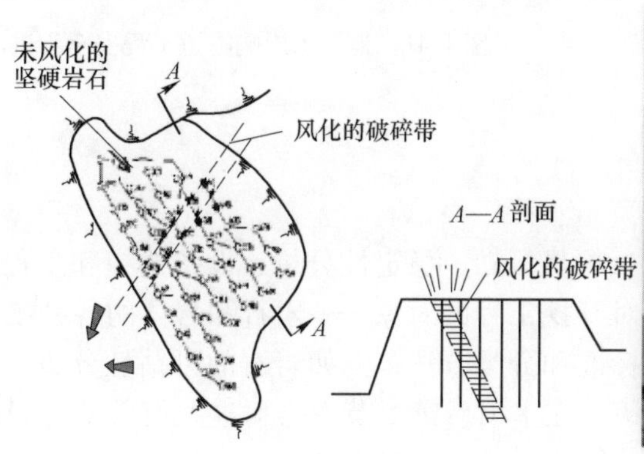

图 1-36　中国香港佐敦谷工地爆破时岩体中的破碎带造成的飞石事故

1.4.4.5　不连续面对斜坡的破坏

如图 1-37 和图 1-38 所示为一些不利的不连续面对岩石斜坡的破坏，尽管这些斜坡是采用了控制爆破技术形成的。

图 1-37　路边斜坡上的楔形破坏威胁交通安全

图 1-38　斜坡被岩体中不连续面破坏

1.4.4.6　岩体中的不连续面影响隧道开挖时开挖面的稳定

岩体中由交叉节理形成的岩块会由于重力而从隧道顶板或侧帮跌落而影响隧道开挖面的稳定，如图 1-39 和图 1-40 所示。

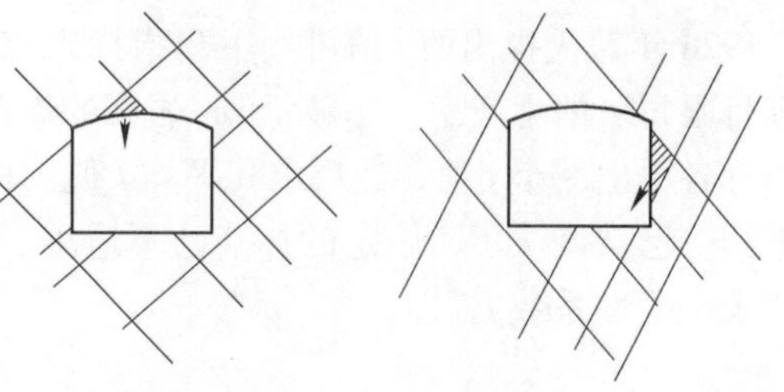

图 1-39　隧道中的交叉节理形成的岩块由于重力而塌落

1.4.4.7　地下水影响隧道开挖工程

地下水对于某些地下工程往往会造成严重的问

题，不仅影响工程进度而且会严重影响围岩的稳定性（图1-41）。因此必须在工程开展之前和工程进行中采取有效措施控制地下水的流量。

图 1-40 隧道帮上岩石滑落造成事故

图 1-41 地下水影响隧道工程安全和进度

1.5 岩石的坚固性分级

岩体的坚固性分级应用于岩石开挖工程的设计、项目策划、稳定性分析、设备选择和工程预算。因要进行这些工作就必须针对各类工程的特点和要求对开挖工程的对象——岩石和岩体的各种工程特性进行定性和定量的分级。因此就有着各种各样的分级标准和分类方法，例如岩石的可钻性分级、可爆性分级、切割性分级、磨蚀性分级以及岩体的稳定性分级。在本书后续章节中会对这些有关的分级进行介绍和讨论。

在本节主要讨论的是对岩石（体）进行的综合和总体性分级，亦称之为岩石的坚固性分级。坚固性理论上包含了岩石和岩体在工程中的所有特征和特性，但实际上在进行分级时也仅仅采用了岩石和岩体的少数几个代表性且易于测定的指标（指数）作为分级的标准或原则。

在本节对几个重要的岩石分级系统进行介绍并尽可能提供其原始数据和表格，但却无法将对它们一一作评价。有兴趣的读者可从参考文献中对这些分级系统的应用、可行性和局限性进行深入了解。

要特别指出的是，在本节中我们要向读者介绍俄罗斯（苏联）的普洛托吉雅柯诺夫父子两代教授（M. M. Протодьяконов，父子名字仅有微小不同，缩写无法分别）早于1909年提出之后又屡经修正的普氏岩石坚固性分级系统。“普氏分级”已在俄罗斯、东欧各国和中国应用了一百多年，但在西方各国却很少见到介绍。因此作者认为在本书对其介绍，对于东西方国家和地区工程师们的合作和沟通是有百益而无一害的。

1.5.1 普洛托吉雅柯诺夫（M. M. Протодьяконов）岩石分级

1909 年，M. M. 普洛托吉雅柯诺夫教授（父）首先在世界上提出了岩石的“坚固性”这一概念，并对此进行了系统的研究。他指出，一般而言，平常所指的坚固性一词，按实质来说是一个多含义的综合概念。既包括了破碎也包括了稳固。他认为，岩石坚固性多方面的表现具有一致性。即某一岩石易凿则易爆，稳固性也差，其难易程度甚至具有相同的比例。因此他采用了一个系数 f 来描述岩石的坚固性，被称之为“普洛托吉雅柯诺夫系数”，简称为“普氏系数”。

1926 年普氏提出的 f 值可用下列指标来综合确定，即单轴抗压强度、手工凿 $1cm^3$ 岩石所消耗的功、手工打眼每班的生产率、爆破每 $1m^3$ 岩石的炸药（黑火药）消耗量、掘进工人生产率及巷道掘进速度。每项指标各得出一个 f_i 值，然后求其平均 f 值。由于测定过程过于繁琐，且随生产技术的发展，手工打眼、黑火药等已被淘汰了，原定的标准已不适用。最后只剩下一个与工艺无关的物理量——单轴抗压强度 R 来代表坚固性系数 f，即：

$$f = \frac{R}{100} \tag{1-3}$$

式中 R——岩石的单轴抗压强度，kg/cm^2。

普氏分级将岩石分为10级（另加4个亚级），f的最大值为20，如表1-3所示。如果按式（1-3）计算最坚固的岩石的抗压强度也只能有2000kg/cm^3。但实际上R值超过3000~4000kg/cm^{3}的不鲜见。因此，1955年巴隆（Л. И. Барон）教授将公式改为

$$f = \frac{R}{300} + \sqrt{\frac{R}{30}} \tag{1-4}$$

1950年M. M. 普洛托吉雅柯诺夫（子）提出了另一种测定岩石坚固性系数f值的简易方法，称为"捣碎法"。

表1-3　普氏岩石分级表

等级	坚固性程度	岩　石	f
Ⅰ	最坚固	最坚固、细致和有韧性的石英岩和玄武岩以及其他各种特别坚固的岩石	20
Ⅱ	很坚固	很坚固的花岗质岩石、石英斑岩、很坚固的花岗岩、硅质片岩、比上一级较不坚固的石英岩、最坚固的砂岩和石灰岩	15
Ⅲ	坚固	花岗岩（致密的）和花岗质岩石、很坚固的砂岩和石灰岩、石英质矿脉、坚固的砾岩、板坚固的铁矿	10
Ⅲa	坚固	石灰岩（坚固的）、不坚固的花岗岩、坚固的砂岩、坚固的大理石和白云岩、黄铁矿	8
Ⅳ	较坚固	一般的砂岩、铁矿	6
Ⅳa	较坚固	砂质页岩、页岩质砂岩	5
Ⅴ	中等	坚固的黏土质岩石、不坚固的砂岩和石灰岩	4
Ⅴa	中等	各种页岩（不坚固的）、致密的泥灰岩	3
Ⅵ	较软弱	较软弱的页岩、很软的石灰岩、白垩、岩盐、石膏、冻土、无烟煤、普通泥灰岩、破碎的砂岩、胶结砾石、石质土壤	2
Ⅵa	较软弱	碎石质土壤、破碎的页岩、凝结成块的砾石和碎片、坚固的煤、硬化的黏土	1.5
Ⅶ	软弱	黏土（致密的）、软弱的烟煤、坚固的冲积层、黏土质土壤	1.0
Ⅶa	软弱	轻砂质黏土、黄土、砾石	0.8
Ⅷ	土质岩石	腐殖土、泥煤、轻砂质土壤、湿砂	0.6
Ⅸ	松散性岩石	砂、山麓堆积、细砾石、松土、采下的煤	0.5
Ⅹ	流砂性岩石	流砂、沼泽土壤、含水黄土及其他含水土壤	0.3

捣碎法是用粒径20~40mm的岩石碎块5份，每份重25~75g，置于图1-42所示的捣碎筒中，以重2.4kg的锤从0.54m高（筒高）夯捣5次（$n=5$）。5份试样分别捣过后混合在一起，用筛孔为0.5mm的筛子筛。筛下的粉末倾倒入量筒中，由测量棒量取粉末在量筒中的高度l(mm)，代入式（1-5）即可得到岩石的普氏坚固性系数

$$f = 20\frac{n}{l} \tag{1-5}$$

1975年苏联政府将捣碎法定为国家标准，之后又对它进行了轻微修改。

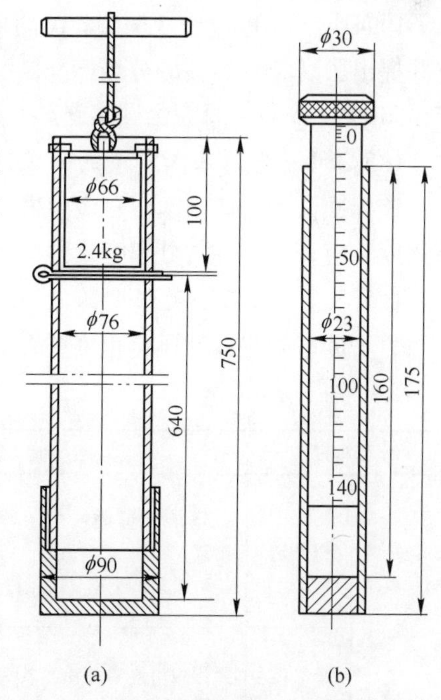

图1-42　捣碎法装置：捣碎筒、落锤（a）和量筒（b）

普氏岩石坚固性分级系统一直在中国广泛应用，至今仍有不少人在应用。但随着中国科学技术的发展，加之更科学且实用的岩石坚固性分级方法及其子系统，例如岩石的可钻性分级，岩石的可爆性分级、岩体稳定性分级等的研究取得了显著成就，更科学实用的岩石坚固性分级逐渐取代了普氏岩石分级，本书将在后续章节介绍。

在西方国家包括中国香港地区，最常使用的是由南非的宾尼阿乌斯基博士（Dr. Bieniawski）于1973年提出的地质力学分级系统

(RMR System) 和基于1974年由挪威学者巴顿等人 (N. Barton, R. Lien and J. Lude) 根据对200多条隧道建设数据的研究成果以及美国伊利诺斯大学的迪尔于1964年提出的RQD岩石质量指标建立起来的Q系统 (Q System)。由于RMR系统和Q系统与岩体的稳定性有着紧密的关系，特别适合应用于地下开挖中，本书第21章将予以详细介绍。

1.5.2 岩石的三性综合分级

20世纪80年代，中国东北大学（简称“东北大学”，Northeastern University, PRC）先后分别发表了《岩石的可钻性分级》[11]、《岩石的可爆性分级》[12]和《岩体的稳定性的动态分级》[13]（本书将在后续章节分别介绍它们）。1996年东北大学的林韵梅教授在研究以上三个分级并在此基础上提出并发表综合了岩石的可钻性、可爆性和稳定性的《岩石三性综合分级》[10]。

该研究以施工现场大量实测数据为基础，通过聚类分析、可靠性分析、数理统计等并采用电子计算机为主要处理手段，林韵梅教授提出了三性综合分级指标 S 及计算公式：

$$S = 135.6 + 10.2I_{s(50)} + 3.3a + 21.5v_r \tag{1-6}$$

式中 $I_{s(50)}$ ——岩石的点载荷强度，MPa；

a ——凿碎比功（见式（2-1）），kgf · cm/cm^3（1kgf · cm/cm^3 = 0.1J/cm^3）；

v_r ——岩石声波速度，km/s。

岩石的三性综合分级表见表1-4。

表1-4 岩石三性综合分级表[10]

级 别	岩石三性综合分级指标 S	稳定性	可钻性	可爆性
Ⅰ	>500	最稳定	最难钻	最难爆
Ⅱ	500~450	稳定	难钻	难爆
Ⅲ	450~350	中等	中等	中等
Ⅳ	350~250	不稳定	易钻	易爆
Ⅴ	<250	最不稳定	最易钻	最易爆

1.5.3 中国国家标准《工程岩体分级标准》(GB 50218—2014)

1994年，中国政府从全国有关的单位、科学院、大学和设计研究院所等，集中了一批专家学者，研究并提出了《工程岩体的分级标准》[9]。2014年有关单位对该标准作了修订并经国家住房和城乡建设部批准于2015年5月1日在全国实施。

1.5.3.1 岩体基本质量的分级因素

该标准认为岩体基本质量应由岩石坚硬程度和岩体完整程度两个因素确定。岩石坚硬程度和岩体完整程度，应采用定性划分和定量指标两种方法确定。

1.5.3.2 岩石坚硬程度的定性划分

岩石的坚硬程度和风化程度按表1-5和表1-6划分。

表1-5 岩石坚硬程度的定性划分

坚硬程度		定 性 鉴 定	代 表 性 岩 石
硬质岩	坚硬岩	锤击声清脆，有回弹，振手，难击碎； 浸水后，大多无吸水反应	未风化~微风化的： 花岗岩、正长岩、闪长岩、辉绿岩、玄武岩、安山岩、片麻岩、硅质板岩、石英岩、硅质胶结的砾岩、石英砂岩、硅质石灰岩等
	较坚硬岩	锤击声清脆，有轻微回弹，稍振手，较难击碎； 浸水后，有轻微吸水反应	1. 中等（弱）风化的坚硬岩； 2. 未风化~微风化的： 熔结凝灰岩、大理岩、板岩、白云岩、石灰岩、钙质砂岩、粗晶大理岩等

续表 1-5

坚硬程度		定性鉴定	代表性岩石
软质岩	较软岩	锤击声不清脆，无回弹，较易击碎； 浸水后，指甲可刻出印痕	1. 强风化的坚硬岩； 2. 中等（弱）风化的较坚硬岩； 3. 未风化~微风化的： 凝灰岩、千枚岩、砂质泥岩、泥灰岩、泥质砂岩、粉砂岩、砂质页岩等
	软岩	锤击声哑，无回弹，有凹痕，易击碎； 浸水后，手可掰开	1. 强风化的坚硬岩； 2. 中等（弱）风化~强风化的较坚硬岩； 3. 中等（弱）风化的较软岩； 4. 未风化的泥岩、泥质页岩、绿泥石片岩、绢云母片岩等
	极软岩	锤击声哑，无回弹，有较深凹痕，手可捏碎； 浸水后，可捏成团	1. 全风化的各种岩石； 2. 强风化的软岩； 3. 各种半成岩

表 1-6 岩石风化程度的划分

风化程度	风化特征
未风化	岩石结构构造未变，岩质新鲜
微风化	岩石结构构造、矿物成分和色泽基本未变，部分裂隙面有铁锰质渲染或略有变色
中等（弱）风化	岩石结构构造部分破坏，矿物成分和色泽较明显变化，裂隙面风化较剧烈
强风化	岩石结构构造大部分破坏，矿物成分和色泽明显变化，长石、云母和铁镁矿物已风化蚀变
全风化	岩石结构构造全部破坏，已崩解和分解成松散土状或砂状，矿物全部变色，光泽消失，除石英颗粒外的矿物大部分风化蚀变为次生矿物

1.5.3.3 岩体完整程度的定性划分

岩体完整程度应按表 1-7 进行定性划分。结构面的结合程度，应根据结构面的特征按表 1-8 确定。

表 1-7 岩体完整程度的定性划分

完整程度	结构面发育程度		主要结构面的结合程度	主要结构面类型	相应结构类型
	组数	平均间距/m			
完整	1~2	>1.0	结合好或结合一般	节理、裂隙、层面	整体状或巨厚层状结构
较完整	1~2	>1.0	结合差	节理、裂隙、层面	块状或厚层状结构
	2~3	1.0~0.4	结合好或结合一般		块状结构
较破碎	2~3	1.0~0.4	结合差	节理、裂隙、层面、小断层	裂隙块状或中厚层状结构
	≥3	0.2~0.4	结合好		镶嵌碎裂结构
			结合一般		薄层状结构
破碎	≥3	0.2~0.4	结合差	各种类型结构面	裂隙块状结构
		≥0.2	结合一般或结合差		碎裂状结构
极破碎	无序		结合很差		散体状结构

表 1-8 结构面结合程度的划分

结合程度	结构面特征
结合好	张开度小于 1mm，为硅质、铁质或钙质胶结，或结构面粗糙，无充填物； 张开度 1~3mm，为硅质或铁质胶结； 张开度大于 3mm，结构面粗糙，为硅质胶结
结合一般	张开度小于 1mm，结构面平直，钙泥质胶结或无充填物； 张开度 1~3mm，为钙质胶结； 张开度大于 3mm，结构面粗糙，为铁质或钙质胶结

续表 1-8

结合程度	结构面特征
结合差	张开度 1～3mm，结构面平直，为泥质胶结或钙泥质胶结； 张开度大于 3mm，多为泥质或岩屑充填
结合很差	泥质充填或泥夹岩屑充填，充填物厚度大于起伏差

1.5.3.4 定量指标的确定和划分

（1）岩石坚硬程度的定量指标，应采用岩石单轴饱和抗压强度 R_c(MPa)。R_c应采用实测值。当无条件取得实测值时，也可采用实测的岩石点荷载强度指数 $I_{s(50)}$的换算值，并按下式换算：

$$R_c = 22.82 I_{s(50)}^{0.75} \tag{1-7}$$

（2）岩石单轴饱和抗压强度 R_c与定性划分的岩石坚硬程度的对应关系，可按表 1-9 确定。

表 1-9 R_c与定性划分的岩石坚硬程度的对应关系

R_c/MPa	>60	60～30	30～15	15～5	≤5
坚硬程度	硬质岩		软质岩		
	坚硬岩	较坚硬岩	较软岩	软岩	极软岩

（3）岩体完整程度的定量指标，应采用岩体完整性指数 K_v。K_v应采用实测值。当无条件取得实测值时，也可用岩体体积节理数 J_v，按表 1-10 确定对应的 K_v值。

$$K_v = (v_{pm}/v_{pr}) \tag{1-8}$$

式中 v_{pm}——岩体弹性纵波速度，km/s；

v_{pr}——岩石弹性纵波速度，km/s。

$$J_v = S_1 + S_2 + \cdots + S_n + S_k \tag{1-9}$$

式中 S_n——第 n 组节理每米长测在线的条数；

S_k——每立方米岩体非成组节理条数。

表 1-10 J_v与 K_v对照表

J_v/条·m^{-3}	<3	3～10	10～20	20～35	≥35
K_v	>0.75	0.75～0.55	0.55～0.35	0.35～0.15	≤0.15

（4）岩体完整性指数 K_v与定性划分的岩体完整程度的对应关系，可按表 1-11 确定。

表 1-11 K_v与定性划分的岩体完整程度的对应关系

K_v	>0.75	0.75～0.55	0.55～0.35	0.35～0.15	≤0.15
完整程度	完整	较完整	较破碎	破碎	极破碎

1.5.3.5 岩体基本质量分级

岩体基本质量分级，应根据岩体基本质量的定性特征和岩体基本质量指标（BQ）两者相结合，按表 1-12 确定。

表 1-12 岩体基本质量分级

基本质量级别	岩体基本质量的定性特征	岩体基本质量指标（BQ）
Ⅰ	坚硬岩，岩体完整	>550
Ⅱ	坚硬岩，岩体较完整；较坚硬岩，岩体完整	550～451
Ⅲ	坚硬岩，岩体较破碎；较坚硬岩，岩体较完整；较软岩，岩体完整	450～351
Ⅳ	坚硬岩，岩体破碎；较坚硬岩，岩体较破碎～破碎；较软岩，岩体较完整～较破碎；软岩，岩体完整～较完整	350～251
Ⅴ	较软岩，岩体破碎；软岩，岩体较破碎～破碎；全部极软岩及全部极破碎岩	≤250

岩体基本质量指标可按下式计算：

$$BQ = 90 + 3R_c + 250K_v \quad (1\text{-}10)$$

式中 R_c 和 K_v 分别参见式（1-7）和式（1-8）。

使用式（1-10）时应遵守下列限制条件：

（1）当 $R_c > 90K_v + 30$ 时，应以 $R_c = 90K_v + 30$ 和 K_v 代入计算 BQ 值；

（2）当 $K_v > 0.04R_c + 0.4$ 时，应以 $K_v > 0.04R_c + 0.4$ 和 R_c 代入计算 BQ 值。

地下工程岩体详细定级时，如遇有下列情况之一时，应对岩体基本质量指标 BQ 进行修正，并以修正后的值按表 1-12 确定岩石级别，即：

（1）有地下水；

（2）岩体稳定性受软弱结构面影响，且有一组起控制作用；

（3）受到高初始应力状态影响。

岩体基本质量指标修正值［BQ］，可按式（1-11）计算：

$$[BQ] = BQ - 100(K_1 + K_2 + K_3) \quad (1\text{-}11)$$

式中 ［BQ］——岩体基本质量指标修正值；

BQ——岩体基本质量指标；

K_1——地下水影响修正系数；

K_2——主要结构面产状影响修正系数；

K_3——初始应力状态影响修正系数。

K_1、K_2、K_3 值分别按表 1-13 ~ 表 1-15 确定。

表 1-13 地下水影响修正系数 K_1

地下水出水状态	BQ				
	>550	550 ~ 450	450 ~ 351	350 ~ 251	≤250
潮湿或点滴状出水，$p \leqslant 0.1$ 或 $Q \leqslant 25$	0	0	0 ~ 0.1	0.2 ~ 0.3	0.4 ~ 0.6
淋雨状或涌流状出水，$0.1 < p \leqslant 0.5$ 或 $25 < Q \leqslant 125$	0 ~ 0.1	0.1 ~ 0.2	0.2 ~ 0.3	0.4 ~ 0.6	0.7 ~ 0.9
涌流状出水，$p > 0.5$ 或 $Q > 125$	0.1 ~ 0.2	0.2 ~ 0.3	0.4 ~ 0.6	0.7 ~ 0.9	1.0

注：1. p 为地下工程围岩裂隙水压，MPa；

2. Q 为每 10m 洞长出水量，L/(min · 10m)。

表 1-14 地下工程主要结构面产状影响修正系数 K_2

结构面产状及其与洞轴线的组合关系	结构面走向与洞轴线夹角 <30° 结构面倾角 30° ~ 75°	结构面走向与洞轴线夹角 >60° 结构面倾角 >75°	其他组合
K_2	0.4 ~ 0.6	0 ~ 0.2	0.2 ~ 0.4

表 1-15 初始应力状态影响修正系数 K_3

BQ / K_3 / 初始应力状态	>500	500 ~ 451	450 ~ 351	350 ~ 251	≤250
极高应力区	1.0	1.0	1.0 ~ 1.5	1.0 ~ 1.5	1.0
高应力区	0.5	0.5	0.5	0.5 ~ 1.0	0.5 ~ 1.0

有关中华人民共和国国家标准的详细内容请查阅本章参考文献［9］。

参 考 文 献

［1］ F. G. Bell. *Engineering Geology*［M］. 2nd edition. Oxford：B. H. of Elsevier Press，2007.

［2］ Haakon Fossen. *Structural Geology*［M］. Cambridge：Cambridge University Press，2010.

[3] Aurele Parriaus. *Geology Basics for Engineers* [M]. Boca Raton: CRC Press, 2009.
[4] R. R. Tatiya. *Surface and Underground Excavations* [M]. 2nd edition. Boca Raton: CRC Press, 2013.
[5] E. Hoek, E. T. Brown. *Underground Excavation in Rock* [M]. London: Institution of Mining and Metallurgy Press, 1980.
[6] H. Stille, A. Palmstrom. *Classification as a Tool in Rock Engineering* [J]. Tunnelling and Underground Space Technology, 2003, 18: 331-345.
[7] GEOGUIDE 4. *Guide to Cavern Engineering* [M]. HongKong: Geotechnical Engineering Office, Civil Engineering Department Press, 1992.
[8] C. Edelbro. *Rock Mass Strength_ a Review*, *Technical Report* [M]. New Haven: Lulea University of Technology Press, 2003.
[9] 中华人民共和国住房和城乡建设部，中华人民共和国国家质量监督检验检疫总局联合发布．工程岩体分级标准，中华人民共和国国家标准 GB/T 50218—2014. 2015.
[10] 林韵梅，等．岩石分级的理论与实践 [M]. 北京：冶金工业出版社，1996.
[11] 费寿林，等．凿碎法岩石可钻性分级 [M]. 北京：冶金工业出版社，1980.
[12] 钮强．我国矿山岩石爆破性分级的研究 [J]. 爆破，1984 (1).
[13] 林韵梅．围岩稳定性的动态分级法 [J]. 金属矿山，1985 (8): 2-6.

2 岩石钻孔及钻孔机械

当采用钻孔爆破方法开挖岩石时，钻孔是第一道基本工序。钻孔的目的是在岩体中按一定尺寸和分布在岩体钻凿炮孔，以便在其中安放炸药和起爆装置进行爆破作业。即使采用非爆破方法开挖岩石，有时也需要在岩石中钻孔以便安放化学膨胀剂或插入某种破岩工具或为机械开挖创造一个自由空间。

随着科学技术的发展，岩石钻孔可采用的方法也很多，例如机械钻孔（冲击式，回转式，回转-冲击式），热力钻孔（火焰、等离子、热液、冷冻），水力钻孔，超声波钻孔，激光钻孔等。然而机械钻孔至今始终是一种最为经济而且方便的钻孔方法，因而它在全球的矿业和开挖工程中被广泛应用，故本书也主要讨论机械钻进方法。

2.1 钻进岩石破碎机理及岩石的可钻性

2.1.1 钻进岩石破碎机理

当采用机械方法（冲击式、回转式、回转-冲击式）钻进岩石时，岩石的破碎机理通常有三种基本的方式：冲击-凿入、滚压和切割，如图 2-1 所示。

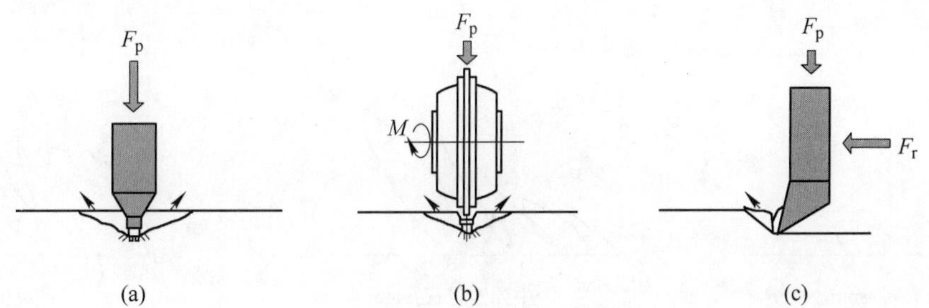

图 2-1 钻进时岩石破碎的一般机理

（a）冲击-凿入；（b）滚压；（c）切割

当钻具（冲击钻钻头、滚压刀盘、镶齿滚刀盘，牙轮钻头或刨刀等）钻入岩石时的第一个动作是将钻具在推力（冲击力）F_p 作用下破坏并“侵入”岩石表面，然后通过钻具不断地旋转-冲击或在推力 F_p 扭矩 M 共同作用，亦或在压入力 F_p 和横推力 F_r 不断作用下扩大破坏的范围和深度。由此可见，钻具在一静态推力或动态冲击力作用下侵入岩石表面是机械钻进破岩的基本过程。

钻具侵入岩石表面的过程可以分为四个阶段[1]（如图 2-2 所示）。

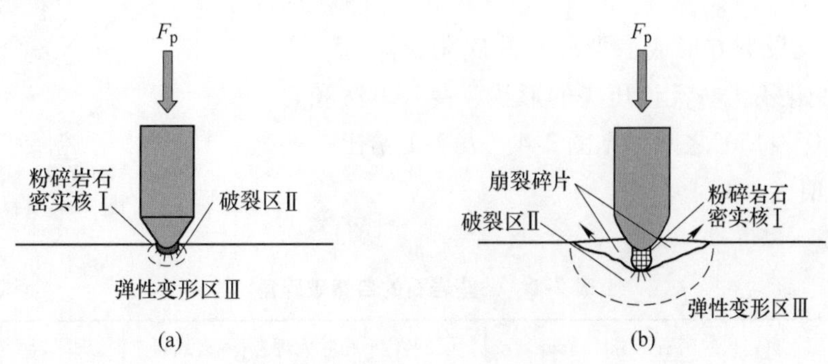

图 2-2 钻具侵入岩石表面的过程

2.1.1.1 粉碎区

当钻刃（称为压头）压入岩石表面，接触处岩石中应力急增并首先形成一个弹性变形区。但随着推力增大，压头下的岩石局部被粉碎而在压头下形成一个密实核。这一密实核是由于大量的微裂纹将岩石变成极细的粉末所组成，它的形成消耗了侵入过程70%~80%的能量。这一密实核将侵入力传递给下面的岩石。

2.1.1.2 裂缝区的形成

密实核下方在侵入力作用下主裂缝开始形成，如图2-2（a）所示。由于密实核的形成消耗了大量能量，裂缝的发展受到阻碍，这一现象称之为裂缝充分发展的“能量屏障”（energy barrier）。主裂缝形成的位置取决于压头的形状。一般来说，钝的压头（如球形）所形成的主裂缝位于接触区的外围并指向岩石内部。

2.1.1.3 裂缝传播

当侵入力一旦克服了能量屏障，裂缝会自发、迅速地开始向外发展。当岩石中的张应力降低至维持裂缝增长所必需的程度时，裂缝便稳定下来。

2.1.1.4 崩裂

当侵入力达到足够大时，岩石破裂，即裂缝从压头下方向侧上方迅速发展直达岩石表面在压头四周形成崩裂碎片。这一过程称为“表面崩裂”，如图2-2（b）所示。每当形成一次表面崩裂，侵入力降下来直到侵入力再次增加到一个更高的水平才能产生新的崩裂。图2-3记录了压头侵入岩石的这种“蛙跳式”的过程[2]。

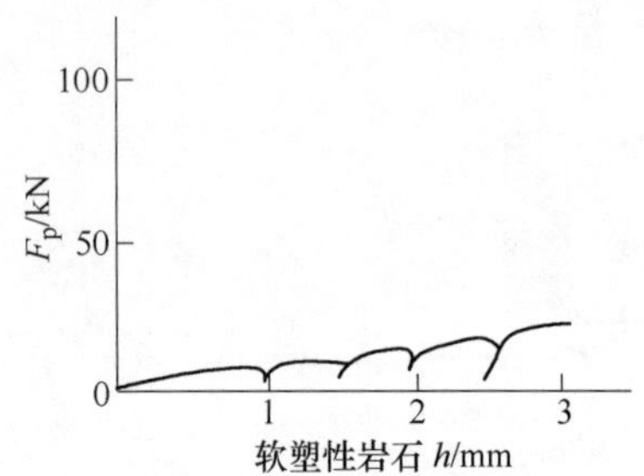

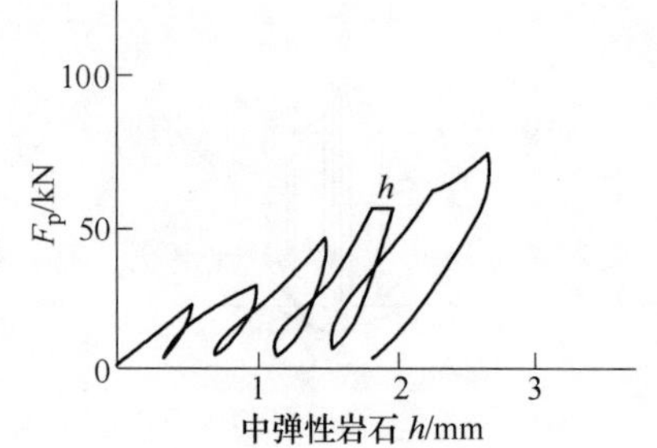

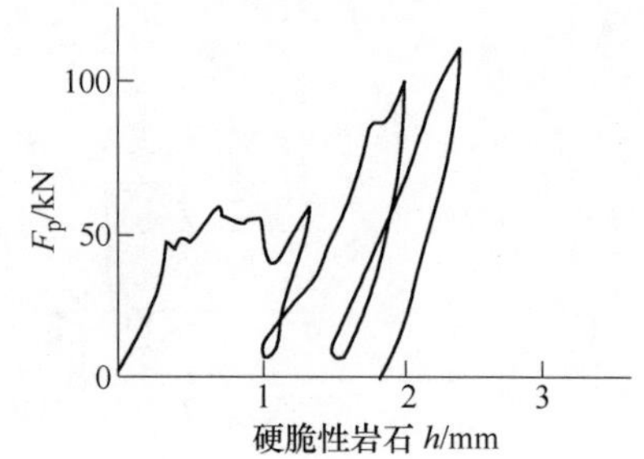

图2-3 不同性质岩石的载荷-侵深曲线

在这一压头侵入岩石的过程中，学者们留意两个现象[2]：

（1）从图2-3中可以看到，载荷-侵深曲线各次上升段的斜率大体相同，也就是说增加单位载荷所增加的侵深近于常数。曲线下降部分的情况和加载机构的刚性有关，不全取决于被侵入的岩石。

（2）由于崩裂在压头下方形成崩裂漏斗的底角，称为“自然破碎角”，其角度变化不大。无论压头的形状、侵入方法和岩石，该角度大多在120°~150°之间，见图2-4。表2-1给出一些岩石的自然破碎角数值[2]。

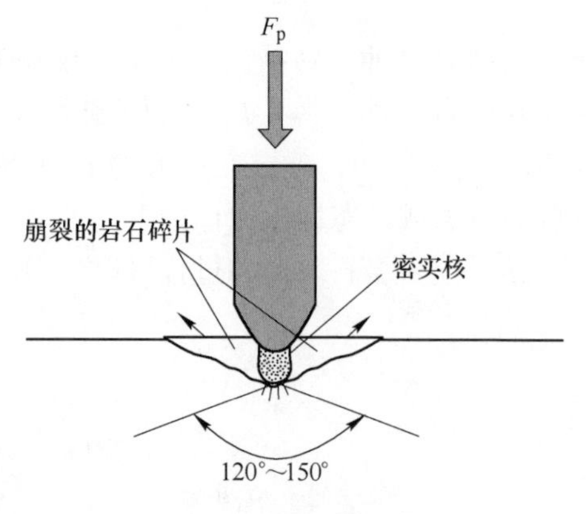

图2-4 自然破碎角

表2-1 一些岩石的自然破碎角

岩石	软黏土页岩	黏土页岩	致密石灰岩	软砂岩	硬砂岩	粗粒大理岩	玄武岩	辉绿岩	细粒花岗岩	硬石英岩
2β	116	128	116	130	144	130	146	126	140	150

2.1.2 岩石的可钻性及其分级

所谓岩石的可钻性是指岩石对于钻具侵入岩石的抵抗力。这一术语用来综合描述各种影响钻进速度和钻具磨损的各种因素。显然，钻具钻入岩石既受岩石性质的影响，也受钻进机械各种参数的影响。

研究岩石的可钻性的目的是：

（1）针对要钻进的岩石选择一种合适的钻进方法，钻进设备和钻进技术参数以取得最佳的工程项目进度和最好的经济效益；

（2）预估钻进设备的钻进速度和使用寿命，为制订项目计划提供基础数据；

（3）为设计和改进钻进机械提供可靠的岩石性能参数。

因此，对于岩石开挖工程、采矿工业，地质和石油勘探，研究岩石的可钻性及其分级是一项基础技术的研究工作。

自 1927 年蒂尔逊（B. F. Tillson）提出“岩石可钻性”概念以来，很多国家对岩石的可钻性及其分级作了大量工作。本书中将对挪威科学技术大学地质系（NTNU）和 SINTEF 工业技术研究中心进行的研究工作和中国东北大学岩石破碎研究室进行的研究成果分别加以介绍。

2.1.2.1 NTNU/SINTEF 方法和岩石可钻性分级

经过三十年的研究工作，挪威 SINTEF 研究中心的岩土力学研究室和挪威科技大学地质系共同提出了测定岩石可钻性的试验程序。这一方法包括测试三个指数：

（1）钻进速度指数 DRI；

（2）钻头磨损指数 BWI；

（3）刀具寿命指数 CLI。

该研究工作从世界各地采集了超过 3400 个试样，对这些岩样的测试不仅为上述指标的相关性研究提供了坚实的基础，并为不断更新和进一步的研究工作提供了难得的条件。这些宝贵的数据使我们可以对岩石开挖工程（隧道掘进机 TBM，一般方法的隧道掘进工作和露天采石场等）的成本和时间进行预算。

A 钻进速度指数

钻进速度指数 DRI 的评估是在以下两项试验数据的基础上而取得的：（1）脆性指标 S_{20}测试；（2）司沃（Siever）指标 S_j的微钻测试。

a 脆性指标

脆性指标 S_{20}是针对岩石对裂纹的增长和压碎的抵抗力的间接测试。S_{20}的测试采用瑞典捣碎法，见图 2-5。

破碎和筛分后的岩粒尺寸为 16.0 ~ 11.2mm，置入一臼槽内用 14kg 的锤撞击 20 次。臼槽的容积正好可容密度为 2.65g/cm^3 的岩粒 0.5kg。撞击后的岩粒用筛孔尺寸为 11.2mm 的筛过筛，筛下量占总量的百分比即是 S_{20}的值。S_{20}的测定值取 3 ~ 4 次测试的平均值。

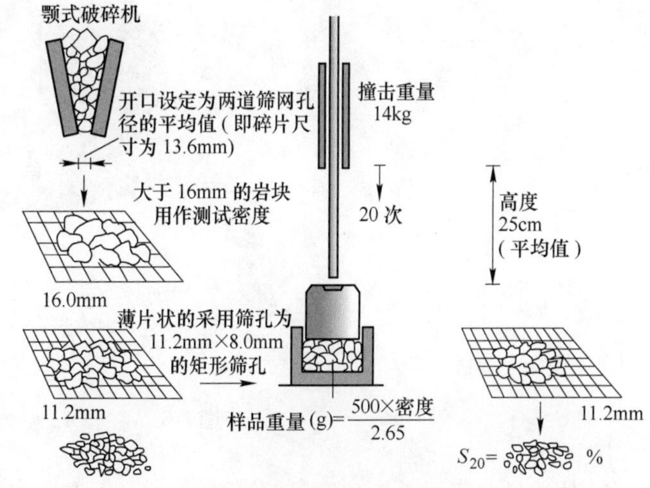

图 2-5 测定岩石脆性指标的捣碎法

b S_j指标的微钻测试

S_j指标的微钻测试也是一种间接测试岩石对钻具侵入岩石阻力的方法（表面硬度）。微钻装置见图 2-6。

钻头旋转 200 转后测量钻孔深度，精确到 0.1mm。取 4 ~ 8 次钻进试验的平均值作为 S_j指标的测试值。岩石试样的方向对测试结果会有影响，因此每次钻进的方向都取平行于岩石试样中的节理或片理方向。对于粗颗粒的岩石，必须仔细地确保各种不同矿物颗粒上都有代表性的钻孔。

钻进速度指数 DRI 由图 2-7 确定。表 2-2 是对钻进速度指数的定性分级。

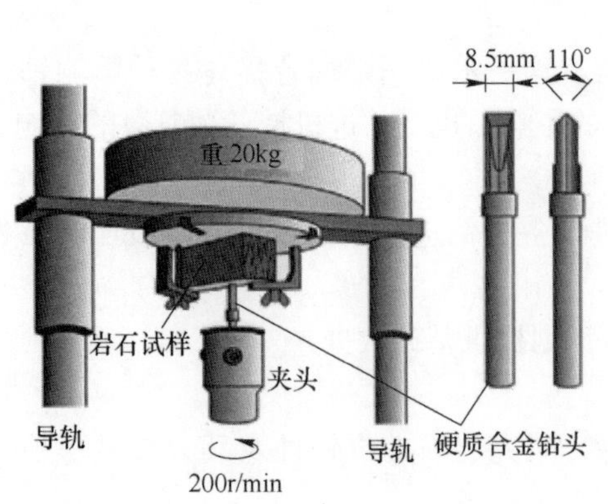

图 2-6　Siever 微钻测试仪

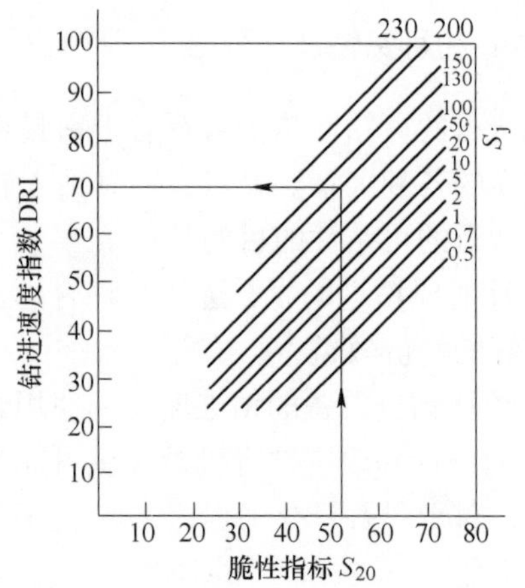

图 2-7　由 S_{20} 和 S_j 确定 D_{RI}（取自 Tamrock[4]）

表 2-2　钻进速度指数 DRI 的定性分级

钻进速度指数分级	DRI	钻进速度指数分级	D_{RI}
极低	21	高	65
很低	28	很高	86
低	37	极高	114
中等	49		

B　钻具磨损指数

钻具磨损指数 BWI 是由两个实验室测试指标来评估的。它们是磨损值 A_V 和刀盘钢具磨损值 A_{VS}[3]。

A_V 测试是要测定岩石对钨钴硬质合金钻具的磨损力度。A_{VS}是在 A_V 测试的基础上进一步提出来的。它们采用同一种测试装置，但做 A_{VS}测试时是用从隧道掘进机（TBM）上的刀盘的一片钢材来取代 A_V 测试的钻具。A_{VS}测试是要测定岩石对 TBM 刀盘钢材的磨损力度。用于 A_V 和 A_{VS}测试的岩石材料取自用于测试 S_{20}岩石后的岩粉，因此可认为它是具有代表性的岩石试样。图 2-8 是该测试装置的简略图。

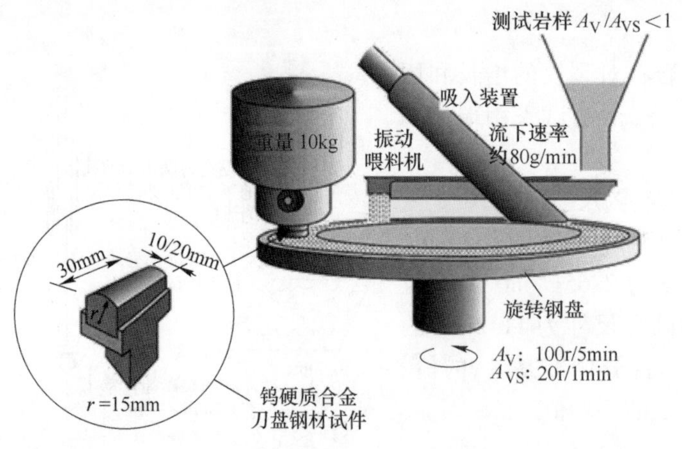

图 2-8　A_V 和 A_{VS}测试装置简略图

A_V 值取钻具经过 5min 磨损试验后所损失的重量，以毫克（mg）为单位。A_{VS}值取钢材试件经过 1min 磨损试验后所损失的重量，以毫克（mg）为单位。A_V 和 A_{VS}测试通常取 2～4 个试件的平均值。

C　岩石的可钻性分级

NTNU/SINTEF 的数据库中目前存有从全世界各种开挖工程中采集的约 3200 个岩石试样的试验数据。这些数据显示了非常好的可重复性和稳定性。表 2-3 是根据这些数据进行统计分析后作出的岩石可钻性分级表。

表 2-3 NTNU/SINTEF 的岩石可钻性分级

级 别	S_{20}/%	S_j/mm	A_V/mg	A_{VS}/mg
极高	≥66.0	≤0.2	≥58.0	≥44.0
非常高	60.0~65.9	0.21~0.39	42.0~57.9	36.0~44.0
高	51.0~59.9	0.40~0.69	28.0~41.9	26.0~35.9
中等	41.0~50.9	0.70~1.89	11.0~27.9	13.0~25.9
低	35.0~40.9	1.90~5.59	4.0~10.9	4.0~12.9
非常低	29.1~34.9	5.60~8.59	1.1~3.9	1.1~3.9
极低	≤29.0	≥8.60	≤1.0	≤1.0

2.1.2.2 岩石凿碎比功的可钻性分级

1980 年，中国东北大学发表了“岩石凿碎比功的可钻性分级”研究成果。此分级方法采用“凿碎比功”和“钻头钎刃磨钝宽度”两个指标对岩石的可钻性分级，并设计出两套测试装置。这一分级方法已在中国各冶金矿山得到广泛采用。

A 岩石凿碎比功的概念

凿碎单位体积岩石所耗费的功，称凿碎比功。它是冲击式凿岩破碎的基础物理量。冲击凿入的过程中，凿碎比功和冲击功的关系如图 2-9 所示。从图 2-9 可以看到：岩石在凿入破碎时，存在一个临界冲击功 A_c 值。当冲击功小于 A_c 值时，凿碎比功 a 很大，变化也很剧烈，表明此时岩石不能被有效破碎。当冲击功 $A \geq A_c$ 时，a 值趋于平稳，随冲击功 A 的增大，a 值仅在一个不大的范围内波动。由于各种岩石的可钻性不同，其 A_c 值也不同。由此可见，在设计测试岩石的凿碎比功的装置其采用的冲击功应大于岩石的 A_c 值。临界冲击功 A_c 值和岩石的性质和凿刃长度有关。表 2-4 给出了几种岩石当钎刃长为 23mm 时的 A_c 值[2]。

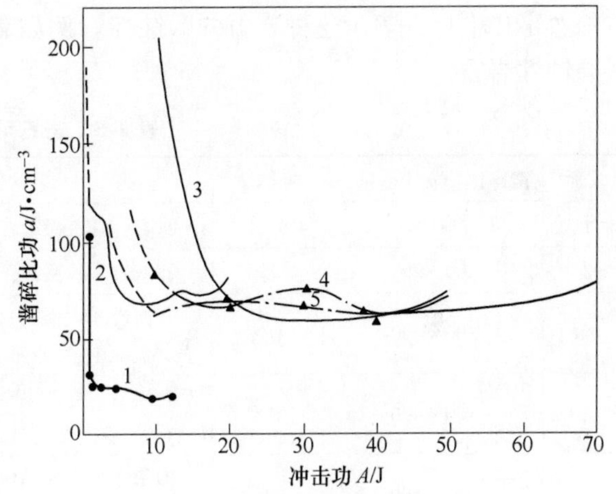

图 2-9 冲击功与凿碎比功的关系

1—大理岩；2—闪长岩；3—角闪岩；4，5—花岗岩

表 2-4 几种岩石的临界冲击功值（钎刃长为 23mm）

岩 石	闪长岩	安山岩	花岗岩	大理岩	石灰岩	滑 石
A_c/J	7.5	10	10	4	15	1

B 测试装置-便携式岩石凿测器

用以测试岩石的凿碎比功的装置——便携式岩石凿测器，见图 2-10。

冲击锤 5 重 4.0kg。锤从 1.0m 的高度沿导杆 4 自由落下。锤撞击承击台 2，承击台下端装一个一字形钎头 1。钎头凿入岩石表面。每冲击一次，钎头由导杆顶端的把手 9 转动 15°。钎头直径为 40±0.5mm，钎头嵌 YG-11G 一字形硬质合金片，刃角 110°。为了测量钎头的磨损，每一次作岩石的凿碎比功的测试都必须用新钎头或重新磨锐过的钎头。测试的岩石面要水平放置。先用人工在岩石面上凿一个浅坑以便钻头定位。锤击 480 次后，测量并记录下在岩石试件上凿入的净孔深 H。所测得的凿碎比功可按下式计算：

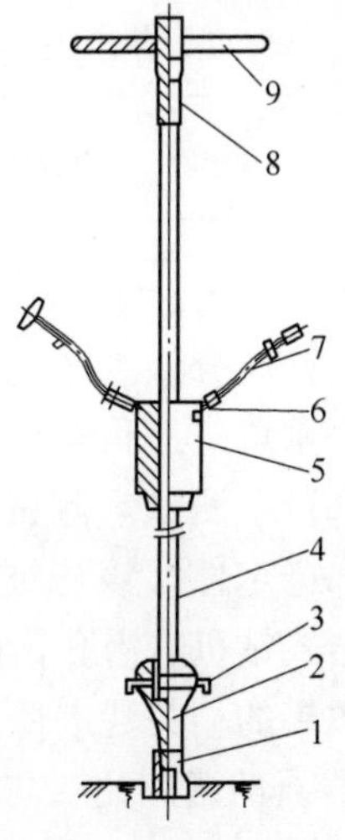

图 2-10 岩石凿测器

1—钎头；2—承击台；3—插销；4—导向杆；5—落锤；6—三角形环；7—操作绳；8—导杆顶；9—转动把手

$$a = \frac{A}{V} = \frac{n A_0}{\frac{\pi}{4} d^2 H} = \frac{480 \times 39.2}{\frac{\pi}{4} \times 4.1^2 \times \frac{H}{10}} = \frac{14252}{H} \tag{2-1}$$

式中 a——凿碎比功，J/cm³；

A——锤自由下落 480 次的总冲击功，J；

V——锤自由下落480次的破岩总体积，cm^3；

n——锤自由下落冲击的总次数，$n=480$；

A_0——锤自由下落的单次冲击功，$A_0=39.2J$；

d——实际凿孔直径，钎头直径为40mm时，实际孔径为$d=41mm$；

H——净凿入深度，mm。

完成测试凿碎比功后，还要测量经过480次冲凿试验后钎刃的磨钝宽度b。磨钝宽度b用读数显微镜量得。它是指离钎刃外侧4mm处的宽度。两端各量一次，取平均值，以mm为单位，见图2-11。

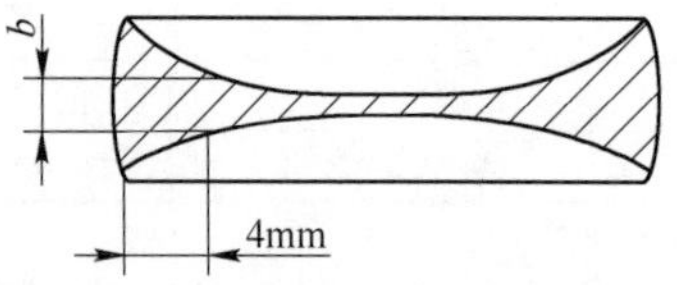

图2-11 测量钎刃磨钝宽度b

C 岩石的可钻性分级

在该岩石的可钻性分级系统中，岩石的可钻性是从凿碎比功为主，钎刃磨钝宽度为辅的表示方法。视岩石凿碎比功a的不同，分为七级，如表2-5所示。按钎刃磨钝宽度b，将岩石的磨蚀性分成三类，如表2-6所示。综合表示岩石的可钻性时，用罗马数字表凿碎比功等级，用阿拉伯数字作下标，表示这种岩石的磨蚀性。例如$Ⅲ_1$是中等可钻性的弱磨蚀性岩石，$Ⅵ_3$是可钻性很难的强磨蚀性岩石。

表2-5 岩石可钻性的凿碎比功分级

级别	凿碎比功 $a/J\cdot cm^{-3}$	可钻性	代表性岩石
Ⅰ	≤190	极易	页岩、煤、凝灰岩
Ⅱ	200～290	易	石灰岩、砂页岩、橄榄岩（金川）、绿泥角闪岩（南芬）、白云岩（大石桥矿）
Ⅲ	300～390	中等	花岗岩（大孤山）、石灰岩（大连甘井子、本溪矿）、橄榄岩片岩、铝土矿（洛阳）、混合岩（大孤山、南芬）、角闪岩
Ⅳ	400～490	中难	花岗岩、硅质灰岩、辉长岩（兰尖）、玢岩（大孤山）、黄铁矿（白银）、铝土矿（阳泉）、磁铁石英岩（北京）、片麻岩（云南苍山）、矽卡岩（杨家杖子）、大理岩（青城子）
Ⅴ	500～590	难	假象赤铁矿（姑山、白云鄂博）、磁铁石英岩（南芬三层铁、弓长岭）、苍山片麻岩、矽卡岩、中细粒花岗岩（湘东钨矿）、暗绿角闪岩（南芬）
Ⅵ	600～690	很难	假象赤铁矿（姑山、白云鄂博富矿）、磁铁石英岩（南芬一、二层铁、弓长岭）、煌斑岩（青城子）、致密矽卡岩（杨家杖子松北矿）
Ⅷ	≥700	极难	假象赤铁矿（姑山、白云鄂博）、磁铁石英岩（南芬）

表2-6 岩石磨蚀性分类

类别	钎刃磨蚀宽 b/mm	磨蚀性	代表性岩石
1	≤0.2	弱	页岩、煤、凝灰岩、石灰岩、大理岩、角闪岩、橄榄岩、辉绿岩、白云岩、铝土矿、千枚岩、矽卡岩
2	0.3～0.6	中	花岗岩、闪长岩、辉长岩、砂岩、砂页岩、硅质灰岩、硅质大理岩、混合岩、变粒岩、片麻岩、矽卡岩
3	≥0.7	强	黄铁矿、假象赤铁矿、磁铁石英岩、石英岩、硬质片麻岩

为了验证该分级系统的可靠性和稳定性，该系统对来自全国一百多个重点矿山和岩石开挖工程的96种岩石，共计2532个岩石样本进行了测试。测试结果表明该分级系统具有非常高的可重复性和稳定性。该分级系统还对测试结果与实际的生产设备，如冲击式钻机、潜孔钻机、牙轮钻机和隧道掘进机（TBM）等的钻进效果的相关性进行了研究。

（1）岩石的凿碎比功与7655冲击式钻机和73-200潜孔钻机的相关性见图2-12。

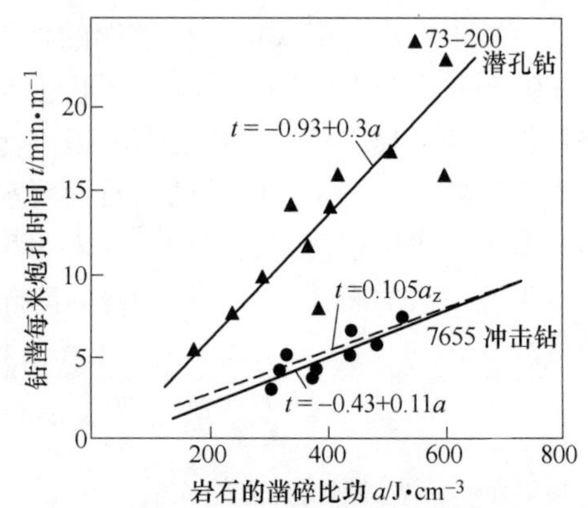

图2-12 凿碎比功和钻机钻速相关性

（2）岩石的凿碎比功与45-R和60-R牙轮钻机钻凿每米炮孔时间t的相关性可用其回归方程和相关系数γ表示：

45-R：$t\approx 0.11a$；$\gamma=0.94$；

60-R：$t \approx 1 + 0.1a$；$\gamma = 0.98$

很明显它们的相关性非常好。

（3）隧道掘进机（TBM）掘进速度 v 与岩石的凿碎比功 a、单齿静压力 K、岩石抗压强度 R、普氏捣碎法 f 和岩石的声波速度 v_L 之间的相关关系。

SJG-53-12 隧道掘进机（TBM），直径 5.2m，推力 396t，刀盘转速 5.79r/min，共设 64 把滚刀，在黑云母片麻岩中开挖 346m 隧道。同时测定 a、K、R、f 和 v_L 五项指标并进行回归分析。分析结果见表 2-7。

表 2-7　TBM 掘进速度 v 与各可钻性指标的相关关系

方　法	关　系	回归方程	相关系数 γ	样本数
凿碎法	v-a	$v = 41.67a^{-1.01}$	−0.885（>0.561）	20
单齿静压	v-K	$v = 0.35 - 0.014K$	0.717（>0.684）	13
抗压强度	v-R	$v = 1.61 - 0.41R$	0.63（≈0.632）	19
捣碎法	v-f	不相关		19
声波速度	v-v_L	不相关		23

表中数据不言自明，岩石的凿碎比功 a 与隧道掘进机（TBM）掘进速度 v 的相关性最好。

大量样本测试也显示出岩石的凿碎比功 a 和钎刃磨钝宽度 b 与钻具的消耗之间有着非常密切的关系。作为一个例证，对本钢南芬铁矿的测试与牙轮钻头消耗量的统计资料进行了回归分析，其回归方程为：

60-R：ϕ310 钻头寿命（米/个）　$T \approx -150 + \dfrac{14950}{a} + \dfrac{4.8}{b}$；$\gamma = 0.984$

45-R：ϕ250 钻头寿命（米/个）　$T \approx 43 + \dfrac{6650}{a} + \dfrac{10.9}{b}$；$\gamma = 0.78$

D　微型凿测器

为了方便在开挖现场测试岩石的可钻性，东北大学设计了一种十分轻便的 WZ-1 型微型凿测器[6]。该微型凿测器实际上是用一台由长春电动工具厂生产的 PHE-16 型手执式冲击电钻（主机采用德国 AEG 公司技术）改装而成。该装置包括配垂，调平装置，钻头和定时器等。图 2-13 是其内部结构图。为了测试岩石的可钻性，该装置采用以下工作参数。

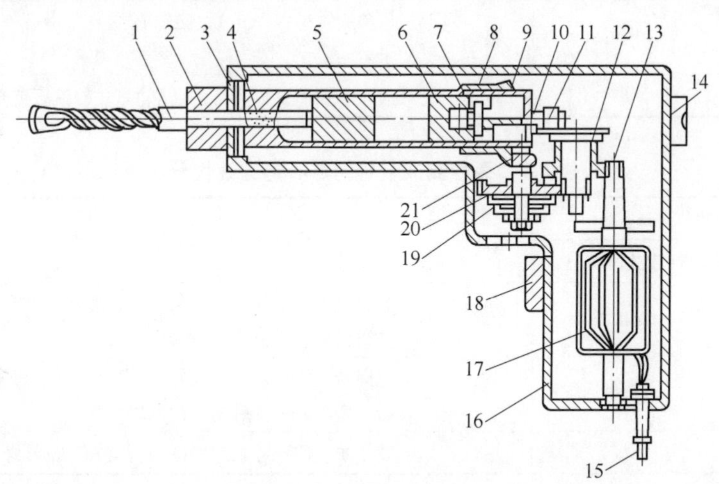

图 2-13　微型凿测器的结构

1—钻杆；2—万能工具夹头；3—单向推力球轴承；4—制销珠粒；5—冲击锤；6—活塞；7—活塞销；8—大伞齿轮；9—转动套；10—连杆；11—偏心轮；12— 一级从动齿轮；13—电动机主轴；14—水平调准装置；15—电缆组件；16—机壳；17—电动机；18—电子调速按钮开关；19—离合摩擦片；20—二级从动齿轮；21—小伞齿轮

工作电压：220V；马达转速：1000r/min；

单次冲击功：2.6J；冲击频率：3800 次/min；

一字形钻头直径：(14 ±0.5)mm；钎刃刃角：110°。

测试时设定钻进时间为1min。WZ-1型微型凿测器的凿碎比功按下式计算：

$$a_w = \frac{A}{V} = \frac{n \times A_w}{\frac{\pi}{4} \times D^2 \times \frac{H}{10}} = \frac{360 \times 2.6 \times 10}{\frac{\pi}{4} \times 1.5^2 \times H} = \frac{55909}{H} \qquad (2\text{-}2)$$

式中　A，V——同式(2-1)；

n——冲击频率，$n = 3800/\text{min}$；

A_w——单次冲击功，$A_w = 2.6\text{J}$；

D——钻孔直径，钻头直径为(14 ± 0.5)mm，$D = 1.5\text{mm}$；

H——净孔深，mm。

WZ-1型微型凿测器的钻头磨损测量见图2-14。

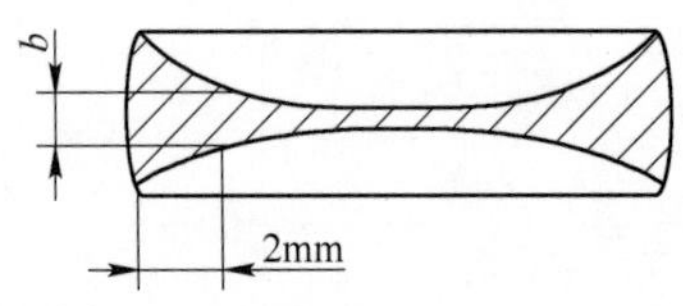

图2-14　微型凿测器钻头磨损测量

为了检测WZ-1型微型凿测器工作的稳定性和可靠性以及用这一装置测试数据的可重复性和一致性，采用十台同型号装置对不同的岩石进行了测试。检测结果是令人满意的。十台装置在同一种岩石上钻孔深度的离散系数为4.55%。用以分别使用过不同时间的三台装置在不同岩石上钻孔的平均深度的相对误差小于4.0%。

按凿碎比功的岩石可钻性分级，采用两种不同测试装置的分级表及代表性岩石见表2-8和表2-9。

表2-8　两种测试装置的岩石的凿碎比功分级

级别	凿碎比功/J·cm⁻³		可钻性	代表性岩石
	WZ-1微型凿测器	便携式凿测器		
Ⅰ	≤400	≤186	极易	页岩、煤、凝灰岩
Ⅱ	401~650	187~284	易	石灰岩、砂页岩、橄榄岩、绿泥角闪岩、白云岩
Ⅲ	651~900	285~382	中等	花岗岩、石灰岩、橄榄岩片岩、铝土矿、混合岩、角闪岩
Ⅳ	901~1150	383~480	中难	花岗岩、硅质灰岩、辉长岩、玢岩、黄铁矿、铝土矿、磁铁石英岩、片麻岩、矽卡岩、大理岩
Ⅴ	1151~1350	481~578	难	假象赤铁矿、磁铁石英岩、苍山片麻岩、矽卡岩、中细粒花岗岩、暗绿角闪岩
Ⅵ	1351~1550	579~676	很难	假象赤铁矿（姑山）、磁铁石英岩（南芬一、二层铁）、煌斑岩、致密矽卡岩
Ⅷ	≥1551	≥677	极难	假象赤铁矿（姑山、白云鄂博）、磁铁石英岩（南芬）

表2-9　两种测试装置的岩石的磨蚀性分类

类别	钎刃磨蚀宽 b/mm		磨蚀性	代表性岩石
	WZ-1微型凿测器	便携式凿测器		
1	<0.2	≤0.2	弱	页岩、煤、凝灰岩、石灰岩、大理岩、角闪岩、橄榄岩、辉绿岩、白云岩、铝土矿、千枚岩、矽卡岩
2	0.2~0.4	0.3~0.6	中	花岗岩、闪长岩、辉长岩、砂岩、砂页岩、硅质灰岩、硅质大理岩、混合岩、变粒岩、片麻岩、矽卡岩
3	≥0.5	≥0.7	强	黄铁矿、假象赤铁矿、磁铁石英岩、石英岩、硬质片麻岩

2.2　钻孔机械

2.2.1　钻机操纵方式分类

由于采用钻孔爆破方法进行方挖工程的环境和条件变化各异，因而也出现了各种各样的钻孔机械。按操纵方式可分为两大类：

(1) 手执式钻机。这一类钻机通常较轻便，用人手操作。它通常用于一些很小型的工程或是无法采用较大型设备的地方。这种手执式钻机一直朝着更轻、更方便操作和更高效率的方向发展。除了广泛采用的风动（压缩空气）钻机外，一些采用其他能源的钻机，如液压，电动机和内燃机钻机也相继面世（见图 2-15 ~ 图 2-18）。

手持钻机

风动钻机

图 2-15　手持式风动钻机（Atlas Copco）

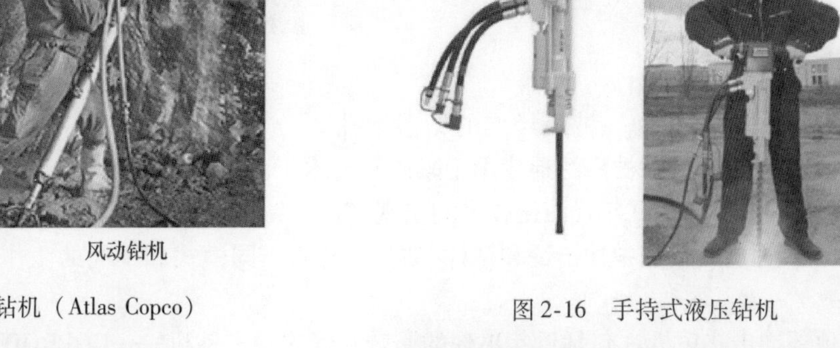

图 2-16　手持式液压钻机

图 2-17　手持式内燃机钻机

图 2-18　手持式电动钻机

(2) 机械化自行钻机。这一类钻机通常都固定在一个车架上，机手可以很舒适地坐着操纵钻机进行工作。这一类钻机所在的行走机构可以是轮胎式，也可以是履带式，可以自行也可以由其他车辆拖挂（见图 2-19 和图 2-20）。

2.2.2　钻进方法分类

最常见的钻孔机械的钻进方法是回转-冲击式和回转式。

(1) 回转-冲击式钻进方法是应用最广泛的方法，它适用于所有岩石。它包括顶锤式钻机和潜孔钻机。

(2) 回转式钻进方法又细分为两类。一类是采用三个锥形牙轮钻头碾碎岩石而钻孔，它适用于中等至坚硬的岩石。另一类是采用切削钻头切削岩石而钻孔，它适用于软岩。

图 2-19　地表用液压凿岩台车（Atlas Copco）

在采用钻孔爆破的岩石开挖工程中从手执式钻机发展到现代的液压自行式台车，回转-冲击式钻进方法已有两百多年历史（不包括人力手工打孔）。其中使用最多的是顶部冲击式钻机，钻孔直径多数在 38 ~

127mm 范围内。潜孔钻机通常都用于钻凿 75mm 以上至 250mm 的炮孔，中国香港地区在建设赤鱲角国际机场时采用了 150mm 的潜孔钻机。

采用牙轮钻头的回转式钻机多用于大型露天矿山，钻凿 127～440mm 的大炮孔。另一类采用切削钻头的回转式钻机主要用于钻凿软岩，如黏土层，地表风化层和煤层中的炮孔或为泥质斜坡安装泥钉等。

图 2-20　地下工程用液压凿岩台车（Sandvik）

2.2.3　回转-冲击式钻进

回转-冲击式钻进作为一种最经典的钻凿炮孔的方法，自 19 世纪开始就被广泛地应用于采矿和土木工程中。它一开始用蒸汽作动力，之后发展以压缩空气作动力。到 20 世纪 60 年代液压技术的出现使这一钻进方法得以突飞猛进地得到发展。

按照回转-冲击式钻进中冲击锤和钻杆/钻头回转的不同模式和不同的工作方式，回转-冲击式钻进又分为两类：

（1）顶部冲击式钻机（包括近年出现的回转套管式冲击钻机——COPROD）；

（2）潜孔式钻机（DTH 或 ITH）。

顶部冲击式（COPROD）及潜孔钻机如图 2-21 所示。

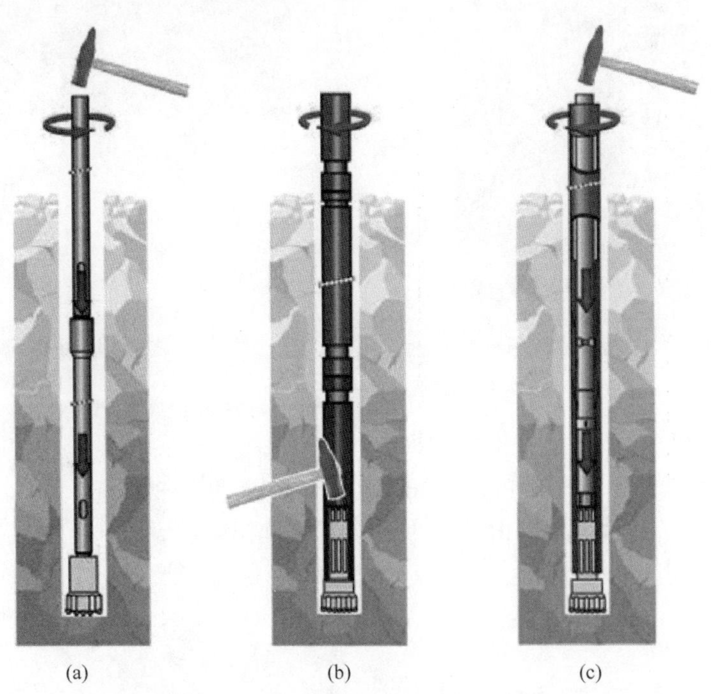

图 2-21　回转冲击式钻机的三种工作模式（Atlas Copco）

（a）顶部冲击式钻机；（b）潜孔钻；（c）COPROD 钻机

顶部冲击式：冲击锤（活塞）锤击“钻入链-钻头、钻杆和钻杆接头”的顶部。撞击能量以冲击波的形式经钻杆及其接头由顶部传到钻头凿入岩石。钻机旋转钻杆及钻头。其特点是结构较简单，钻速快。缺点是冲击能量在传递过程中有少量损失，钻深孔时易偏斜。

潜孔钻机：包括有钻头和冲击锤（活塞）的冲击器“潜入”到孔内。活塞直接撞击钻头使其凿入。钻杆连接冲击器至孔外的钻机。钻机旋转钻杆及冲击器。其特点是减少了能量在传递中的损失，炮孔不易偏斜。适宜钻较大炮孔。

COPROD 钻机：一个由上至下的套筒连接至钻头。旋转动作由套筒带动钻头完成。钻杆位于套筒内并与钻头接触。冲击锤（活塞）锤击钻杆顶部。钻杆只承担传递冲击力和轴推力的功能。它秉承了顶部冲击钻的高钻速和潜孔钻孔不易偏斜的优点。适用于多裂隙岩体。

回转-冲击式钻进的过程基本上由以下四个动作组成（见图2-22）：

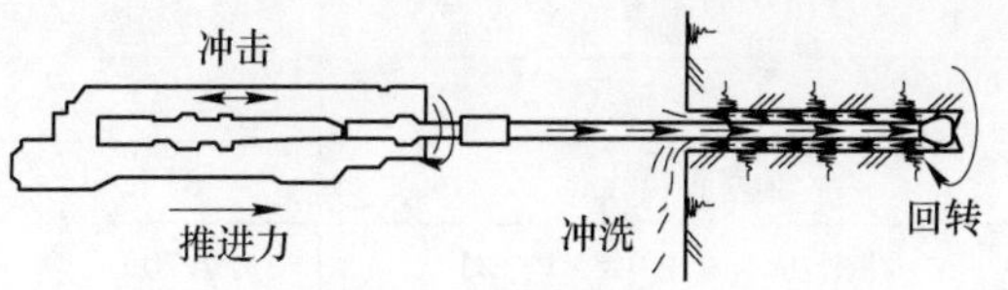

图2-22 回转-冲击式钻机的四个基本动作

（1）冲击。钻机中的活塞冲击钻杆的尾端（顶部冲击式）或直接冲击钻头尾端（潜孔式）。撞击产生的冲击应力波经过钎杆或直接传给钻头，使钻头凿入岩石。

（2）回转。钻机的回转机构转动钻杆（顶部冲击式）或转动套管（COPROD），或潜孔冲击器（通过钻杆）使钻头回转，从而使得钻头的钻刃在受到每一次冲击时能凿向岩石（孔底）的不同位置。

（3）推进力。推进力的作用是为了使钻头始终紧密地接触孔底岩石面，以确保从活塞传来的冲击力能有效地作用在岩石上。

（4）冲洗。冲洗的作用是为了将钻下的岩粉（屑）从钻孔中冲洗出来并同时冷却钻头。用于冲洗的介质可以是空气、水或泡沫。它通过钻杆和钻头的冲洗孔直接进入孔底。地下工程钻孔时，为降低空气中的粉尘，不允许采用空气冲洗。

2.2.3.1 顶锤式钻机

顶部冲击式是目前从手执式到自行式钻机中使用最广的回转冲击式钻进模式。在顶锤式钻机中，冲击能量是通过活塞撞击钻杆尾部（或钻杆适配器）将冲击能量传送到钻头，然后钻头凿入孔底岩石。顶锤式钻机主要用于坚硬岩石，孔径最大可达127mm（5英寸）。其主要优点是它在用于坚硬的岩石时有很高的钻速。带气腿子的手执式风动钻机通常用于钻小直径炮孔，而安装于凿岩台车上的液压钻机通常用来钻凿直径大于41mm（$1\frac{5}{8}$英寸）的炮孔。重型液压钻机其冲击功率可达40kW，用于钻凿直径可达127mm的炮孔。

A 风动钻机

通常我们称以压缩空气作能源的机具为“风动工具”，如风钻、风镐、风扳手等。风钻内有一个阀（有些风钻中活塞本身就承担着阀的功能）。阀的功能是改变压缩空气进入汽缸的方向，从而迫使活塞做往复运动，撞击钻杆（或钻杆适配器）尾端。随着活塞每撞击一次钻杆尾端，钻杆被钻机内的一个有螺旋形凹槽的来复杆，或者由一个独立的回转机构，带动旋转一定角度（5°~15°）。冲洗的空气或水从钻机内部沿中心轴线的小管送到钻杆尾端的冲洗孔中直达钻头的冲洗孔出来冲洗炮孔。图2-23是一台手执式风钻。图2-24是这一类风钻的典型内部结构。

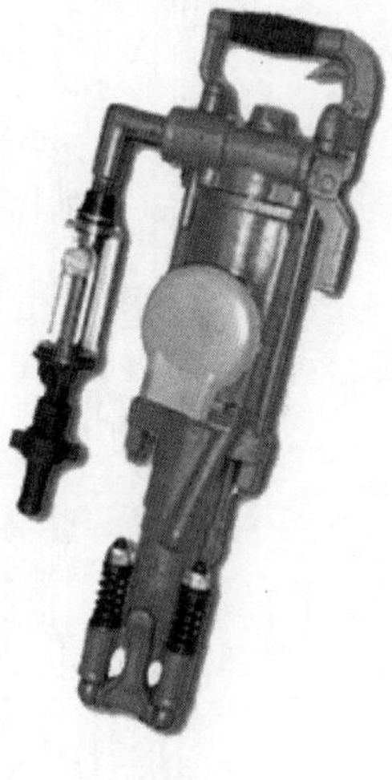

图2-23 手执式（岩石）风钻

同等尺寸但采用独立回转机构的风动钻机的钻孔速度要更快一些，因为它取消了来复杆而使活塞的有效工作面积加大，因而冲击力也增大。其另一个优点是具有独立回转机构的钻机的回转速度可独立调节以适应不同的岩石性质。但独立回转机构增加了钻机的重量和体积，因此它只适用于凿岩台车。

虽然由于液压冲击钻的迅速发展，装于凿岩台车上的风动钻机逐渐被液压钻机所取代，但由于它简单、可靠且容易修理，因此仍然在采矿和建筑开挖工程中占有一定市场。

表2-10提供了一些典型的手执式风钻的技术数据以作参考。

表2-10 一些典型的手执式风钻的技术数据

制造商	阿特拉斯（Atlas Copco）		山特维克（Sandvik）		中国天水风动工具厂	
型号	YT29A	BBC16W	RD245	RD855	YT24	YT28
重量/kg	27	28.5	26	27	24	26
全长/mm	659	705	660	615		
活塞冲程/mm	60	55	68	60	70	60

续表 2-10

制造商	阿特拉斯（Atlas Copco）		山特维克（Sandvik）		中国天水风动工具厂	
型 号	YT29A	BBC16W	RD245	RD855	YT24	YT28
活塞直径/mm	82	70	66.7	85	70	80
冲击功（风压 0.5MPa）/J	≥70	≥70			62	63
工作风压/MPa	0.35~0.5	0.35~0.5			0.4~0.5	0.4~0.5
耗风量（0.5MPa）/$m^3 \cdot min^{-1}$	≤3.9	≤4.14	2.7	3.5	3.36	3.48
钻孔直径/mm	32~45	32~45	32~45	32~45	34~45	34~45
钎尾尺寸/mm×mm	22×108	22×108	22×108	22×108	22×108	22×108

B 液压钻机

20 世纪 60 年代末至 70 年代初，液压技术引入冲击式钻机，使它获得突飞猛进的发展。这一新型钻机不仅使钻进速度成倍提高，而且改善了钻机的工作环境。液压技术进入岩石钻进领域也提高了钻孔的精确度，机械化和自动化程度。

图 2-25 简单显示了液压冲击钻的一般工作原理。

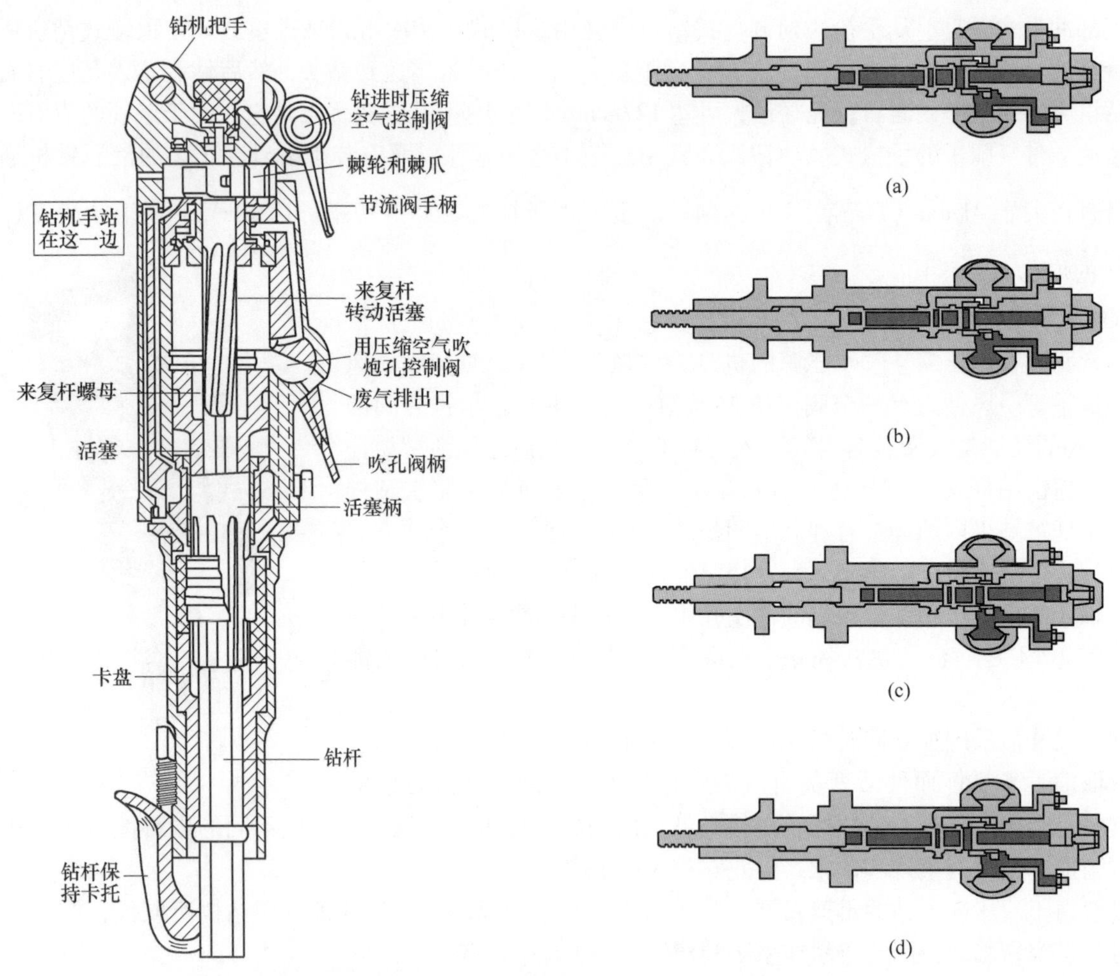

图 2-24 手持式风钻内部结构图

图 2-25 冲击式液压钻机的一般工作原理（Sandvik）
(a) 活塞位于前端；(b) 活塞向后运动；
(c) 活塞位于后端；(d) 活塞向前运动

液压冲击钻的典型内部结构见图 2-26。

虽然一开始液压冲击钻主要用于地下工程，但现在除了一些小型工程中液压台车无法应用外，它已在地下和地表广泛地得到应用。但它也有一些缺点：初期投资大，维修复杂且维修成本高，维修工作需要很好地组织和技术好的维修人员。图 2-19 和图 2-20 所示是分别用于地表和地下的两种凿岩台车。

表2-11对风动凿岩台车和液压凿岩台车的工作参数作了一个一般的比较。

近年由瑞典阿特拉斯（Atlas Copco）公司引入的回转套管式冲击钻机——COPROD结合了顶锤钻和潜孔钻的优点。在这种钻机中，中心的钻杆仅负责将冲击应力波由活塞传递到钻头，而回转动作则由外面的套管完成。这既增强了整个钻进系统的刚度又改善了冲洗炮孔的效能。实践证明COPROD钻机尽管其初期投资较高但它钻的炮孔又直又快，特别适用于多裂隙的岩石。COPROD的钻进系统见图2-27。图2-28是阿特拉斯在其ROC F7CR台车上装备COPROD系统在奥地利的捷科米里采石场的多裂隙岩石中钻89mm炮孔。

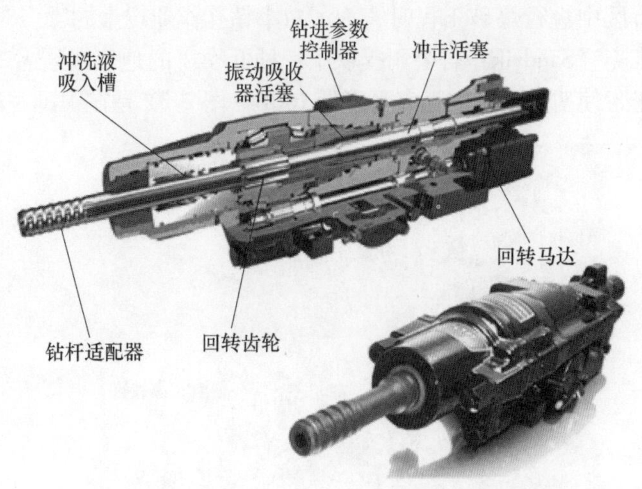

图2-26 冲击式液压钻机的内部结构（Atlas Copco）

表2-11 风动凿岩台车同液压凿岩台车工作参数比较（取自Atlas Copco）

工作参数	风动钻机（台车用）	液压钻机（地面/地下台车用）
钻孔直径/mm	48～102	64～127/35～89
冲击功/kW	7.2～12	12～40/12～22
冲击频率/Hz	33～39	36～75/40～73
液压/MPa		21～23/19～25
压气消耗量（不包括冲洗孔）/L·s^{-1}	175～354	
回转速率/r·m^{-1}	0～300	0～220/0～380
回转液压/MPa		20～21/21
钻杆扭矩/N·m		1000～3500/520～1000
冲洗炮孔风压/MPa		0.8-1.2/1.0

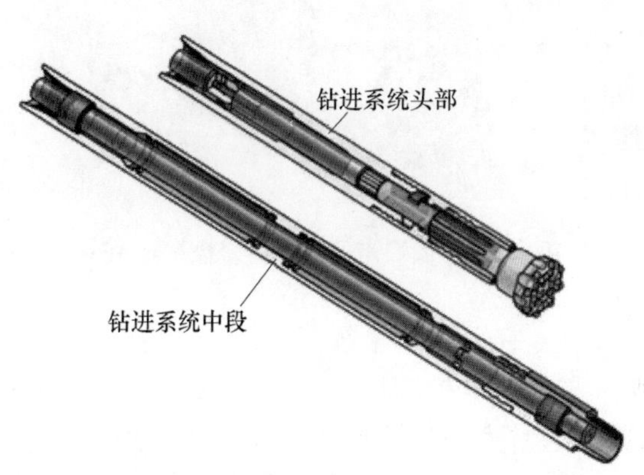

图2-27 COPROD钻机的钻进系统（Atlas Copco）

图2-28 装配有COPROD系统的ROC F7CR钻机（Atlas Copco）

C 液压凿岩台车

从20世纪70年代开始，凿岩钻孔技术随着液压技术的发展也得到迅速发展。液压凿岩技术不仅使钻孔速度成倍增加，而且改善了工作环境。液压钻机也提高了钻孔的精度，更易于实现机械化和自动化。

图2-29和图2-30显示了地表和地下液压凿岩台车的基本组成部件。

地表凿岩台车上的动力，包括液压系统的动力和空气压缩机的动力都由台车上的一台柴油发动机来提供。而地下凿岩台车则由台车上的电动机来提供，旨在减轻对地下空间空气的污染。因而它拖有一条长长的电缆并连接至外部电源。对于地表凿岩台车来说，其产生的噪声的来源大部来自其冲击钻机。在市区中进行爆破工程时，为了减小钻孔作业产生的噪声对周围居民的骚扰，阿特拉斯（Atlas Copco）和山特维克（Sandvik）等公司提供了一种低噪声的地表凿岩台车，冲击钻机包括它的推进架都用一个隔音罩罩起来，使凿岩台车的噪声可降低10dB。图2-31是在中国香港特别行政区所使用的低噪声地表凿岩台车。

图2-29 地表用液压凿岩台车的基本部件（Atlas Copco）

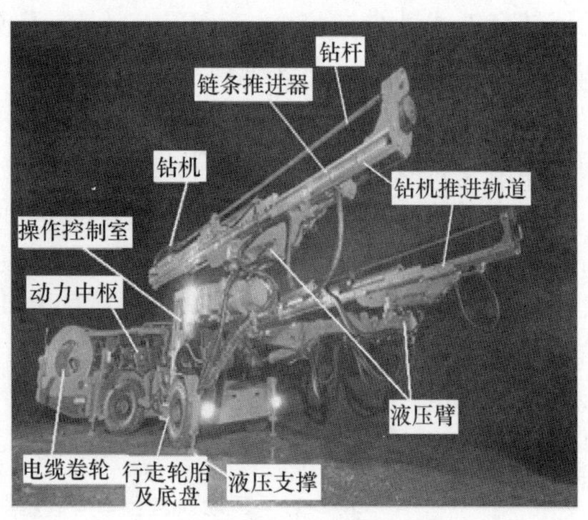

图2-30 地下凿岩台车的基本组成部件（Sandvik）

2.2.3.2 潜孔钻（DTH或ITH）

潜孔钻的特点是钻孔时其冲击锤同钻头一起进入炮孔中，冲击锤（活塞）直接撞击钻头因而避免了冲击能量在钻杆转递中的损失（见图2-21和图2-32）。活塞在冲击器中撞击钻头而冲击器的壳体又给炮孔导向，因而减少了炮孔的偏斜，即使在裂隙十分发育的岩石中也能保持孔壁的稳定。冲击器中活塞靠压缩空气推动，压缩空气通过钻杆中心孔供给。钻杆带动冲击器转动。回转动作和推进力分别由两个液压（或风动）马达执行。这两个电动机安装在钻架上。冲洗炮孔靠冲击器的废气通过钻头的冲洗孔来完成。由于钻杆与孔壁之间的环状空间相对较小，使得冲洗气流以高速通过，它有助于提高炮孔的质量。潜孔钻不单用于钻炮孔，也用于钻凿水井，天然气井，油井和地热井。从环保的角度而言，由于潜孔钻的冲击器进入炮孔中，因此它产生的噪声相对较小，这对于在人口密集的地区钻孔特别有利。图2-33是潜孔冲击器的一般结构。近年来潜孔冲击器的设计比旧式冲击器更加简单。它采用一个蝶形阀直接控制压缩空气轮流进入活塞的前端和后端。无阀冲击器则利用腔内肋条或活塞本身来控制压缩空气，从而提高了冲击频率，降低了压缩空气损耗和卡活塞的风险。潜孔钻的冲击频率通常为每分钟600～1600次。使用的风压为0.6～2.4MPa不等。回转速度为25～100r/min，推进力在6～20kN之间变化。钻凿孔径100～254mm的炮孔，目前主要采用潜孔钻。表2-12列出了一些代表性的潜孔钻的技术参数供参考。

图2-31 低噪声的地表凿岩台车（Atlas Copco）

表2-12 部分潜孔钻的技术参数

冲击器		钻孔直径/mm	冲击器外径/mm	冲击器重量/kg	工作风压/MPa	消耗风量/$m^3 \cdot min^{-1}$
阿特拉斯（Atlas Copco）	COP34	92～105	83.5	27	1.2～2.4	6～16.8
	COP54	134～152	120	57	1.2～2.4	10.8～24
	COP64Gold	156～178	142	96	1.2～2.8	12～36
山特维克（Sandvik）	EH550r，4″	110～133	98	38	1.0～2.4	5.1～15.9
	EH550r，5″	130～152	126	73	1.0～2.4	8.64～24.21
	EH550r，6″	152～203	150	82	1.0～2.4	9.8～27.5

续表 2-13

冲击器		钻孔直径/mm	冲击器外径/mm	冲击器重量/kg	工作风压/MPa	消耗风量/$m^3 \cdot min^{-1}$
英格索兰(Ingersoll Rand)	DHD340A	110~125	98	32.1	1.04~2.41	
	QL5/QL50	140~152	125	60.3	1.04~2.41	
中国	ZX-115	110~140	98	36	1.2~2.0	3.5~15
	ZX-150	152~165	136	98	0.7~2.1	8.5~25

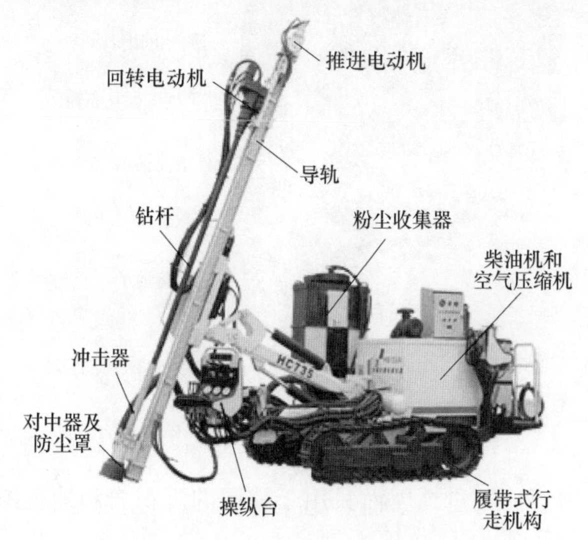

图 2-32 潜孔钻的主要组成部分
（郑州红五环机械设备有限公司）

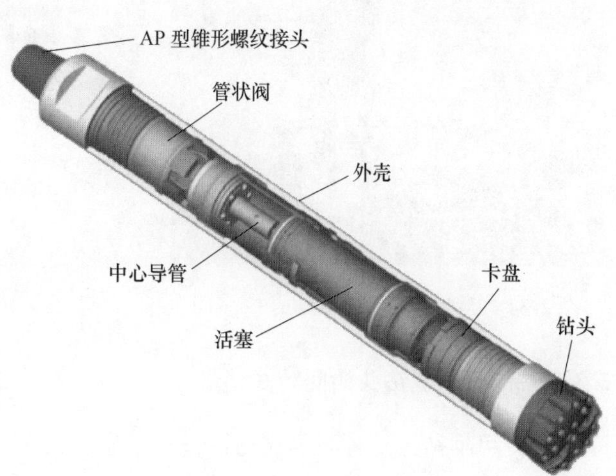

图 2-33 潜孔钻冲击器的一般结构（Atlas Copco）

2.3 回转式钻进

回转式钻进包括两种钻进方式，一种是三锥牙轮的碾压式钻进，另一种是固定钻头钻进。这种固定钻头形似爪形带切削刃，用剪切力切割岩石钻进，因此只限用于软岩。回转式钻进与其他钻进方法的基本不同是他没有冲击作用。

2.3.1 牙轮钻机及钻具

牙轮钻机最初用于钻油井，现在已广泛地用于大型露天矿坚硬岩石的爆破炮孔的钻进。绝大多数牙轮钻都采用三个锥形牙轮组成的钻头。牙轮钻头靠碾压破碎孔底岩石。三个可分别沿其本身之轴旋转的锥形牙轮在强大的轴推力作用下，牙轮上的硬质合金“牙齿”被压入岩石面并随着牙轮旋转而碾碎孔底岩石。牙轮钻机要求有强大的轴推力和慢速的回转两个动作。这两个作用参数随岩石性质不同而变化。对于软岩，轴推力较小但转速高，硬岩则正好相反。

牙轮钻头的回转动作由一个由液压或电动电机驱动的齿轮箱来进行，这一齿轮箱沿导轨随着轴推力上下移动。回转动作和轴推力都通过钻杆传送到牙轮钻头。轴推力可采用由液压油缸、液压马达或电动机驱动的钢丝绳、链条或齿轮-齿条副等机械装置来完成。图 2-34 是一台典型的牙轮钻，图 2-35 是一个典型的牙轮钻头。表 2-13 列出了一般牙轮钻机的工作参数范围。

表 2-13 一般牙轮钻机的工作参数

炮孔名义直径/mm		102~406
孔深/m		12~85
推进系统	轴推力/kN	111~534
	作用在钻头上的重量/kg	11，300~56，700
回转扭矩/kN·m		4.7~25.7
柴油发动机或电动机功率/kW		336~1230

图 2-34 大型牙轮钻机（Atlas Copco）

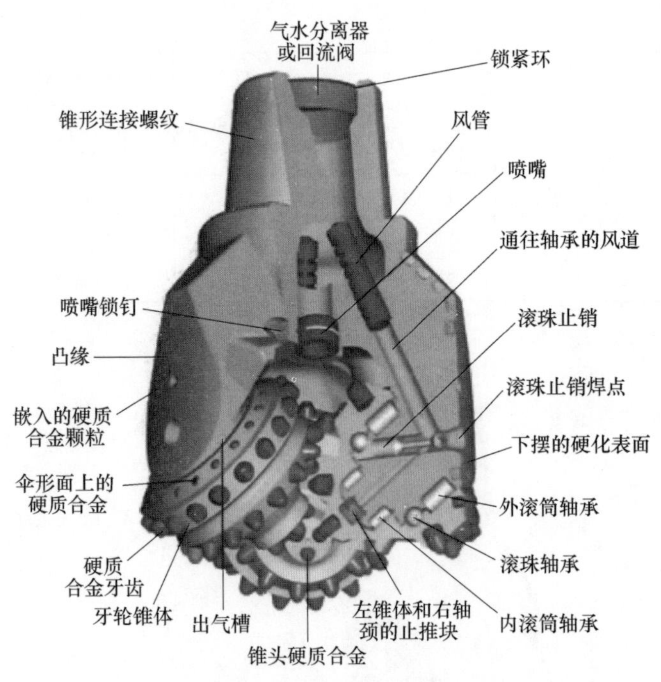

图 2-35 典型的牙轮钻头的内部结构（Atlas Copco）

2.3.2 具切削型钻头的回转式钻进

回转切割钻头是种固定式的钻头，它靠切割和刨削岩石而钻进，因而只用于软弱的沉积岩和地表覆盖层。

回转切割钻头的切割功能可通过多种工具来完成，包括割刀刃、金刚石钻头以及钢丝绳、链条和圆盘锯等。不论这些装置的几何形状如何，回转切割岩石的动作都要依靠两个作用力：轴推力（通常为一种静态的荷载力）和扭矩力-钻刃在岩石面上转动时的切向分力。

回转切割钻头钻进岩石的机理见图 2-36，其中（a）当钻刃在轴推力下接触岩石面并使岩石产生弹性变形；（b）在钻刃的尖端由于高应力使岩石粉碎形成一个密实核；（c）密实核在钻刃的切割力作用下使岩石内的裂缝发展并以碎片的形式崩裂；（d）钻刃继续向前运动移走碎片并继续切割岩石。

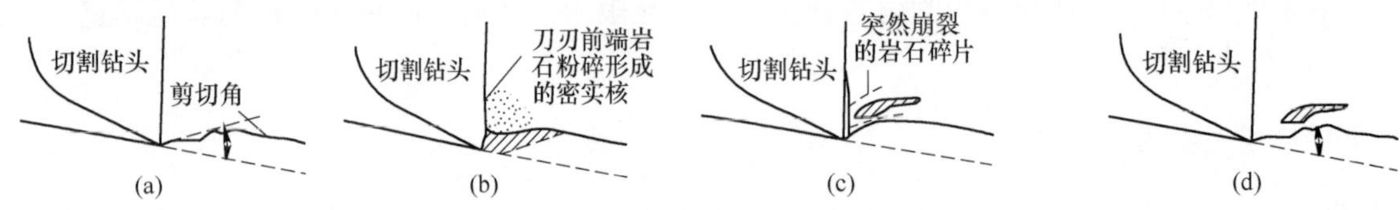

图 2-36 回转切割钻头钻进的破岩机理

回转切割钻头的钻刃通常采用碳化钨硬质合金或其他材料，例如人造金刚石、多晶体材料，其形状和刃角也变化多样，如图 2-37 所示。钻屑在地表可用压风清涂，在地下可用水或水气清除。但对于螺杆式回转切割钻则无需任何冲洗液，岩屑可沿螺旋槽排出。图 2-38 是用于钻进煤层和泥土的双刃麻花钻。

图 2-37 三刃和四刃的回转切割钻头

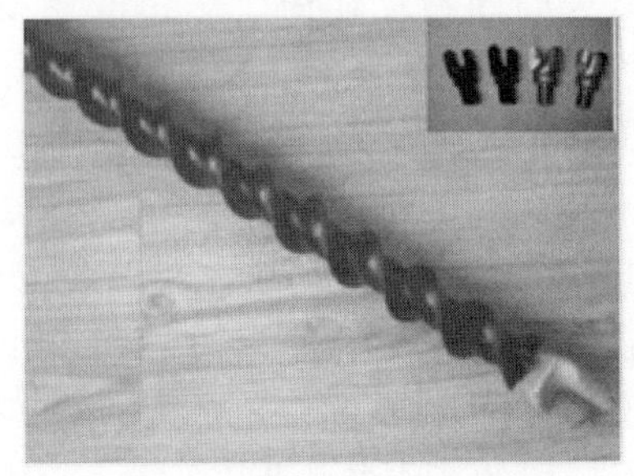

图 2-38 带双钻刃钻头的螺旋（麻花）钻杆

2.4 钻具

2.4.1 回转-冲击式钻进之钻具

如图 2-22 所示，在岩石上钻孔，除了钻机外还需要一些钻具。除了整体式钻杆（钻头与钻杆为一整体）外，接杆式钻进通常包括以下一些钻具而构成一个所谓的钻进“串”：钎尾、钎杆接头、钻杆和钻头，如图 2-39 所示。本节将一一予以介绍。

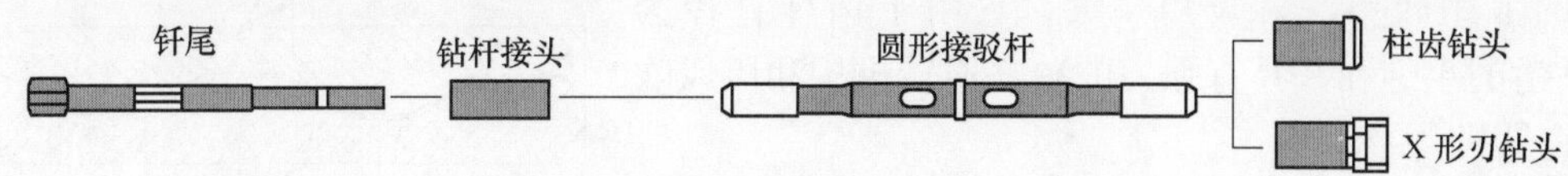

图 2-39 回转-冲击式钻进之钻具（Atlas Copco）

2.4.1.1 整体式钻杆

整体式钻杆之杆身近尾端有一个锻制的杆肩，另一端是锻制的钻头，钻头上焊有硬质合金片（见图 2-40）。因此每一根钻杆长度是固定的，不能接长。当第一根钻杆钻到底时，将它拔出，换一根更长的钻杆放入孔中继续钻进。因此整体式钻杆通常由短到长成组使用，钻头的直径随着钻杆长度增长而减小，但最小直径应略大于炸药卷直径（见表 2-14）。最常用的整体式钻杆的钻头多为一字形，其他的如柱齿钻头、双一字形合金片钻头、十字形钻头等。整体式钻杆通常多用于手持式钻机或轻型台车，采用人工换杆。

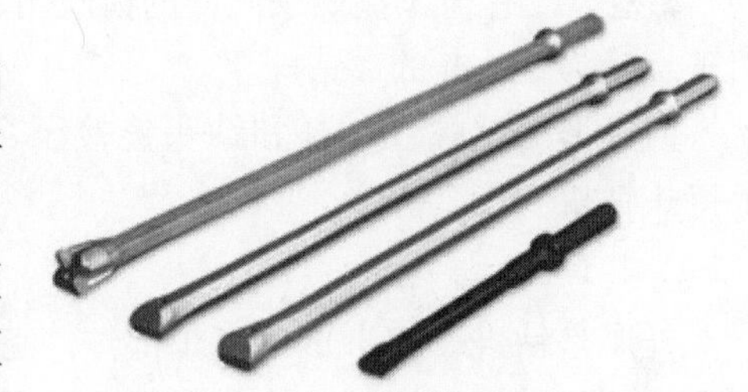

图 2-40 整体式钻杆

表 2-14 整体式钻杆 Hex 尺寸系列（六角形断面）

杆肩 /mm	杆长 /mm	钻头直径 D /mm	重量 /kg
11 系列			
Hex 22×108	800	34	3
Hex 22×108	1600	33	5.5
Hex 22×108	2400	32	8
Hex 22×108	3200	31	10.5
Hex 22×108	4000	30	12.9
Hex 22×108	4800	29	15.4
12 系列			
Hex 22×108	800	40	3
Hex 22×108	1600	39	5.5
Hex 22×108	2400	38	8
Hex 22×108	3200	37	10.5
Hex 22×108	4000	36	12.9
Hex 22×108	4800	35	15.4

杆肩 /mm	杆长 /mm	钻头直径 D /mm	重量 /kg
13 系列			
Hex 22×108	400	34	1.8
Hex 22×108	800	33	3.1
Hex 22×108	1200	32	4.3
Hex 22×108	1600	31	5.5
Hex 22×108	2000	30	6.7
16 系列			
Hex 22×108	600	35	2.4
Hex 22×108	1200	34	4.3
Hex 22×108	1800	33	6.1
Hex 22×108	2400	32	8
17 系列			
Hex 22×108	600	41	41
Hex 22×108	1200	40	40
Hex 22×108	1800	39	39
Hex 22×108	2400	38	38

2.4.1.2 接头螺纹的形式

如图2-39所示，钻进焊尾套、钻杆、钻杆接头和钻头全部都用螺纹连接成一体。这种连接必须十分稳固以利于能量有效传递。而且这种连接又必须较易拆开以便加长或拆下钻杆或撤换其中任一部件。这些都对连接螺纹提出了很高的要求。

要使螺纹易于拧紧拧松取决于多种因素，但主要是螺纹设计，包括螺纹的节距、齿腹角、材料和材料表面的性质等。最常见的螺纹是R型、T型和S型螺纹，如图2-41所示。

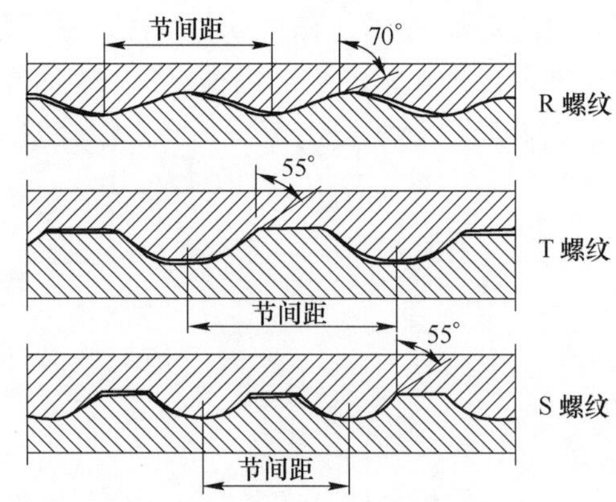

图2-41 R、T和S螺纹的齿形

R螺纹的节距较小，齿腹角较大，它用于钻杆直径为22～38mm钻凿的小炮孔并具有强力的独立回转机构和压风吹洗炮孔的岩石钻机。

T型螺纹用于大多数直径为38～51mm的钻杆，相比较R螺纹节距较大而齿腹角较小。

S型螺纹有与T型螺纹同样的齿腹角，但其节距更小，它用于直径为51mm的大钻杆。

但锥形的无螺纹钻杆和钻头连接至今仍在使用，尤其是手持式钻机（图2-42）。

2.4.1.3 钎尾

钎尾是钻进“串”的第一个部件，它的作用是将冲击能和回转扭矩从钻机传递到钻进“串”。钎尾由高质量的特种钢材制成，具有极高的耐磨损性。其表面经渗碳处理，硬度极高。钎尾针对不同型号的钻机进行专门设计（图2-43）。如果钻机采用分离式的冲洗系统，则冲洗液从钎尾侧面花键槽中的一个孔进入钻进“串”。

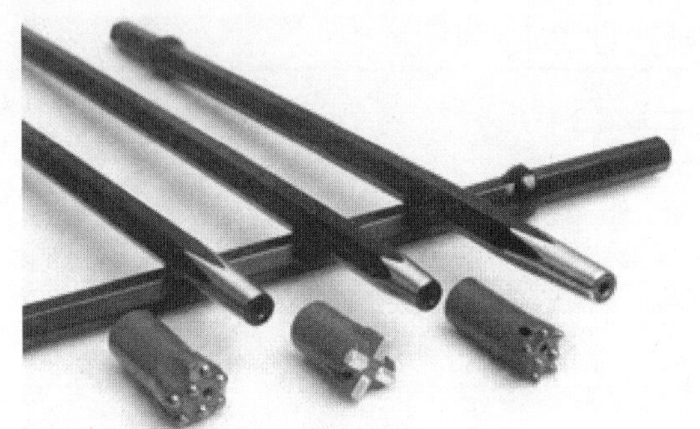
图2-42 锥形连接的钻杆和钻头

图2-43 钎尾（Sandvik）

2.4.1.4 钻杆

钻杆俗称钎杆。它可粗略地分为五类：

（1）带钎尾的钻杆（shank rods）；

（2）地下台车用钻杆（drifter rods）；

（3）接杆（extension rods）；

（4）钻管（drill tubes）；

（5）导向杆（guide rods）。

钻杆的长度和直径取决于钻头/炮孔的直径和钻孔深度。冲击钻机用的钻杆中心都有一个通孔用于通过冲洗液至钻头。

带钎尾的钻杆在尾部有一个一体的尾肩，而在另一端有螺纹连接钻头，类似于整体式钻杆。

A 地下台车用钻杆（drifter rods）

地下台车用钻杆之两端都有螺纹，钎尾一端的螺纹通常都大过连接钻头一端的螺纹。钎尾一端的螺纹可以是母螺纹也可以是公螺纹（见图2-44和图2-45）。地下台车用钻杆是专门为地下快速钻几米深的浅孔而设计的。

典型的地下台车用钻杆长度为10ft、12ft、14ft、16ft和20ft，或3m、3.66m、4.3m、4.88m和6.1m。由于钻机技术和爆破技术的发展，今天短于10ft（3m）的钻杆已极少使用了。钻杆的截面形状有两种：六角形和圆形。钻杆直径有多种：25mm、28mm、32mm、35mm和39mm。

图2-44　地下台车用钻杆（sandvik）

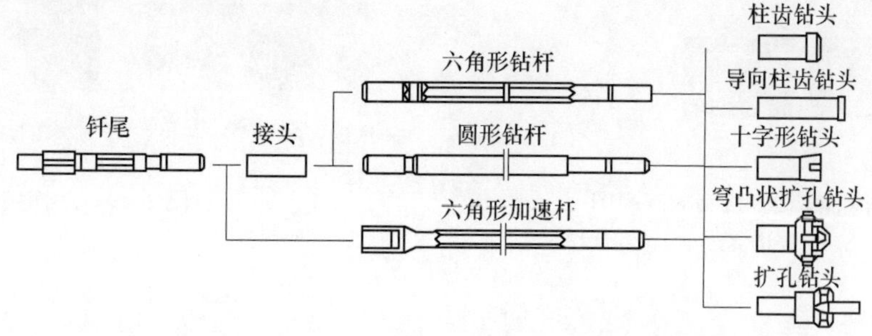

图2-45　地下台车的钻具“串”（Atlas Copco）

B　接杆（extension rods）

接杆有轻型的和重型的两种，但常用的多为重型的。接杆两端都有相同尺寸的螺纹。螺纹可以是公的也可以是母的（见图2-46）。接杆长度，露天用由3m（10ft）~6.1m（20ft）不等，地下用由0.9m（3ft）~1.8m（6ft）不等。接杆直径有32~52mm，60~87mm为重型凿岩台车用。

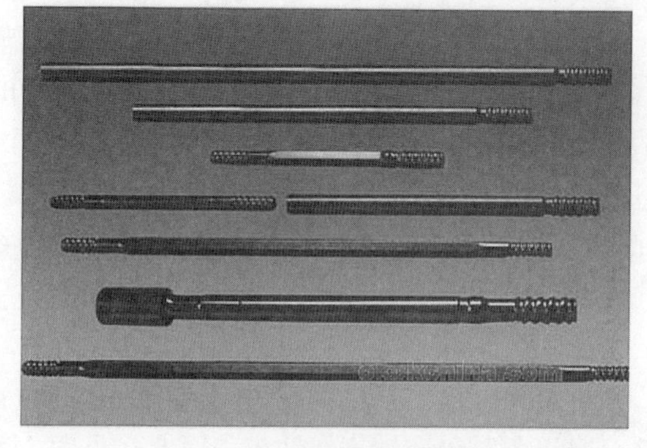

图2-46　接杆

C　钻管

当顶锤式钻机用来钻凿大孔或深孔时，不论是地表还是地下，近年来多趋向于采用钻管来代替钻杆，类似于潜孔钻，特别是当岩层较软且破碎时。钻管的内孔较大，增强了水或压风的冲洗效果。钻杆之间相互用公母螺纹连接，不需要接头，紧密地直接连接有利于能量传递。由于钻管直径较大，刚性增大，不仅减小了钻孔的偏斜而且有效地维护了孔壁（见图2-47）。钻管的直径为76~127mm，钻管长度为1.5~6.1m不等。潜孔钻的钻管直径为76~140mm，长度为4.0~6.0m。

此外还有一种导向钻管，它直接连接在导向钻头或后退钻头后面。

2.4.1.5　钻杆接头

钻杆接头用于加长钻杆之间的连接，从而能量通过接头由前一钻杆传至下一钻杆直至钻头。正确设计且加工质量好的接头可确保钻杆连接稳妥可靠并降低能量在接头处的损失。为了防止连接时拧过头，接头中间有一个停止点。图2-48是三种接头的剖面图，选择接头的形式取决于钻进时的条件和所选取的钻杆形式（图2-49）。

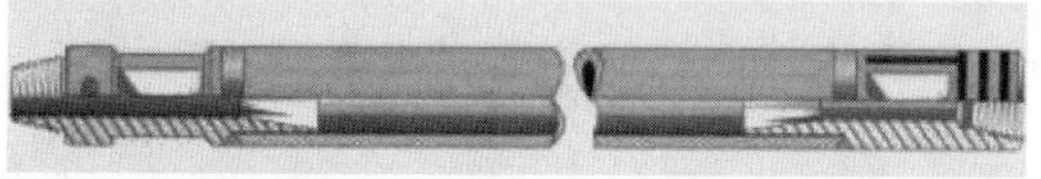

图2-47　钻管（Atlas Copco）

2.4.1.6　钻头（钎头）

用于回转冲击式钻进的有两种形式的钻头（又称之为钎头）：

（1）镶合金片钎头；

（2）柱齿式钎头。

这两种钎头有一些共同的特点：

（1）钻杆的螺纹都直接旋入钻头的螺纹内，而此冲击能可直接通过钻头作用到孔底岩石上；

（2）钻头的中间或侧面都有一些通孔和凹槽，可使冲液冲出到孔底并将岩屑经凹槽冲出炮孔；

（3）钻头都设计成略成倒锥形，接触岩石的头部较大，这样可增大其抗磨损能力，而且可避免过度撞击孔壁。

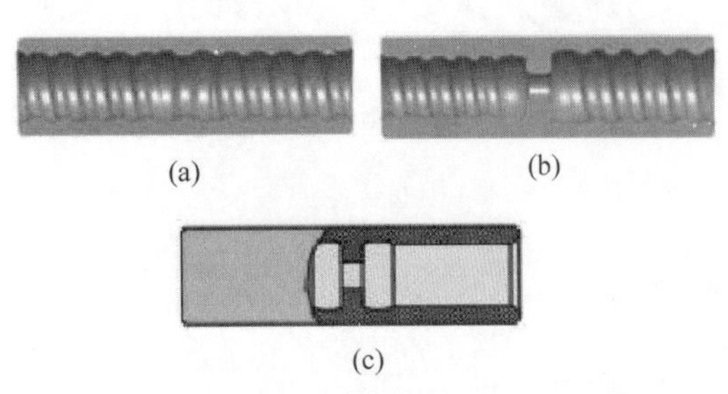

图 2-48　三种形式钻杆接头的剖面图
（a）套筒式接头；（b）变径接头；（c）全桥式接头

图 2-49　钻杆接头

A　镶合金片钻头

用于岩石钻进的有三种形式的镶合金片钻头（见图 2-50）：一字形、十字形和 X 形。一字形钻头通常都用于手持式钻机和硬岩中。一个长的碳化钨合金片镶在钎头上。十字形钻头由四片较短的合金片成 90°镶嵌在钎头上，而 X 形其四片成 75°和 105°镶嵌。合金片的尺寸根据钻头的直径不同而不同。镶合金片钻头的直径为 35 ~ 64mm 不等。虽然镶合金片钻头的价钱较便宜，但其易磨蚀，且寿命也较短，因此反而不及柱齿形钻头经济。由于这一原因柱齿形钻头抢去了相当一部分镶合金片钎头的市场。

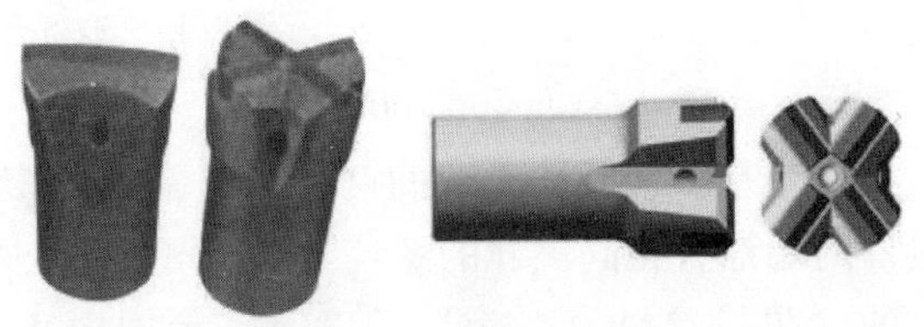

图 2-50　镶合金片钻头

B　柱齿钻头

柱齿形钻头目前已在较大的炮孔的钻进中得到广泛应用。在柱齿形钻头上，纽扣状或圆柱状的碳化钨合金以各种分布镶嵌在钻头表面上（见图 2-51）。钻头直径为 50 ~ 251mm。

钻头表面的设计可以使它达到如下的效果：

（1）使凿下的岩屑易于清除避免重复冲凿；

（2）紧嵌住合金柱齿并使齿间有清鲠的切削槽；

（3）使得冲击力有效地沿着柱齿的轴线作用于岩石面而凿碎岩石；

（4）使钻孔成直线钻进。

碳化钨合金柱齿（图 2-52）有各种基本的形状和不同的材料。碳化钨合金材料一般都含有 6%~12% 的钴，通常分成软、标准的和硬三个等级。

图 2-51　柱齿钻头

图 2-52　碳化钨合金柱齿

（1）软材料一般用于钻软的但磨蚀性高的岩石，使柱齿的磨蚀同钻头体的磨蚀相匹配，使柱齿不至于太凸出。

（2）标准材料用于一般的钻岩条件。

（3）硬材料用于非常坚硬且高磨蚀性的岩石。

合金柱齿的大小一般随着钻头直径的增大而增大以适应其高的转速。钻头体通常用钢材制成，不同规格和形状的硬质合金柱齿压入到钻头体中。因应需要，钻头体可通过渗碳技术使其硬化。

C　特种钻头

特种钻头（图2-53）是专门设计用于一些特别的用途：

（1）回收钻头。当遇到卡钻而使钻杆卡死在孔内时，使用回收钻头可将孔内的钻头铰住并拖出炮孔。典型的回收钻头有一个长的四周带刀刃的大直径钻头体。大的钻头体可有助于钻直孔，而当钻具已断裂在孔内时，刀刃可铰住钻具将它拖出炮孔。

（2）扩孔钻头。扩孔钻头用于地下掘进爆破时钻凿大的平行掏槽孔（cut holes）。这种钻头通常同超前钻杆或带扩孔钻头接头之接长杆一起使用。

（3）凹面钻头。这种凹面钻头具有极佳的冲洗功能，因为其冲洗孔就在钻头面的中心。这种钻头用于极易钻进的软岩。

（4）子弹头钻头。子弹头钻头的合金柱齿呈子弹头形状而且较标准柱齿长，而且其冲洗炮孔效果也很好，因而在软岩中有极高的钻进速度。

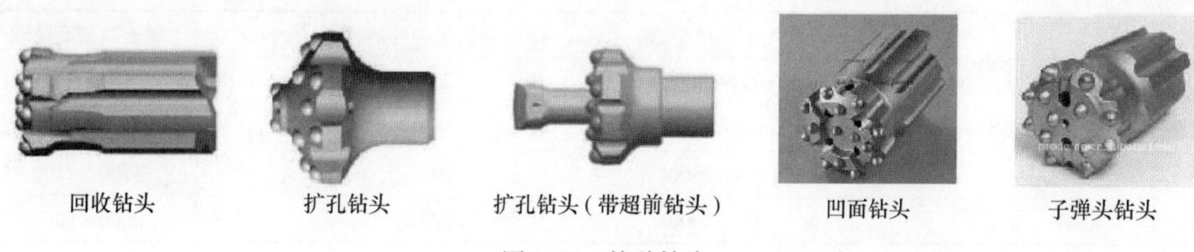
回收钻头
扩孔钻头
扩孔钻头（带超前钻头）
凹面钻头
子弹头钻头

图2-53　特种钻头

D　潜孔钻钻头

潜孔钻钻头与钎尾是一体的，活塞直接撞击在钎尾也即钻头上。潜孔钻钻头的直径通常为85～250mm，但也有更大一些的钻头。

镶合金片钻头和柱齿形钻头都可用于潜孔钻，但采用柱齿形钻头更为普遍，因为它更适用于各种类型的岩石。图2-54列出了适用于各种岩石的潜孔钻头的设计类型，其他制造商，如阿特拉斯、山特维克、英格索兰等都有类似的设计。

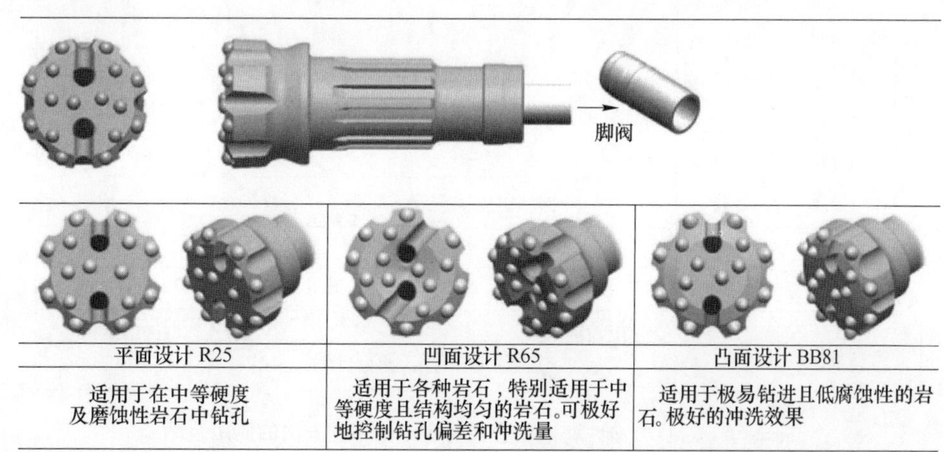
脚阀
平面设计 R25
凹面设计 R65
凸面设计 BB81
适用于在中等硬度及磨蚀性岩石中钻孔
适用于各种岩石，特别适用于中等硬度且结构均匀的岩石。可极好地控制钻孔偏差和冲洗量
适用于极易钻进且低腐蚀性的岩石。极好的冲洗效果

图2-54　潜孔钻钻头柱齿面的基本设计类型（取自三菱重工[8]）

E　钻头修磨

钻头的修磨对于提高钻孔速度，延长钻头寿命是一项很重要的工作。

目前有不同的方法和设备用于修磨柱齿钻头、镶合金片钻头和一体式钻杆之钻头。通常钻机供货商

图 2-55　钻头磨修服务（Atlas Copco）

都会在负责维修钻机的同时提供钻头修磨服务（见图 2-55）。

2.4.1.7　钻具的使用寿命

钻头的可修磨次数和使用寿命取决于岩石的地质条件（特别是其磨蚀性），钻头的构造和质量，钻进时的工作条件（冲洗、回转速度、冲击力和推进力）以及机手的操作技术。钻头的寿命可长达钻孔 800m，也可短至 30m。要预估钻头的寿命可根据实验室试验数据，也可参照类似条件下的经验数据。

钻杆寿命的量度是按照在指定的钻孔总米数条件下，整个钻进“串”的所有钻杆所能钻的总米数，称为“钻杆米”（rod metres）。表 2-15 的数据可粗略地用于估计钻头、钻杆和钻管的寿命。

钎尾传递冲击力、回转扭矩和推进力。长期在强冲击力作用下直接影响到钎尾的寿命。不正常的钻进条件，比如太高或太低的冲击压力以及太低的推进力都会降低钎尾的寿命。

表 2-15　钻头、接杆/钻管和钎尾的一般寿命（Tamrock）　（m）

钻　具		软岩，低磨蚀性	硬岩，中等磨蚀性	硬岩，高磨蚀性
柱齿钻头	45mm	600 ~ 1000	250 ~ 400	100 ~ 200
	51mm	1000 ~ 1500	500 ~ 600	175 ~ 250
钻杆或钻管		1200 ~ 2500	1200 ~ 2500	1200 ~ 2500
钎尾		2000 ~ 3000	2000 ~ 3000	2000 ~ 3000

2.4.2　钻机和钻具的选择

2.4.2.1　不同钻进方法的应用范围

根据岩石的可钻性和钻孔直径，图 2-56 给出了不同钻进方法的应用范围以作参考。

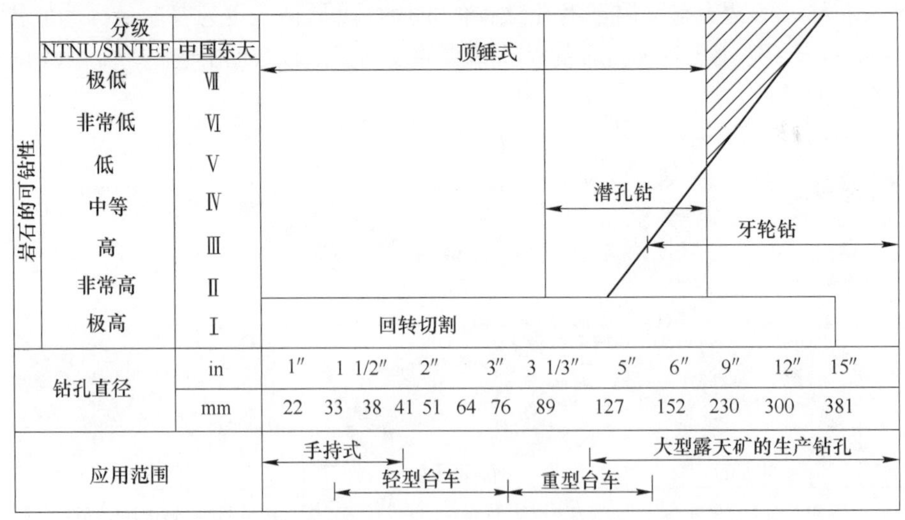

图 2-56　岩石可钻性和钻孔直径对应不同钻进方法的应用范围

2.4.2.2　选择露天钻孔设备的原则

在选择露天钻孔设备时，下列原则必须考虑：

（1）工程项目的规模和复杂程度。需要开挖的总量和项目规定的开挖进度。

（2）工程项目的地质条件，特别是岩石的可钻性。

(3) 环境条件，包括离开居民区的距离，附近的斜坡和其他敏感目标（建筑物、楼房、公共设施等）以及有关的法律和规定。

(4) 设备维修服务的条件和费用。

(5) 购买钻孔设备的初期投资。

考虑到这些条件的前提下，选择设备可以一步一步进行：

(1) 每一次爆破的规模、炮孔直径和炮孔的最大深度。

(2) 总的钻孔量（总钻孔米数），包括爆破孔和其他钻孔，例如泥钉/锚杆孔等。要求达到的钻孔生产率。

(3) 钻孔方法、钻机的生产能力、钻机的型号、该工程项目所需的钻机数量。

(4) 估算该工程项目所需要的钻具的数量。

2.4.2.3 选择地下工程钻孔设备的原则

同地表工程一样但比地表工程更为复杂，下列一些因素必须考虑：

(1) 工程项目的规模和复杂程度以及需要开挖的总量和项目规定的开挖进度。

(2) 工程项目的地质条件，特别是岩石的可钻性。

(3) 环境条件，包括离开居民区的距离，附近的斜坡和其他敏感目标（建筑物、楼房、公共设施等）以及有关的法律和规定。

(4) 同其他开挖设备的兼容性，例如装载和运输设备。设备应尽可能先进但又要与已有的或正准备购买的设备相兼容。这种兼容性应联同维修服务等条件一并考虑。

(5) 设备维修服务的条件和费用。

(6) 有必要详细计算一下究竟何种设备更经济、更高效率、更适用且技术上更优胜。

在选择钻孔设备时，下列一些技术方面的因素也必须考虑：

A 多功能性

一般来说，设备必须能在各种不同条件下完成钻孔任务，尽管它是根据该工程的主要目标而选择的。这些任务包括：

(1) 隧道断面变化；

(2) 孔深变化，浅孔和深孔钻进（例如超前探孔和灌浆孔）；

(3) 钻孔方向变化，上斜孔和下斜孔，下向孔和上向孔；

(4) 锚杆的数量和频率，不同形式锚杆，长度和直径。

选择钻孔设备应尽可能有效地完成所有主要的钻孔任务。

B 选择自行装置的形式

有三种自行装置可供选择，即路轨式，履带式和轮胎式。要确定究竟何种形式适用于该工程项目必须考虑几方面的因素。表2-16列出了一些基本的准则。路轨式凿岩台车极少用于建筑开挖工程。

表2-16 选择自行装置的形式的准则

隧道长度/断面积	路面条件	弯道条件	行走速度/移动频率	路面倾角	行走机构
长/宽-窄	好	宽	中等-高/中等-频繁	水平	路轨式
短-长/宽-窄	好-中等	紧窄-中等	高/中等-频繁	中等-水平	轮胎式
较短/宽	粗劣	宽	慢/少移动	斜度大	履带式

C 选择钻臂

以下几个因素必须考虑：

(1) 覆盖面。几个钻臂装上台车后其覆盖之范围略有不同。钻臂之有效钻孔范围必须覆盖隧道之全断面，包括上下角落，不得有死角。当钻臂的数量或它所安装的台车底盘改变时，钻臂所能覆盖的范围也改变，因为其臂间的距离和高度均已改变。通常一部台车上可装配一至三个钻臂，其覆盖面积从最小的12m^2至最大230m^2。

(2) 选择推进器。推进器的长度决定了钻孔的深度，即每一循环的进尺，也取决于工程项目的时间表并受岩石的力学性质和岩体之地质条件的限制。当选择推进器时也应考虑钻杆的直径和长度。

1）当要作深孔钻进时，要选择一个合适的钻臂和换钎器。

2）选择合适的钻臂以钻凿锚杆孔。

表2-17列出了阿特拉斯（Atlas Copco）和山特维克（Sandvik）两家公司生产的几种地下隧道台车（图2-57和图2-58）的主要技术参数。

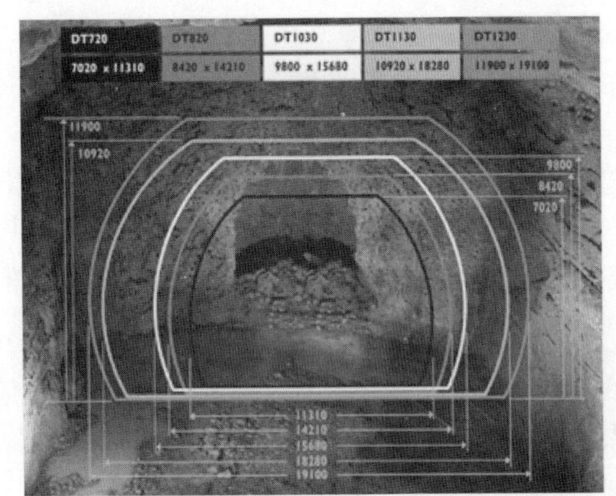

图2-57 Sandvik DT系列台车的覆盖范围

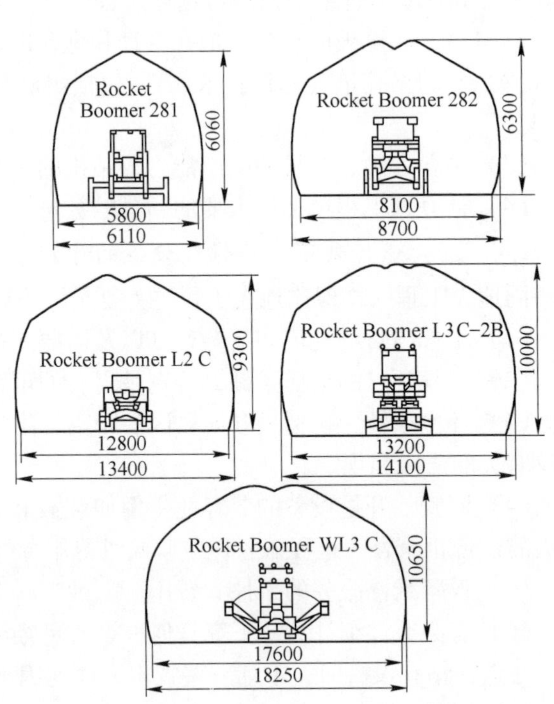

图2-58 Atlas Copco台车的覆盖范围（注：各图比例不一致）

表2-17 几种隧道掘进用凿岩台车的主要技术参数

公司	型号	覆盖面积 /m²	钻孔直径 /mm	钻臂	推进器	钻机	外廓尺寸（长×宽×高）/m×m×m	重量 /kg
Atlas Copco	Rocket Boomer 281	最大至31	43~76/64~89	1×BUT28	1×BMH2831-BMH2849	1×COP1838ME/COP1838HF	11.7×1.7×2.8（2.1）	9300
	Rocket Boomer 282	最大至45	64~89	2×BUT28	2×BMH2831-BMH2849	2×COP1838ME	11.82×1.98×3.0（2.3）	17500
	Rocket Boomer L2C	最大至104	43~76/64~89	2×BUT 35G	2×BMH6814-BMH6820	2×COP1838ME/COP1838HF	14.17×2.5×3.01	23600
	Rocket Boomer L3 C-2B	最大至114	43~76	3×BUT 35G	3×BMH6800-series	3×COP1838ME	17.17×2.5×3.66	50000
	Rocket Boomer WL3C	最大至163	43~76	3×BUT 35G	3×BMH6800-series	3×COP1838ME	17.22×3.01×3.66	43000
SANDVIK	DT921i	12~125	43~64	2×SB100i	2×TF5i 12-21ft	2×RD525	15.4×3.25×4.13	29000
	DT1121i	20~183	43~64	2×SB150i	2×TF5i 12-21ft	2×RD525	17.78×3.86×4.69	37700
	DT1131i	20~183	43~64	3×SB150i	3×TF5i 12-21ft	3×RD525	17.78×3.86×4.69	44000
	DT1231i	20~211	43~64	3×SB150i	3×TF5i 12-21ft	3×RD525	17.78×3.86×4.78	45500
	DT1331i	20~232	43~64	3×SB150i	3×TF5i 12-21ft	3×RD525	17.78×3.86×5.965	50000

2.4.2.4 选择钻具

A 柱齿钻头设计的特点

大多数柱齿钻头的表面形状和合金柱齿的排列的设计基本上都类似于图 2-59。

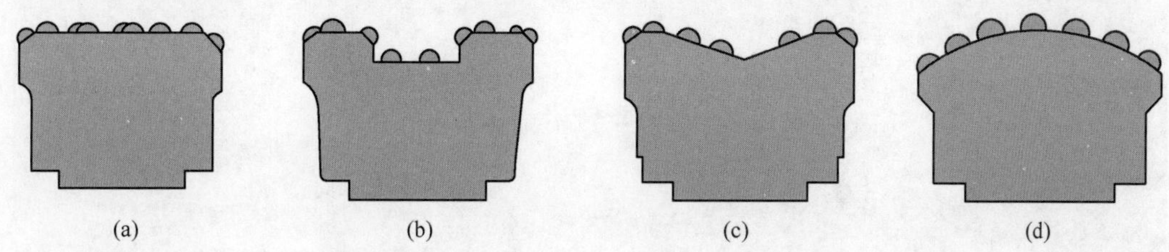

图 2-59 典型的柱齿钻头的钻头面形状和柱齿分布（取自 Sandvik[4]）

(a) 平面钻头：适用于坚硬至非常坚硬且具磨蚀性的岩石。在高冲击力下有好的钻速并可减少钢体磨损；
(b) 中心凹落钻头：适用于软至中硬和裂隙性岩石。在低至中等冲击力下有高的钻速并可控制炮孔的偏离；
(c) 凹面钻头：可用于各种岩石但特别适用于中硬和均质岩石。可很好地控制炮孔的偏离并有极好的冲洗炮孔能力；
(d) 凸面钻头：适用于软岩及中硬且低磨蚀性岩石。这种设计形状的钻头可有最高的钻速

碳化钨硬质合金柱齿的典型形状及其特性可见图 2-60。

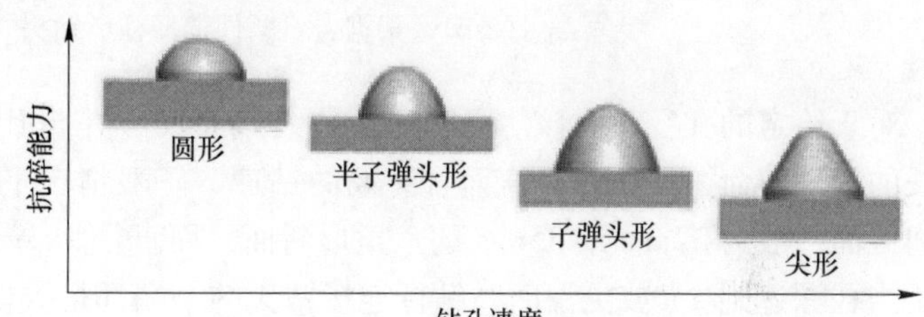

图 2-60 碳化钨硬质合金柱齿的典型形状及其特性（取自三菱材料[8]）

不同的钻头形状、柱齿形状和柱齿材料的组合，可制成各种各样的钻头以适应不同的岩石和钻速需要。典型的钻头模式包括以下 6 种：

(1) CV：凸面加前端子弹头柱齿钻头；

(2) FB：全子弹头柱齿钻头；

(3) FF：前端平面钻头；

(4) FF HD：前端平面强力钻头；

(5) DC：中心凹落钻头；

(6) DC XHD：中心凹落超强力钻头。

B 选择钻头

当今柱齿形钻头被广泛使用于各种岩石钻孔任务。其主要的优势是它在高冲击力和坚硬岩石条件下具有比镶合金片钻头具有更高的钻速和耐磨蚀性而且较少需要修磨。但是当要求钻非常直的炮孔时，十字形和 X 形镶合金片钻头仍具有优势。图 2-61 可作为在不同岩石条件下选择柱齿钻头的参考。

C 选择钻杆

a 露天顶锤式钻机钻杆选择

用于台阶钻孔有三种钻杆可供选择：

(1) 表层硬化钻杆。这种钻杆仅仅是螺纹进行了表层硬化处理。钻杆的韧性最好但抗疲劳强度最低。当在断层或皱褶中钻孔或钻机手是一个新手时，它不失为一个好的选择，因为它是最便宜的钻杆；

(2) 渗碳淬火处理的钻杆。这种钻杆的所有表面，包括其中心冲洗孔都进行了渗碳硬化处理。这种钻杆比表层硬化钻杆耐磨蚀而且有较高的抗疲劳强度；

(3) 渗碳淬火处理的公/母螺纹钻杆（阿特拉斯称之为高速钻杆 Sppdrods，山特维克称之为公母钻杆 MF-rods）。钻杆的一端是公螺纹，而另一端是整体式的母螺纹接头。由于采用这种整体式的接头，能量传递在接头处的损失要比一般的采用活接头的渗碳淬火处理的钻杆减少 50%。

b 地下凿岩台车钻杆选择

用于地下凿岩台车的钻杆有两种：标准钻杆两端都是公螺纹，公/母钻杆（阿特拉斯称之为高速钻杆 Sppdrods，山特维克称之为公母钻杆 MF-rods）的前端是公螺纹，而另一端连接钎尾的是整体式的母螺纹接。两种钻孔的所有表面包括其中心冲洗孔都经过渗碳淬火处理。两种钻杆都有六角形和圆形两种断面。

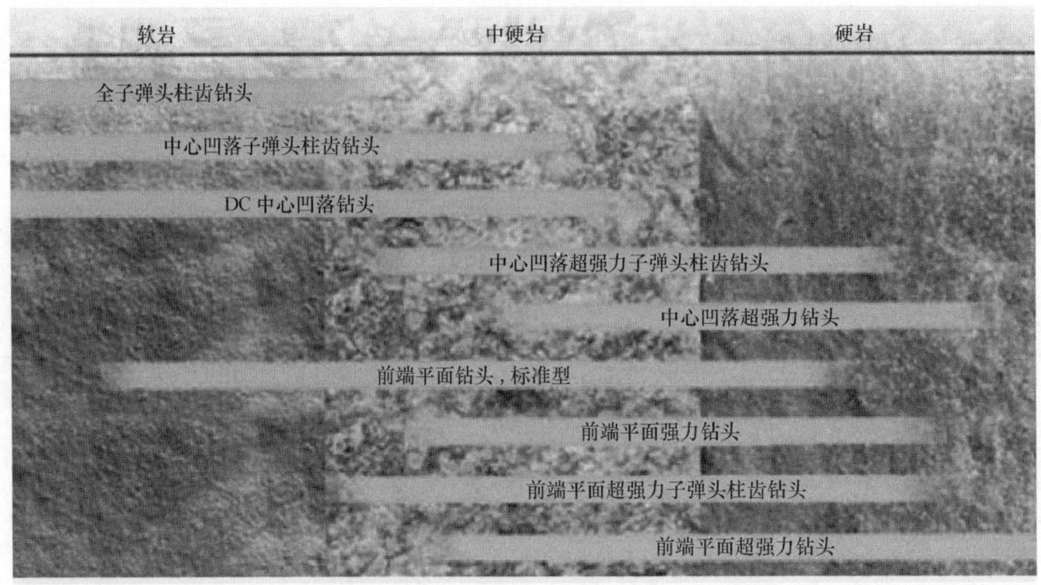

图 2-61 根据岩石条件选择柱齿钻头（取自 Atlas Copco[9]）

对于给定的孔径，应该尽可能选择最大截面尺寸并与孔径和钻机相匹配的钻杆，其目的是使钻杆有最长的使用寿命，使钻孔更直而且有高的钻速。一般情况下，钻杆连接钎尾用 T38 或 R38 螺纹，钻杆的中间截面一般为 32mm 或 35mm 的六角形断面。而直径为 39mm 的圆形钻杆正越来越普遍地得到应用，特别是当孔深达到 4m 或更深时。钻杆连接钻头的一端都是类似的，采用较小的螺纹以适合较小的钻头和孔径。六角形断面的钻杆是目前的标准，但直径为 39mm 的圆断面钻杆已开始越来越普遍。由于圆断面其断面积比六角形断面的面积大，因而其刚性也较大。圆形钻杆所钻的孔也较直，因此当钻孔的偏斜度要求较高时，建议采用圆形钻杆。但对于冲洗钻孔而言，圆形钻杆不如六角形钻杆好。当在裂隙性岩体中钻凿直径 45mm 或更小孔时，圆形钻杆卡杆的风险较大，而对于六角形钻杆则不是一个问题。

参考文献

[1] Sandvik/Tamrock. *Rock Excavation Handbook-for Civil Engineering*. 1999.

[2] 徐小荷，余静．岩石破碎学［M］. 北京：煤炭工业出版社，1984.

[3] Filip Dahl，et al. *Classification of Properties Influencing the Drillability of Rock*. Based on the NTNU/SINTEF Test Method. 〈Tunnel and Underground Space Technology〉28（2012），150-158.

[4] Tamrock. *Underground Drilling and Loading Handbook*. 1997.

[5] 费寿林，等．凿碎法岩石可钻性分级［M］. 北京：冶金工业出版社，1980.

[6] 单守智．用微型凿测器测定岩石的可钻性［J］. 金属矿山，1994（1）：4-10.

[7] C. L. Jimeno，et al. *Drilling and Blasting of Rock. Geomining Technological Institute of Spain*. A. A. Balkema/Rotterdam/Brookfield. 1995.

[8] Mitsubish. *Rock Tools-RT01B*. Mitsubish Materials Corporation.

[9] Atlas Copco. *Surface Drilling*. 4th Edition. 2009.

[10] Atlas Copco. *Face Drilling* 3rd Edition. 2006.

[11] Atlas Copco. *Blasthole Drilling in Open Pit Mining*. 1st Edition. 2009.

3 炸　药

3.1　炸药发展的历史

黑火药是人类最先学会使用的第一种爆炸物，也是古代中国的四大发明之一。早在公元 492 年，中国的炼金术士在试图纯化一些物质时，就已注意到硝石燃烧时会产生紫色的火焰（硝石是黑火药的最重要的组分）。有关黑火药在中国的最早记述是 9 世纪中叶的一位道士所著《郑州妙道要略》。但是，目前所发现的最早的关于黑火药的化学配方是记载于公元 1044 年的一本有关中国军器的总录：《武经总要》（见图 3-1）。

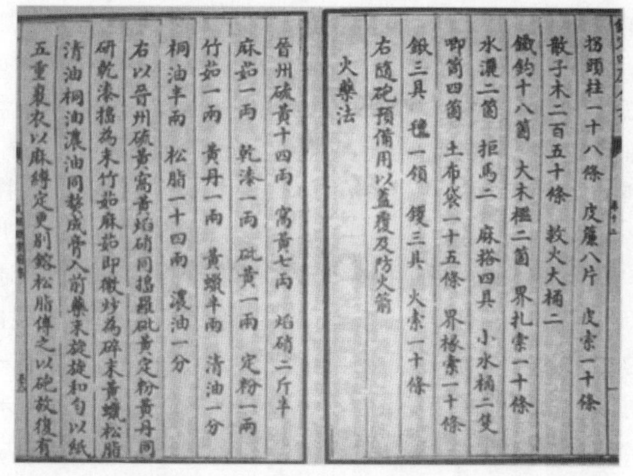

拐頭柱一十八條　皮籬八片　皮索一十條
散子木二百五十條　救火大桶二
鐵鈎十八箇　大木檑二箇　界扎索一十條
水濃二箇　拒馬二　麻搭四具　小水桶二隻
唧筒四箇　土布袋一十五條　界椽索一十條
鍬三具　鏵一領　鑊三具　火索一十條
右隨砲預備用以蓋覆及防火箭
火藥法
晉州硫黃十四兩　窩黃七兩　焰硝二斤半
麻茹一兩　乾漆一兩　砒黃一兩　定粉一兩
竹茹一兩　黃丹一兩　黃蠟半兩　清油一分
桐油半兩　松脂一十四兩　濃油一分
右以晉州硫黃窩黃焰硝同擣羅砒黃定粉黃丹同
研乾漆擣為末竹茹麻茹即微炒為碎末黃蠟松脂
清油桐油濃油同熬成膏入前藥末旋旋和匀以紙
五重裹衣以麻縛定更別鎔松脂傅之以砲放復有

图 3-1　最早的关于黑火药配方的文字记录《武经总要》

一位美国女历史学家在她发表在“亚洲历史”的文章中指出：多年来很多西方的历史书都写成中国人仅仅将他们的发明用于烟花。但这不是事实。早在公元 904 年的宋朝，军队也使用黑火药装置来抵抗他们的主要敌人，“蒙古人”。至 11 世纪中后期，宋朝政府开始担心黑火药技术流传到其他国家。1076 年明文禁止向外国人出售硝石。尽管如此，这种神奇物质的知识还是通过丝绸之路传到印度、中东和欧洲。1276 年，一位欧洲的作家提到了黑火药，而到 1280 年第一个炸药混制的配方才在西方发表（摘自凯莉·镝潘斯基：“黑火药的发明”[1]）。

有另一种有关黑火药传到欧洲的理论认为：黑火药是在 13 世纪上半叶由于蒙古人的入侵，通过外交和军事接触传入欧洲的。

黑火药用于土木工程和采矿业是 15 世纪开始的。保存下来的最早有关黑火药用于采矿业的记载是 1627 年的匈牙利。1638 年由德国矿工带到英国。之后的文字记录就是大量的了。

黑火药用于采矿工业可以认为是一个标志，它标志着中世纪的结束和工业革命的开始。

1846 年意大利化学家阿坎利奥·索布利诺（Ascanio Sobrero，1812—1888）采用硝硫混酸低温硝化工艺处理甘油，首先制成了第一个近代炸药，硝化甘油。很不幸的是索布利诺的发明对其早期的使用者来说太不稳定，也太不安全了。硝化甘油稍受碰撞极易发生爆炸。1862 年瑞典科学家阿尔弗·诺贝尔（Alfred Nobel，1833—1896）在寻找硝化甘油的安全包装时，发现硅藻土能吸收大约三倍于自身重量的硝化甘油。19 世纪 60 年代中，诺贝尔用 75% 的硝化甘油和 25% 的硅藻土混合制成炸药投放市场。这就是诺贝尔发明的第一代“代那买特”（dynamite）。

1867 年阿尔逊（Ohlsson C. J.）和诺宾（Norrbin J. H.）提出了硝酸铵和各种燃料制成的混合炸药的专利，从而奠定了硝铵类炸药与代那买特炸药相互竞争发展的基础。此后，各种硝铵类炸药在全世界得到广泛应用。

1943 年加拿大的康索利德矿山冶炼公司（Consolidated Mining and Smelting Co.）研究并生产了称之为“Prill”的多孔粒状硝酸铵。将大约 94% 的多孔粒状硝酸铵同大约 6% 的柴油混合称之为铵油炸药（ANFO）。由于它的低成本和易于使用，因而很快就在全球得到广泛使用。ANFO 通常称之为爆破剂（blasting agent）而不称之为炸药。2012 年全年单在北美使用的约六十亿磅（二百七十万吨）炸药中，ANFO 大约占了 80%。

1960年3月29日库克博士（Dr. M. A. Cook）获得了美国第2930685号专利。它的发明将水作为一种基本成分之一引入炸药配方之中是对工业炸药不能含水的传统观念的突破，给工业炸药品种上增添了一个新系列。为此，库克教授获得了1968年的诺贝尔化学奖。

1969年美国阿特拉斯化学工业公司（Atlas Chemical Industry Co. Ltd.）的布鲁姆（Blubm H. F.）发明了乳化炸药。乳化炸药借助乳化剂的作用将硝酸铵形成一种油包水（water-in-oil）型乳状液并加以敏化的爆炸混合物。它是含水炸药的新发展。当今它已在世界上几乎完全取代了浆状/水胶炸药而与铵油爆破剂分享整个炸药市场。

3.2 炸药爆炸的特点

爆炸分为三种不同的类型，即物理爆炸，化学爆炸和核爆炸。

物理爆炸，又称之为力学爆炸。例如，水在锅炉或压力容器中加热，水受热变成蒸汽而且蒸汽的压力不断升高。当蒸汽的压力达到某一程度，其容器材料强度达到承受极限时，发生爆炸。这样一类爆炸通常都伴随着高温，气体或蒸汽迅速逸出并伴以巨响。但是在物理爆炸时，并没有新的物质产生。在上例中，蒸汽仍然是汽态的水。在爆炸过程中没有新的物质产生是物理爆炸的主要特点。

化学爆炸时，原为固态或液态的物质以极高的速度转变成体积比其原来物质大很多倍的气体。在化学爆炸过程中，原来的物质转变成了一些气态的新物质。

核爆炸有两种形式。一种是裂变，即原子核分裂而产生的爆炸。另一种是聚变，即几个原子核在强力作用下聚合而产生的爆炸。核裂变或聚变仅发生在一些极重的元素中，它们本身就极不稳定或具有放射性。当裂变或聚变发生时，极为可怕的能量释放出来，并产生极高温度的气体和极强烈的冲击波。

炸药爆炸属于化学爆炸。炸药爆炸有如下几个特点：

（1）极高的反应速度；

（2）产生极高的温度；

（3）由爆炸生成的大量气体对周围介质产生极大的压力。

下列方程式所表示的放热反应过程尽管也产生极高的温度（3000℃），但由于它并不产生气体，因而不是一种爆炸：

$$Fe_2O_3 + 2Al \longrightarrow Al_2O_3 + 2Fe + 858kJ/mol \tag{3-1}$$

一些化学反应也产生大量的气体而且可能有很高的反应速度，但并没有热量释放出来，甚至还要从周围介质中吸收热量，或仅仅释放出极低的热量。它们也不是爆炸。下列的两个分解反应方程式即是例证：

$$(NH_4)_2C_2O_4 \longrightarrow 2NH_3 + H_2O + CO + CO_2 - 263.3kJ \tag{3-2}$$

$$CuC_2O_4 \longrightarrow Cu + 2CO_2 + 23.6kJ \tag{3-3}$$

1kg煤在空气中燃烧可以产生大约32660kJ热量。它远比1kg梯恩梯（TNT）炸药爆炸时释放的热量多（4187kJ但在0.00001s内产生）。但是煤燃烧反应的速度非常慢，1kg煤烧完可能要1h，因而不可能产生爆炸。

当一块炸药爆炸时，它所产生的气体体积可能是这块炸药原有体积的10000～15000倍。其产生的气体的膨胀速度也非常快，可以达到7000～8000m/s。气体的温度可以高达3000～4000℃。整个反应过程可在几分之一秒之内完成而且伴随着冲击波和巨响。

炸药爆炸可以由各种方法激发：（1）被某种力学作用，例如撞击，冲击波或另一个爆炸作用；（2）高温；（3）火焰。

3.3 炸药化学分解反应的形式及炸药的爆轰过程

3.3.1 炸药化学分解反应的形式

炸药由于所处的环境和条件不同，其化学反应的速度和特性也不同。炸药的化学分解过程有三种形式：热分解、燃烧、爆燃和爆轰。

（1）热分解。炸药的热分解可以在常温下进行但是其分解过程非常慢，可以是几年，几天，几小时或几分之一秒。其分解的速度可随着其所处环境的温度升高而加快。炸药的热分解特性对于炸药的贮存非常重要。控制好炸药的储存量和堆放方式，并使库房有良好的通风是控制库房的温度，保持炸药在储存期间的稳定性的必不可少的措施。

（2）燃烧。在一定的条件下，大部分炸药可以稳定地燃烧而不爆炸。炸药的燃烧反应先从某一局部开始，然后沿着炸药的表面或轴线以很慢的速度传播。通常的传播速度由每秒几毫米至每秒几十厘米。如果其周围的压力和温度不变化，燃烧将继续下去直至全部炸药烧完为止。

（3）爆燃。爆燃是指炸药中的化学反应、能量释放以亚音速在炸药中传播的过程。爆燃实际上是处于燃烧与爆轰之间的一种不稳定的中间或过渡状态。如果外部条件变化它可以转变为缓慢的燃烧，也可转变为猛烈的爆轰。同时，爆燃也是一些低能炸药，如黑火药、曳光弹和烟花的特性。

（4）爆轰。爆轰是一个伴随有大量能量释放的化学反应过程。当爆轰在炸药中形成时，这一放热反应的波前以冲击波的形式和超音速在炸药中加速传播。这一冲击波称之为爆轰波，它以每秒数千米的速度通过炸药。当爆轰波掠过后，炸药介质变成高温高压的爆轰产物。实际上爆燃与爆轰之间并无原则上的区别，只是它们的传播速度不同而已。爆轰波以远远超过音速的稳定速度在炸药内传播，而爆燃的传播速度一般都低于音速而且不稳定（见图3-2）。爆轰中的化学反应是最完全的反应，其释放出的能量也是最多的。

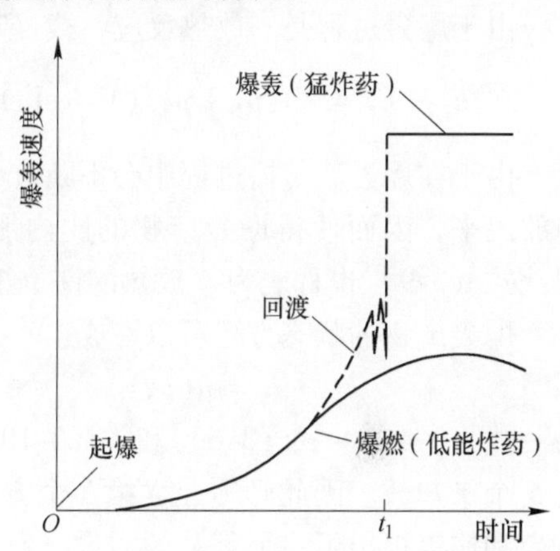

图3-2　爆燃与爆轰过程[3]

3.3.2　炸药的爆轰过程

如前所述，当炸药爆轰时化学反应的冲击波以超音速在炸药中传播并生成新的化学物质。这一过程的基本特征是：爆轰过程一旦开始，它就会以超音速的爆轰波将这一过程持续进行到底（图3-3）。

最先提出爆轰理论的是1899年由英国的查普曼（D. J. Charpman）和1905年法国的儒盖（E. Jouguet）分别提出最简单的爆轰波结构理论，后称为C-J理论。C-J理论把爆轰波简化为一个冲击压缩间断面，其上的化学反应瞬时完成，在间断面两侧的初态、终态各参量可以用质量、动量和能量三个守恒定律联系起来，经变换可得如下三个方程。

质量守恒定律：
$$\rho_1 u_1 = \rho_2 u_2 \tag{3-4}$$

动量守恒定律：
$$p_1 + \rho_1 u_1^2 = p_2 + \rho_2 u_2^2 \tag{3-5}$$

能量守恒定律：
$$h_1 + \frac{1}{2}u_1^2 = h_2 + \frac{1}{2}u_2^2 \tag{3-6}$$

式中　ρ_1——炸药的初始密度；

ρ_2——反应区中物质的密度；

u_1——爆轰波速度；

u_2——反应生成物流的速度；

p_2——反应区界面（称之为C-J面）上的压力，即爆轰压力；

p_1——初始压力；

h_2, h_1——爆轰过程中及爆轰前的能量。

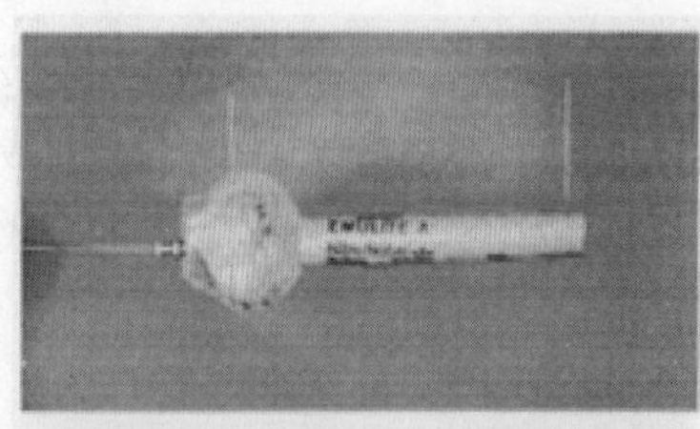

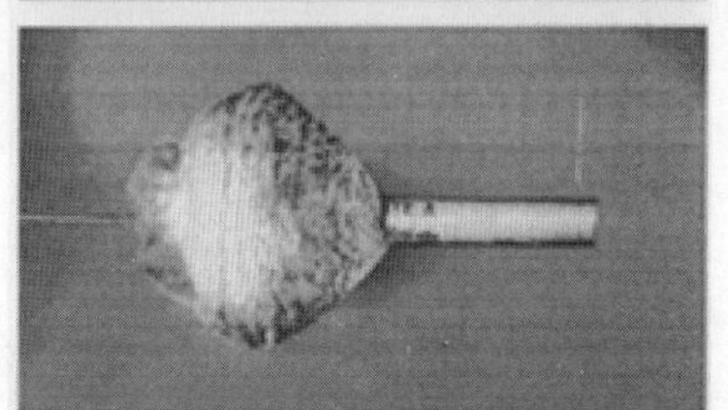

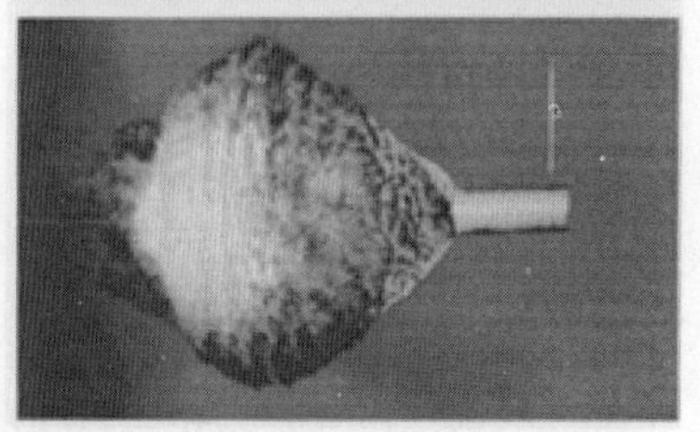

图3-3　炸药在无约束条件下的爆轰过程（Nitro Nobel）

式（3-6）又称之为“许贡纽方程”（Rankine-Hugoniot condition）。

解式（3-4）和式（3-5），可得到下列方程：

$$(\rho_1 u_1)^2 = (\rho_2 u_2)^2 = \frac{p_2 - p_1}{\frac{1}{\rho_1} - \frac{1}{\rho_2}} = \frac{p_2 - p_1}{V_1 - V_2} \tag{3-7}$$

式中 V_1——炸药的初始比容，$V_1 = 1/\rho_1$；

V_2——反应区之 C-J 面上反应生成物的比容，$V_2 = 1/\rho_2$。这条直线称之为“瑞利线”（Rayleigh Line）。

解式（3-4）~式（3-6），并消去 u_1 和 u_2，所得到的“许贡纽方程”以总熵的形式可写成：

$$h_2 - h_1 = \frac{1}{2}(p_2 + p_1)(V_1 - V_2) \tag{3-8}$$

在（p，V）平面上，式（3-8）是一条曲线，称之为“许贡纽曲线”（Hugoniot Curve）。

由于爆轰过程是一放热反应，式（3-8）应写成：

$$h_2 - h_1 = \frac{1}{2}(p_2 + p_1)(V_1 - V_2) + Q_e \tag{3-9}$$

由于在爆轰波传播过程中会不断有爆轰反应热 Q_e 释放出来，因而使得爆轰产物的比内能也不断增加。因此式（3-9）也称之为“放热的许贡纽方程”。

爆轰产物的状态方程可以写成：

$$h = h(p, V) \tag{3-10}$$

式（3-4）~式（3-6）和式（3-10）四个方程中有 5 个未知数。因此必须建立第 5 个方程式。为此贾普曼和儒盖提出了一个著名的假设（称之为 C-J 假设或 C-J 条件），即稳定爆轰产物的状态对应于许贡纽线和瑞利线的切点 J，即 C-J 点（图 3-4），该点的爆速 D_J 是极小值，可以证明，在 J 点有下面关系：

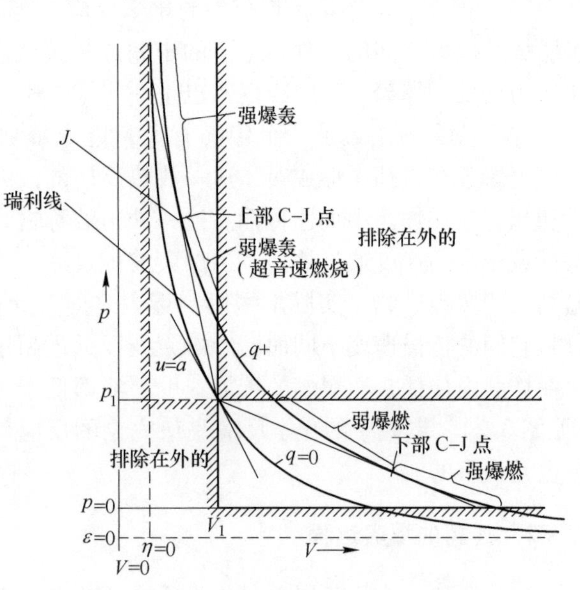

图 3-4 p-V 平面上的“许贡纽曲线”（一维恒定过程）（Strehlow 1991，译自文献［4］）

$$u_{1,J} = u_{2,J} + c_J \tag{3-11}$$

式中 $u_{1,J}$——在 J 点处的爆轰波速度；

$u_{2,J}$——在 J 点处反应生成物流的速度；

c_J——在 J 点处反应生成物流中的音速。

根据“放热的许贡纽方程”，气体的爆轰参数可以近似地计算如下：

（1）C-J 面上质点的速度：
$$u_{2,J} = \frac{1}{k+1} u_{1,J} \tag{3-12}$$

（2）C-J 面上的压力：
$$p_J = \frac{1}{k+1} \rho_1 u_{2,J}^2 \tag{3-13}$$

（3）爆轰速度：
$$D = u_1 = \sqrt{2(k^2 - 1) Q_v} \tag{3-14}$$

（4）C-J 面上物质的密度：
$$\rho_J = \frac{k+1}{k} \rho_1 \tag{3-15}$$

（5）C-J 面上物质的温度：
$$T_J = \frac{1}{n_J R} \frac{kD^2}{(k+1)^2} \tag{3-16}$$

式中，n_J 为气体的摩尔数；R 是理想气体常数。

对实际爆轰系统应用 C-J 理论进行计算，一般都能得到同实验爆速值相近的结果，这表明 C-J 理论基本正确。但是，对气相爆轰进行精密测量得到的爆轰压强和密度值，比用 C-J 理论得到的值低 10%~15%，对爆轰产物实测得到的马赫数比计算的 C-J 值高 10%~15%。这表明 C-J 理论是一种近似理论。另外，炸药的爆轰实际上存在一个有一定宽度的反应区（图 3-5），而且有些反应区的宽度相当大，因此，将爆轰波仅仅看作一个强间断面已不恰当。这说明还须对爆轰波的内部结构进行深入研究。

对C-J理论所存在的缺陷的重大修正是在20世纪40年代由苏联学者泽尔多维奇(Я. Б. Зельдович，1940)，美国学者冯·纽曼(Von Neumann，1942)和德国学者多尔宁(W. Doring，1943)各自独立地提出的，称之为Z-N-D理论，或ZND理论。

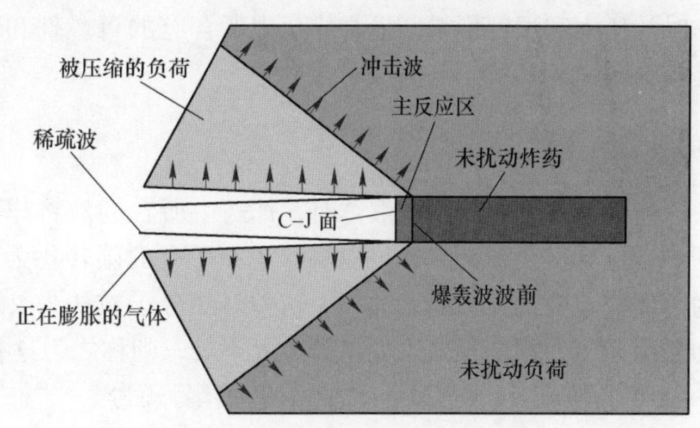

图3-5 炸药爆轰过程之示意图

ZND理论假设爆轰波阵面具有适当的厚度，它由非常薄的前导冲击波和具有一定厚度的后继化学反应区组成。化学反应在这个反应区内进行并完成。前导冲击波与化学反应区以同一速度沿爆炸物传播。此即爆轰波的Z-N-D模型。按照这一模型，在爆轰波面内学反应被激发。随着化学反应连续不断地展开，状态由点N沿瑞利线逐渐向反应终态点M变化，直至反应进程到达反应区的终态，化学反应热Q_e全部放出。爆轰波的Z-N-D模型可以用图3-6（b）所示的爆轰波剖面形象地表示出来。它展示的是一正在沿爆炸物传播的爆轰波。在前导冲击波后压力突跃到p发生的历程恰如图3-6（a）所示，即原始爆炸物首先受到前导冲击波的强烈冲击即由初始状态O（p_0，v_0）被突跃压缩到N（p_N，v_n）点状态，温度和压力突然升高，高速的爆轰化N（称为冯·纽曼峰Von Neumann Peak），随着化学反应的进行，压力急剧下降，在反应终了断面降至C-J压力p_{C-J}。C-J面后为爆轰产物的等熵膨胀流动区，称为泰勒膨胀波（Taylor Expansion Wave），在该区内压力随着膨胀而平缓地下降。

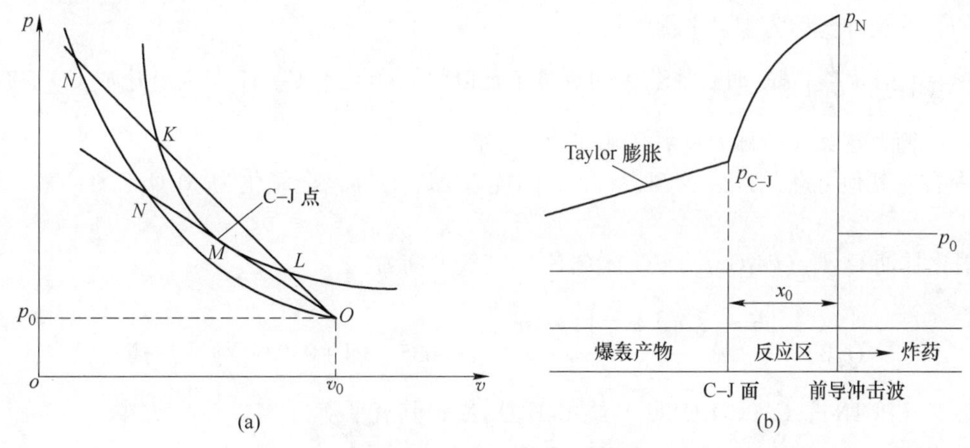

图3-6 爆轰波的Z-N-D模型（取自文献［5］）

虽然Z-N-D模型对C-J模型进行了修正和发展，但它仍不是一个完美的模型。例如在反应区内所发生的过程，实际上并不像模型所描述的那样井然有序。由于爆轰介质的密度及化学成分的不均匀性，冲击起爆时化学反应响应的多样性，冲击起爆所引起的爆轰面的非理想性，冲击引爆后介质内部扰动波系的相互作用以及边界效应等，都可能导致对理想爆轰条件的偏离。此外，爆轰介质内部化学反应及流体分子运动的微观涨落等也能发展成对化学反应区内反应流动的宏观偏离，加之，介质的黏性、热传导、扩散等耗散效应的影响，都可能引起爆轰波反应区结构畸变。因此，在气体爆轰中观察到螺旋爆轰、胞格结构等现象，就不会让人感到意外。

3.4 炸药的氧平衡

当前，广泛使用的炸药主要由C、H、O和N组成。一些炸药中也含有Cl、F、S和某些金属元素，如Al、Mg等。含有C、H、O和N四种元素的炸药的分子式可写成$C_aH_bO_cN_d$。其中C和H是可燃剂，O是氧化剂。当炸药爆炸时，炸药分子破裂，发生氧化还原反应，这些元素重新组合成稳定的产物，主要为CO_2、H_2O、CO、N_2和O_2、H_2、C、NO、CH_4，$C_2N_2NH_3$、HCN等。爆炸产物的类型和数量受炸药爆炸时的压力和温度影响，也与炸药中所含有的可燃剂和氧化剂的数量有关。一般来说，氧平衡和氧系数是指炸药中氧和可燃剂的相对含量。

3.4.1 氧平衡

所谓氧平衡是指炸药爆炸时，炸药中所含的氧将炸药中的可燃剂能否完全氧化的程度。如果炸药分子中恰好含有足够的氧，可以将炸药中所有的碳转化为二氧化碳，所有的氢转化为水，所有的金属转化为金属氧化物而没有剩余的氧，这种炸药分子被认为具有零氧平衡。如果炸药分子含有过多的氧则称之为具有正氧平衡。反之，如果其含氧不足，则称之为具有负氧平衡。

对 $C_aH_bO_cN_d$ 类炸药，氧平衡的计算公式为：

$$\text{O. B.} = \frac{\left[c - \left(2a + \frac{b}{2}\right)\right] \times 16}{M} \tag{3-17}$$

式中 16——氧原子的摩尔质量；

M——炸药分子的摩尔质量。

从式（3-17）可以看出，随着炸药组分的变化，炸药的氧平衡可能出现三种情况：

（1）当 $c - \left(2a + \frac{b}{2}\right) > 0$ 时，炸药中的氧将可燃元素 C、H 完全氧化成 CO_2 和 H_2O 后还有富余，这种情况称为正氧平衡，这类炸药称为正氧平衡炸药。

（2）当 $c - \left(2a + \frac{b}{2}\right) = 0$ 时，炸药中的氧正好将可燃元素 C、H 完全氧化成 CO_2 和 H_2O，这种情况称为零氧平衡，这类炸药称为零氧平衡炸药。

（3）当 $c - \left(2a + \frac{b}{2}\right) < 0$ 时，炸药中的氧将不足以将可燃元素 C、H 完全氧化成 CO_2 和 H_2O，这种情况称为负氧平衡，这类炸药称为负氧平衡炸药。

若炸药中含有其他可燃元素，如 Al、S 等，同样以 Al、S 等完全氧化为 Al_2O_3、SO_2 来计算炸药的氧平衡。

例 1 硝化甘油 $C_3H_5(ONO_2)_3$ 或 $C_3H_5O_9N_3$，其氧平衡为：

$$\text{O. B.} = \frac{\left[9 - \left(2 \times 3 + \frac{5}{2}\right)\right] \times 16}{227} = +0.035，\text{即} +0.035\text{g/g（炸药）}$$

例 2 泰安（PETN），$C(CH_2ONO_2)_4$ 或 $C_5H_8O_{12}N_4$，其氧平衡为：

$$\text{O. B.} = \frac{\left[12 - \left(2 \times 5 + \frac{8}{2}\right)\right] \times 16}{315} = -0.101，\text{即} -0.101\text{g/g（炸药）}$$

对于混合炸药，其氧平衡只等于各组分的氧平衡与该组分重量百分比乘积的代数和。

例 3 民用 2 号岩石炸药，其组分为 NH_4NO_3，85%；TNT，11%；木粉，4%。已知这三种组分的氧平衡分别为：

$$\text{O. B.}_{\text{TNT}} = -0.74；\text{O. B.}_{NH_4NO_3} = +0.2；\text{O. B.}_{\text{木粉}} = -1.38$$

则 2 号岩石炸药的氧平衡为：

$$\text{O. B.}_{\text{2号}} = 0.2 \times 85\% + (-0.74) \times 11\% + (-1.38) \times 4\% = 0.0334\text{g/g(炸药)}$$

表 3-1 是一些炸药和物质的氧平衡值。

表 3-1 部分炸药和物质的氧平衡值（O. B.）

名称和符号	分子式	原子质量或分子质量	O. B.（$g \cdot g^{-1}$）
梯恩梯 Trinitrotoluene（TNT）	$C_7H_5(NO_2)_3$	227	-0.740
黑索今 Hexogen（RDX）	$C_3H_6N_3(NO_2)_3$	222.1	-0.216
奥克托金 Octogen（HMX）	$C_4H_8N_4(NO_2)_4$	296.2	-0.216

续表 3-1

名称和符号	分子式	原子质量或分子质量	O. B.（g/g^{-1}）
特屈儿 Tetryl（Te）	$C_7H_5N(NO_2)_4$	287.2	-0.474
硝化甘油 Nitroglycerine（NG）	$C_3H_5(NO_3)_3$	227	+0.035
泰安 Pentaerythritoltetranitrate（PETN）	$C_5H_8(NO_3)_4$	316.2	-0.101
二硝基甲苯 Dinitrotoluene（DNT）	$C_7H_6(NO_2)_2$	182.1	-1.142
雷汞 Mercury fulminate	$HgC_2N_2O_2$	284.7	-0.113
硝酸铵 Ammonium Nitrate	NH_4NO_3	80	+0.200
硝酸钾 Potassium nitrate	KNO_3	101	+0.396
硝酸钠 Sodium nitrate	$NaNO_3$	85	+0.471
铝粉 Al（Powder）	Al	27	-0.889
轻柴油 Light diesel oil	$C_{18}H_{32}$	224	-3.420
木粉 Wood powder	$C_{15}H_{22}O_{10}$	362	-1.370
石蜡 Paraffin	$C_{18}H_{38}$	254.5	-3.460
镁 Magnesium	Mg	24.31	-0.658
亚硝酸钠 Sodium nitrite	$NaNO_2$	69	+0.348
硫 Sulfur	S	32.0	-1.00
斯潘 80 Span-80	$C_{22}H_{42}O_6$	428	-2.39

3.4.2 氧系数

除了用氧平衡表示炸药中氧化剂与还原剂之间的相对关系外，有时还用氧系数来表示炸药分子的氧化剂相对还原剂的含量。

氧系数是指炸药分子中所含氧量与碳、氢完全氧化所需氧量之百分比，对于 $C_aH_bO_cN_d$ 类炸药其氧系数 A 可按下式计算：

$$A = \frac{2c}{4a + b} \times 100\% \tag{3-18}$$

显然，$A > 100\%$ 对应于正氧平衡炸药；

$A = 100\%$ 对应于零氧平衡炸药；

$A < 100\%$ 对应于负氧平衡炸药。

对于例 1，计算硝化甘油（$C_3H_5O_9N_3$）的氧系数为：

$$A = \frac{2 \times 9}{4 \times 3 + 5} \times 100\% = \frac{18}{17} \times 100\% = 105.9\%$$

例 4　TNT（$C_7H_5O_6N_3$）的氧系数为：

$$A = \frac{2 \times 6}{4 \times 7 + 5} \times 100\% = \frac{12}{33} \times 100\% = 36.3\%$$

3.5 炸药的热化学

3.5.1 炸药的爆热

炸药是一种巨大的能源，它通过爆炸反应的形式将潜能释放出来，转化为对周围介质的机械功。炸药爆炸释放出的潜能——爆热，是炸药爆炸性能的重要参数之一。

爆热是指单位质量的炸药（通常是指 1kg 炸药）爆炸时释放出的热量。

因为炸药的爆炸反应极为迅速，可以认为爆炸过程是定容的，因此爆热一般用 Q_V 表示。

3.5.1.1 炸药爆热的计算

1840 年瑞士出生的俄罗斯的化学家和物理学家盖斯（Germain Henri Hess）在总结大量实验事实的基

础上归纳出一个规律：一个化学反应其整个反应过程的焓的变化，不论此过程是经过一步或几步完成的，都是一样的。换句话说，在化学反应过程中，若体积恒定或压力恒定，且系统不做任何非体积功，则化学反应热效应只取决于反应的开始和最终状态，而与过程的具体途径无关。

按照盖斯定律，在计算炸药的爆热时，可以将炸药的热效应用盖斯三角形来说明，如图 3-7 所示。

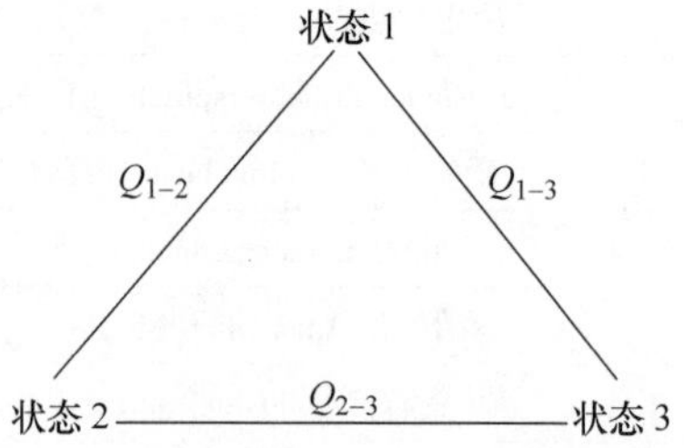

状态 1

Q_{1-2} Q_{1-3}

状态 2 Q_{2-3} 状态 3

图 3-7 炸药爆轰热效应的盖斯三角形

设想有三种状态，图 3-7 中状态 1 为生成炸药的稳定的单质，状态 2 为炸药，状态 3 为爆轰产物。根据盖斯定律，显然，由元素的稳定单质生成爆轰产物时的热效应 Q_{1-3}，等于由元素的稳定单质生成炸药时的热效应 Q_{1-2} 与炸药转化为爆轰产物时的热效应 Q_{2-3} 之和，即：

$$Q_{1-3} = Q_{1-2} + Q_{2-3}$$

或

$$Q_{2-3} = Q_{1-3} - Q_{1-2} \qquad (3\text{-}19)$$

式中 Q_{1-2} ——炸药的生成热；

Q_{1-3} ——爆轰产物的生成热；

Q_{2-3} ——炸药的爆热。

式（3-19）表明，炸药的爆热等于爆轰产物的生成热减去炸药的生成热。因此，只要知道炸药的爆炸化学反应方程式，炸药的生成热核爆炸产物的生成热，就可以计算出炸药的爆热。

炸药和爆轰产物的生成热可以通过查阅有关化学手册得到。

例 5 铵油炸药（ANFO）爆轰的化学反应为：

$$3NH_4O_3 + 1CH_2 \longrightarrow CO_2 + 7H_2O + 3N_2$$

我们来计算这一化学反应的爆热。

从手册中可以查到硝酸铵（NH_4O_3）的生成热是 87.3kcal/mol，轻柴油 CH_2 的生成热是 7.0kcal/mol，二氧化碳（CO_2）和水（H_2O）的生成热分别是 94.1kcal/mol 和 57.8kcal/mol。根据式（3-19），铵油炸药（ANFO）的爆热为：

$$Q_{mp} = Q_{mp(1-3)} - Q_{mp(1-2)} = (94.1 + 7 \times 57.8) - (3 \times 87.3 + 7) = 229.8\text{kcal}$$

由于铵油炸药（ANFO）的分子量为：

$$P_m = 3 \times 80.1 + 14 = 254.3\text{g}$$

因而每公斤铵油炸药（ANFO）的爆热为：

$$Q_{kp} = \frac{229.8\text{kcal}}{254.3\text{g}} \times \frac{1000\text{g}}{\text{kg}} = 903.7\text{kcal/kg}$$

由于我们从手册中查得的炸药的各组分的生成热是在恒压条件下得到的，因此计算爆热时必须转换成恒容条件：

$$Q_{mv} = Q_{mp} + 0.577 \times n_{pg}$$

式中，n_{pg} 为气体产物的摩尔数，此例中：$n_{pg} = 1 + 7 + 3 = 11$。

因此，

$$Q_{mv} = 229.8 + 0.577 \times 11 = 236.15\text{kcal/mol}$$

$$Q_{kv} = \frac{236.15\text{kcal}}{254.3\text{g}} \times \frac{1000\text{g}}{\text{kg}} = 928.6\text{kcal/kg}$$

表 3-2 列出了一些物质和炸药在恒压条件和温度为 18℃（291K）时的生成热和分子量。

表 3-2 一些物质和炸药在恒压条件和温度为 18℃（291K）时的生成热和分子量

物质/炸药	分子式	摩尔量	生成热/kcal · mol^{-1}
刚玉 Corundum	Al_2O_3	102.0	399.1
柴油 Fuel oil	CH_2	14.0	7.0
硝基甲烷 Nitromethane	CH_3O_2N	61.0	21.3
硝化甘油 Nitroglycerine	$C_3H_5O_9N_3$	227.1	82.7
泰安 PETN	$C_3H_8O_{12}N_4$	316.1	129.4

续表 3-2

物质/炸药	分子式	摩尔量	生成热/kcal · mol^{-1}
梯恩梯 Trinitrotoluene（TNT）	$C_7H_5O_6N_3$	227.1	17.5
一氧化碳 Carbon monoxide	CO	28.0	26.9
二氧化碳 Carbon dioxide	CO_2	44.0	94.5
水 Water	H_2O	18.0	57.8
硝酸铵 Ammonium nitrate	NH_4NO_3	80.1	87.4
铝 Aluminium	Al	27.0	0.0
碳 Carbon	C	12.0	0.0
氮 Nitrogen	N	14.0	0.0
一氧化氮 Nitrogen oxide	NO	30.0	-21.6
二氧化氮 Nitrogen dioxide	NO_2	46.0	-12.2
雷汞 Mercury fulminate	$HgC_2N_2O_2$	284.7	-64.1
黑索今 Hexogen（RDX）	$C_3H_6N_3(NO_2)_3$	222.1	-15.64
硝酸钠 Sodium nitrate	$NaNO_3$	85	-111.72
奥克托金 Octogen（HMX）	$C_4H_8N_4(NO_2)_4$	296.2	-17.9
叠氮化铅 Lead azide	P_bN_6	291.0	-115.5

3.5.1.2 炸药爆热的实验测量

爆热是度量炸药能量的一个重要参数，因此用实验方法测定爆热是很重要的一项工作。

测量爆热的主要设备为量热弹。图 3-8 是美国劳伦斯利弗莫尔国家实验室的量热弹[6]。图 3-9 是中国国内通常应用的类似装置[8]。

图 3-9 的装置分为三层。外层为木桶；中间为钢制保温桶，桶的内壁抛光镀铬；最内层为不锈钢制的量热桶，其内外表面均抛光，桶中盛以恒温定量的蒸馏水以供测热之用。在木桶与保温桶之间充以泡沫塑料，以隔绝与外部的热交换。

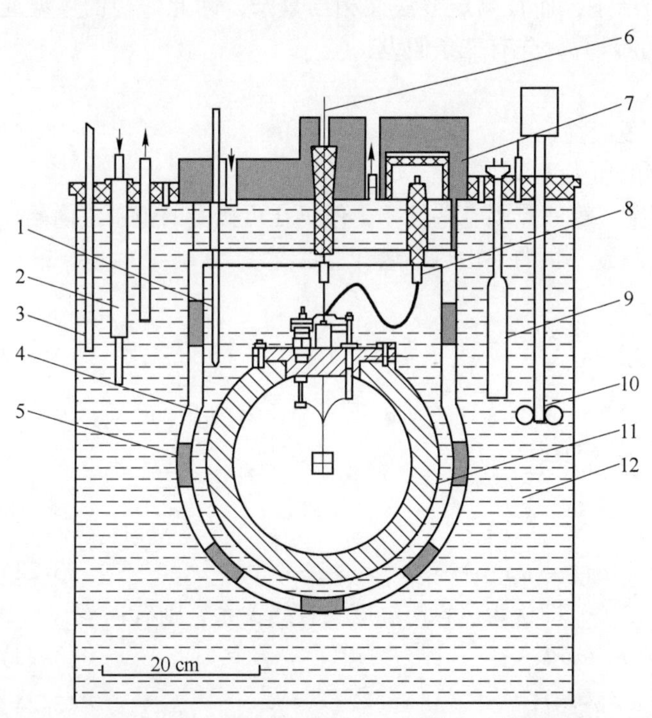

图 3-8 美国劳伦斯利弗莫尔国家实验室的量热弹

1—石英温度计；2—线电阻温度计；3—水银温度计；4—爆热弹篮；5—发泡胶支撑块；6—吊挂绳缆；7—发泡胶绝缘体；8—起爆线连接处；9—刀片加热器；10—搅拌器；11—量热弹体；12—恒温夹套

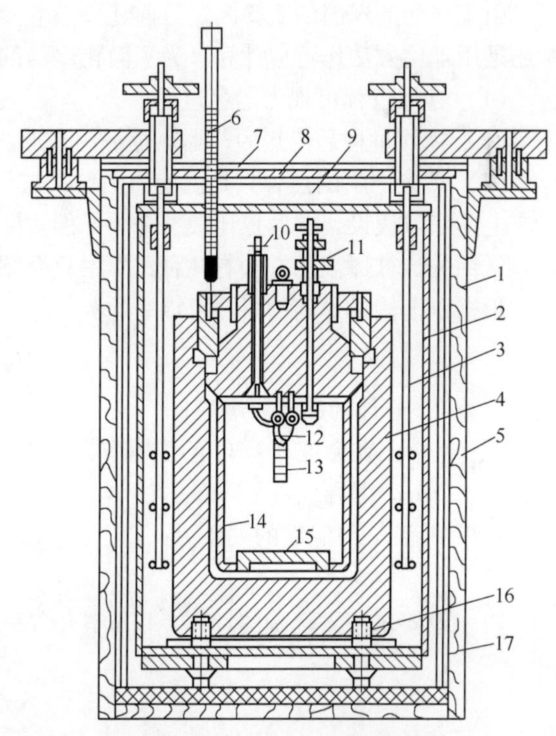

图 3-9 国内常用的爆热弹

1—木桶；2—量热桶；3—搅拌桨；4—量热弹体；5—保温桶；6—贝克曼温度计；7 ~ 9—盖；10—电极接线柱；11—抽氧口；12—电雷管；13—炸药；14—内衬桶；15—垫块；16—支撑螺栓；17—底托

量热弹放入量热桶内，炸药悬挂在量热弹里。由于爆炸过程的高温高压能够产生强力的破坏作用。因此量热弹的弹体材料强度要高、弹体壁要足够厚。

实验时，首先将装有雷管的炸药试样悬挂在弹盖上，盖好弹盖。然后从抽气孔中抽出弹内空气，并用氮气置换一次，再抽真空，而后将弹体放入量热桶内，并加入准确称量的蒸馏水，直至弹体全部淹没为止。恒温一个小时左右，记下此时桶内的水温 T_0，然后引爆炸药试样，这时水温将不断升高，记下测量的最高水温 T_1，计算炸药的爆热值：

$$Q_{kv} = \frac{(c_w + c_d) \times (T_1 - T_0) - q}{m} \tag{3-20}$$

式中 Q_{kv}——炸药在恒容条件下的爆热，kJ/kg；

c_w——所使用的蒸馏水的热容，kJ/℃；

c_d——换算成当量水热容的试验装置的热容，kJ/℃；

q——雷管的爆热，kJ；

T_1——爆轰后水的最高温度，℃；

T_0——爆轰前水的温度，℃；

m——炸药试件的重量，kg。

有必要指出，由于受各种试验条件的影响，试验测得的值只能是一个近似值。

3.5.2 炸药的爆温

炸药的爆温是指炸药爆炸时放出的热量将爆炸产物加热到的最高温度。爆温也是炸药的重要参数之一。

到目前为止，直接测量炸药的爆温还是很困难的。这是因为爆炸温度极高（一般可达几千度）、达到最高温度的时间很短（10^{-6}s），同时达到最大值后随爆轰产物的膨胀温度随之迅速下降。

目前采用的测量爆温的方法是测定炸药爆炸瞬间产物的色温。测得的温度一般比真实温度偏高。

由于炸药的爆温的实验测定目前还没有精确的结果，而且测定方法又相当复杂，因此炸药的爆温通常还是用理论方法作近似计算。为了简化爆温的理论计算，先有三条假设：

（1）爆炸过程可视为定容过程；

（2）爆炸过程是绝热的，爆热全部用来加热爆轰产物；

（3）爆轰产物的热容只是温度的函数，与产物的压力无关。

上述三点假设，前两点比较符合爆炸的实际情况。第三点则有些偏差，但仍在可接受的范围之内。

常用的计算爆温的方法有几种，本书只介绍由爆轰产物的平均热容量计算爆温。

根据以上假设炸药的爆热可以表达为：

$$Q_V = \sum \bar{c}_{Vi} \cdot t \tag{3-21}$$

式中 Q_V——炸药的定容爆热；

$\bar{c}_{Vi}$——在温度 0 ~ t℃范围内爆炸产物 i 的平均热容；

t——爆温。

一般热容 $\bar{c}_V$ 与温度的关系为：

$$\bar{c}_{Vi} = a_i + b_i t + c_i t^2 + d_i t^3 + \cdots \tag{3-22}$$

对一般要求不太精确的计算，仅取其中第一、二项，即认为热容与温度成直线关系，则有：

$$\bar{c}_{Vi} = a_i + b_i t \tag{3-23}$$

$$\sum \bar{c}_{Vi} = a + bt \tag{3-24}$$

$$Q_V = \sum \bar{c}_{Vi} \cdot t = (a + bt)t \tag{3-25}$$

$$bt^2 + at - Q_V = 0$$

于是爆温

$$t = \frac{-a + \sqrt{a^2 + 4bQ_V}}{2b} \tag{3-26}$$

利用此法计算爆温时，必须知道爆炸产物的组分和爆炸产物的热容量。下面是几种分子的卡斯特平均分子热容表达式。

对于1mol二原子气体：　$\bar{c}_V = 4.8 + 4.5 \times 10^{-4}t$

对于1mol气体水：　$\bar{c}_V = 4.0 + 21.5 \times 10^{-4}t$

对于1mol三原子气体：　$\bar{c}_V = 9.0 + 5.8 \times 10^{-4}t$

对于1mol四原子气体：　$\bar{c}_V = 10 + 4.5 \times 10^{-4}t$

对于1mol五原子气体：　$\bar{c}_V = 12 + 4.5 \times 10^{-4}t$

对于碳：　$\bar{c}_V = 6.0$

对于食盐：　$\bar{c}_V = 28.3$

对于Al_2O_3：　$\bar{c}_V = 23.86 + 67.3 \times 10^{-4}t$

例6　计算TNT的爆热。已测知TNT的爆炸化学反应方程式为：

$C_6H_2(NO_2)_3CH_3 = 2CO_2 + CO + 4C + H_2O + 1.2H_2 + 1.4N_2 + 0.2NH_3 + 226.08kcal/mol$

首先计算爆炸产物的热容量；

对于二原子气体：　$\bar{c}_V = (1 + 1.2 + 1.4)(4.8 + 4.5 \times 10^{-4}t) = 17.28 + 0.00126t$

对于水：　$\bar{c}_V = 4.0 + 21.5 \times 10^{-4}t$

对于CO_2：　$\bar{c}_V = 2 \times (9.0 + 5.8 \times 10^{-4}t) = 18.0 + 0.00116t$

对于NH_3：　$\bar{c}_V = 0.2 \times (10 + 4.5 \times 10^{-4}t) = 2.0 + 0.00009t$

对于C：　$\bar{c}_V = 4 \times 6.0 = 24.0$

所有爆炸产物的热容量：$\sum \bar{c}_{Vi} = 65.28 + 0.00502t$

因此得$a = 65.28$，$b = 0.00502$，$Q_V = 226.08kcal/mol$，代入式（3-26）有：

$$t = \frac{-a + \sqrt{a^2 + 4bQ_V}}{2b} = \frac{-65.28 + \sqrt{65.28^2 + 4 \times 0.00502 \times 226.08 \times 1000}}{2 \times 0.00502} = 3260℃$$

或
$$T = 3260 + 273 = 3533K$$

由于在计算中$\bar{c}_V$的值采用了卡斯特平均分子热容表达式，其数值略为偏低，因此所计算出的爆温也略为偏高。

3.5.3　炸药的爆容

炸药的爆容是指，单位质量（一般指1kg）炸药爆炸后，其产物在标准状态下所占的体积。常用单位：L/kg。

炸药爆炸生成的气体是炸药对外做功的工质，炸药的威力与炸药的爆容是密切相关的，炸药的爆容越大，做功能力就越强，威力就越大。

若知道炸药的爆炸化学反应方程式，应用阿佛加德罗定律（Avogadro's Law）就可以计算出炸药的爆容：

$$V = \frac{\sum n_j \times 1000}{\sum m_i M_{ei}} \times 22.4L/kg \tag{3-27}$$

式中　V——炸药的爆容；

$\sum n_j$——气体爆轰产物总的摩尔数；

m_i——炸药i组分的摩尔数；

M_{ei}——炸药i组分的分子质量。

例7　已知阿马托80/20(AN-TNT)的爆炸反应方程式为：

$$11.35NH_4NO_3 + C_7H_5O_6N_3 \longrightarrow 7CO_2 + 25.2H_2O + 12.85N_2 + 0.425O_2 + 1135kcal$$

计算其爆容。

解：$\sum n_j = 7 + 25.2 + 12.85 + 0.425 = 45.475$

$$m_{NH_4NO_3} = 11.35, M_{eNH_4NO_3} = 80$$

$$m_{TNT} = 1, M_{eTNT} = 227$$

$$V = \frac{\sum n_j \times 1000}{\sum m_i M_{ei}} \times 22.4 = \frac{45.475 \times 1000}{11.35 \times 80 + 227} \times 22.4 = 897.48\text{L/kg}$$

3.5.4 炸药的爆压和爆速

炸药的爆压（detonation pressure）和爆速（detonation velocity）是描述炸药威力和能量的非常重要的参数。

Kamlet 等人对 C、H、O、N 类型炸药的爆速和爆压进行了大量的研究、分析，提出了计算此类炸药的经验计算公式：

$$p_J = K\varphi\rho_0^2 \tag{3-28}$$

$$D_J = A\varphi^{\frac{1}{2}}(1 + B\rho_0) \tag{3-29}$$

$$\varphi = NM^{\frac{1}{2}}Q^{\frac{1}{2}} \tag{3-30}$$

式中 $K = 15.58$、$A = 1.01$、$B = 1.30$ 为实验常数；

p_J——C-J 爆轰压，kbar；

D_J——炸药爆速，m/s；

ρ_0——炸药的初始密度，g/cm^3；

φ——炸药的特性值；

N——每克炸药爆炸所生成的气体产物的摩尔数，mol/g；

M——爆轰产物气体组分的平均分子量，g/mol；

Q——每克炸药的化学反应热，cal/g。

$C_aH_bO_cN_d$ 类炸药的爆炸按最大放热原则确定化学反应方程式，化学反应方程式可写成：

$$C_aH_bO_cN_d \longrightarrow \frac{b}{2}H_2O + \left(\frac{c}{2} - \frac{b}{4}\right)CO_2 + \left(a - \frac{c}{2} + \frac{b}{4}\right)C + \frac{d}{2}N_2 + Q_V \tag{3-31}$$

$$N = \frac{b + 2c + 2d}{48a + 4b + 64c + 56d} \tag{3-32}$$

$$M = \frac{88c + 56d - 8b}{b + 2c + 2d} \tag{3-33}$$

$$Q = \frac{28.9b + 47\left(c - \frac{b}{2}\right) - Q_{fexp}}{12a + b + 16c + 12d} \tag{3-34}$$

式中 Q_{fexp}——炸药的生成热。

3.6 炸药的分类

有很多种标准和方法对炸药进行分类。本书中我们仅采用最常见的标准或方法对炸药进行分类。

3.6.1 按组成分类

炸药按其组成可分为两个最基本的类别：单质炸药和混合炸药。

（1）单质炸药是指其组成的各元素以一定的化学结构存在于同一个分子中的化学物质。当其爆炸分解时能释放出大量能量并生成诸如 CO_2、N_2 和 H_2O 等气态物质。固态的单质炸药例如：梯恩梯（$C_7H_5(NO_2)_3$）、奥克托金（$C_4H_8N_4(NO_2)_4$）、泰安（$C_5H_8(NO_3)_4$）等。液态的单质炸药例如：硝化甘油（$C_3H_5(NO_3)_3$）、硝基甲烷（CH_3NO_2）。

（2）混合炸药可以是两种单质炸药的混合物或一种可燃剂和一种氧化剂的混合物，或包含有一种或多种单质炸药和可燃剂和（或）氧化剂的中间混合物。

多数岩石爆破用的炸药通常是由单质炸药和几种可燃剂和氧化剂混合成的混合炸药。此外，它们也常常含有一些惰性材料或水作为其组分，这些组分在化学反应中并不能增加炸药的能量，但却可以改变炸药的黏稠度或流动性。岩石爆破用的炸药将在后续章节中作详细介绍。

3.6.2　按敏感度分类

（1）起爆药，又称为第一类炸药（Primary Explosives）。起爆药是一种对外来刺激，如撞击、摩擦、热、静电或电磁波等特别敏感的炸药。它只需要很小的能量就能引爆。起爆药通常都用于雷管中或用来引爆感度较低的较大量的第二类炸药。起爆药通常在雷管中用作产生一个物理冲击波，例如雷汞就常用作雷管中的起爆药。

（2）猛炸药，又称为第二类炸药（Secondary Explosives）。猛炸药的敏感度较起爆药低，它需要较大的能量才能引爆。由于其具有较低的感度，因而得到广泛的使用而且使用及存储都安全得多。猛炸药的使用量都较大而且通常都用很小量的起爆药引爆。梯恩梯（TNT）、硝化甘油（NG）、硝基甲烷（NM）和黑索今（RDX）都属于猛炸药。多数工业炸药，如代那买特（Dynamites）、铵梯炸药、浆状炸药、水胶炸药和乳化炸药也都属于猛炸药。

（3）爆破剂，又称之为第三类炸药（Blasting Agent）。它被称为爆破剂是因为它的敏感度很低，以至于不能用一般的起爆药如雷管引爆，而需要用能量更大的猛炸药作为中间引爆装置。根据这一定义铵油炸药（ANFO）和散装乳化炸药（Bulk Emulsion）都属于爆破剂。因而这一类炸药具有使用安全和成本低廉的特点。它们在大规模的矿山和建筑工程得到广泛应用。由于其原材料来源广泛，如氮肥，它们也被用作恐怖袭击。

3.6.3　按爆轰速度分类

（1）低速炸药。这一类炸药其化学分解的速度低于声速。其化学分解反应在炸药材料中传播时，其波前为一燃烧火焰（即爆燃），其传播速度远低于高速炸药中的冲击波速。在正常条件下，低速炸药的爆燃速度变化很大，可以从每秒几厘米至大约每秒400米。但在特殊的条件下，如压力或温度升高时，爆燃的速度会迅速升高直至达到类似于爆轰的状态，这种情况通常发生在一个密闭的空间条件下。

低速炸药通常是一种可燃物质和一种氧化剂的混合物，通常用作发射药和烟火剂（如烟花、焰火）。这一类炸药中最常见的为黑火药。

（2）高速炸药。高速炸药起爆时，爆轰波以超音速在炸药中传播，其传播速度可达3000～9000m/s。

高速炸药通常用于采矿岩石开挖、拆除爆破和军事用途。根据其敏感度又分为两类：起爆药（Primary Explosives）和猛炸药（Secondary Explosives）。高速炸药这一名词是针对低速炸药而言的。

3.6.4　按用途分类

按照其用途，炸药又可分为军用炸药和民用（工业或商业）炸药。用于军事用途的炸药与以岩石爆破用的民用炸药的发展方向完全不同。

（1）通常民用炸药的生产成本远远低于军用炸药。很多用于大规模爆破的民用炸药的生产厂就在矿山或工地附近，甚至就在现场制作。其很低的价格就可将其原材料、加工、运输，混制直至装入炮孔以及很少的利润全包括在内。

（2）由于在岩石开挖中，民用炸药消耗很快，因而对其储存时间要求不长。例如，包装炸药的储存期通常为1～2年（甚至半年），而散装爆破剂其“沉睡”于炮孔中的时间可以为一星期，最长可达一个月，但在通常情况下，多在装药当天即起爆。相反，军用炸药的储存期可能要求长达10～20年。实际上，在第二次世界大战，甚至第一次世界大战期间的军火至今仍储存于某些军火库中。

（3）通常军用炸药的密度和爆炸能量分别为1.5～1.9g/cm^{3}和5～6.5MJ/kg范围内，而民用炸药则通常分别为0.8（ANFO）～1.6（Genatin Dymamites）g/cm^{3}和2.5～4.0MJ/kg范围内。

3.6.5 按联合国危险品运输规则分类

国际海运危险货物规则（International Maritime Dangerous Goods Code；IMDG Code）（简称国际危规）是包括危险品海上运输中对危险品的分类、包装、集装箱运输和储存以及不兼容物质的隔离等在内的国际统一的规则。该规则由国际海事组织的海上安全委员会（MSC）下属的专家委员会每两年修订一次。

根据此规则所有物质（包括混合物和溶液）和制品根据其最突出的危害性，共分为1～9类。其中一些类别又细分为若干等级。炸药属于第一类危险品，其下又分成6个等级：

第1类爆炸品：

1.1类，具有整体爆炸危险的物质和物品；

1.2类，具有抛射危险，但无整体爆炸危险的物质和物品；

1.3类，具有燃烧危险和较小爆炸或较小抛射危险或同时具有此两种危险，但无整体爆炸危险的物质和物品；

1.4类，无重大危险的物质和物品；

1.5类，具有整体爆炸危险的很不敏感物质；

1.6类，无整体爆炸危险的极度不敏感物质。

为了运输和储存时的安全，根据危险品之间的兼容性，再分成13个配装类，分别用A～L（无I），N和S等13个字母表示，如表3-3所示。

表3-3 爆炸品的配装类和分类代码

分类的物质和物品种类	配装类	分类代码
起爆物质	A	1.1A
含起爆物质的物品，且不含两个或两个以上的有效保护装置	B	1.1B，1.2B，1.4B
推进性爆炸物质或其他爆燃性物质或含有这些物质的物品	C	1.1C，1.2C，1.3C，1.4C
次级爆炸性物质，黑火药或含有次级爆炸物质的物品，但无起爆装置和发射装药，或含有起爆物质并含有两个或两个以上的有效保护装置的物品	D	1.1D，1.2D，1.4D，1.5D
含有次级爆炸性物质的物品，不带有点火装置，但带有推进剂（含易燃液体或凝胶体或自燃液体除外）的物品	E	1.1E，1.2E，1.4E
含有次级爆炸物质的物品，自带点火装置，有或无推进剂（含易燃液体或胶体或自燃液体除外）	F	1.1F，1.2F，1.3F，1.4F
烟火物质或含烟火物质的物品，或同时含有一种爆炸物质和一种照明、燃烧、催泪或发烟物质的物品	G	1.1G，1.2G，1.3G，1.4G
同时含白磷和爆炸性物质的物品	H	1.2H，1.3H
同时含爆炸性物质和易燃液体或凝胶体的物品	J	1.1J，1.2J，1.3J
同时含爆炸性物质和有毒化学制剂的物品	K	1.2K，1.3K
含有爆炸物质并具特殊危险，并需要彼此隔离的物品	L	1.1L，1.2L，1.3L
只含对爆轰极不敏感物质的物品	N	1.6N
经如此包装或设计的物质或物品，因事故引起的危险作用仅限于包件内部，除非包件在遇火时已受损。在这种情况下，一切爆炸或抛射影响都应限制在包件附近而不会严重影响在包件附近救火或采取其他应急反应措施	S	1.4S

按照国际危规（IMDG Code）的分类标准，常见的工业炸药的分类为：

（1）工业炸药，包括各种包装炸药、铵油炸药（ANFO）、起爆药柱和导爆索都属于1.1D；

（2）所有的各种雷管都属于1.1B；

（3）散装乳化炸药（已敏化）属于1.5D，但未有敏化的乳胶基质属于5.1类，只属于氧化剂而不属于炸药；

（4）导火索和用来燃点导火索的点火棒属于1.4S。

图3-10是必须粘贴于爆炸品包装箱上的各种第一类危险品的分类标签。

图 3-10 第一类危险品分类标签

3.7 炸药的性能及其测试技术

清楚了解所使用炸药的主要性能，对于爆破设计十分重要。炸药的性能主要包括：爆速、密度、爆压、防水性、储存期和炮烟等级等。对于同一种炸药，由于制造商不同而性能各异。

3.7.1 密度

炸药的密度（density）有时也用比重来描述，即炸药的密度相对于标准条件下水的密度之比。工业炸药的密度通常为 0.6 ~ 1.7g/cm^3 范围内。除了少数例外，密度大的炸药通常爆速和爆压也高。但是任何炸药都有一个极限密度，超过这一极限密度，炸药就不能可靠引爆。例如，梯恩梯（TNT）的极限密度是 1.77g/cm^3，铵油（ANFO）的极限密度是 1.0g/cm^3。

炸药的密度是选择炸药的一项重要参数。对于某些难爆的岩石或要求有好的破碎块度时，通常都采用密度较大的炸药。反之，密度较低的炸药即可满足要求了。低密度炸药特别适用于生产大块石料或粗粒料石。对于有水的炮孔，比重小于 1.0 的炸药就很难沉到炮孔底部了。

3.7.2 爆速

爆速（Velocity of Detonation，VOD）是指爆轰波在炸药中传播的速度。影响爆速的因素包括：装药密度、炸药直径、夹制情况，起爆情况和炸药的老化程度。

一般来说，在达到稳定爆速之前，炸药直径越大其爆速也越高。对于每一种炸药，都存在一个最小的直径，称之为“临界直径”。只有当炸药的直径不小于此临界直径，炸药起爆后的爆轰过程才能够自行维持下去。

炮孔直径大小对不同炸药爆速的影响如图 3-11 所示。

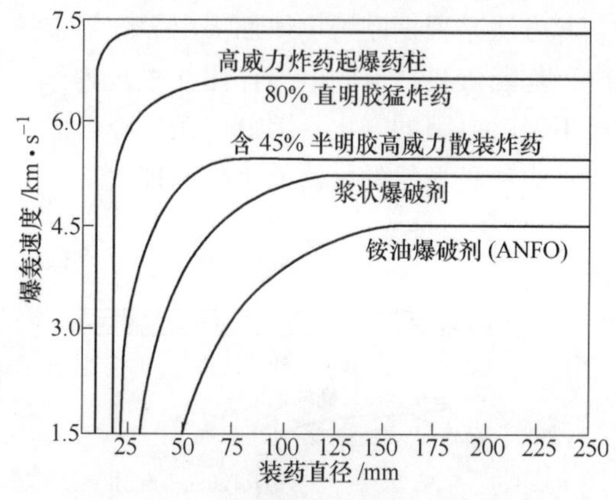

图 3-11 炸药装药直径对爆轰速度的影响
（Ash，1977，译自文献［3］）

任何炸药在有约束条件下测得的爆速都比在无约束条件下测得的为高。在有约束条件下，工业炸药的爆速通常在 1500 ~ 6700m/s 范围内。

测量爆速的方法有很多，以下是几种是常见的：

3.7.2.1 道特利奇法

道特利奇法是一种古老但简单的方法。也称之为导爆索法。导爆索的爆速已知，其两端插入待测炸药卷其中相距为 d 的两点。导爆索固定在一块铅板上，并将导爆索全长的中点标记在铅板上。当炸药引爆后，冲击波沿导爆索从两端传来在某处相撞，在铅板上留下痕迹。测量这一痕迹与导爆索中点的距离 a，则炸药的爆速可从下式中得到：

$$v_e = \frac{v_c \times d}{2a} \tag{3-35}$$

式中 v_e ——炸药之爆速；

v_c ——导爆索之爆速；

d，a——如图 3-12 所示。

这种方法适合于测定药条包装炸药在无约束条件下的爆速（图 3-12）。

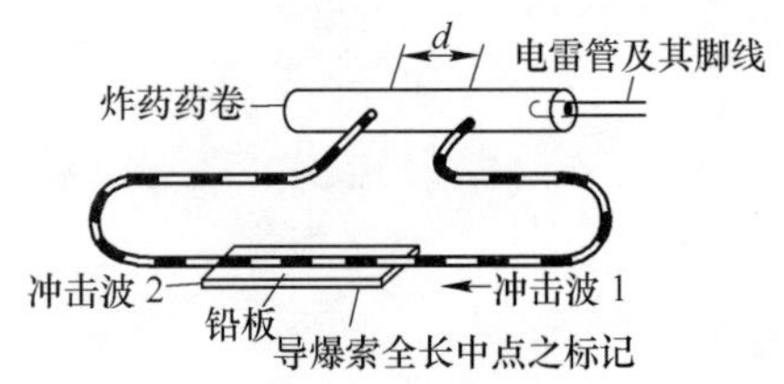

图 3-12　道特利奇法测定炸药之爆速

3.7.2.2　高速摄影法

爆轰波的传播过程用一高速摄影机记录下来。由于爆炸时爆轰发出的光由摄影机连续拍摄下来，炸药的爆速就很容易从拍摄的录像中计算得出。

3.7.2.3　不连续点（点到点）电测法

不连续点（点到点）电测法基本上是靠电子计时器的开关电路来实现的。各传感器电缆的一端插入炸药药柱中按一定距离排列的测点，而另一端联拽到爆速仪上。爆速仪记录下由传感器电缆传来之开始和停止信号。当爆轰波传到第一个测点时传感器开启计时，爆轰波传到后续测点时，测点分别将停止信号传至定时器。由于各测点间距离是已知的，因此炸药爆速就很易测得。图 3-13 是其中一种测爆速的仪器和操作原理。图 3-14 是类似的但更先进的仪器，它可用于在炮孔中测量炸药的爆速。VODEX-100A 炮孔测爆速的操作原理：（共八对信号线，图 3-14 中只显示四对）每对信号线末端断开。每对信号线末端在炸药药柱中的位置由测试者决定，用刀片将信号线切成相应的长度。信号线带的另一端联结到干线电缆接头上。

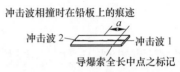

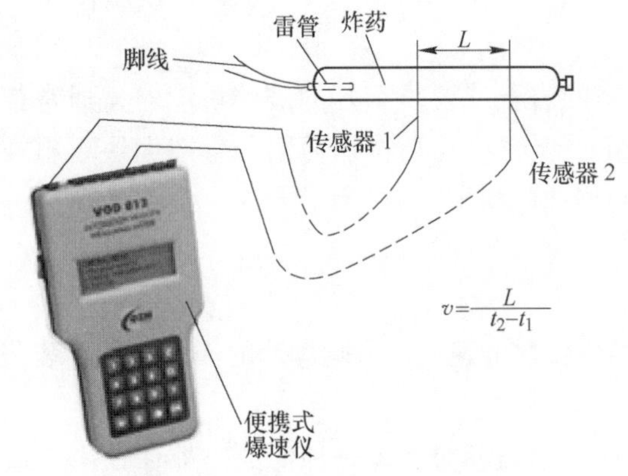

图 3-13　点到点电测法测炸药爆速

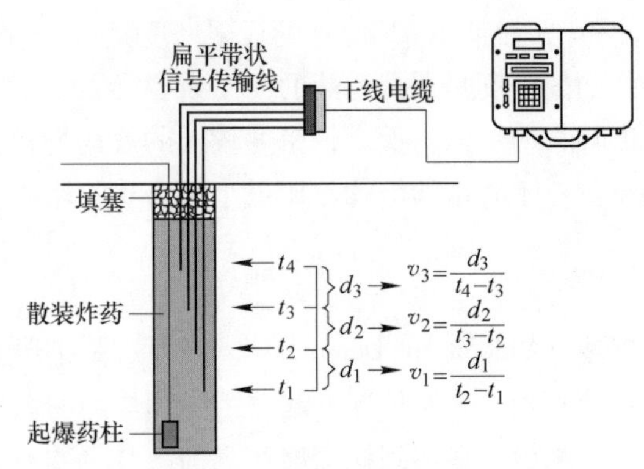

图 3-14　VODEX-100A 炮孔测试炸药爆速操作原理

3.7.2.4　电阻线连续测试爆速

此方法是根据欧姆定律而提出。欧姆定律为：$U = RI$，式中 U 是电压，R 是电阻，I 是电流。在此方法中，炸药爆轰造成的电离作用使电流连续短路而使电压下降。仪器监测到电压的变化，也即相当于在电流不变时电阻的变化。因此电压下降可以看作是同时有单个或两个传感器在分别动作。图 3-15 是此方法中其中一种型号的仪器的工作原理[12]。

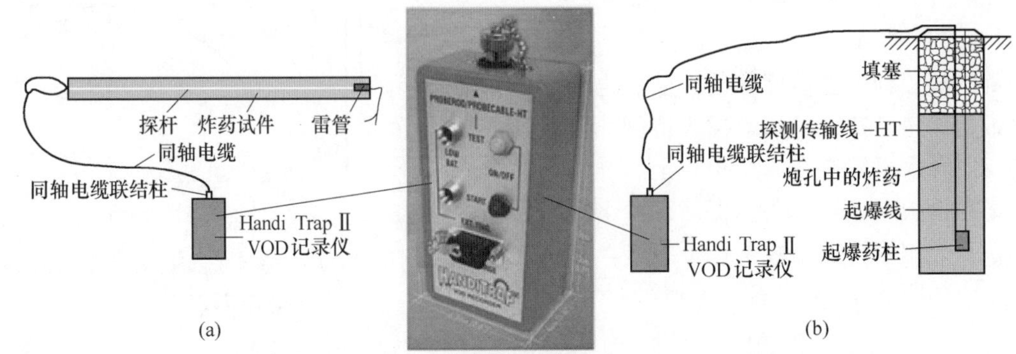

图 3-15　用 Handi Trap Ⅱ VOD 记录仪电阻线连续测试爆速（参见文献［12］）

（a）炸药试件装在 PVC 管中并沉入水中测试炸药爆速；（b）测试炮孔中炸药的爆速

3.7.2.5　光纤法

此方法利用光纤能够探测并传输爆轰波波前产生的光讯号，这一方法类似于点对点电测法，当第一根光纤收到光讯号启动定时器，随后的按一定距离分布的光纤一接收到光讯号即停止计时。根据已知的距离和记录的时间即可计算出爆速。

3.7.3　威力和能量

如前所述，炸药通过爆炸反应的形式释放出它的全部潜能转化成对周围介质的机械功。但在此过程中有相当大的一部分能量散发到大气中或变成热而浪费掉了。因此，更现实的是将炸药中那部分能量转化成有用功的能量作为它拥有的能量之代表，并称其为炸药的“威力”。

炸药的威力可以有不同表达方法。最常见的是用相对有效能量的方式来表示炸药的威力，如对比于某一标准炸药威力的百分比的相对重量威力（RWS）和相对体积威力（RBS）。铵油爆破剂（ANFO，即94%硝酸铵加6%柴油，密度为0.8g/cm^3）是最常见的标准（取值为100%）。

测试炸药威力的方法有多种，以下是常见的测试方法。

3.7.3.1　爆力测试

测试采用一个铅制圆柱体（20cm×20cm），10g待测试炸药放入圆柱中间直径为2.5cm的孔中（见图3-16），用沙填塞。起爆后测量爆炸后形成的空腔容积。这一容积用于度量在全耦合装药时该炸药的膨胀功——爆力。当测试不是在标准条件下（铅柱体温度为15℃），要按表3-4进行修正。梅尔（Mayer）1977年发表了他对某些炸药的测试结果，如表3-5所示。

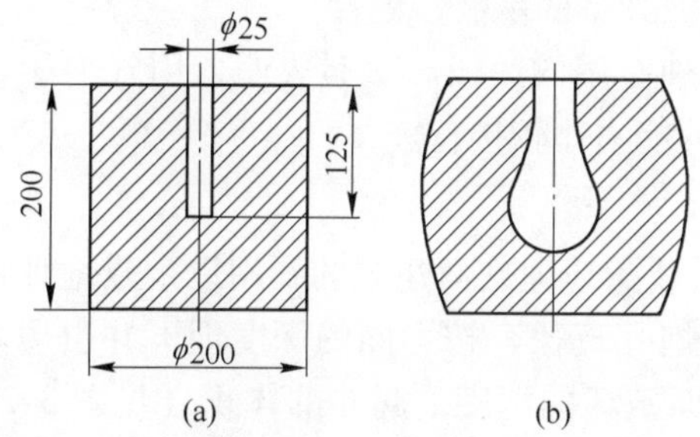

图3-16　爆力测试（Traulz Test）铅圆柱体
（a）测试前；（b）测试后

表3-4　爆力测试（traulz test）时的修正值

温度/℃	-10	0	5	8	10	15	20	25	30
校正值/%	10	5	3.5	2.5	2	0	-2	-4	-6

表3-5　部分炸药的爆力值

炸药名称	爆力值/cm^3
硝基乙二醇	610
硝酸甘油	530
泰安	520
梯恩梯	300
古尔代那买特	412
铵油爆破剂	316

3.7.3.2　猛度

猛度（hess test）表现出炸药粉碎做功的能力，它主要取决于炸药的爆压。猛度有很重要的实际意义，它决定了炸药爆炸时破碎岩石，炸开弹壳，摧毁结构的能力。当爆炸冲击波作用于岩石并将其破碎，它主要依赖炸药的爆压。一般来说，炸药的爆压越高，岩石破碎得越碎。高爆压通常也具备着高爆速。测试炸药的猛度也有几种不同方法。图3-17是最常用的方法——盖斯测试，又称铅柱压缩法。铅柱被压缩的值 B（mm），即是该炸药的猛度。

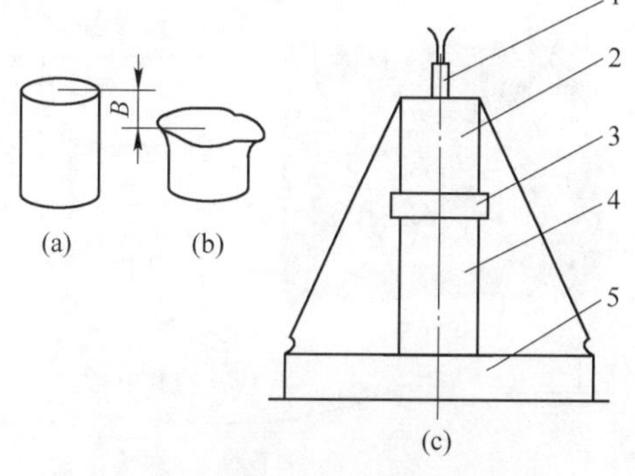

图3-17　测试炸药猛度的盖斯测试
（a）测试前的铅柱；（b）测试后的铅柱；
（c）测试装置
1—雷管；2—50g或25g测试炸药；
3—直径41mm厚10mm钢板；
4—直径41mm，厚60mm铅柱；
5—8mm厚钢垫板

3.7.3.3　弹道臼炮测试

弹道臼炮法（ballistic mortar test）又称威力弹道摆法是用于测试炸药的相对做功能力（爆炸威力）的一种装置，如图3-18所示。

臼炮由厚实的钢材制成，钢制的射弹置于臼炮中，臼炮由一个长的摆杆挂在钢支架上。要测试的炸药装入臼炮中的空穴内，用导火索引爆。在爆炸力的作用下，射弹从臼炮中射出，而臼炮由于射弹射出的反作用力而向相反方向摆动。记录下臼炮最大的摆幅，将此摆幅同标准炸药（明胶炸药，梯恩梯或苦味酸盐）的摆幅值相比较即是该测试炸药的相对威力。

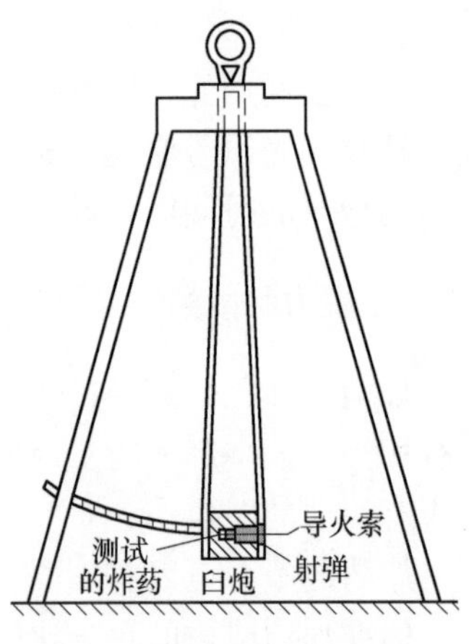

图 3-18　弹道臼炮测试装置

3.7.3.4　水下爆破测试

在此方法中，小量的测试炸药应置于足够的水深以下，以使爆炸气体在水中膨胀而不致直接泄于空气中。爆炸在水中产生冲击波由距炸药一定距离的传感器测得。

这一方法是基于这样一个假说：水下所测得的冲击波能量是用于对其他材料，比如岩石，产生粉碎作用，而测得的气泡能量是用于对周围介质的抛掷作用。炸药在水中爆炸的冲击波是一种从炸药向外径向传播的压缩应力波，它的大小可以从距离炸药已知距离处测到的压力-时间平方曲线下的面积求得。气泡能量是水在爆炸气体膨胀作用而产生位移的势能，当作用在爆炸产生的气泡上的周围流体静压和大气压已知，它可以通过量测从爆轰开始到气泡因膨胀到最大而破裂收缩产生的第一个脉冲的时间而求出。炸药的总能量是冲击波能量和炸药气泡能量之和。

除了测量冲击波能量和气泡能量外，水下试验也能测量冲击波冲量。冲量是炸药威力的另一个指标。在已知爆源距离的条件下，冲量可以通过测量选定的积分时间间隔内压力-时间曲线下的面积而求得。

图 3-19 描述了一个典型的水下试验布置情况和测定冲击波冲量的示波器记录。

研究表明水下试验在评价各种炸药的相对威力方面是一种有用的手段。试验表明，用气泡能量值来估计炸药破碎硬岩的能力常常是过高的，但是却与移动软岩的能力比较接近。

3.7.3.5　爆破漏斗试验

该方法是根据利文斯登（Livingston）于 1962 年提出的爆破漏斗理论而建立的，用以定量地评估炸药的威力。试验中，一定尺寸的炸药试样（炸药高度等于六倍炮孔直径）按不同的深度埋下并引爆。测量每一次爆破漏斗的体积和该炸药的临界深度，即不能造成地面破坏的深度。漏斗的体积（见图 3-20）可按下式计算：

$$V = \frac{1}{12} \times \pi \times d^3 h = 0.2618\, d^3 h \tag{3-36}$$

式中　V——爆破漏斗体积，m^3；

d——所形成的爆破漏斗直径，m；

h——所形成的爆破漏斗深度，m。

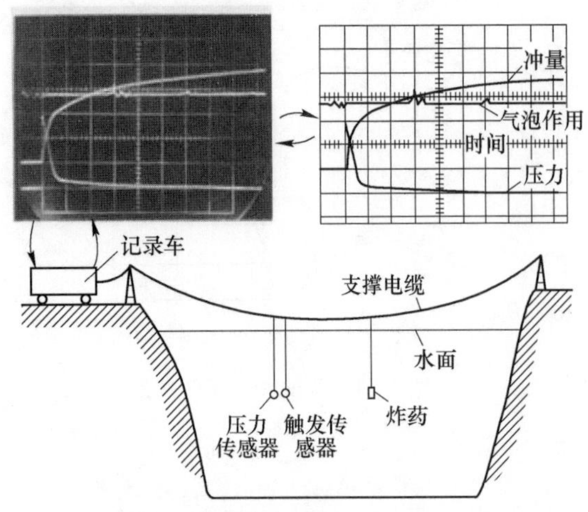

图 3-19　水下爆炸试验（underwater test）
用于评估炸药能量（译自文献［13］）

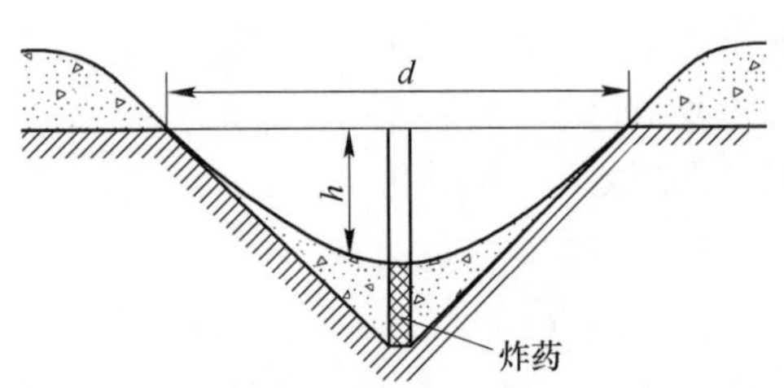

图 3-20　爆破漏斗试验（blasting crater test）

这一方法的主要问题是很难找到这样一个岩质均匀而且足够进行所必须进行试验的次数的试验场地。

3.7.4　殉爆

所谓殉爆（sympathetic detonation）是指当一个炸药包（卷）爆炸时，其冲击波通过任何一种介质使另一与其相隔一定距离的炸药包（卷）也爆炸的现象。先起爆的药包称为主动药包，而后引爆的药包称为被动药包。如果是一连串的药包，被动药包也可变成再其后药包的主动药包。

炸药的冲击波感度，也称之为间隔感度，它影响炸药的殉爆敏感度，可以通过间隔试验来测定（见图3-21）。这一试验是为了求得主动药卷能够成功引爆被动药卷的最大间隔距离，称之为该炸药的殉爆距离。两药卷沿同一轴线于空气中放置于地面或一金属表面，也可放置于任何材料的管中。试验反复进行，逐渐增大间隔距离直至不发生殉爆为止。最大殉爆距离必须是三次成功殉爆的值，以 cm 为单位。

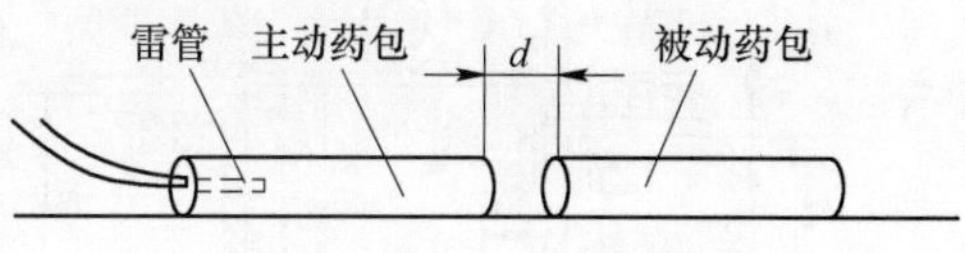

图3-21　炸药的殉爆测试

炸药的殉爆距离受很多因素影响，例如被动药包的密度，测试药包的直径和炸药量，炸药的包装材料，夹制情况，引爆方向和药包的摆放方式等。

对于工程应用来说，殉爆距离对于炮孔分隔装药的分隔距离，处理盲炮，选择合理的爆破孔网参数都有指导性的价值。尤其是对于设计炸药生产厂和炸药仓库的安全距离是一个非常重要的基础数据。

3.7.5　感度

炸药的感度（sensitivity）是指炸药受外部作用而引爆的难易程度，外力包括冲击波、撞击、受热或摩擦等。任何炸药的起爆都需要一定的能量。如果一种炸药的感度很高，在处理和使用时就极易发生事故。感度低的炸药是较为安全的，它不会由于不小心跌落或处理不当而轻易爆炸。但是，安全的炸药其起爆也困难。感度是炸药的最重要的指标之一，它不仅对于爆破作业而且对炸药的安全储存、运输和使用都非常重要。实际上殉爆距离也是炸药对冲击波的感度指标。

3.7.5.1　炸药的雷管感度

炸药的雷管感度是指炸药能否被一发雷管起爆并进入稳定的爆轰状态的能力。炸药的雷管感度指标不仅仅标识该炸药是否易于被一发雷管引爆，而且也显示了它在储存、运输和使用中的安全性能。

8 号雷管通常被工业炸药界作为该指标的测试标准。8 号雷管含有 2 克雷汞（占 80%）和氯酸钾（占 20%）的混合物，或可使用一只装有等效威力的雷管。

3.7.5.2　热感度、撞击感度和摩擦感度

有多种试验方法可用于测试炸药由于意外而引爆的敏感程度。炸药对于各种外来作用的敏感度是不同的。例如某种炸药对于撞击的敏感度非常高，但对热和摩擦的感度可能稍低。因此，在讨论炸药的感度时必须区分其对何种外来作用的感度。常用的测试方法用于测试炸药的下列各种外部作用：

（1）撞击。炸药的撞击感度表述为撞击高度，在此高度上一个标准重量的重锤落下撞击在试件上使其爆炸。

（2）摩擦。摩擦感度的测定是当一个重力摆刮过试样时，观察其有何现象发生：咔嚓声、劈啪作响、引燃或爆炸。

（3）热。炸药的热感度表述为使炸药试样发生闪光或爆炸时的温度。

联合国自 1986 年发表了《危险货物运输推荐书——试验和标准手册》（Recommendation on Transport of Dangerous Goods，Manual of Tests and Criteria）。而图 3-22 ~ 图 3-24 是 2009 年的第五版所推荐采用的部分试验装置。

3.7.6　防水性

炸药的防水性（Water Resistance）是指它暴露在水中不会变质或丧失敏感性的能力。

炸药的防水性能通常分为 5 个等级，即不防水、有限度防水、一般防水、防水很好和防水极好。对于

干炮孔，无需考虑炸药的防水性。如果炮孔中有水但从装药到起爆时间不长，一般防水的炸药就可以胜任。如果炸药暴露在水中时间较长或炮孔中水不断渗出，就必须要选用防水性能很好甚至极好的炸药。

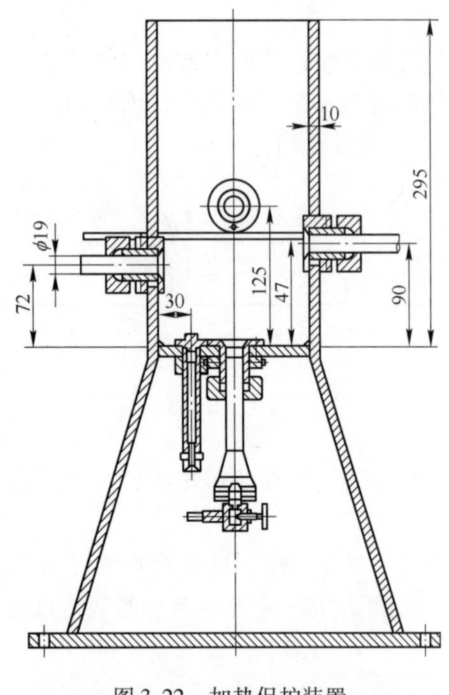

图 3-22 加热保护装置

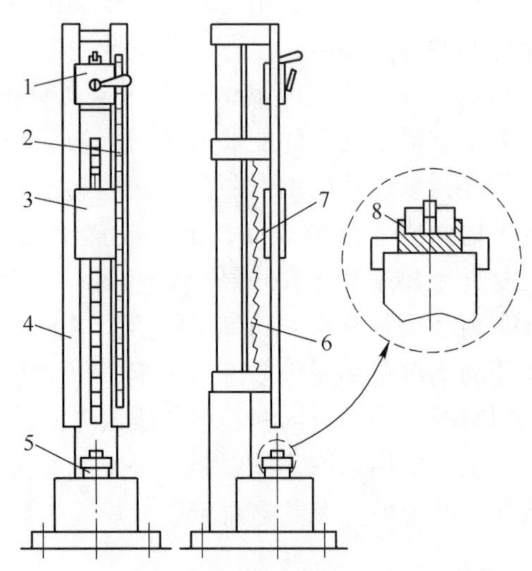

图 3-23 炸药撞击试验装置

1—抓住及坠落装置；2—刻度尺；3—落锤；4—导向条；5—铁砧；6—齿条；7—回弹防下坠棘齿；8—滚柱组合体局部放大

在目前广泛使用的工业炸药中，水胶炸药和乳化炸药具有非常好的防水性能。铵油爆破剂（ANFO）由于其中的硝酸铵极易溶于水，其上很薄的一层油膜基本上起不到防水作用，因此 ANFO 它不具防水性。乳化炸药与 ANFO 的混合爆破剂根据混入乳化炸药的百分比例不同其防水性能由非常好至略有防水性不等。

3.7.7 炮烟和炮烟分级

理想状态下，希望工业炸药只生成水蒸气，二氧化碳和氮气。但实际上或多或少会有一些有毒气体产生，如一氧化碳和氮氧化物。这些气体称之为炮烟（fume）。某种炸药的炮烟等级（fume classification）是指该炸药在爆轰时产生有毒气体的性质和数量。等级高的炸药产生的炮烟量少。对于露天作业，炮烟通常不是一个需考虑的重要因素。然而对于作为密闭空间的地下工程，炮烟就是一个必须考虑的重要因素。但在任何情况下，爆破员都必须确保每一个人都远离爆破产生的炮烟。一氧化碳可逐渐损害人的大脑和中枢神经系统，而氮氧化物会立即在肺里生成硝酸盐而损伤肺。

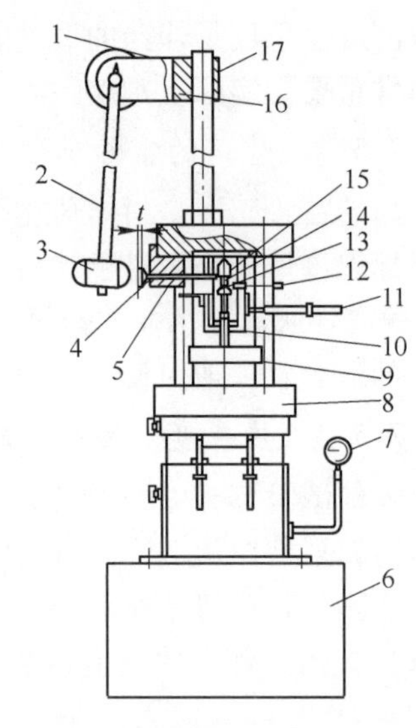

图 3-24 炸药撞击摩擦试验装置

1—触发扳机；2—摆锤杆；3—摆锤；4—撞针；5—撞针导向；6—基座；7—压力表；8—液压装置；9—支撑支柱；10—装置主体；11—降低滚柱组合体套的把手；12—滚柱组合装置推杆；13—套；14—滚柱；15—腔室；16—摆座；17—摆座立柱

某些因素可增加炮烟量，如：炸药配方不佳、炸药起爆能量不足、炸药的防水性能不好、炮孔填塞不好以及炸药与周围岩石、包装材料或其他与炸药接触的不良材料。

在美国，有两种不同的炮烟分级方法。分级的类型取决于该炸药是否属于美国矿山安全与健康管理局（MSHA）批准的“许用型”炸药（允许在地下煤矿或有可燃性气体或粉尘的地下工程使用的炸药，在这些地下空间使用普通的非许用型炸药有可能引燃或引爆这些气体或粉尘）。凡炸药其 456g 重量产生的有毒气体量超过 71L（每磅炸药产生 2.5 立方英尺有毒气体）就不能批准为许用型炸药。许用型炸药不带炮烟标记。

美国矿山局对许用型炸药的分级为：

A级：每681g（1.5磅）炸药产生有毒气体为0~53L（0~1.87立方英尺）；

B级：每681g（1.5磅）炸药产生有毒气体为53~106L（1.87~3.74立方英尺）。

所有非许用型炸药按照美国炸药制造商协会（IME）的标准分级，分级标准按每200g包装炸药所产生的有毒气体量来划分：

第一级炮烟：0.00~4.53L（0.16立方英尺）有毒气体；

第二级炮烟：4.53~9.34L（0.33立方英尺）有毒气体；

第三级炮烟：9.34~18.96L（0.67立方英尺）有毒气体。

根据该分级标准，第一级炮烟的炸药可用于任何地下工程，第二级仅可以用于通风良好的地下工程，而第三级只能在地表使用。

有多种方法可测试炸药的炮烟浓度。通常采用的测试方法是用200g炸药试样在一个称之为“拜科弹”（Bichel Bomb）的密封容器中进行。

3.7.8 钝化

如3.7.1节所述，任何炸药都有一个极限密度，超过极限密度，该炸药就不能可靠引爆。炸药的密度增加可能由某种外部压力所致，它使得炸药的感度变低，甚至不能爆轰或微弱爆轰。这样一种现象称为炸药的“钝化”（desensitization）。

炸药的钝化可以由流体静压力或动压力造成。前一种现象通常仅在非常深的炮孔中出现但并不普遍。而受动压力钝化，通常可在下列情况中观察到。

3.7.8.1 由于炮孔中的导爆索造成炸药钝化

由于导爆索的爆速（通常为6000m/s左右）比一般工业炸药（通常水胶炸药和乳化炸药为3500~5000m/s，ANFO为2000m/s）高很多。导爆索爆炸产生的冲击波压迫孔中的炸药使其密度增加或破坏炸药的内部结构（例如，使作为水胶炸药和乳化炸药敏化热点的微泡压扁或破裂）从而降低炸药的感度。

3.7.8.2 由于沟槽效应而造成炸药钝化

所谓沟槽效应是指炸药爆轰的自我抑制现象，即由于炸药卷与炮孔内壁之间存在一个月牙形空间而导致爆轰能量逐渐衰减直至熄灭。

对于这一现象的一般解释是：炸药爆轰的前驱冲击波（precursor air shock，PAS）沿着这一月牙形沟槽起前预压缩尚未爆轰的炸药并使其钝化。在某些情况下PAS可导致爆轰中止。

美国埃列克公司的M. A. 库克（Cook）和L. L. 尤迪（Udy）通过研究发现，前驱冲击波PAS是由炸药爆轰产生的等离子体，预压缩尚未开始爆轰的炸药部分并使其钝化。实验研究还证实：PAS的速度与爆轰波速度由于沟槽效应造成的差异是造成这一现象的主要因素，降低PAS的速度就可以避免这一现象出现。增加炸药卷外表或炮孔内壁的粗糙度是降低PAS速度从而避免这一现象出现的有效措施之一。

3.7.8.3 临近药包爆轰造成的外部压力

有时在下述情况下先起爆的炸药可能造成其相邻的药包钝化：

（1）邻近药包爆轰的冲击波传过该药包；

（2）炮孔由于岩石的位移或地下水的压力而使炮孔发生侧向变形，从而压缩炸药。这种情况尤其多见于较弱或裂隙发育的岩体中；

（3）中间填塞物被先爆炸药的推力造成同一炮孔中后爆炸药压缩；

（4）爆炸气体通过岩体中张开的裂隙传到邻近炮孔。

根据实际的岩体情况设计爆破的孔网参数和延时，可以避免上述情况发生。

3.7.9 炸药贮存稳定性和贮存期

炸药的贮存稳定性是指炸药在贮存期间保持不变质的能力。以下一些因素可影响炸药的稳定性：

（1）化学成分。从技术上严格地说，“稳定性”一词是一个热力学名词。它是关于某一物质的能量相对于某一状态或相对于其他某些物质而言的。一般认为，某一类化学组分，如硝基（—NO_2）、硝酸根（ONO_2）和叠氮化物（—N_3）从本质上就是不稳定的。动力学上，这些组分对于分解反应存在一个很低的激活门槛。而且这些组分对于火焰和机械冲击又极为敏感。这些组分的化学键主要为共价键，而其高离子晶格能使得其在热力学上很不稳定。此外，它们一般都具有正的生成热，因而其对其内部分子重新组合而形成热力学上更稳定（具有更强化学结合力）的分解产物的抵抗力很小。

（2）贮存的温度。随着温度的升高，炸药的分解速度会加快。所有标准的军用炸药在温度 -10 ~ +35℃有很高的稳定性，但每一种炸药都存在一个温度值，当温度达到这一温度或以上，其分解立即加速而稳定性也随之下降。作为一个经验法则，大部分炸药当温度超过 70℃时都会变得不稳定而危险。

（3）太阳光照射。很多炸药当暴露在太阳的紫外光照射下时，其含氮的成分迅速分解从而影响其稳定性。

（4）放电。很多炸药通常都对静电和电火花敏感从而引爆。静电或其他的放电在某些情况下可能极易引起化学反应，甚至爆轰。因此，为安全起见，处理炸药和烟花的人员通常都要求要很好地接地。

炸药的稳定性是与其最长的贮存时间有关的一个特性，因而也是影响到炸药的爆破性能不致降低的重要因素。任何一家炸药制造商都会标明其炸药在正常贮存条件下的贮存期限，以确保其产品在标明的贮存期内的质量。

3.8 工业炸药（商用炸药）

作为一种广泛应用的工业炸药它应该满足以下的基本要求：

（1）具有低机械感度和适当的起爆感度。它不仅要确保在生产、贮存、运输和使用中的安全，而且在爆破作业时能方便而又可靠地起爆；

（2）具有良好的爆破性能，有足够的爆炸威力以适应各种岩石特性；

（3）化学组成应具有零氧平衡或接近于零氧平衡以确保爆破时产生较少的有毒炮烟，而且其组分中应不含有或含有极少的有毒成分；

（4）具有适当且稳定的贮存期，在其指定的贮存期内炸药不会变质或丧失其爆破性能；

（5）原材料来源广泛且价格便宜；

（6）生产工艺简单，操作安全。

工业炸药在应用中分为两大类，包装炸药和爆破剂。

（1）包装炸药（药卷）。这一类炸药通常都具有雷管感度并制成各种直径和长度的药卷以便使用。它们包括：

1）硝化甘油类炸药，通常称为代那买特（dynamites）。代那买特有三种产品：明胶炸药，半明胶炸药和粉状胶质炸药。

2）铵梯类炸药，或称为阿莫尼特（ammonite）。它是一种民用炸药，一般由硝酸铵、梯恩梯和其他可燃材料混制而成。主要用于采石和采矿工业。在俄罗斯（苏联）、东欧和中国曾是一种非常普遍的民用炸药。

3）含水炸药。含水炸药包括两种类型，即水包油型的水胶/浆状炸药和油包水型的乳化炸药。

4）许用型炸药，主要用于煤矿。

（2）爆破剂，也即散装炸药。它们多为混合物，除极少数例外，它们都不含有炸药成分。最常见的包括：

1）铵油爆破剂（ANFO）；

2）加铝粉铵油爆破剂（ALANFO）；

3）散装浆状/水胶炸药（实际上其成分中有炸药成分，但其总体感度低）；

4）散装乳化炸药；

5）重铵油炸药（heavy ANFO）。

3.8.1 硝化甘油（NG）类炸药

硝化甘油已有了140年的历史，曾经是工业炸药的主要骨干产品，通常称之为代那买特（Dynamite）。硝化甘油炸药是在1846年由索布雷诺（Sobrero）首先制成。1875年由诺贝尔（Alfred Nobel，1833—1896）（图3-25）将它发展成为一种具有商业规模的炸药。诺贝尔偶然发现硅藻土能吸收大量的硝化甘油而使硝化甘油变得更安全而便于运输和使用。在之后的年代里，各种不同百分比的硝化甘油同各种各样材料混合而制成了不同型号和规格的代那买特。它们被包装成不同直径，不同长度的药卷，并用各种包装纸包装起来以防潮（图3-26）。炸药包装纸的重量和材质对于炸药的炮烟的成分，炸药的防水性能及是否利于往炮孔装填都有很大的影响。

图3-25　阿尔弗雷德·诺贝尔

图3-26　硝化甘油（dynamites）炸药

硝化甘油类炸药主要有三个基本种类，即粉状、半明胶和明胶。

（1）粉状代那买特。粉状代那买特又称为纯代那买特（straight dynamite）。它含有15%～60%炸药油（硝化甘油加乙三醇）。此外还加有抗酸剂、含碳的材料和硝酸钠。虽然它有很高的爆速和良好的防水性，但它们极易燃而且对冲击波和摩擦的感度也高且产生大量有毒气体。

（2）明胶炸药（gelatin dynamites）。它又含两个品种：纯明胶和硝酸铵明胶。

纯明胶类似于纯代那买特，只不过炸药油由胶状的硝化棉取代形成一种胶体。

硝酸铵明胶实际上是用硝化甘油对硝酸铵进行敏化。一般来说它具有同纯明胶差不多的爆炸威力但成本却要低一些。

半明胶炸药（semigelatin dynamites）。半明胶是一种混成体，具有明胶和粉状代那买特中间性质的炸药。实际上它是一种含有少量硝化棉作为胶连剂的硝酸铵代那买特。由于它的良好的防水性能，少炮烟和较为坚实，半明胶炸药很受地下采矿和露天石场欢迎。

3.8.2 铵梯类炸药

铵梯类炸药，即阿莫尼特（ammonite）前身称为阿马托（amatol）是一种由梯恩梯（TNT）和硝酸铵混制而成的高威力炸药，它广泛地被用于第一次世界大战和第二次世界大战作为一种军用炸药用作炸弹、炮弹、深水炸弹和地雷等。阿马托目前已很少见了。代之以它的是用另一个名字：阿莫尼特（ammonite）。阿莫尼特是一种民用炸药，一般由硝酸铵、梯恩梯和其他可燃材料混制而成，因而常称之为铵梯炸药。通常都用于采石和采矿工业。在俄罗斯（苏联）、东欧和中国都十分普遍，其主要成分包括硝酸铵、梯恩梯和木粉。

A　硝酸铵

铵梯炸药的主要成分是硝酸铵（NH_4NO_3）。它作为一种氧化剂，在铵梯炸药中75%～90%的含量。

硝酸铵（简写为AN）在室温和标准压力下是一种白色的晶体。它也通常用于农业作为一种高氮的化肥，并作为一种氧化剂用于制造炸药。

在室温下，AN呈现为一种白色或无色的结晶体。其熔点为169.6℃（337.3℉）。这些晶体在形态上为斜方晶体，但当温度升至32℃时，它由α-斜方晶体转变为β-斜方晶体而且体积增大3.6%。AN作为炸药的一种主要原料，制造商通常以两种形态的产品供应市场：结晶状的和多孔球形粒状，如图3-27所示。

AN有很强的吸潮性，极易结块。它的定义和特性见表3-6和图3-27。

表3-6 硝酸铵的定义和性质

定义	
CAS（化学文摘社）编号	6484-52-2
化学数据库 ChemSpider	21511
独特的成分标识 UNII	T8YA51M7Y6
联合国危险品编号	0222：含可燃物质＞0.2% 1942：含可燃物质≤0.2% 2067：肥料 2426：液体
化学物质毒性数据库编号	BR9050000
性质	
分子式	NH_4NO_3
分子量	80.052g/mol
外观	白色/灰色固体
密度（20℃）	1.725g/cm^3
熔点	169.6℃
沸点	约210℃分解
水中的溶解度	118g/100mL（0℃） 150g/100mL（20℃） 297g/100mL（40℃） 410g/100mL（60℃） 576g/100mL（80℃） 1024g/100mL（100℃）
结构	
晶体结构	三角形晶体
爆炸性能	
冲击波感度	非常低
摩擦感度	非常低
爆轰速度	5270m/s
有害性	
材料安全数据表 MSDS	ICSC 0216
欧盟	未列入
主要危害	爆炸
NFPA 704 美国消防协会 （NFPA）危险品 紧急处理系统鉴别标准	0 1 3 OX
急性毒性 LD_{50}（大鼠口服）	2085～5300mg/kg

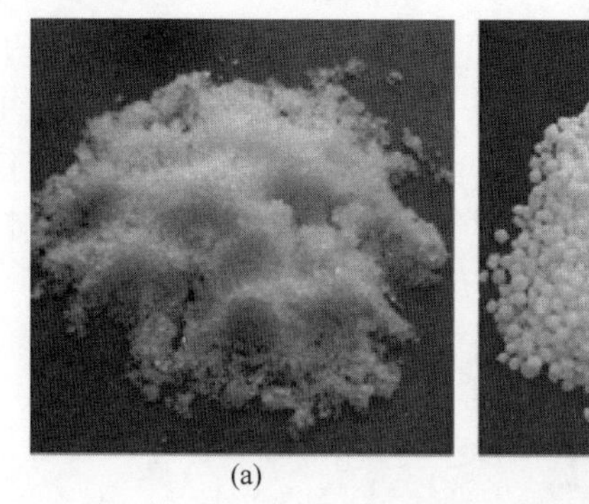

(a)

(b)

图3-27 硝酸铵

（a）结晶状；（b）多孔球形粒状

干的AN同金属的化学反应很慢，水可以加速这一反应。但是AN同铝和锡不发生化学反应，因此铝制的工具通常用于以AN为原料的炸药生产过程中。

B 梯恩梯

梯恩梯（三硝基甲苯 $C_6H_2(NO_2)_3CH_3$）是一种黄色的固态化合物（图3-28），它在铵梯炸药中是一种敏化剂。梯恩梯是一种最常见的军用和民用炸药。它的价值部分是由于它对冲击和摩擦的感度远比其他猛炸药，如硝化甘油等更低，因而大大降低了意外爆轰的风险。梯恩梯的熔点为80℃（176℉），远低过其自发爆轰的温度，因而很方便浇铸成要求的形状并可安全地和其他炸药结合在一起。梯恩梯既不吸水也不溶于水，因而可用于潮湿的环境。此外它比其他猛炸药稳定。

图3-28 梯恩梯（TNT）炸药

梯恩梯有毒，而且与皮肤接触后会刺激皮肤，使皮肤变成光亮的黄桔色。人若长时间接近梯恩梯会产生经验性贫血和肝功能异常。对血液和肝脏的影响、脾脏肿大及对免疫系统的其他不良影响也都在动物摄入或吸入梯恩梯后证实。

有证据表明，梯恩梯对男性的生育能力也产生不利影响。梯恩梯已被列为可能的人类致癌物。因此，第二次世界大战后，各发展国家已不再使用铵梯炸药。虽然铵梯炸药在中国、俄罗斯和东欧已经使用了六十多年，但几年前中国已不再生产和使用铵梯炸药并全面被乳化炸药所取代。

C　木粉

木粉是作为一种可燃剂加入铵梯炸药中的，而且也起着一种疏松和防结块的作用。

表3-7列出了两种铵梯炸药的组分和性能。

表3-7　两种铵梯炸药的组分及性能

炸药名称	生产国	组成成分/%			性能指标				
		AN	TNT	木粉	密度 /g·cm^{-3}	猛度（不小于）/mm	做功能力 /mL	殉爆（不小于）/cm	爆速 /m·s^{-1}
2号岩石炸药	中国	85±1.5	11±1.0	4±0.5	0.95~1.10	12	298	5	≥3200
6号阿莫尼特	保加利亚				0.98~1.05	14	340	5	3600

3.8.3　含水炸药

1960年3月29日库克博士（Dr. Melvin A. Cook）取得了美国第2930685号发明专利。他的发明是一项包含有水作为基本组分的实用型炸药。目前，有两种不同形式的含水炸药，即水包油型的水胶/浆状炸药以及油包水型的乳化炸药。虽然含水炸药都含有水，但它们却都具有非常好的防水性能。

3.8.3.1　水胶/浆状炸药

水胶炸药与浆状炸药无本质区别，只是它们各自采用的敏化剂不同而已。它们都是以硝酸铵水溶液加其他一些氧化剂，如硝酸钠和（或）硝酸钙等作为连续相，燃料和敏化剂作分散相，通过胶连剂形成网状结构的凝胶炸药。浆状炸药（图3-29）采用的敏化剂为非水溶性的炸药（如TNT）或金属粉末（如铝粉）和固体可燃物。而水胶炸药采用的是水溶性的甲胺硝酸盐（MMAN）作为敏化剂。水胶炸药的感度比普通浆状炸药高。水胶炸药通常都有雷管感度，因而常制成药卷使用（图3-30）。而浆状炸药通常以散装（可泵送）炸药用于露天爆破。

图3-29　浆状炸药（加有铝粉）

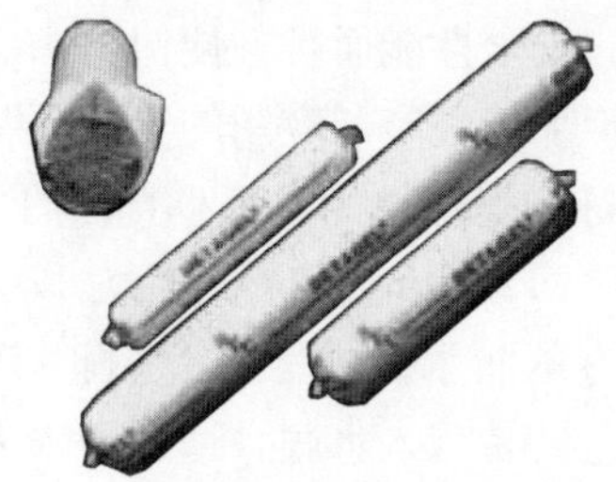

图3-30　水胶炸药

水胶/浆状炸药有很好的爆破性能。它们的密度为0.81~1.6g/cm^3，但通常都制成1.0~1.35g/cm^3。爆速为3500~5000m/s。因为它们都含有相当数量的水并将氧化剂和可燃剂分离开来，因而它们的感度从本质上就比无水的硝化甘油类炸药低。水胶/浆状炸药有很好至极好的防水性能，在10m深水中浸泡24h仍能保持正常的爆轰。水胶炸药有很好的化学稳定性，在正常条件下可以有长达1~2年的贮存期。

水胶/浆状炸药的最大缺点是它们都含有炸药的成分，如TNT或MMAN，作为敏化剂，从而增加了生产过程中和原材料储存的危险性和复杂性。此外，水胶炸药由于其较昂贵的MMAN作为敏化剂，因而其价格也远比铵梯炸药高。因此，随后出现的更为廉价而更安全的乳化炸药很快就在全世界市场上取代了水胶/浆状炸药。

3.8.3.2　乳化炸药

乳化炸药一般归类于油包水（W/O）型的乳胶状，防水型工业炸药。它是采用乳化技术制成的。

在乳化炸药的发展早期，美国商业溶剂公司的尔格里（R. S. Egly）等人于1961年用油包水的乳胶体与一般的含水浆状炸药混合成最早期的乳化炸药。1963年美国阿特拉斯化学工业公司的格林

（N. E. Gehring）进一步发展了乳化炸药并取代了其中的浆状炸药。虽然这些人先后都取得了专利，但最先阐明乳化炸药技术的是美国阿特拉斯化学工业公司的布鲁姆（H. F. Bluhm）。因此人们都普遍认为油包水型乳化炸药是首先由布鲁姆于1963年6月3日发明的。

硝酸铵乳化炸药是一个两相系统。在此系统中，内相或称分散相分布于外相或称连续相之中，见图3-31和图3-32。换句话说，乳化炸药是两种液体的混合物，这两种液体互不相溶。由图3-32可看到这一独特的结构：微小的硝酸铵溶液颗粒紧密地嵌布于连续的燃油外相中，使氧化剂和可燃剂密切接触，较之其他系统有更高的反应效率。

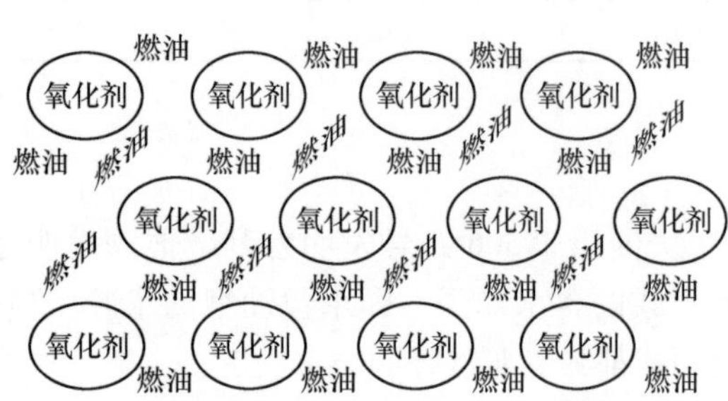

图3-31 氧化剂内相被燃油外相包围

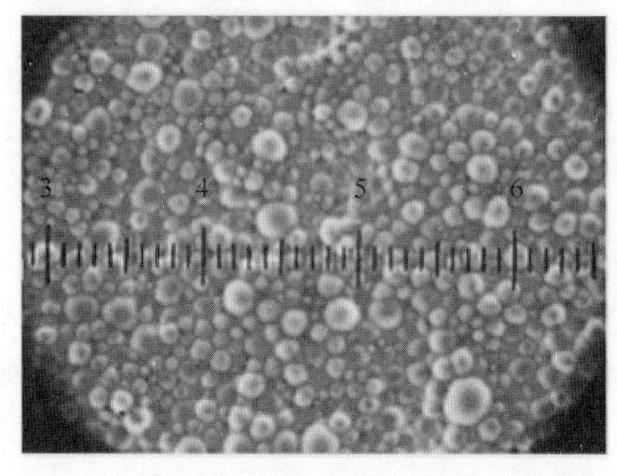

图3-32 显微镜下的典型的油包水乳化炸药
（两数字之间为50μm，每一小格为5μm）

在没有包含有液体或固体的化学敏化剂时，为了使炸药有足够的感度，乳化炸药采用了一种物理敏化机理，即使气泡在绝热压缩时产生“热点”现象，这些热点可引发并传播爆轰。这种气泡可由某些化学剂，如亚硝酸钠产生，也可以是某些含有空气的固体颗粒，例如空心玻璃微珠、膨胀珍珠岩微粒、空心树脂微珠等。

20世纪80~90年代，一种新型的乳化炸药发展起来，称之为粉状乳化炸药（PEE）。它是经过乳化→喷雾→干燥技术而生产的。PEE含有91%~92.5%（重量）的硝酸铵，4.5%~6%的有机燃油和1.5%~10%的水。由于它的微结构是油包水的乳胶体，含水少，因而具有极好的爆轰性能，极好的防水性能，可靠的安全性能而且方便使用。

近几十年来的生产和应用的实践证明，乳化炸药具有以下的特点：

（1）良好的爆炸性能。其小直径的药卷的爆速可达4000~5200m/s，猛度最高可达15~19mm，殉爆距离可达7.0~12.0cm，临界直径为12~16mm，而且可以用一发8号雷管可靠起爆。

（2）极好的防水性能。将药卷除去其包皮并浸入水中超过96h，其爆炸性能仅受极小的影响。由于它的高密度，它极易沉入水底，适用于露天和地下满水炮孔。

（3）良好的安全性能。由于它本身含有一定数量的水，氧化剂和可燃剂又是分离的，因此从其本质上比无水的硝化甘油类炸药的感度要低得多。由于它本身的成分中无任何炸药，而且由于其所含有水的钝感作用，使得乳化炸药的一个突出的优点就是其具有极高的内在的安全性能。各个国家的实践证明：乳化炸药的机械感度（冲击波感度和摩擦感度）、燃烧感度、发爆点，子弹射击感度等都低于其他工业炸药（图3-33）。另一方面，微小的硝酸铵溶液颗粒紧密地嵌布于连续的燃油外相中，使氧化剂和可燃剂密切接触，较之其他系统有更高的反应效率，因而使其有很好的爆轰感度。

图3-33 枪弹射击乳化炸药试验

（4）较少对环境污染。由于乳化炸药成分中没有如TNT之类的有毒物质，因而它没有生产中的环境污染和工人中毒的问题。其爆炸时产生的有毒气体相对也较少。

（5）原材料来源广泛，生产工艺相对简单。乳化炸药的主要原材料是硝酸铵、硝酸钠、水、柴油、乳化剂和极小量的添加剂。它们都很容易在市场上买到。其生产设备和生产工艺也相对简单。

（6）生产成本低。在所有的工业炸药中，除了铵油（ANFO）爆破剂，乳化炸药的成本是最低的。

一般来说，乳化炸药根据其爆轰感度分为两类，即有雷管感度的和无雷管感度的。而按其包装形式又可分为三类：药卷类，袋装和可泵送散装爆破剂（通常都混入部分铵油）。前一类有雷管感度，后两类无雷管感度需要在炮孔内用起爆具起爆。

表3-8是三种药卷包装的乳化炸药的基本组分。图3-34是乳化炸药生产流程图[14]。

表3-8 几种乳化炸药的组分 （%）

原材料	乳化炸药系列		
	EL系列	RJ系列	粉状乳化炸药
硝酸铵	63～75	53～80	87～93
硝酸钠	10～15	5～15	
燃油	2.5	2～5	3.6～5.5
水	10.0	8～15	0～8
乳化剂	1.0～2.0	1～3	1.5～2.5
铝粉	2.0～4.0		
密度调整剂	0.3～0.5	0.1～0.7	
添加剂	2.1～2.2	0.5～2.0	0.1～0.5
包装	纸或塑料膜药卷	纸或塑料膜药卷	纸或塑料膜药卷

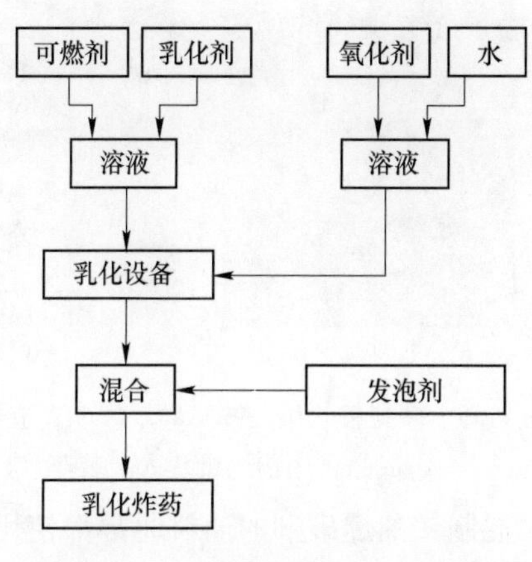

图3-34 乳化炸药的生产流程简图

表3-9是几种药卷包装乳化炸药的性能。

表3-9 几种药卷包装乳化炸药的性能

商品名称	Senatel Pulsar	Emulex 150	Powermite Max	Rock No.1	Rock PPE
生产商	Orica	Tenaga Kimia	Dyno Nobel	Nanling，China	Limin，China
密度/g·cm^{-3}	1.22	1.12～1.24	1.15	1.0～1.3	0.9～1.05
爆速/m·s^{-1}	4400	4500	4500	4500	4198
相对重量威力①/%	116		86		
相对体积威力①/%	175	143	125		
能量/MJ·kg^{-1}		4.8	3.2		
猛度/mm				16	18
做功能力/mL				320	352
殉爆距离/cm				4	16

① 相对于ANFO＝100%@0.8g/cm^3。

3.8.4 散装爆破剂

在本章3.6.2小节已定义了爆破剂，即又称之为第三类炸药。它之称为爆破剂是因为它的敏感度很低，以致不能用一般的起爆药如雷管引爆（通常为工业8号雷管），而需要用能量更大的猛炸药作为中间引爆装置。根据这一定义铵油炸药（ANFO）、散装乳化炸药（bulk/pumpable emulsion）和重铵油炸药（heavy ANFO）都属于爆破剂。

3.8.4.1 铵油爆破剂

多孔粒状硝酸铵（AN）与燃油（FO）的混合物，称之为铵油爆破剂（ANFO），从20世纪50年代已开始应用。硝酸铵按适当的比例同含碳的或可燃的物质混合都可以成为一种爆破剂，这是很早就已确认的事实。关于硝酸铵的特点和性能本章8.2.1小节已介绍。虽然硝酸铵的很多形态都可以用来与固态或液态的燃油混合而形成爆破剂，但多孔粒状硝酸铵是最佳的选择。由图3-35可见到多孔粒状硝铵生产塔和最终产品。粒状硝铵颗粒中的微小孔洞对于增强硝铵的感度是必不可少的，在受到冲击时这些微孔就成为了“热点”。图3-36是硝酸铵制成多孔粒状产品的生产流程图。硝酸铵是吸潮的，它从空气中吸收水分并使其自身慢慢溶解。因此，作为爆破级的多孔粒状硝铵要在颗粒外表镀一层防护膜，以取得一定的防潮作用。

图 3-35 多孔粒状硝酸铵（a）、62m 高造粒塔（b）及成品正用输送机装入混装车（c）

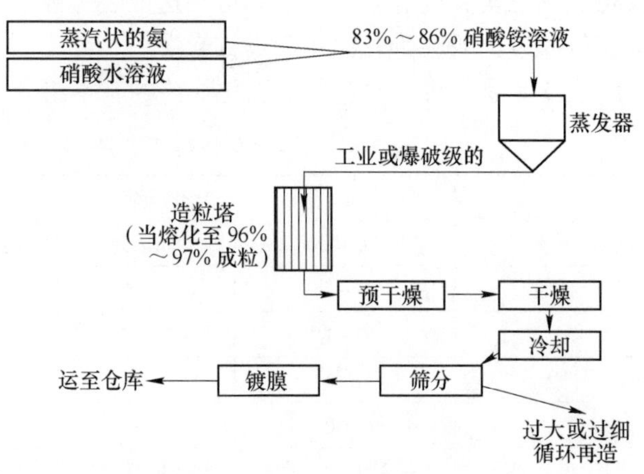

图 3-36 硝酸铵造粒流程图

混制铵油爆破剂的油料通常都使用轻柴油，因为轻柴油比其他液体油，例如汽油、煤油等，其优点是有着较高的黏性，因而有较小的蒸汽爆炸的危险。正由于它的较高的黏性，因此更易于黏附于硝铵颗料表面并充填入大的空隙中。

ANFO 爆轰的化学反应过程是硝酸铵同长链结构的烷烃（C_nH_{2n+2}）反应生成氮、二氧化碳和水。在理想的零氧平衡情况下：

$$3NH_4NO_3 + CH_2 \longrightarrow 3N_2 + 7H_2O + CO_2$$

ANFO 由按质量分数 94.3% 的硝酸铵和 5.7% 的柴油混制，产生 920kcal/kg 热量和 970L/kg 气体量。实际上，通常加入略多一点柴油，如 6%。在最优的爆轰条件下，仅仅产生上式中的一些气体。但实际上这种理想的状态是不可能达到的，爆炸通常都要产生一些有毒气体，例如一氧化碳和氮氧化物（NO_x）。从图 3-37 中可以见到 ANFO 中燃油含量对其产生的能量和有毒气体量的影响。

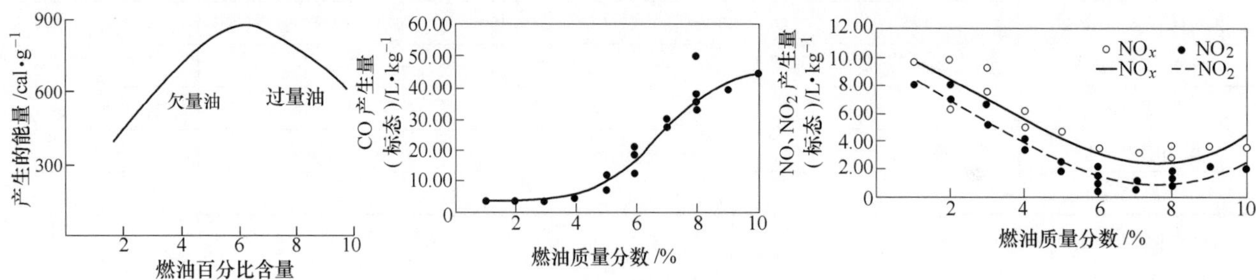

图 3-37 ANFO 中燃油含量对其产生的能量和有害气体量的影响

ANFO 在大多数情况下是没有雷管感度的，因而它归类于爆炸剂而不属于猛炸药。由于它无雷管感度，一般情况下需要用一个起爆装置，也称为起爆具来引爆 ANFO，使其进入爆轰状态。这种起爆装置可以是 1～2 个有雷管感度的猛炸药药卷。近年更趋向于用一个由梯恩梯和泰安（TNT/PETN）或类似成分熔铸而成的起爆具。ANFO 的爆轰感度随着炮孔直径的增大而下降。实际应用中，150mm 直径以下的炮孔用 150g 起爆具即可成功起爆 ANFO，而更大的直径的炮孔建议采用 400～500g 的起爆具。

松散 ANFO 的密度通常为 0.80g/cm³。为了增加装药密度，可采用压风装药机或螺旋装药设备，它们的 ANFO 装药密度可达到 0.95g/cm³。但如果将 ANFO 的密度压实至 1.20g/cm³ 以上，它就会被压“死”而不能爆轰。

ANFO 的临界直径受其夹制作用大小和装药密度影响。混合均匀的疏松装入炮孔，炮孔直径不小于 25mm 均可成功起爆。其爆轰速度（VOD）取决于炮孔直径和夹制程度。ANFO 的爆速随炮孔直径增大而增大的规律可从图 3-38 中显示。

缺乏防水能力是 ANFO 的主要缺点。硝酸铵很易溶于水，而加入的 5.64% 的燃油仅仅只起到很小的防水作用。ANFO 的爆力和爆速 v 都随着其含水量增加而下降（见图 3-39）。当 ANFO 的含水量超过 10% 时，它即不能爆轰。由于潮湿的炮孔将降低 ANFO 的感度并降低其爆破性能，因此应该尽量缩短装药与起爆之间的时间。

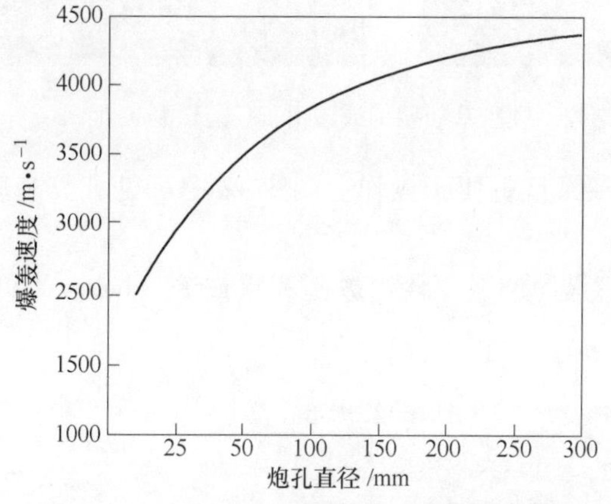

图 3-38 散装 ANFO 在全耦合夹制条件下爆速与炮孔直径的关系

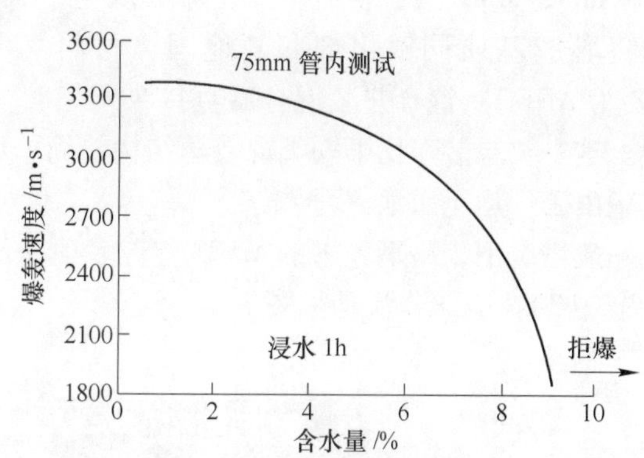

图 3-39 水对 ANFO 爆破性能的影响

大多数 ANFO 可以有 4 种形式供应给爆破现场使用：

（1）用混装车在爆破现场一边混制一边直接装入炮孔（图 3-40）；

（2）预先混制好并存贮于仓库中或直接装入炮孔中；

（3）装入纸袋、聚乙烯袋或麻袋中以便运输和使用（图 3-41）；

（4）制成圆柱形药卷。粉状或破碎的颗粒状硝酸铵与燃油混合后，装入编织或纸质并带有塑料内衬的管中，用于直径大于 75mm 以上潮湿的炮孔但却失去了全耦合装药的优点。

(a)

(b)

(c)

图 3-40 将 ANFO 用机械和人工装入炮孔

（a）露天用现场 ANFO 混装车；（b）地下工程用 ANFO 装药车；（c）预先混制的 ANFO 人工装入炮孔

3.8.4.2 散装乳化炸药和重铵油

散装乳化炸药（爆破剂）通常都无雷管感度。散装乳化炸药通常都是在现场混制并由混装车或泵车直接装入炮孔。由于所使用的混装车的结构和方法不同，有两类不同的混装方法。第一类方法称之为实时乳化混装车方法，即所有的原材料都事先运送并存贮于现场附近，爆破当日将所需数量的原材料装入混装车各容器内。在爆破现场，开动车上设备，直接将各原材料乳化并混制成乳化炸药泵入炮孔中。这一类实时乳化混装车曾风靡于 20 世纪 80 年代和 90 年代初，由于其需要携带热的

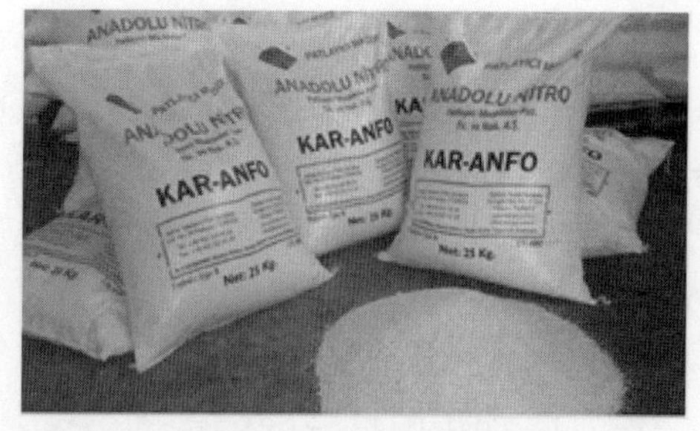

图 3-41 袋装的 ANFO

硝酸铵水溶液并在车上实时进行乳化，现时已很少应用。第二类方法称为乳化炸药泵装车。混制乳化炸药所需的乳胶基质由专门的工厂制好并运送至爆破工地。爆破当日将乳胶基质和其他材料装入泵装车（mobile manufacture unit，MMU）之容器中。在爆破现场，机器将乳胶基质同敏化剂和其他固体材料（主要为 ANFO）混合并装混合后直接泵入炮孔中。这一类泵装车比第一类混装车结构要简单和可靠得多而且更便于操作。图 3-42 中可见乳胶基质用桶或罐由工厂运至工地。

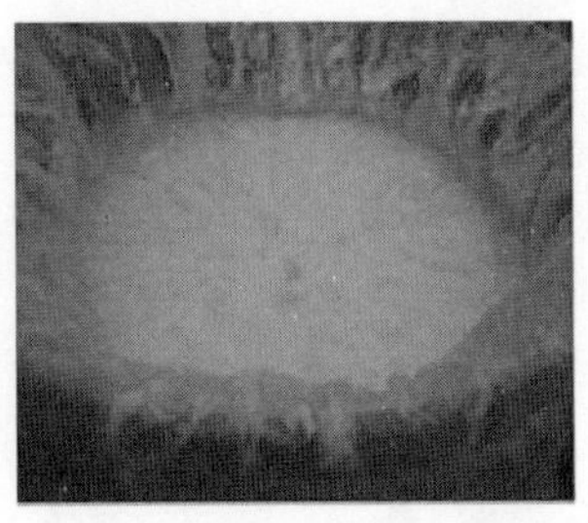

图 3-42　乳胶基质用桶或罐由工厂运送到工地

一般情况下，一辆先进的 MMU 有着多项功能，它能混装 ANFO，乳化炸药和重铵油（heavy ANFO）（见图 3-43）。其工作流程见图 3-44。

图 3-43　多功能乳化系列炸药现场混装车（MMU）

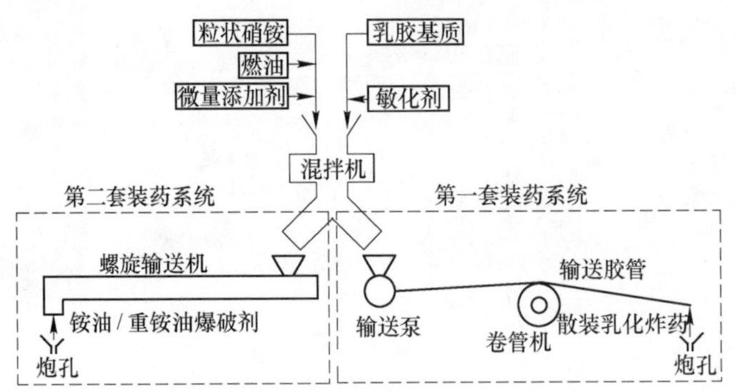

图 3-44　多功能混装车（MMU）工作流程

重铵油炸药是乳胶基质和 ANFO 的混合物，它的出现给工业炸药领域打开了一个新的视野。

ANFO 的颗粒之间有空隙，这些空隙正好由一种液态爆破剂，如乳胶基质占据，从而大大增加了混合物的能量（见图 3-45）。

虽然重铵油炸药的性能取决于它的混合比例，但它的主要优点是：

（1）具有更多的能量；

（2）具有更强的感度；

（3）高的防水性能；

（4）可以在炮孔的不同部位装入不同能量的炸药。

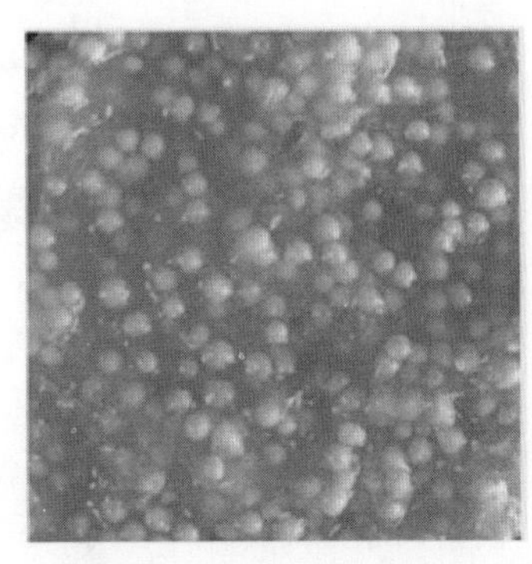

图 3-45　混入 ANFO 之乳化炸药

表 3-10 列出了各种乳胶基质与 ANFO 不同配比时重铵油炸药特性。

表 3-10　乳胶基质/铵油不同混合比例的典型爆破性能

乳胶:铵油	密度/g · cm^{-3}	防水性	相对重量威力/%	相对体积威力/%	爆轰速度/m · s^{-1}	装孔方法
0:100	0.82	无防水	100	100	4450	螺旋输送机
20:80	1.05	无防水	108	138	5000	螺旋输送机
25:75	1.13	防水很差	111	152	5150	螺旋输送机
30:70	1.20	防水差	113	166	5300	螺旋输送机
35:65	1.25	中等防水	114	174	5400	螺旋输送机
40:60	1.30	防水好	116	185	5500	螺旋输送机
45:55	1.35	防水非常好	117	193	5600	螺旋输送机
50:50	1.30	防水非常好	113	179	5460	螺旋输送机
55:45	1.30	防水非常好	112	177	5400	螺旋输送机
60:40	1.30	防水非常好	110	175	5300	泵送
65:35	1.30	防水非常好	1.09	173	5270	泵送
70:30	1.30	防水非常好	1.07	169	5200	泵送
75:25	1.30	防水非常好	1.05	167	5150	泵送
80:20	1.30	防水非常好	1.04	165	5090	泵送

参 考 文 献

[1] Kallie Szczepauski. *Invention of Gunpowder*. About. com, Asia History. http://asiahistory. about. com/od/asiainventions/a/InventGunpowder. htm.

[2] 吕春绪，等．工业炸药［M］．北京：兵器工业出版社，1994.

[3] C. L. Jimeno, et al. *Drilling and Blasting of Rock*. A. A. Balkema/Rotterdam/Brookfield/1995.

[4] A. Slide, I. Liudholm. *On Detonation Dynamics in Hydrogen-Air-Steam Mixtures: Theory and Application to Olkiluoto Reaction Building*. NKS-9, ISBN 87-7893-058-8, Feb. 2000.

[5] 张宝平，等．爆轰物理学［M］．北京：兵器工业出版社，2001.

[6] D. L. Ornellas. *Calorimetric Determinations of the Heat and Products of Detonation for Explosives: October 1961 to April 1982*. UCRL-52821, 1982.

[7] 俞统昌，等．绝热型爆轰热量计的建立和高能炸药的爆热测定［J］．含能材料，1994，2（3）.

[8] 金韶华，等．炸药理论［M］．西安：西北工业大学出版社，2010.

[9] M. J. Kamlet, et al. *A Simple Method for Calculating Detonation Properties of C-H-N-O Explosives*. U. S. Naval Ordinance Laboratory, 8. 1967.

[10] P. A. Persson, et al. *Rock Blasting and Explosives Engineering*. CRC Press. 1993.

[11] A. D. Tete, et al. *Velocity of Detonation (VOD) Measurement techniques Practical Approach*. "Industrial Journal of Engineering and Technology", 2013, 2 (3): 259-265.

[12] 赵根，等，孔内炸药连续爆速测试新技术［J］．工程爆破，9. 2008，14（3）.

[13] ISEE. *Blaster's Handbook*. *17th Edition*. 1998.

[14] Xuguang Wang. *Emulsion Explosives*. Metallurgical Industry Press, Beijing, 1994.

[15] P. D. Sharma, et al. *ANFO, Emulsion and Heavy ANFO Blends*. From http://slideshare. net.

[16] 中国工程爆破协会，于亚伦．工程爆破理论与技术［M］．北京：冶金工业出版社，2004.

[17] S. Bhandari. *Engineering Rock Blasting Operations*. A. A. Balkema/Rotterdam/Brookfield/1997.

[18] *Recommendation on the Transport of Dangerous Goods, Model Regulations. Volume* 1. Eighteenth Revised Edition, United Nations, New York and Geneva, 2013.

[19] *Recommendation on the Transport of Dangerous Goods, Manual of Tests and Criteria*. Fifth Revised Edition, United Nations, New York and Geneva, 2009.

[20] 汪旭光，等．爆破手册［M］．北京：冶金工业出版社，2010.

4 起爆系统

按照起爆系统的功能，它可分为三种类型：

第一类属于起爆装置，它用于产生爆轰。最为广泛使用的这类起爆装置是雷管。

第二类属于传爆装置，它的作用是传递爆轰。导爆索即是此类装置，它可以将由起爆装置产生的爆轰波传递到所要求的任何距离。

第三类属于继爆装置，它的作用是利用自身炸药的高能量将起爆装置（雷管）产生的爆轰能量增大以起爆某些感度低（无雷管感度）的爆破剂，如铵油炸药、散装乳化炸药或重铵油炸药。这一类装置通常称为继爆器、起爆药柱或起爆弹。

4.1 雷管

4.1.1 雷管的简略发展历史

在现代炸药发明之前，岩石爆破使用黑火药。而黑火药则由一条燃速很慢由黑火药制成的引线引爆。1831 年威廉·毕克弗（William Bickford）发明了第一条导火索，它使得应用黑火药变得安全可靠。1846 年意大利化学家阿坎利奥·索布利诺（Ascanio Sobrero）发明了硝化甘油。由黑火药制成的导火索不能引爆威力强大的硝化甘油炸药，直至 1864 年阿尔弗·诺贝尔（Alfred Nobel）申请了专利，随后于 1865 年进一步改进了第一个用于引爆硝化甘油的起爆雷管。初期他发明的起爆雷管是一个密闭的木制小容器，里面装满黑火药细粉末，由一根黑火药的引线引爆。1865 年诺贝尔进行了改进并申请了专利，他采用了小量的起爆炸药——雷汞。雷汞压入一个铜制的小管并卷入进黑火药引线的尾端。诺贝尔的发明打开了现代起爆装置发展的大门。

大约到 1900 年，出现了将电引火头连接到一个短的黑火药引线上，引线的另一端连接到一个火雷管的装置，它即是最初的延时电雷管。

大约在 1920 年，又出现了将一根很细的电热桥丝点燃少量能产生火花的装置被用于瞬发电雷管。用这一电引火头可引爆少量如叠氮化铅或斯蒂芬酸铅的起爆炸药，进而起爆药再引爆大约半克（8 号雷管）基药——一些相对敏感的次级炸药，如泰安、特屈儿或黑索今/梯恩梯混合物（根据雷管中基药和起爆药的装药量多少，雷管设计成 1 号 ~8 号或更高号数，但最常见的是 6 号和 8 号。而 8 号雷管在岩石爆破中应用最为广泛，原因是它比 6 号雷管产生更强的起爆能量）。

1927 年在瞬发电雷管的基础上秒延时雷管面世。随后 1946 年毫秒延时电雷管也投入应用。

1973 年瑞典的硝基诺贝尔公司（Nitro Nobel AB）发明了被称为诺耐尔（Nonel）的非电起爆系统（即导爆管起爆系统）。这一系统中起爆信号在一条空心的塑料管中以不断化学反应而形成空气冲击波形式在管中传播直至引爆雷管。塑料管的内壁上粘有很薄的一层炸药粉末，炸药粉末的化学反应热和反应生成的气体的膨胀形成空气冲击波在管中传播。由于它具有安全性高且兼具有火雷管和导爆索的简单以及电起爆雷管的精确性，因此诺耐尔系统很快就在全世界得到广泛应用。

在雷管中由于使用了高敏感度的起爆药，如叠氮化铅或斯蒂芬酸铅，使雷管在生产和使用过程常发生事故，而且起爆药的生产过程也会对周围环境造成污染。1971 年一种不含起爆药的雷管，称为无起爆药雷管（NPED）由美国人斯特隆（J. R. Strond）申请了第一个专利。随后各种形式的无起爆药雷管先后出现。1984 年瑞典硝化诺贝尔公司先从中国买得专利 CN85101936 然后向美国申请了专利 4727808。1993

年硝化诺贝尔公司将这一新型雷管推向市场。无起爆药雷管已在电雷管系统和非电雷管系统（Nonel）成功取代了普通雷管。

自20世纪末期至今，更多的先进起爆装置，如激光雷管、电子雷管（又称数码雷管）和声控雷管等都相继面世，有力地推动了爆破技术的发展。特别是电子雷管以它的极为精确的延时性、安全性和可靠性而越来越受欢迎。尽管它的价格远高于普通的电雷管和非电导爆管雷管，但随着电子技术的发展而缩小。

4.1.2 火雷管和导火索

火雷管（又称普通雷管）与导火索是最老的炸药起爆系统。自发明起爆药开始直至电雷管得到普遍应用之前，火雷管和导火索一直主宰着小直径炮孔的起爆。由于它的低廉价格使它至今仍在世界上很多地方广泛使用。但使用中的高事故率使它越来越不受欢迎，有被先进的电起爆方法和非电起爆方法所取代的趋势。中国大陆自2008年6月30日起已停止生产火雷管。

4.1.2.1 导火索

导火索中间有一条棉纱包裹着的黑火药药芯，外层包着沥青、蜡和塑料组成的防水层（见图4-1）。

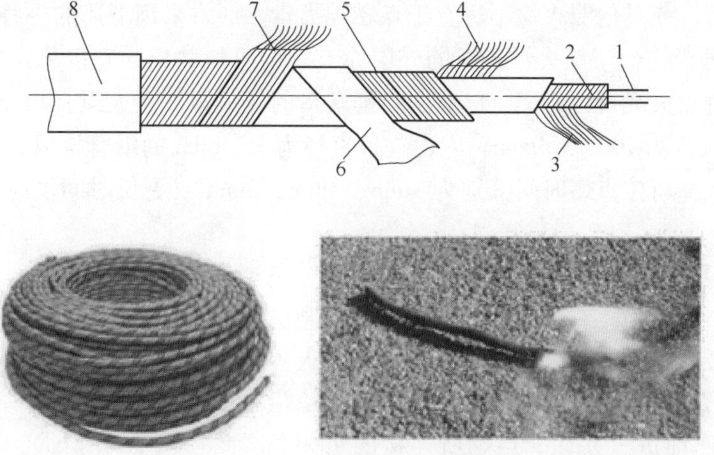

图4-1 导火索

1—芯线；2—药芯；3—内层棉纱；4—中层棉纱；5—沥青层；6—纸层；7—外层棉纱；8—外层防水材料

导火索的黑火药药芯由硝酸钾（63%~75%）、硫磺（15%~27%）和木炭（10%~13%）按适当的比例混合而成，使其具有均匀而稳定的燃速。

通常在无约束条件下导火索的燃速在每米100~120s之间，亦即每秒燃速为8~10cm。其误差允许为10%左右。在燃烧过程中其侧面不应有火花和气体而只能由药芯的棉纱层中均匀地泄出。

受潮或高海拔都会导致导火索的燃速变慢。导火索必须定期地进行燃速测试使爆破手可从试验记录中掌握其实际的燃速。“快捻”（即燃速不正常地加快）是极其危险的，但在实际中却极少发生。但如果导火索受到压力，其燃速可能增快。为了防止导火索由于受潮而变质，最好在将它与火雷管装配时切去其端部的一小段弃之。

4.1.2.2 火雷管

火雷管又称普通雷管（图4-2），是同导火索一起应用最早用于起爆炸药的非电起爆方法。图4-3是火雷管的一般构造及与导火索装配图。雷管中装有两种炸药（有时是三种），即起爆药和基药。起爆药（二硝基重氮酚、雷汞或叠氮化铅）由导火索的火焰引爆再引爆基药（泰安、特屈儿或黑索今/梯恩梯混合炸药）。雷管的爆炸再引爆其四周的炸药。火雷管在好的储存条件下可长期存放。

图4-2 火雷管

4.1.2.3 火雷管及导火索之使用

导火索在装入火雷管之前其端部必须切平。插入时必须插到底，直至与火雷管之点火帽接触。插好后用一个特制的夹口钳将雷管与导火索夹紧，如图4-3和图4-4所示。

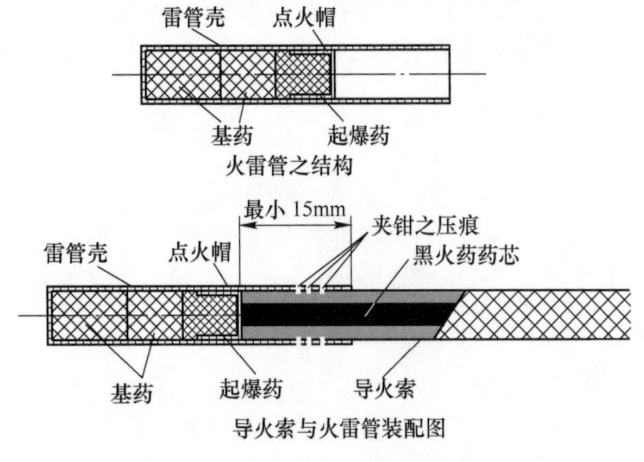

图4-3 火雷管及其与导火索装配图

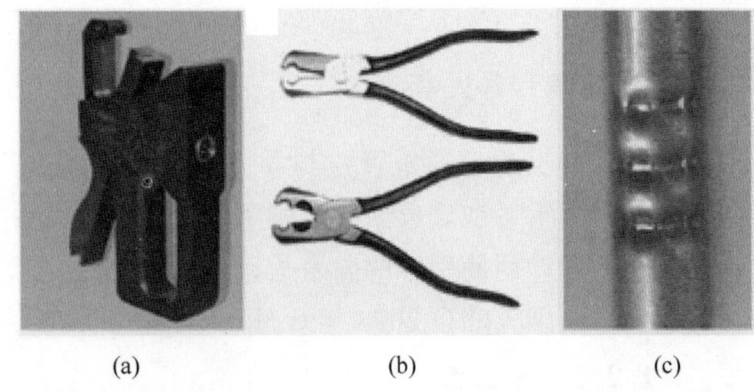

图4-4 两种火雷管夹钳（a）、（b）及火雷管上的夹痕（c）

火柴、香烟、电石灯或其他明火均不适宜于点燃导火索。通常采用下述的一些器材燃点导火索：

（1）点火绳。其外观类似于焰火绳。绳的外层涂有一层可燃物质，它以稳定的速度慢慢燃烧。点火绳可用火柴点着。握着点火绳可逐一燃点已露出新鲜端口的导火索。点火绳有几种不同长度供应。

（2）点火棒。其长度为100～150mm。它由一条直径为3～4mm的纸管构成，纸管中装填有类似于黑火药的可燃材料。点火棒可按点燃时间分别为1min、2min、3min或更长时间供应。同点火绳一样，它可以用火柴点燃。

（3）点火索和点火索连接器。点火索实际上也是一条导火索，索上每隔一定距离开一个小口并装置一个铝制的连接器（三通）。需要引燃的所有导火索一个一个插入连接器中并固定（用雷管夹钳）。当点火索点燃后，火焰沿着点火索以均匀的燃速前进，并逐一点燃所连接的每一条导火索。

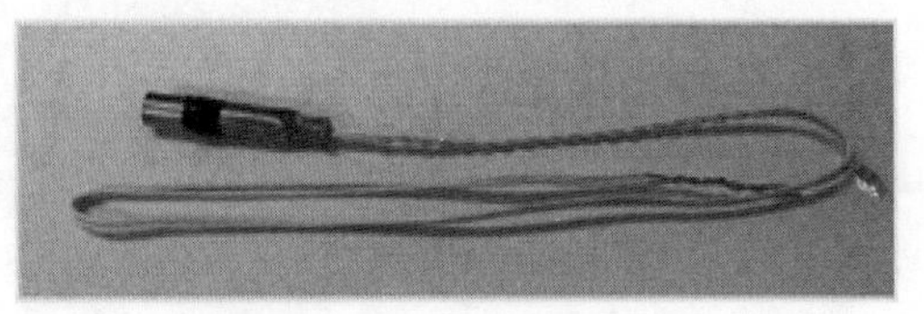

图4-5 导火索的电点火器

（4）电点火器。如图4-5所示，在铜管一端装有一个电桥丝引火头，导火索插入铜管另一端的开口中。通电后电桥丝发热并点燃导火索。

使用导火索的主要危险是爆破手为了确认所有的导火索都已点燃而逗留在工作面的时间过长。为了避免这种情况，安全规程必须根据每一个人燃点导火索的数量规定导火索的最小燃烧时间。中国香港特别行政区政府的危险品规例第295B章第55条规定：

（f）如非使用点火索点火，则不得使用燃烧时间少于2分钟的信管；（1971年第21号法律公告）

（fa）如使用点火索点火，则不得使用燃烧时间少于1.5分钟的信管；（1971年第21号法律公告）

（g）如使用火柴燃点信管，则不得由同一人于同一时间燃点超过2枚信管；如在此情况下燃点2枚信管，则首枚被燃点的信管的燃烧时间不得少于3分钟（2米标准保险信管）；（1983年第119号法律公告）

（h）不得采用乙炔灯燃点信管；（1967年第104号法律公告）

（i）如须采用点火导火管将信管串联起来燃点，除非事先获得主管当局书面准许，否则：

（ⅰ）串联的信管不得超过10枚；

（ⅱ）串联内每枚信管的燃烧时间须长于前一枚信管的燃烧时间不少于15秒（150毫米标准保险信管）；（1983年第119号法律公告）

（ⅲ）使用点火导火管的人须由另一人陪同，该人须有一盒火柴或其他适当设备，以便点火导火管熄灭时可立即将之重新燃点；

（ⅳ）信管须逐一予以燃点，由最长的信管开始。（1967年第104号法律公告）

（本书作者注：上文中所指“信管”即指导火索，“点火导火管”即指一种集束式点火筒（筒内装有少量黑火药及一条点火导火索），“标准保险信管”即指标准的导火索，燃速为10mm/s）

4.1.3 电雷管

4.1.3.1 电雷管的构造

电雷管是依靠电引爆组件引爆的雷管，换言之电流是它们引爆能源。电流通过两条长的电线——脚线进入电雷管中。在雷管中的两条脚线的端部焊有很短的高电阻的桥丝。当电流通过桥丝时，桥丝将电能转变成热能。桥丝的热能点燃包裹在桥丝外的类似火柴头的引火药——引火头（见图4-6）。引火头产生的火花引爆起爆炸药或延时组件，最终将雷管的基药引爆。

电雷管分为瞬发电雷管（如图4-6（a）所示）和延时电雷管（如图4-6（b）所示）。

在瞬发雷管中，电引火头直接引爆起爆炸药。瞬发雷管在收到电流后在几毫秒之内（少过5毫秒）引爆。瞬发雷管用于所有炮孔都同时起爆的情况下。不过目前瞬发雷管都用于引爆一些非电起爆系统，如导爆索和导爆管雷管。图4-7是其一例。瞬发电雷管安装在一个塑料连接盒中以便于连接导爆索或导爆管雷管。

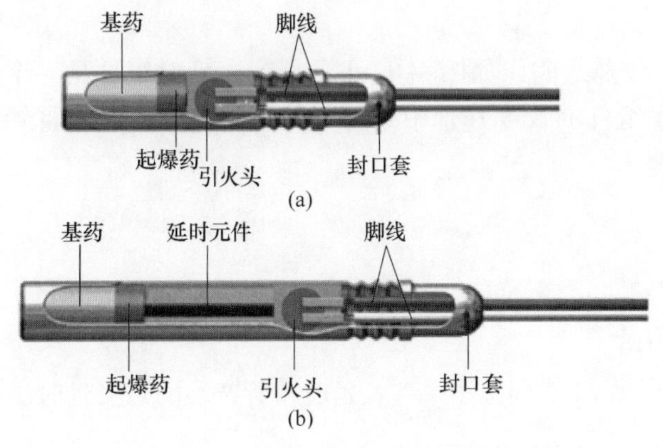

图4-6 电雷管

（a）瞬发电雷管；（b）延时电雷管

图4-7 电引爆雷管

（Dyno Nobel's Super Starter）

4.1.3.2 电雷管的电参数

为了安全可靠地使用电雷管，使用都必须对不同厂家生产的电雷管的电参数，如安全电流、全爆电流、防水性能等，有清楚的了解。表4-1列出了一些供货商提供的电雷管的电参数。

表4-1 某些供货商提供的电雷管的技术参数

技术参数	奥斯汀鲍德 Rock Star I	戴诺诺贝尔 Electric Super SP	奥瑞克 SD电雷管	中国国标GB 8031 Type I
桥丝电阻/Ω	1.7±0.2	1.6	1.2~2.2	
不爆（安全）电流（NFC）/A	0.18	0.3	0.2	≥0.20
全爆电流（串联）（AFC）/A	≥1.0	0.5	>1.0	≤0.45
不爆（安全）电脉冲/MJ·Ω^{-1}	0.8		0.6	
全爆电脉冲/MJ·Ω^{-1}	3.0	1.1 A^2·ms	2.0	≥2.0 A^2·ms
防水性能（耐水压性能）/MPa·h^{-1}	0.3	250psi/20h	0.02MPa/6h	0.05MPa/4h
储存期/年	2	3	2	1.5

图4-8是一个欧姆表，用它可以安全地量测电雷管的电阻值。图4-9是两种用于起爆电雷管网络的起爆器。

4.1.3.3 延时电雷管

在岩石爆破中，如果所有起爆雷管具有一定的延时间隔，所有的炮孔都按设计的顺序起爆，必将大大地改善爆破效果。采用延时雷管的优点包括：

（1）可显著地减低爆破振动、空气冲击波和爆破飞石；

（2）有效地控制抛出的总量和方向；

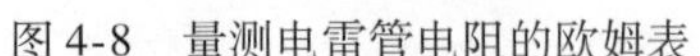
图 4-8 量测电雷管电阻的欧姆表

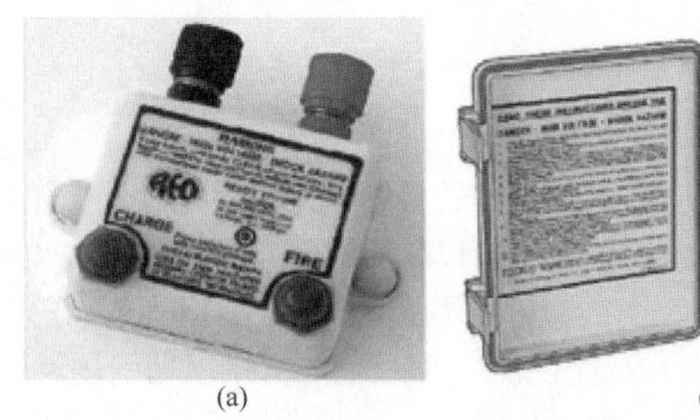

(a) (b)

图 4-9 两种电雷管起爆器

(a) 型号：CD450-4J；(b) 型号：CD100-9J

(3) 减小后冲破坏和超挖从而改善爆后岩面的状况；

(4) 在隧道爆破中，如果前次爆破按照合适的延时顺序引爆也为后续爆破的成功创造了一个好的新工作面，改善了隧道开挖效果。

在延时电雷管中，延时组件位于电引火头与起爆炸药之间，如图 4-6（b）所示。延时组件是一个厚壁的金属圆管，管中装有可缓慢燃烧的延时剂。延时组件的长度和管中延时剂的不同配方决定了雷管的延时时间。

延时雷管有三种基本的系列：

(1) 毫秒延时雷管；

(2) 长延时雷管；

(3) 煤矿延时雷管，它是专门制造为地下煤矿使用。

表 4-2 列出了一些毫秒延时雷管产品的名义延时，表 4-3 列出了一些长延时雷管产品的名义延时。

表 4-2 一些毫秒延时电雷管产品的名义延时表

段号		0	1	2	3	4	5	6	7	8	9	10	11	12	13	14	15	16	17	18	19	20	22	24	26	28	30
戴诺诺贝尔	Super SP	9	25	50	75	100	125	150	175	200	225	250	275	300	325	350	375	400	425	450	475	500	550	600	650	700	750
奥斯汀鲍德	Rock Star I	0	25	50	75	100	125	150	175	200	225	250	275	300	325	350	375	400	425	450	475	500	600	700	800	900	1000
奥瑞克	Electric MS	9	25	50	75	100	125	150	175	200	225	250	275	300	325	350	375	400	425	450	475	500					
中国 GB	系列 3	0	25	50	75	100	125	150	175	200	225	250	275	300	325	350	375	400	425	450	475	500					

表 4-3 一些长延时雷管产品的名义延时表

段号	奥斯汀鲍德/ms			戴诺诺贝尔/ms	奥瑞克/ms	中国（GB/T 803）/s		
	Timestar L 250	Timestar L 500	DEM-F-80	Super LP	Electric LP	1/4	1/2	1
0			0					
1	250	500	80	25	25	0	0	0
2	500	1000	160	200	200	0.25	0.50	1.0
3	750	1500	240	400	400	0.50	1.00	2.0
4	1000	2000	320	600	600	0.75	1.50	3.0
5	1250	2500	400	800	800	1.00	2.00	4.0
6	1500	3000	480	1000	1000	1.25	2.50	5.0
7	1750	3500	560	1200	1200	1.50	3.00	6.0
8	2000	4000	640	1400	1400		3.50	7.0
9	2250	4500	720	1600	1600		4.00	8.0
10	2500	5000	800	1900	1900		4.50	9.0
11	2750	5500	880	2200	2200			10.0
12	3000	6000	960	2500	2500			

续表 4-3

段号	奥斯汀鲍德/ms			戴诺诺贝尔/ms	奥瑞克/ms	中国（GB/T 803）/s		
	Timestar L 250	Timestar L 500	DEM-F-80	Super LP	Electric LP	1/4	1/2	1
13	3250		1040	2900	2900			
14	3500		1120	3300	3300			
15	3750		1200	3800	3800			
16	4000		1280	4400	4400			
17	4250		1360	5100	5100			
18	4500		1440					
19			1520					
20	5000		1600					
21			1750					
22	5500		2000					
23			2250					
24	6000		2500					
25			2750					
26			3000					
27			3250					
28			3500					
29			3750					
30			4000					

4.1.3.4 延时精确度

对于延时雷管来说，具有相同的名义延时的不同雷管其真正的起爆时间存在一些偏差。这种偏差可能是来自延时组件长短微小差异、延时药的装填密度偏差，延时药配方的差异或延期组件燃速由于雷管存储期间的老化现象而造成偏差。延期组件中的火药会由于缓慢的氧化反应而至燃速改变，而受潮更能加速这种变化。

对于任意一组同名义延时的雷管，根据统计规律，它们的实际起爆时间成正态分布。图 4-10 中显示实际起爆时间的分布可以有较窄的（*a*）至较宽（*c*）几种不同的形式。

对于任何一组雷管而言，其实际起爆时间的平均值（均值）通常都同其名义延时有一点偏差。起爆时间的分布愈是窄狭而且其均值与名义延时的偏差愈小，则这一组雷管的精确度和准确度也愈高。

雷管延时的离散性对于爆破效果的影响有时可能是极严重的。由于延时时间重叠（重响）可能造成前排炮孔尚未起爆而后排炮孔先爆使后排炮孔的负荷变得很大的情况。这种延时精度极端的情况不仅会形成极差的岩石破碎效果，有可能导致飞石并使爆破振动增大。在光面爆破时轮廓孔采用同一名义时间而希望它们同时起爆，但由于实际起爆时间的离散而不能形成平整的轮廓面，从而严重影响光面爆破效果。图 4-11 显示了不同延时精度的两组雷管的实际起爆时间分布。

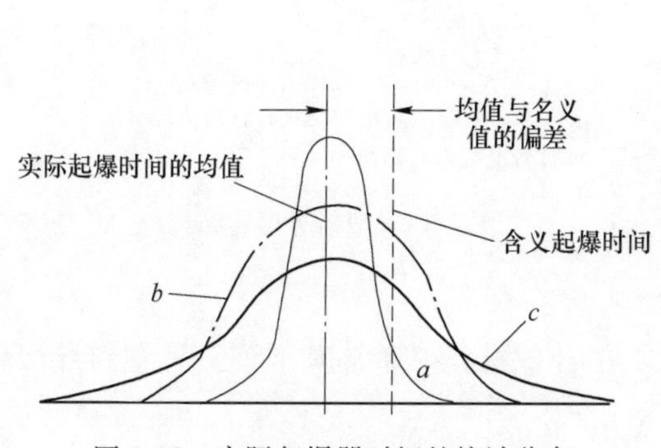

图 4-10 实际起爆器时间的统计分布

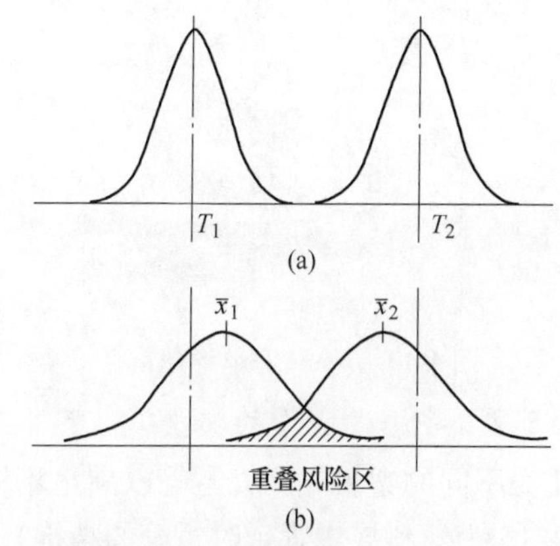

图 4-11 精度高（a）和精度低（b）的起爆时间分布

通常延时雷管的延时间隔取25ms，如果其总的延时误差不大于12.5ms（半个延时间隔）就不会有重响发生。

在实际的岩石爆破中，除了简单要求延时雷管不发生重响的情况外，还要求每连续两次起爆的炮孔之间必须要保证有一个最小的时间间隔。美国矿山局的迪克博士（R. A. Dick）[3]的研究报告，这一最小的时间间隔通常取8ms。考虑到岩石被炸药爆破破碎和移动，炮孔间的起爆延时应适当取大一点，特别是隧道和竖井爆破。

4.1.4　电磁雷管

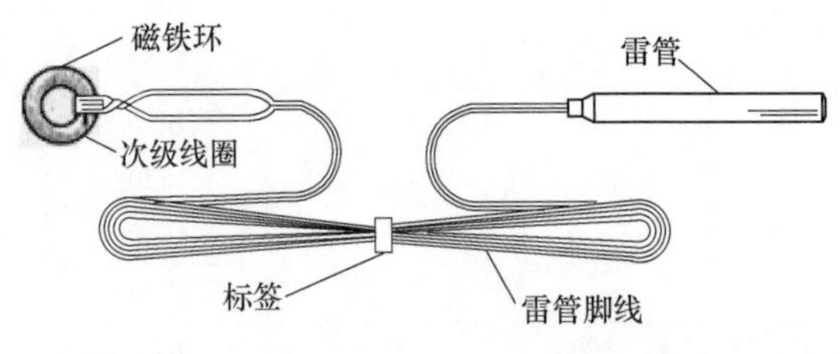

图4-12　Magnadet电磁雷管

第一个电磁雷管，玛格雷迪特系统（Magnadet system）是1979年由英国帝国化学工业诺贝尔炸药公司发明的。在这一系统中起爆发出高频（15000Hz）电流而引爆电雷管，而此高频电流并不直接进入雷管。这一系统如图4-12所示[1]。这一传送起爆电流的装置是一个小的磁铁环，它是电磁雷管的组成部分。雷管脚线即是这一磁电装置的次级。而磁环的初级是一条单线，它穿过起爆网路中所有雷管的磁环而连接至起爆器。起爆的电源由具有独特的电路感应功能的频率可调谐的起爆器提供。通过电磁感应将起爆电能传入雷管中引爆雷管。电磁雷管对于漏电、工频交流或直流杂散电流、静电和无线射频等的安全性可与非电起爆系统媲美，而且安装和连线更为简便。

4.1.5　非电导爆管雷管

4.1.5.1　非电导爆管雷管的结构

导爆管雷管是一种非电雷管，它有一条小直径的空心塑料管通到雷管内部，起爆信号以冲击波的形式沿着这条空心塑料管进入雷管中引爆起爆炸药或引燃延时组件。它是由瑞典硝化诺贝尔公司以帕森（Per-Andersson Persson）为首的小组于1971年发明并将其商标注册为“诺耐尔”（“Nonel”，即“Non-electric”的缩写），如图4-13所示。

塑料管由一至多层塑料制成以增加其物理性能（拉伸强度，柔软性和耐磨性），见图4-14。塑料管的内壁上粘有一层细粉状的炸药，通常为黑索今（HMX）和铝粉的混合物，由这一层炸药粉的化学反应以热能和爆炸气体的形式支持冲击波不断向前传播。管中的炸药量为14～18mg/m（<20mg/m），这一药量足以支持冲击波沿管传递直至进入雷管内引爆起爆药或引燃延时组件。冲击波在管内的传播速度大约为2000m/s（1800～2130m/s）。当冲击波沿管传播时并不会影响管的外壁。

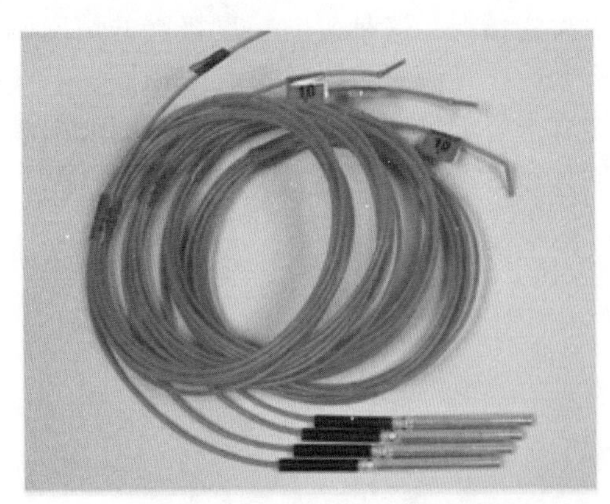

图4-13　Nonel非电导爆雷管

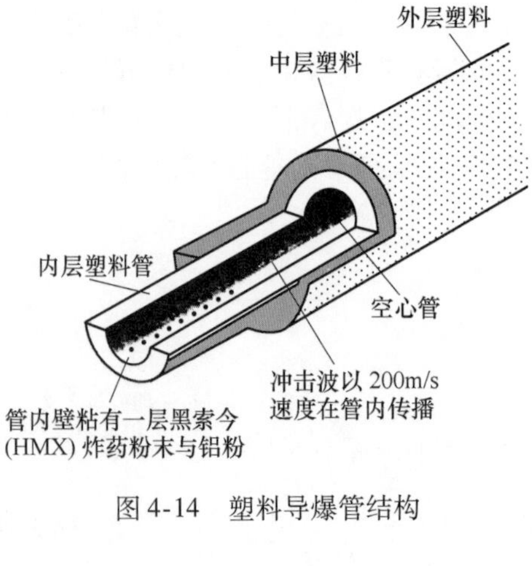

外层塑料
中层塑料
内层塑料管
空心管
冲击波以200m/s速度在管内传播
管内壁粘有一层黑索今(HMX)炸药粉末与铝粉

图4-14　塑料导爆管结构

4.1.5.2　导爆管雷管的类型

有几类不同的塑料导爆管雷管以满足不同的应用要求。在岩石爆破中通常有下列三种塑料导爆管雷管（图4-15为塑料导爆管延时雷管的结构）：

（1）毫秒延时系统；

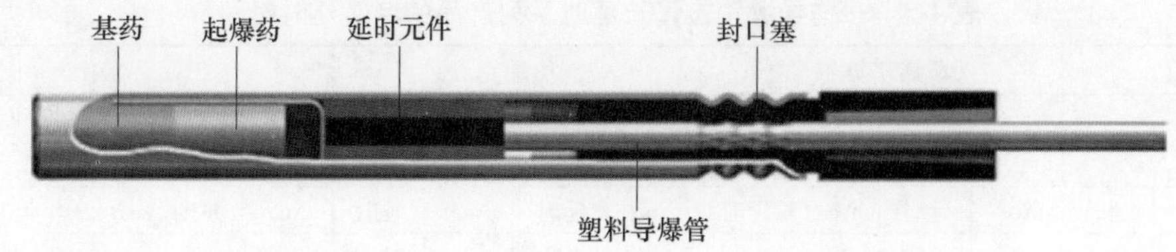

图 4-15 塑料导爆管延时雷管的结构

（2）长延时系统；

（3）孔内延时及地表延时连接块组合系统（unidet system）。

毫秒延时系统用于台阶爆破和地下爆破，长延时系统用于地下爆破，孔内延时及地表延时连接块组合系统用于台阶爆破。

A 毫秒延时系统

塑料导爆管雷管毫秒延时系统通常都以 25ms 作为延时间隔。表 4-4 列出了一些制造商的毫秒延时系统的名义时间。

表 4-4 一些导爆管雷管毫秒延时系列产品的名义延时时间 （ms）

奥斯汀鲍德				戴诺诺贝尔				奥瑞克						中国			
Shock Star MS				Nonel MS Series				Excel MS						Series 3			
No.	延时	No.	延时	No.	延时	No.	延时	No.	延时	No.	延时	No.	延时	No.	延时	No.	延时
0	0	14	350	1	25	15	375	1	25	15	375	40	1000	1	0	16	400
1	25	15	375	2	50	16	400	2	50	16	400	48	1200	2	25	17	450
2	50	16	400	3	75	17	425	3	75	17	425	56	1400	3	50	18	500
3	75	17	425	4	100	18	450	4	100	18	450	64	1600	4	75	19	550
4	100	18	450	5	125	19	475	5	125	19	475	72	1800	5	100	20	600
5	125	19	475	6	150	20	500	6	150	20	500	80	2000	6	125	21	650
6	150	20	500	7	175	21	550	7	175	22	550	90	2250	7	150	22	700
7	175	22	600	8	200	22	600	8	200	24	600			8	175	23	750
8	200	24	700	9	225	23	650	9	225	26	650			9	200	24	800
9	225	26	800	10	250	24	700	10	250	28	700			10	225	25	850
10	250	28	900	11	275	25	750	11	275	30	750			11	250	26	950
11	275	30	1000	12	300	26	800	12	300	32	800			12	275	27	1050
12	300	31	375	13	325	27	900	13	325	34	850			13	300	28	1150
13	325	32	400	14	350	28	1000	14	350	36	900			14	325	29	1250
														15	350	30	1350

B 长延时系统

长延时系统主要用作地下爆破。这一系统的延时间隔比较长以使岩石在地下受到夹制作用及只有一个自由面的条件下（典型的如隧道爆破）有充分的时间进行位移而为其后续起爆的炮孔创造自由面。表 4-5 列出了一些长延时系统产品的名义延时。

表 4-5 一些导爆管雷管长延时系列产品的名义延时时间

奥斯汀鲍德				戴诺诺贝尔				奥瑞克				中 国					
Shock Star LP Detonators				Nonel LP Series				Excel LP				1/4 秒延时系列 1		1/2 秒延时系列 2		1 秒延时系列 2	
No.	延时	No.	延时	No.	延时	No.	延时	No.	延时	No.	延时	No.	延时	No.	延时	No.	延时
0	0	13	3500	0	25	13	4900	1/4	100	7	2250	1	0	1	0	1	0
1	200	14	4000	1	500	14	5400	1/2	200	8	2500	2	250	2	500	2	1000
2	400	15	4500	2	800	15	5900	3/4	300	9	3000	3	500	3	1000	3	2000
3	600	16	5000	3	1100	16	6500	1	400	10	3500	4	750	4	1500	4	3000
4	800	17	5500	4	1400	17	7200	1-1/4	500	11	4000	5	1000	5	2000	5	4000
5	1000	18	6000	5	1700	18	8000	1-1/2	600	12	4500	6	1250	6	2500	6	5000
6	1200	19	6500	6	2000			2	800	13	5000	7	1500	7	3000	7	6000
7	1400	20	7000	7	2300			2-1/2	1000	14	5500	8	1750	8	3500	8	7000
8	1600	21	7500	8	2700			3	1200	15	6000	9	2000	9	4000	9	8000
9	1800	22	8000	9	3100			4	1400	16	6500	10	2250	10	4500	10	9000
10	2000	23	8500	10	3500			5	1600	17	7000						
11	2500	24	9000	11	3900			5-1/2	1800	18	8000						
12	3000	25	9600	12	4400			6	2000	19	9000						

C 孔内延时及地表延时连接块组合系统

该系统（Unidet system）是一个孔内延时和地表延时的组合延时起爆系统，所有炮孔内的雷管采用同一延时，孔与孔之间的延时差完全靠地表连接块中的延时雷管来实现。炮孔内通常使用 500ms 的延时雷管（有时也可选用 450ms 或 475ms 等）。选择孔内较长延时的目的是确保在孔内雷管引爆时已有相当一部分地表延时雷管已被引爆，以确保岩石的移动不会拉断地表起爆网路。适当地选择不同的地表延时连接块的延时可设计出各种起爆顺序以取得满意的爆破效果。

地表延时可以在 0 ~ 200ms 之间选择，有极大的灵活性可使设计的起爆顺序适应炮孔负荷和不同的岩石特性。实际上在此系统中炮孔间的延时是以一种“接力”的形式实现的。图 4-16 简单显示了这一系统的原理。

地表延时连接块的形式，各供货商各有特色，而采用的延时时间却小有差别。表 4-6 列出了几家供货商的地表连接块的延时系列。图 4-17 是戴诺·诺贝尔公司的 Unidet 系统。地表延时连接块中雷管中的炸药量通常只有普通 8 号雷管的 1/3 左右以减小其爆炸时对起爆网路的破坏并降低其声响。

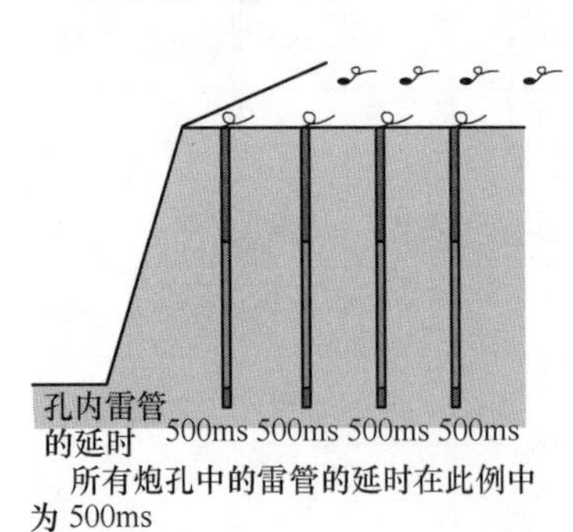

绿色 –0ms
红色 –25ms
炮孔实际
起爆延时
500ms 525ms 550ms 575ms
炮孔的起爆时间差由地表的联结块
之延时决定

图 4-16 孔内延时和地表延时的组合延时起爆系统的延时原理

图 4-17 戴诺·诺贝尔公司的 Unidet 系统

表 4-6 几家供货商的地表连接块的延时系列

奥斯汀鲍德	Shock Star	延时/ms	9	17	25	33	42	67	100	200
		联接块颜色	绿	黄	红	橙	白	浅蓝	紫	黑
戴诺·诺贝尔	Nonel Unidet	延时/ms	0	17	25	42	67	109	176	285
		联接块颜色	绿	黄	红	白	蓝	黑	橙	褐
奥瑞克	Excel Connectadet	延时/ms	9	17	25	33	42	65	100	200
		联接块颜色	绿	黄	橙	黄	白	白	黑	红

为了简化连接工作，制造商将孔内的延时雷管同地表的延时连接块制成一个产品。图4-18是其中一例。

在隧道爆破中，专门设计了一种束扎连接件（见图4-19）。一条5g/m的导爆索绕成一个环并夹在一个表面延时的连接块中。该系导爆索环最多可扎20条塑料导爆管起爆。

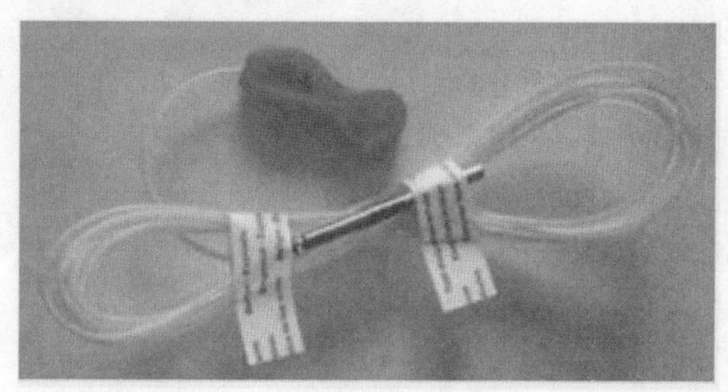

图4-18 孔内延时雷管和地表延时连接块组合产品（Orica's Handidet）

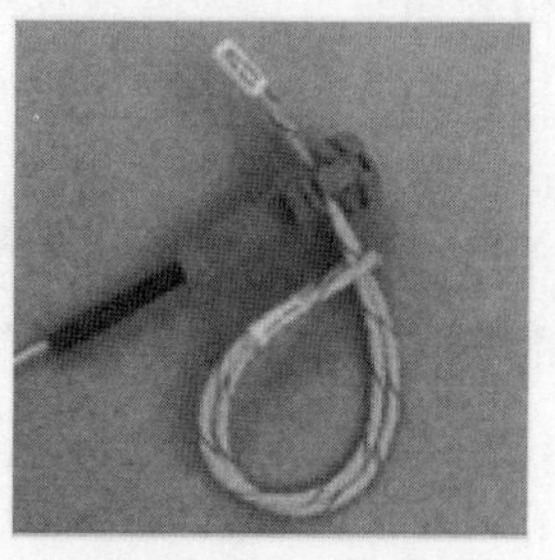

图4-19 束扎连接件（Dyno Nobel）

4.1.5.3 导爆管雷管的引爆方法

可以采用几种不同的方法来引爆塑料导爆管雷管的起爆网路。

A 用一发电雷管引爆

塑料导爆管雷管的起爆网路可以用一发电雷管引爆。电雷管用胶布绑在导爆管上电雷管之底端朝向与导爆管传爆方向相反的方向并与非电起爆网路相反的方向，如图4-20所示。连接好后，应用泥土或钻屑将其覆盖，因为它的爆炸强度远高过地面连接块中的雷管以免其爆炸时碎片切断附近的塑料导爆管。必须强调的是，一旦有一发电雷管连接到起爆网路，那么整个网路就如同全部使用电雷管一样面临着雷暴、静电和杂散电流引发误爆的风险。

图4-20 用电雷管引爆塑料导爆管雷管起爆网路时的接驳方法

塑料导爆管雷管的起爆网路也可以用火雷管-导火索引爆。导火索的长度必须确保爆破手在点燃导火索后有足够的时间撤离到安全地点。

B 用专门的起爆器或导爆管激发器引爆

最简单和安全的方法是用一根足够长的塑料导爆管，其长度足可以让爆破手撤离到的安全地点起爆整个网路。网路的起爆端的导爆管和长导爆管的封口端部都要平整地切掉，然后两条导爆管相对插入一个约长4cm的联接套管中，插入的深度至少1cm。连接好后爆破手撤离至选好的安全起爆地点。

当起爆网路一切准备就绪，爆破手将长导爆管联接到起爆器上，导爆管应尽可能深地插入起爆器中，然后起动起爆器引爆起爆网路（见图4-21）。图4-22～图4-24是几种不同的导爆管起爆装置。

图4-21 用起爆器引爆塑料导爆管

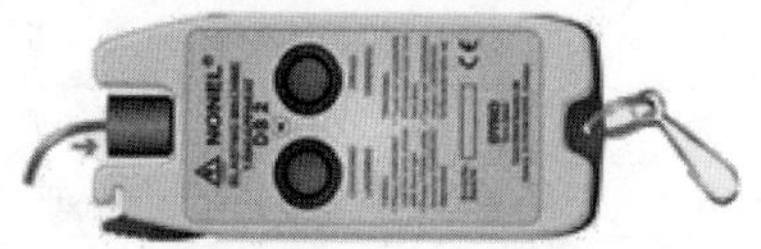

图4-22 导爆管雷管起爆器（Dyno Nobel）

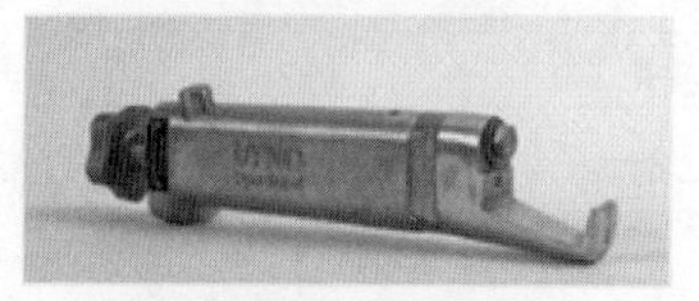

图4-23 导爆管激发枪（Dyno Nobel）

导爆管雷管系统作为一种非电起爆系统，其最大优点是它不受外部任何电能源影响而造成早爆、误爆，因此有人称其为“安全雷管”。但这一系统的最显著缺点是爆破手无法在起爆前对起爆网路进行检测，其可靠性完全依赖于产品本身的可靠性和爆破手在联接起爆网路时的细心操作和反复多次检查。

4.1.6 电子（数码）雷管

图 4-24 电雷管和非电导爆管两用起爆器（Austin Powder）

电雷管和非电导爆管雷管都采用烟火材料的延时组件，其延时精度受到技术和材料本身的限制，所有的制造商指出其名义延时都有约 10% 的误差而有可能导致某种程度的重响。电子雷管是现代爆破技术的最新发展。一个集中电路芯片和一个电容器置于雷管中用以控制起爆时间。由一部专门设计的起爆设备向每一发雷管发出不同的信号而确定每一发雷管的延时顺序。虽然电子雷管的成本比电雷管和非电导爆管雷管高，但它具有如下的优点：

（1）可以在起爆前对每一发雷管进行多次检测因此可确保起爆网路 100% 可靠；

（2）延时范围为 1～20000ms，最小间隔可至 1ms；

（3）其延时精度达 0.01%，比烟火技术的延时组件高 1000 倍；

（4）安全、可靠地一次起爆最多 1600～7200 发雷管，不受任何外来能量，如雷暴、静电、杂散电流或无线电射频的侵入而误爆；

（5）每一发雷管都有一个独一无二的标识符，而且这一标识符不能取消，只能由专用的注册器读取。

图 4-25 是由戴诺诺贝尔公司（Dyno Nobel）和南非迪耐（DSA）公司联合研发的电子雷管的结构及其集成电路芯片。图 4-26 是 Dyno Nobel 公司产品 SmartShot 的电子雷管及其检测和起爆装置。

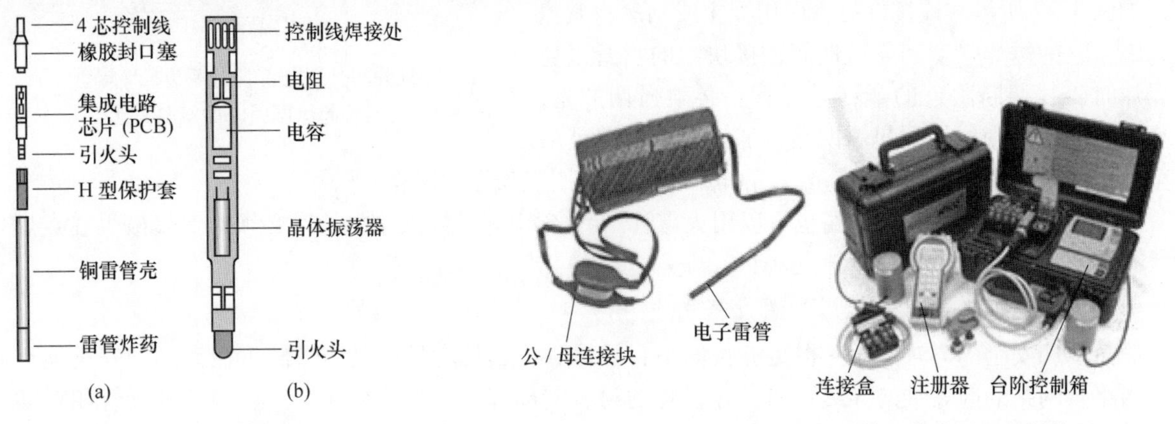

图 4-25 SmartShot 电子雷管结构简图
（a）雷管；（b）集成电路板

图 4-26 SmartShot 电子雷管及其检测和起爆装置

表 4-7 列出了目前国际市场上的部分电子雷管产品的一些数据供参考。

表 4-7 部分电子雷管产品的一些数据

制造商	Austin Powder	Dyno Nobel	Dyno Nobel/DetNet	Orica		
牌子/型号	E＊Star	DigiShot Plus	SmartShot	i-Kon Ⅱ	Uni Tronic 600	eDev Ⅱ
最大延时/ms	10000	20000	20000	30000	10000	20000
最小延时间隔/ms	1.0	1.0	1.0	1.0	1.0	1.0
延时精度/%	0.005			0.005	0.03	0.01
一次起爆最大雷管数量	1600	7200	2400	400～4800	800	800
雷管强度	基药：720mg	12 号	12 号	基药：780mg	基药：780mg	基药：780mg
系统设备（不包括雷管）	测试器 LM-1 注册器 DLG1600-2-K 起爆控制箱 DBM1600-2-K	注册器起爆控制箱	台阶控制箱 基站控制箱 串联起点盒 末端插件 注册器	i－Kon 注册器 i－Kon 起爆器 地下遥控器 CEBS 地表遥控器 SURBS	扫描器 120/125 测试盒 起爆器 310/310RAU	起爆器 610 测试盒 扫描器 125 地下遥控器 CEBS 爆破设计软件

图4-27和图4-28分别是奥斯汀·鲍德（Austin Powder）的E∗Star电子雷管和奥瑞克（Orica）的Uni Tronic 500电子雷管产品。

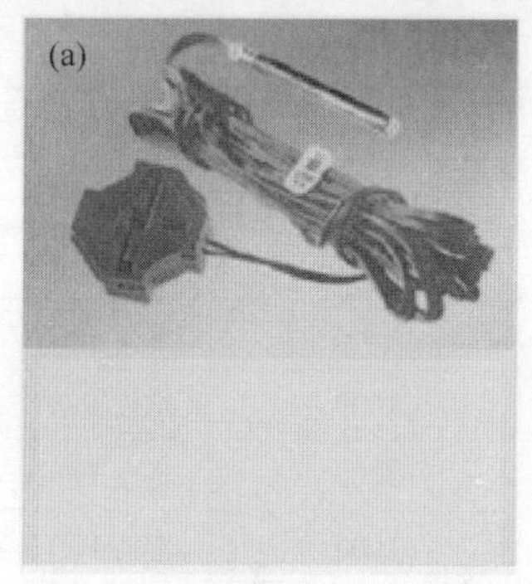

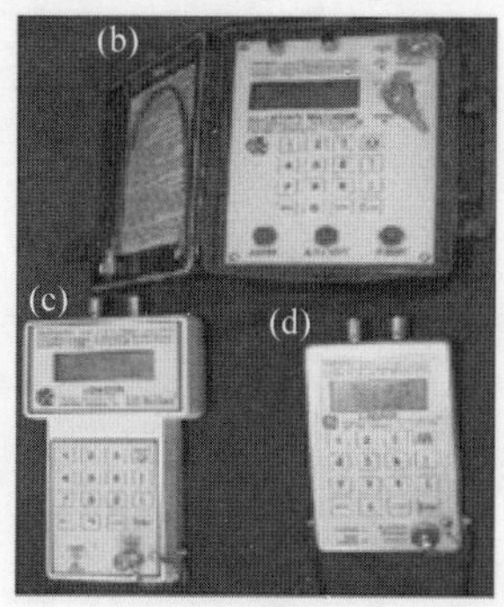

图4-27 奥斯汀（Austin Powder）的E∗Star电子雷管
（a）E∗Star电子雷管；（b）E∗Star DBM 1600-2KN数码起爆器；（c）E∗Star DLG 1600-1N注册器；（d）E∗Star测试器LM-1

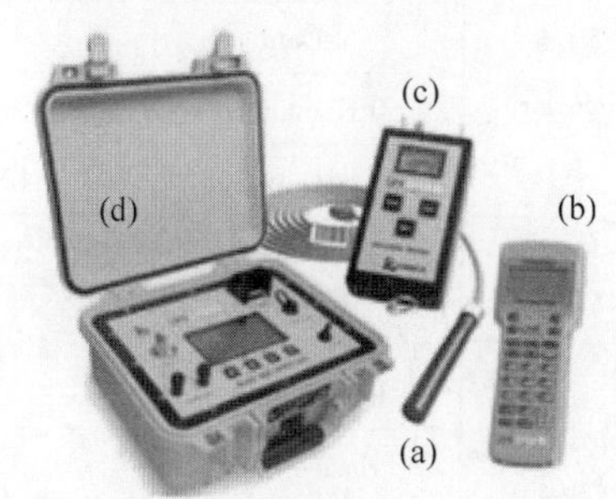

图4-28 奥瑞克（Orica）的Uni Tronic 500电子雷管产品
（a）Uni Tronic 500电子雷管；（b）扫描器；（c）测试盒；（d）起爆控制箱

4.2 导爆索

导爆索是一种圆形有柔性的索状物，中间有一条具不同份量（1.5、3、5、11、…、40～100g/m）的泰安（PETN）炸药芯，最外层是塑料或其他材料的包皮使它具有适当的柔性、防水性、抗拉伸强度和防潮性能（见图4-29）。

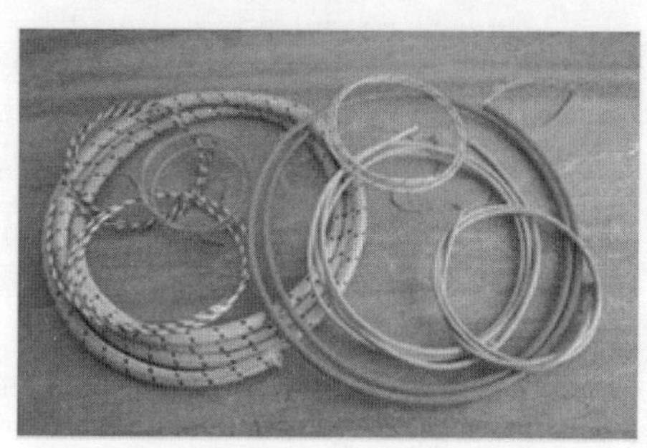

图4-29 导爆索

导爆索的传爆速度约为7000m/s。导爆索在其传爆过程中有极强的方向性，因而在将两条或多条导爆索接驳时必须十分小心。图4-30介绍了几种导爆索的接驳方法。

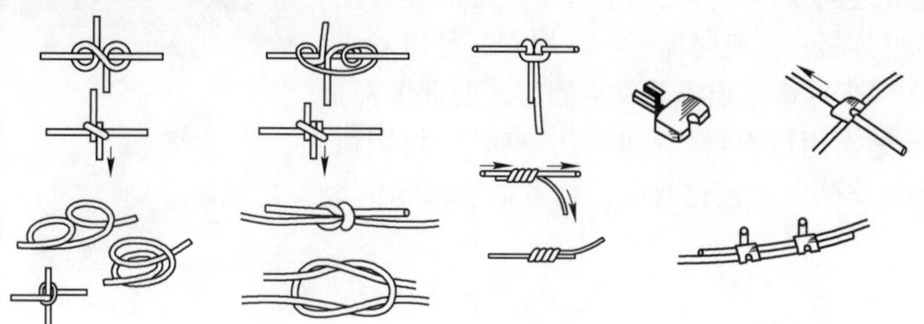

图4-30 几种导爆索的接驳方法

导爆索的感度不是很高，它要求用一个至少6号雷管紧贴它来引爆。

为安全起见，切断导爆索应该使用特制的工具。图4-31是这种特制割钳的一例。

图4-31 导爆索割钳

虽然导爆索的主要用途是用它传递爆轰波给炸药，但它也有一些其他用途（见表4-8）。表4-9列出了一些产品的技术参数以供参考。

表4-8 导爆索的应用

药芯药量/g·m^{-1}	应 用
1.5～3	起爆起爆药柱和感度高的炸药
5、6	预裂爆破中用来作连接各预裂炮孔的干线； 隧道爆破中用于束扎引爆塑料导爆管雷管
11～20	起爆一般的和低感度的炸药
40	地震探测用炸药，也用于预裂或光面爆破中作为线装药
100	轮廓爆破和拆除爆破

表 4-9 一些导爆索产品的技术参数

制造商	品牌	药芯药量/g·m⁻¹	外径/mm	最大承拉力/N	爆速/m·s⁻¹	药芯炸药
奥斯汀鲍德（Austin Powder）	Lite Line	3.2	3.94	1040	6500~7000	泰安 PETN
	A-Cord	5.3	4.19	1040	6500~7000	泰安 PETN
	50 Reinforced	10.6	5.0	907	6500~7000	泰安 PETN
	Heavy Duty 200	42.5	8.5	1134	6500~7000	泰安 PETN
戴诺诺贝尔（Dyno Nobel）	Primacord 1	1.5	3.18	680	7000	泰安 PETN
	Primacord 2.5	2.4	2.8	270	7000	泰安 PETN
	Primacord 3	3.2	3.66	1130	7000	泰安 PETN
	Primacord 4Y	3.6	3.61	680	7000	泰安 PETN
	Primacord 5	5.3	3.99	680	7000	泰安 PETN
	Primacord 8	8.5	4.47	900	7000	泰安 PETN
	Primacord 10	10.8	4.7	900	7000	泰安 PETN
奥瑞克（Orica）	Cordtex 3.6W	3.6	4.0	900	6500~7000	泰安 PETN
	Cordtex 5P	5.0	3.7	700	6500~7000	泰安 PETN
	40 RDX LS①	8.5	4.4		6700	黑索今 RDX
	Cordtex 10P	10.0	4.6	700	6500~7000	泰安 PETN
	Cordtex 40	40.0	7.6	700	6500~7000	泰安 PETN
中国（China）	低能导爆索	5.0	4.2	>500	>6000	泰安 PETN
	普通导爆索	11.0	6.0	>500	>6500	泰安 PETN
	震源导爆索	40.0	9.5	>500	>6500	泰安 PETN

① 40 RDX Ls 导爆索在 145℃时耐热 100h，在 163℃时不超过 1h。

当导爆索用于炮孔中时，孔与孔之间通常也用导爆索来联接引爆。为了在孔与孔之间及排与排之间造成一定的时差，地表的导爆索可以切断并连接一个延时器——继爆管。继爆管可以有很多种毫秒延时，图 4-32 给出了几种不同型式的继爆管。

在炮孔中使用导爆索用以引爆炸药时有一点必须特别留意，它可能对炮孔中的炸药造成钝化效应，读者请参阅 3.7.8 小节所阐述的内容。

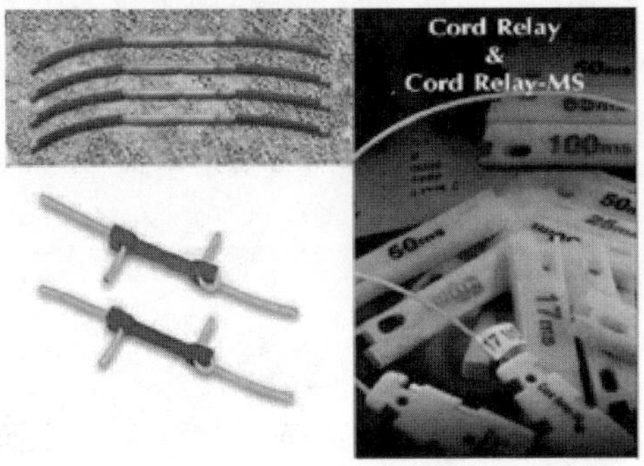

图 4-32 几种不同型式的继爆管

4.3 起爆药柱（继爆器）

由于大多数现场混装的散装爆破剂，如铵油（ANFO）炸药、散装乳化药和重铵油炸药，都不具雷管感度，需要一个高威力、高密度和高爆速的装置起爆。为了满足这一要求，一种小体积的高爆压的且便于使用的非硝化甘油类的起爆药柱进入了爆炸器材市场。

起爆药柱又称继爆器或起爆弹。它是由泰安（PETN）或黑索今（RDX）与梯恩梯（TNT）以及其他微量成分混合熔铸的圆柱形的物体（见图 4-33）。泰安或黑索今和梯恩梯都是从 20 世纪 50 年代末 60 年代初由军用市场投放入民用市场的高威力军用炸药，而且价格也不昂贵。它们的高能量、高威力和高爆速（>7000m/s）完全满足了上述爆破剂的起爆要求。它们的其他一些优点还包括：对于冲击、摩擦和撞击的感度比硝化甘油类炸药低得多，因而也安全得多。

起爆药柱可以制成不同的尺寸和重量以适应岩石爆破的不同要求。有一些直径为 15~22mm，重 8~20g 的小的起爆药柱（见图 4-33 之右下角）是专门用于地下隧道爆破小直径炮孔的。

有一种称之为滑落式的起爆药柱，是作为引爆炮孔分层装药时分层延时爆破剂的起爆装置以降低爆破振动的。这种滑落式起爆药柱的侧边有一个塑料管用以穿过一条低药量（2.5~3.8g/m）的导爆索。一个指定延时的非电导爆管雷管插入起爆药柱的中心孔而其短导爆管则插入旁边的塑料管中由导爆索引爆（见图 4-34）。

图 4-33 起爆药柱

图 4-34 滑落式起爆药柱

参 考 文 献

[1] S. Bhandari. *Engineering Rock Blasting Operations*. A. A. Balkema/Rotterdam/Brookfield/1997.

[2] P. A. Persson, et al. *Rock Blasting and Explosives Engineering*. CRC Press, 1993.

[3] R. A. Dick, et al. *Explosives and Blasting Procedures Manual*. USBM IC 8925, 1983.

[4] ISEE. *Blasters' Handbook*. 17th Edition. 1998.

[5] 中国工程爆破协会，于亚伦. 工程爆破理论与技术 [M]. 北京：冶金工业出版社，2004.

[6] 汪旭光. 爆破手册 [M]. 北京：冶金工业出版社，2010.

[7] *Chapter 295B*, *Dangerous Goods (General) Regulation*. Government of Hong Kong Special Administrative Region, 1997.

5 岩石爆破破碎机理

5.1 爆破在岩石中产生的冲击波和应力波

5.1.1 冲击波和应力波

介质中某一局部状态参数（介质密度、速度、应力状态等）的变化称为扰动。扰动在介质中传播称之为波。介质可以是固体、液体、气体或等离子体，或者是并无实物介质的场。例如电磁场（此非本书讨论的内容）。扰动区与非扰动区的分界面叫波阵面。波阵面的运动速度称为波速。

冲击波是扰动传播的一种形式。同一般的波一样，它携带有能量并通过某种介质传播。冲击波的特点是它使得介质的性质，如压力、温度和密度等，产生急剧的，近于断层式的变化而形成一个陡峭的波阵面。冲击波在绝大多数介质中以超音速传播。

应力或应变在介质中传播称为应力波或应变波。应力波与冲击波的不同之处在于应力波没有一个急速升起的波阵面爆破在岩体中产生的冲击波、应力波和地震波如图 5-1 所示。

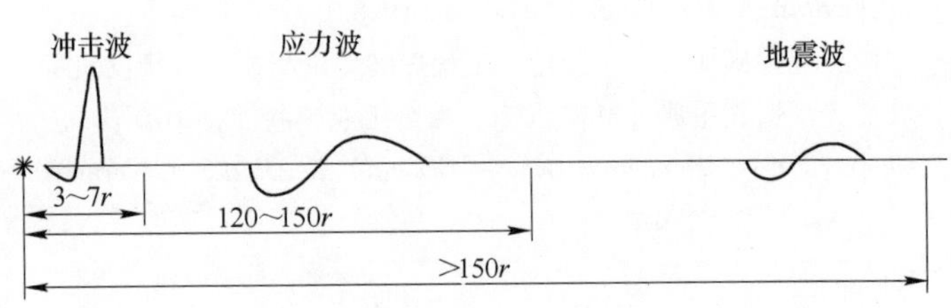

图 5-1 爆破在岩体中产生的冲击波，应力波和地震波
r—炸药包的半径

5.1.2 应力波的种类

在固体中传播的应力波有几种类型。它可以分为两大类：体波和表面波。体波中其主要的波称之为 P 波或压缩波，又称之为纵波。在 P 波中质点沿径向运动。P 波具有最高的传播速度。体波中第二种波称之为 S 波或剪切波，又称为横波。在 S 波中质点的运动方向与波的传播方向垂直。S 波的传播速度介于 P 波和表面波之间。在液体和气体中不能传播 S 波。在岩石爆破中所产生的表面波通常为 R 波（瑞利波）和 Q 波（勒夫波）。R 波的特点是质点的运动轨迹呈椭圆形，类似于海浪拍打海岸。Q 波中质点运动方向也呈横向，与 S 波相似，如图 5-2 所示。

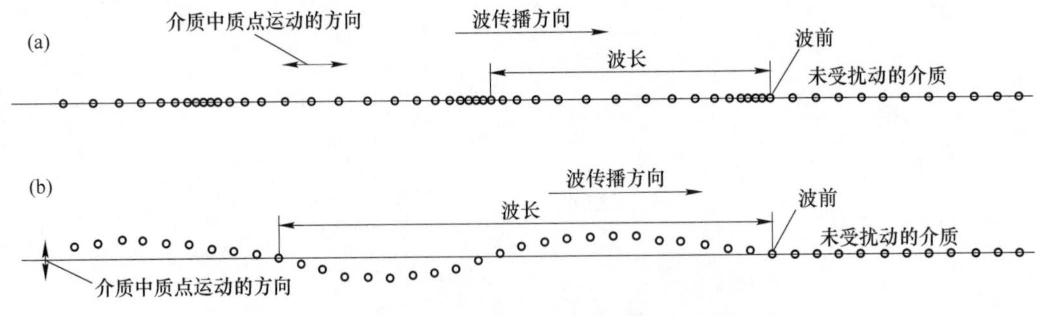

图 5-2 体波中 P 波（a）和 S 波（b）的质点运动的方式

5.1.3 从自由面反射的应力波

如果介质中存在一个自由面，应力波会从这一自由面反射回来。压缩波反射回来后成为了拉伸波（见图 5-3）。有时候也可能反射成两种波：拉伸波和剪切波，这取决于压缩波的入射方向。

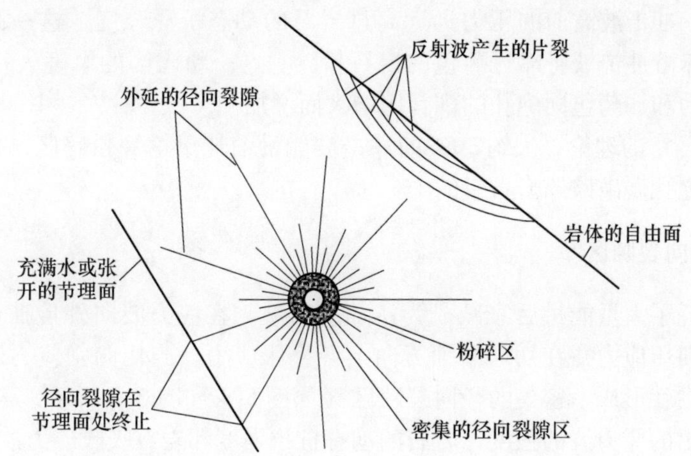

图 5-3 爆炸在岩石中爆破破坏产生的粉碎区、径向裂隙区和反射应力波产生的片裂区

体波和表面波的特征以及其对环境的影响我们将在本书第 11.3 节中作进一步讨论。

5.2 岩石爆破破碎机理

当炸药在岩石中爆炸时，在炸药周围的岩石中产生三个阶段的破碎过程：

第一阶段：强大的冲击波压应力使紧临炸药的岩石受压而粉碎；

第二阶段：爆炸产生的冲击波衰减为应力波并沿径向方向向外传播使岩石中产生大量径向裂隙。当应力波抵达自由面时所形成的反射拉伸波在岩石中自外向里产生片裂；

第三阶段：紧随爆轰波前生成的高温高压气体对周围岩石产生作用。它贯穿入岩石的各种裂隙中将它们扩展、贯通形成破碎岩块并被膨胀中的爆炸气体朝自由面方向推出形成爆堆。

自 20 世纪 50 年代开始，出现了各种理论来解释岩石爆破破碎机理。大多数研究者都认为：岩石的爆破破碎是在爆炸应力波（包括冲击波）和准静态爆炸气体共同作用下而完成的。但时至今日仍然存在一个问题未能解决：在爆炸应力波和爆炸气体二者之中究竟哪一种在岩石的爆破破碎中起着主要作用。

5.2.1 冲击波形成的粉碎区

当炸药在炮孔中爆轰时，爆轰波沿着炮孔以 3000～6000m/s 的速度（取决于炸药的性能和药包直径）传播。当炮孔中装有猛炸药时，爆轰波前的压力通常可达 5～10GPa。爆轰波产生的高压以冲击波的形式作用于炮孔壁并在炮孔周围的岩石中沿着径向向外传播。

在本书的第 3 章中我们已指出：爆轰压力可由式（5-1）表述：

$$p_D = \frac{\rho_e \times v_D^2}{4} \tag{5-1}$$

式中 p_D ——爆轰压力，kPa；

ρ_e ——炸药密度，g/cm^3；

v_D ——炸药的爆轰速度，m/s。

传递给岩石的最大压力则为：

$$p_{Tm} = \frac{2}{1 + n_z} p_D \tag{5-2}$$

$$n_z = \frac{\rho_e \times v_D}{\rho_r \times v_C}$$

式中 p_{Tm} ——冲击波作用在孔壁岩石上的峰值；

n_z ——炸药和岩石的波阻抗之比值；

v_C ——波在岩石中的传播速度，m/s；

ρ_r ——岩石的密度，g/cm^3。

在爆轰开始的瞬间，冲击波波前的压力远远高过岩石的动态抗压强度，这一高压摧毁了岩石内部的晶格和颗粒结构，这意味着冲击波将靠近药包的岩石粉碎。这一粉碎区的厚度大约是炸药包直径的 3 ~ 7 倍，随着炸药的爆轰压力和炸药包同炮孔的耦合比增大而增加。

根据哈根（Hagan [5]）的理论，大约 30% 的冲击波能量消耗于这一粉碎区，但它只破碎了很小量的岩石，其体积大约只占炮孔爆破破碎岩石量的 1% 。

5.2.2 应力波产生的径向裂隙区

冲击波在粉碎区消耗了大量能量后衰减成为压缩应力波。在应力波向外传播过程中，炮孔粉碎区外的岩石承受着极强的径向压应力并在切向平面方向上产生张应力。当切向张应力超过岩石的动态抗拉强度时，在炮孔粉碎区外围就形成了密集的径向裂隙区（如图 5-4 和图 5-5 所示）。径向裂隙的数量和长度取决于从粉碎区向外传出的应力波的强度、岩石的动态抗拉强度和岩石吸收应力波能量的程度。

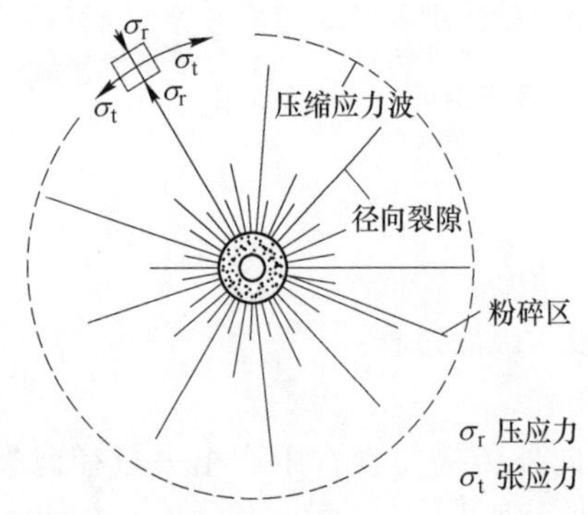

图 5-4 压缩应力波前的切向平面上的张应力在岩石中形成径向裂隙

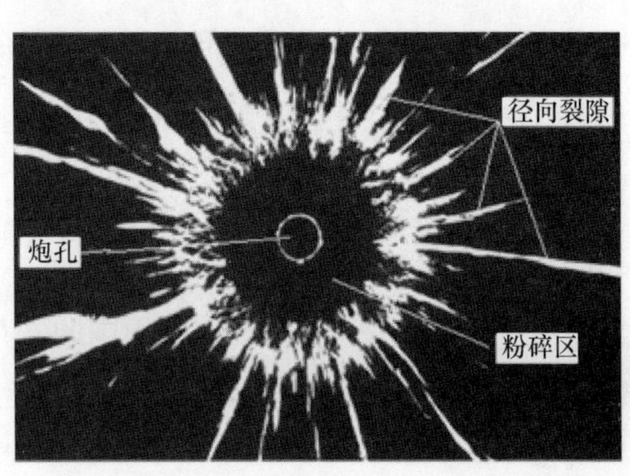

图 5-5 有机玻璃试件上从 3mm 炮孔向外形成粉碎区和径向裂隙区（取自文献［1］）

一开始，径向裂隙的数量很大，但随着应力波能量在最长的一些裂隙处得以释放，只有少数裂隙能够延伸出去。如果没有自由面，则只有极少数的裂隙可延伸至很远。径向裂隙的延伸速度一开始为 1000m/s 左右，随即逐渐减慢。

5.2.3 应力波从自由面反射

由于应力波在坚硬岩石中传播速度达 4000 ~ 5000m/s，当应力波到达自由面时，径向裂隙延伸的长度还不到从炮孔到自由面距离的 25% 。压缩应力波从自由面以两种应力波（拉伸波和剪切波）反射回来。虽然这两种应力波所含能量的多少取决于入射压缩波能量的大小，但自由面岩石的片裂通常都由反射拉伸波造成。由于岩石的动态抗拉强度只为其动态抗压强度的 5% ~ 15% ，当反射拉伸波的强度超过岩石的动态抗拉强度时由自由面向内的片裂就会产生。但是根据柏森（P. A. Persson）等人的研究[1]，在花岗岩中爆破，如果炸药单耗在 0.5 ~ 1.0kg/m^3（台阶爆破时常采用此值）时，自由面上并无片裂发生。

实验研究发现：尽管反射拉伸波的强度不足以产生片裂但它能使与其相交的一些径向裂隙，特别是那些延伸方向与拉伸应力波前平行的裂隙得到极大的增长，如图 5-6 中的 A 点和 D 点。拉伸应力波可以增大裂隙向前延伸的速度。即使那些仅仅与波前方向相交的裂隙也由于受到拉伸波前与裂隙方向垂直的拉应力分量的作用而受益使其延伸速度增大，如图 5-6 中的 B 点和 C 点。

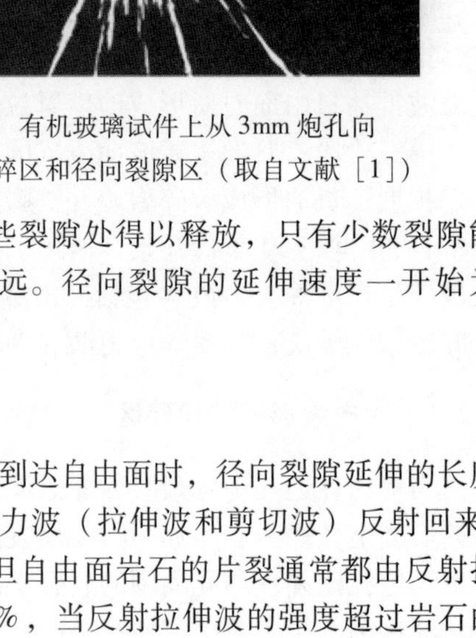

图 5-6 反射拉伸波与径向裂隙增长的相互作用

5.2.4 爆炸气体的作用

一些学者如瑞典的郎吉弗斯与吉尔斯特姆（Longefors & Kihlstrom）[6] 和柏森[7] 认为应力波并非岩石爆破破碎的唯一动力，应力波的能量仅为炸药理论能量的 5% ~ 15% 。

很多学者已证明伴随炸药爆轰生成的爆炸气体对于岩石的爆破破碎也起着重要的作用。爆炸气体的作用可归纳为以下三个方面：

（1）在爆炸应力波通过以后，爆炸气体的高压力在炮孔周围的岩石中形成一个准静态应力场。

炮孔中的爆炸气体的峰值压力通常取炸药爆轰压力的一半，可用式（5-3）计算[9]：

$$p_{b} = 0.12 f_{c}^{n} \rho_{exp} v_{OD}^{2} \tag{5-3}$$

式中 p_b ——气体压力，Pa；

v_{OD} ——炸药的爆轰速度，m/s；

ρ_{exp} ——炸药的密度；

f_c ——耦合系数，定义为炸药体积和炮孔容积（不包括填塞部分）之比；

n ——耦合指数，一般对干孔取 1.2～1.3，对水孔取 0.9。

对于通常用的工业炸药（铵油炸药和乳化炸药）在全耦合（$f_c = 1$）情况下，炮孔压力峰值在 800～4000MPa 之间。当采用包装炸药时，由于存在一定程度的不耦合，炮孔峰值压力相对于全偶合相对要低一些。在一般的耦合情况下，包装炸药产生的压力峰值在 1000MPa 左右。当炮孔充满水时，炮孔压力明显增大。因此，一般情况下，使用包装炸药其炮孔压力在 1500MPa 左右。

高压的爆炸气体在炮孔周围岩石中形成一个准静态应力场。图 5-7 是由电脑绘制的一个 40mm 抵抗线（负荷）的单一炮孔周围的准静态应力场的应力轨迹图[8]。炮孔中的准静态气体压力产生径向压应力。这些径向压应力又在与其径向应力轨迹线的切向平面上形成张应力分量。如果这一张应力分量的强度超过了岩石的抗拉强度，则会沿着压应轨迹方向产生径向裂隙。

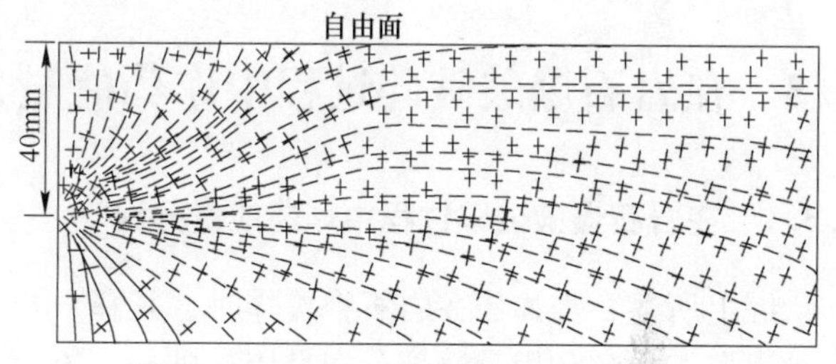

图 5-7 由电脑绘制的一个 40mm 负荷的单一炮孔周围的准静态应力轨迹图[8]

实验结果证明，不论是天然裂隙或是由应力波生成的裂隙在没有爆炸气体贯入的情况下，也会受爆炸气体的准静态应力场影响而向前延伸。

（2）在由应力波的切向张应力形成径向裂隙的过程中或形成径向裂隙之后，爆炸气体开始穿入这些应力波形成的裂隙和岩石中原有的裂隙中。这些裂隙其尖端受应力集中的作用而向前延伸。

一些研究者在沉积岩覆盖层和安山岩中测量到爆炸气体的贯穿速度大约为 P 波速度的 5%～10%。然而，他们认为气体的贯穿速度受到岩石的渗透性所控制而不是炮孔中气体的初始压力，岩体的渗透性则受现场岩体的节理裂隙的发育程度所决定。根据上面所述的速率，爆炸气体在整体花岗岩中的贯穿速度在 200m/s 左右。

炸药爆轰产生的高压气体由于炮孔的胀大和气体贯入裂隙，压力急剧下降而体积迅速增大。有研究提出爆炸气体压力按负指数规律衰减[9]。这一研究还显示气体压力峰值在距离炮孔 1 米处高达 300kPa，但距离炮孔 8 米处衰减至 6kPa。研究还观察到气体贯穿入并胀大岩石中的天然裂隙和爆破形成的裂隙，最远可达距离爆破网路 20m。

如上所述，随着爆炸气体从炮孔的填塞部分逸出、贯穿入径向裂隙以及岩石的位移，其压力急剧下降，岩体中贮存的应变能量也迅速释放，并在岩体中形成所谓“卸载波”而产生拉伸和剪切破坏。这一由于卸载作用而造成的破坏影响的范围很大，它不仅影响炮孔前方的岩体而且影响到紧靠爆区后方的岩体，并对这一需要保留的岩体造成显著的破坏。

在采用深孔柱状药包的台阶爆破中，在岩体受到径向裂隙和片裂破坏作用的同时，爆炸气体的压力作用于药柱前方的岩体，使岩体形同于一个在炮孔底部和顶部被固定的梁，受压力产生如同弯曲的变形和破坏现象（见图 5-8 和图 5-9）。这种弯曲破坏的程度取决于台阶岩体的刚度特性（台阶高度同负荷之比值）[8,10]。

（3）爆炸气体在岩石爆破中不仅仅使岩石破碎，而且使破碎的岩石产生运动。破碎岩石的运动对于形成一个松散的易于高效装载的爆堆十分重要。爆破过程的高速摄影显示：在岩石由于爆炸气体的推动而抛离自由面的过程中，岩块由于相互碰撞而产生次生破碎。

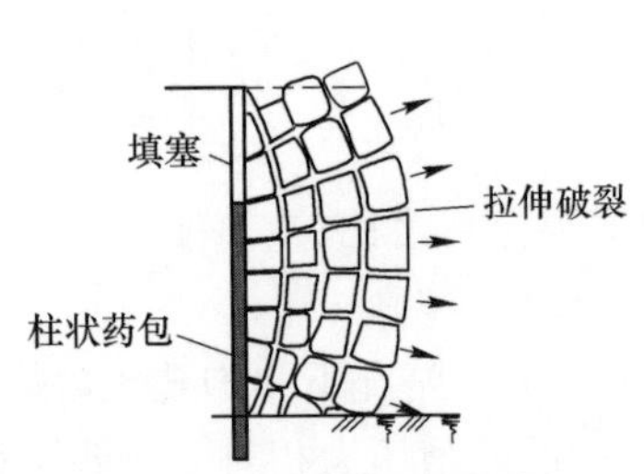

图 5-8 台阶岩体弯曲破坏的机理
（取自文献［10］）

图 5-9 台阶爆破岩体弯曲破坏
（取自文献［10］）

5.3 在岩石爆破破碎过程中炸药能量分配和利文斯顿爆破漏斗理论

5.3.1 在岩石爆破破碎过程中炸药能量分配

综上所述，当炸药在岩石中爆炸时，其释放出的能量中只有一部分得到有效的利用而所剩的部分能量被浪费。得到利用的这部分能量用于破碎岩石并将它们抛掷出来，被浪费的能量不仅做无用功而且还造成很多负面的影响。炸药爆炸释放出的能量以两种形式对外界作用：

第一种形式：应变能（冲击能），由冲击波和应力波在极短时间内对周围介质的强烈冲击，用 E_T 表示；

第二种形式：热动力能或称膨胀能（气泡能—Bobble Energy），它是紧随爆轰波阵面后生成的高温高压气体对周围介质的作用，用 E_B 表示。

炸药在岩石中爆炸所释放出的总能量（E_{TD}），即是这两种形式的能量之和：

$$E_{TD} = E_T + E_B \tag{5-4}$$

总结以上的讨论，炸药在岩石中爆炸时的能量分配可以用图 5-10 来表述。

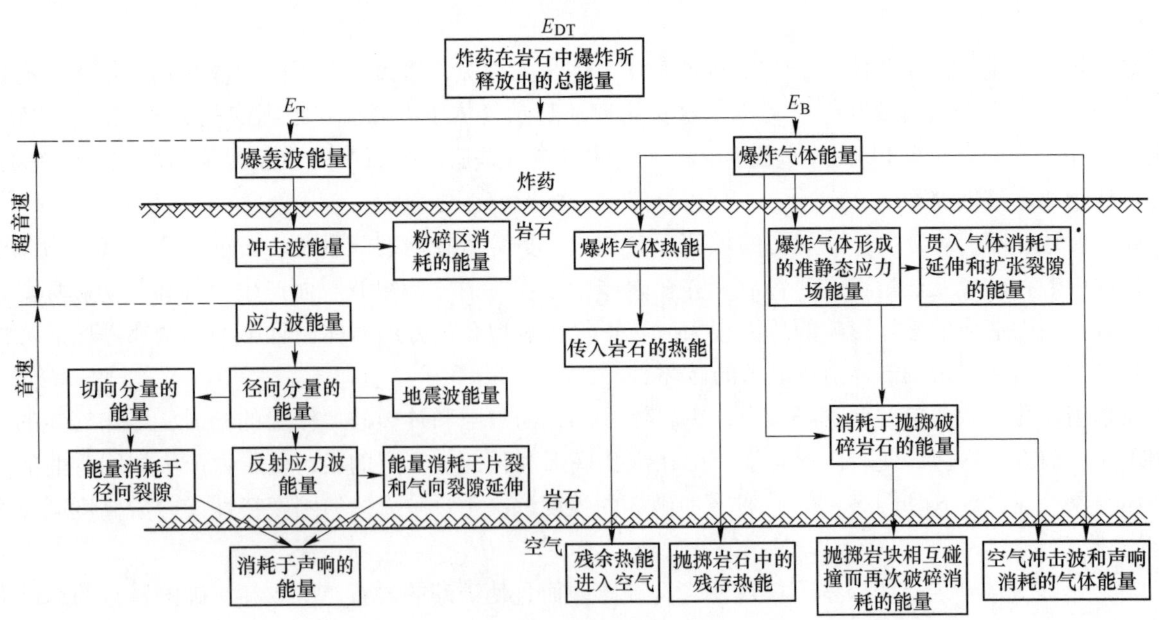

图 5-10 岩石爆破破坏过程中炸药能量分配

5.3.2 利文斯顿爆破漏斗理论

漏斗爆破是岩石爆破的基本形式。漏斗爆破是指一个球形或近于球形的炸药包在岩石面之下起爆。起爆后炸碎的岩石在岩面上形成一个漏斗状的坑，称为爆破漏斗。爆破漏斗作为岩石爆破的基本形式，研究它的形成机理对于揭露岩石爆破的基本性质具有重要的意义。在爆破漏斗理论研究中，最具有实际意义且最具影响的是由利文斯顿（C. W. Livingston）于 1956 年提出的爆破漏斗理论，至今仍是工程爆破领域中进行爆破研究和工程实践的指南和理论基础。

5.3.2.1 爆破漏斗参数

如图 5-11 所示，爆破漏斗的主要参数有：

W——埋藏深度（负荷），地表至药包中心的距离；

r——漏斗半径；

R——爆破作用半径；

H——爆破漏斗的可见深度；

θ——爆破漏斗张开角（顶角）。

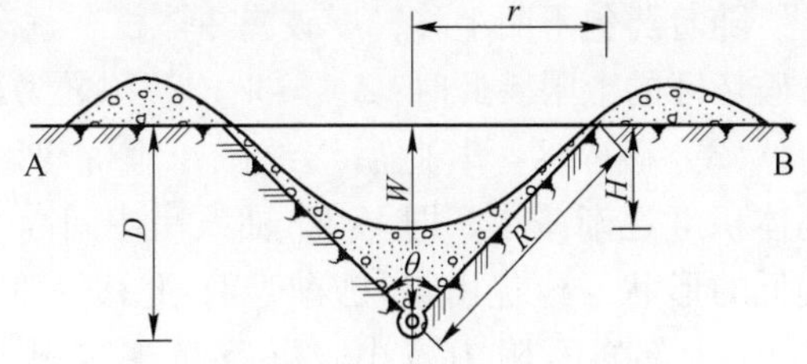

图 5-11 球形药包的爆破漏斗参数

并定义 n 为爆破作用指数：

$$n = \frac{r}{W} \tag{5-5}$$

图 5-12 是几种基本的爆破漏斗形式。

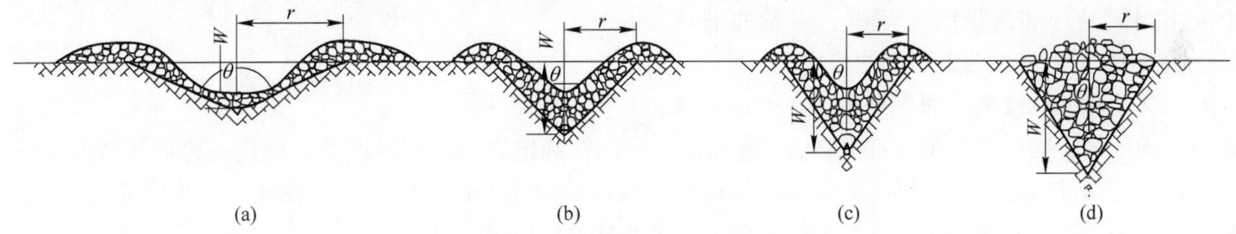

图 5-12 各种形式的爆破漏斗

（a）$n>1$，$\theta>90°$过抛掷漏斗；（b）$n=1$，$\theta=90°$标准抛掷漏斗；

（c）$0.75<n<1$，$\theta<90°$弱抛掷漏斗；（d）$n<0.75$，$\theta<90°$松动抛掷漏斗

5.3.2.2 利文斯顿爆破漏斗理论

利文斯顿在对爆破理论进行深入研究及大量试验的基础上提出了以能量平衡为准则的岩石爆破破碎的爆破漏斗理论。他指出：炸药在爆破过程中传递给岩石能量的数量和速度取决于岩石的性质、炸药的性能和数量、炸药的埋藏深度和起爆方法。在一定的岩石条件下，炸药所释放能量多少取决炸药的数量及其爆速。

假设有一定质量的炸药埋于地表下很深的地方，它爆炸所释放的绝大部分能量被岩石吸收。当岩石所吸收的能量达到饱和状态时，岩体表面开始产生位移、隆起、破坏，直至抛掷。如果没有达到饱和状态，岩石只呈弹性变形，不被破坏。从爆破能量观点来看，药包埋设深度不变而药包质量改变，或者药包质量不变而减小埋深，能够得到相同的爆破效果。

根据利文斯顿的理论，给定药包质量，而改变埋深，可以得到四个不同的爆破区域：

（1）变形能区。当一定量的药包埋置在地下深处爆破，爆炸所产生的能量全部消耗在岩石的内部变形上称为变形能区。

实验发现：炸药的能量与被爆破岩石的体积有着一定的关系，而这一关系又受到药包埋藏位置的显著影响。

利文斯顿认为存在着一个岩石的应变同炸药的能量关系，并将其用式（5-6）表述：

$$W_c = E_s Q^{\frac{1}{3}} \tag{5-6}$$

式中 W_c——临界深度，球形药包在此深度爆炸时，仅仅在药包上方之岩石表面看到少许裂纹和碎裂；

E_s——应变能系数，在一定的岩石-炸药组合中它是一个特征常数；

Q——球形药包的重量。

(2) 冲击破坏区。药包从临界深度 W_c 往上移 ($W_b < W_c$), 爆破后岩石破碎并抛掷, 形成爆破漏斗, 这一区域称为冲击破坏区。

式 (5-6) 可以写成不同的形式:

$$W_b = \Delta E_s Q^{\frac{1}{3}} \tag{5-7}$$

式中 W_b——炸药埋深, 也即地表至药包中心的距离;

Δ——炸药埋深与临界深度之比, 是一个无量纲数。

随着药包不断上移, 爆破漏斗体积 V 逐渐增大, 当 V 达到最大值时的埋深称为最佳埋深 W_o, 即为冲击破坏区的上限。此时: $\Delta_o = W_o/W_c$ 称之为最佳深度系数。

(3) 破碎区。若此后继续减小埋深 W_b 时, 则体积 V 逐渐减小, 即 V-W_b 曲线呈中间高、两端低的形状。药包由最佳深度 W_o 上移 ($W_b < W_o$), 上部岩石阻力减小, 爆破漏斗体积 V 减小, 爆破能部分用于破碎和抛掷 (E_1), 另一部分消耗于空气冲击波中 (E_2)。

(4) 空爆区。当药包埋深由 W_p 继续上移, 爆炸能大部分消耗于空气冲击波。

为了确定最佳埋深 W_o, 必须在同一种岩石上采用相同品种和质量的炸药进行一系列的试验。图 5-13 是由试验结果制成的曲线。

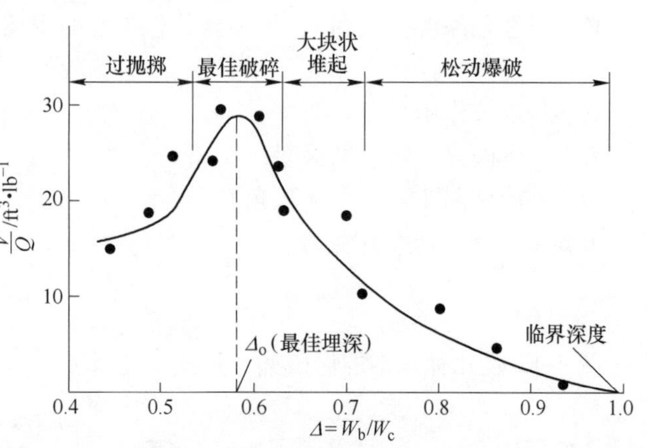

图 5-13 爆破漏斗试验曲线

利文斯顿的爆破漏斗理论是建立在一系列试验的基础上的, 因此反映了岩石爆破的实际状况。因此在确定岩石的可爆性及其分级, 比较炸药的性能, 选择最佳的爆破参数及工程爆破的其他方面都得到很好的应用。这一理论特别在地下矿山的垂直后退式采矿法——VCR (Vertical Crater Retreat) 中取得了非常好的效果。

5.4 岩石的可爆性分级

5.4.1 岩石的可爆性及其影响因素

岩石的爆破性是岩石自身物理力学性质和炸药、爆破工艺的综合反映, 它不仅是岩石的单一固有属性, 而且是岩石一系列固有属性的复合体, 在爆破过程中表现出来, 并影响着整个爆破效果。

影响岩石爆破性的主要因素, 一方面是岩石本身的物理力学性质的内在因素, 另一方面是炸药性质、爆破工艺等外在因素。前者决定于岩石的地质生成条件、矿物成分、结构和后期的地质构造, 它表征为岩石密度或松散密度、孔隙性、碎胀性、弹性、塑性、脆性和岩石强度等物理力学性质; 后者则取决于炸药类型、药包形式和质量、装药结构、起爆方式和间隔时间、负荷 (最小抵抗线) 与自由面的大小、数量、方向以及自由面与药包的相对位置等。此外, 还包括对爆破块度、爆堆形式以及抛掷距离等爆破效果的影响。

显然, 岩石本身的物理力学性质是最主要的影响因素。

炸药爆炸对岩石的爆破作用主要有两个方面, 其一是克服岩石颗粒之间的内聚力, 使岩石内部结构破裂, 产生新鲜断裂面; 其二是使岩石原生的、次生的裂隙扩张而破坏。前者取决于岩石本身的坚固程度; 后者则受岩石裂隙性所控制。因此, 岩石的坚固性和岩石的裂隙性是影响岩石爆破性最根本的影响因素。

5.4.1.1 *岩石的结构 (组分)、内聚力和裂隙性对岩石爆破性的影响*

岩石由固体颗粒组成, 其间有空隙, 充填有空气、水或其他杂物。当岩石受外载荷作用, 特别是在受炸药爆炸冲击载荷作用下, 将引起物态变化, 从而导致岩石性质的变化。

矿物是构成岩石的主要成分, 矿物颗粒越细、密度越大, 越坚固, 则越难以爆破破碎。矿物密度可达4g/cm³以上。岩石的松散密度不超过其组成矿物的密度。岩石松散密度一般为1.0~3.5g/cm³。随着密度增加，岩石的强度和抵抗爆破作用的能力增大，同时，破碎或抛移岩石所消耗的能量也增加，这就是一般岩浆岩比较难以爆破的原因。至于沉积岩的爆破性，除了取决于其矿物成分之外，很大程度受其胶结物成分和颗粒大小的影响。例如，沉积岩中细粒有硅质胶结物的，则坚固，难爆破；含氧化铁质胶结物的次之；含有石灰质和黏土质胶结物的沉积岩不坚固，易爆破。变质岩的组分和结构比较复杂，它与变质程度有关。一般变质程度高、致密的变质岩比较坚固，难爆；反之则易爆破。

岩石又是由具有不同化学成分和不同结晶格架的矿物以不同的结构方式所组成。由于矿物成分的化学键各不相同，则其分子的内聚力也各不相同。于是，矿物晶体的强度便取决于晶体分子之间作用的内力、晶体结构和晶体的缺陷。通常，晶体之间的内聚力，都小于晶体内部分子之间的内聚力。并且，晶粒越大，内聚力越小，细粒岩石的强度一般比粗粒岩石的大。又因为晶体之间的内聚力小于晶体内的内聚力，所以，破坏裂缝都出现在晶粒之间。岩石中普遍存在着以孔隙、气泡、微观裂隙、解理面等形态表现出来的缺陷，这些缺陷都可能导致应力集中。因此，微观缺陷将影响岩石组分的性质，大的裂隙还会影响整体岩石的坚固性，使其易于爆破。

岩体的裂隙性，不但包括岩石生成时和岩石生成以后的地质作用所产生的原生裂隙，而且包括生产施工时周期性连续爆破作用所产生的次生裂隙。它们包括断层、褶曲、层理、解理、不同岩层的接触面、裂隙等弱面。这些弱面对于爆破性的影响有两重性：一方面，弱面可能导致爆生气体和压力的泄漏，降低爆破能的作用，影响爆破效果；另一方面，这些弱面破坏了岩体的完整性，易于从弱面破裂、崩落。此外，弱面增加了爆破应力波的反射作用，有利于岩石的破碎。但必须指出的是，当岩体本身包含着许多尺寸超过生产矿山所规定的大块结构尺寸时，只有直接靠近药包的小部分岩石得到充分破碎，而离药包一定距离的大部分岩石，由于已被原生或次生裂隙所切割，在爆破过程中，没有得到充分破碎。岩石在爆破振动或爆生气体的推力作用下，脱离岩体、移动、抛掷成大块。这就是裂隙性岩石有的易于爆破破碎，有的则易于产生大块的两重性。因此，必须了解和掌握岩体中裂隙的宽窄、长短、间距、疏密、方向、裂隙内的充填物、结构体尺寸、结构体含量百分率以及它们与炸药、爆破工艺参数的相互关系等。例如，垂直层理、裂隙的爆破，比较容易破碎；而平行或顺着层理、裂隙的爆破则比较困难。此外，风化作用瓦解岩石各组分之间的联系，风化严重的岩石，易于爆破破碎。

5.4.1.2 *岩石松散密度孔隙度和碎胀性对岩石爆破性的影响*

岩石松散密度表示单位体积岩石的质量，其体积包括岩石内部的孔隙。岩石孔隙度，等于孔隙的体积（包括气相或液相体积）与岩石总体积之比。可用单位体积岩石中孔隙所占的体积表示，也可用百分数表示。通常岩石的孔隙度为0.1%~50%（岩浆岩为0.5%~2%，沉积岩为2.5%~15%）。当岩石受压时，孔隙度减少，如黏土孔隙度为50%，受压后为7%。随着孔隙度增大，冲击波和应力波在其中的传播速度降低。松散密度大的岩石难以爆破，因为要耗费很大的炸药能量来克服重力，才能把岩石破裂、移动和抛掷。

岩石的碎胀性是岩体破碎后体积松散胀膨的性质。破碎后的岩石体积与破碎前体积的比值称为碎胀系数。碎胀性与岩体结构及破碎的程度有关，根据它可以衡量岩石破碎程度，用其计算补偿空间的大小。

5.4.1.3 *岩石弹性、塑性、脆性和岩石强度对岩石爆破性的影响*

从力学观点看，根据外力作用和岩石变形特点的不同，岩石可能表现为塑性、弹性、黏弹性、弹脆性和脆性等特征。

塑性岩石和弹性岩石受外载作用超过其弹性极限后，产生塑性变形，能量消耗大，将难以爆破（如黏土性岩石）；而脆性和弹脆性岩石由于几乎不产生残余变形均易于爆破（如脆性煤炭）。岩石的塑性和脆性不仅与岩石性质有关，而且与它的受力状态和加载速度有关。位于地下深处的岩石，相当于全面受压，常呈塑性，而在冲击载荷下又表现为脆性。增加岩石的温度和湿度，也能使岩石塑性增大。通常，在爆破作用下，岩石的脆性破坏是主要的、大量的。但靠近药包的岩石，却易呈塑性破坏，虽然其破坏范围很小，但却消耗大部分能量于塑性变形上。

岩石强度是表示岩石抵抗压应力、剪应力、拉应力的能力。它本来是材料力学中用以表示材料抵抗上述三种简单应力的常量，往往是在单轴静载作用下的测定指标。爆破时，岩石受的是瞬时冲击载荷，所以应该对岩石强度赋予新的内容，强调在三轴作用下的动态强度指标。只有如此，才能真实地反映岩石的爆破性。

岩石的动载强度比静载强度大。岩石的抗压极限强度（$\sigma_{压}$）最大，抗剪（$\sigma_{剪}$）次之，抗拉（$\sigma_{拉}$）最小。一般有如下关系：$\sigma_{拉}=1/10\sigma_{压}\sim1/50\sigma_{压}$，$\sigma_{剪}=1/8\sigma_{压}\sim1/12\sigma_{压}$。因此，尽可能使岩石处于受拉伸或剪切状态下，以利于爆破破碎，提高爆破效果。

5.4.1.4 *爆破参数和工艺对岩石爆破性的影响*

爆破参数和工艺是影响岩石爆破性的又一重要因素。根据爆破漏斗理论，露天爆破的总效果取决于每个炮孔的负载关系及炸药的威力。因此，炮孔的负荷（最小抵抗线）、炮孔间距（或负载面积）、炮孔填塞质量与起爆时间间隔，都直接影响到岩石的破碎质量，即其爆破性。

炮孔朝向自由面的负荷方向（最小抵抗线方向）是岩石爆破破碎及抛掷运动的主导方向。负荷和孔间距控制每一个爆孔所负担的岩石爆破量，也控制着岩石的爆破破碎程度。负荷和孔间距过大，可能产生大块、根底或岩墙，表明岩石爆破质量恶化。

炮孔的填塞质量直接影响到炸药能量是否充分利用。好的填塞可以阻止爆炸气体过早逸泄，延长爆炸能量的作用时间，有利于岩石的爆破破碎。

炮孔起爆顺序与间隔时间对岩石爆破性及其爆破效果有着重要影响。合理的间隔时间及起爆顺序使先起爆的炮孔将其岩石负载破碎并推移一定距离，从而为后续起炮炮孔的岩石开创了新的自由面，有效地改善岩石的爆破性和破碎效果。

工程爆破中常用的装药结构有耦合装药、不耦合装药、连续装药和分段装药，可按照爆破工程的实际要求和岩体的地质构造特征选择。采用耦合装药结构时，炮孔爆炸压力高，爆破作用猛烈，岩石破坏显著。不耦合装药时，可减弱炮孔孔壁上的初始压力峰值，减少了孔壁周围岩石的破坏，特别是减少对炮孔后部需保留岩壁的破坏。分段装药由于提高了炮孔的装药高度，可有效改善台阶炮孔上部岩石的破碎效果。

5.4.1.5 *炸药性能对岩石爆破性的影响*

同种岩石使用不同品种的炸药爆破，其岩石的爆破性指标可能相差甚远，这主要是由于炸药的装药密度、爆速和爆生气体压力等诸因素影响的结果。

炸药爆炸瞬间产生的高温高压气体作用于炮孔壁，在岩石中激起强烈的冲击波和应力波，使岩石变形破坏。爆炸气体压力是炸药性能对岩石破碎的重要影响因素。爆炸压力的大小取决于炸药的特性，与炸药的密度和爆速的平方成正比。炸药爆速越高，爆炸气体压力也越高，爆破作用越猛烈，岩石破碎效果越明显。因此对于坚韧致密的岩石，宜选用爆炸压力大的高密度、高爆速的炸药。反之，对于软弱易爆的岩石，应采用爆炸压力较低及作用时间较长的低密度，低爆速的炸药。较长的爆炸压力作用时间，可使应力波更有效地影响初始裂隙的发育和扩展，从而改善爆破效果。

5.4.1.6 *炸药与岩石波阻抗的匹配对岩石爆破性的影响*

岩石的波阻抗是指岩石的密度 ρ_r 与纵波在该岩石中的传播速度 C_p 的乘积。它反映了应力波使岩石质点运动时，岩石阻止波能传播的作用。岩石波阻抗对爆炸能量在岩石中的传播效率有直接影响。炸药的波阻抗是炸药的密度 ρ_e 与炸药的爆速 D_e 的乘积。当炸药与岩石波阻抗比：$R=\dfrac{\rho_e D_e}{\rho_r C_p}=1$ 时，在炸药与岩石之间没有波反射，称为阻抗匹配，理论上炸药传递给岩石的能量最多，可以获得较好的爆破效果。因此，波阻抗比 R 成为选择炸药的一个重要参数。但是，一般工业炸药波阻抗与岩石的波阻抗相差较大，要完全匹配是很困难的或是不经济的，而且并非对所有岩石都需要强的应力波。一般来说，对于弹性模量高、泊松比小的致密坚硬的岩石，选用爆速和密度都较高的炸药，以保证较大的应力波能传入岩石，产生初始裂隙；对于中等坚固性岩石，选用爆速和密度居中的炸药；对于节理裂隙发育的岩石，软岩和塑性变形大的岩石，爆炸应力波衰减快，作用范围小，应力波对破碎起次要作用，可选用爆速和密度都较低的炸药。

5.4.2 岩石的可爆性分级准则

迄今所悉，各国发表的岩石可爆性分级方法有数十种之多，其中典型的代表我们将在下文介绍。纵观各国岩石的可爆性分级，可按其分级准则分为六大类。

(1) 以岩石力学强度参数为准则。岩石作为一种材料，在爆炸载荷作用下发生破坏，归根结底可以归结为强度问题。因此，以岩石强度参数作为岩石的可爆性分级准则是有一定道理的。问题在于岩石爆破受力情况极其复杂，岩石强度特征变化又很大。从实验室岩石试样上测得的各项强度指标，甚至是三轴动态试验的指标也无法反映复杂的岩体在爆炸受力状态下的真实特性。

(2) 以炸药单位消耗量为准则。在以炸药单位消耗量为准则的岩石可爆性分级中规定：按某种标准条件下的炸药单耗（kg/m^3）将岩石划分为若干级别。这种准则简单、直观，因而成为最早应用的古典准则，其基本原则获得国内外爆破界的公认，便于某一矿山或生产现场具体应用。炸药单位消耗量是一个比较常用的指标，但作为衡量岩石可爆性的唯一准则来应用，却不够理想。因为岩石的可爆性是一个与许多参数有关的很复杂的函数，特别是与爆破时的参数和工艺条件有关。

(3) 以工程地质参数为准则。工程地质是影响岩石可爆性的重要内在因素。岩石的裂隙性对爆破效果的影响，有时甚至超过其他岩石物理力学参数。因此不少研究者将岩石的可爆性分级建立在地质分类的基础上，包括各种节理裂隙的地质特征，而忽视了岩石本身的固有物理力学特性以及爆破参数和工艺条件对岩石可爆性的影响。

(4) 以弹性波速度为准则。岩石中弹性声波的传播速度是岩石弹性性能和岩石密度的函数，与岩石的强度特征、节理裂隙发育程度、含水性质等诸方面均有密切联系，又是能利用仪表直接测定的定量数据。因而要比前述的工程地质准则更具有科学性和实用性。

(5) 能量准则。能量准则是最普遍的准则。爆破瞬间炸药释放的能量传递给岩石，导致岩石变形和破坏。不同的岩石在破坏时消耗的能量不同，据此可以判定岩石爆破的难易程度。因而，能量准则也是一个在分级时应当使用的准则。

(6) 以岩石破坏时的临界速度为准则。岩石破坏是质点移动、分离，以致抛掷的结果，它在破坏时的临界速度是岩石一系列参数的函数：岩石的密度、岩体中纵波速度、泊松比、弹性模量、抗压及抗拉强度、天然裂隙的平均间距及裂隙充填物等。这一准则既考虑了岩石的物理力学性质又反映了岩体地质构造的影响，是一个较为理想的准则，但要测得岩石破坏时的临界速度并非易事，实际应用有困难。

5.4.3 典型的岩石的可爆性分级

岩石的可爆性可以定义为岩体在一定的条件下的爆破特性，这一定的条件包括指定的爆破设计、指定的炸药性能和现场的法规限制。换句话说，岩石的可爆性是指岩体在一定条件下爆破破碎的难易程度。为了确定岩石的可爆性及其分级，几十年来各国研究人员提出了很多种方法和不同的分级准则。本书中对其中一些在国际上有影响的、典型的岩石可爆性分级方法作一介绍。

5.4.3.1 普洛托吉雅柯诺夫和苏哈诺夫的岩石可爆性分级

早在20世纪20年代，俄罗斯的普洛托吉雅柯诺夫（M. M. Протодьяконов）教授就在世界上第一次提出了“岩石坚固性”的概念，而且对此进行了系统的研究。它采用了用一个系数来描述岩石的坚固性，在前苏联、东欧和中国通常称之为“普氏系数”。关于普氏系数f的定义、测定方法及根据它对岩石进行的分级已在本书第1.5.1小节中进行了介绍和讨论。

普氏强调“岩石的坚固性在所有方面趋于一致”。但在实际中岩石的可钻性、可爆性和稳定性并非完全一致，有些岩石易钻但难爆，有些难钻但易爆，而且一小块（例如7cm×7cm×7cm）的岩石试件的静态抗压强度并不能反映岩体在炸药的冲击载荷下的特性。此外，测试的数据具有很大的离散性，一般为15%~40%，有些甚至高达80%。因此，尽管这一分级方法在采矿工业中得到了广泛应用，但采用这一简单的系数对岩石的可爆性进行分级，会因上述的一些缺陷而无法满足工程爆破对岩石的可爆性进行分级的要求。

针对普氏的岩石分级系统，前苏联的另一学者，苏哈诺夫（A. Ф. Суханов）教授于20世纪30年代末提出了新的分级方法。他强调采用一个笼统的系数对岩石进行分级没有实际的意义，建议采用在采矿工业中实际应用的钻孔和爆破方法来确定岩石的坚固性。他采用岩石爆破的炸药单耗（kg/m^3）和爆破$1m^3$岩石所需钻孔的长度（m/m^3—单位钻孔长度）来确定岩石的可爆性，并规定一系列标准的测试条件。他按炸药单耗和单位钻孔长度将岩石分为16个等级。炸药单耗和单位钻孔长度高的岩石属难爆的岩石，反之亦然。

但是必须指出，爆破岩石的炸药单耗并非一个常数，而是一个受很多因素影响的变量。因此苏哈诺夫对非标准条件下的测试数据提出了一系列繁琐的修正系数，影响了岩石爆破的真实性。此外炸药单耗并不能反映岩石爆破的破碎程度，而岩石爆破的破碎程度是反映岩石爆破效果的重要方面。因此，苏氏的分级方法并没有准确地反映岩石的可爆性。表 5-1 为二者的岩石可爆性分级对比表。

表 5-1 普洛托吉雅柯诺夫和苏哈诺夫的岩石可爆性分级对比

普 氏 分 级			苏 氏 分 级			代 表 性 岩 石
普氏系数 f	分级	坚固性	可爆性	分级	使用 2 号岩石硝铵炸药的单耗 /kg · m^{-3}	
20	Ⅰ	最坚固	最难爆	1	8.3	致密微晶石英岩
				2	6.7	极致密无氨化物石英岩
				3	5.3	最致密石英岩和玄武岩
18	Ⅱ	非常坚固	很难爆	4	4.2	极致密安山岩和辉绿岩
15				5	3.8	石英斑岩
12				6	3.0	极致密硅质砂岩
10	Ⅲ	坚固	难爆	7	2.4	致密花岗岩、坚固铁矿石
8	Ⅲa			8	2.0	致密砂岩和石灰岩
6	Ⅳ	较坚固	中上等	9	1.5	砂岩
5	Ⅳa			10	1.25	砂质页岩
4	Ⅴ	中等坚固	中等	11	1.0	不坚固的砂岩和石灰岩
3	Ⅴa			12	0.8	页岩、致密泥质岩
2	Ⅵ	较软弱	中下等	13	0.6	软页岩
1.5	Ⅵa			14	0.5	无烟煤
1.0	Ⅶ	软弱	易爆	15	0.4	致密黏土、软质煤岩
0.8	Ⅶa			16	0.3	浮石、凝灰岩
0.6	Ⅷ	土质	不用爆			
0.5	Ⅸ	松散				
0.3	Ⅹ	流沙				

5.4.3.2 哈努卡耶夫的岩石可爆性分级

20 世纪 50 年代，前苏联的哈努卡耶夫（A. H. Ханукаев）教授认为岩体中的节理裂隙对于岩石的可爆性具有非常重要的作用。他指出岩石的波阻抗率（ρv_r）为岩石密度（ρ）同岩石中弹性纵波速度（v_r）的乘积，反映了岩石的完整性。1969 年，哈努卡耶夫应用波阻抗率 ρv_r，结合岩石的节理裂隙特征，提出了他的岩石可爆性分级系统，见表 5-2（取自文献［11］）。

表 5-2 哈努卡耶夫（A. H. Ханукаев）的岩石可爆性分级

节理裂隙等级	平均裂隙间距 /m	岩石坚固性等级	1m^{3}岩石中自然裂隙面积/m^2	普氏坚固性系数 f	岩石密度 /g · cm^{-3}	波阻抗率 ρv_r /10^{5}g · (cm^2 · s)$^{-1}$	天然岩块在岩体中含量/%			炸药单耗 /kg · m^{-3}	岩石可爆性等级
							>300mm	>700mm	>1000mm		
特别破碎	<0.1	不坚固	33	<8	<2.5	<5	<10	≈0	0	<0.35	易爆
非常破碎	0.1 ~ 0.5	中等坚固	33 ~ 9	8 ~ 12	2.5 ~ 2.6	5 ~ 8	<70	<30	<5	0.35 ~ 0.45	中等可爆
中等破碎	0.5 ~ 1.0	坚固	9 ~ 6	12 ~ 16	2.6 ~ 2.7	8 ~ 12	<90	<70	<40	0.45 ~ 0.65	难爆
轻微破碎	1.0 ~ 1.5	非常坚固	6 ~ 2	16 ~ 18	2.7 ~ 3.0	12 ~ 15	100	<90	<70	0.65 ~ 0.9	非常难爆
很轻微破碎	>1.5	极坚固	2	≥18	>3.0	>15	—	—	100	≥0.9	极难爆

5.4.3.3 应用利文斯顿的应变能系数的岩石可爆性分级

本章第3节中所述，美国研究者利文斯顿于创建了他的爆破漏斗理论并提出了应变能系数 E_s 的概念：

$$E_s = \frac{W_c}{Q^{\frac{1}{3}}} \tag{5-8}$$

式中 W_c——临界深度；

E_s——应变能系数；

Q——炸药重量。

当 Q 保持为常数，W_c 越大，则 E_s 也越大，也即岩石越难爆。因此，应变能系数 E_s 可以作为岩石可爆性的一个指数。表5-3是加拿大某矿山岩石的应变能系数 E_s 测试值。应变能系数 E_s 的值可用于对岩石的可爆性进行分级，优化岩石爆破的炸药单耗。

表5-3 加拿大某矿山岩石的应变能系数 E_s 测试值

岩 石	E_s	炸 药	岩 石	E_s	炸 药
磁铁矿（1）	4.6	60%粒状代那买特	铁矿石	3.4	铵油 ANFO
磁铁矿（2）	4.4	60%粒状代那买特	石英岩（2）	3.4	铵油 ANFO
磁铁矿（3）	4.3	浆状炸药	岩盐	3.2	铵油 ANFO
花岗岩	4.2	60%粒状代那买特	表层冻土	2	铵油 ANFO
石英岩（1）	3.7	浆状炸药	冻结的岩石	1.8	浆状炸药

5.4.3.4 利里和高斯提出的岩石可爆性指数[12]

澳大利亚学者利里（P. Lilly）于1986年根据五个岩体参数：岩体特征参数（RMD）、节理面间距（JPS）、节理密度参数（JPO）、岩石比重（SGI）和硬度（H），建立起一个称为岩石可爆性指数（BI）的分级系统。这五个参数在计算BI时的记分值见表5-4。

表5-4 岩体参数及其计分值

岩 体 参 数	计分值
RMD-岩体特征参数	
极破碎的	10
块状的	20
整体性的	50
JPS-节理面间距	
密集（<0.1m）	10
中等（0.1~1m）	20
宽（>1m）	50
JPO-节理面方向	
水平的	10
朝向自由面倾斜	20
走向垂直于自由面	30
背向自由面倾斜	40
SGI-岩石比重影响	
SGI=25SG-50，式中，SG单位为t/m^3	
H-岩石硬度	
H指莫氏硬度值1~10	

岩石的可爆性指数（BI）按式（5-9）计算：

$$BI = 0.5(RMD + JPS + JPO + SGI + H) \tag{5-9}$$

岩石可爆性指数（BI）同岩石爆破的炸药单耗有密切的关系（表5-6）。在应用利里的可爆性指数时，要求对具体的爆破工地（矿）建立这一指数同炸药单耗的相关关系。这一要求可以借助于过往的爆破记录或进行现场爆破试验。

高斯（A. K. Ghose）于1988年也在一个煤矿提出了他的岩石可爆性分级系统并用可爆性指数（BI）对炸药单耗进行校正，但他的可爆性分级仅限于露天爆破。他提出的可爆性指数（BI）表达式为式（5-10）：

$$BI = (DR + DSR + PLR + JPO + AF1 + AF2) \tag{5-10}$$

式中 DR——岩石密度计分；

DSR——不连续面间距计分；

PLR——点载荷强度指数计分；

JPO——节理面方向计分；

AF1——校正系数1；

AF2——校正系数2。

表 5-5 可爆性指数各参数的计分值[12]

参数		范围				
岩石密度/t·m^{-3}	数值	<1.6	1.6~2.0	2.0~2.3	2.3~2.5	>2.5
	计分	20	15	12	6	4
不连续面间距/m	数值	<0.2	0.2~0.4	0.4~0.6	0.6~2.0	>2.0
	计分	35	25	20	12	8
点载荷强度指数/MPa	数值	<1	1~2	2~4	4~6	>6
	计分	25	20	15	8	5
节理面方向	数值	DIF	SAF	SNF	DOF	HOR
	计分	20	15	12	10	6
校正系数1		强夹制情况				-5
		弱夹制情况				0
校正系数2		孔深/负荷>2				0
		孔深/负荷=1.5~2				-2
		孔深/负荷<1.5				-5

注：DIF—倾向由自由面向内；SNF—走向垂直于自由面；HOR—水平节理；DOF—倾向朝向自由面外；SAF—走向与自由面相交成锐角。

表 5-6 可爆性指数与炸药单耗的关系[12]

可爆性指数（BI）	30~40	40~50	50~60	60~70	70~85
炸药单耗/kg·m^{-3}	0.7~0.8	0.6~0.7	0.5~0.6	0.3~0.5	0.2~0.3

5.4.3.5 拉基谢夫提出的岩石可爆性指数[14]

前苏联学者拉基谢夫（Б. Р. Ракишев）于1982年提出一个称之为岩石破坏的“临界速度”的概念。他认为岩石破坏是由于在外力作用下使岩石质点以某种速度产生位移而致分离、破坏。达到岩石破坏的速度即是岩石破坏的“临界速度 v_{cr}”，它与岩石的一系列物理力学性质和岩体的声波阻抗及地质弱面有关。他用如式（5-11）来表达这一关系：

$$v_{cr} = k\sqrt{g \times d_n} + \frac{0.1\sigma_c + \sigma_t}{\rho_o \times c} \tag{5-11}$$

式中 v_{cr}——岩石破坏时质点的临界速度，m/s；

k——反映岩体中不连续面中充填物的性质和张开程度的系数；

g——重力加速度，m/s^2；

d_n——岩体中自然弱面的平均尺寸，m；

σ_c——岩石的抗压强度，MPa；

σ_t——岩石的抗拉强度，MPa；

ρ_o——岩石的密度，kg/m^3；

c——岩体中纵波速度，m/s。

根据岩石破坏的临界速度 v_{cr} 的大小，他将岩石的可爆性分为五级，见表5-7。

表 5-7 根据岩石破坏的临界速度 v_{cr} 的岩石的可爆性分级

岩石破坏的临界速度 v_{cr}/m·s^{-1}	可爆性分级
$v_{cr}<3.6$	易爆
$3.6 \leqslant v_{cr} < 4.5$	中等难爆
$4.5 \leqslant v_{cr} < 5.4$	难爆
$5.4 \leqslant v_{cr} < 6.3$	非常难爆
$v_{cr} > 6.3$	极其难爆

5.4.3.6 我国东北大学提出的岩石可爆性分级[12]

1985年我国东北大学钮强教授等人在研究和总结国内外各种岩石可爆性分级的理论和方法的基础上，提出了他们的岩石可爆性分级系统。

他们认为：能量平衡准则是岩石爆破最普遍、最根本的准则，它表征了岩石爆破性的本质。爆破漏斗是一般爆破工程的根本形式。炸药爆炸释放的能量传递给岩石，岩石吸收能量导致岩石的变形和破坏。由于不同岩石破坏所消耗的能量不同，当炸药能量及其他条件一定时，爆破漏斗体积的大小和爆破块度的粒级组成，均直接反映能量的消耗状态和爆破效果，从而表征了岩石的爆破性。

同时，他们也指出：岩石的结构特征（如节理、裂隙）也是影响岩石爆破的重要因素之一。由于岩体结构影响着岩石爆破的难易，更影响着爆破块度的大小。所以，声测指标（如岩石弹性波速、岩石波阻抗、岩石结构裂隙系数等）也是岩石爆破性分级的重要判据之一。

在对中国 13 个大、中型矿山的 63 种岩石中试验所测得的数据，经计算器进行分析处理，他们提出了一个“岩石可爆性指数”的公式。根据现场漏斗爆破试验和声波测试和实验试验数据通过式（5-12）计算岩石可爆性指数（N），用于综合评价岩石的可爆性，并进行岩石可爆性分级。

$$N = 67.22 - 38.44\ln V + K + 2.03\ln(\rho C_p) \tag{5-12}$$

$$K = \ln \frac{K_1^{7.42}}{K_2^{4.75} \times K_3^{1.89}}$$

式中　V——岩石爆破漏斗体积，m^3；

ρ——岩石密度，g/cm^3；

C_p——岩体中弹性纵波速度，m/s；

K——岩石破碎指数，由爆破漏斗试验结果计算；

K_1——大块率（>300mm），%；

K_2——小块率（<50mm），%；

K_3——平均合格率，%。

按照岩石可爆性指数（N）的大小，将岩石的可爆性分为五级，见表 5-8。

表 5-8　按照岩石可爆性指数（N）的岩石爆破性分级表

级别		爆破性指数（N）	爆破性程度	代表性岩石
Ⅰ	$Ⅰ_1$	<29	极易爆	千枚岩、破碎性砂岩、泥质板岩破碎性白云岩
	$Ⅰ_2$	29.001～38		
Ⅱ	$Ⅱ_1$	38.001～46	易爆	角砾岩、绿泥岩、米黄色白云岩
	$Ⅱ_2$	46.001～53		
Ⅲ	$Ⅲ_1$	53.001～60	中等	阳起石石英岩、煌斑岩、大理岩、灰白色白云岩
	$Ⅲ_2$	60.001～68		
Ⅳ	$Ⅳ_1$	68.001～74	难爆	磁铁石英岩、角闪岩长、片麻岩
	$Ⅳ_2$	74.001～81		
Ⅴ	$Ⅴ_1$	81.001～86	极难爆	硅卡岩、花岗岩、浅色砂岩
	$Ⅴ_2$	>86		

参考文献

[1] Persson P A, et al. *Rock Blasting and Explosives Engineering*. CRC Press, 1994.

[2] Jimeno C L, et al. *Drilling and Blasting of Rock*. A. A. Balkema Publishers, 1995.

[3] 于亚伦. 工程爆破理论与技术［M］. 北京：冶金工业出版社，2004.

[4] 汪旭光. 爆破手册［M］. 北京：冶金工业出版社，2010.

[5] Hagan T N. *Rock Breakage by Explosives*. 6th Symposium on Gas Dynamics of Explosives and Reactive System. Stockholm, 1977.

[6] Longefors, U, Kihlstrom, B. *The Modern Technique of Rock Blasting*. John Wiley & Sons Inc., New York, 1963.

[7] Persson P A, et al. *The Basic Mechanism of Rock Blasting*. Proc. of 2nd Congr. Int. Soc. Rock Mechanics. Belgrade. Vol. Ⅲ: 19-33, 1977.

[8] Bhandari S. *Engineering Rock Blasting Operations*. A. A. Balkema/Rotterdam/Brookfield, 1977.

[9] Blastronics *Pty Ltd. Method of Assessment and Monitoring of the Effects of Gas Pressures on Stability of Rock Cuts due to Blasting in*

the Near-Field. GEO Report No. 100. Geotechnical Engineering Office, Civil Engineering Department, The Government of the Hong Kong Special Administrative Region.

[10] 哈努卡耶夫. 矿岩爆破物理过程 [M]. 刘殿中译. 北京：冶金工业出版社，1980.

[11] Dey, K. & Sen P. *Concept of Blastability.* An Update Indian Mining & Engineering Journal, Vol. 42, No. 8&9, Sep 2003.

[12] 钮强. 我国矿山岩石爆破性分级的研究 [J]. 爆破，1984 (1).

[13] 林韵梅，等. 岩石分级的理论与实践 [M]. 北京：冶金工业出版社，1996.

[14] B R. Rakishev. *A New Characteristics of the Blastability of Rock in Quarries.* Soviet Mining Science, 1982, Vol. 17: 248-251.

6 爆破评估报告

由于岩石的爆破开挖产生的地面震动和其他效应对附近的斜坡、挡土墙、结构物、建筑以及公用设施的稳定性和完整性产生影响，爆破工程需要的爆炸品在运输、储存和使用过程中也会对公众安全有潜在威胁。因此在工程的设计时就必须对可能产生的负面影响和危险进行评估并提出相应的措施以及论证这些措施的可行性，以确保爆破工程能安全进行和顺利完成。本章作者根据在中国香港特别行政区工作的经验，阐述爆破评估报告（BAR）包括的内容及如何准备这一份报告。作为一个附件，中国香港特别行政区政府土力工程处（GEO）的第27号通告（GEO Circular No. 27）——爆破评估的内容[14]被引入本章的附录中以供参考。

6.1 资料收集

资料收集，英文称之为“Desk Study”，是准备爆破评估报告的重要前期工作。它包括收集和审视制定爆破工程计划并评估其可能对周边地区造成的影响和危害所需要的数据和信息。

6.1.1 从有关政府部门收集资料

下列资料必须从当地的有关政府和相关机构收集：

（1）地形图，比例为1:20000～1:500，根据工程的规模和施工范围大小而定；

（2）地质图，1:20000并附有详细说明（有些地区可能找到1:5000的）；

（3）根据工程的规模所需的不同比例的航空摄影图片；

（4）以往进行过的地质勘探工作的所有记录及工程所在地区的历史记录；

（5）与将进行的工程，特别是爆破工程有关的当地法律、规定和习俗。

6.1.2 确定爆破工程所影响的范围

为了进行爆破评估，必须首先确定哪些对象（sensitive receivers）可能会受到爆破工程的影响。这些对象包括附近地区有可能受到由爆破产生的飞石，地层振动和空气冲击波超压和其他因素影响的斜坡、挡土墙、自然山体及山坡上的大石、结构物、建筑物、公用设施，如供排水系统、供电及供燃料（煤气或石油等）系统、铁路公路及其他设施和物业。

最常采用确定爆破工程影响范围的因素是爆破产生的地层振动。

为了确定爆破工程影响的范围，必须首先知道将要进行的爆破工程将采用的每段延时（即同时起爆）的最大炸药量及上述受影响的对象所允许承受的质点最大振动速度（PPV），从而可确定必须进行爆破评估的范围，即爆破区至评估区的外边界。

根据爆破工程的大小和邻近地区的敏感程度，对于在市区或邻近市区的地表爆破工程，评估爆破工程影响的范围通常采用100～300m。

按照香港特别行政区政府发表的指引，GEOGUIDE 4[3]，在正常情况下，地下爆破工程造成潜在破坏的范围不会超过50m，只有个别情况下超过100m。

6.1.3 与影响区内所有单位联络并收集的信息

与影响区内必须联络的单位以及收集的信息包括：

（1）征询以下单位允许的质点最大振速PPV或最大加速度（PPA）亦或最大振幅（PPD）及他们对爆破工程的其他具体限制和要求等：供水部门、渠务部门、供电部门、煤气公司、电讯公司、互联网公司及其他公共事业和私人单位；

（2）从附近的学校和幼儿园、托儿所获取它们所允许的质点最大振速 PPV 或最大加速度（PPA）亦或最大振幅（PPD），以及他们的活动时间安排，包括上学、放学、室外活动及考试日期及时间；

（3）从附近的医院、疗养院和护老院获取他们所允许的质点最大振速 PPV 或最大加速度（PPA）亦或最大振幅（PPD）及对爆破工程的其他具体限制和要求；

（4）从附近的铁路、地铁和公路部门及有关的公共交通部门获取他们所允许的质点最大振速 PPV 或最大加速度（PPA）亦或最大振幅（PPD）及对爆破工程的其他具体限制和要求；

（5）从附近的庙宇、宗教设施和历史文物管理部门获取他们所允许的质点最大振速 PPV 或最大加速度（PPA）亦或最大振幅（PPD）及对爆破工程的其他具体限制和要求；

（6）从附近的危险品仓储，例如炸药库、煤气储罐、油库等，获取他们所允许的质点最大振速 PPV 或最大加速度（PPA）亦或最大振幅（PPD）及对爆破工程的其他具体限制和要求。

6.1.4 收集有关现有土力工程、气象和水文的资料

现有土力工程包括已加固的自然和人工斜坡、挡土墙、以其有关的水文地质资料可从当地的有关政府部门取得，如中国香港的土力工程处（GEO）。

气象数据包括施工地区的年降雨量及雨量分布等，可从当地的气象部门取得。

6.2 现场勘测

6.2.1 对爆破影响区内所有对象的现有状况进行摄影和量测

爆破区内所有的建筑物、房屋、结构物、公用设施、铁路、地铁和公路都必须进行现场勘测、摄影和量测并纪录下所有现有状况的数据。

6.2.2 对爆破影响区内的土力工程及地质地貌进行勘测

所有的斜坡，包括人造斜坡和自然斜坡、所有的土力工程结构都必须进行现场勘测，包括摄影、测量、现场素描（Mapping）及必要时采集样本进行测试。

所有的地质地貌特征，包括天然山体及山坡上的大块岩石都必须进行摄影和勘测（图 6-1）。

所有的挡土墙都要对其现有状况进行摄影和测量。

图 6-1 自然山坡上的大块散石

6.2.3 记录已有缺陷

在进行现场勘测时必须特别留意将受爆破影响的对象上已经存在的缺陷，例如建筑物墙上，包括挡土墙、结构物和各种公用和私人设施的裂缝、潜在的破损、已损坏之部分、斜坡的任何已出现或潜在的不稳定因素等。所有这些已存在的问题都必须详细地记录在案，并进行摄影和勘测。对于一些特别重要的对象，有必要时可请有资格的结构工程师进行评估并进行公证。

6.3 爆破工程对环境影响的评估

6.3.1 运输和储存爆炸品对环境影响的评估（EIA）

运输和储存爆炸品对环境影响的评估（EIA）是独立于爆破评估报告（BAR）的一个向环境保护当局申请许可证时的一项专题报告。通常它必须在提交 BAR 之前已获批准。根据中国香港特别行政区政府的环境影响评估条例 499 章，运输和储存爆炸品对环境影响的评估（EIA）报告应包含下述内容。

申请人应报告是否有可替代其他爆炸品的其他方法进行该项工程。如果必需使用爆炸品来进行该项工程，而且储存或使用爆炸品的地点又接近人口密集地区或接近具有潜在危险的构筑物，申请人应按下述要求进行风险评估：

（1）首先确定爆炸品在运输、储存和使用过程中可能出现的所有危险情况，然后对每一种情况进行定量的风险评估（QRA）；

（2）在进行第（1）项定量的风险评估（QRA）时应分别分析其对个人和公众的人身安全风险；

（3）在比较个人和社会风险时应采用技术备忘录之附件 4 所规定的危害生命的评估准则；

（4）提出并评估可行的和具有成本效益的风险缓解措施。

风险评估的方法必须取得有关当局的同意和批准。

6.3.2　爆破飞石的潜在风险

爆破飞石是指那些在爆破时由于失控而向外射出的岩石碎块，它是进行爆破工程时可能对建筑物和人体造成伤害的主要灾源之一。

对于飞石产生的原因和控制方法，将在本书第 11.2 节进行详细的讨论。

如果地面爆破工程接近民居或公众场所，在进行爆破评估时必须对防止飞石的安全距离予以分析。

6.3.3　爆破振动的影响

6.3.3.1　爆破振动的影响及其预估

受爆破振动影响的对象及所能承受的振动强度取决于对象本身的结构，坚固性和它的使用者，而且也与振动的主频率有关。

在诸多因素中，由于其在大多数情况下质点的最大振速（PPV）与建筑物的潜在破坏程度的相关性比质点的最大加速度（PPA）和质点的最大振幅（PPD）要好，因此通常多采用它来评估各种结构物承受爆破振动的能力。

结构物承受爆破振动的上限通常都设定为一个标准值，这一标准值已由经验证明它是安全的，可接受的。这些振动限制的数值各个国家都有不同的标准，但大体上都具相同的模式。在一些国家 PPV 由 50mm/s 至 70mm/s 经常被采用。而在香港多年来 25mm/s 被一直采用作为一般建筑物的安全标准。

另一方面，PPV 为 5mm/s 作为低限值在香港通常被采用作为历史古迹或宗教建筑的振动限制标准。

由爆破工程引起的振动可以用式（6-1）估算：

$$PPV = K(R/Q^{d})^{-b} \tag{6-1}$$

式中　PPV——预估的质点最大振速，mm/s；

K——常数，它反映了振波通过的地层特性并受炸药能量大小影响；

Q——每段延时（准确地说应为同时起爆）的炸药量，kg；

R——爆破区与测震点之间的距离，m；

d——炸药量指数，通常对柱状装药 $d=1/2$，对称的球状装药 $d=1/3$；

b——衰减指数。

式中的 K 和 b 是与爆破地震波通过的地层性质及所使用的炸药性能密切相关的常数，因此必须通过试验爆破取得足够数据后用回归分析的方法求得。表 6-1 列出一些地区的 K、d 和 b 的数值可作参考。

表 6-1　一些地区的 K、d 和 b 的数值（仅作参考）

常数	美　国	中　国	中国香港特别行政区矿务部
d	1/2	1/3	1/2
K	平均值：1140； 上限值：1725； 强夹制作用下：4316	硬岩：50～150 中硬岩：150～250 软岩：250～350	644
b	1.6	硬岩：1.3～1.5 中硬岩：1.5～1.8 软岩：1.8～2.0	1.22
参考文献	[2]	[4]	[5]

6.3.3.2 斜坡和其他土力工程结构和地质特征物的稳定性分析

有很多种方法可以用来评估岩石斜坡和土斜坡在爆破振动影响下的稳定性，如准静态方法、动力学分析、可靠性分析、经验法分析和能量法分析等。目前也已有很多计算机程序用以这类分析工作。

香港对于岩石斜坡通常采用能量法，而对土斜坡采用准静态方法。作为一种指引，这两种方法都刊载于中国香港特别行政区土力工程处的第 15 号报告中（GEO Report 15）。见本章参考文献［6］。

在能量法中，潜在的破坏岩石楔体被模拟成一个坐落于岩石斜坡上的岩块（见图6-2），爆破产生的振动能量传递到岩块上使其下滑（图6-3），同时这一能量在岩石的节理面上耗散。岩块的稳定性和位移量采用建立在能量守恒原理上的方程式进行评估。在分析中可以结合不同的岩石节理模型计算能量在节理面上的耗散。巴顿建立的岩石节理经验公式被应用于各种情况下的分析计算。

在能量法中，质点的最大速度（PPV）是一个关键的参数。它是用作度量振动能量极好的参数。因此在分析中采用 PPV 值比用 PPA 的值更有现实的预测性。

当采用这些方法进行稳定性评估时，必须对现场的实际地质条件和结构模式，包括地下水的状况进行仔细的勘测。评估计算中通常采用的典型振动频率为 30Hz。

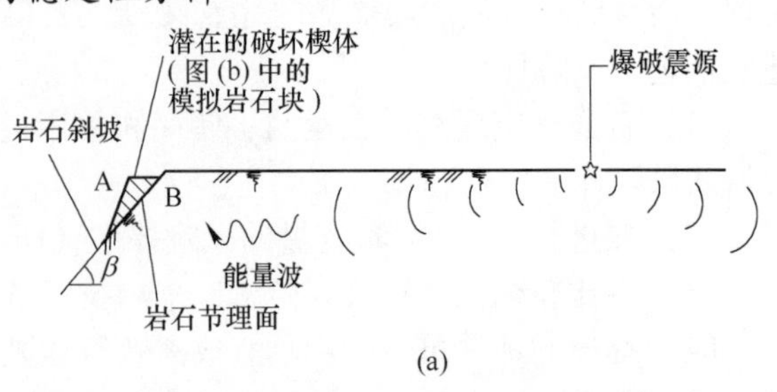

(a)

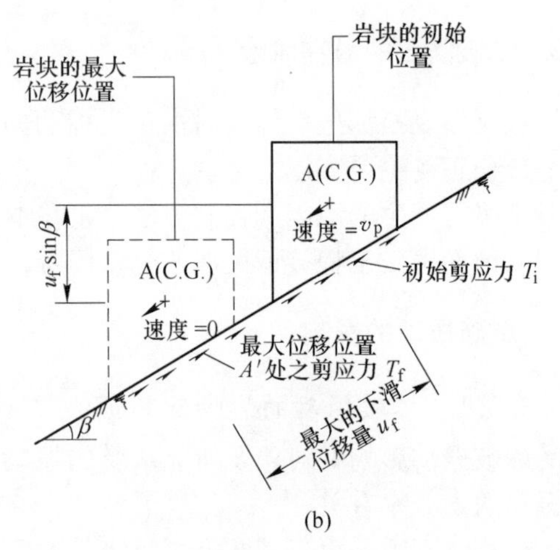

(b)

图 6-2 受爆破振动的岩块系统[6]

（a）通过爆破振源和岩石斜坡的截面图；

（b）岩块的位移

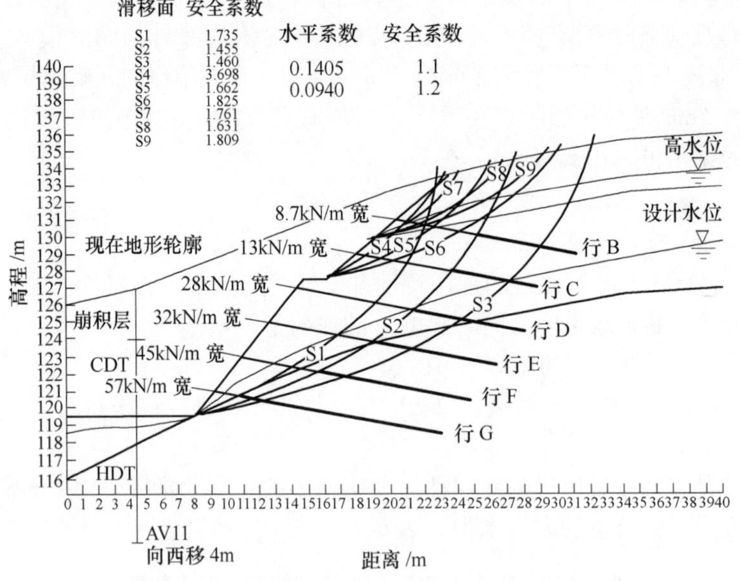

图 6-3 斜坡受爆破振动影响下的稳定性分析

对挡土墙受爆破振动影响的评估，爆破引起的振动当作地震载荷处理，最常用的方法为 Mononobe-Okabe（M-O）法，采用 EUROCODE 8，Part 5 计算机程序处理。

多年来香港处理土斜坡的经验证明，采用准静态法分析得出的结果常常很保守。因此，中国香港特别行政区土力工程处于2010 年发表了一个技术指引，TGN 28[7]，TGN 28 中建议：对于那些不会因破坏而造成生命危险，而且已由现场土力工程人员对某些风险采取了控制措施的土斜坡，可采用振动限制 PPV = 25mm/s 以取代 GEO No. 15 分析的结果。

6.3.4 爆破工程引起的空气冲击波的影响

爆破引起的空气冲击波超压（AOP）是由炸药爆炸产生的空气压缩波。所谓超压是指其超过正常的大气压力通常又简称为“空爆”（air blast）。空气冲击波超压由于它能产生噪声，有时甚至能对结构物造成破坏，因而也是爆破工程有害效应之一。

空气冲击波超压是从爆破地点发出的以压缩波的形式在空气中的能量传播。这种空气压缩波涵盖了一个很宽的频率区间，其中一部分是人耳可听见的，称之为噪声（blast noise），而其中的大部分，频率低于20Hz和超过20000Hz的部分，是人耳听不到的。这一部分虽然人耳听不到但人的身体仍能感觉到压力的冲击，称之为振荡（concussion）。爆破噪声和振荡统称之为空气冲击波超压。

空气冲击波超压可以用两种方式度量：一种是用压力单位，千帕（kPa）或毫巴（mbar），亦或用英制磅/平方英寸（psi），但更为常用的是分贝（dB），分贝是按对数进制的。

压力单位与分贝之间的换算关系可用式（6-2）及式（6-3）：

$$\mathrm{dB} = 20 \times \lg\left(\frac{\mathrm{kPa}}{6.9}\right) + 170.75 \tag{6-2}$$

$$\mathrm{psi} = 10^{\frac{\mathrm{dB}-170.75}{20}} \tag{6-3}$$

量测全部频率区间所测的分贝值通常用线性分贝表示，Decibels Linear，即dBL。

量测噪声通常都采用内部装有滤波器（加权器）的标准测声仪。用这种仪器仅仅能量测到频率区间为20～20000Hz的声波。所测得的数值单位用“音频（Audio）-加权分贝”即dBA表示，它反映了人的耳朵对噪声的感应水平。声压水平（SPL）与空气冲击波超压的关系为：

$$\mathrm{SPL(dBA)} = 20 \times \lg\left(\frac{p}{p_0}\right) \tag{6-4}$$

式中，p 是测得的空气冲击波超压，单位为 kPa 或 psi；

p_0 是参考压力值，即听力的阈值，也即人耳所能听到声音的最低声压值，$p_0 = 2 \times 10^{-8}$kPa 或 2.9×10^{-9}psi，它表示0dB水平。

空气冲击波超压是很难预测的。它受很多因素影响，例如天气变化、地形条件等的干扰，加上不同的爆破设计，对于每一种情况都可能得到不同的结果。但一些研究者们发现由爆破工程引起的空气冲击波超压通常与 $(D/W^{\frac{1}{3}})^{-1.45}$ 成正比，此处 D 是爆破点同观测点之间的距离，W 是同时起爆的最大炸药量。

在本书第二部分的第11章中对爆破产生的飞石，爆破振动和空气冲击波超压进行详细的讨论。

6.3.5 设置所有受影响对象的监测点

在爆破工程影响评估的范围内，必须首先确定需要进行监测的对象。并在监测对象的适当位置设置监测点并记录其坐标，标示于爆破影响区的平面图上。

6.4 消除和控制爆破工程产生的负面影响的措施

6.4.1 防止和防护爆破飞石

根据爆破区周围不同的环境可选择下列一项、两项或三项保护措施以防止爆破飞石造成危害：

（1）对爆破区的地面进行覆盖；

（2）用特制的爆破铁笼罩住整个爆破区地面；

（3）在爆破区所有可能朝向公众区或其他必须保护的设施的方向设置固定或可移动的爆破专用垂直铁屏障（排栅）以阻挡可能产生的飞石；

对于某些特别的环境，可以构建一种“天罗地网”的保护设施用以防止爆破飞石造成的危害。

有关产生爆破飞石的原因及防止爆破飞石的技术和防护措施，在本书第11章中将作详细讨论。

6.4.2 保护对象的爆破振动限制标准及爆破振动的控制

为了保护各种结构物、建筑物和各种公共设施不受爆破振动的影响，在各种安全规程和施工规范中都对爆破振动提出了限制。

在本节中列出了一些国家和地区的限制爆破振动的标准以供参考。

6.4.2.1 中国香港特别行政区爆破振动安全标准

中国香港特别行政区爆破振动安全标准如表6-2所示。

表6-2 中国香港特别行政区爆破振动安全标准[13]

中国香港特别行政区振动限制标准	PPV/mm·s^{-1}	PD/mm
港铁:		
铁路构筑物/永久铁路	25	0.2
Q继电器	40	0.2
绝缘体和架空线	50	0.2
架空线立柱	10	—
水务署:		
储水结构物/输水隧道	13	0.1
输水管路	25	0.2
煤气公司:		
煤气输送/分布网络:		
所有装置/管道	25	0.2
煤气管制站	13	0.1
煤气隧道	13	0.1
排气站/地表煤气管路	13	0.1
煤气生产设施:		
储气装置	5	0.1
石脑油罐	5	0.1
开关室/含有(继电保护)电器开关设备的控制室	5	0.1
煤气生产厂及相关设施	5	0.1
煤气生产厂立柱和烟囱	5	0.1
水箱及容器	5	0.1
主要的煤气及石脑油管道	15	0.2
危险品仓库	15	0.2
建筑物	15	0.2
围墙	15	0.2
中华电力公司:		
供电站	6.28~11	0.02~0.1
主要支线供电站	13	0.1
小型支线供电站	25	0.2
地下电缆接头	13	0.1
地下电缆及电塔	25	0.2
电缆隧道	13	0.1
香港电灯公司:		
输电/分配设施(电力保护设备,变压器及高/低压开关柜)	0.2g	0.02
输电电缆(275/132kV)及接头	0.223g	0.1
主要配电站之建筑物	0.07g	—
海底电缆岸边接驳点及其建筑物	0.07g	—
电塔基础	0.07g	—
电缆隧道/隧道口	0.07g	—
供电站建筑物及相关设施	0.07g	—
渠务署:		
所有结构	25	—
路政署:		
所有结构和排水渠	25	0.2
屋宇署:		
学校/居民楼宇/私人物业	13~25	0.2
历史建筑和古迹	5~10	0.2
新浇混凝土(GEO Report No. 102):		
按时间计:		
≤4h	10	—
6~8h	20	—
10~12h	30	—
18h	40	—
24h	70	—
3天	100	—
7天	125	—
>28天	150	—
按单轴压缩强度计:		
3.0MPa	77	—
5.0MPa	88	—
10.0MPa	106	—
20.0MPa	126	—
30.0MPa	140	—
40.0MPa	151	—
50.0MPa	160	—
香港有轨电车:		
所有设施	25	0.2
蚬壳油公司:		
液化石油气设施/设备/构筑物	5	—

6.4.2.2 中国大陆爆破振动安全标准

中国大陆爆破振动安全标准如表6-3所示。

表6-3 爆破振动安全标准(GB 6722—2011)[9]

序号	保护对象类别	允许质点振动速度 v/cm·s^{-1}		
		f≤10Hz	10Hz<f≤50Hz	f>50Hz
1	土窑洞、土坯房、毛石房屋	0.15~0.45	0.45~0.9	0.9~1.5
2	一般民用建筑物	1.5~2.0	2.0~2.5	2.5~3.0
3	工业和商业建筑物	2.5~3.5	3.5~4.5	4.2~5.0

续表 6-3

序 号	保护对象类别	允许质点振动速度 v/cm·s^{-1}		
		$f \leqslant 10$Hz	10Hz $< f \leqslant 50$Hz	$f > 50$Hz
4	一般古建筑与古迹	0.1～0.2	0.2～0.3	0.3～0.5
5	运行中的水电站及发电厂中心控制室设备	0.5～0.6	0.6～0.7	0.7～0.9
6	水工隧洞	7～8	8～10	10～15
7	交通隧道	10～12	12～15	15～20
8	矿山巷道	15～18	18～25	20～30
9	永久性岩石高边坡	5～9	8～12	10～15
10	新浇大体积混凝土（C20）： 龄期：初凝～3d 龄期：3～7d 龄期：7～28d	 1.5～2.0 3.0～4.0 7.0～8.0	 2.0～2.5 4.0～5.0 8.0～10.0	 2.5～3.0 5.0～7.0 10.0～12

注：1. 表中质点振动速度为三分量中的最大值；振动频率为主振频率。

2. 频率范围根据现场实测波形确定或按如下数据选取：硐室爆破 $f < 20$Hz；露天深孔爆破 $f = 10 \sim 60$Hz；露天浅孔爆破 $f = 40 \sim 100$Hz；地下深孔爆破 $f = 30 \sim 100$Hz；地下浅孔爆破 $f = 60 \sim 300$Hz。

3. 爆破振动监测应同时测定质点振动相互垂直的三个分量。

6.4.2.3 美国的限制爆破振动的安全标准

美国唯一的联邦爆破振动规程是由美国露天采矿局（OSM，Office of Surface Mining）于 1983 年公布的。这一规程在三种方法中选择其中一种。表 6-4 列出了第一和第二种方法。

表 6-4 美国联邦法律（CFR）第 30 条 §715.19 和 §816.67

距离爆破区距离		OSM 方法 1：最大质点速度		OSM 方法 2：当无监测设备时推荐的比例距离（SD）	
ft	m	in/s	mm/s	ft/lbs^2	m/kg^2
0 ～300	0 ～ 90	1.25	32	50	22.30
301 ～ 5000	90 ～1500	1.00	25	55	24.50
>5000	>1500	0.75	19	65	29.00

OSM 的第三种方法是以一张图形代替具体的数字限制，它允许质点的振速可随着频率增大而增大。这一方法可代替上述第一和第二种方法，但必须具备能监测爆破振动的质点振动速度和频率的仪器。图 6-4（a）即是 OSM 规程的方法三。

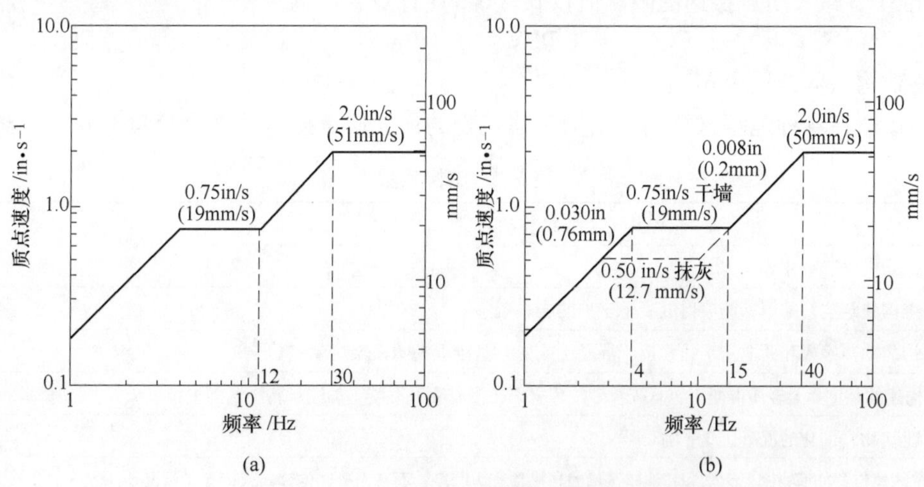

图 6-4 OSM 爆破振动规程和 USB 的指引[2]

（a）美国露天采矿规程方法三；（b）美国矿山爆破振动水平准则（可选）

无独有偶，美国矿山局（USBM）的西施金（D. E. Siskind）于1980年在RI 8507研究报告中也发表了相似的图，但只是推荐作为一个指引。虽然美国矿山局（USBM）没有立法权，但这一指引的部分或全部已被纳入美国很多州的法律、规程或工程项目的规范之中了。基本上图中的水平线分为两段，频率大于40Hz所推荐的振动限制为2.0 ips（50.8mm/s），对于低频的振动其限制为0.75和0.5 ips（19.1和12.7mm/s）。联接这两条水平线的斜线相当于两个不变的位移量。[2,10]

6.4.2.4 英国标准

英国标准BS 7385，Part 2—1993是为了防止爆破振动可能对建筑物造成破坏而进行评估的权威性标准。

表6-5列出了这一标准中的指导性数值。这些数值用以判断民居和工业建筑物可能受到短暂振动而造成表面破坏最小风险。

表6-5 短暂振动造成表面破坏的指导数值（BS 7385.2）

行	建筑物类型	主脉冲频率区间内的质点最大振速分量	
		4～15Hz	≥15Hz
1	钢筋混凝土或框架型结构的工业和坚固的商业楼宇	4Hz及以上：50mm/s	
2	素混凝土或轻型框架结构的住宅或轻型商业建筑	4Hz为15mm/s，当15Hz时可增至20mm/s	15Hz为20mm/s，当40Hz及以上时可增至50mm/s

6.4.2.5 澳大利亚标准

在澳大利亚标准炸药法规AS 2178.2—1993中所推荐的振动速度的“破坏”准则取决于建筑物的类型并以质点的最大振动速度PPV表示，见表6-6。

表6-6 推荐的最大质点振速（AS 2178.2）

房屋或结构的类型	质点最大振速 $/\mathrm{mm\cdot s^{-1}}$
房屋及低层民居；不包括下列中的商业建筑	10
钢筋混凝土或钢结构的商业和工业建筑或结构物	25

该标准还指出：当最大质点速度增加到10mm/s以上时，居民区有可能受到破坏。那些对地层震动特别敏感的结构物应该单独进行检测。最大质点振速并非最适宜的确定破坏的准则。在缺乏对现场进行特别研究以确定合适的破坏准则的情况下，建议采用最大质点速度作为破坏准则并建议采用5mm/s作为爆破设计的最高振动水平，因为经验记明低于此水平，破坏应不会发生。

6.4.2.6 斯堪的纳维亚国家推荐标准

在斯堪的纳维亚三国（芬兰、瑞典和挪威）所采用的限制爆破振动的标准都很相近。现以芬兰的标准为例作介绍。

在芬兰标准中，最大质点振速的限制值按式（6-5）计算：

$$\mathrm{PPV} = F_{\mathrm{k}} \times v_1 \tag{6-5}$$

式中 F_{k}——结构系数，见表6-7；

v_1——建造在各种地基材料上的结构和建筑物的最大质点振速的垂直分量，它是距离R的函数。

表6-7 结构系数

结构分类（结构状态良好）	结构系数 F_{k}②
1. 重型结构物，如桥梁、墩柱等	2.00①
2. 混凝土和钢统构建筑物，采用钢筋喷射混凝土支护的岩石硐室	1.50①
3. 砖和混凝土构建的写字楼和商业楼宇；建造于混凝土或岩石基础上的木框架房屋	1.20①
4. 砖和混凝土构建的住宅楼无轻质混凝土，石灰石砂砖等岩硐，没有喷射混凝土加固；新浇混凝土超过7天①，电缆等	1.00
5. 轻质混凝土建筑物，固化的混凝土3～7日龄①	0.75
6. 对振动很敏感的建筑，如博物馆、教堂和其他建筑物的高拱顶和大跨度；石灰石砂砖的建筑；固化的混凝土不足3日龄①	0.65
7. 在崩溃的边缘古老的历史建筑，如废墟	0.50

①超过1的值仅允许当爆破或振动专家在场时可采用。

②$v = F_{\mathrm{k}} v_1$，其中，$v_1 = F_{\mathrm{d}} v_{\mathrm{b}}$。

表6-7中将各种结构和建筑物分为七类。根据以往的经验和一系列试验而得到的新近固化的混凝土的结构系数 F_k 也列入表中。电缆和管线以及岩体的 F_k 值却是完全凭经验设定的。根据振动波之主频随着距离增大而降低这一事实，表6-8给出了以不同材料为基础的结构物和建筑物作为距离（R）的函数的最大质点速度之推荐允许值（v_1）。对于结构而言，振动频率愈低，危险性愈大。

当结构物距爆破区距离较大时（>50～70m），表中的允许值（v_1）是保守的。在某些情况下，可通过测量振动波的三个分量值及其时间对其进行频率分析，可以采用较高的允许值，从而使爆破作业更经济。

如果该结构物并非结构系数为1的住宅楼宇，其允许的最大质点速度值应按下式计算：

$$\mathrm{PPV} = F_k \times v_2 \tag{6-6}$$

表6-8 结构物和建筑物的最大质点速度（垂直分量）的允许值 v_1 （mm/s）

距离 R/m	软冰碛、砂、碎石、泥	冰碛、板岩、软灰岩、软砂岩	花岗岩、片麻岩、石英岩、硬砂岩、硬质石灰石、辉绿岩
	波速 c		
	1000～1500m/s	2000～3000m/s	4500～6000m/s
1	18	35	140
5	18	35	85
10	18	35	70
20	15	28	55
30	14	25	45
50	12	21	38
100	10	17	28
200	9	14	22
500	7	11	15
1000	6	9	12
2000	5	7	9

注：$v_1 = F_d v_0$（结构系数 $F_k = 1$）。

式中 F_k——结构系数；

v_2——同频率的质点速度，$v_2 = F_d(v_0)$，见图6-4。

6.4.2.7 德国所推荐采用的标准

在德国标准中，结构物分为三类，进行三轴测量，针对10Hz以下，10～50Hz，50～100Hz及大于100Hz等不同的频率范围设定其限制标准（见表6-9及图6-5）。监测必须分别在建筑物的基础及顶部进行。

表6-9 基于短期的振动影响质点速度 v 标准 （mm/s）

类别	结构物分类	基础			建筑物之最高层
		频率			
		<10Hz	10～50Hz	50～100Hz[①]	全部频率
1	商业及工业建筑	20	20～40	40～50	40
2	居民屋宇（含低层建筑）	5	5～15	15～20	15
3	对振动特别敏感的建筑物（例如古迹）	3	3～8	8～10	8

①超过100Hz频率之标准应至少按100Hz采用。

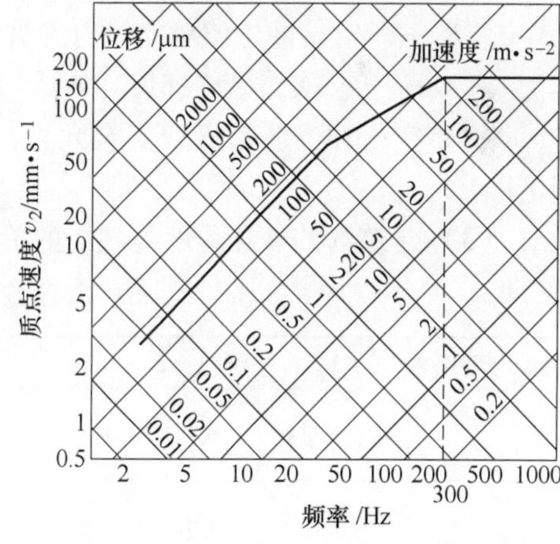

图6-5 不同频率 f 对应的质点速度

在地表和地下开挖中减小爆破振动的方法将分别在本书第11章和第22章中进行详细讨论。

6.4.3 对空气冲击波超压的限制

空气冲击波超压可以使人感到不舒服，有时会破坏一些结构物。对于由爆破工程造成的空气冲击波超压，各个国家采用了两种标准或指引对其进行限制。一类限制标准是为了控制它对结构物的破坏，而另一类是控制爆破造成的噪声对人的滋扰。现就一些国家针对爆破工程造成的空气冲击波超压所制定的法律、标准、指引或准则作一介绍。

6.4.3.1 美国的限制标准和指引

作为美国的建筑工程和石矿场的爆破规范，采用 140dB 限制空气冲击波超压对结构物的破坏曾有很长一段历史。近年来，普遍认为应针对露天采矿采用更严格的限制并将其应用于所有形式的爆破工程。1980 年美国矿山局的研究报告 PI 8485 中建议采用 134dB 作为限制空气冲击波超压的标准。134dB 的空气冲击波超压的水平是美国曾长期采用的 140dB 空气冲击波超压的水平的一半。而实际上不论 140dB 或 134dB 都不会对窗户或结构物造成破坏。表 6-10 是美国矿山局的 RI 8485 报告中所推荐采用的限制标准。

表 6-10 美国矿山局对露天采矿空气冲击波的限制 (USBM RI 8485)

134dB—0.1Hz 以上通过检测系统
133dB—2.0Hz 以上通过检测系统
129dB—6.0Hz 以上通过检测系统
105dB—使用 C 加权标度的测声计①
（事件延续时间等于或小于 2 秒）

①C 加权标度是在低频段的最低声感应标度。

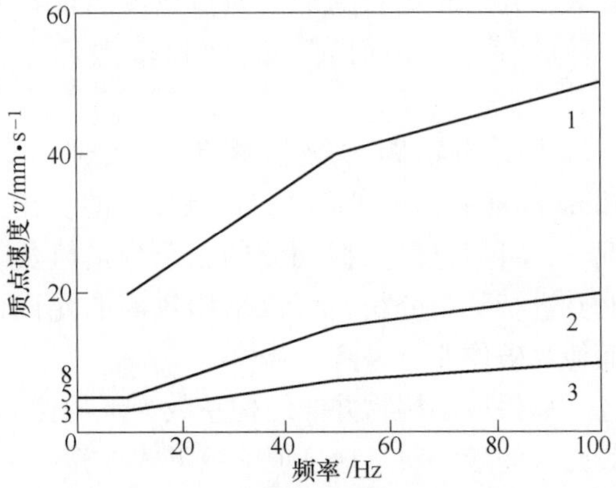

图 6-6 不同频率的质点速度 v（德国标准）

6.4.3.2 中国大陆《爆破安全规程》(GB 6722—2014) 对空气冲击波超压的限制

中华人民共和国《爆破安全规程》(GB 6722—2014) 第 13.3 节中针对空气冲击波超压对人和结构物的限制标准和准则介绍如下。

（1）露天地表爆破一次爆破炸药量不超过 25kg 时，应按式（6-7）确定空气冲击波对在掩体内避炮作业人员的安全允许距离。

$$R_k = 25\sqrt[3]{Q} \tag{6-7}$$

式中 R_k——空气冲击波对掩体内人员的最小允许距离，m；

Q——一次爆破的梯恩梯炸药当量，秒延时爆破为最大一段药量，毫秒延时爆破为总药量，kg。

（2）空气冲击波超压的安全允许标准：对非作业人员为 0.02×10^5Pa，掩体中的作业人员为 0.1×10^5Pa。

（3）建筑物的破坏程度与超压的关系列入表 6-11。

表 6-11 建筑物的破坏程度与超压关系

破坏等级		1	2	3	4	5	6	7
破坏等级名称		基本无破坏	次轻度破坏	轻度破坏	中等破坏	次严重破坏	严重破坏	完全破坏
超压 Δp = 105Pa		<0.02	0.02 ~ 0.09	0.09 ~ 0.25	0.25 ~ 0.40	0.40 ~ 0.55	0.55 ~ 0.76	>0.76
建筑物破坏程度	玻璃	偶然破坏	少部分破碎呈大块，大部分呈小块	大部分破碎呈小块到粉碎	粉碎	—	—	—
	木门窗	无损坏	窗扇少量破坏	窗扇大量破坏，门扇、窗框破坏	窗扇掉落、内倒，窗框、门扇大量破坏	门、窗扇摧毁，窗框掉落	—	—
	砖外墙	无损坏	无损坏	出现小裂缝，宽度小于 5mm，稍有倾斜	出现较大裂缝，缝宽 5 ~ 50mm，明显倾斜，砖垛出现小裂缝	出现大于 50mm 的大裂缝，严重倾斜，砖垛出现较大裂缝	部分倒塌	大部分或全部倒塌

续表 6-11

破坏等级		1	2	3	4	5	6	7
破坏等级名称		基本无破坏	次轻度破坏	轻度破坏	中等破坏	次严重破坏	严重破坏	完全破坏
建筑物破坏程度	木屋盖	无损坏	无损坏	木屋面板变形，偶见折裂	木屋面板、木檩条折裂，木屋架支坐松动	木檩条折断，木屋架杆件偶见折断，支坐错位	部分倒塌	全部倒塌
	瓦屋面	无损坏	少量移动	大量移动	大量移动到全部掀动	—	—	—
	钢筋混凝土屋盖	无损坏	无损坏	无损坏	出现小于 1mm 的小裂缝	出现 1mm～2mm 宽的裂缝，修复后可继续使用	出现大于 2mm 的裂缝	承重砖墙全部倒塌，钢筋混凝土承重柱严重破坏
	顶棚	无损坏	抹灰少量掉落	抹灰大量掉落	木龙骨部分破坏，出现下垂缝	塌落	—	—
	内墙	无损坏	板条墙抹灰少量掉落	板条墙抹灰大量掉落	砖内墙出现小裂缝	砖内墙出现大裂缝	砖内墙出现严重裂缝至部分倒塌	砖内墙大部分倒塌
	钢筋混凝土柱	无损坏	无损坏	无损坏	无损坏	无损坏	有倾斜	有较大倾斜

在规程的 13.4 节中，对爆破噪声的控制标准列于表 6-12。

表 6-12 爆破噪声控制标准 dB（A）

声环境功类别	对 应 区 域	不同时段控制标准	
		昼间	夜间
0 类	康复疗养区、有重病号的医疗卫生区或生活区。养殖动物区（冬眠期）	65	55
1 类	居民住宅、一般医疗卫生、文化教育、科研设计、行政办公为主要功能，需要保持安静的区域	90	70
2 类	以商业金融、集市贸易为主要功能，或者居住、商业、工业混杂，需要维护住宅安静的区域。噪声敏感动物集中养殖区，如养鸡场等	100	80
3 类	以工业生产、仓储物流为主要功能，需要防止工业噪声对周围环境产生严重影响的区域	110	85
4 类	人员警戒边界，非噪声敏感动物集中养殖区，如养猪场等	120	90
施工作业区	矿山、水利、交通、铁道、基建工程和爆炸加工的施工场区内	125	110

6.4.3.3 澳大利亚和新西兰采用的标准和指引

在澳大利亚标准 AS 2178.2—2006 有关地层振动和爆破空气冲击波的第 10.2 条和附录 J 的 J3.3 中规定了爆破空气冲击波（Airblast）的指引：

爆破空气冲击波可使人感觉不舒服而且有时可导致结构破坏。有关当局可能会根据当地的情况对爆破空气冲击波水平提出适当的限制。通常采用 120dB 作为可使人感觉不舒服的限制而一般则以 133dB 作为避免结构破坏的限制。

在澳大利亚和新西兰环境委员会（ANZEC）指引中，基于人感觉舒服这一点，其对爆破空气冲击波建议的准则为：

（1）建议的爆破空气冲击波的最高水平为 115dBL；

（2）其超过 115dBL 的次数在 12 个月的爆破期间内不得多于总爆破次数的 5%。

6.4.3.4 加拿大采用的标准和指引

美国矿山局报告 RI 8485 所建议的爆破空气冲击波的标准在加拿大也被广泛采用，但也有一些省份采用了更为严格的标准。

安大略省的环境部采用的限制标准为128dBL，但如果不能进行定期的监测则要降低至120dBL。

6.4.3.5 中国香港采用的标准和指引

中国香港特别行政区也采用120dBL作为一个目标限制在市区内进行的爆破工程。

6.4.4 监测爆破振动和空气冲击波超压的设备

监测爆破振动和空气冲击波超压的设备必须在爆破评估报告中列出。所采用的设备必须符合国际爆破工程师学会（ISEE）出版的爆破员手册（第18版）附录D中的爆破测振仪标准。中国香港特别行政区矿务部也发表了一个有关爆破振动监测的指引（2014），参见文献［13］。

6.4.5 爆破振动和空气冲击波超压的警戒程序及其相应的要求和措施

在爆破评估报中必须提出对爆破振动和空气冲击波超压的三级警戒程序，警觉（Alert）、警告（Action）、警诫（Action），即所谓的3A警戒线提出相应的标准、控制程序及必须达到的要求和措施。表6-13和表6-14是在中国香港特别行政区的一些工程项目中行之有效的3A程序，供参考。

表6-13 爆破振动的控制程序

控制水平	监测对象的PPV限值	控制程序/要求
警觉 （Alert）	PPVc的90%	1. 将发生的事件通知驻工地监理工程师、爆破工程师及政府有关部门； 2. 复查监测的数据和记录仪器的准确度； 3. 检查传感器是否安装稳妥可靠； 4. 复查爆破炮孔布置图及爆破参数； 5. 检查所影响的监测对象； 6. 准备行动计划； 7. 继续爆破
警告 （Action）	PPVc的95%	1. 立即将发生的事件通知驻工地监理工程师、爆破工程师及政府有关部门； 2. 复查/修改爆破炮孔布置图及爆破参数； 3. 复查，如有必要实施行动计划； 4. 详细检查所有受影响的监测对象； 5. 如有必要制定并准备补救工作； 6. 恢复爆破工作
警诫 （Alarm）	PPVc的100%	1. 立即将发生的事件通知驻工地监理工程师、爆破工程师及政府有关部门； 2. 对超过振动标准的该次爆破进行评估分析； 3. 立即检查所影响的监测对象； 4. 实施行动计划； 5. 如果发现监测对象有不稳定或受到破坏，立即停止爆破工作； 6. 当有必要时实施补救措施； 7. 由爆破专家同承建商一同复查并修改爆破设计； 8. 修正爆破振动预测公式参数以其降低PPV和预测的每段延时的最大炸药量； 9. 工程地质师应检查爆破区及超过振动限制的监测区域，确定是否有任何地质特征构造促成振动超过了允许的水平； 10. 在进行了要求的各项检查和分析程序后向有关当局申请批准以进行一段时间的试爆及试爆成功后恢复正常爆破

表6-14 空气冲击波超压控制程序

控制水平	监测对象的PPV限值	控制程序/要求
警觉 （Alert）	115dBL	1. 复查监测的数据和记录仪器的准确度； 2. 检查麦克风是否安装稳妥可靠； 3. 检查麦克风是否有避风遮挡； 4. 量测背景风的dBL水平； 5. 继续爆破

续表 6-14

控制水平	监测对象的 PPV 限值	控制程序/要求
警告 （Action）	118dBL	1. 执行警觉（Alert）水平的各项程序和要求； 2. 检查/修改爆破孔网布置并改变爆破方向； 3. 准备行动计划； 4. 恢复爆破
警诫 （Alarm）	120dBL	1. 将发生的事件通知驻工地监理工程师、爆破工程师及政府有关部门； 2. 执行警告（Alarm）水平的各项程序和要求； 3. 如有要求，执行行动计划； 4. 如收到公众投诉，停止爆破工作； 5. 检查/修改爆破参数和爆破方向； 6. 申请批准进行一段时期的试爆及试爆成功后恢复正常爆破

6.5 概述爆破开挖设计方案

6.5.1 开挖工程的整体安排

在爆破评估报告中必须提供必要的图则，清楚地显示开挖工程的施工计划和开挖顺序，特别是其中的爆破工作的施工范围和施工程序。报告中还要提供爆破工作的具体施工计划，包括全部施工延续时间，每日爆破时间窗口（blasting window）及每周的爆破天数等。

6.5.2 开挖工程的规模、开挖方法和主要设备

采用非爆破法和爆破法开挖的地点和范围都必须在平面图和剖面图上明确显示。全部用爆破法开挖的石方量，每日和每次爆破的规模，包括爆石方量和炸药用量都必须具体。报告中也应列出将要采用的钻孔，装药和安放保护措施（如炮笼、排栅等）的搬移和吊装设备。

6.5.3 工程中将要使用的爆炸品和爆破设计方案

爆破评估报告中应列出拟使用的爆炸品种类、型号和预计的用量。爆炸品运送至施工地点的安排。在平面图上标明炸药车安全停泊和卸货的地点及相应的安全措施。工地内运送爆炸的安排和运送车辆。

报告中也必须概要地提供将采用的爆破设计方案。爆破设计方案应包括拟采用的爆破参数的范围（炮孔直径、孔深、炸药单耗、填塞齿度、负荷和孔距等），炮孔排列的基本模式，起爆网路和保护措施的安排等。拟采用的爆破设计方案必须确保其能安全地实施并满足所有对爆破工作作出的限制和安全要求。

6.5.4 安全措施、疏散范围和疏散程序

爆破评估报告中必须提出防止爆破飞石的措施，如露天爆破的地面覆盖，在有必要时的炮笼和排栅等的具体要求，地下爆破的安全门等。

爆破时公众和工地员工的清场范围应在评估报告中概述，并对爆破时是否封闭道路和某些公共设施提出指导性意见。承建商将在其提交的爆破施工方案中提出详尽的爆破疏散计划和疏散程序。

6.5.5 对设立工地爆炸品仓库的可行性进行评估并提出相应的安排和安全措施

如确有必要设立工地爆炸品仓库，必须对其可行性进行评估。在准备此份爆破评估报告之前，该工程项目的环境影响评估报告（EIA）应已经获得政府环保当局批准。

在爆破评估报告中应在平面图上显示爆炸品仓库的位置、周围环境和仓库的具体布置。具体的安全保卫措施、安全运作程序都应在报告中提出。

附录：爆破评估报告内容——摘自中国香港特别行政区政府土力工程处文件 Geotechnical Engineering Office，GEO Circular No. 27，Geotechnical Control of Blasting，13. 7. 2006，HKSAR，P. R. China.（中文译文仅作参考，以英文为准，参考文件［14］）

爆破评估报告的内容

（a）地盘平面图应清楚地标明所申报的爆破区的范围和所有受申报的爆破工程影响有可能受到破坏或变得不稳定的物业，包括街道、建筑物、基础、铁路、公用设施、输水管、下水道、排污管道、煤气管道和其他设施、土力工程结构，如斜坡、挡土墙、硐室等。

（b）报告中应包括对如下内容的研究结果：地盘之地形、地质、地层、地下水和地表水的状况、地盘存在的客观限制、对爆破敏感的物业和地盘的历史。

（c）报告中应包括所有地盘内和地盘附近的对爆破敏感的物业的状况的调查和检测。

（d）报告应对爆破工程的影响进行评估，并证明所申报的爆破工程不会伤害任何人员，也不会对任何财物和对爆破敏感的物业造成破坏。

（e）如有必要，应提交需要执行的各项对爆破敏感的物业的保护措施。

（f）为了确保所申报的爆破工程不会对人员造成任何伤害、损坏对爆破敏感的物业、对交通造成严重影响或引起公众不安，应对爆破工程产生的振动、空气冲击波超压等设立警告和中止的限制标准。所提出的限制标准应考虑对爆破敏感的物业的实际状况。报告中应提供设立这些限制标准的根据以及向所有对爆破敏感物业的主要业主（或物业管理部门）进行咨询并取得对方同意的文件。

（g）概述爆破设计并证明所提申报的爆破工程可以取得满意的结果而且不会超出所设置的限制标准和其他限制条件。

（h）陈述爆破工作所采用的方法，工作程序、顺序和安全管理系统。

（i）详细列出地盘检查、测量和监测爆破所造成的影响的具体要求，其中包括显示所有监测点位置、监测的项目和对爆破工程作出警告直至中止的执行标准的平面图。

（j）提出必须采取的保护和预防措施，包括对公众地区进行疏散和封闭（如道路和其他公共设施）和必要的警告标志，以保护对爆破敏感的物业并确保公众和工人的安全。

（k）提出运送爆炸品到地盘的具体安排并说明在工程建造工期内完成所有爆破工作和岩石开挖工程的实际可行性。

（l）如果认为有必要在地盘内设置爆炸品仓库，必须提交一份对设置该仓库的可行性的评估报告和具体的方案。

参考文献

［1］Chapman D，et al. *Introduction to Tunnel Construction*. Spon Press，2010.

［2］ISEE，*Blaster's Handbook*. 17th Edition，1998.

［3］Stomme B. *Guide to Cavern Engineering. GEOGIDE* 4，Geotechnical Engineering Office，Civil Engineering Department，Hong Kong，1992.

［4］爆破安全规程（GB6722—2011）. 中华人民共和国国家质量监督检验检疫总局发布，2014-05-01.

［5］Li U K，Ng S Y. *Prediction of Blast Vibration and Curent Practice of Measurement in Hong Kong*. Proceeding of the Conference "Asia Pacific-Quarying the Rim"，1992.

［6］Wong H N，Pang P L R. *Assessment of Stability of Slopes Subjected to Blasting Vibration*. GEO Report No. 15. Geotechnical Engineering Office，Civil Engineering Department，Hong Kong，1992.

［7］GEO Technical Guideline Note No. 28（TGN 28）. *New Control Framework for Soil Slopes Subjected to Blasting Vibration*. Geotechnical Engineering Office，Civil Engineering and Development Department，HKSAR，2010.

［8］Richards A B. *Prediction and Control of Air Overpressure from Blasting in Hong Kong*. GEO Report No. 232. Geotechnical Engineering Office，Civil Engineering and Development Department，HKSAR，2008.

［9］Kwan A K H，Lee P K K. *A study of Effects of Blasting Vibration on Green Concrete*. GEO Report No. 102. Geotechnical Engineering Office，Civil Engineering and Development Department，HKSAR，2000.

［10］Siskind D E. *Vibrations from Blasting*. ISEE 2000.

[11] Environment Australia. *Noise Vibration and Airblast Control*. Department of the Environment of Australia, 1998. ISBN 0642 545103.

[12] McCabe N B, Bonsma I. *Noise and Vibration Impact Assessment*. Wabush 3 Pit, West Labrador, June 2014.

[13] *Guidance Note on Vibration Monitoring*. Mines Division, Geotechnical Engineering Office, Civil Engineering and Development Department, HKSAR, (Rev 201409b), 2014.

[14] Geotechnical Engineering Office. *GEO Circular No. 27*, *Geotechnical Control of Blasting*, 13. 7. 2006, HKSAR, P. R. China.

第二篇　露天开挖

7　非爆破法开挖

非爆破法开挖通常在下列一些情况下采用：

（1）开挖地点与公众区十分接近，尽管采取了一些安全防护措施也仍无把握可完全避免爆破飞石等对公众造成危害；

（2）开挖地点附近有一些对爆破引起的振动十分敏感的设施，如某些十分重要的建筑、历史古迹、精密的仪器设备等；

（3）开挖地点位于斜坡或自然山坡之边缘，爆破开挖可能影响斜坡的稳定性或造成一些石块滚落于斜（山）坡以下，而威胁到附近居民或建（构）筑物；

（4）开挖量很小，没必要费时费力向当局申请爆破工程的许可证。

7.1　人工开尖和液压破碎锤开挖

7.1.1　人工开尖

人工开尖常见于非常小的岩石开挖工程。首先在岩石上以一定的距离钻一排孔。孔间距取决于钻孔直径和岩石性质。40～50mm 直径的小孔采用较小的间距和使用较小的尖劈等工具，通常称之为开小尖。76～89mm 直径的大孔用大的尖劈工具，孔间距也大很多，通常称之为开大尖。开尖的工具通常由 2～3 件组成，其中 1～2 件制成楔形（见图 7-1）。楔形的钢件用锤砸入钻孔（配合其他的 1～2 片钢件）。开小尖常用八磅或十二磅大锤人工砸入。开大尖多用液压锤。

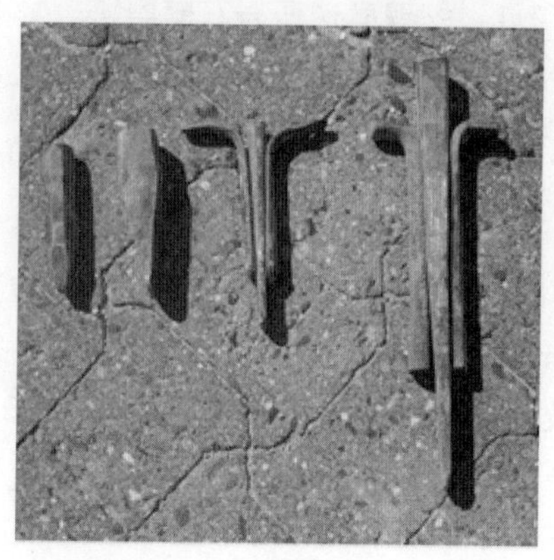

图 7-1　人工开尖的尖劈工具

7.1.2　液压破碎锤开挖

液压破碎锤是非爆破法开挖中（包括爆破后的二次破碎）最常用的机械。液压破碎锤的主要部件包括液压缸、活塞、控制阀和凿头（见图 7-2）。液压破碎锤有很多种规格，其冲击能可以从小至 500J，大至超过 21500J，可以根据需要选择。液压破碎锤通常都安装在一台挖掘机上（拆卸下挖斗），因而可自由行走（见图 7-3）。凿头作为破碎岩石的工具，对于破碎效率十分重要。凿头通常都制成圆锥或扁凿形。凿头的尖锐程度对破碎效果影响很大，对于磨蚀性高的岩石建议经常磨锐凿头。

使用液压破碎锤开挖台阶岩石时，液压破碎锤应坐落于台阶下面。台阶的高度应适合其一次开挖的高度（3～5m）。台阶过高容易坍塌。过低的台阶工作起来困难。低台阶的根部往往是最难开凿的部位（见图 7-3）。液压破碎锤坐落于台阶顶部是不安全的，因台阶边缘很容易坍塌。

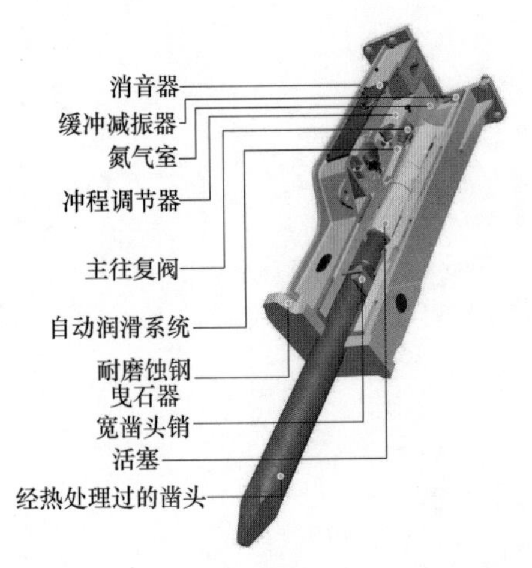

图 7-2 液压破碎锤的主要部件结构图

图 7-3 低台阶的根部通常是液压破碎锤最难破碎的部位（取自 Sandvik[1]）

有时为了帮助液压破碎锤破碎，用钻机在要开挖的岩石钻一些孔以增加岩石破碎时的自由面或对岩石破裂起导向作用。

7.2 液压岩石劈裂机

液压岩石劈裂机常用于大块混凝土和岩石的拆除工作。重型的液压劈裂机常装在一台挖掘机上（拆去挖斗），在那些不宜或不允许爆破的地方，用于较大量的岩石开挖工作。

有两类不同的液压岩石劈裂机。最常见的一类是采用楔劈原理，而另一类是活塞型的，下面将一一介绍。

7.2.1 楔劈类液压岩石劈裂机

楔劈类液压岩石劈裂机有三块楔劈。两侧的两片反向楔片先插入预先在岩石上钻好的孔中，液压活塞将中间的一片楔劈从两侧的楔劈中插入并向下推进，迫使两侧的楔片向外分开而劈裂岩石。

7.2.1.1 手执式劈裂机

手执式劈裂机又称之为达德劈裂机（darda splitter）。图 7-4 即是一种手执式劈裂机。手执式劈裂机较轻便于携带。钻孔直径通常为 32 ~ 50mm。楔劈长度为 150 ~ 500mm，钻孔深度一般为 270 ~ 1080mm，取决于楔劈长度。手执式劈裂机的重量一般为 20 ~ 31kg。液压动力可以是汽油机、柴油机、风动马达或电动机。最大的劈裂力可达 220 ~ 500t。

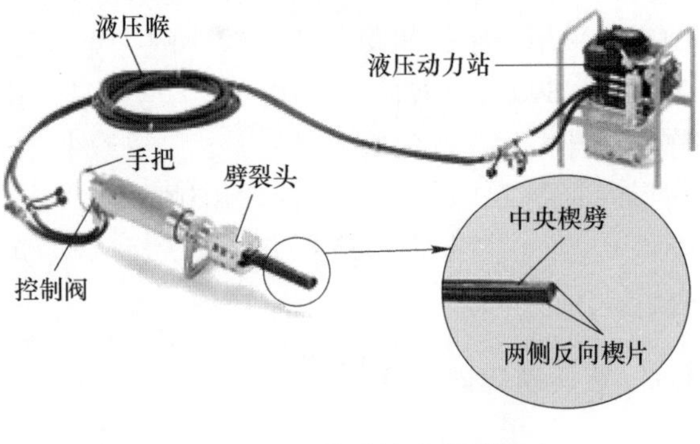

图 7-4 一种手持式劈裂机

7.2.1.2 多枪液压岩石劈裂机

为了提高岩石劈裂机的岩石开挖生产力，可以采用多劈裂器（多枪）。图 7-5 即是一台多枪液压岩石劈裂机，图 7-6 上可见多支劈裂器劈裂岩石。

7.2.1.3 装在挖掘机上的重型液压岩石劈裂

重型液压岩石劈裂机通常都装在拆去挖斗的挖掘机上，因而可在开挖工地上自由走动。图 7-7 即是一台装在挖掘机上的重型液压岩石劈裂机。

重型液压岩石劈裂机所用的钻孔直径通常为 75 ~ 89mm，孔深为 1300mm。它的最大理论劈裂力可达 24000kN。

图 7-5 一种多枪液压岩石劈裂机

图 7-6 多支劈裂器劈裂岩石

图 7-7 装在挖掘机上的重型液压岩石劈裂机

7.2.2 活塞型液压岩石劈裂机

活塞型液压岩石劈裂机由一台液压动力站和多支劈裂杆组成。而劈裂杆上装有多个活塞。

液压动力站可以由汽油机、柴油机、风动马达或电动机驱动。装有多个活塞的劈裂杆的直径为 80～95mm，杆长可根据劈裂岩石的要求而变化，但最常用的为 700～800mm 长。钻孔的直径为 90～105mm，孔深为 1.0～2.5m。钻孔直径和孔深取决于劈裂杆的长度。同一排孔之间的孔间距大约为 400～600mm，取决于岩石强度。图 7-8 是市场上的一种产品。当劈裂杆塞入钻孔中，液压使活塞从杆中推出推压孔壁的岩石，使岩石裂开。其劈裂岩石的推力在几分钟内可超过 1000t，最大可达 2500t。图 7-9 是另一家公司产品劈裂岩石的情景。

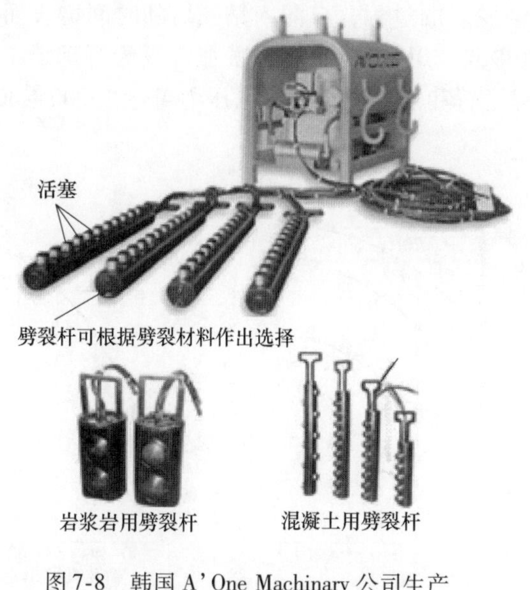

图 7-8 韩国 A'One Machinary 公司生产的液压活塞型劈裂器

图 7-9 HWACHENG ENGINEERING 公司生产的活塞型液压岩石劈裂机劈裂岩石

7.3 静态裂石剂

静态裂石剂又称之为静态破碎剂，无声炸药，化学裂石剂或化学膨胀剂等。静态裂石剂是一种粉状的产品，形如水泥。它的主要成分是氧化钙及少量的如三氧化二铝、三氧化二铁、二氧化硅或氧化镁等添加剂以减缓并稳定其反应速度。

静态裂石剂用以代替炸药或其他爆炸产品用于拆除工程和岩石开挖中。在使用静态裂石剂时，如同使用炸药爆破一样也要在岩石上钻孔，将静态裂石剂加水拌成泥浆状灌入孔中（图 7-10）。经过几个小时后，泥浆状的静态裂石剂膨胀并将岩石胀裂开（图 7-11）。

图 7-10　向钻孔中灌入静态裂石剂泥浆

图 7-11　静态裂石剂破碎岩石

使用静态裂石剂有很多优点。它工作时无声无息，不会像普通炸药爆炸一样产生振动。当然它的工作效率远不如采用炸药爆破，因而整体经济效益不及采用炸药爆破开挖。但在很多国家可以不用像炸药那样受到严格限制。

使用静态裂石剂比使用炸药要安全得多，但如不严格按照它的使用指南操作，在灌入静态裂石剂泥浆后的几个小时内有可能会发生喷出而造成危险。

静态裂石剂泥浆的膨胀压力随着钻孔直径，加入水的比率，岩石或水的温度以及灌入钻孔的时间而变化。为了说明此一变化规律，图 7-12 是其中一个产品（BUSTAR，取自网页www. demolitiontechnology . com）的试验图以作参考。BUSTA 的膨胀压力是一个逐渐发展的过程，自灌入钻孔后随时间增长而成比例增大（见图 7-12（a））。虽然经过 12～24h 后岩石已经破碎，BUSTAR 仍继续膨胀，夏天可延续 4 天而在冬天可延续至 8 天。其膨胀压力可达到 $7000t/m^2$（破碎岩石和混凝土时其膨胀压力可达 15000～$3000t/m^2$ 之间）

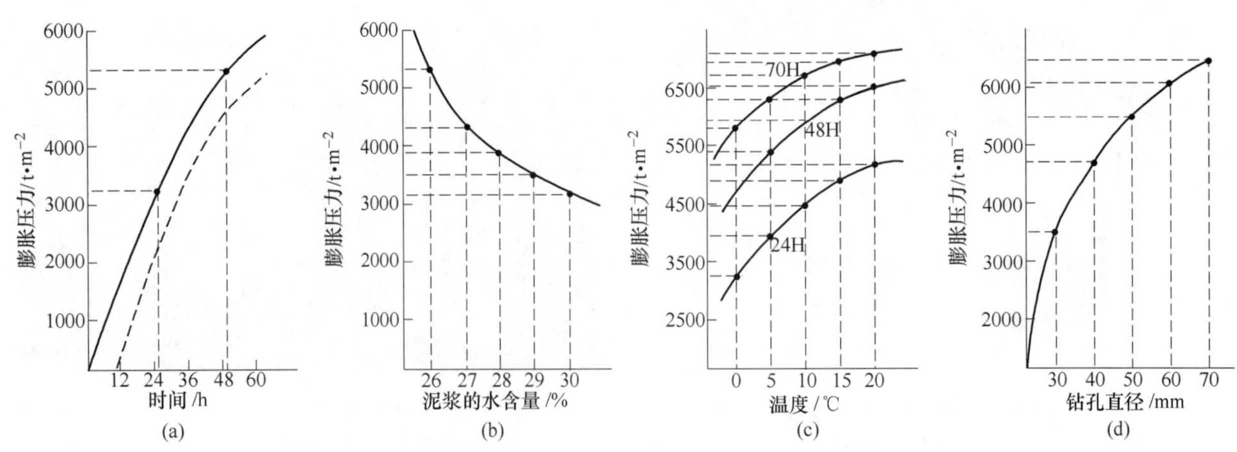

图 7-12　膨胀压力与工作参数之间的关系

虽然市面上有几百种牌子的静态裂石剂，但它们的主要成分都是氧化钙，其工作参数和操作程序相近，但产品性能出入较大。有些产品稳定性较差，易于喷孔，要小心选择使用。但所有牌子的产品都按使用季节和使用的温度（要破碎的材料温度，水温、裂石剂本身的温度）有不同型号的产品。

对于大多数产品，钻孔直径为 30～50mm，加入水的比率为裂石剂重量的 28%～35%。孔距根据岩石材料的强度一般为 30～70cm，孔深通常取台阶高度的 80%～105%（或大块岩石的厚度的 80%）。钻孔布置应根据要破碎物的实际情况和破碎物的特性而设计。图 7-13 是两种情况下的钻孔设计，仅供参考。

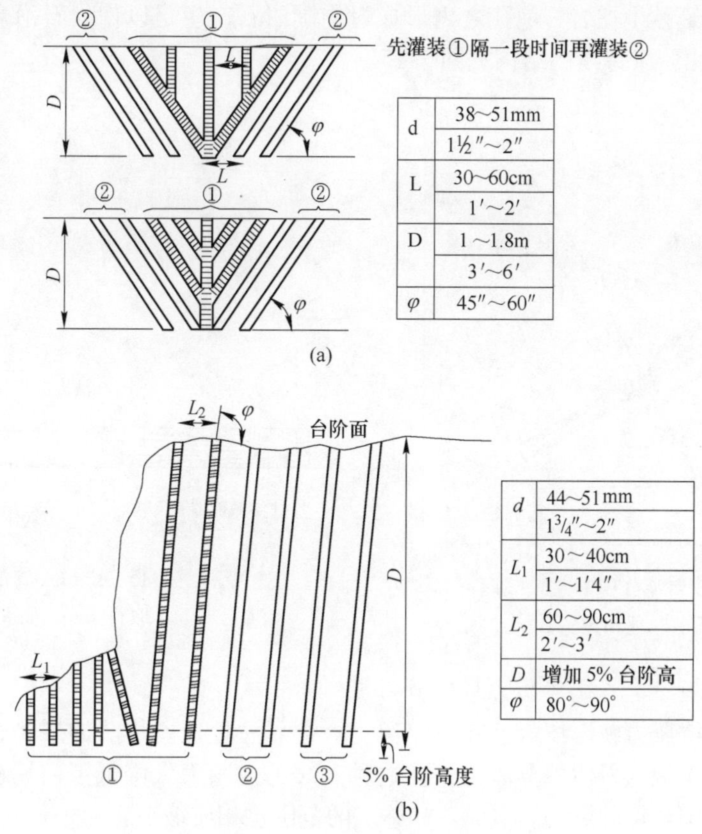

图 7-13 两种情况下的钻孔设计（BUSTAR）

（a）沟渠开挖的 V 形钻孔设计；（b）带根底的台阶裂石钻孔设计

只要我们遵照静态裂石剂产品的使用条件和工作参数操作，就不会发生热喷（喷孔）事故，因为裂石剂泥浆具有很强的黏着力和向钻孔上部运动的阻力。尽管如此，严格采取各项保护措施，如所有操作人员必须配戴保护眼镜、橡胶手套和防尘口罩，并严格按规定程序操作始终是必须遵守的。

7.4 其他非爆破方法开挖

为了解决由于岩石爆破所带来的飞石、振动和空气冲击波等负面影响，近几十年来在发展非爆破方法开挖技术上作出了各种尝试和努力。这些方法包括机械的、液压的、气体压力、脉冲等离子等。但由于这些方法都存在一些缺点，诸如高成本、设备复杂、低效率或仍然含有一些低能炸药在内而不能在岩石开挖中得到广泛应用。本节将对其中一些典型的技术作一简单介绍。

7.4.1 可控泡沫射流[2]

在可控泡沫射流（CFI，Controlled Foam Injection）方法中，通过一根枪管结合一个并非昂贵但极有效的底密封方法将黏稠的泡沫射入已事先在岩石上钻好的炮孔中。高压的泡沫穿入岩石中的裂隙而使岩石破碎。CFI 方法中所需要的压力远低于采用小型炸药或发射药所需要的压力。针对不同的岩石特性及达到预估的岩石破碎结果，可通过调整泡沫的黏稠度和储存的气体压力来实现。可控泡沫射流（CFI）方法可用图 7-14 来说明[2]。

7.4.2 气体压力破碎岩石技术

7.4.2.1 卡铎斯（Cardox）二氧化碳非爆轰胀裂系统[3]

卡铎斯（Cardox）自 20 世纪 60 年代已开始使用。卡铎斯由一根插入岩石上的炮孔中的可反复使用的钢管构成，管内装有液态的二氧化碳。点火头产生电能使液态的二氧化碳瞬间转换成气态。二氧化碳由于体积的急剧增大而产生的巨大压力使管端部的蝶阀破裂而从管内释出。释出的可控气体压力最大可达275MPa。这一高压在几毫秒中在岩石炮孔之内形成对周围岩石产生足以使岩石沿着自然裂隙或新产生的裂隙破碎而从岩体中鼓出。卡铎斯的结构见图7-15。

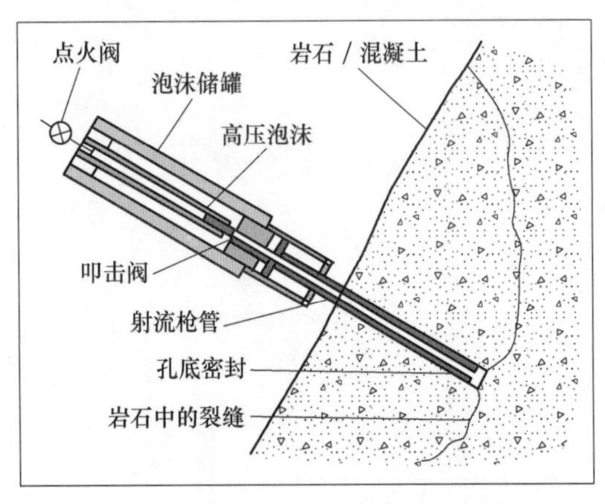

图7-14　可控泡沫射流（CFI）方法破碎岩石的基本原理和设备

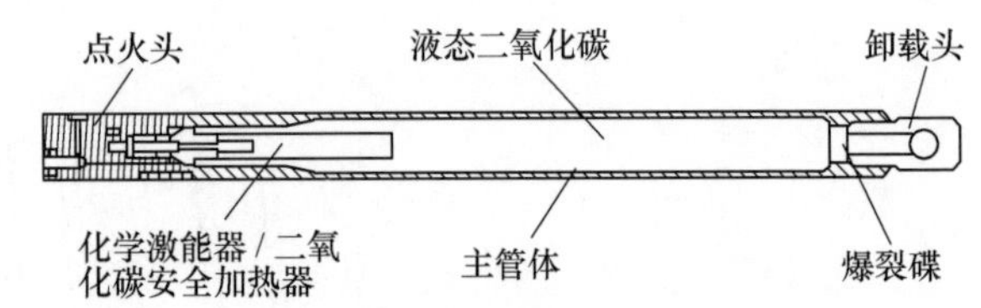

图7-15　Cardox管的剖面结构图（取自 www. cardox. co. uk）

7.4.2.2　GasBlaster™——气体压力爆破产品[4]

应用烟火材料的气体压力破岩技术已有多年历史。它靠一种低能炸药的爆燃过程来取代高能炸药爆轰，使岩石安全地、缓慢地从岩体中分离出来。这种和缓的过程大大降低了由爆破引起的飞石，振动和飞尘，空气冲击波对周围环境的影响和破坏。其施工的范围也相应缩小。

GasBlaster™于2012年在英国取得专利。它由一根密封的塑料管，中心有一个高科技的塑料芯与两端的固定的端头（图7-16）连接。当充填于芯周围的烟火药被一发标准雷管引爆时，初始的爆燃压力作用于两端由高科技塑料制成的箍环并压向圆锥形的端头。这一作用锁住了（填塞）炮孔两端。随之释放出的全部能量破裂芯管和外面的塑料管并对炮孔四周岩石作用，使其破碎并鼓出。

图7-16　一支GasBlaster™管

GasBlaster™可用于岩石开挖和拆除工作。特别有利于水下作业，它可减低水中的冲击波从而有利保护水中生命。

GasBlaster™按联合国危险品分类属于1.4S，因此在大多数国家都要求向当局申请有关运输，储存和使用的执照/许可证。

7.4.2.3　脉冲等离子岩石劈裂技术[5]

脉冲等离子岩石劈裂技术（PPRST，Pulse Plasma Rock Splitting Technology）是一项将等离子和粒子加速器科学用于岩石破碎上的新技术。它又可称之为电子能量冲击器方法（EPI）。这一技术的核心设备是一台电子能量冲击器（EPI）的设备，由它产生一个高脉冲的电能。这一能量输送到其中装填有铝粉和氧化铜粉的电解质组件中。在一毫秒内电解质达到等离子状态并产生高温和冲击波脉冲。这一高温冲击波传入周围岩石并使其破碎并产生轻微的声响和振动。而破碎的岩石也便于用一般的设备挖掘。

电解质组件中的铝粉和氧化铜粉的热反应过程中无气体产生：

$$2Al + 3CuO \longrightarrow Al_2O_3 + 3Cu + 1.197kJ$$

整个技术分为三部分，包括一台供应电能的发电机，电子能量冲击器（EPI）用于储存和释放高脉冲的电能和一组等离子反应组件。发电机供应20kW电源给EPI。EPI能储存和释放的最大能量分别为268.92kJ和134460kW。当全部网路连接好后，操作工用一个遥控器启动破岩程序。图7-17是这一技术的整体布置，图7-18是等离子反应组件及其规格。

图 7-17　脉冲等离子岩石破裂技术全貌（取自韩国 KAPRA & ASSOCIATES）

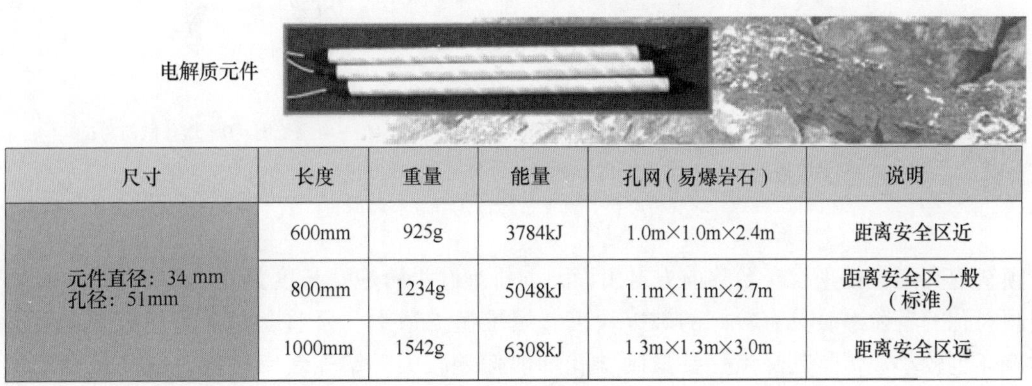

尺寸	长度	重量	能量	孔网（易爆岩石）	说明
元件直径：34 mm 孔径：51mm	600mm	925g	3784kJ	1.0m×1.0m×2.4m	距离安全区近
	800mm	1234g	5048kJ	1.1m×1.1m×2.7m	距离安全区一般（标准）
	1000mm	1542g	6308kJ	1.3m×1.3m×3.0m	距离安全区远

图 7-18　电解质元件及其规格（取自韩国 KAPRA & ASSOCIATES）

参 考 文 献

[1] *Rock Excavation Handbook for Civil Engineering*. Sandvik & Tamrock，1999.

[2] Young C. *Controlled- Foam Injection for Hard Rock Excavation*. Proc. 37th U. S. Rock Mechanics Symposium，Vail，Co，June 1999.

[3] Cardox International Limited，*Brochures- Civils*. http：//www. cardox. co. uk.

[4] *The GasBlast™ Technology*. http：//www. controlledblastingsolution. com/the- product.

[5] *Pulse Plasma Rock Fragmentation Technology*. KAPRA & Associates. http：//www. kapra. org/catalog. pdf.

8　台　阶　爆　破

在露天开挖中，以台阶形式向前推进的爆破开挖方法称之为台阶爆破。在岩石的露天开挖中，台阶爆破是最普遍和基本的开挖方法。

8.1　台阶爆破的几何参数

8.1.1　炮孔倾斜角 β

垂直炮孔和倾斜炮孔都可用于台阶爆破，见图 8-1。

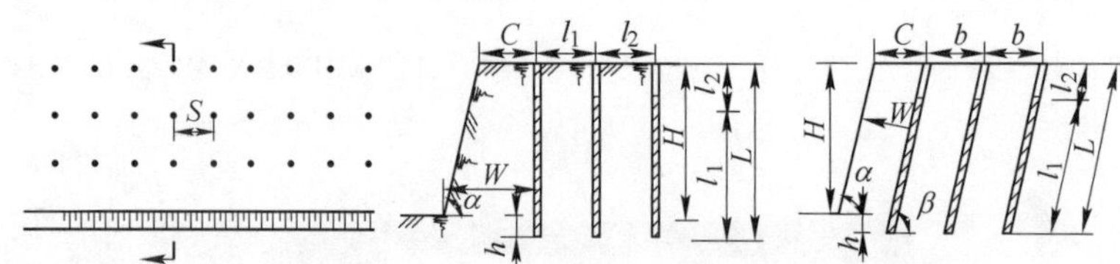

图 8-1　台阶爆破的几何参数

H—台阶高度；W—前排孔负荷；L—炮孔深度；l_1—装药长度；l_2—填塞长度；β—炮孔倾斜角；α—台阶面倾角；S—同排炮孔之间距；b—排与排之间距；C—台阶面上从前排孔中心至坡顶线之安全距离；h—超深

由于倾斜炮孔通常都平行于台阶前方自由面，前排炮孔沿着炮孔长度具有均匀的负荷（抵抗线），因此，采用倾斜孔的台阶爆破具有较好的破碎块度、爆堆抛掷适中、松散度好，而且对爆破后形成的新台阶的后冲破坏也较小。但是其缺点是钻凿倾斜孔一般偏差较大，钻孔效率较低，钻孔长度增加，钎具的磨损也较大，装药也较困难，特别是当孔中有水时。由于倾斜炮孔有一个向上运动的分量，因而增加了产生飞石的潜在风险，特别是当自由面参差不平整时。

水平炮孔很少在露天台阶爆破中采用，一方面是由于其钻孔和装药困难，另一方面其产生飞石的潜在风险更大。

8.1.2　炮孔直径 d

建筑工程的露天岩石爆破中采用的炮孔直径通常在 38～150mm 范围内。

对于某一个开挖工程爆破选取炮孔直径通常取决于下列因素：

（1）开挖工程所要求的爆破规模和爆破产量。小型的浅孔爆破工程常采用的炮孔直径为 38～50mm，而中型和大型爆破开挖工程常采用的炮孔直径为 76～125mm。

（2）为适应装载和运输设备而要求的破碎块度。较小的炮孔直径由于炸药在岩石中分布较均匀因而相对于大直径炮孔爆破的破碎效果要好。

（3）台阶高度和装药结构。小的炮孔直径常用于小（低）台阶爆破。

8.1.3　台阶高度 H

台阶的高度通常取决于开挖工程爆破的规模，钻孔和装载设备。有时也受限于工程设计的要求。通常低台阶（≤5m）适合于小炮孔爆破，10～15m 高台阶适于中等和大型建设的爆破开挖工程。

在台阶爆破中，台阶高度与负荷的比值，图 8-1 中为 H/W，是一个重要的概念：台阶刚度。它对爆破效果有着重大影响。当台阶刚度 H/W 大时，炮孔前的台阶岩体易于位移和变形。如果 $H/W<1$，炮孔前的岩体的破碎程度变坏，特别是台阶下部的岩石，极难推出，甚至产生向上的飞石。当 $H/W=1$，爆破块度大，并会产生后冲破坏和根底。如果 $H/W=2$，这些问题会减小。而当 $H/W\geqslant3$，这些问题会完全消失。

8.1.4 负荷 W

“负荷”一词在我国和某一些国家称之为“最小抵抗线”，它是台阶爆破最为重要的一个参数。负荷 W，是指从炮孔轴线到炮孔前方自由面的最小距离。但当使用垂直炮孔时它通常是指炮孔轴线至自由面底部（台阶根部，见图8-1）的距离。负荷值大小取值取决于岩石的可爆性、炮孔直径和炸药的性能。大多数计算负荷的公式采用炸药体积、炸药重量或炮孔直径作为基本参数。下面介绍一些常见的计算公式以作参考：

8.1.4.1 兰基弗斯（瑞典）公式[1]

$$W_{max}=\frac{d}{33}\sqrt{\frac{\rho PRP}{\bar{c}f(S/W)}} \tag{8-1}$$

式中 W_{max}——最大负荷值，m；

d——炮孔底部的直径，mm；

ρ——炸药的装药密度，kg/dm^3；

PRP——炸药的重量威力，如代那买特炸药：PRP = 1，ANFO：PRP = 0.84，TNT：PRP = 0.97；

$\bar{c}$——当 $W_{max}=1.4\sim15.0$m，$\bar{c}=c+0.75$kg/m^3，其中，c 是岩石常数，硬岩的露天爆破 $c=0.4$kg/m^3；

f——夹制程度系数，垂直炮孔 $f=1$，倾斜度为 3:1 的倾斜炮孔 $f=0.95$；

S/W——孔距与负荷之比值。

兰基弗斯公式可作如下简化[2]：

使用代那买特炸药 $$W_{max}=1.47\sqrt{l_b} \tag{8-2}$$

使用乳化炸药药卷 $$W_{max}=1.45\sqrt{l_b} \tag{8-3}$$

使用 ANFO $$W_{max}=1.36\sqrt{l_b} \tag{8-4}$$

式中，l_b 是指炮孔底部炸药的线装药密度，kg/m。炮孔倾斜度为 3:1，岩石常数取 0.4。台阶高度 $H\geqslant2W_{max}$。

对于其他的炮孔倾斜度和岩石常数，W_{max} 用 R_1 和 R_2 两个系数作修正：

倾斜度	垂直	10:1	5:1	3:1	2:1	1:1
R_1	0.95	0.96	0.98	1.00	1.03	1.10
岩石常数	0.3	0.4	0.5			
R_2	1.15	1.00	0.90			

在实际爆破中，实际的负荷比用式（8-1）~式（8-4）计算出的 W_{max} 小 10%。

考虑到钻孔的偏差，实际的负荷可按下式修正：

$$W=W_{max}-e'-d_bH \tag{8-5}$$

式中，H 为台阶高度，m；e' 为孔口偏差，m/m；d_b 为炮孔偏差，m。

8.1.4.2 巴隆（苏联）公式

对于垂直炮孔，巴隆的计算负荷的公式为：

$$W=d\sqrt{\frac{7.85\rho L\tau}{qmH}} \tag{8-6}$$

式中　W——负荷，m；

d——炮孔直径，dm；

ρ——炸药装药密度，kg/dm^3；

L——炮孔深度，m；

τ——装药百分比，装药高度/炮孔深度，%；

q——设计的炸药单耗，kg/m^3；

m——炮孔间距和负荷之比；

H——台阶高度，m。

8.1.4.3　*汤姆洛克（芬兰）方法*

芬兰的汤姆洛克公司现已并入瑞典的山特维克（Sandvik）公司，于1988年出版的《露天钻孔与爆破》手册中提出了一种估算负荷值的方法。作者认为对于给定的炮孔直径和岩石的类型和可爆性，存在一个最优的负荷值（产生最宜的破碎质量并不出现根底）。这一最优的负荷值通常都位于下列范围内而且主要取决于岩石性质（见图8-2）：

$$W = 25 - 40d$$

式中，W以m为单位，d以mm为单位。或者

$$W = 2.5 - 3.5d$$

式中，W以ft为单位，d以in为单位。

从图8-2中选取的负荷值应用表8-1中的系数作修正。例如

炮孔直径：	89mm
台阶高：	16m
炮孔倾斜度：	3:1（18°）
岩石种类：	limestone
岩石可爆性：	易爆至非常易爆
最优的负荷值（按图8-2）：	$W = 36d = 3.2$m
修正系数（查表8-1，$H = 16$m，$d = 89$mm）：	0.91
负荷值（$H = 16$m）	$W = 0.91 \times 3.2 = 2.9$m

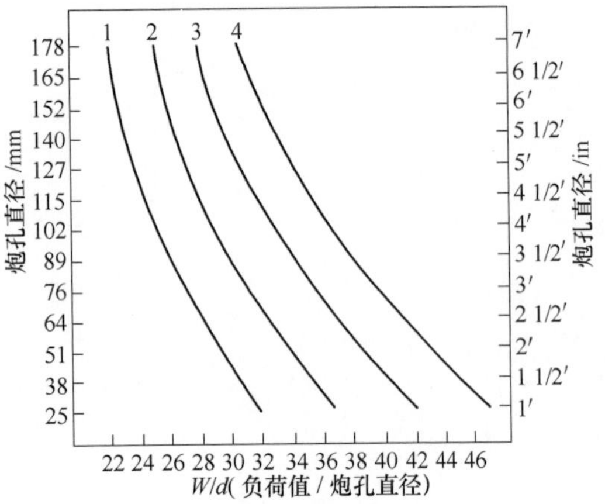

图8-2　不同岩石可爆性的最大负荷与炮孔直径的关系[4]

炮孔倾角为15:20（从垂直线），如为垂直孔，负荷值应减小5%~10%

1—难爆；2—中等难爆；3—易爆；4—非常易爆

表8-1　负荷值的修正系数

台阶高/m	炮孔直径/mm								
	45	51	64	76	89	102	115	127	152
4	0.92	0.85	0.73	0.66	—	—	—	—	—
5	1.00	0.97	0.86	0.77	—	—	—	—	—
6	0.97	1.0	0.98	0.89	0.91	0.89	—	—	—
7	0.95	0.97	1.00	0.98	0.94	0.93	—	—	—
8	0.92	0.95	0.98	1.00	0.97	0.96	0.93	0.93	0.93
9	—	0.93	0.96	0.98	0.98	0.99	0.96	0.96	0.96
10	—	0.90	0.94	0.96	1.00	0.99	0.98	0.98	0.98
11	—	0.88	0.92	0.93	0.98	1.00	0.99	0.99	0.99
12	—	0.85	0.90	0.91	0.97	1.00	1.00	1.00	1.00
13	—	—	0.88	0.89	0.95	0.99	0.99	1.00	1.00
14	—	—	0.84	0.87	0.94	0.97	0.98	1.00	1.00
15	—	—	0.82	0.86	0.92	0.97	0.97	0.99	0.99
16	—	—	—	0.84	0.91	0.96	0.97	0.98	0.98
17	—	—	—	0.82	0.89	0.94	0.96	0.97	0.98
18	—	—	—	—	0.87	0.94	0.95	0.96	0.97
19	—	—	—	—	0.86	0.93	0.94	0.95	0.96
20	—	—	—	—	0.84	0.93	0.94	0.94	0.95
21	—	—	—	—	—	0.92	0.93	0.93	0.94
22	—	—	—	—	—	0.90	0.91	0.93	0.93
23	—	—	—	—	—	—	0.89	0.91	0.92
24	—	—	—	—	—	—	0.88	0.90	0.91

如果台阶高度低（$H < 70d$），负荷值应按下式计算：

$$W = W_{max} - 0.1 - 0.03H \tag{8-7}$$

式中 W_{max}——最大负荷值，m；

0.1——孔口偏差，m；

$0.03H$——炮孔方向偏差，m，其中，H 为台阶高度，m。

8.1.4.4 伯汉德里（印度）最优负荷值

对于给定的炸药，岩石类型和孔距，应存在一个最优的负荷值，使得爆破后岩石体积最大，爆破块度和爆堆松散适中且无根底。印度伯汉德里（Sushil Bhandari）教授在其著作《工程岩石的爆破作业》[3]中，将其分成两个不同的概念：最优破裂（breakage）负荷和最优破碎（fragmentation）负荷。

在最优破裂负荷值时，得到的破裂的岩石的量（体积）最大，但其破碎程度却基本上不能接受，因其含有很多碎屑和大块。实验室的试验结果显示出最优的破碎负荷值比最优破裂负荷值小30%~40%。在最优破碎负荷值情况下，得到的破碎岩石量较少但破碎均匀且无大块出现。因此，他建议在采用最优破碎负荷时可增大炮孔间距以提高岩石破碎量。

根据利文斯顿的爆破漏斗理论（请见本书5.3节），伯汉德里建议采用修正的漏斗爆破试验方法，称之为台阶破碎方法——来取得最优破裂负荷值和最优破碎负荷值。在此方法中，在台阶面上每隔一段距离以不同的负荷值钻一排炮孔并装填同样数量（同样重量或体积），像台阶爆破一样分别爆破。试验的岩石及其所用的炸药，炮孔直径及起爆药最好与生产爆破完全一样。每孔爆破后，对其破碎的体积和破碎程度进行量测并记录。从这一系列试验爆破的结果即可得到最优破裂负荷值和最优破碎负荷值。

8.1.4.5 其他估算负荷值的经验数据

表8-2和表8-3是一些用以估算台阶爆破负荷值的经验数据供参考。

表8-2 根据岩石的单轴抗压强度选取不同爆孔直径 d（d=65~150mm）的台阶爆破设计参数[6]

设计参数	岩石的单轴抗压强度/MPa			
	低（<70）	中等（70~120）	高（120~180）	非常高（>180）
负荷 W	$39d$	$37d$	$35d$	$33d$
孔距 S	$51d$	$47d$	$43d$	$38d$
填塞长 l_2	$35d$	$34d$	$32d$	$30d$
超深 h	$10d$	$11d$	$12d$	$12d$

表8-3 美国矿山局推荐的台阶爆破之负荷/孔径比值[5]

炸药	岩石	密度 /g·cm^{-3}	W/d
铵油（0.85g/cm^3）	轻	2.20	28
	中等	2.70	25
	重	3.20	23
Slurry 或 Dynamite（1.20g/cm^3）	轻	2.00	33
	中等	2.70	30
	重	3.20	27

8.1.5 孔距 S

与负荷方向垂直的方向上，两相邻炮孔之间的距离称之为孔距 S。通常情况下，孔距是由负荷的大小决定的，但它也受到炮孔间的起爆时差和起爆顺序的影响。

当孔距过小时，相邻两炮孔间会先形成一个裂缝，不仅使爆炸气体过早溢出而且会在炮孔前方形成大块并产生根底。反之，如果孔距过大，在炮孔之间的岩石得不到适当破碎并在两孔中间形成根底，而且造成新形成的台阶面参差不齐甚至形成悬额现象。

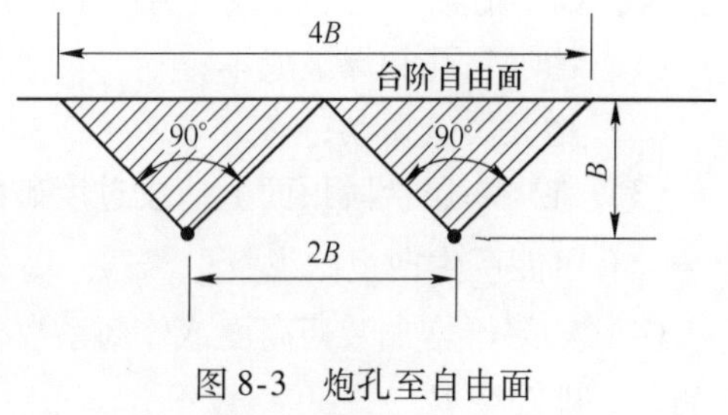

图8-3 炮孔至自由面的破碎角

孔距大小的选择受到一种普遍认可的概念左右，即从炮孔至台阶自由面形成的破碎角约为90°（见图8-3），因而孔距不可能大于负荷的两倍。所以几十年来，孔距与负荷的比值一直为1~2。

1963 年兰基弗斯等人通过实验室模型实验证明：几个同时起爆的单排炮孔，当减小负荷而孔距加大至超过三倍负荷值时，取得了更好的破碎效果。多排炮孔爆破（排间延时）所进行的同样的模型试验还证实：当孔距与负荷之比最大至 8 时，同样取得了好的破碎效果。这一结果在露天矿山爆破实践中得到了进一步证实。这一技术在 20 世纪 70 年代早期已被普遍接受并称之为“瑞典大孔距爆破技术”。

本书作者在早期发表论文[7]，揭示了大孔距爆破改善破碎效果的机理。通过采用作者本人建立的 BMMC 计算机模型（将在本书第 12 章介绍）进行的数值模拟证实：在大孔距台阶爆破中，减小负荷并增大孔距可显著增强反射拉伸应力波。它不仅增加了自由面附近的应力波的能量密度，而且使得能量的分布更加均匀（见图 8-4），从而可有效地改善岩石的破碎效果。

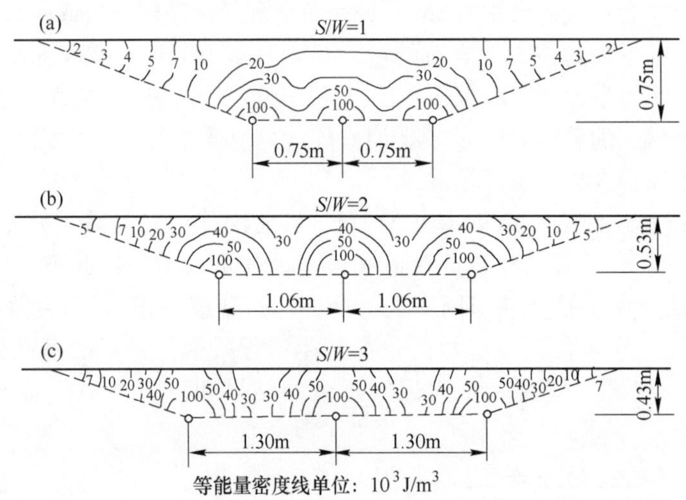

图 8-4　当 $S/W=1$，2，3 时在台阶中部平面上应力波的平均能量密度分布图[7]

但从建筑工程的爆破开挖实践来看，它又不同于露天采矿和采石场，在选择炮孔间距时除考虑要求满足破碎效果外，还要考虑爆破的目的，即满足建筑开挖的要求。大孔距小负荷爆破可获得较好的破碎效果和疏松的爆堆，但它有可能形成参差不平的新台阶面，在两相邻炮孔间形成根底，而且会有增加产生飞石的风险。因此当要求有较好的破碎效果时，取 $S/W=1.5\sim2$，小于 3 较为恰当。适当地减小孔距可使新形成的台阶面较为平整，特别是采用预裂爆破技术时，孔间距通常都小于负荷，但随之有可能产生大块。对于建筑开挖爆破，S/W 通常取 1.25 ~ 1.5 或参考表 8-2 选取。当爆破区邻近最终斜坡面而又不打算采用预裂爆破时，取 $S/W=1\sim1.2$ 可形成一个相对平整的最终斜坡面。如果因其他工程需要（如岸边建防波堤）想要多爆大块时，可尝试将 S/W 逐步降至 0.8。

8.1.6　超深 h

为了避免爆破后在台阶底板上形成称之为根底的凸起岩石，通常炮孔都要钻到台阶底面以下，这一部分低于台阶底面的炮孔称之为超深，在图 8-1 中用字母 h 表示。

如果超深过小，台阶岩体在爆破时就无力沿台阶底板面剪切开，在底板上形成凸起的根底，造成装载困难，如不清除将使新形成的台阶平面升高。然而，过大的超深也会产生一系列问题，诸如：

（1）增加钻孔和爆破成本；

（2）增大爆破振动；

（3）在下一层台阶顶面上造成过度破碎，使钻孔困难。如果下一层台阶之顶面上的破碎岩石不清理干净，有可能产生向上的飞石；

（4）如果不增加装药高度或炸药系数（单位体积炸药消耗量），炸药会集中于炮孔下部而致使台阶上部的岩石破碎变差。

最适当的超深取决于：

（1）被爆岩体的结构、构造和岩石的强度；

（2）炸药的性能，特别是底部炸药（尤其是每米炮孔炸药所产生的能量）；

（3）炮孔直径；

（4）炮孔倾角、负荷；

（5）炮孔中起爆药的位置。

实际上超深可粗略地取负荷的0.3倍。如果岩体的构造和强度有利于爆破，超深可适当减小（如果岩体为水平层理构造，超深甚至可取0），反之亦然。

8.1.7 填塞高度 l_2

填塞高度是在炮孔内炸药之上用惰性材料填塞部分的高度，它用以阻止爆炸气体泄入空气中，从而可改善爆破破碎效果。

填塞材料的类型和长度对于爆炸产生的应力波没有显著的影响，但合适材料和长度的填塞可阻止爆炸产生的高压气体过早泄入空气中，因而可有效地增强爆炸气体的能量在台阶岩体的破碎和抛掷中所起的作用。

当采用过小的填塞高度和不适当的填塞材料时，由于爆炸气体过早泄出，它会产生爆破噪声、空气冲击波甚至飞石危险，而且还影响台阶岩体的破碎和位移。反之，如果过度地填塞，它会在台阶顶部产生大量大块，使爆堆紧实并增大爆破振动。

最优的填塞取决于恰当的填塞长度和合适的填塞材料。

爆破实践中，填塞长度在（25 ~ 40）d 或（0.75 ~ 2）W 之间变化，但应考虑以下一些因素：

（1）岩石的特性。当岩石质量和可爆性降低时，要适当增加填塞高度。

（2）在多排孔爆破时，必须特别留意前排孔的填塞高度，特别是在台阶面参差不平或采用垂直炮孔时其负荷从台阶底部至顶部变化很大。如果岩石移动的平均方向从前排炮孔至后排炮孔有逐渐垂直向上的趋势，则最后一排炮孔的填塞高度应适当加大以减小后冲破坏（见图8-5）。

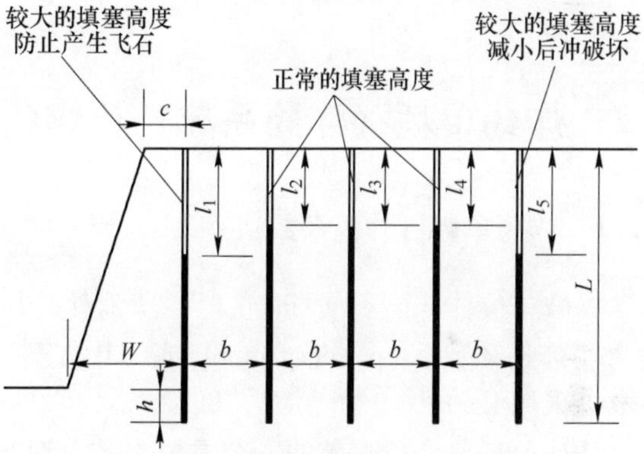

（3）当爆破地点接近公众区或居民区时，应采用较大的填塞高度（0.85 ~ 1.0）W 以降低爆破噪声、空气冲击波及防止产生飞石。

图8-5 多排垂直孔爆破时前排孔和最后一排孔应适当增加填塞高度

实践证明采用直径为 $1/17d \sim 1/25d$ 的碎石作为填塞料可达到非常好的效果，因为它是一种惰性材料，由于多棱角而具有极大的摩擦力而且装填时能十分顺畅地进入孔内。通常就位于孔口旁的钻粉屑以及黏土都不是好的填塞材料，因为它们比重轻、摩擦力小而且爆破时会产生大量粉尘。

8.1.8 炮孔排列

在台阶爆破中，有两种炮孔排列方式：矩形（包括正方形和长方形）和交错形（又称梅花形或星形）。图8-6是常见的炮孔排列方式。

由于易于在台阶面上标记炮孔位置，而且又适合于采用一些防止飞石的防护措施，如地表用铁网或橡胶垫覆盖或用炮笼罩住等，台阶爆破常采用矩形布孔。但交错形布孔的效果更好，特别是采用等边三角形布孔，它使得炸药能量在台阶岩体内分布更均匀，因而有较好的破碎效果，特别是在坚硬而又整体性好（少节理、裂隙）的岩体中效果更为明显。

在坚硬岩体中当炮孔的负荷和间距较大，如大于2.5m×2.5m，为了改善台阶上部的破碎效果，可在主炮孔中间钻一些浅的辅助炮孔，如图8-7（a）所示，或在炮孔上部填塞中加一辅助炸药包，如图8-7（b）所示。

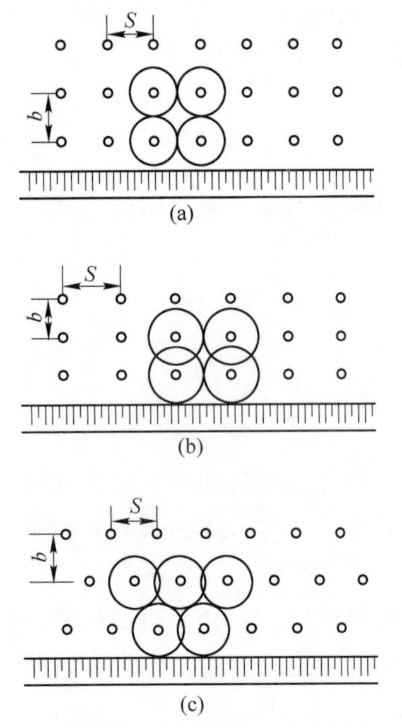

图 8-6　常见的炮孔排列方式
（a）正方形排列，$S=b$；（b）长方形排列，$S>b$；
（c）交错型（等边三角形）排列

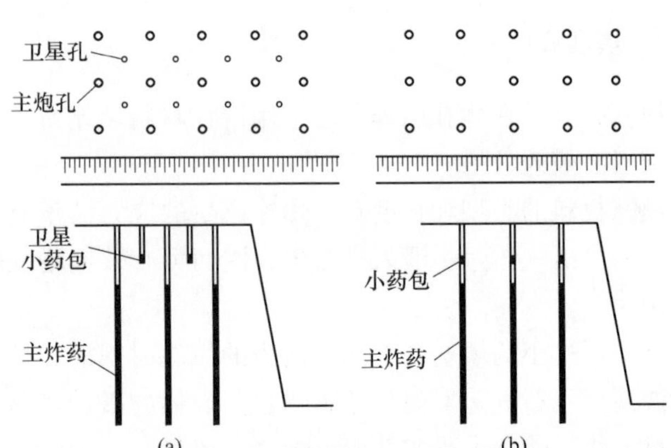

图 8-7　采用辅助小药包改善台阶上部的破碎效果的两种方法
（a）采用辅助卫星炮孔；（b）在填塞部分加一辅助小炸药包

8.2　炸药单耗（炸药系数）及炸药量计算

8.2.1　炸药单耗（炸药系数）

爆破单位体积岩石（$1m^3$或ft^3）所消耗的炸药量（kg 或 lb）常称之为“炸药单耗”，在西方国家则称之为“炸药系数”（powder factor）或“比炸药量”（sprcific charge），其计量单位为kg/m^3或 kg/t 或lb/ft^3。在本书采用kg/m^3。

炸药单耗是台阶爆破的一个重要参数。对于一般的台阶爆破，炸药单耗在 $0.1\sim0.7kg/m^3$之间变化。它的大小受下列一些因子影响：

（1）岩石的可爆性。本书第 5 章中表 5-1、表 5-2 和表 5-6 说明了炸药单耗和岩石可爆性的关系。

（2）对被爆岩石要求达到的破碎程度。较高的炸药单耗可得较好的破碎效果。

（3）对被爆岩石要求达到的松散程度和抛掷距离。较高的炸药单耗可得较好的松散程度和较大的抛掷距离。

（4）所使用的炸药性能。如果被爆岩体的可爆性相近，要求达到的爆破效果（如破碎程度、爆堆松散程度和抛掷距离等）相同，使用高能量、高密度的炸药（例如乳化炸药）所需要的炸药单耗要比低能量、低密度的炸药（例如铵油爆破剂 ANFO）低。

（5）炸药在炮孔和岩体中的分布。如果炸药在炮孔和台阶岩体中的分布不好（不均匀），台阶爆破中所需要的炸药单耗也不得不增加。

（6）被爆岩体受到的夹制作用。为了克服高夹制作用造成的阻力，不得不增加炸药单耗。

8.2.2　炸药量计算

按照炸药单耗的定义：

$$q=\frac{Q}{V} \tag{8-8}$$

式中，q 为炸药单耗，kg/m^3；Q 为炸药量，kg；V 为被爆岩体的（爆前）体积，m^3。

8.2.2.1　一个炮孔的炸药量

对于单排炮孔爆破或多排孔爆破的第一排炮孔，每一个炮孔的装药量 Q_1 可按式（8-9）计算：

$$Q_1 = q \times S \times W \times H \tag{8-9}$$

式中　q——炸药单耗，kg/m³；

S——两相邻炮孔之间距，m；

W——炮孔于台阶底部处之负荷，m；

H——台阶高度，m。

对于多排孔爆破，从第二排孔开始之后的每个炮孔的装药量可按式（8-10）计算：

$$Q_2 = k \times q \times S \times b \times H \tag{8-10}$$

式中　k——考虑到前排炮孔岩石的阻力而引入的一个系数，$k = 1.1 \sim 1.2$；

b——排与排之间距，m；

其他符号意义同式（8-9）。

8.2.2.2　线装药密度

线装药密度（linear charge concentration）L_e 是一个常见的爆破术语，特别是在处理周边孔爆破问题时常要使用此一术语。在美国则用炮孔装药密度（loading dencity）这一词，具有相同的含义。

对于一个耦合装药的炮孔，线装药密度 L_e 即是 1m 炮孔的装药量：

$$L_e = \frac{\pi d^2 \rho_e}{4} \tag{8-11}$$

式中　L_e——线装药密度，kg/m；

d——炮孔直径，m；

ρ_e——炸药的装药密度，kg/m³。

对于一个非耦合装药的炮孔，线装药密度 L_e 的表达式应包括一个不耦合系数 k_d：

$$L_e = k_d \frac{\pi d^2 \rho_e}{4} \tag{8-12}$$

式中，k_d 为不耦合系数，$k_d = \frac{d_e^2}{d^2}$；d_e 是炸药卷（或药柱）直径。

8.3　炮孔装药结构

8.3.1　连续装药结构

在台阶爆破中，连续装药是最通常使用的装药结构，如图 8-8（a）所示，因为它装药操作最简单，特别适用于浅孔爆破。

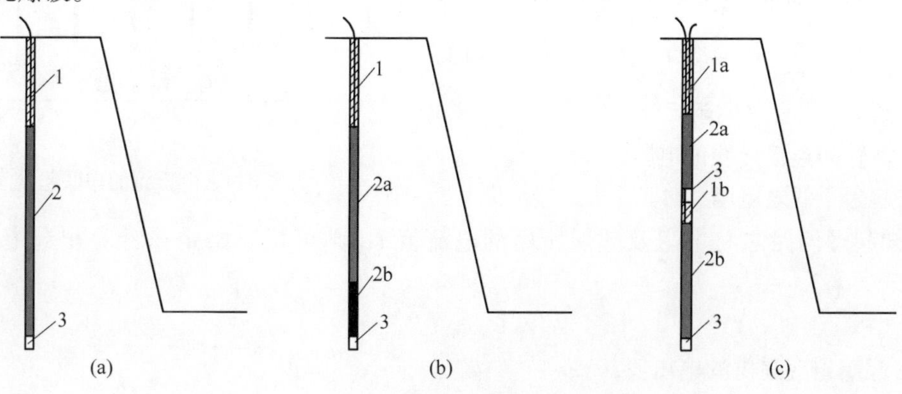

图 8-8　炮孔装药结构

（a）连续装药结构；（b）连续分段装药结构；（c）分段间隔装药结构

1—填塞；1a—孔上部填塞；1b—中间填塞；2—炸药；2a—上部炸药；2b—底部炸药；3—起爆装置

8.3.2　连续分段装药结构

由于在台阶的下部，炸药爆破破碎岩石的阻力远大于台阶上部，这是因为要克服更大的岩石的抗剪切力。岩石的抗剪切强度远大于抗拉伸强度，因而需要更多的炸药能量，特别是在采用垂直炮孔进行台阶爆破时尤如此。这意味着炮孔的下部应该装高密度、高威力的炸药，例如乳化炸药或重铵油，而炮孔的上部可以装中等威力、低密度的炸药，如铵油爆破剂。底部装药的高度应该为负荷值之 0.6 倍 (0.6W)，可使得底部炸药重心正好住于台阶底板的水平处。根据兰基弗斯的研究结论，即使将底部装药高度增大至大于负荷值，对于台阶底板处岩石的破碎并无明显效果，因此他建议炮孔的底部装药高度应在负荷的 0.6 ~ 1.6 倍。

选用不同炸药的连续分段装药有如下一些优点：

（1）由于可增大孔网尺寸和减小超深，因而提高了钻孔的生产率；

（2）改善了台阶底部的破碎效果，消除了根底问题从而有利于装载；

（3）降低了钻孔爆破成本，对于坚硬岩石尤为显著；

（4）由于改善了炸药能量的利用，从而可减小炸药单耗。

8.3.3　分段间隔装药结构

在台阶深孔爆破中，炮孔中用填塞料分隔开分两段或三段装药，而且以不同的延时起爆是常用的爆破技术。中间的填塞长度不应短过 10d（炮孔直径），以避免先起爆的炸药造成后起爆炸药殉爆或钝化。当使用导爆管非电雷管引爆时，各分隔装药之间的延时相差多采用 25ms，例如：450ms、475ms、500ms 等，见图 8-8（c）。

分段间隔装药结构的优点：

（1）可减小每段延时的炸药量。它是降低爆破振动的有效措施。

（2）提高了炮孔的装药高度，从而改善了台阶上部岩石的破碎效果。

（3）降低了钻孔爆破成本，对于坚硬岩石尤为显著。

8.4　起爆方法和起爆顺序

8.4.1　电雷管起爆系统

8.4.1.1　电雷管起爆网路的计算

简单的串联起爆和单一的并联起爆网路的计算公式介绍如下：

A　串联网路

如图 8-9 所示，网路的起爆总电阻可用下式表达：

$$R_o = \sum_{i}^{n} R_i + R_f + R_c \tag{8-13}$$

式中　R_i——第 i 个雷管之电阻，Ω；

R_c——雷管间连接导线的电阻，Ω；

R_f——起爆干线之电阻，Ω。

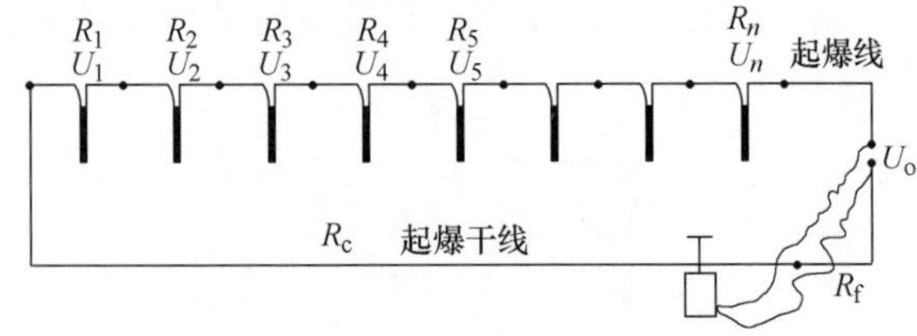

图 8-9　电雷管的串联起爆网路

当已计算知起爆网路之总电阻及起爆所需的电流值 I，则可用奥姆定律计算出起爆器应提供的电压值：

$$U_o = I R_o \tag{8-14}$$

式中　U_o——起爆器应提供的电压值，V；

I——电流值，A。

起爆器必须具有足够的容量以向网路提供必需的电流和电压。起爆器的容量 P，单位为 W，可按下列公式计算：

$$P = U_o I \tag{8-15}$$

或

$$P = \frac{U_o^2}{R_o} \tag{8-16}$$

或

$$P = I^2 R_o \tag{8-17}$$

B 并联网路

图 8-10 的并联网路，其网路总电阻为：

$$R_o = R_f + \frac{1}{\sum_i^n \frac{1}{R_i}} \tag{8-18}$$

其总电流为：

$$I_o = \sum_i^n I_i \tag{8-19}$$

C 并—串联网路

并—串联网路是台阶爆破中常使用的电雷管起爆网路。其主要优点是它可以一次起爆大量电雷管而无需一个具有高输入电压的起爆器。一个类似于图 8-11 的平衡的并—串联起爆网路，其网路总电阻为：

$$R_o = R_f + \frac{R_i \times N_s}{N_p} \tag{8-20}$$

式中 N_s ——每一串电雷管的个数；

N_p ——并联的串数。

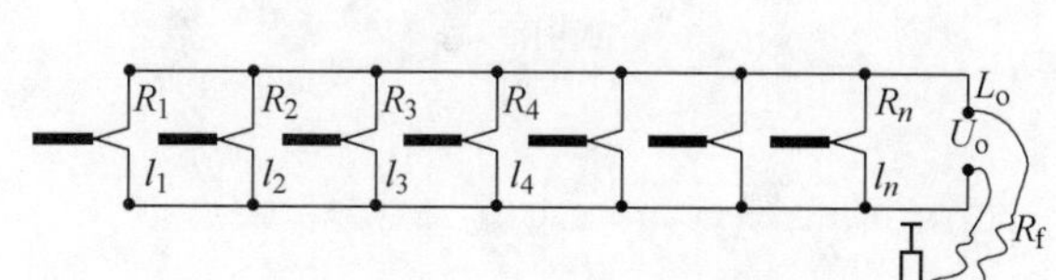

图 8-10 电雷管的并联起爆网路

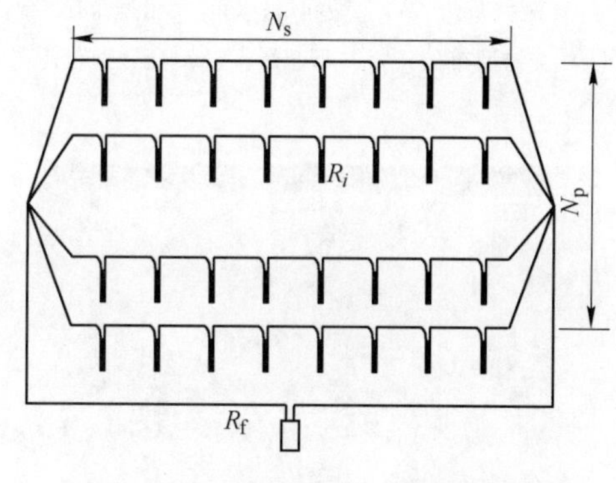

图 8-11 电雷管的并-串联起爆网路

8.4.1.2 建议采用的电雷管电线的驳接方法

驳接电雷管的脚线或干线时，为确保驳接牢靠，建议采用图 8-12 中的方法。

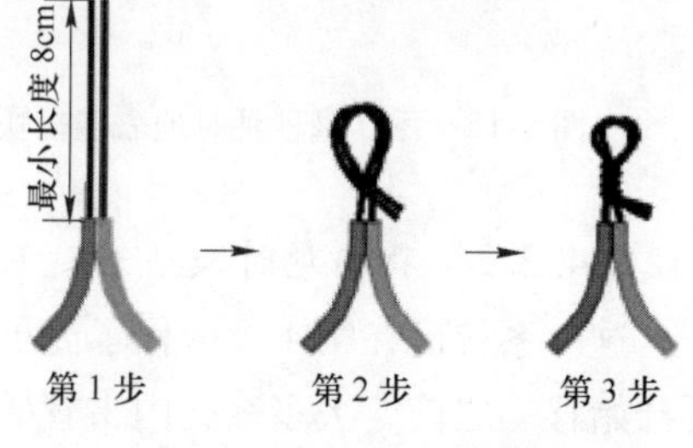

图 8-12 电雷管电线的可靠驳接方法

8.4.1.3 起爆顺序设计

在露天台阶爆破中，通常都采用毫秒延时电雷管，多排炮孔起爆，因为它具有破碎效果好，爆破振动小和生产率高等优点。电雷管爆破的起爆顺序设计，根据爆破现场的条件而有多种形式。

A 具有一个自由面的起爆设计

图 8-13 给出了一些矩形和交错形布孔的多排孔起爆设计方案供参考。

B 具有两个自由面的起爆设计

在台阶爆破中，很多时候都具有两个自由面。图 8-14 是常用的一些起爆设计方案，仅供参考。

8.4.2 非电导爆管雷管起爆网路设计

8.4.2.1 毫秒延时起爆系统

非电导爆管雷管毫秒延时起爆系统的起爆网路设计基本与毫秒电雷管相同，并已在上一小节中介绍。

但不同的是它们需要用0ms延时的地表连接块联结（见图8-15，取自Dyno Nobel）或者用一条低能导爆索（3.6g/m或5g/m）作为一条连接干线（见图8-16，取自Dyno Nobel）。

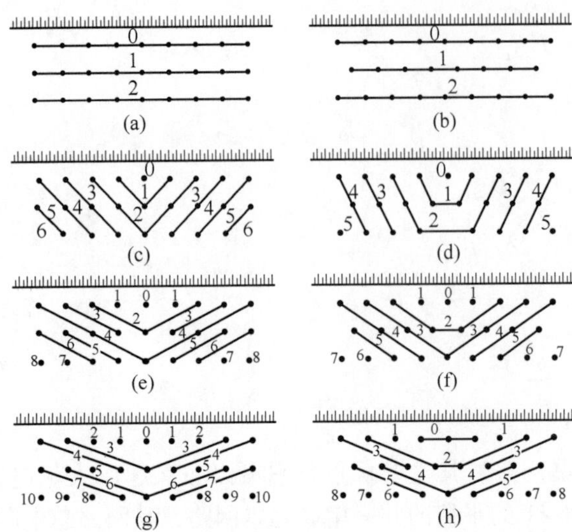

图8-13　采用毫秒延时电雷管的矩形和交错型布孔的多排孔起爆设计方案[9]

（a）矩型布孔，排间延时起爆；（b）交错型布孔，排间延时起爆；
（c）矩型布孔“V”型起爆；（d）交错型布孔“V”型起爆；
（e）矩型布孔“V_1”型起爆；（f）交错型布孔“V_1”型起爆；
（g）交错型布孔“V_2”型起爆；（h）交错型布孔“V_2”型起爆

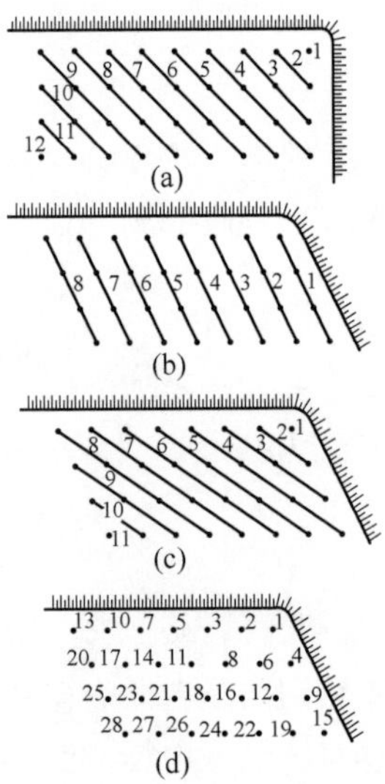

图8-14　具有两个自由面的矩形和交错布孔的起爆设计方案

（a）矩型布孔，按排延时起爆；
（b）交错型布孔，按排延时起爆1；
（c）交错型布孔，按排延时起爆2；
（d）交错型布孔，逐孔延时起爆

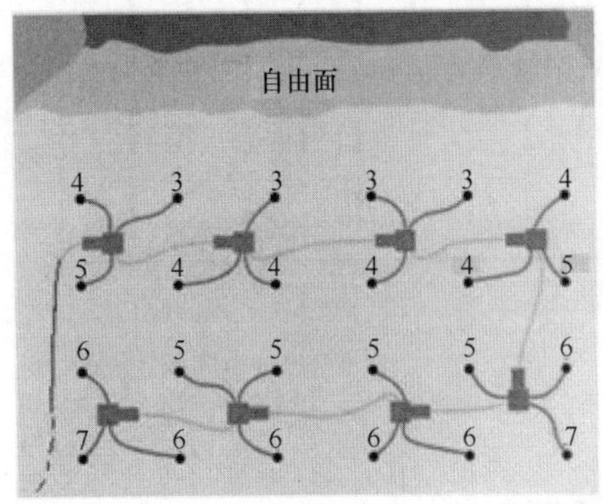

图8-15　用0毫秒延时地表连接块连接起爆

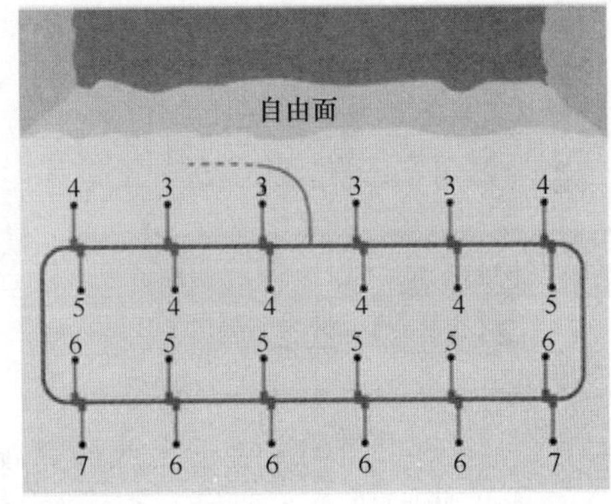

图8-16　用低能导爆索作为干线连接起爆

8.4.2.2　孔内延时及地表延时连接块组合系统（unidet system）

这一系统已在第4章中作了简单介绍。在这种起爆系统中，孔内雷管延时通常都较长以使得在被爆岩石开始移动之前，大多数孔内雷管的导爆管已被地表延时的连接块引爆。而孔间延时则靠地表依一定顺序连接的连接块中的延时雷管实现。这一原理已在第4章作了讲解。

地表延时可在0～200ms间选择，因此可根据岩石条件和负荷灵活地进行起爆顺序设计。虽然这一系统的延时间隔的数量比毫秒延时系统大大减少，而这一点对于制造厂家是有利的，但爆破手可以用很少的延时段别设计出各种各样灵活的起爆网路和起爆顺序以适应现场条件。图8-17是在台阶爆破中常用的两种起爆网路之范例。但必须注意，每一种网路在行数或每一行的炮孔数上都可能有所限制（见每一张图之左下角注解），如果超过这一限制就会造成某些爆孔在“同一时间”（延时间隔小于8ms）起爆（即重响，overlap）。

图8-18是两个采用每个炮孔双层间隔装药，每层炸药以不同延时起爆的起爆网路之范例。这种装药结构和起爆方式，使得每段延时的炸药量大幅减少以适应对爆破振动的限制。图8-19（取自Dyno Nobel）

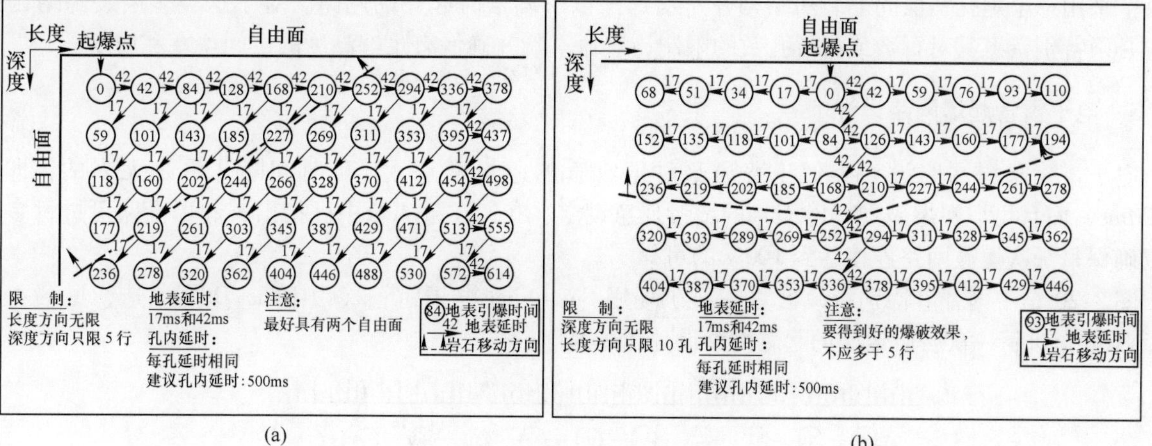

图 8-17 单层装药的两种起爆网路

（a）起爆网路 1；（b）起爆网路 2

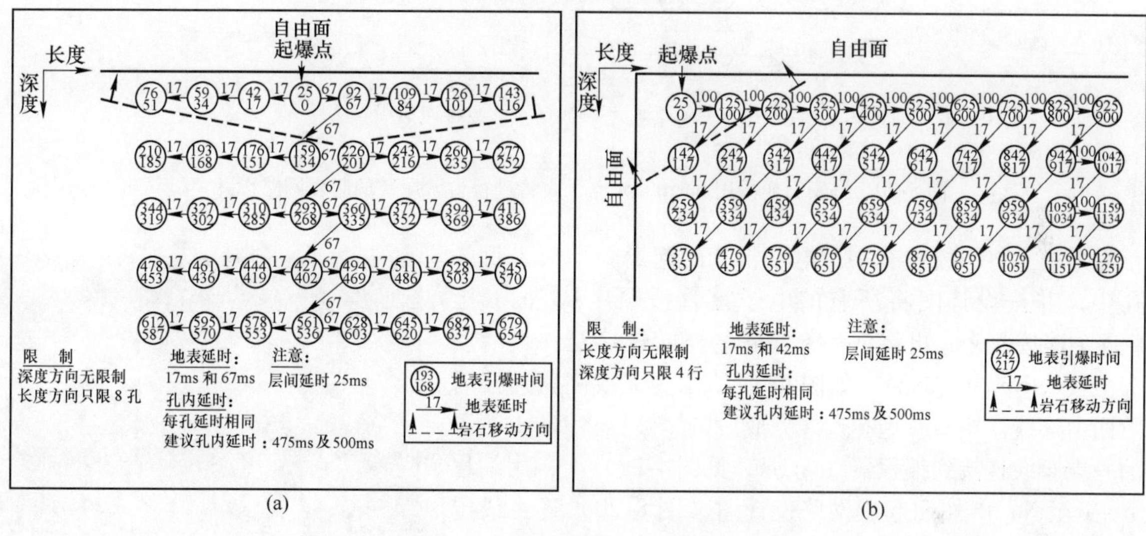

图 8-18 双层装药的两种起爆网路

（a）起爆网路 3："V"型起爆；（b）起爆网路 4：斜向起爆

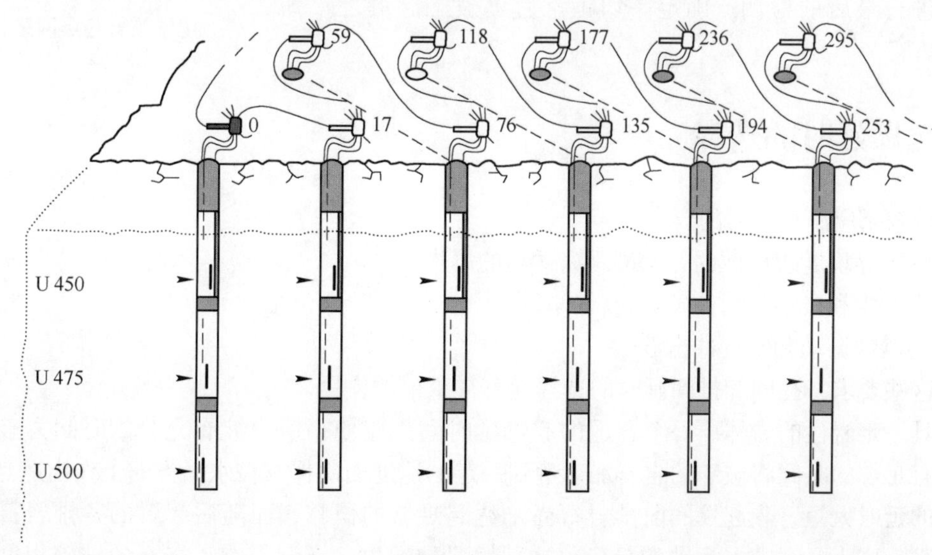

图 8-19 每孔分三层间隔装药的起爆网路（Dyno Nobel）

每孔分三层间隔装药适用于对爆破振动严格限制的场地。每一层以不同的延时起爆。图中行与行之间延时为 101ms，每一行孔间延时为 59ms（第一行第 1 孔和第 2 孔例外）

是一个采用每个炮孔三层间隔装药结构并每层炸药以不同延时起爆的网路。对于这类多层装药结构的网路，必须特别留意其对行数或每行孔数的限制，避免重响并确保有足够高度的层间填塞和质量。

8.4.3　电子雷管起爆网路设计

电子雷管起爆网路设计类似于普通毫秒电雷管的起爆网路。其延时间隔几乎是无限的，即 1 ~ 20000ms，而且可以在爆破现场以 1ms 的增量任意设定。我们在第 4 章中已指出其起爆网路可进行多重检测以确保每一次爆破网路连接达到 100% 的可靠。

图 8-20 是中国香港特别行政区嘉安石矿场用 SmartShot 电子雷管（由 Dyno-DSA 制造，见第 4 章图 4-25 所示）进行一次台阶爆破的起爆网路设计图。

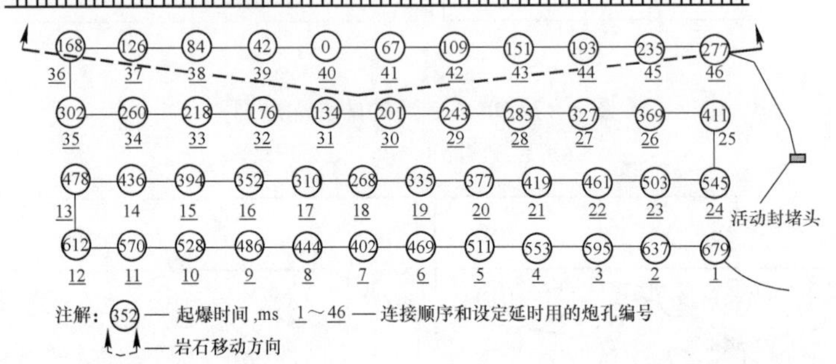

图 8-20　嘉安石矿场用 SmartShot 电子雷管进行台阶爆破的起爆网路设计

首先爆破工将一枚装有一发电子雷管的起爆药柱放入每一个炮孔中，并按设计图将所有的电子雷管按顺序从 No. 1 至 No. 46 逐个连接起来，再将 No. 46 雷管的尾端连接至一个活动封堵头上（active end plug）。如图 8-21 所示为完成网路连接后的台阶面上连线。当所有炮孔连线完成后，爆破工将 No. 1 电子雷管的一端脚线连接到编程器（tagger，见图 4-26）上，用编程器从 No. 1 至 No. 46 按照起爆网路设计图（图 8-20）逐一设定其延时。当再次检测所有雷管的延时和网路连接后，爆破工对每一个炮孔装入炸药并填塞。最后将网路干线连接至起爆箱（Bench Box）进行最后的检测。确定一切正常后爆破工起爆，完成该次爆破。

图 8-21　台阶面上可见已连接好的电子雷管起爆网路

8.5　炮孔起爆延时的选择

最好的爆破效果应满足下列的要求：

（1）合适的破碎块度、松散的并抛掷距离适当的爆堆；

（2）无飞石产生和极小的后冲破坏；

（3）最小的爆破振动和空气冲击波。

而要满足这些要求，孔间和排间延时的选择起着很重要的作用。

对于一种具一定岩性的岩体，一个合适的起爆延时间隔应使得应力波有充分的时间去破碎岩石，而且爆炸气体也有足够的时间将破碎的岩石加速达到一定的速度而确保其在水平方向上作出适当的位移。

如果排间的延时太短，先起爆的前排岩石尚未达到足够的位移，而随后起爆的各排岩石受到前排岩石的阻挡，势必会产生一个向上运动的趋势。这种情况的发生，不仅影响了岩石的破碎程度，造成紧实的爆堆和增大爆破振动，而且有可能造成向上的飞石和在新形成的斜坡面上造成后冲破坏从而影响最终斜坡或开挖边界的稳定。反之，如果排间延时太长，它又可能造成高的空气冲击波，切断地表的起爆网路连线，如果第一排的负荷不够大，甚至会产生飞石。

有很多文献对这一问题进行了探讨。表8-4列出不同研究者的各种意见[3]供参考。

表8-4　不同研究者对延时间隔时间的建议[3]

1. 兰基弗斯 & 基尔斯托姆（1973）：	2～5ms/m负荷（根据生产爆破的经验）；
2. 伯格曼等人（1974）：	1～2ms/ft（3.3～6.6ms/m）负荷（根据模型爆破试验）；
3. 哈根（1977）：	8ms/m负荷，孔口填塞长，低炸药单耗（kg/m³），软的、多裂隙、低密度岩体； 4ms/m负荷，孔口填塞短，高炸药单耗（kg/m³），致密、坚韧、整体性岩体；
4. 郎 & 法夫罗（1972）：	1.5～2.5ms/ft（5～8.3ms/m）负荷（在铁矿用高速摄影测得）；
5. 安德鲁（1981）：	1～5ms/ft（3.3～17ms/m）同排炮孔之间距及6.6～50ms/m排间距；
6. 云泽（1978）：	3.4ms/ft（11ms/m）同排炮孔之间距及大约8.6ms/ft（28.7ms/m）排间距；
7. 安德森等人（1981）：	8.4ms/ft负荷，可取得最好的破碎和抛掷效果

根据作者从事工程爆破几十年的经验，适宜的炮孔起爆延时间隔应该是：

对于中等至坚硬的岩体，同一排炮孔之间的延时间隔应取5.5～8.3ms/m孔间距，而排（行）与排之延时间隔应是2～3倍孔间距之间的延时间隔，亦即14～28ms/m负荷（排间距）。对于软岩则要适当延长。较长的排间延时可使先爆的前排岩石有充足时间向前移动而为后续起爆的各排岩石提供向前运动的空间。较长的排间延时也减少了由于后排炮孔岩石向上运动的趋势而造成的飞石和对新形成的斜坡的后冲破坏（图8-22）。在采用建议的延时条件下，当采用非电导爆管雷管地表延时联合孔内延时的Unidet系统时，同时也建议对孔内雷管采用较长的延时，例如不小于450ms，以避免由于岩石的移动而拉断地表的延时起爆网路。

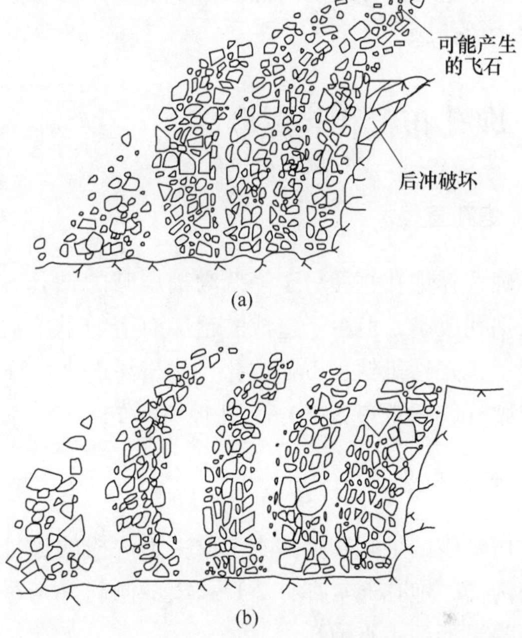

图8-22　排间延时对台阶爆破的影响[2]
（a）排间延时过短；（b）适当的排间延时

参考文献

[1] Langefors U, Kihlstrom B. *The Modern Technique of Rock Blasting* (3rd Edition). Halsted Press, New York, 1978.

[2] *Rock Excavation Handbook for Civil Engineering*. Sandvik & Tamrock 1999.

[3] Bhandari S. *Engineering Rock Blasting Operation*. A. A. Balkema, 1977.

[4] Tamrock. *Surface Drilling and Blasting*, Edited by Jukka Naapuri, 1988.

[5] 黄绍钧. 工程爆破设计［M］. 北京：兵器工业出版社，1996.

[6] Jimeno C L, et al. *Drilling and Blasting of Rock*. A. A. Balkema Publishers, 1995.

[7] 邹定祥. 大孔距爆破改善破岩效果机理的探讨［J］. 金属矿山，1983（12）：8-11.

[8] Persson P A, et al. *Rock Blasting and Explosives Engineering*. CRC Press, 1994.

[9] Hagan T N. *Initiation Sequence-Vital Element of Open Pit Blast Design*. 16th U. S. Symposium on Rock Mechanics, 1975.

9 沟 槽 爆 破

沟槽爆破又称为坑渠爆破，它是建筑工程的一部分。开挖各种类型的管线，诸如输水管道，排水、排污渠，煤器管道，输油管道，电缆沟，光纤管线及各种通信及互联网线路等。用炸药爆破开挖沟槽具有不同于普通台阶爆破的特点。由于很多沟槽爆破工程都在市区内或邻近市区，因此安全问题也是一个引起关注的话题。

9.1 炮孔布置和起爆顺序

9.1.1 炮孔直径

正确选择炮孔直径对于降低沟槽爆破的钻孔、爆破，即整个开挖成本是一个很重要的环节。大炮孔可降低钻孔成本，但由于造成的超爆而增加了挖掘和回填的工作量及成本。在市区内的小型工程中，通常采用手执式钻机钻小直径炮孔（沟槽深度<1.5m，孔径32~45mm），自行式钻机则用于较大型的沟槽开挖爆破（沟槽深度>1.5m，孔径50~76mm）。

9.1.2 炮孔布置

沟槽爆破的炮孔布置基本上取决于沟槽的尺寸大小。炮孔通常都一排排布置而与槽帮并无斜度。对于小的沟槽，炮孔通常都有2:1~3:1的倾斜（与垂直方向成26.5°~18.5°），而对于较大的沟槽，通常都采用更为灵活的垂直炮孔。

对于一般的岩石条件，沟槽爆破炮孔的主要参数：

D——炮孔直径，当槽深 $L_2 \leqslant 1.5\text{m}$，$D=32\sim45\text{mm}$；当 $L_2>1.5\text{m}$，$D=50\sim76\text{mm}$；

B——负荷，当 $D<50\text{mm}$，$B=26D$；当 $D>50\text{mm}$，$B=24D$；

S——孔间距，当沟槽宽 $W<0.75\text{m}$，$S=W$；当 $W=0.75\sim1.5\text{m}$，$S=W/2$；当 $W>1.5\text{m}$，$S=W/2.6$；

J——超深，$J=0.5B$，其最小值不得小于0.2m；

L_1——炮孔填塞高度，$L_1 \geqslant B$；

L——孔深，$L=\dfrac{L_2}{\cos\beta}+J$，式中，$\beta$ 为炮孔倾角。

正方形或长方形和交错布孔均可用于沟槽爆破，如图9-1所示。如果开始进行的沟槽开挖爆破没有自由面，则需要进行“切槽”爆破，为随后的沟槽爆破开创出一个自由面。图9-2是两种“切槽”爆破方案，即“楔形掏槽”方案和“垂直孔掏槽”方案。如果采用“垂直孔掏槽”方案，最好钻一个或多个不装药的中心大孔，为最先起爆的炮孔的岩石提供一个卸载空间。

9.1.3 起爆顺序

在沟槽爆破中起爆顺序的设计应既能达到最好的岩石破碎效果，又能使其两侧帮的超爆达到最小。毫秒延时的电雷管或非电导爆管雷管都常用于沟槽爆破。起爆时始终应保持中间的炮孔早于两侧帮的炮孔。图9-1~图9-3的例子中都给出了起爆顺序。

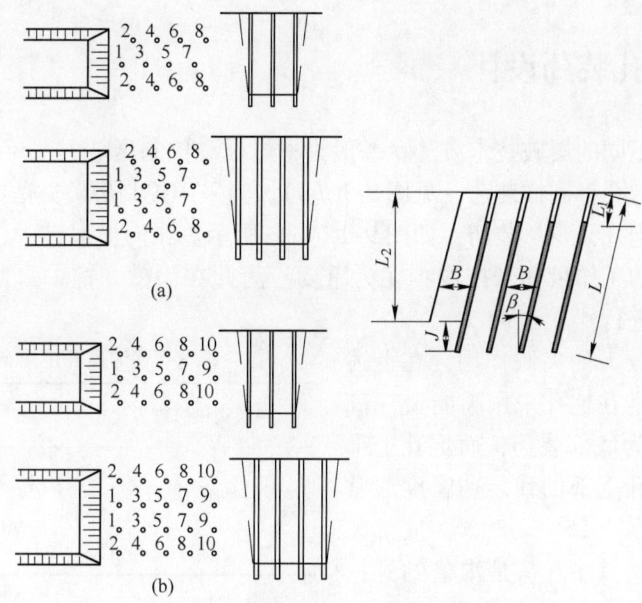

图 9-1　沟渠爆破炮孔布置和起爆顺序之示例

（a）交错布孔；（b）方形布孔

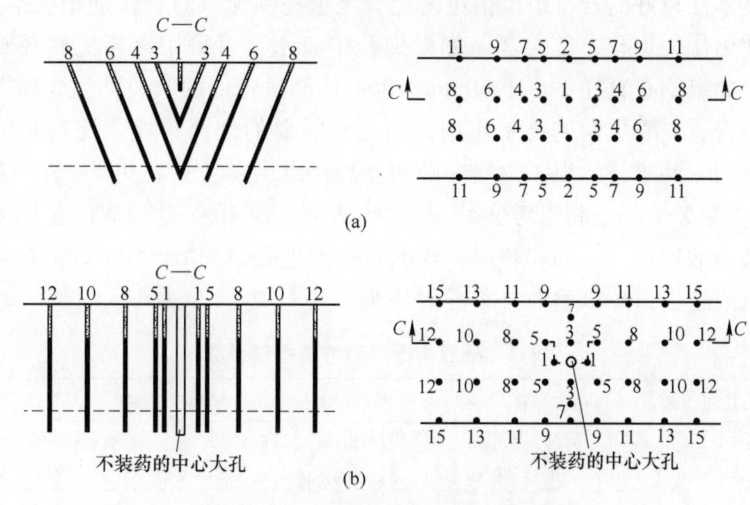

图 9-2　沟渠爆破的两种掏槽方案

（a）“楔形掏槽”方案；（b）“垂直孔掏槽”方案

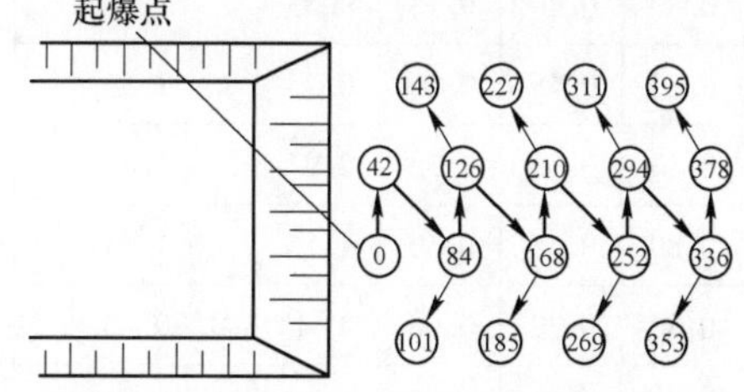

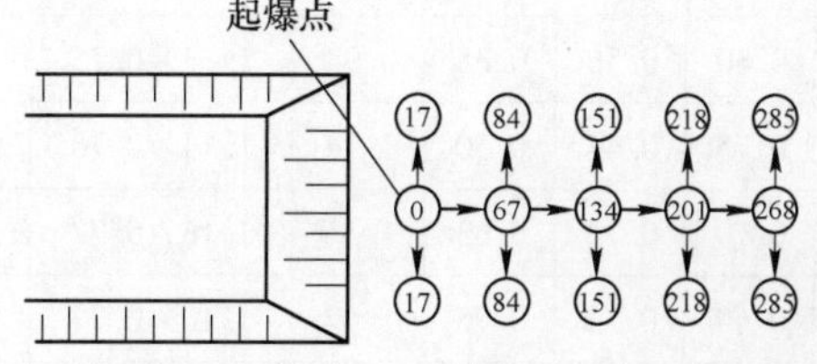

图 9-3　非电导爆管雷管在沟渠爆破中的起爆顺序

9.2 沟槽爆破的炮孔装药设计

沟槽爆破开挖有两种不同的爆破技术方法：一般沟槽爆破和控制爆破方法（又称光面沟槽爆破）。在一般沟槽爆破中，所有的炮孔都同样装药，见图9-1（a）。当采用控制爆破方法时，常采用矩形布孔，中间的炮孔药量较多而两帮炮孔只少量装药，如图9-1（b）所示。在沟槽爆破中，尽量减小对两帮的超爆破坏，对减少开挖和回填的工作量和开挖成本尤为重要。为此在沟槽开挖中采用控制爆破技术，使开挖范围尽量沿着设计开挖线进行。

由于沟槽的下部受到较大的夹制作用，在上述两种爆破开挖方法中，通常在炮孔采用高能量（高威力、高密度）的炸药作为底部装药，而炮孔上部则装能量较低的炸药。炮孔上部的线装药密度通常要比底部装药的线装药密度小25%～30%。底部装药的高度可参考表9-1[1]，其中，L_2是沟槽的开挖深度，单位为m。

表9-1 沟槽开挖爆破的底部装药高度[1]

一般沟槽爆破方法	光面沟槽爆破方法
所有炮孔： $0.4+(L_2-1)/5$	中央炮孔：$1.3\times[0.4+(L_2-1)/5]$ 两帮炮孔：$0.7\times[0.4+(L_2-1)/5]$

相对于台阶爆破而言，沟槽爆破的炮孔上部装药比较少，以减小爆破破坏超越设计的开挖边界线，然而超爆现象即使在整体性较好的岩石中也很难避免。当炮孔中无水时，铵油爆破剂（ANFO）因其低密度和低威力而被最常使用作为炮孔上部装药。如果炮孔中有水，可采用直径比底部装药小的防水包装炸药作为炮孔上部装药。如果炮孔直径不小于50mm，也可用能量较低的散装乳化炸药作为炮孔上部装药。

由于在沟槽爆破中岩石受到更大的夹制作用，因此它需要的炸药单耗要比通常的台阶爆破要高很多而且炮孔也更密集。下列一些表格给出了沟槽爆破的参数，以供参考。表9-2～表9-4是针对炮孔直径为32mm和38mm的爆破参数，它们是将参考文献［2］中表6～表9b综合而成的。如果爆破地点周围的环境不是太苛刻，允许适当的抛掷、振动和超爆，较大直径的炮孔，如$D=50$mm或$D=76$mm，也可考虑采用以提高生产率和降低成本。其爆破参数可参考表9-5。

表9-2 一般沟槽爆破方法爆破参数

沟槽设计尺寸		炮孔几何参数				$D=32$mm					$D=38$mm				
底宽/m	沟槽深/m	每排孔数/孔	超深/m	孔深/m	填塞/m	负荷/m	底部装药/kg	上部装药/kg	每孔药量/kg	炸药单耗/kg·m^{-3}	负荷/m	底部装药/kg	上部装药/kg	每孔药量/kg	炸药单耗/kg·m^{-3}
0.7	0.5	3	0.25	0.75	0.35	0.50	0.24	0.03	0.27	2.31					
0.7	1.0	3	0.25	1.30	0.60	0.80	0.32	0.08	0.4	1.71					
0.7	1.5	3	0.30	1.90	0.90	0.80	0.40	0.13	0.53	1.51					
0.7	2.0	3	0.30	2.40	0.80	0.80	0.48	0.25	0.73	1.56					
0.7	2.5	3	0.35	3.00	0.80	0.80	0.56	0.38	0.94	1.61					
0.7	3.0	3	0.35	3.50	0.70	0.80	0.65	0.50	1.15	1.64					
1.0～1.5	1.0	3	0.55	1.60	0.90	0.80	0.32	0.08	0.4	1.20～0.80	0.90	0.46	0.12	0.58	1.74～1.16
1.0～1.5	1.5	3	0.55	2.15	1.15	0.80	0.40	0.13	0.53	1.06～0.71	1.10	0.58	0.20	0.78	1.56～1.04
1.0～1.5	2.0	3	0.55	2.65	1.05	0.80	0.48	0.25	0.73	1.10～0.73	1.10	0.69	0.40	1.09	1.64～1.09
1.0～1.5	2.5	3	0.55	3.20	1.00	0.80	0.56	0.38	0.94	1.13～0.75	1.10	0.81	0.60	1.41	1.69～1.13
1.0～1.5	3.0	3	0.55	3.70	0.90	0.75	0.64	0.50	1.14	1.14～0.76	1.10	0.92	0.80	1.72	1.72～1.15
1.0～1.5	3.5	3	0.55	4.25	0.85	0.70	0.72	0.63	1.35	1.16～0.77	1.10	1.04	1.00	2.04	1.75～1.17
1.0～1.5	4.0	3	0.55	4.75	0.85	0.60	0.72	0.75	1.47	1.10～0.74	1.10	1.04	1.20	2.24	1.68～1.12
2.0	1.0	4	0.55	1.60	0.90	0.90	0.32	0.08	0.4	0.80	0.90	0.46	0.12	0.58	1.16
2.0	1.5	4	0.55	2.15	1.15	1.00	0.40	0.13	0.53	0.71	1.10	0.58	0.20	0.78	1.04

续表 9-2

沟槽设计尺寸		炮孔几何参数				D = 32mm					D = 38mm				
底宽 /m	沟槽深 /m	每排孔数/孔	超深 /m	孔深 /m	填塞 /m	负荷 /m	底部装药/kg	上部装药/kg	每孔药量/kg	炸药单耗 /kg · m^{-3}	负荷 /m	底部装药/kg	上部装药/kg	每孔药量/kg	炸药单耗 /kg · m^{-3}
2.0	2.0	4	0.55	2.65	1.05	1.00	0.48	0.25	0.73	0.73	1.10	0.69	0.40	1.09	1.09
2.0	2.5	4	0.55	3.20	1.00	0.95	0.56	0.38	0.94	0.75	1.10	0.81	0.60	1.41	1.13
2.0	3.0	4	0.55	3.70	0.90	0.85	0.64	0.50	1.14	0.76	1.10	0.92	0.80	1.72	1.15
2.0	3.5	4	0.55	4.25	0.85	0.85	0.72	0.63	1.35	0.77	1.10	1.04	1.00	2.04	1.17
2.0	4.0	4	0.55	4.75	0.85	0.75	0.72	0.75	1.47	0.74	1.10	1.04	1.20	2.24	1.12
2.5 ~ 3.0	2.0	4	0.55	2.65	1.05						1.10	0.69	0.40	1.09	0.87 ~ 0.73
2.5 ~ 3.0	2.5	4	0.55	3.20	1.00						1.10	0.81	0.60	1.41	0.90 ~ 0.75
2.5 ~ 3.0	3.0	4	0.55	3.70	0.90						1.10	0.92	0.80	1.72	0.92 ~ 0.76
2.5 ~ 3.0	3.5	4	0.55	4.25	0.85						1.10	1.04	1.00	2.04	0.93 ~ 0.78
2.5 ~ 3.0	4.0	4	0.55	4.75	0.85						1.10	1.04	1.20	2.24	0.90 ~ 0.75
2.5 ~ 3.0	4.5	4	0.55	5.30	0.80						1.00	1.05	1.40	2.45	0.87 ~ 0.73
2.5 ~ 3.0	5.0	4	0.55	6.00	0.80						1.00	1.38	1.60	2.98	0.95 ~ 0.79

表 9-3 控制爆破方法开挖沟槽的爆破参数（D = 32mm，炮孔倾斜度 3:1，底部线装药密度 0.6kg/m，上部线装药密度：帮孔 0.16kg/m，中间孔 0.5kg/m）

设计尺寸		炮孔几何参数						炸药量/kg						
底宽 /m	沟槽深/m	每排孔数/孔	超深 /m	孔深 /m	负荷 /m	填塞/m		帮孔			中间孔			炸药单耗 /kg · m^{-3}
						帮孔	中间孔	底部装药	上部装药	每孔药量	底部装药	上部装药	每孔药量	
0.7	0.5	3	0.25	0.75	0.45	0.10	0.25	0.20	0.05	0.25	0.30		0.30	5.08
0.7	1.0	3	0.25	1.30	0.70	0.30	0.60	0.25	0.10	0.35	0.35	0.05	0.40	2.24
0.7	1.5	3	0.30	1.90	0.70	0.30	0.60	0.30	0.20	0.50	0.40	0.35	0.75	2.38
0.7	2.0	3	0.30	2.40	0.70	0.30	0.60	0.35	0.25	0.60	0.45	0.50	0.95	2.19
0.7	2.5	3	0.35	3.00	0.70	0.30	0.60	0.40	0.35	0.75	0.50	0.75	1.25	2.24
0.7	3.0	3	0.35	3.50	0.70	0.30	0.60	0.45	0.40	0.85	0.60	0.95	1.55	2.21
1.0 ~ 1.5	1.0	3	0.55	1.60	0.70	0.30	0.70	0.25	0.15	0.40	0.35	0.15	0.50	1.86 ~ 1.24
1.0 ~ 1.5	1.5	3	0.55	2.15	0.70	0.30	0.70	0.30	0.20	0.50	0.40	0.40	0.80	1.71 ~ 1.14
1.0 ~ 1.5	2.0	3	0.55	2.65	0.70	0.30	0.70	0.35	0.30	0.65	0.45	0.60	1.05	1.68 ~ 1.12
1.0 ~ 1.5	2.5	3	0.55	3.20	0.70	0.30	0.70	0.40	0.35	0.75	0.50	0.80	1.30	1.60 ~ 1.07
1.0 ~ 1.5	3.0	3	0.55	3.70	0.65	0.30	0.70	0.50	0.40	0.90	0.60	1.00	1.60	1.74 ~ 1.16
1.0 ~ 1.5	3.5	3	0.55	4.25	0.65	0.30	0.70	0.60	0.45	1.05	0.70	1.20	1.90	1.76 ~ 1.17
1.0 ~ 1.5	4.0	3	0.55	4.75	0.55	0.30	0.60	0.70	0.55	1.25	0.80	1.40	2.20	2.14 ~ 1.42
2.0	1.0	4	0.55	1.60	0.80	0.30	0.80	0.30	0.15	0.45	0.40	0.10	0.50	1.19
2.0	1.5	4	0.55	2.15	0.80	0.30	0.80	0.35	0.20	0.55	0.45	0.30	0.75	1.08
2.0	2.0	4	0.55	2.65	0.80	0.30	0.80	0.50	0.25	0.75	0.60	0.45	1.05	1.13
2.0	2.5	4	0.55	3.20	0.75	0.30	0.80	0.55	0.30	0.85	0.65	0.65	1.30	1.15
2.0	3.0	4	0.55	3.70	0.75	0.30	0.80	0.60	0.40	1.00	0.80	0.80	1.60	1.16
2.0	3.5	4	0.55	4.25	0.70	0.30	0.80	0.70	0.45	1.15	0.90	1.00	1.90	1.24
2.0	4.0	4	0.55	4.75	0.70	0.30	0.70	0.80	0.50	1.30	1.00	1.20	2.20	1.25

表 9-4 控制爆破方法开挖沟槽的爆破参数（D=38mm，炮孔倾斜度 3:1，底部线装药密度 0.9kg/m，上部线装药密度：帮孔 0.25kg/m，中间孔 0.7kg/m）

设计尺寸		炮孔几何参数						炸药量/kg						
底宽/m	沟槽深/m	每排孔数/孔	超深/m	孔深/m	负荷/m	填塞/m		帮孔			中间孔			底宽/m
						帮孔	中间孔	底部装药	上部装药	每孔药量	底部装药	上部装药	每孔药量	
1.0~1.5	1.0	3	0.55	1.60	0.80	0.35	0.85	0.35	0.20	0.55	0.50	0.15	0.65	2.19~1.46
1.0~1.5	1.5	3	0.55	2.15	1.00	0.35	0.85	0.45	0.30	0.75	0.55	0.50	1.05	1.70~1.13
1.0~1.5	2.0	3	0.55	2.65	1.00	0.35	0.85	0.50	0.45	0.95	0.65	0.75	1.40	1.65~1.10
1.0~1.5	2.5	3	0.55	3.20	1.00	0.35	0.85	0.55	0.55	1.10	0.70	1.10	1.80	1.60~1.07
1.0~1.5	3.0	3	0.55	3.70	1.00	0.35	0.85	0.70	0.65	1.35	0.85	1.35	2.20	1.63~1.09
1.0~1.5	3.5	3	0.55	4.25	1.00	0.35	0.85	0.85	0.75	1.60	1.00	1.60	2.60	1.66~1.10
1.0~1.5	4.0	3	0.55	4.75	1.00	0.35	0.75	1.00	0.85	1.85	1.15	1.95	3.10	1.70~1.13
2.0	1.0	4	0.55	1.60	0.80	0.35	0.95	0.45	0.15	0.60	0.55		0.55	1.44
2.0	1.5	4	0.55	2.15	1.00	0.35	0.95	0.55	0.30	0.85	0.65	0.30	0.95	1.20
2.0	2.0	4	0.55	2.65	1.00	0.35	0.95	0.60	0.40	1.00	0.75	0.60	1.35	1.18
2.0	2.5	4	0.55	3.20	1.00	0.35	0.95	0.70	0.50	1.20	0.90	0.90	1.80	1.20
2.0	3.0	4	0.55	3.70	1.00	0.35	0.95	0.80	0.60	1.40	1.10	1.10	2.20	1.20
2.0	3.5	4	0.55	4.25	1.00	0.35	0.95	1.00	0.70	1.70	1.25	1.35	2.60	1.23
2.0	4.0	4	0.55	4.75	1.00	0.35	0.85	1.20	0.80	2.00	1.45	1.60	3.05	1.26
2.5~3.0	2.0	4	0.55	2.65	1.00	0.35	0.95	0.65	0.40	1.05	0.85	0.50	1.35	0.96~0.80
2.5~3.0	2.5	4	0.55	3.20	1.00	0.35	0.95	0.80	0.50	1.30	1.05	0.75	1.80	0.99~0.83
2.5~3.0	3.0	4	0.55	3.70	1.00	0.35	0.95	1.05	0.55	1.60	1.35	0.90	2.25	1.03~0.86
2.5~3.0	3.5	4	0.55	4.25	1.00	0.35	0.95	1.15	0.65	1.80	1.50	1.15	2.65	1.02~0.85
2.5~3.0	4.0	4	0.55	4.75	1.00	0.35	0.95	1.20	0.75	1.95	1.60	1.45	3.05	1.00~0.83
2.5~3.0	4.5	4	0.55	5.30	0.90	0.35	0.95	1.20	0.90	2.10	1.60	1.80	3.40	1.09~0.91
2.5~3.0	5.0	4	0.55	6.00	0.90	0.35	0.95	1.20	1.05	2.25	1.60	2.30	3.90	1.09~0.91

表 9-5 提高效率、降低成本的一般沟槽爆破方法爆破参数（D=50mm，炮孔倾斜度 3:1，每排 3 孔[3]）

序号	沟槽深/m	孔深/m	负荷/m		底部装药/kg·孔$^{-1}$		上部装药/kg·孔$^{-1}$（线装药密度约 0.4kg/m）
			最大	一般	沟槽底部宽度/m		
					1.0	1.5~2.0	
1	0.6	0.9	0.6	0.6	0.15	0.20	
2	1.0	1.4	0.8	0.8	0.20	0.25	0.20
3	1.5	2.0	1.4	1.1	0.30	0.40	0.35
4	2.0	2.5	1.4	1.1	0.40	0.55	0.50
5	2.5	3.1	1.4	1.1	0.50	0.65	0.75
6	3.0	3.6	1.4	1.1	0.60	0.75	0.90
7	3.5	4.1	1.4	1.1	0.75	0.95	1.10
8	4.0	4.6	1.4	1.1	0.9	1.15	1.30

9.3 沟槽爆破安全

如前所述，由于在沟槽爆破中岩石受到很大的夹制作用，而不得采用较高的炸药单耗和较为密集的炮孔，而且在多数情况下多采用倾斜炮孔，因而会产生较大的爆破振动和较大的抛掷，特别是当沟槽爆破没有自由面而要进行“掏槽”爆破时。因此必须采取足够的预防和保护措施以确保沟槽爆破安全，特别当沟槽爆破在市区或邻近市区进行时尤要重视。

（1）采用较小的炮孔直径，减小每段延时的药量并适当增加排间延时以减轻爆破振动。

（2）在完成装药和联线后，在爆区地面上加重覆盖，如覆盖上重型的爆破垫（blasting mats，图 9-4）、炮笼或覆盖足够厚的泥、沙等以防止飞石。

图 9-4　采用重型爆破垫覆盖沟渠爆破防止表面飞石

参 考 文 献

[1] Jimeno C，L，et al. *Drilling and Blasting of Rock*. A. A. Balkema Publishers，1995.

[2] Tamrock. *Surface Drilling and Blasting*. Edited by Jukka Naapuri，1988.

[3] 汪旭光，等．爆破手册［M］．北京：冶金工业出版社，2010.

10　露天开挖的轮廓爆破技术

轮廓爆破又称之为控制爆破，因为其主要目的是使爆破开挖时对设计开挖边界外的岩体受到最小的破坏。这一技术不仅用于露天爆破开挖也可用于地下的爆破开挖工程。但需要强调的是：这一技术并不是万能的，它的成功与否主要取决于被爆岩体的地质构造。

10.1　轮廓爆破的种类

自20世纪50年代以来，已有多种轮廓爆破技术应用于露天开挖，包括：

（1）预裂爆破；

（2）光面爆破；

（3）缓冲爆破；

（4）密集钻孔。

对于建筑工程开挖而言，最常应用的是预裂爆破和光面爆破技术（图10-1），将在后续章节中予以详细介绍。密集钻孔主要用于一些较为适宜的地质条件下，例如均质完整的岩体或其地质构造面基本上与设计的最终斜坡面平行的情况。缓冲爆破很少用于建筑工程开挖，其主要用于大型露天矿山和采石场。

图10-1　在片麻岩爆破开挖中采用了预裂爆破技术（左方）和没采用预裂爆破技术形成的斜坡面之比较

10.2　预裂爆破和光面爆破

10.2.1　预裂爆破和光面爆破炮孔的特点

预裂爆破和光面爆破炮孔由沿着设计边界线钻凿的一排孔距较小的炮孔构成。在建筑工程爆破开挖中，预裂或光面爆破炮孔直径通常都与开挖生产爆破炮孔直径（50～100mm）相同。所有的预裂或光面爆破炮孔都装较少的炸药而且采用沿炮孔深度均匀分布的不耦合装药。

预裂爆破和光面爆破的主要不同之处在于它们各自相对于其前方的生产爆破炮孔的起爆先后次序不同。预裂爆破炮孔先于它前方开挖区的生产爆破炮孔起爆。与此相反，光面爆破炮孔则是与它前方开挖区的生产爆破炮孔同时或之后起爆。

10.2.2　预裂爆破和光面爆破炮孔的机理

预裂爆破和光面爆破炮孔的作用是当它们的炮孔同时起爆后，沿着设计的开挖轮廓形成一个平整的开裂面。这一开裂面形成的机理可以从以下三方面进行解释：

A　不耦合效应

由于预裂爆破和光面爆破炮孔都采用不耦合装药，炸药爆轰产生的冲击波和爆炸气体对于炮孔壁的压力由于炸药四周的环形空气层或其他惰性物料的缓冲作用得以降低，可用下式表达：

$$p_b = p_e \times \left(\frac{V_e}{V_b}\right)^{1.2} \tag{10-1}$$

式中 p_b ——作用在炮孔壁上的有效压力；

p_e ——炸药的爆轰压力；

V_e ——炸药的体积；

V_b ——炮孔的体积。

这一效应减小了炮孔壁四周的粉碎区和径向裂缝（图 10-2）。

B 应力叠加或相邻空孔的导向作用

当相邻两炮孔同时起爆时，两个炮孔产生的应力波在两个炮孔之间相遇而产生叠加作用（图 10-3）。当衍生的切向拉应力超过岩石的动态抗拉强度时，即在两孔之间沿着设计的轮廓方向，亦即两炮孔径向形成一条新的裂缝。

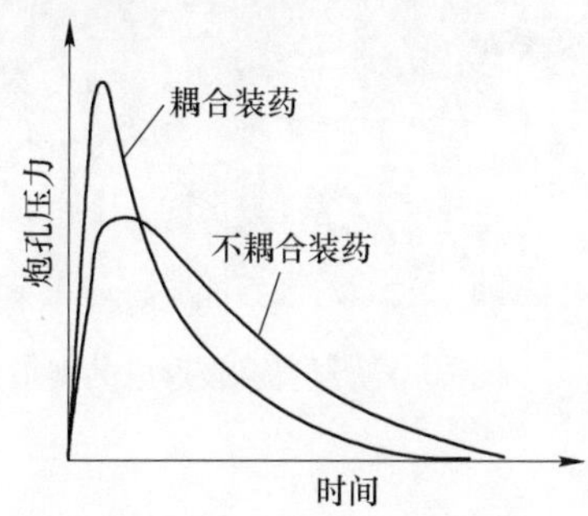

图 10-2 炮孔压力-时间曲线

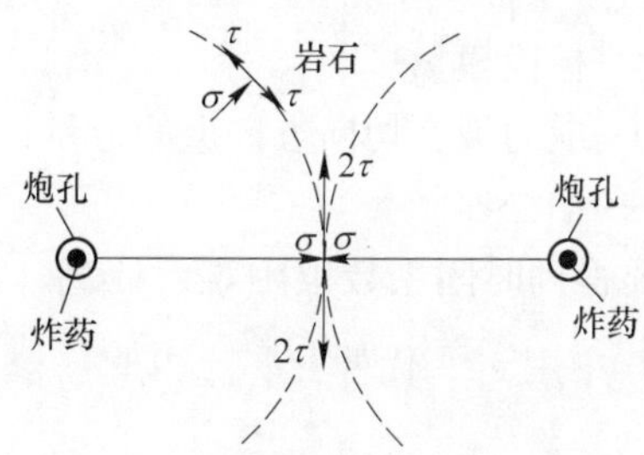

图 10-3 两炮孔中点处应力叠加效应

这种成缝的理论解释是基于相邻两孔同时或接近于同时起爆的前提之下，但是大量的实际证据显示：尽管相邻的两预裂或光面孔并非同时起爆，例如相隔 25ms 或 50ms，仍能在各炮孔间沿各炮孔轴线方向形成一条很好的裂缝。兰基弗斯和基尔斯特隆在所著的书[1]中根据他们的实验结果作出了另一种解释：当一个钻有空孔的弹性材料处于拉伸应力状态下，例如从相邻炮孔爆轰所形成的，空孔的接近和远离爆破孔的两侧处的应力会成三倍地增大。如果空孔离爆破孔足够近，将会在这一空孔处产生裂缝。这一裂缝将这些炮孔连接起来，如图 10-4 所示。

(a)

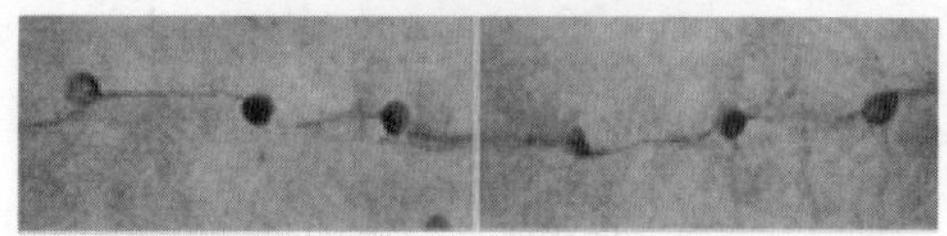

孔距 E=0.2m，孔径 D=30mm

(b)

图 10-4 兰基弗斯和基尔斯特隆在硬岩中做的实验[1]

（a）实验结果；（b）局部放大图

C 爆炸气体贯穿并扩张裂缝

当应力波在炮孔间形成裂缝后，随之而来的爆炸气体贯入并扩大这一裂缝，从而沿着设计轮廓线形成一个破裂面。这一破裂面在岩体中打断了岩体的连续性，极大地减小甚至消除了随后起爆的主爆孔所产生的后冲破坏而留下一个平整的最终斜坡面。

10.3 预裂爆破和光面爆破炮孔的参数

10.3.1 理论方法

（1）20 世纪 60 年代，派恩等（R. S. Paine，et al.）提出了一个理论方法计算预裂爆破和光面爆破炮孔的参数。这一方法的两个前提条件是：在炮孔壁上不形成粉碎区，而且相邻两炮孔同时起爆并形成贯穿裂缝。

根据第一个前提条件，作用在孔壁上的压力应满足条件：$p_b < \sigma_c$。按式（10-1）：

$$p_b = p_e \times \left(\frac{V_e}{V_b}\right)^{1.2}$$

参考图10-2，压应力 $p_M(p_m=\sigma)$，在相邻两孔之中点，应力波相撞而有下式：

$$p_M = p_b\sqrt{\frac{2r}{s}} \times e^{-\frac{KS}{2c}} \tag{10-2}$$

式中 r——炮孔之半径；

S——相邻两孔之孔距；

K——时间系数；

c——应力波速度；

e——自然对数之底。

应力波的切向拉伸应力分量 τ：

$$\tau = E\varepsilon_0 = -\mu\sigma = -\mu p_M \tag{10-3}$$

式中 E——杨氏模量；

ε_0——应力波在切向方向上的分量；

μ——泊松比。

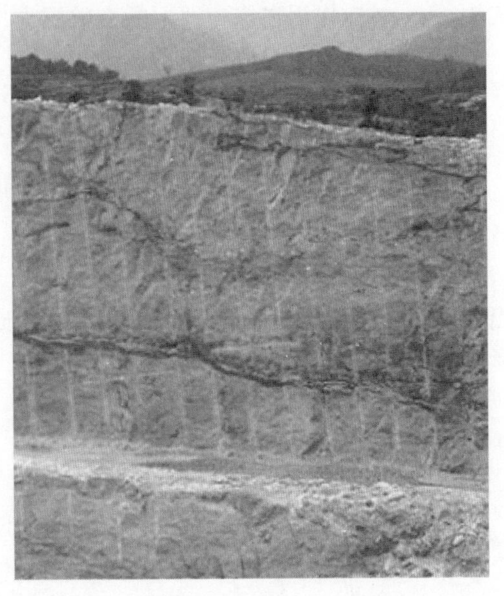

图10-5 预裂爆破形成的斜坡面

由于要得到时间系数很困难，杜瓦（W. Duvall）建议在式（10-2）中用 $e^{-\frac{\alpha S}{2r_e}}$ 代替 $e^{-\frac{KS}{2c}}$，由此：

$$\tau = -\mu p_b\sqrt{\frac{2r}{S}} \times e^{-\frac{\alpha S}{2r_e}} = -\mu p_b\sqrt{\frac{2r}{S}} \times e^{-\frac{\alpha S}{d}} \tag{10-4}$$

式中 α——岩石的吸收常数；

r_e——炸药半径；

d——炸药的直径。

当 $\tau>\sigma_T$，此处 σ_T 是岩石的动态抗拉强度，在两孔之间形成裂缝。

（2）苏联学者怀先科和艾里斯吃夫（Фещенко，A. A.，Эристов，B. C.）提出了预裂爆破炮孔线装药量和孔间距的公式：

$$\Delta_e = 0.1\pi R^2\frac{\sigma_c\Delta\left(2.5+\sqrt{6.25+\dfrac{1400}{\sigma_c}}\right)}{100Q_u} \tag{10-5}$$

$$S = 1.6\left[\frac{\left(\dfrac{\sigma_c}{\sigma_t}\right)\mu}{1-\mu}\right]^{\frac{2}{3}} D \tag{10-6}$$

式中 Δ_e——炮孔线装药量；

S——孔间距；

R——炮孔半径；

σ_c——岩石的抗压强度；

Δ——炸药密度；

Q_u——炸药的爆热；

σ_t——岩石的抗拉强度；

μ——泊松比；

D——炮孔的直径。

10.3.2 经验方法

（1）炮孔直径和不耦合系数。在建筑工程的爆破开挖中通常采用同一钻机钻凿直径35～76mm的轮廓孔。如前所述，不耦合装药可以减小炮孔壁四周的粉碎区和径向裂缝。因此要合适的不耦合装药系数 d/D，d 是炸药直径，D 是炮孔直径，d/D 通常取2～5[4]。

（2）孔间距和负荷[5]。在光面爆破中，两相邻光面炮孔之间距通常取孔直径的15～16倍，而负荷

（光面孔至前排先起爆炮孔形成的自由面的距离）是孔间距的1.25倍。

在预裂爆破中，孔间距通常是炮孔直径的8～12倍，而负荷可视为无限大。

（3）炮孔炸药的线装药量。柏森等（Persson，P. A. et al.）[6]提出了一个计算光面和预裂爆破的最小线装药量的公式，它是炮孔直径的函数：

$$\Delta_e = 90D^2 \qquad (10\text{-}7)$$

式中 Δ_e——与铵油爆破剂（ANFO）等效的炸药线装药量，kg/m；

D——炮孔直径，m。

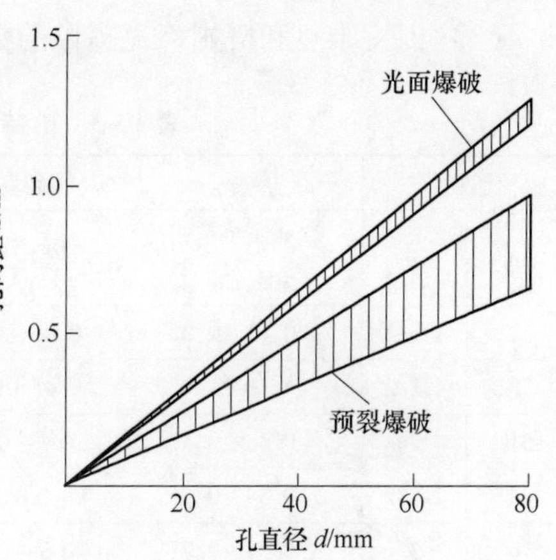

图10-6 在光面爆破和预裂爆破中，作为炮孔直径 d 的函数的孔间距 S 的建议取值范围[5]

中国葛洲坝工程局也提出了一个计算光面和预裂爆破的最小线装药量的公式[4]：

$$\Delta_e = 9.318\,\sigma_c^{0.53}\,r^{0.38}\ (\text{kg/m}) \qquad (10\text{-}8)$$

当岩石的抗压强度 $\sigma_c = 10 \sim 150\text{MPa}$ 而且 $r = 23 \sim 85\text{mm}$ 时：

$$\Delta_e = 0.595\,\sigma_c^{0.5}S\ (\text{kg/m}) \qquad (10\text{-}9)$$

当岩石的抗压强度 $\sigma_c = 20 \sim 150\text{MPa}$ 时，孔距 $S = 45 \sim 120\text{cm}$。

式中 σ_c——岩石的抗压强度，MPa；

r——炮孔半径，mm；

S——孔间距，cm。

下面列出一些经验数据可作为参考：

（1）兰格弗斯和基尔斯特姆建议的数据（表10-1）。

表10-1 建议的光面爆破和预裂爆破参数[1]

炮孔直径		炸药线装药密度		炸药①	光面爆破		预裂爆破之孔距	
mm	in	kg/m	lb/ft		孔距/m	负荷/m	m	ft
30	1.5			古立特	0.5	0.7	0.25	1～1.5
37	1.5	0.12	0.08	古立特	0.6	0.9	0.30～0.5	1～1.5
44	1.5	0.17	0.11	古立特	0.6	0.9	0.30～0.5	1～1.5
50	2	0.25	0.17	古立特	0.8	1.1	0.45～0.70	1.5～2
62	2.5	0.35	0.23	耐比特 ϕ22mm	1.0	1.3	0.55～0.80	2～2.5
75	3	0.5	0.34	耐比特 ϕ25mm	1.2	1.6	0.60～0.90	2～3
87	3.5	0.7	0.5	代那买特 ϕ25mm	1.4	1.9	0.7～1.0	2～3
100	4	0.9	0.6	代那买特 ϕ29mm	1.6	2.1	0.8～1.2	3～4
125	5	1.4	0.9	耐比特 ϕ40mm	2.0	2.7	1.0～1.5	3～5
150	6	2.0	1.3	耐比特 ϕ50mm	2.4	3.2	1.2～1.8	4～6
200	8	3.0	2.0	代那买特 ϕ52mm	3.0	4.0	1.5～2.1	5～7

① 如果没有专用的炸药，可按表中的线装药密度之值用代那买特绑在一条导爆索上用于光面或预裂孔装药。

（2）古斯塔森的预裂爆破参数（表10-2）。

表10-2 古斯塔森的预裂爆破参数[8]（1981）

炮孔直径/mm	线装药密度/kg·m^{-1}	炸药类型	孔距/m
25～32	80g	导爆索	0.30～0.60
25～32	0.30	管装炸药17mm	0.35～0.60
40	0.30	管装炸药17mm	0.35～0.50
51	0.60	管装炸药17mm	0.40～0.50
64	0.46	条装炸药25mm	0.60～0.80

（3）山特维克和塔姆洛克提供的数据（表 10-3）。

表 10-3 山特维克和塔姆洛克提供的预裂爆破和光面爆破参数

孔直径		预裂爆破			光面爆破		
mm	in	炮孔线装药密度 /kg·m⁻¹	孔距/m	单位面积钻孔米数 /m·m⁻²	炮孔线装药密度 /kg·m⁻¹	孔距/m	负荷/m
32	1-1/4	0.13~0.21	0.45~0.7	2.22~1.43	0.21	0.6~0.8	0.9~1.1
38	1-1/2	0.21	0.45~0.7	2.22~1.43	0.21	0.6~0.8	0.9~1.1
51	2	0.38~0.47	0.5~0.8	2.00~1.25	0.38~0.47	0.7~1.0	0.9~1.4
64	2-1/2	0.38~0.55	0.5~0.9	2.00~1.43	0.38~0.55	0.7~1.3	0.9~1.6
76	3	0.55~0.71	0.7~0.9	1.67~1.11	0.55~0.71	1.0~1.3	1.2~1.7
89	3-1/2	0.90~1.32	0.7~1.1	1.43~0.91	0.90~1.32	1.2~1.5	1.7~2.0
102	4	0.90~1.32	0.7~1.1	1.43~0.91	0.90~1.32	1.2~1.5	1.7~2.0

（4）中国马鞍山矿山研究院提出的预裂爆破参数（表 10-4）。

表 10-4 马鞍山矿山研究院提出的预裂爆破参数[9]

炮孔直径/mm	孔距/m	炮孔线装药密度/kg·m⁻¹	炸 药
32	0.3~0.5	0.15~0.25	2 号岩石硝铵炸药
42	0.4~0.6	0.15~0.30	
50	0.5~0.8	0.20~0.35	
80	0.6~1.0	0.25~0.50	
100	0.7~1.2	0.30~0.70	

10.4 预裂爆破和光面爆破的设计、装药和起爆

10.4.1 预裂爆破和光面爆破设计

图 10-7 是使用 $D=76$mm 炮孔的典型的预裂爆破设计。通常在预裂孔之前方钻有一排缓冲孔，装填相当于主炮孔 1/3~1/2 的炸药量。对于坚硬的岩石，在预裂孔和缓冲孔之间还需要钻一排浅的辅助孔以帮助破碎上部岩石。

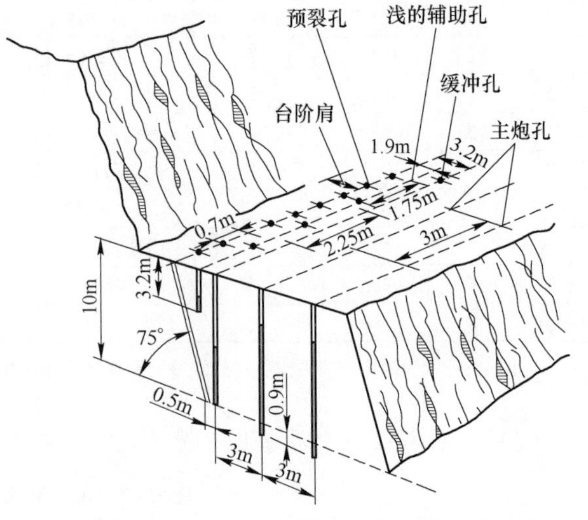

图 10-7 使用 $D=76$mm 炮孔的典型预裂爆破设计

预裂可在前面主炮孔爆破前单独起爆，也可以与主爆孔一起引爆但预裂孔必须比其前方炮孔提前 90~120ms（最少 50ms）引爆。

光面爆破的炮孔布置与预裂爆破相似，但光面孔距前方的缓冲孔距离，即负荷以及光面孔之间距及缓冲孔的间距比预裂爆破的孔距大，参见前述所提供之参数。预裂爆破与光面爆破的主要区别在于所有光面孔在其前方所有炮孔起爆后延迟 75~150ms（露天开挖）起爆。

10.4.2 预裂爆破和光面爆破的装药

10.4.2.1 常用的装药方法

当预裂或光面炮孔直径 $D=50\sim76$mm 时，用小直径的药卷（22~32mm 直径）相隔一定距离（根据

线装药密度决定）绑一根轻型导爆索（5～11g/m）再绑在一根长的竹片上放置于炮孔中，如图10-8（a）所示。

10.4.2.2 重型导爆索方法

通常用两条重型导爆索（40g/m、60g/m或100g/m）下端绑一条直径为32～60mm炸药卷（根据炮孔直径和深度确定），如图10-8（b）所示。

10.4.2.3 专用炸药

炸药生产商可供应一种专用于轮廓孔的专用炸药以方便并加快轮廓爆破孔的装药工作。图10-9是其中的一种，其中心有一条10g/m的导爆索沿乳化炸药全长贯通以确保其高速而且可靠引爆。

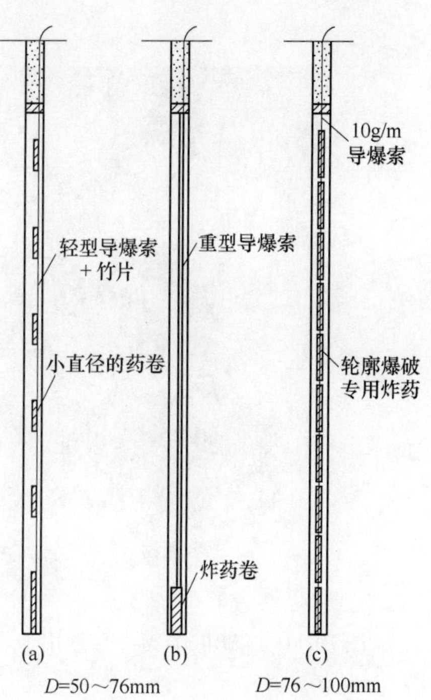

图10-8 不同直径轮廓爆破炮孔的装药结构

10.4.3 轮廓炮孔的填塞和起爆

10.4.3.1 轮廓炮孔的填塞

有人认为进行预裂爆破或光面爆破时无需堵塞，而堵塞会造成设计的斜坡台阶台肩部破坏，特别是当导爆索穿过填塞部分时尤为显著，或者两孔之间在填塞部分不能形成破裂面而形成所谓“牛鼻”的现象，特别是在隧道光面爆破时为常见（图10-10）。

根据作者本人在露天开挖爆破中的经验：

（1）最终斜坡面台阶台肩部的破坏大都是由于岩体中不利的地质构造面的存在而造成。

（2）如果轮廓爆破炮孔不堵塞，爆破气体会过早地泄漏至大气而不利于两孔之间形成破裂面。

（3）不填塞或填塞过少会造成极强的空气冲击波和噪声，而且可能造成飞石，这些都是在市区或邻近市区的建筑工程爆破所不允许的。

（4）过多的填塞的确会严重影响形成的斜坡面的质量并破坏台阶的台肩部分。

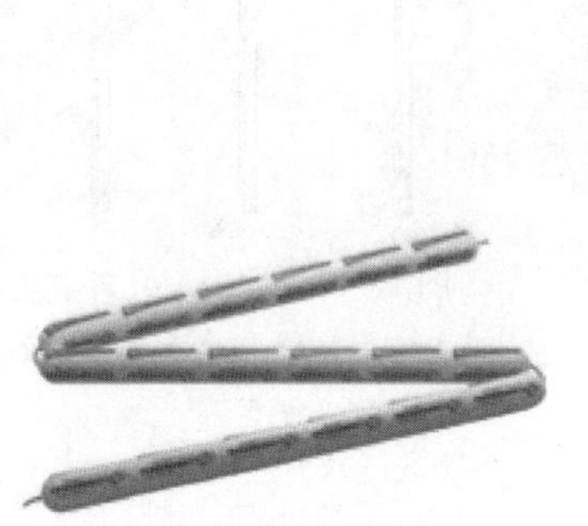

图10-9 Orica生产的轮廓爆破专用炸药Senatel™（直径26/32mm，每节长400mm）

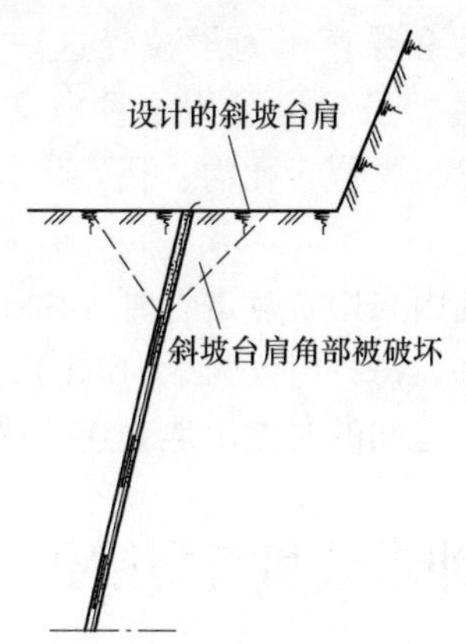

图10-10 预裂爆破时填塞部分造成斜坡台肩破坏

因此建议：

（1）填塞部分的长度应以炮孔直径的12倍为宜但最大不可超过1.2m（4英尺）。

（2）在轮廓孔爆破时建议采用塑胶塞，例如图10-11中的VARI-STEM塑胶塞，上部再填入碎石子可有效地改进填塞质量并使填塞长度减少至10倍炮孔直径，而且显著地降低了空气冲击波和噪声。

10.4.3.2 轮廓孔的起爆

A 使用一条轻型导爆索作主干线引爆

这是通常采用的方法，即使用一条轻型导爆索作主干线连接各轮廓孔的导爆索，由这条主干线引爆所有连接的轮廓孔，如图10-12所示。为了降低空气冲击波和噪声，用作引爆轮廓孔的干线通常采用3～

图 10-11 VARI-STEM 塑胶塞用于填塞炮孔

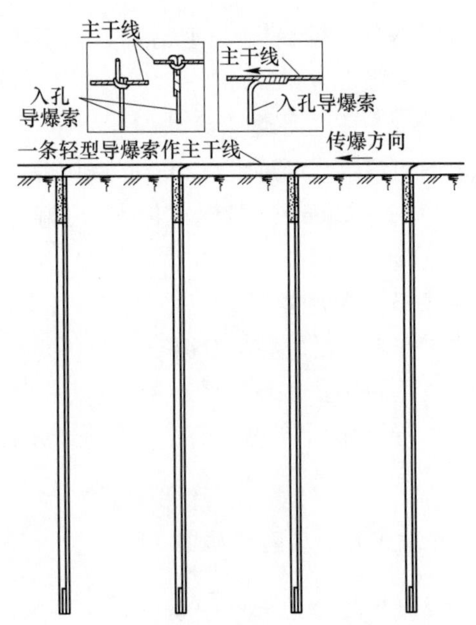

图 10-12 用 3 ~ 5g/m 轻型导爆索同时起爆所有连接的预裂孔

5g/m 轻型导爆索。由于导爆索的传爆速度极高（6700m/s），因此可认为用同一导爆索连接的轮廓孔是接近于同时起爆的，因而有利于应力波在两孔间叠加而形成破裂面。为了减低产生的爆破振动，轮廓孔可分组起爆，各组之间用非电地表延时连接块连接或用导爆索延时继爆管连接。

B 用孔内雷管起爆

当采用导爆索作主干线引爆轮廓孔时，即使所用的导爆索药量很低（3 ~ 5g/m）并对导爆索上进行覆盖，仍能造成很强的空气冲击波和噪声。为了减轻这一问题，可在每个炮孔内用一发雷管起爆。虽然也可用毫秒电雷管但最常用的仍是非电导爆管 0ms 雷管，类似于孔内、孔外联合起爆的 Unidet 系统（见图 10-13）。

当所有孔内采用瞬时雷管时（由于受地表连接块所能连接的雷管数量限制，每一组仅为 5 ~ 6 孔），同一组的炮孔可视为同时起爆。组与组之间的时差由地表连接块的延时控制。

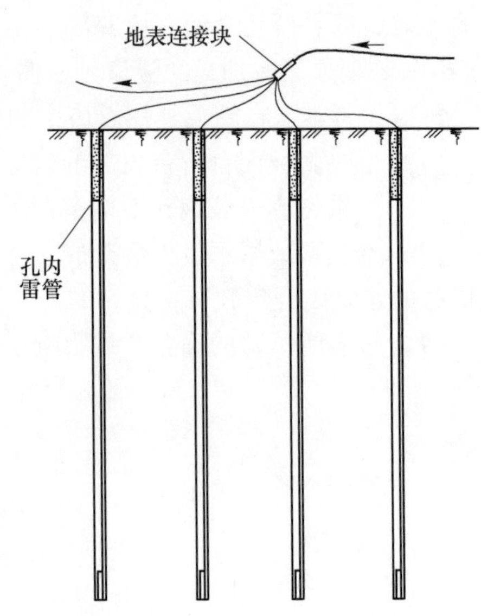

图 10-13 孔内、孔外非电导爆管雷管联合起爆预裂孔

10.5 缓冲爆破和密集钻孔

10.5.1 缓冲爆破

采用缓冲爆破方法进行开挖轮廓孔爆破时，通常采用与主爆破炮孔相同直径的炮孔，即 $D = 50 \sim 100$mm，沿设计开挖轮廓钻一排炮孔。

类似于光面爆破，缓冲爆破炮孔孔距比预裂爆破大。其负荷大于孔距，通常为 $B = 1.2 \sim 1.35S$。通常都没有超深。表 10-5 的数据供参考。

缓冲爆破采用不耦合装药。炸药沿着一条导爆索（通常 11g/m）均匀分布在炮孔内，如图 10-14（a）所示，或集中于炮孔底部，如图 10-14（b）所示。在早些年代，常用一些惰性材料，如钻屑、沙或黏土，填满炸药四周，如图 10-14（a）所示。但近年来除孔口部分填塞外，已改用空气代替这些惰性材料。缓冲炮孔在前面所有炮孔已爆完并已挖掘完毕后再起爆。缓冲炮孔之间的孔间延时应尽可能降至最小。

表 10-5 缓冲爆破参数[3,8]

炮孔直径 /mm	线装药密度（乳化炸药或代那米斯） /kg·m⁻¹	负荷 /m	孔距 /m	填塞 /m
50 ~ 64	0.12 ~ 0.35	1.20	0.90	1.20
75 ~ 89	0.20 ~ 0.70	1.50	1.20	1.50
102 ~ 114	0.35 ~ 1.10	1.80	1.50	1.80
127 ~ 140	1.10 ~ 1.50	2.10	1.80	2.10
152 ~ 165	1.50 ~ 2.20	2.70	2.10	2.70

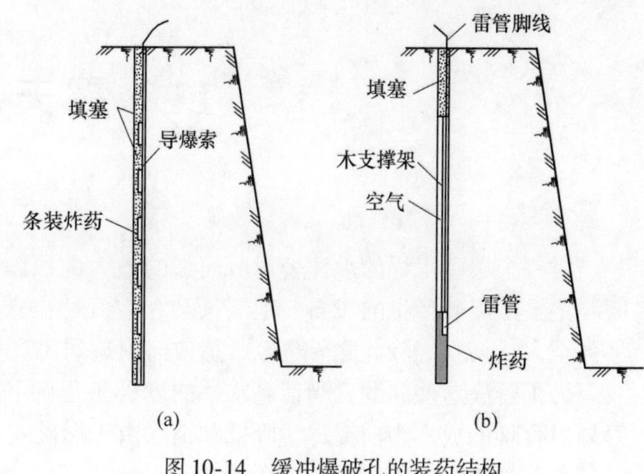

图 10-14 缓冲爆破孔的装药结构

10.5.2 密集钻孔

密集钻孔是指沿开挖轮廓线钻凿的一行小直径、密集间距且不装炸药的炮孔。这一排密集炮孔为主炮孔爆破提供了一个开裂的弱面（图 10-15）。密集钻孔的直径通常为 51 ~ 76mm，孔间距约为 2 ~ 4 倍孔径。大于 76mm 的钻孔极少采用，因为尽管孔距有所增大也弥补不了钻孔的成本增加。

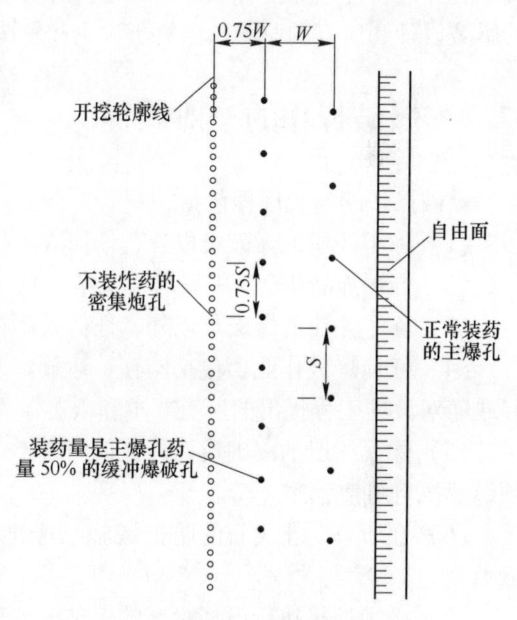

图 10-15 典型的密集钻孔布孔图

钻孔的精确度和岩体的均质性对于得到的效果非常重要，否则的话，岩体中的天然裂隙会使得最终的斜坡面很容易会沿着岩体中的弱面而不是沿着钻孔面形成。紧靠密集钻孔前的一排炮孔起着缓冲爆破孔的作用，装药量比前方的主爆孔要少但孔间距却要小得多。其距离密集孔和前方主爆孔的距离通常是主爆孔负荷的 50%~75%。密集钻孔主要应用于这样一种环境下：即使采用了较小的炸药量并配合其他的控制爆破技术仍有可能造成开挖边界之外的岩体破坏。当采用密集钻孔时，爆破孔产生的爆炸气体可从密集钻孔中进入大气，而且爆破孔产生的应力波也会从密集孔反射回来，从而有效地减轻了爆破作用对开挖边界之外的岩体破坏和爆破产生的振动。

参考文献

[1] Langefors U, Kihlstrom B. *The Modern Technique of Rock Blasting* (3rd Edition). Halsted Press, New York, 1978.
[2] Jimeno C L, et al. *Drilling and Blasting of Rock*. A. A. Balkema Publishers, 1995.
[3] *Rock Excavation Handbook for Civil Engineering*. Sandvik & Tamrock, 1999.
[4] 黄绍钧. 工程爆破设计 [M]. 北京：兵器工业出版社，1996.
[5] Hook K E, Brown E T. *Underground Excavation in Rock*. Institution of Mining and Metallurgy, London, 1980.
[6] Persson P A, et al. *Rock Blasting and Explosives Engineering*. CRC Press, 1994.
[7] 汪旭光. 爆破手册 [M]. 北京：冶金工业出版社，2010.
[8] Bhandari S. *Engineering Rock Blasting Operation*. A. A. Balkema. 1977.
[9] 高士才，等. 预裂爆破成缝机理的研究 [G]. 见：土岩爆破文集，第二辑. 北京：冶金工业出版社，1985.

11 露天爆破安全

对一个爆破工程的承建公司所面临的最大的风险莫过于爆破安全问题。露天爆破有可能发生的安全问题主要是爆破产生的飞石、地层振动和空气冲击波。所有这些问题，有时可能造成对附近结构物的破坏甚至人员伤亡，除此之外也经常造成与附近居民产生矛盾和冲突的根源。

为了解决这些问题，聘请高水平的爆破工程师和爆破工程督察员是非常必要的，因为他们可以为你筹划以合理的成本为前提尽量降低和消除由于爆破安全问题所带来的烦恼。另外，做好工程信息的发布、宣传和公关工作对于工程项目的负责人也是一项不可忽视的重要工作。除了十分小心地进行爆破设计、认真地进行爆破监测外，在同所有可能受爆破工程影响的有关单位和附近居民召开的会议上，向他们解释和展示已采取的各种确保他们的财产和人身安全的各种措施。在持续收到投诉的情况下，更有必要认真审查爆破设计，加强有效的爆破监测并保存好所有的监测数据。如果有人投诉到有关当局，那么详细的爆破设计和所有的监测数据对于讨论和解决问题尤为重要。

11.1 爆破操作的一般规程

爆破操作的一般规程包括：

（1）除了注册的爆破员以外，任何人不得处理和准备爆炸品。

（2）当爆炸品从仓库中搬出（或搬入），或在爆破地点进行准备和安装时，任何人不得在其附近吸烟。

（3）除了注册的爆破员以外，任何人不得引爆炸药。

（4）任何爆破作业，包括储存、运输、装药、起爆和销毁任何爆炸品都必须严格遵循爆破安全规程和政府对该项工程提出的所有要求和限制条件。

（5）除了注册的爆破员以外，任何人不得处理任何盲炮（失响）。当注册的爆破员在处理盲炮时，必须继续执行疏散程序。

（6）在所有防止飞石的防护措施已经准备好之前，不得引爆炸药，特别是临近工地边界位置尤要谨慎。

（7）必须严格执行已经批准的爆破疏散程序。在起爆前5min开始直至所有炸药爆炸完成，必须连续不停地敲锣使得附近150m范围之内都能听到锣声，并在距离爆破地点至少150m远的通往爆破地点的所有路口展示红旗以示警戒。

（8）任何人在上述爆破警告信号发出后仍要进入爆破警戒区域内，或经有关公务人员或爆破工作执行人员劝说仍坚持不肯离开爆破警戒区域，此人已属违法。

（9）任何人在工地内发现有残留的爆炸品必须立即通知注册爆破员。除了注册的爆破员以外，任何人不得处理或销毁这些残留的爆炸品。

（10）一个严格而高效的管理系统是确保工程安全和顺利进行的最重要的条件。一个有效的管理系统的原则是“严格地执行爆破施工程序的每一个步骤，明确地规定每一步骤和每一个人在施工程序中的工作任务和责任”。图11-1是某大型场地平整爆破工程的爆破施工流程图，作为参考[1]。

11.2 爆破飞石及其控制

11.2.1 爆破飞石及其产生的原因

所谓爆破“飞石”是指那些爆破时由于失控而抛出的岩石碎块，它是爆破时对人和物造成危害的主

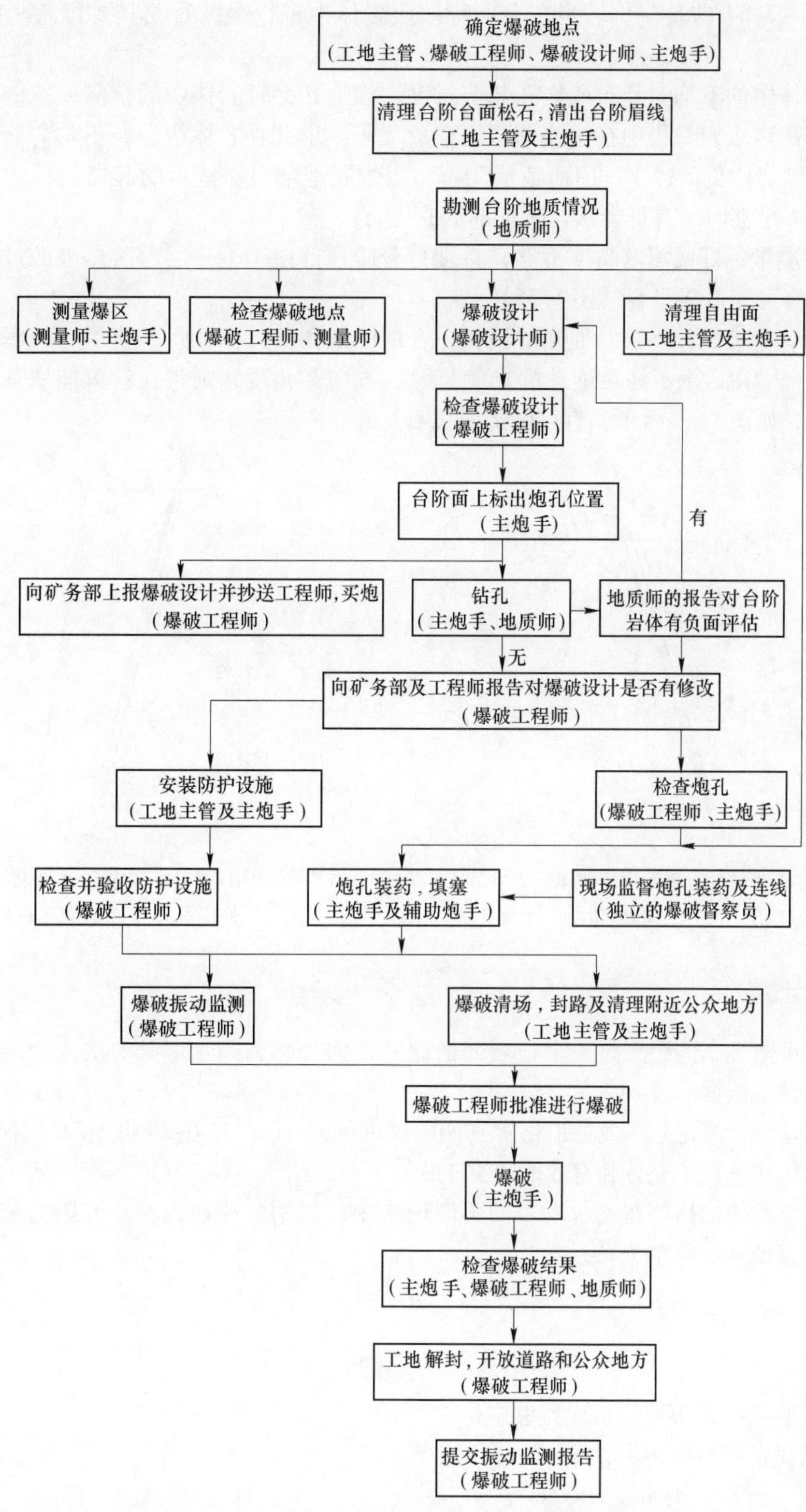

图 11-1　台阶爆破施工管理流程

要原因之一。

飞石通常都发源于台阶前方自由面或台阶顶部。图 11-2 所示是常见的由于爆破漏斗效应所产生飞石的部位。图 1-35 是发生于台阶顶部的飞石事故。

产生飞石的原因主要包括：

(1) 台阶岩体中不利的地质条件。裂隙、节理发育丰富的岩体相对于整体性好、均质的岩体更容易产生飞石，特别是某些不利的节理面在沿着炸药柱高度在自由面上造成坑洼不平而使某些部位的负荷变得特别小。第一章图 1-34 即是一例。当在卡斯特地质岩体中进行爆破时尤其要留意其中的大量空隙和晶洞。

（2）炸药在岩体中的不均匀分布或炮孔装药过度。当炮孔穿过岩体中的空洞或宽的开口裂隙时，炸药（特别是散装炸药）很容易集中在这些部位而造成飞石。炮孔在岩体中分布不均匀而造成炸药在岩体中分布不均匀或个别部位负荷过小，因而造成飞石。当炮孔上部有高能量的起爆药柱或装药高度过大而顶部的填塞高度又不足够时，有可能从台阶顶部造成飞石。

（3）孔口填塞质量不好或填塞高度不够，特别是台阶顶部由于上一层台阶爆破的过度超深而使台阶顶部岩石破碎时尤有可能造成飞石（图 1-35）。

（4）钻孔偏斜，爆破设计不当。准确的钻孔，合适的炮孔负荷和孔距是获得好的爆破效果的基本条件。如果在钻孔过程中钻机手不注意炮孔的准确位置、方向和角度，则炮孔就可能从其设计的位置、方向和角度发生偏离，如图 11-3 所示，有可能造成飞石。

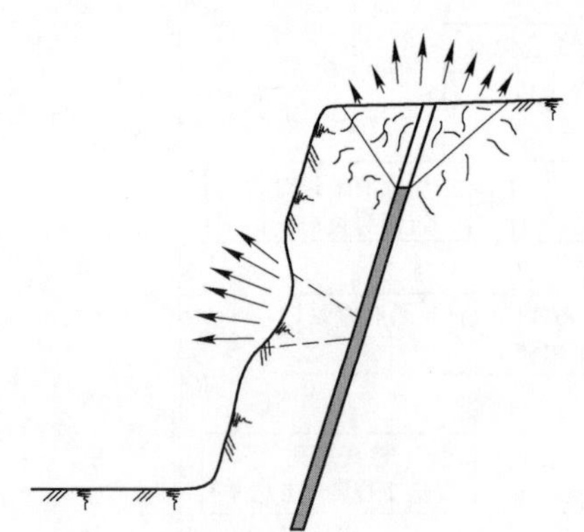

图 11-2　常见的台阶爆破由于爆破漏斗效应所产生飞石的部位

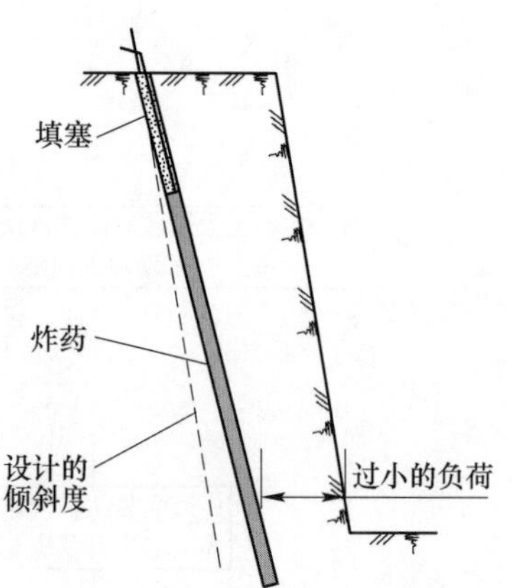

图 11-3　由于钻孔偏离设计角度使负荷过小而造成飞石危险

11.2.2　飞石距离计算

如何估算飞石可能飞出的距离是一个很重要的课题，因为它为确定爆破时的安全距离，即所有人员必须疏散的范围提供了依据。

瑞典爆轰研究基金会的尼尔・龙德伯格等（Nile Lundbug, et al.）在 20 世纪 70 年代通过模型，现场爆破试验和理论分析，进行了充分和有效的研究工作[2]。

对于台阶爆破，龙德伯格等在他所发表的不同论文中，运用脉冲理论和空气阻力公式，建立了飞石抛掷距离 L 和炮孔直径 d 的简单关系：

$$L = 260\, d^{\frac{2}{3}} \tag{11-1}$$

$$D = k \frac{\rho}{2600} dv \tag{11-2}$$

式中　D——炮孔直径，以英寸（in）为单位；

L——飞石抛掷的最大距离，m；

ρ——岩石（飞石）的密度，kg/m³；

d——飞石的直径，m；

v——飞石速度，m/s；

k——常数，由实验确定。在龙德伯格等的实验中，$k = 0.1$。

图 11-4 是按以上公式以炮孔直径作为参数，飞石抛掷距离作为飞石直径的函数所计算出的曲线图。图 11-5 是当炮孔直径分别为 1in 和 4in 时飞石距离作为炸药单耗（炸药系数）的函数关系曲线。

美国研究人员罗斯（J. Roth）也试图得到飞石抛掷范围的计算公式。在他的飞石抛掷范围的计算方法中，其关键的变量是如何确定飞石抛出时的初始速度 v。但是当对计算结果和现场测得的速度进行比较时，发现计算出的速度 v 比实测值大 1.6 倍。

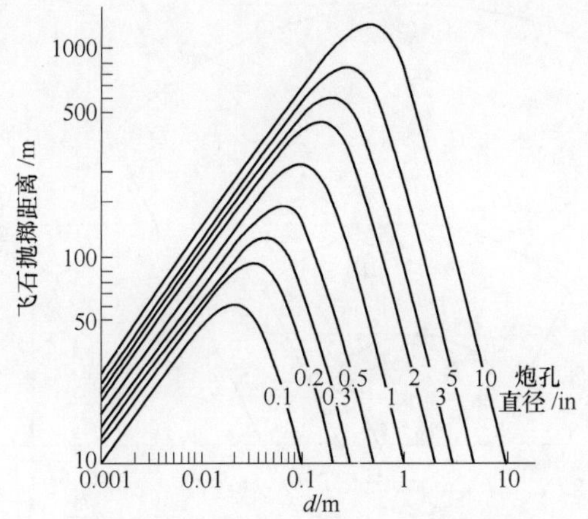

图 11-4 以炮孔直径作为参数，飞石抛掷距离作为飞石直径的函数所计算的曲线图

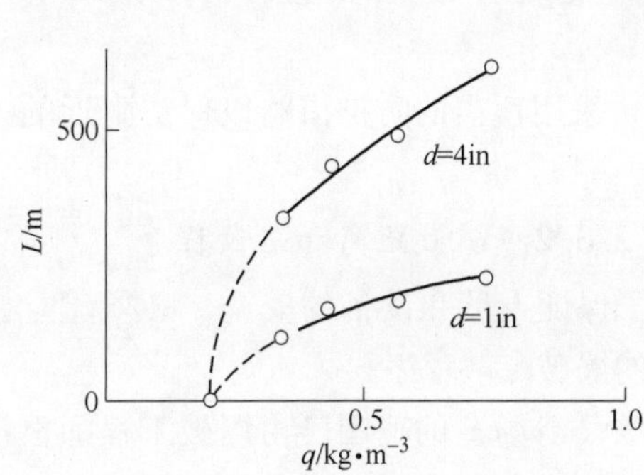

图 11-5 当炮孔直径分别为 1in 和 4in 时，飞石距离作为炸药单耗的函数关系曲线

澳大利亚的理查兹（A. B. Richards）和摩尔（A. J. Moor）于 2002 年在龙德伯格（Nile Lundbug, et al., 1981），沃克曼等（Workman, et al., 1994）和圣乔治等（St George, et al.）研究工作的基础上加上他们自己对爆破飞石的研究，提出了一个定量计算不同约束条件下飞石距离的关系的方法。

在他们的文章中，将炸药柱能量不受约束而产生飞石的机理分为三种，见图 11-6。

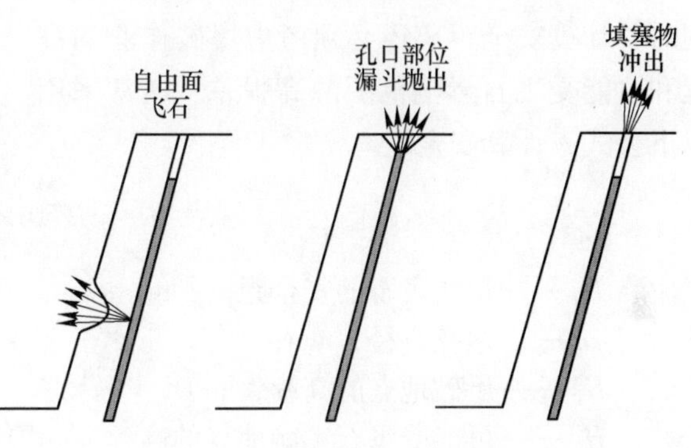

图 11-6 产生飞石的三种机理

在沃克曼等提出的公式的基础上，理查德德兹等建立了三种情况下计算爆破飞石抛掷距离的公式：

自由面：
$$L_{\max} = \frac{k^2}{g}\left(\frac{\sqrt{m}}{B}\right)^{2.6} \tag{11-3}$$

孔口漏斗：
$$L_{\max} = \frac{k^2}{g}\left(\frac{\sqrt{m}}{SH}\right)^{2.6} \tag{11-4}$$

填塞喷出：
$$L_{\max} = \frac{k^2}{g}\left(\frac{\sqrt{m}}{B}\right)^{2.6}\sin2\theta \tag{11-5}$$

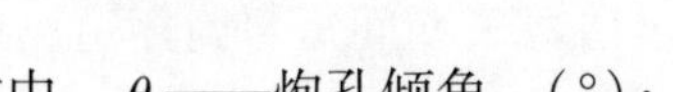

式中 θ——炮孔倾角，(°)；

$L_{\max}$——最大的抛掷距离，m；

m——炮孔线装药密度，kg/m；

B——负荷，m；

SH——填塞高度，m；

g——地心引力常数；

k——与岩石性质有关的常数。按经验确定常数 k，软岩如煤或地表覆盖层，$k=13.5$；硬岩如玄武岩或花岗岩，$k=27$。

飞石抛掷距离因负荷或填塞高度的极小变化而显著放大，因此在确定机器、设备的清场距离时，应将上式计算的距离加倍，而人员的清场距离则应再加倍。

爆破区侧面的清场距离也要同时考虑。建议清场范围采用图 11-7 所示的形状。

11.2.3 飞石的预防和保护措施

11.2.3.1 减低飞石风险的措施

为了减低飞石发生的机会，以下几点必须特别留意：

(1) 仔细地堪测爆破岩体的地质状况并作出适合于该岩体地质条件的爆破设计。

(2) 所有炮孔，特别是邻近自由面的炮孔应有适当的负荷。

(3) 使用合格的填塞材料，确保填塞质量。

(4) 采用适当的防护措施以保护附近的人和财物。

11.2.3.2 疏散距离和疏散程序

为了保证人员和设备的安全，必须建立一套有效的爆破疏散程序。

疏散（清场）的范围已由爆破工程师根据安全规程、施工规范和工地条件在爆破评估报告和施工方案中确定。

在我国香港特别行政区的山丘进行爆破工程时，计算安全距离还必须考虑爆破作业的高程和可能受飞石影响范围的高程差。通常采用以下公式来计算安全距离：

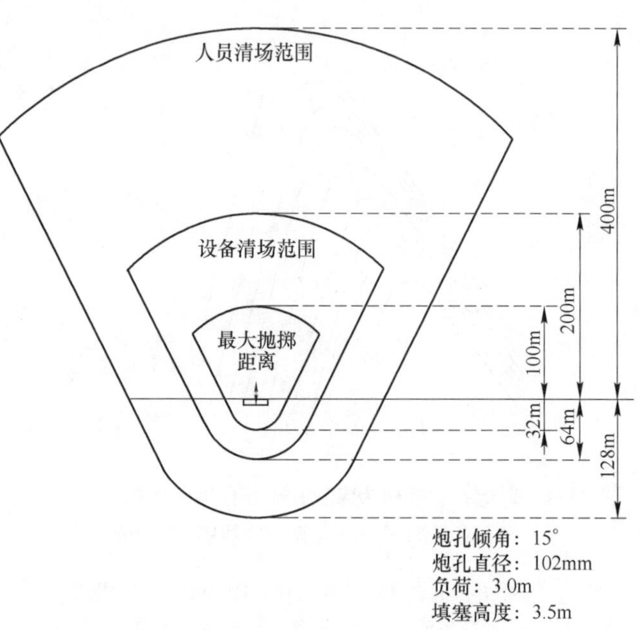

图 11-7 102mm 炮孔爆破建议的清场范围

$$D_s = 150 \times \frac{d}{75} + (H_1 - H_2) \tag{11-6}$$

式中 D_s——预防飞石的安全距离，m；

d——炮孔直径，mm；

H_1——爆破地点的高程，mPD；

H_2——可能受飞石影响地点的高程，mPD。

例如，当 $d=75$mm，$H_1=170$mPD，$H_2=122$mPD，则预防飞石的安全距离应为 $D_s=198$m，通常取 200m。所有在距离爆破区小于 200m 范围内的人员都必须疏散到 200m 之外的安全地点，可能受飞石影响的设备和财物也必须撤离至安全地点或予以适当保护。在疏散区之外正常的活动在爆破期间则不受影响。

必须防止任何人在爆破时或起爆后立即进入疏散区内。要求在通往爆破区的所有通道路口设置警戒和路障。负责引爆炸药的爆破员和控制全工地爆破安全的负责人必须保持不间断的有效的联络。

如果爆破地点靠近公众道路，开始进行爆石工程之前必须向有关当局申请爆破期间短暂封闭道路的许可证，并请交通警察予以协助。

11.2.3.3 防止飞石的保护措施

A 一般地面覆盖

整个爆破区台阶面用麻袋或帆布覆盖后再用铁网全面覆盖，其上再压以足够数量的沙包，见图 11-8。

图 11-8 爆破区台阶面用铁网压沙包全面覆盖

B 加重覆盖

(1) 用胶胎爆破垫覆盖，见图 11-9。

(2) 用炮笼罩住整个爆区台阶面，见图 11-10。

(3) 沙土覆盖，见图 11-11。

C 可移动的或固定的垂直爆石屏障

俗称“排栅”（见图 11-12），竖立于爆破区面向公众或被保护物之方向。

D 全爆破区网罩，俗称“天罗地网”

在一些特别的环境下，可建筑起一种整体式的铁网罩住整个爆破开挖区以防止飞石对附近区域造成伤害和破坏，如图 11-13 所示。

图 11-9 用废胶胎制成的爆破垫覆盖爆破区

图 11-10 用炮笼罩住整个爆破区

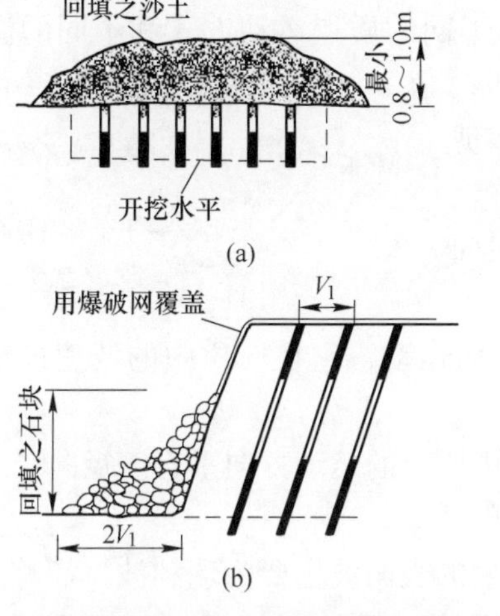

图 11-11 坑渠爆破和台阶爆破时用回填土覆盖爆破面
（a）坑渠爆破时用沙土回填覆盖；
（b）用爆破铁网加回填覆盖防止飞石

图 11-12 在市区爆破时用炮笼和排栅防止飞石

(a)

(b)

图 11-13 用整体式铁网（天罗地网）罩住整个爆破区防止飞石
（a）外视图；（b）内视图

11.3 爆破振动及其控制

11.3.1 爆破产生的地层振动

最常见的爆破破坏多数都由爆破产生的地层振动造成。当炸药在炮孔中引爆时，在岩石中产生强烈的应力波并向四周传播。由爆破产生的地振波在地层中传播时是有声的（相反，电磁波是无声的）。爆破产生的地振波也称之为“地震波”，因为它的传播特征同由地震产生的地震波类似。但爆破产生的地振波由于它的低能量和较小的传播距离因而所包含的低振幅、高主频的成分远多于由地震产生的地震波。

11.3.1.1 波的传播速度和质点振动速度

如第5章所述，一个扰动在介质（固体、液体、气体或等离子体）中的传播称之为“波”。扰动区同未扰动区的交界面称之为“波前”。波前的移动速度称之波速。一个地震波，例如P波，以不同的速度通过不同的材料，而对于同一材料而言，不同的波以不同的速度在其中传播。这些都称之为波的传播速度，或简称之为波速。

我们同时也对另一种速度感兴趣，即当地震波通过地层时地层所产生的振荡的速度。这种速度称之为质点振动速度，其最大值称之为质点振动峰值（peak particle velocity，PPV）。当地震波通过某一区域时，它所引起的质点运动称之为振动。

11.3.1.2 地震波的种类

地震波在地层中以几种不同的波形传播。不同种类的波以不同的质点运动方式和不同的波速在地层中传播。不同种类的波具有不同的特征，它们对各种结构物和人体的影响也不同。其中一类波称之为“体波”，它由压缩波和剪切波组成，它们在地层的体内也包括表面中传播。另一类波称之为“表面波”。它虽然包含有不同的波形但都只是沿地层之表面传播。见图11-14。

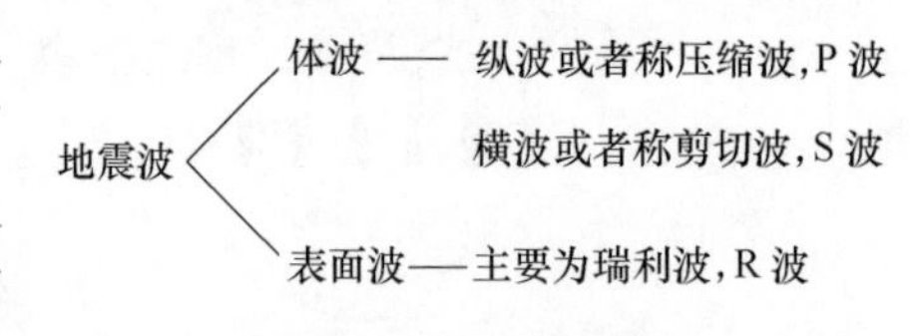

图11-14 地震波种类

压缩波也称之为纵波或简称之为P波。压缩波中质点沿径向运动，它在介质中的波速最快，也即它是最先抵达目标物的波。

随之抵达目标物的波是剪切波，也称横波或S波，剪切波中质点的运动方向垂直于径向。这两种其质点运动方向相互垂直的波统称之为体波，它们都具有相对较高的频率。

最慢也是最后抵达的低频的表面波。在岩石爆破中通常引发的表面波主要为瑞利波，简称R波（rayleigh wave）和勒夫波，简称Q波（love wave）。其他的表面波如槽波（channel wave）和斯徒利波（Stonelly wave）是一些不重要的波，因为它们携带极少的信息。表面波中最重要的波是瑞利波，它的质点沿逆向椭圆形运动，类似于拍打岸边的海浪（见图11-15）。

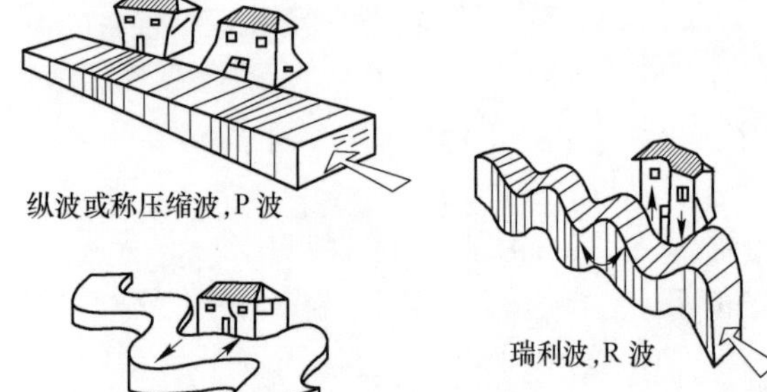

图11-15 三种主要的地震波

在均质岩体中，地震波的波速（m/s）可按以下一些公式计算：

P波：
$$c_P = \left[\frac{E(1-\nu)}{\rho(1-2\nu)(1+\nu)}\right]^{\frac{1}{2}} \tag{11-7}$$

S波：
$$c_S = \left(\frac{G}{\rho}\right)^{\frac{1}{2}} = \left[\frac{E}{\rho^2(1+\nu)}\right]^{\frac{1}{2}} \tag{11-8}$$

R波：
$$c_R \approx c_S\frac{0.86+1.14\nu}{1+\nu} \tag{11-9}$$

式中，E为弹性模量，Pa；G为材料的剪切模量，Pa；ρ为材料的容度，kg/m^3；ν为泊松比。

一些研究者，如米勒和柏利（Miller and Purey，1955），沃洛伯夫（Vorob'v，1973）等，对于各种波所携带的能量分布进行了研究。他们研究得出的结论是：瑞利波携带了整个波的能量的70%~80%。

11.3.1.3 地震波的参数

为了方便研究，爆破产生的地震波可以简化为简谐波进行研究，见图11-16。其基本的参数为：

（1）振幅A，质点从静止状态位置位移的最大值；

（2）速度v，质点运动的速度；

（3）加速度a，单位时间内的质点速度，即：$a=v/t$；

（4）频率f，每秒钟内质点所完成的振荡（或循环）次数。频率是周期T的倒数，即：$f=1/T$。

任意时刻 t，质点的位移为 $u = a\sin(\omega t)$，式中，$\omega = 2\pi f$。

质点的位移，速度和加速度之间的关系为：

$$u = A\sin(\omega t) \tag{11-10}$$

$$v = \frac{du}{dt} = A \times \omega \times \cos(\omega t) \tag{11-11}$$

$$a = \frac{dv}{dt} = -A \times \omega^2 \times \sin(\omega t) \tag{11-12}$$

如果仅仅考虑这些参数的最大值，则以上关系式可转换为：

$$v = A \times \omega = 2\pi fA \tag{11-13}$$

$$a = A \times \omega^2 = 4\pi^2 f^2 A \tag{11-14}$$

在多数情况下，质点加速度采用重力加速度 g 的倍数来表示，$g = 9.8\text{m/s}^2$，通常简化为：$g = 10\text{m/s}^2$。例如：$a = 0.25g = 2.5\text{m/s}^2$。

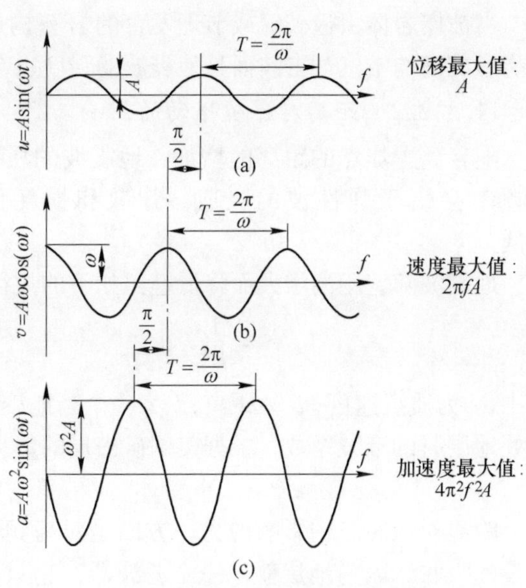

图 11-16 波运动的基本参数

（a）位移；（b）速度；（c）加速度

11.3.2 影响爆破振动波强度的因素

影响爆破振动波特性的因素可分为两类：可控的和不可控的。可控的因素包括爆破几何参数，炸药的类型和数量，起爆药和起爆网路设计。不可控因素包括距离，地质条件和起爆系统的延时偏差等（图 11-17）。

11.3.2.1 场地的地质，地形条件对爆破振动的影响

场地的地质条件和岩石的地质力学性质对于爆破振动有着重要的影响。岩体的岩性对于爆破振动波的传播有着极强的影响。岩石的强度、密度、孔隙率等对于振动波波速的强烈影响可参考表 11-1。

越是坚硬的岩石其通过的波速及频率也越高。如果基岩床之上有一层土壤覆盖，通常都会使通过的地震波的强度和频率降低。土壤的弹性模量比岩石要低，因此使得地震波在这类材料中的传播速度降低，振动频率也降低，但位移量却明显增大。

在爆破地点四周，岩石的特性对于地层振动降低的影响程度随着距离的变化而变化。如果岩体上有一土壤覆盖层，地震波的强度会随着距离的增加而迅速降低，因为地震波的能量消耗于克服质点之间的摩擦力和位移上。

如果在地震波传播的路途中存在有各种不连续面，如节理、裂隙、断层或破碎带，也会造成地震波峰值的耗散。某些振动成分，例如高频分量会因通过不连续面而遗失，而且振波的传播方向也可能受这种复杂的地质构造的影响而呈现不同的吸收指数或传播规律。

表 11-1 不同材料特性对地震波波速的影响[6]

材　料		地震波波速/m·s^{-1}	
		S 波	P 波
黏土或淤泥	干	约 200	400～600
	湿	约 200	1300～1600
沙或砾石	干	200～400	400～700
	湿	200～400	1400～1700
冰碛土	干	200～700	700～1500
	湿	200～700	1400～2000
破碎的岩石		800～1200	1900～2500
砂岩或片岩		1200～1600	2500～3400
花岗岩或片麻岩		2000～2500	4000～4800

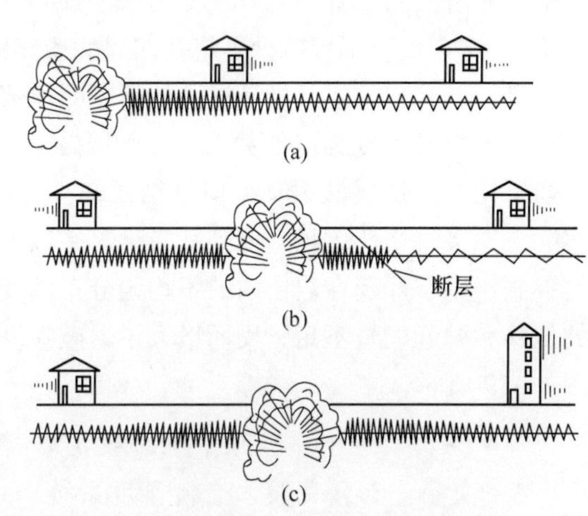

图 11-17 场地条件对爆破振动的影响

（a）距离的影响；（b）地质条件的影响；（c）结构物本身的影响

当被爆岩体由极破碎或节理发育的岩石构成，爆炸气体可能会从这些裂隙中跑到大气中，这不仅有可能形成高的空气冲击波而且地震波的强度也会由于部分能量随着爆炸气体泄出而降低。

11.3.2.2 距离对爆破振动的影响

随着离爆炸点的距离的增加，地震波的质点速度和频率会由于弹性波的吸收、弥散和损耗而逐渐降低。

地震波随着距离增大而降低遵照如下的规律：

$$v = \frac{1}{D^b} \tag{11-15}$$

式中，v 为质点速度；D 为距离；b 为一个当地震波通过该处地层时的衰减系数，根据美国矿山局的数据，$b \approx 1.6$[4]。

距离对地震波的影响的另一方面是对高频率振波分量的吸收，因为地层就像一个滤波器，它只让低频振波通过。

对于靠近爆破的一些点，其接收到的振波的特性同远离爆破的一些点是有明显的不同的。爆破区的大小和几何形状对于爆破振波特性的影响，近距点远远大过远距离的点。而对于远距离的点，振波所经过的地层的性质则对振波的特性起着决定性的影响，见图 11-18[7]。

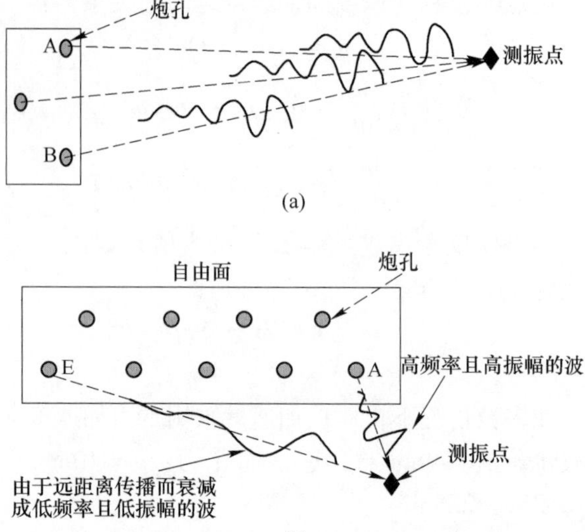

图 11-18 近距离点和远距离点收到的爆破振动波的不同
（a）典型的远距离爆破振动；（b）典型的近距离爆破振动

11.3.2.3 炸药品种，数量和耦合状况对爆破振动的影响

地震波的压力脉冲的振幅直接正比于所使用的炸药的威力和数量。在同样的场地条件下，采用高威力的炸药，如代那买特或乳化炸药，爆破所产生的地层振动要明显高过采用低威力（低密度、低爆速），例如铵油爆破剂 ANFO 所产生的地层振动。所使用的炸药量愈多，其释放的能量也愈多，因而引起的爆破振动也愈高。每段延时的炸药量是控制爆破振动强度的最重要的因素。爆破振动强度与炸药量的关系可以用下式表示：

$$v \propto Q^a \tag{11-16}$$

式中，v 为质点振速；Q 为每段延时的炸药量。美国矿山局的研究认为 a 值大约为 0.8 左右。

炸药在炮孔中的与炮孔的耦合状况反映了有多少炸药能量直接传递给了岩石，从而也影响着爆破振动的强度以及破碎岩石的效果。第 10 章中已指出，当炸药在炮孔中以不耦合的方式装药时，作用于炮孔岩壁的冲击波和爆炸气体压力由于炸药四周的空气间隙或惰性材料的“软垫”作用而得到缓冲（见图 10-2）。这一效应不仅减少了炮孔四周的粉碎区和径向裂缝也降低了爆破振动。

有一个有趣的但又极易混淆的问题即炸药单耗（炸药系数）同爆破振动强度的关系。一些爆破工程师建议减少炸药单耗来降低爆破振动，但是结果却往往同期望相反。实际上如果将炸药单耗降低到其最优水平以下，它所造成的夹制作用、炸药在岩体内的不均匀分布以及岩石破碎后的位移和抛起能量不足，反而增大了爆破振动的强度，如图 11-19 所示。

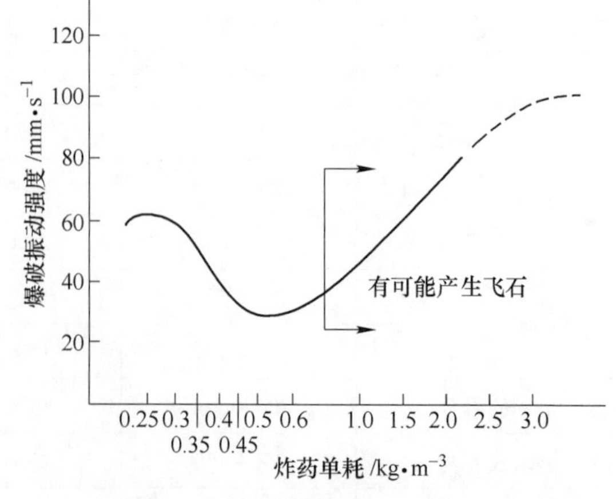

图 11-19 炸药单耗同爆破振动强度的关系

11.3.2.4 爆破设计的几何参数对爆破振动的影响

A 负荷、台阶高度和台阶刚度系数

如果负荷过大，岩石位移和抛起的阻力增大，更多的炸药能量转移到爆破引起的地层振动上。第 8 章中曾强调过：应该始终保持台阶的刚度系数 $H/B>2$。如果 $H/B=1$

或 $H/B<1$，则会由于炮孔前方的岩石，特别是台阶下部的岩石推不出去而造成一系列问题，如岩石破碎不好、留有根底、造成后冲破坏和高的爆破振动。

B 孔距

在第 8 章中我们也讨论过，大孔距、小抵抗线技术可以改善应力波能量在台阶岩体中的分布，从而改善爆破破碎而且由于减小了负荷方向的阻力而降低爆破振动。

C 超深

过大的超深由于增加了台阶底部剪切岩石的阻力，因而会显著地增大爆破振动。

D 爆破区的几何形状和起爆方向

一个只有少数几排炮孔而沿自由面呈长矩形的爆破区所产生的爆破振动会很显著地比一个多排炮孔且沿自由面呈短矩形的爆破区（尽管炮孔数和其他条件相同）所产生的爆破振动小。沟渠爆破由于其极强的夹制作用所产生的爆破振动要比一般的台阶爆破大。

爆区的起爆方向也影响地震波在不同方向上的传播的振动强度。在图 11-20 中，在 A，B，C 三点上监测到的振动强度由于爆破时岩石朝起爆方向向前运动造成的“后坐力”而形成 A < B < C 的结果。

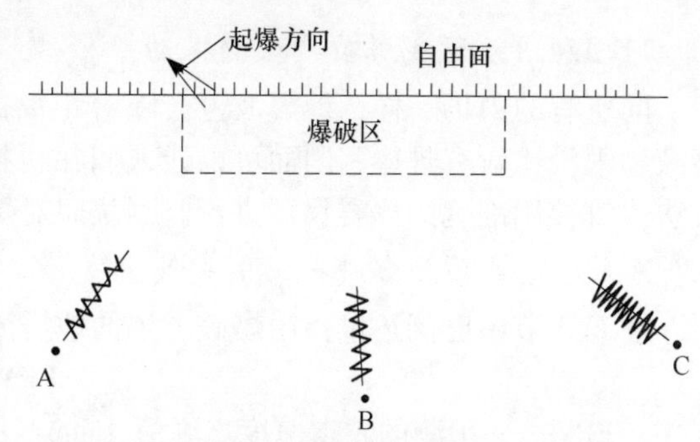

图 11-20 爆区的起爆方向影响地震波在不同方向传播时的振动速度：A < B < C

11.3.2.5 雷管的延时离散度对爆破振动的影响

在第 4 章中已经指出：对于所有采用火工技术延时的雷管，尽管其标明的名义延时相同，不同的雷管都无可避免地存在起爆时间的误差，这种误差我们称之为起爆延时的离散度。造成这一离散度的原因是多方面的，如延时组件长度上的微小误差、延时组件中延时药装填密度的误差、延时药配制时各成分的计量误差以及雷管在储存时由于储存时间长短和储存条件不同而造成延时药燃烧反应速率发生变化（例如过高的湿度可加速延时药的氧化反应）等等。起爆延时的离散度随着雷管的起爆延时长度（雷管号数、名义延时）的增加而增大。雷管的延时离散性在岩石爆破中会造成一些炮孔不按照设计的起爆顺序而重叠或交叉起爆，亦即有很大的机会造成两个或多个本应以不同时间起爆的炮孔同时起爆，有时甚至颠倒起爆顺序。这意味着同一时间起爆的炸药量大幅增加，因而造成爆破振动增大。

至今在各种安全规程、准则和工程规范中普遍存在一种共识，即在 8ms 之内起爆的各炮孔炸药之和的最大值即被认为是每段延时间隔的最大炸药量。换句话说，只有两次起爆之间的延时间隔等于或大于 8ms 时，这两次起爆才被认为是两次分开的起爆。这一结论首先于 1963 年由美国矿山局杜瓦等在其 USBM RI6151 报告中提出。虽然之后美国矿山局同一组人的研究证明 5ms 也同样是有效的，但以 8ms 作为延时分隔的准则仍然被世界上大多数国家所接受和应用。

11.3.3 爆破中控制爆破振动的措施

控制爆破振动的头等重要的措施是有一个最优的爆破设计。

（1）在上一段中我们已指出：一个最优的负荷值是非常重要的，它除了可以得到最好的破碎效果和适当的抛起外还能使爆破振动降到最低。过大的负荷和“窒息”爆破（即无自由面的漏斗爆破）必须绝对避免。最优负荷值可以通过爆破试验而求得。

（2）仔细地设计起爆网路和起爆顺序也是一个关键因素。好的起爆网路和起爆顺序可以将炸药分布在更多的延时间隔中并避免发生炮孔同时或交叉时段起爆。适当地增加排间延时可以避免排间逆序起爆并为后排炮孔提供一个内部的自由面，从而改善爆破破碎和降低爆破振动。

（3）准确的钻孔可避免造成不均匀的负荷并避免过大的超深。

（4）仔细地设计爆区的起爆和岩石移动的方向，避免将岩石移动形成的后坐力方向对准一些对振动特别敏感的对象。

（5）确保爆破时岩石向前运动和抛起的方向有充足的自由面。

控制爆破振动最为有效的措施是控制每段延时的最大炸药量。以下一些方法可以用来减少每段延时的最大炸药量：

（1）减少炮孔数量和减小炮孔直径；

（2）减小台阶高度或将高台阶分成两个或两个以上的低台阶；

（3）采用炮孔分层装药技术，各分层之间用足够高的中间填塞物隔开，各分层采用不同的起爆延时；

（4）采用不耦合装药技术和直径比炮孔小的炸药卷。

11.3.4 岩石爆破中预测和限制爆破振动的准则

11.3.4.1 预测爆破产生的振动

同所有的力场一样，地震波也会随着距离的增大而衰减直至湮没。衰减也可称之为吸收。地震波的衰减和湮没比较有规律，因而可以让人们在可接受的准确度范围内对它进行预测并且可以用数学计算的方法或直接用准确的测震仪器进行监测从而对爆破产生的振动予以限制。

A 远距离预测爆破振动的一般公式

在6.3节中已阐述过：由爆破产生的地震波的强度可以用一个经验公式进行预测：

$$\mathrm{PPV} = K(R/Q^{d})^{-b} \tag{11-17}$$

式中 PPV——预测的质点速度之峰值，mm/s；

K——一个由地震波通过的地层性质和炸药威力决定的常数；

Q——每段延时间隔内同时起爆的最大炸药量，kg；

R——爆破点与测震点之间的距离，m；

d——炸药指数，对于柱状炸药 $d=1/2$，对于球状炸药 $d=1/3$；

b——衰减指数。

在式（11-17）中，K 和 b 都是由场地的地质条件和炸药强度决定的参数，通常都是根据在工地进行一段时间试验爆破中记录得到的数据用回归分析的方法求得。表6-1中从不同的来源给出了 K 和 b 数值的范围，以供参考。图11-21是某露天建筑开挖工程对爆破振动所作的回归分析图。由图11-21中可以看到：在露天爆破开挖之地下铁路隧道中记录到的振动强度明显都比在同样比例距离的地表振动强度低。其他一些研究人员也得到了相同的结论。图11-22取自“肯特基州詹尼矿之地表爆破”一文，即参考文献［8］第495页。这一结论是与认为体波引起的振动强度只有由瑞利波引起的振动强度的一半左右等的其他一些经验是一致的。

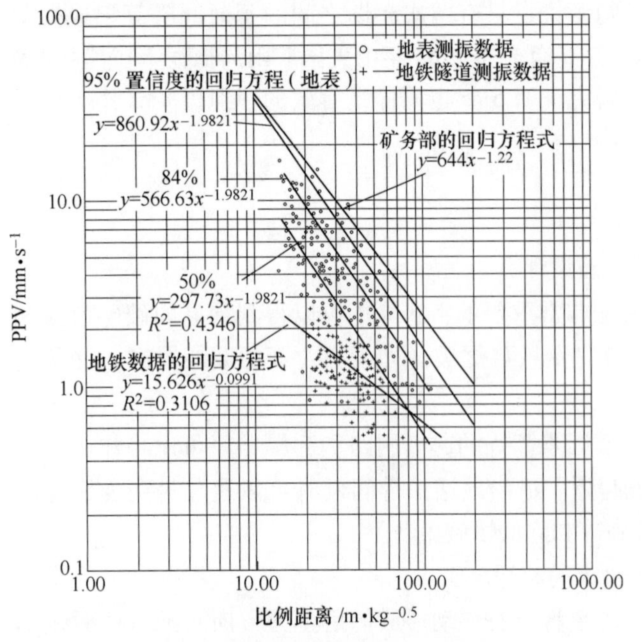

图11-21 某露天建筑爆破工程对爆破振动数据的回归分析图

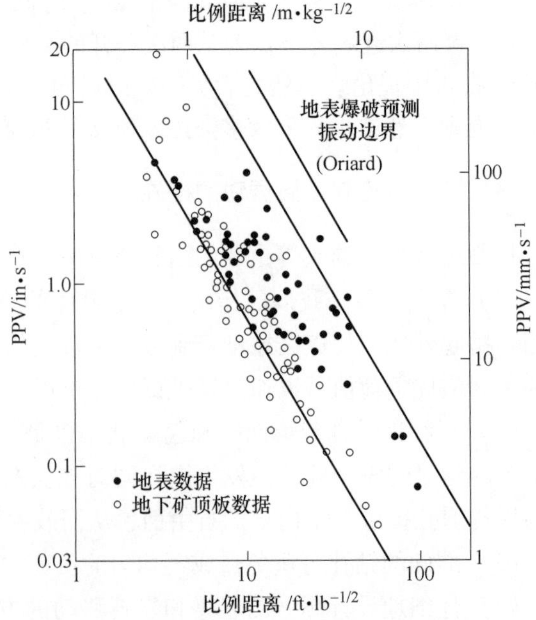

图11-22 地下矿顶板测得振动数据比地表同比例距离点的振动小40%[3]

B 近距离爆破振动模型——MSW 模型

在上节中已指出：距离爆破点近距离的振动波的特性同远距离振动波有相当大的区别。爆破区的大小和几何形状对近距离点的振动波的影响远远大过远距离点，而振波通过的地层岩土的特性则是远距离点振波特性的主要影响因素。

美国澳瑞凯公司（Orica USA Inc.）的杨瑞林博士等（Dr. Ruilin Yang et al.）于 2007 年建立了一个称之为 MSW 的模型，用以模拟爆破地震波经过近距离点和远距离点的过程并预测爆破地震波抵达任何距离点，特别是近距离点的振动强度与波形。

MSW 模型采用多组从不同炮孔爆破发出的种子波型传至指定点及其传播函数来模拟振波形的变化。此外，先起爆炮孔破坏的岩石对后起爆炮孔产生的振波在传播路径中的筛滤作用也采用一个之前已描述过的筛滤函数进行了模拟。因此，MSW 模型适用于预测远、近距离的爆破振动。

当模拟一个指定监测点的爆破振动时，按照测量种子波形时的距离（d_{sd}）比指定点距生产爆破孔之距离（d_{hl}）略小的规则对每一个爆破炮孔选择一个与之相当的种子波形（三个互为垂直的分量，见图 11-23 和图 11-24）。对于大于种子波形距离（$\delta_d = d_{hl} - d_{sd}$）之后波形的变化按照基亚尔坦松转换函数——$Q$ 常数模型，由基亚尔坦松（Kjaetansson）1979 年提出，进行模拟。基亚尔坦松转换函数曾成功地用于监测低应变的地震波（典型的远距离爆破振波）的振幅和频率吸收。它假设岩石具有线性黏-弹性特性。因而，在近距离时，特别是对于高度非线性的软地层，基亚尔坦松转换函数并不适合于模拟振幅的吸收。但另一方面，它仍不失于作为一个有用的选择用于模拟近距离爆破振动频率吸收，因为它是模拟频率吸收的最简单的模型，而频率吸收是波形在这样短的距离 δ_d 内最主要的变化。MSW 模型中，基亚尔坦松转换函数没有被用于振幅的吸收。振幅根据标定炮孔振波所建立的非线性炸药重量的比例规律确定。然而由于频率吸收造成了波形状的改变，因而采用了基亚尔坦松转换函数。

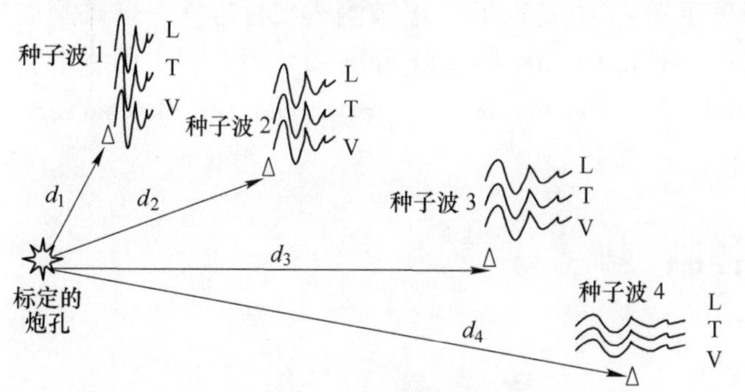

图 11-23 在不同距离点录得的由标定的炮孔发出的三组种子波形（L，V，T）

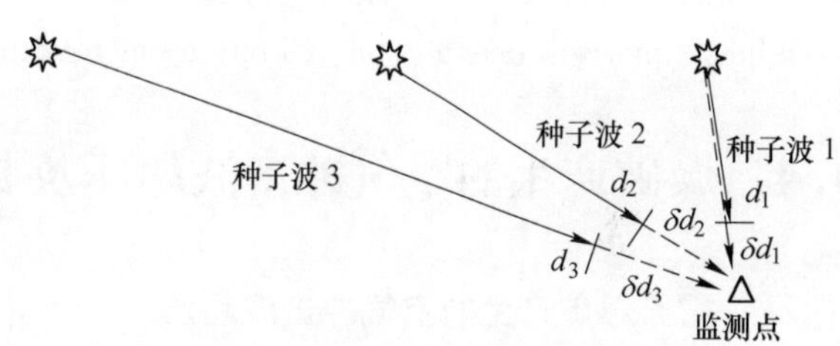

图 11-24 按照相匹配的距离对每一炮孔炸药选择一个种子波形

值得留意的是，MSW 模型的预测值对于岩石质量因子 Q 并不敏感。其原因是：如果当时种子波所测录时的距离增量（例如：15m）同该生产炮孔至指定监测点的距离相近时，振波经转换函数转换后变化很小。

当应用多个种子波形时，从爆破孔发出的不同距离的 P 波、S 波和表面波都可以包括在模型之中。图 11-25 是在一个石矿场所采用的一个案例。波形在振幅、频率和历时等由于波形的混合而发生的变化以及频率吸收都包含在多个种子波形中。此外，某些地质因素对种子波形的影响也可以输入到模型中。

MSW 模型已成功地应用于露天和地下爆破的近距离和远距离爆破振动的预测。图 11-26 是在一个露天采石场所进行的模拟预测结果同实测结果的比较。

11.3.4.2 岩石爆破中限制爆破振动的准则和指标

为了保护各种结构，建筑物和公用设施免受爆破振动的破坏，在各种安全规程，施工规范中都对爆破振动作出了限制。6.4 节中已列出了不同国家和地区所制定限制爆破振动的准则和指标，以供参考。

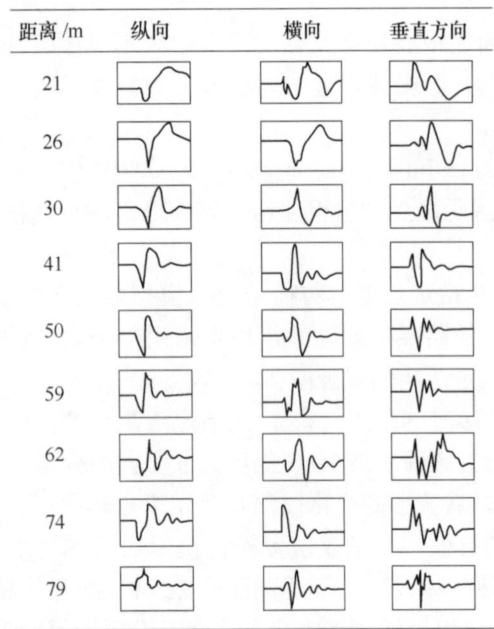

距离/m
纵向
横向
垂直方向
21
26
30
41
50
59
62
74
79

图 11-25 一个露天爆破工地实测的不同距离的种子波形输入到 MSW 模型中[10]

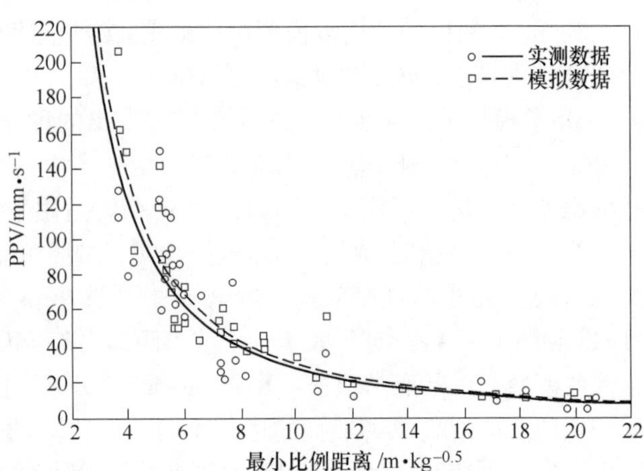

图 11-26 在一个露天采石场所进行的模拟预测结果同实测结果的比较

11.3.5 测监爆破振动的设备

国际爆破工程师协会（ISEE）于 2000 年在其爆破手册[12]中发表了“爆破测震仪标准——爆破测震仪操作规程”（refer to：https：//www. isee. org/blasters-toolkit/handbooks-and-guides）。据此，中国香港特别行政区矿务部也发表了“振动监测指引（Rev201409b）”（refer to：http：//www. cedd. gov. hk/eng/services/mines_ quarries/doc/gn_ on_ vibration_ monitoring. pdf）。

11.4 爆破产生的空气冲击波超压及其控制

11.4.1 露天爆破产生的空气冲击波超压

在第 6 章中已指出，由爆破产生的空气冲击波超压（即超过正常大气压力的压称为超压）是由爆炸产生的空气压缩波。它又简称之为“空爆”或 AOP，空气冲击波超压是爆破工程的主要负面影响之一，因为它产生噪声，有时甚至对某些结构造成破坏。

空气冲击波超压是在大气层内由爆破点以空气压缩波的形式向外传播的能量。这一压缩波涵盖了一个很宽的频率带，其中一些是人耳所能听见的，因而称之为噪声，而大部分频率低于 20Hz 和超过 20000Hz，是人耳听不到的。这一部分人耳听不到的压力波，人的身体可以感觉到，称之为振荡（concussion）。噪声加上振荡统称为空气冲击波超压。

这一压缩波超过大气压力以上部分的最大值称之为空气冲击波超压的峰值，记为 dBL。

有一种用听觉能力加权的单位称之为“A-weighted dB”，记为 dBA，专用于反映人耳所能听到的那部分空气冲击波超压但不包括人耳听不到的频率部分。人的耳朵对于说话声音范围之外的低频和高频部分的空气压力波敏感度很低。噪声测量通常用一种标准的噪声监测仪，它里面装有一个称为“加权计”的滤波器。这一滤波器并没有真实地反映空气冲击波超压，它降低了低频和高频部分的影响。用这种仪器测出的结果称之为“噪声水平”。

如前所述，空气冲击波超压包含有相当一部分能量在低频部分，这一部分能量有可能直接损坏某些结构物，然而门窗和碗碟等对象对于高频部分的空气冲击波则更为敏感。图 11-27 和图 11-28 是作者在一个建筑爆破工地收集到的数据[14]。

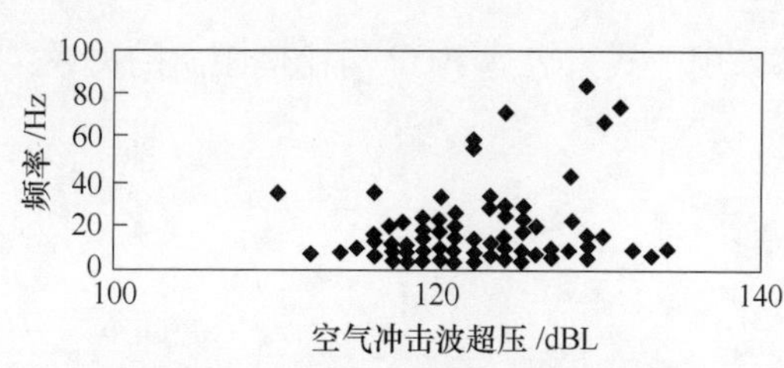

图 11-27　AOP 的频率点分布

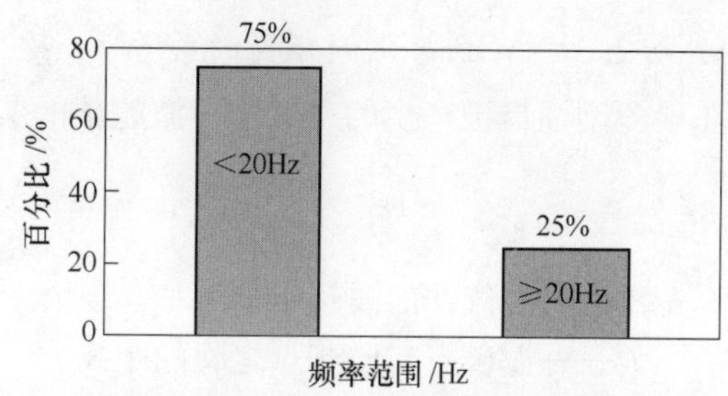

图 11-28　AOP 的频率分布柱状图

11.4.2　影响空气冲击波超压的因素

影响空气冲击波超压的因素有很多。它们可以分为两类：可控的因素和不可控的因素，如图 11-29 所示。

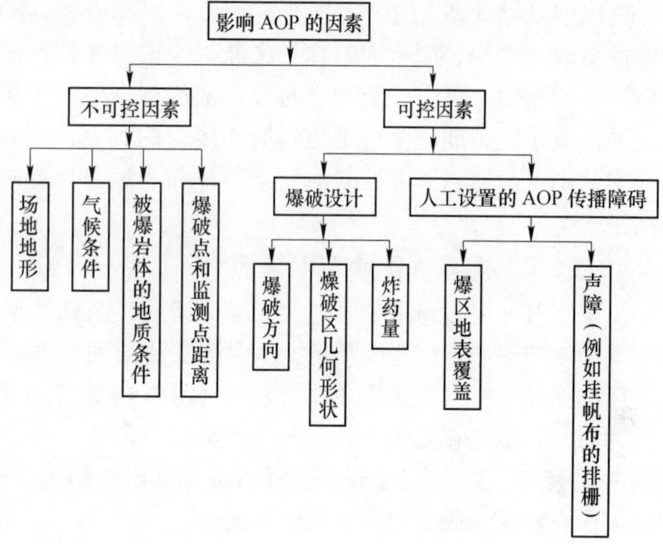

图 11-29　影响空气冲击波超压的因素

作者曾在一个大型建筑爆破开挖工程中对爆破产生的空气冲击波超压进行了一些研究并积累了一些数据。

11.4.2.1　爆破点与监测点之间的距离对 AOP 的影响

对每一次爆破，在建筑物内、外分设了四个监测点。设于建筑物内的监测点均靠近窗户面向爆区并与爆区基本上位于同一水平。距离与录得的 AOP 值的关系见图 11-30。

尽管数据看起来由于受其他因素影响而显得较为离散，但仍可见 AOP 随距离增加而下降的明显趋势。

11.4.2.2　炸药量、孔深和炮孔数目与 AOP 值的关系

统计数据显示空气冲击波超压值并没有明显地随着总炸药量或每段延时炸药量的增加而明显增大。也即是说炸药量对于 AOP 来说并非是一个重要因素。这一违反常理的现象可作如下解释：

在该工程的条件下采用柱状药包的台阶爆破中，如炮孔直径和炸药直径基本不变，炸药量（包括每段延时炸药量）增加通常多是由于孔深的增加（由于受爆破振动的限制，均采用单孔单延时或单孔双层装药而分段起爆），这意味着炸药的平均埋深增加。由于埋深增加，即使同时起爆的炸药量增加，AOP 也并不一定增加。图 11-31 显示了 AOP 随炸药埋深增大而急速下降。

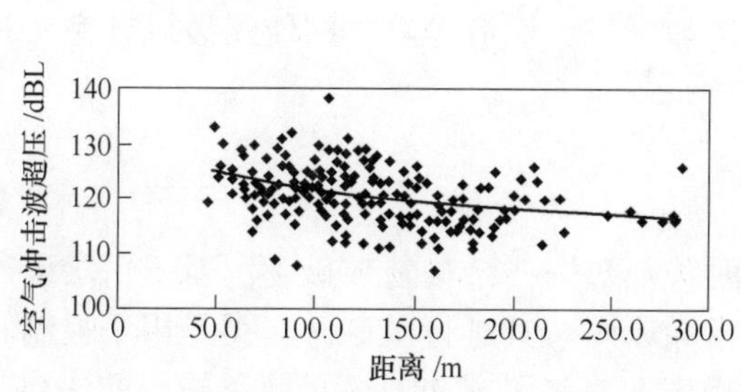

图 11-30　距离与实测的 AOP 值的关系

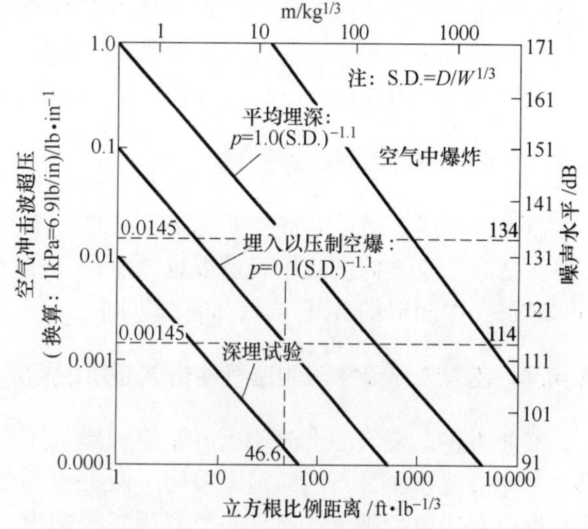

图 11-31　AOP 与炸药埋深的关系[12]

11.4.2.3 AOP 与比例距离的关系

在很多阐述爆破产生的空气冲击波超压的文献中通常都采用下式来表达 AOP 与比例距离的关系：

$$AOP = a\left(\frac{D}{Q^{\frac{1}{3}}}\right)^{b} \tag{11-18}$$

式中 AOP——空气冲击波超压；

D——爆破点与监测点之间的距离；

Q——每段延时的最大药量；

a,b ——与场地条件和环境有关之常数。

按照这一表达式所作的回归分析如图 11-32 所示。

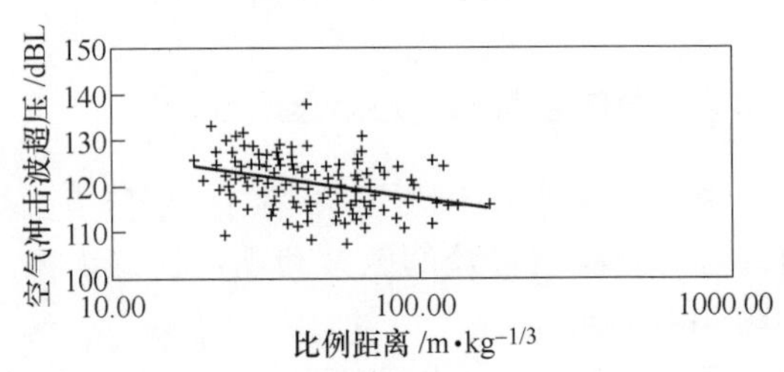

图 11-32 AOP 与比例距离的关系

由图中可以看到：由于数据非常离散，回归方程式的确定性系数非常小，$R^2 = 0.0842$。这说明，想要如同预测爆破产生的振动一样用一个上述的公式来预测爆破产生的空气冲击波超压其准确度很难达到所能接受的程度，因为有太多的不可预见和不可控制的气象条件和场地条件影响其结果[4,15]。

11.4.2.4 气象条件对 AOP 的影响

由于空气冲击波超压是通过大气层传播的，因此气象条件如风速和风向、气温、湿度和气压等都会对空气冲击波超压强度造成影响。风会改变波前的角度。风梯度有很强的方向性。顺风方向的空气冲击波超压的强度和持续时间都会被增大。气温影响空气的密度。高湿度增加空气的吸收作用，通常在冬天空气冲击波超压比在夏天要高。在一些文献中，有一种现象经常被提到，即所谓的由于温度和风的反转造成的"聚焦效应"。由于建筑工程爆破及其影响的范围通常都不足够大因而不易形成温度和风的反转，因而极少在建筑爆破工程中出现这种现象。

11.4.2.5 岩体的地质条件对 AOP 的影响

被爆岩体的地质条件，特别是岩体中的节理和裂隙的发育情况对空气冲击波超压有着极大的影响。如果岩体中有张开的节理或裂隙通到岩体表面，爆炸气体会从这些节理或裂隙中泄出到大气中而造成极高的空气冲击波超压。

11.4.2.6 爆破设计对 AOP 的影响

（1）爆破方向。在自由面前方岩石抛出的方向上空气冲击波超压比其他方向高。

（2）台阶爆破的几何参数。台阶爆破的主要几何参数有负荷、孔距、孔深、超深和填塞长度等。当选择这些参数时必须考虑很多方面，如岩石的爆破破碎程度、场地平整工程的要求、减少产生飞石的风险、AOP 和爆破振动等都必须兼顾，不能单一考虑降低 AOP。在以上这些参数中，通常增加前排孔的负荷及所有炮孔的填塞长度对于降低 AOP 和减少飞石的风险都是有效的措施，因为这些措施可增大爆炸气体泄入大气的阻力和岩石从自由面和孔口飞出的阻力。此外使用合格的填塞材料以保证填塞质量也很重要。直径 10mm 的碎石是最好的填塞材料。使用钻屑填塞炮孔通常都会伴随着高的 AOP。

11.4.3 空气冲击波超压的预测

在一些阐述爆破产生空气冲击波超压的文献中，建议采用式（11-18）来预测 AOP 的强度。但正如上文中已指出：空气冲击波超压是很难预测的。很多因素，诸如气候、地形等等，即使爆破设计完全相同也可能每一次测得的 AOP 结果都完全不同。

11.4.4 在露天爆破中限制空气冲击波超压的标准

综上所述，空气冲击波超压可能使人感觉不舒服，有时甚至对一些结构造成破坏。对于由爆破产生的空气冲击波超压，不同的国家采用了两类不同的标准或指导原则对其进行限制。一类是用于控制它对结构物可能造成的破坏，而另一类则用于控制爆破产生的噪声。一些国家和地区目前所施行的法律、标准或指导原则已在第 6.4.3 小节中作了详细介绍。

11.4.5 减低露天爆破产生的空气冲击波超压的措施

控制空气冲击波超压不仅是为了控制它可能造成的破坏，而且也要减轻它引起的居民的滋扰。下列一些措施可在爆破施工中有效地减轻空气冲击波超压：

(1) 所有的炮孔都要适当地填塞，填塞高度不应小于30倍炮孔直径以避免冲天炮而造成空爆。

(2) 确保前排炮孔有适当的负荷，建议不小于28倍炮孔直径。

(3) 确保适当的起爆顺序。

(4) 不允许使用任何裸露的炸药包，包括导爆索和地表连接装置。如果确难避免，应用至少不小于30cm厚的泥沙予以覆盖。在第10.4.3.2小节中已提出：在进行预裂爆破时，为了取消地表用导爆索连接，可以用一发瞬发或17ms延时的非电导爆管雷管在预裂孔内连接孔内导爆索，并建议用塑料炮孔塞加碎石子填塞炮孔可有效地降低空气冲击波超压。图11-33是某建筑爆破工程的统计数据。图11-34是在邻近居民区进行预裂爆破时采取的覆盖措施。

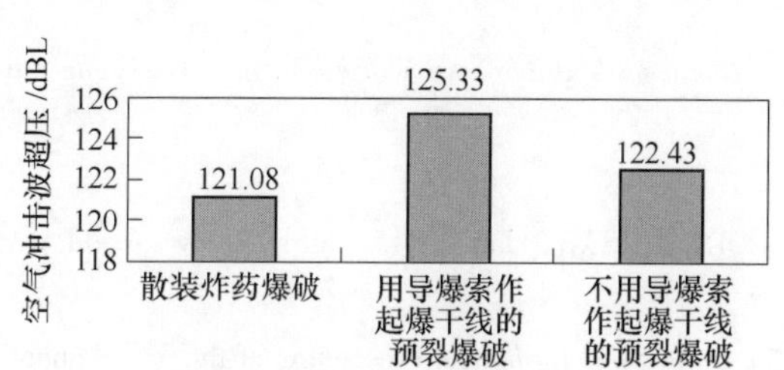

图11-33 不同爆破方法的平均AOP

图11-34 覆盖预裂爆破孔降低AOP

(5) 限制每段延时的炸药量。

(6) 尽可能不要将爆破起爆方向，也即岩石抛出方向朝向公众地区，特别是不要朝向居民区。

(7) 避免在一些极不利的气象条件下，例如风向朝向居民区或者在大气压和气温逆转的情况下进行爆破作业。

(8) 使用一些人工的屏障来阻碍空气冲击波的传播。图11-35中的爆破地点非常接近居民楼，为降低AOP，在炮笼顶部和朝向居民楼的一侧覆盖上轮胎爆破垫以阻隔空气冲击波。图11-36中围住爆区的直立排栅上挂有帆布，不仅阻挡了飞石也起到了声障的作用。

图11-35 邻近居民区炮笼上覆盖轮胎爆破垫以阻隔空气冲击波

图11-36 用排栅作为声障围住爆破区

(9) 与工地四周的社群保持良好的关系和沟通。在开始进行爆破工程和每一次爆破之前都要通知附近居民。

参考文献

[1] Zou D. *Engineering Blasting in Hong Kong* [M]. Sing Tao Press, 2007, Hong Kong. 邹定祥. 香港的工程爆破及其管理[M]. 香港：星岛出版社，2007.

[2] Lundborg N. *The Probability of Flyrock.* Report DS 1985：5, SveDeFo, 1985.

[3] Roth J. *A Model of the Determination of Flyrock Rane as a Function of Shot Conditions.* US Bureau of Mines, Report NTIS, PB81-222358.

[4] Jimeno C L, et al. *Drilling and Blasting of Rock.* A. A. Balkema Publishers. 1995.

[5] Persson P A, et al. *Rock Blasting and Explosives Engineering.* CRC Press. 1994.

[6] Tamrock. *Surface Drilling and Blasting.* Edited by Jukka Naapuri, 1988.

[7] Yang R. *Near-field Blast Vibration Monitoring, Analysis and Modeling.* Proceeding of the 33rd Annual Conference ISEE, Nashville, Tennessee, USA, 2007.

[8] Oriard L L. *Explosives Engineering, Construction Vibrations and Geotechnology.* ISEE, 2002.

[9] Kjartansson E. *Constant Q Wave Propagation and Attenuation.* J. Geophys, Res. 84, 4737-4748, 1979.

[10] Yang R, et al. D. S., *An Integrated Approach of Signature Hole Vibration Monitoring and Modeling for Quarry Vibration Control.* Rock Fragmentation by Blasting- Sanchidrian (ed) © 2010 Taylor & Francis Group, London, ISBN 978-0-415-48296-7.

[11] Yang R, Scovian D S. *A model for Near and Far-field Blast Vibration Based on Multiple Seed Waveforms and Amplitude Attenuation.* Blasting and Fragmentation, 4 (2)：91-116.

[12] ISEE, *Blaster's Handbook.* 18th Edition, 2010.

[13] *Guidance Note on Vibration Monitoring.* Mines Division, GEO, CEDD, HKSAR, Jan. 2015. http：//www.cedd.gov.hk/eng/services/mines quarries/mgd mdgn.html.

[14] Zou D. *Study on Air Overpressure Produced by Blasting Near High Rise Residential Buildings.* Proceeding of the 33rd Annual Conference ISEE, Nashville, Tennessee, USA, 2007.

[15] Scottish Executive. *PAN 50 Annex D：Controlling the Environment Effects of Surface Mineral Working.* Feb. 2000.

12 台阶爆破计算模型和计算机辅助设计

12.1 概述

12.1.1 爆破计算模型

岩石爆破计算模型包括两类，即经验模型和理论模型。前者是建立在经验公式或统计数据基础上的，适用于处理一定范围内的具体工程设计和参数优化问题；后者是建立在爆破机理基础之上，普遍适用于各种爆破计算和分析的模型。

由于近几十年来计算机技术的高速发展，岩石爆破理论模型以计算机和各类软件为平台，根据已知的各种岩石爆破破碎理论，采用数值计算方法计算和模拟岩石爆破的物理过程。因此，岩石爆破过程的计算机模拟已成为除实验室模型试验和现场爆破试验之外的又一种研究方法和手段，因而近几十年来得到了迅速发展和广泛应用。

综观最近几十年来岩石爆破的计算器仿真模型研究，它们包括以下几个方面：

(1) 研究爆破时岩石的裂纹、断裂和损伤的产生和发展过程[1,2]。

(2) 模拟岩石爆破的物理过程，预测爆破效果，包括破碎块度分布，岩石移动和爆堆形状，优化爆破参数[3~6]。

(3) 预测地面振动、后冲破坏和有可能产生的爆破飞石，降低爆破工程所带来的负面影响和破坏[7,8]。

在本章将简要介绍一些露天台阶爆破模型，包括经验模型和理论模型。

12.1.2 计算机辅助设计

计算机在工程爆破中的应用研究始于20世纪80年代初期，起初主要用于露天台阶爆破，随着专家系统和CAD技术的发展，已经开发了一批能够完成爆破设计、参数优化、爆破效果模拟分析、成本分析和数据管理的系统软件。

一个完整的系统设计软件包由若干模块组成，如原始数据输入模块（包括地形、地质、钻机、炸药等）、爆破设计优化模块（包括爆破参数计算和优化、起爆网路和起爆顺序等）、爆破效果分析模块（包括爆破破碎块度分布、爆堆形状和抛掷范围、爆破震动及空气冲击波预测等）及爆破成本分析和数据管理模块。

在本章将简要介绍几个用于露天台阶爆破（露天矿山）的计算机辅助设计系统软件。

12.1.3 岩石爆破块度分布规律

由于在一些爆破模型和爆破计算机辅助设计系统中常用到爆破破碎程度指标和爆破块度分布函数，有必要对这方面的内容作详细介绍[12~14]。

12.1.3.1 *岩石爆破破碎程度的描述方法*

工程爆破，特别是采矿生产爆破中，直接体现爆破作业效果好坏是爆破后岩石的破碎程度。由于爆后岩石的破碎程度直接影响着后续工序——装载、运输、破碎等的生产效率，即生产成本和总的生产成本（在水利工程、石材开挖和道路工程等爆破中决定着石料的利用率和销售价格）。因此，研究岩石爆破破碎程度及其规律，对研究岩石爆破对于实现“爆破最优化”有着重要意义。

通常有两类不同的方法对爆破后的岩石破碎程度进行定量描述。

(1) 单一指标描述。最常用的有"不合格大块率"指标和"平均块度"指标。前者反映了对后续工序（装载、运输和破碎）有重要影响的那部分（通常必须进行二次破碎）的大块岩石所占的比率，而后者则反映了爆后岩石的平均破碎程度。有研究者通过统计发现"不合格大块率"与"平均块度"之间有近于线性的关系。在理论研究中，通常还采用所谓 P_{80} 和 K_{50} 两种指标。其定义是指当筛下累积含量为80%和50%时所对应的块度尺寸（筛网孔径）。很显然，它们与前两种指标是很相似的，但是必须指出：K_{50} 并非就是平均块度指标。

(2) 总体描述，即爆破块度分布（或块度组成）。

一般来说，如果用筛下累积百分率（或筛上累积）做纵坐标，用组筛的筛孔尺寸（即块度尺寸）做横坐标，爆破后岩石的块度分布可以一条分布曲线（或分布函数表达式）来描述：

$$Y = f(X)$$

用块度分布函数描述岩石爆破破碎程度具有如下的优点：

(1) 它全面地反映了爆破后岩石的破碎程度。

(2) 往往只需要用少数（通常是两个）分布参数即可把握爆破后岩块从细粒级至粗粒级的全部组成状况。它不受块度分级指标的影响。从分布曲线上可求得任一粒级（包括 P_{80} 和 K_{50}）的筛下累积百分比和相对含量。

(3) 利用这一数学表达式可进一步揭示岩石爆破破碎的规律及其机理。这一点对于建立爆破参数与爆破效果的关系尤为重要。

12.1.3.2 块度分布函数

目前各国学者发表的文章描述爆破块度分布的函数形式有很多，但最常见的有以下三种：

(1) 罗辛-莱墨勒（Rosin-Rammler）函数，简称 R-R 函数：

$$Y = 1 - e^{-\left(\frac{d}{d_0}\right)^n} \tag{12-1}$$

式中 Y——筛下累积百分率,%；

d——岩块尺寸或筛网孔径；

d_0——尺寸模数，分布参数；

n——均匀度指数，分布参数。

(2) 高丁-米洛依（Gaudin-Meloy）函数，简称 G-M 函数：

$$Y = 1 - \left(1 - \frac{d}{d_m}\right)^n \tag{12-2}$$

式中 d_m——最大块度（筛孔）尺寸；

其他符号意义同式（12-1）。

(3) 杰茨-高丁-舒曼（Gates-Gaudin-Scuhmann）函数，简称 G-G-S 函数：

$$Y = \left(\frac{d}{d_m}\right)^n \tag{12-3}$$

式中符号意义同前。

以上几种分布函数最初都是从岩石的机械破碎后的粒度分布的实验数据中总结出来的。后人发现爆破后岩石的块度分布也可以用这此类函数进行描述。例如，苏联学者巴隆[15]、库兹涅佐夫[24]，日本的大冢一雄教授[16]，澳大利亚的哈里斯、切斯特等[17]曾用 R-R 函数很好地描述了他们的爆破实验的块度分布。美国的狄克[18]，安哥拉的伽玛[19]曾用 G-G-S 函数描述爆块分布。澳大利亚的罗吾里[20]还对 G-M 分布在爆破块度分布中应用作了较为详细的探讨。

不论是机械破碎还是爆破破碎，岩石的破碎块度分布都可以用相同的一类函数进行描述，这一事实说明：岩石的破碎机理主要决定于岩石材料自身的特点，而外力作用的形式不是主要的。因此，不少人都企图从岩石的破碎机理对以上这些函数的物理意义作出合理的解释。研究结果表明，这些破碎块度分布函数可以用脆性材料的随机破碎理论作出某种解释。库兹涅佐夫和阿克萨依奇等，奥斯丁和克林派尔都从这一方面作过理论上的探讨。

正是由于用块度分布函数描述岩石爆破破碎程度有着上述的优点，因而它们越来越多地被用于爆破工程计算中，特别是被应用于爆破模型中的块度预测和计算机设计，例如 KUZ-RAM 模型、伽玛模型等和

SABREX 设计软件包。下面作一些介绍。

12.2 几个典型的爆破数学模型

12.2.1 哈里斯模型

20 世纪 70 年代，ICI 澳大利亚公司的哈理斯（Dr. G. Harries）博士提出了一个岩石爆破破碎过程的数学模型[5]。

在他的模型中，岩石被假设为连续的、各向同性的弹性介质，炸药的能量主要来自炮孔中炸药爆轰后爆炸气体对炮孔壁的压力。

这一模型实际上是一个二维的，准静态的模型。

当爆炸气体作用在炮孔壁上时，它迫使孔壁岩石向外膨胀直至达到平衡。在孔壁周围岩石中的切向应变 ε 可按弹性力学中的厚壁圆筒公式计算。在炮孔壁处：

$$\varepsilon = \frac{(1-\nu)P}{2(1-2\nu)\rho C_{\mathrm{P}}^{2} + 3(1-\nu)K \times P} \tag{12-4}$$

式中 P——爆炸气体作用在炮孔壁上的压力，MPa；

C_{P}——P 波在岩石中的波速，m/s；

ρ——岩石的密度，$\mathrm{g/cm^3}$；

ν——岩石的泊松比；

K——绝热指数。

爆炸压力在岩石中沿径向方向按负指数衰减。在距离炮孔中心 r 处的切向应变值可用下式表达：

$$\varepsilon(r) = \left[\varepsilon/\left(\frac{r}{b}\right)\right] \times \mathrm{e}^{-\alpha\left(\frac{r}{b}\right)} \tag{12-5}$$

式中 b——炮孔之半径，cm。

当衰减指数 $\alpha = 0$ 时，上式变为：

$$\varepsilon(r) = \varepsilon\left(\frac{b}{r}\right) \tag{12-6}$$

在压应力作用下，岩石的径向位移产生切向应变。当切向应变值大于岩石的动态抗拉强度 T 时，在岩石中产生径向裂纹。在距离炮孔中心 r 处，岩石中产生径向裂纹的条数可按下式计算：

$$n = \varepsilon(r)/T \tag{12-7}$$

式中 n——距离炮孔中心 r 处，岩石中产生径向裂纹的条数；

T——岩石的动态抗拉强度。

由于很难取得岩石的动态抗拉强度，哈里斯采用了试算法，从小台阶爆破试验的岩石破碎和裂纹尺寸反向求得 T 值。

哈里斯模型也将爆炸气体对裂纹的扩张作用和应力波在自由面的反射规律作了考虑。在高压气体贯入和应力波从自由面反射双重作用下，朝着自由面方向的裂纹作双倍的延伸。图 12-1 是由三个炮孔爆炸时产生的裂纹图。图 12-1（b）中三个炮孔顺序延迟起爆，后爆炮孔产生的裂纹被先爆炮孔产生的裂纹所中止。

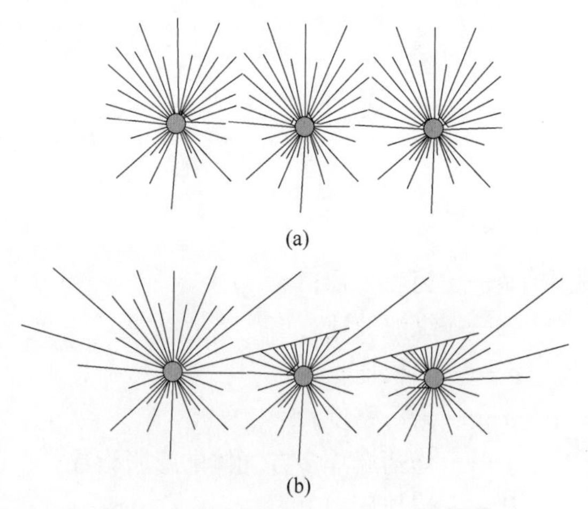

图 12-1 哈里斯的三孔爆破裂纹图
（a）三孔同时起爆；（b）三孔顺序起爆

岩石爆破后的破碎块度用蒙特-卡洛随机方法求得。在爆区岩体中布下相当多数量的随机点，从每一个点作两条相互垂直的直线。这两条直线分别被与其最近的裂纹截断成两个线段，取两线段中的短者代表岩石在该点处的破碎的块度尺寸。图 12-2 是由模型计算所得结果与爆破试验结果所作的比较的例证。

从20世纪80年代开始，哈里斯试图建立一个柱状药包台阶爆破的三维动态模型。在他于1983年发表的两篇文章[9,10]中，他提出可以将柱状药包划分成若干等量的球形药包（见图12-3），并试图采用法夫里教授的应力波理论[11]将由每一个球状药包在不同时刻 t 和不同距离 r 产生的并到达台阶岩体内某一点的应力波进行叠加而得到应力波的三维动态分布。但至今为止，仍未见他的用于计算爆破块度分布的三维模型。

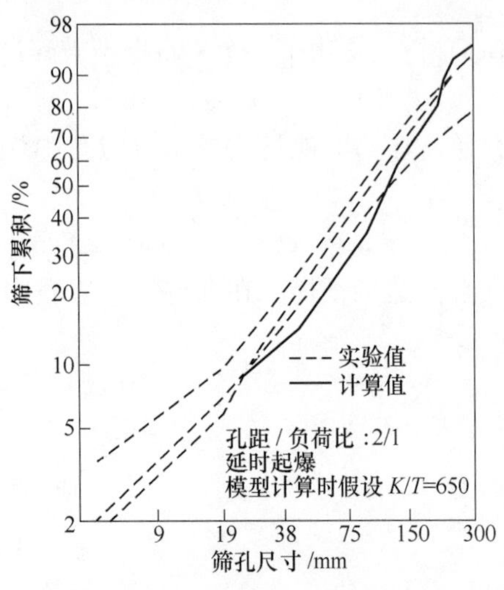

图12-2 模型计算结果同阿希（Ash）的爆破实验结果的比较

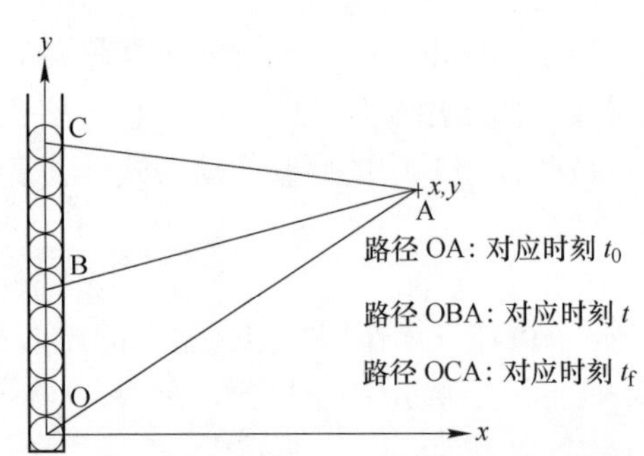

图12-3 模拟柱状药包时的垂直剖面[9]

12.2.2 法夫里的模型和BLASPA模拟程序[12]

法夫里博士（Dr. R. F，Favreau）曾经是加拿大的一位物理教授。他于1983年在加拿大魁北克建立了一个称之为BLASPA Inc. 的小公司销售他的爆破模拟软件并为矿山服务。BLASPA作为一个商业软件已在加拿大各矿山应用了30多年。

BLASPA的核心数学模型是建立在法夫里博士的应力波理论并发表于1969年的论文：球形药包在岩石中爆炸产生的应力波[11]。

在此理论中，岩石被假设为完全弹性的、各向同性的介质。炸药爆轰产生的膨胀压力突然施加在药腔壁上，随后由于腔壁膨胀而下降，此一状态可用一简单的静态多方气体方程式来描述。同时它还假设腔壁膨胀很小。质点速度 u 作为距离 r 和抵达时间 τ 的函数可用下式表达：

$$u(r,t) = e^{-\frac{\alpha^2\tau}{\rho cb}}\left[\left(\frac{Pb^2c}{\alpha\beta r^2} - \frac{\alpha\beta b}{\beta\rho cr}\right)\sin\frac{\alpha\beta\tau}{\rho cb} + \frac{Pb}{\rho cr}\cos\frac{\alpha\beta\tau}{\rho cb}\right] \tag{12-8}$$

$$\alpha^2 = \frac{2(1-2\sigma)\rho c^2 - 3(1-\sigma)\gamma P}{2(1-\sigma)} \tag{12-9}$$

$$\beta^2 = \frac{2\rho c^2 - 3(1-\sigma)\gamma P}{2(1-\sigma)} \tag{12-10}$$

$$\tau = t - \frac{r-b}{c} \tag{12-11}$$

式中 b——药腔半径；

c——纵波波速；

σ——泊松比；

ρ——岩石密度；

γ——炸药爆炸多方气体的膨胀指数；

P——爆炸压力。

以上方程只在以下条件下成立：

$$2\rho c^2 > 3(1-\sigma)\gamma P \tag{12-12}$$

由于 BLASPA 是一个商业软件，因此至今仍未见它的有关其数学-力学模型的更多的信息。

模型所采用的爆破机理可以用图 12-4 来表达。

在模型中，主裂纹由压缩应力波和反射应力波生成，应力波以 c_R =5000m/s 速度在岩石中运动，这一过程称之为爆炸的“爆振”作用（见图 12-4（a），（b））。模型认为：岩石中的裂纹由反射拉伸应力波产生，因为岩石的抗拉强度远远低于抗压强度。因此模型采用的岩石破坏准则为岩石的动态抗拉强度。被爆振作用削弱的岩石被由爆炸气体的高压形成的准静态应力场的作用而完全破碎。当裂纹前沿以速度 $c_K \approx$ 1000m/s 到达自由面时（图 12-4（c），（d）），台阶岩石完全破碎并以速度 u，约为 5 ~ 30m/s，向外鼓出并以大小不同的岩块抛掷在台阶前形成爆堆。破碎岩石向外运动的过程称之为炸药爆炸的“鼓包”作用。而爆振、裂纹向前发展加上岩石在移动中的挤压、碰撞的全部作用最终导致了岩石的“破碎”。

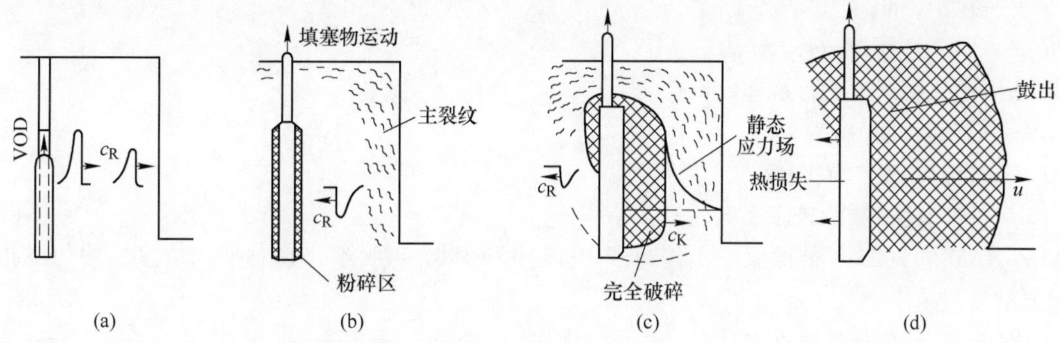

图 12-4　岩石爆破破碎过程机理（取自 http：//home. earthlink. net/ ~ pfavreau）

整个模拟过程，需要输入的数据包括：炸药的组成成分，岩石的物理、力学性质，台阶和爆破设计的几何参数以及起爆方法和起爆顺序。输出的结果包括：炸药爆速 VOD 的影响，最小延时，破碎块度分布，是否形成根底，台阶后面岩石被削弱的程度及它如何形成后冲破坏，在台阶不同部位产生飞石的可能性及飞石可能达到的最大距离。BLASPA 也能计算所有工序的成本，如钻孔、爆破、装载、运输、二次破碎和破碎的成本并对工序链中每一工序提出最优参数的建议以取得最低的总成本。

12. 2. 3　Kuz-Ram 模型[13]

Kuz-Ram 模型是由南非的康林汉（C. Cunningham）于 1983 年提出并先后于 1987 年和 2005 年对它作了修改。它是一个典型的台阶爆破的经验模型。罗辛-莱墨勒（Rosin-Rammler）函数被用来描述爆破的块度分布。为了获得分布函数中的尺寸模数 d_o，模型采用了苏联学者库兹涅佐夫（V. M. Kuznetzov）的经验公式[23]。而另一分布参数，均匀度指数 n，则通过小型或大型试验并结合应用哈里斯模型[5]中的裂纹分析技术而取得。

以下是该模型于 2005 年修改后的各公式：

（1）库兹涅佐夫经验公式：

$$x_m = A \times A_T \times K^{-0.8} \times Q^{\frac{1}{6}} \times \left(\frac{115}{\mathrm{RWS}}\right)^{\frac{19}{20}} \times C(A) \qquad (12\text{-}13)$$

（2）罗辛-莱墨勒（Rosin-Rammler）函数：

$$R_x = \exp\left[-0.693\left(\frac{x}{x_m}\right)^n\right] \qquad (12\text{-}14)$$

（3）均匀度指数 n：

$$n = n_s\sqrt{2 - \frac{30B}{d}} \times \sqrt{\frac{1 + S/B}{2}} \times \left(1 - \frac{W}{B}\right)\left(\frac{L}{H}\right)^{0.3} C(n) \qquad (12\text{-}15)$$

式中　x_m ——K50 块度尺寸（在库兹涅佐夫公式中为平均块度尺寸），cm；

A ——岩石系数，0. 8 ~ 22，取决于岩石的硬度和结构，下面将作进一步讨论；

A_T ——时差因子，它是式（12-13）的倍率，下面将作进一步讨论；

K ——炸药系数，即每立方米岩石的炸药消耗量，kg/m^3；

Q——每个炮孔的装药量，kg；

RWS——相对于ANFO的重量威力值，TNT的RWS为115；

$C(A)$——岩石系数A的校正系数，正常情况下在0.5～2之间；

R_x——筛上部分的比率；

x——块度尺寸或筛孔尺寸；

x_m——特征尺寸，也即尺寸模数；

n——均匀度指数，通常为0.7～2；

n_s——均匀度因子，下面将作进一步讨论；

B——负荷，m；

S——孔距，m；

d——炮孔直径，mm；

W——钻孔精确度的标准差，m；

L——装药长度，m；

H——台阶高度，m；

$C(n)$——均匀度指数的校正系数。

在KUZ-RAM的2005年修改版中，相对于1983年和1987年版本，它对平均块度，均匀度指数的算法作了重要的改进。

（1）岩石特性——岩石系数A：

$$A = 0.06(\mathrm{RMD} + \mathrm{RDI} + \mathrm{HF}) \tag{12-16}$$

式中，RMD用以描述岩体的特征。RMD数值由岩体的结构确定：粉碎的或松散的，RMD＝10；整体性的（节理间距大于炮孔间距），RMD＝50；垂直节理岩体按节理岩石系数JF得到：

$$\mathrm{JF} = (\mathrm{JCF} \times \mathrm{JPS}) + \mathrm{JPA} \tag{12-17}$$

式中，JCF为节理条件系数，其中，紧闭的节理，JCF＝1、松散的节理，JCF＝1.5、充填满的节理，JCF＝2.0；JPS为节理面间距系数，其中，节理面间距小于0.1m，JPS＝10、节理面间距等于0.1～0.3m，JPS＝20、节理面间距等于$(0.3 \sim 0.95)(B \times S)^{0.5}$，JPS＝80、节理面间距大于$(B \times S)^{0.5}$，JPS＝80；JPA为节理面角度系数，其中，向自由面外倾斜，JPA＝40、走向自由面，JPA＝30、向自由面内倾斜，JPA＝20；RDI为密度影响系数，文献［23］没有给出它的取值范围；HF为岩石的硬度系数，如果Y小于50，HF＝Y/3，如果Y大于50，HF＝UCS/5。Y是弹性模量，GPa；UCS为岩石无约束条件下的抗压强度，MPa。

（2）孔内延时。参考其他的研究资料，最优的孔内延时为每米负荷3～6ms。康林汉用一个延时系数A_T来反映同一排炮孔之间延时长短对爆破块度的影响，作为一个乘法因子加入式（12-13）中：

$$A_T = 0.66(T/T_{max})^3 - 1.56(T/T_{max}) + 2.1 \tag{12-18a}$$

对于较大的延时：

$$A_T = 0.9 + 0.1(T/T_{max} - 1) \tag{12-18b}$$

式中 T——设计的孔间延时；

T_{max}——取得最大的破碎效果的最好孔间延时，$T_{max} = \dfrac{15.6}{c_x}B$，此处$B$为炮孔的负荷，而$c_x$为岩石中纵波速度，km/s。

（3）延时的离散度。为了突显延时离散性对爆破块度均匀性的负面影响，康林汉引入一个均匀系数来反映延时精度对于爆破块度的重要影响：

$$n_s = 0.206 + (1 - R_s/4)^{0.8} \tag{12-19}$$

式中 R_s——离散比，$R_s = 6\dfrac{\sigma_t}{T_x}$，而$\sigma_t$为起爆系统的标准偏差，ms，$T_x$为期望的孔间延时，ms。

均匀系数n_s的值为0.87～1.21。

（4）岩石强度对均匀度的影响。用一个校正系数反映岩石强度对均匀度指数n的影响：

$$F(A) = (A/6)^{0.3} \tag{12-20}$$

（5）爆破几何参数对均匀度指数的影响的合理应用。为了正确地应用 KUZ-RAM 模型，在用式（12-15）计算均匀度指数 n 时，需要对爆破几何参数作一些限制（封顶）。表 12-1 详细列出了通常采用的爆破几何参数的封顶值。

表 12-1　应用均匀度指数时对爆破参数的封顶值

参数 α	$F(\alpha)$	α 范围	$F(\alpha)$ 范围
S/B	$[(1+\alpha)/2]^5$	0.7 ~ 1.5	0.92 ~ 1.12
$30B/d$	$(2-\alpha)^5$	24 ~ 36	1.2 ~ 0.9
W/B	$1-\alpha$	0 ~ 0.5B	1 ~ 0.5
L/H	$\alpha^{0.3}$	0.2 ~ 1	0.62 ~ 1
A	$(\alpha/6)^{0.3}$	0.8 ~ 21	0.5 ~ 1.45

在式（12-15）中，均匀度指数的校正系数 $C(n)$ 已包含了上面的 $F(\alpha)$ 值，可以反映爆破几何参数对爆破效果的影响。

由于 KUZ-RAM 模型易于应用，因而得到广泛应用，包括应用于一些计算机辅助爆破设计软件包中，如 ICI 的 SABREX 软件包。

12.2.4　BMMC 数学模型

BMMC 模型（中国马鞍山矿山研究院爆破模型）是由本书作者于 1983 年首先在国内发表，然后于 1987 年在国际上发表[3]。

12.2.4.1　*模型中采用的岩石爆破破碎机理*

（1）台阶岩体的爆破破碎是岩体早已被各种地质构造弱面切割成具有一定块度分布的“天然岩块”基础上的第二次破碎。

（2）为了定量地计算岩石爆破破碎作用，模型中首先将岩石当作是各向同性的，连续的，弹性的理想材料。模型首先计算这一理想岩石爆破破碎的块度分布。最终的破碎块度分布是上述“天然岩块”的块度分布和理想岩体爆破块度分布的概率和。模型认为，炸药爆炸在岩体中产生的弹性应力波对岩石的破坏作用是一种主要的和基本的作用。由于应力波的作用在岩体中产生大量的径向和切向裂缝面，正是这些裂缝面的分布情况对岩石爆破破碎的块度起着决定性的影响。炸药在孔壁周围的冲击波破碎作用虽然消耗着相当数量的爆炸能量，但它的作用范围仅限于半径为 2 ~ 3 倍炮孔半径的很小范围内，因此在模型中不予考虑。模型认为在脆性岩石中爆炸气体的破坏作用只是在应力波破坏的基础上的补充和扩展，是一种次要的破坏作用。模型本身尚无法计算它的作用过程和对爆破块度的影响。在模型中，我们采用一个经验修正系数 $K(K>1)$，以期适当地弥补由于忽略爆炸气体的破坏作用而造成的误差。

12.2.4.2　*均质连续岩体中爆破应力波能量的三维分布*

将半径为 b_c 的柱状药包分成若干个小的单元药包，只要单元药包的高度小于 3 ~ 4 倍药包直径，就可将这些单元药包视为一具有等效半径 b（保持体积相等）的球状药包。例如当高度为直径的三倍时，等效半径 $b=1.65b_c$。根据叠加原理，柱状药包在岩体中形成的爆破应力场可看作是这些等效球状药包爆炸形成的应力场的叠加（见图 12-6）。

A　*解波动方程求波形函数*

在以球状药包中心为原点的球坐标（r，θ，φ）中，球对称压缩应力波的波动方程为：

$$\frac{\partial^2 u}{\partial r^2}+\frac{2}{r}\frac{\partial u}{\partial t}-2\frac{u}{r}=\frac{1}{c_L^2}\frac{\partial^2 u}{\partial t^2} \tag{12-21}$$

式中　u——质点位移；

c_L——纵波波速；

t——时间。

（1）波动方程（12-21）的初始条件为：当 $t=0$ 时，$u=0$；

（2）波动方程（12-21）的边界条件为：

我们采用夏普和伊藤一郎使用的指数衰减函数（图 12-5）。

$$p(t)=4p_m(e^{-wt/\sqrt{2}}-e^{-\sqrt{2}wt}) \tag{12-22}$$

式中　$p(t)$——孔壁压力；

p_m——$P(t)$ 的峰值；

w——常数。

为了确定 P_m 的数值采用加拿大怀里尔教授的理论[11]和他的实验结果：

$$w = \frac{\sqrt{2}\ln 2}{3.64}\frac{c_L}{b} \qquad (12\text{-}23)$$

当 $r = b$，即在孔壁处：

$$u = u_0 = \frac{(1+\nu)b}{E}2\sigma_{m,r=b}(e^{-wt/\sqrt{2}} - e^{-\sqrt{2}wt}) \qquad (12\text{-}24)$$

式中 ν ——岩石的泊松比；

E ——岩石的弹性模量。

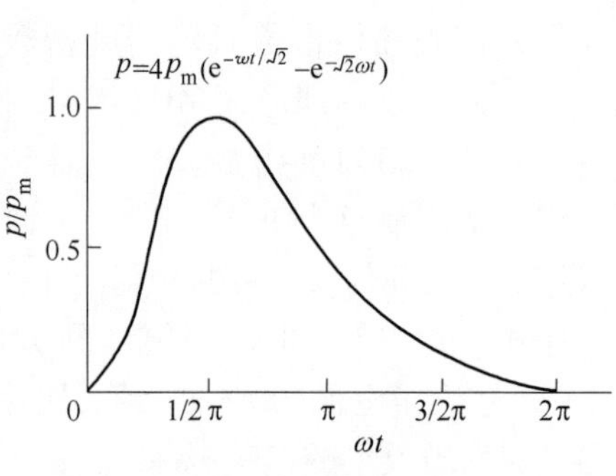

图 12-5 波形函数

B 台阶岩体中一点的应力状态

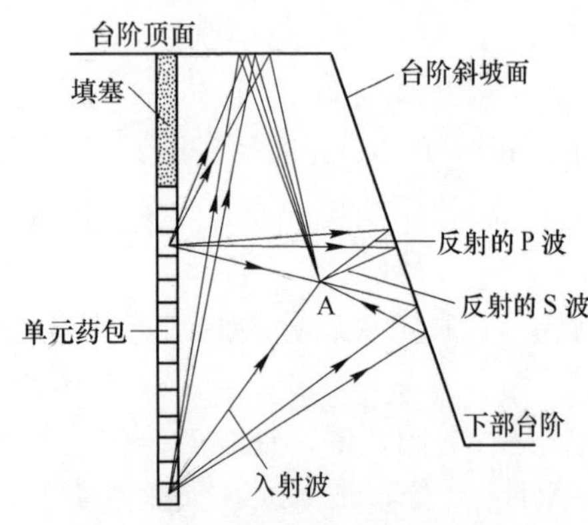

图 12-6 柱状药包分解成多个小单元药包，应力波从单元药包发出并从自由面反射至台阶中的一点 A

由于从波动方程得到的岩体中的应力状态只包含几何衰减而不包含物理衰减，为了尽可能将岩体的非均质连续和非完全弹性对应力波传播过程的影响考虑进去，我们采用了日本学者伊藤一郎教授和佐佐宏一教授的方法，即设岩体中距爆源为 r 的任一点之位移为：

$$u(r,\tau) = u_p(r)\,u_w(\tau) \qquad (12\text{-}25)$$

式中

$$u_p(r) = \left(\frac{r}{b}\right)^{-n} \qquad (12\text{-}26)$$

$$u_w(\tau) = u_0 = \frac{2(1+\nu)b}{E}\sigma_{m,r=b}(e^{-wt/\sqrt{2}} - e^{-\sqrt{2}wt}) \qquad (12\text{-}27)$$

根据球坐标的应力波理论和波的反射定律，可求得从某一球状药包出发抵达台阶岩体中某一点的各种应力波的应力分量（见图 12-6）：

（1）直接来自爆源的入射纵波 DP 的各应力分量：

$$\sigma_{r,dp} = (\lambda+2\mu)\left[u_0(\tau_{dp})\frac{du_p(r)}{dr} - \frac{u_p(r)\,\nu_0(\tau_{dp})}{c_L}\right] + 2\lambda\frac{u_r(r,\tau_{dp})}{r} \qquad (12\text{-}28a)$$

$$\sigma_{\theta,dp} = \sigma_{\varphi,dp} = 2(\lambda+\mu)\frac{u_r(r,\tau_{dp})}{r} + \lambda\left[u_0(\tau_{dp})\frac{du_p(r)}{dr} - \frac{u_p(r)\,\nu_0(\tau_{dp})}{c_L}\right] \qquad (12\text{-}28b)$$

$$\tau_{r\theta,dp} = \tau_{\theta\varphi,dp} = \tau_{r\varphi,dp} = 0 \qquad (12\text{-}28c)$$

式中，$\tau_{dp} = t - \frac{r}{c_L}$；$\nu_0(\tau_{dp}) = \frac{\partial u_r(r,\tau_{dp})}{\partial\tau_{dp}}$。

（2）来自某自由面的反射纵波 RP 在该点产生的各应力分量：

$$\sigma_{r,rp} = (\lambda+2\mu)\left[u_0(\tau_{rp})\frac{\partial u_{pi}(r_i,\varphi_i)}{\partial r_i} - \frac{u_{p_i}(r_i)\,\nu_{0_i}(\tau_{rp})}{c_L}\right] + 2\lambda\frac{u_{rp}(r_i,\varphi_i,\tau_{rp})}{r_i} \qquad (12\text{-}29a)$$

$$\sigma_{\theta,rp} = \sigma_{\varphi,rp} = \lambda\left[u_0(\tau_{rp})\frac{\partial u_{p_i}(r_i,\varphi_i)}{\partial r_i} - \frac{u_{p_i}(r_i)\,\nu_{0_i}(\tau_{rp})}{c_L}\right] + 2(\lambda+\mu)\frac{u_{rp}(r_i,\varphi_i,\tau_{rp})}{r_i} \qquad (12\text{-}29b)$$

$$\tau_{r\varphi,rp} = \frac{\mu}{r_i}\frac{\partial u_{p_i}(r_i,\varphi_i)}{\partial\varphi_i}u_0(\tau_{rp})\,;\ \tau_{r\theta,rp} = \tau_{\theta\varphi,rp} = 0 \qquad (12\text{-}29c)$$

式中，r_i,θ_i,φ_i 均以药包中心。相对自由面的对称点 O_i 为原点的球坐标系的坐标，而 $\tau_{rp} = t - r_i/c_L$。

（3）来自某自由面的反射横波 RS 在该点引起的各应力分量：

$$\sigma_{r,rs} = \lambda\left[\frac{1}{r'_i}\frac{\partial u_{sp}(r'_i,\varphi'_i)}{\partial\varphi'_i}u_0(\tau_{rs}) + \frac{u_{sp}(r'_i,\varphi'_i)}{r'_i}u_0(\tau_{rs})\cot\varphi'_i\right] \qquad (12\text{-}30a)$$

$$\sigma_{\theta,rs} = (\lambda+2\mu)\frac{1}{r'_i}\frac{\partial u_{sp}(r'_i,\varphi'_i)}{\partial\varphi'_i}u_0(\tau_{rs}) + \lambda\frac{u_{sp}(r'_i,\varphi'_i)}{r'_i}u_0(\tau_{rs})\cot\varphi'_i \qquad (12\text{-}30b)$$

$$\sigma_{\varphi,rs} = (\lambda+2\mu)\frac{u_{sp}(r'_i,\varphi'_i)}{r'_i}u_0(\tau_{rs})\cot\varphi'_i + \lambda\frac{1}{r'_i}\frac{\partial u_{sp}(r'_i,\varphi'_i)}{\partial\varphi'_i}u_0(\tau_{rs}) \qquad (12\text{-}30c)$$

$$\tau_{r\varphi,rs}=\mu\left[\frac{\partial u_{sp}(r_i',\varphi_i')}{\partial r_i'}u_0(\tau_{rs})-\frac{u_{sp}(r_i',\varphi_i')\,\nu_{0_i}(\tau_{rs})}{c_L}-\frac{u_{sp}(r_i',\varphi_i')}{r_i'}u_0(\tau_{rs})\right] \tag{12-30d}$$

$$\tau_{\theta\varphi,rs}=\tau_{r\theta,rs}=0 \tag{12-30e}$$

以上各应力分量是在自由面法线方向上根据横波反射律求得的一点 O_i' 作原点的球坐标系（$r_i',\theta_r',\varphi_r'$）中求得的；$\tau=t-\frac{r_{is}}{c_L}-(r_i'-r_s)/c_L$。

从上述的球状药包的应力波理论和柱状药包可分解成若干球状药包叠加的原理，我们不仅可求得单孔柱状药包，而且只要作相应的坐标变换（空间几何关系）也可求得多孔（单排或多排），多自由面反射、齐发起爆或微差起爆各种情况下到达台阶岩体中某点的各种应力波的各应力分量。

C　台阶岩体中一点处的应力波能量密度与台阶岩体内的三维能量场

尽管各应力波的各应力分量都是相位不同、方向不同的动态矢量，但到达空间某一点的各应力波的平均能量密度却是一个与时间、方向无关的标量。

某一时刻 τ，抵达空间某点处的某应力波的比应变能为：

$$U_0=\frac{1}{2E}\left[(\sigma_\tau^2+\sigma_\theta^2+\sigma_\varphi^2)-2\nu(\sigma_r\sigma_\theta+\sigma_\theta\sigma_\varphi+\sigma_\varphi\sigma_r)+2(1+\nu)(\tau_{r\theta}^2+\tau_{\theta\varphi}^2+\tau_{\varphi r}^2)\right] \tag{12-31}$$

取其一个波长 t_p（$t_p=2\pi/w$，参见图 12-5）的平均值，则抵达台阶内某一点处各应力波的总的平均能量密度（设共有若干柱状炮孔的 m 个单元药包和 n 个自由面）为：

$$\begin{aligned}U_P&=\sum_{j=1}^{m(n+1)}\frac{K}{t_P}\int_0^{t_P}U_{0,j}(\tau)\mathrm{d}\tau\\&=\sum_{j=1}^{m(n+1)}\frac{K}{t_PE}\int_0^{t_P}\left[(\sigma_{r,j}^2+\sigma_{\theta,j}^2+\sigma_{\varphi,j}^2)-2\nu(\sigma_{r,j}\sigma_{\theta,j}+\sigma_{\theta,j}\sigma_{\varphi,j}+\right.\\&\quad\left.\sigma_{\varphi,j}\sigma_{r,j})+2(1+\nu)(\tau_{r\theta,j}^2+\tau_{\theta\varphi,j}^2+\tau_{\varphi r,j}^2)\right]\mathrm{d}\tau\end{aligned} \tag{12-32}$$

式中，K 为修正系数，用以弥补未考虑爆炸气体的作用，$K>1$。K 的数值目前尚只能根据实验用经验方法得到。在下文所述我们所作的各种计算中都取 $K=2$。也即将应力波的应变能扩大一倍来计算。

只要在台阶岩体的三维空间中均匀地布置足够多的点，计算出抵达每点的入射和反射应力波的平均能量密度之和，就可求得台阶岩体中应力波能量的三维分布。

图 12-7 是一计算实例中输出的台阶岩体中一垂直剖面和一水平剖面上的平均能量密度的分布图。

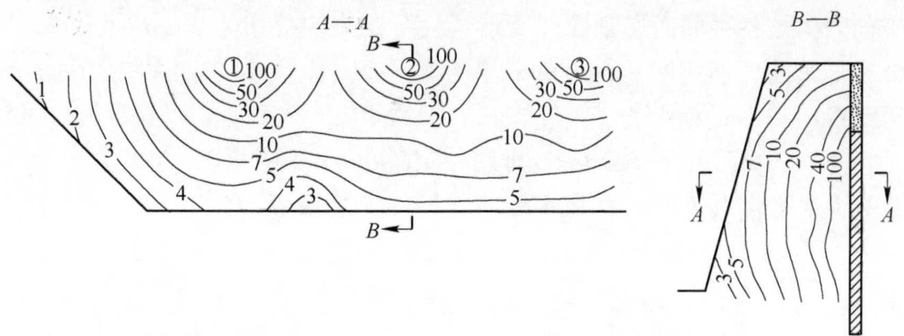

图 12-7　台阶爆破时应力波平均能量密度在台阶中部水平剖面（A-A）和垂直剖面（B-B）上的分布（炮孔中数字为起爆顺序）

图中等能量线上的数字单位为 $10^4\,\mathrm{J/m^3}$

输入原始参数

炸药：爆速 $v_d=3500\mathrm{m/s}$，密度 $\rho_\varepsilon=1.0\mathrm{g/cm^3}$

岩石：密度 $\rho_r=2.7\mathrm{g/cm^3}$，纵波速度 $c_L=5785\mathrm{m/s}$，横波速度 $c_T=3040\mathrm{m/s}$，

位移衰减指数 $n_r=0.7$，单位表面能 $q=15000\mathrm{J/m^2}$

爆破参数：炮孔直径 $d=250\mathrm{mm}$，台阶高 $H=12\mathrm{m}$，坡角 75°，超深 $L=1.7\mathrm{m}$，药柱高 $l=10.4\mathrm{m}$，

底盘抵抗线 $W=7.5\mathrm{m}$，孔距 $s=7.5\mathrm{m}$，孔间延时 $\nu=25\mathrm{ms}$，不耦合系数 $\varepsilon=1.0$

D　均质连续岩体的爆破块度分布计算

只要在台阶岩体中均匀布置足够多的点，用上述原理求出每一点的应力波平均能量密度。所有这些

点的平均能量密度分布可近似地代表整个台阶岩体中爆破应力波能量分布。

将所有这些点的能量密度按其数值由大至小分成 n 个等级，用 e_i 表示（其中 $i=1, 2, \cdots, n$）：$e_1 > e_2 > \cdots e_j > e_{j+1} > \cdots e_n$。

并将介于各个能量密度等级内的点数与总的计算点数之比，作为台阶岩体中获得不同能量密度等级的岩石的体积分布密度，并用 $V_i(e_i)$ 表示。

根据格里菲斯的脆性材料裂纹扩展断裂理论，经受多种（多次）应力作用导致材料断裂破坏应是所有应力作用的累积效应。因此，尽管抵达岩体中某一点的各种应力波其方向和时间相位均不相同，但它们对此点处岩石的破坏都是有贡献的。

假设台阶岩体中的应力波能量全部转化成岩石破坏形成新表面的表面能。设该岩石的单位表面能（即产生单位新表面积所需能量）为 q，则产生的新表面积的相应分布密度为：

$$s_i = e_i V_i(e_i)/q \qquad (i = 1,2,\cdots,n) \tag{12-33}$$

假设体积为 $V_i(e_i)$ 的岩石被均匀破碎成 m 块线性尺寸为 d_i 的岩块，d_i 可以由式（12-34）求得：

$$d_i = \frac{c_S}{c_V s_i} V_i(e_i) = \frac{c_S q}{c_V e_i} \tag{12-34}$$

式中 c_V ——体积系数，$c_V = 0.6 \sim 0.7$；

c_S ——面积系数，$c_S = 2 \sim 3$。

由此可见，n 个不同的能量密度等级 e_i 决定了 n 个不同的块度等级 d_i。

相应于块度等级 d_i 的均质连续岩体的爆破块度分布密度 $\Phi(d_i)$ 为：

$$\Phi(d_i) = V_i(e_i)/\sum_{i=1}^{n} V_i(e_i) \tag{12-35}$$

线性尺寸 $d_j \leqslant d_i$ 的概率分布（即筛下累积率）为：

$$F_i(d_j \leqslant d_i) = \sum_{j=1}^{i} V_j(e_j)/\sum_{j=1}^{m} V_j(e_j) \tag{12-36}$$

12.2.4.3 实际台阶岩体的爆破块度的概率分布计算

露天台阶岩体中实际存在着大量弱面（包括地质构造弱面和前次爆破破坏弱面）对爆破块度有着重要的影响。因此，露天台阶岩体的爆破破碎只是在岩体已被各种地质构造弱面和前次爆破破坏弱面切割成具有某种分布规律“天然岩块”的基础上的再次破碎。

（1）假设爆破前岩体被各种弱面切割成“天然岩块”的概率分布为 $F_0(d < d_i)$；

（2）台阶岩体中原来的天然块度 $d > d_i$ 的概率为 $[1 - F_0(d < d_i)]$，这些岩块（$d > d_i$）由于爆破破碎形成新的块度尺寸 $d < d_i$ 的概率为：

$$F_1(d < d_i)[1 - F_0(d < d_i)] \tag{12-37}$$

因此，爆破后爆堆中块度尺寸为 $d < d_i$ 的概率分布（即筛下累积率）为：

$$F(d < d_i) = F_0(d < d_i) + F_1(d < d_i)[1 - F_0(d < d_i)] \tag{12-38}$$

12.2.4.4 由各种弱面所形成的天然块度的概率分布的求法

为了获得被各种弱面形成的天然块度的概率分布 $F_0(d < d_i)$，可采用下列三种方法之一：

（1）在该露天矿生产爆破爆堆上大量统计具有两个或两个以上且其中有两个相对的弱面（非新鲜面）的岩块的线性尺寸，并作出它们的统计直方图，以此近似地作为天然岩块尺寸的分布密度。

（2）从已知的爆破结果反求出 $F_0(d < d_i)$。从式（12-38）知，实际的台阶爆破块度分布可用两个随机变量的概率和表示，因此我们可以从中解出 $F_0(d < d_i)$：

$$F_0(d < d_i) = \frac{F(d < d_i) - F_1(d < d_i)}{1 - F_1(d < d_i)} \tag{12-39}$$

（3）岩体中弱面空间分布的计算机模拟。这一方法作者在另一篇论文[24]中作了详细叙述，其中采用了蒙托卡洛随机模拟技术。

沿着三个互相垂直的方向（x，y，z）测量各地质构造面和其他破坏面的间距尺寸，得到 x，y，z 三个方向上弱面间距 d 的统计分布密度为：$f_j(d)$，$j=1, 2, 3$。最常见的弱面一维分布为负指数分布（图

12-8 是两个例子）:

$$f_j(d) = \exp(-\lambda_j d) \quad (j = 1,2,3) \tag{12-40}$$

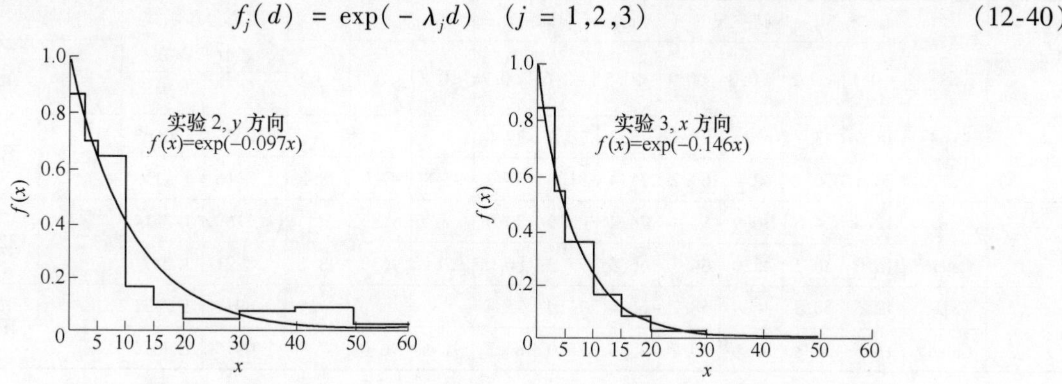

图 12-8　两爆区爆前岩体中弱面分别沿 x 方向和 y 方向的分布频率直方图

可以认为各种弱面在三个方向上的间距尺寸是三个独立的随机变量。因此，作为三维随机变的由各种弱面切割成的天然岩块的块度 d 的概率分布密度等于它的三个边际分布密度的乘积：

$$f_0(d) = f_1(d)f_2(d)f_3(d) \tag{12-41}$$

由于计算机通常有一个能产生（0，1）区间均匀分布的随机数的程序，利用它通过如下的转换公式可以生成负指数分布的随机数：

$$d = -(\ln u)/\lambda_j \tag{12-42}$$

式中，u 是(0,1) 区间均匀分布的随机数。

线性尺寸 $d < d_i$ 的概率分布为：

$$F_0(d < d_i) = \frac{1}{\delta}\sum_{k=1}^{i} d_k f_0(d_k) \tag{12-43}$$

式中　δ——天然岩块的块度分布 $f_0(d)$ 的平均值；

　　d_k——第 k 级的筛孔尺寸。

用按上述理论编制的计算机程序 BMMC 计算的结果分别用小台阶爆破试验和生产爆破试验的数据进行了比较。图 12-9 是用美国矿业局 R. A. 狄克等人的石灰岩小比例尺台阶爆破实验[18]的数据进行的比较。表 12-2 是与生产爆破试验数据的比较结果。可以看出，理论计算的结果与实际数据之间的误差基本上都在可接受范围之内。

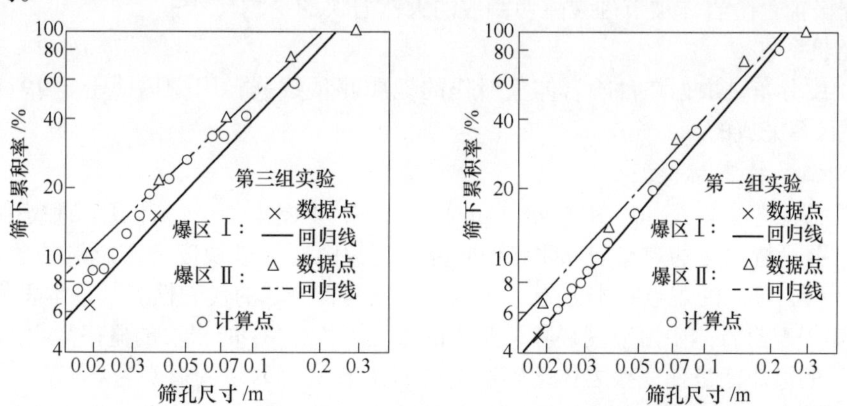

图 12-9　R. A. Dick 实验数据与 BMMC 程序计算结果的比较

表 12-2　理论计算与生产爆破试验数据的比较（爆破实验地点：四川攀枝花石灰石矿）

孔网参数 /m×m	数据来源	筛孔尺寸（x/m）筛下累积百分率/%										R-R 分布函数之分布参数		相对误差/%		K_{50} /m	P_{80} /m
		<0.1	<0.2	<0.3	<0.4	<0.5	<0.6	<0.7	<0.8	<0.9	<1.0	A	B	平均	最大		
5×5	Expe.	21.5	48.6	66.0	74.7	78.3	80.0	80.1				1.0581	0.9841	15.0	28.6	0.24	0.55
	Calcu.	27.6	45.1	56.9	68.5	79.1	88.6	93.5	96.6	98.4	99.3	1.2002	1.0111			0.21	0.49

续表 12-2

孔网参数 /m×m	数据来源	筛孔尺寸（x/m）筛下累积百分率/%										R-R分布函数之分布参数		相对误差/%		K_{50} /m	P_{80} /m
		<0.1	<0.2	<0.3	<0.4	<0.5	<0.6	<0.7	<0.8	<0.9	<1.0	A	B	平均	最大		
6×6	Expe.	18.6	43.7	61.5	71.7	76.7	78.9	79.8				1.0625	1.0663	10.3	21.3	0.26	0.58
	Calcu.	20.4	36.7	48.4	60.2	71.4	81.8	88.6	93.8	97.0	98.8	1.0816	1.1115			0.27	0.58
7×7	Expe.	12.5	24.6	36.9	57.4	76.4	78.9	79.9				1.1163	1.2514	12.1	22.7	0.31	0.60
	Calcu.	15.0	30.2	42.0	54.5	66.5	77.2	86.0	92.1	96.0	98.1	1.0294	1.2371			0.32	0.64
8×8	Expe.	12.6	30.8	46.4	58.2	66.4	71.9	75.4				0.8917	1.2131	11.3	19.5	0.35	0.71
	Calcu.	13.5	24.8	37.6	50.7	63.4	75.0	84.3	91.1	96.0	97.9	1.0916	1.4071			0.35	0.65

注：罗辛-莱墨勒分布函数 $Y = 1 - (x/x_0)^a$；$A = a \times \ln x_0$；$B = a$。

12.2.5 节理发育岩体的爆破模型

12.2.5.1 伽玛（Gama）模型[19]

巴西的伽玛博士（Dr. C. Dinis da Gama）于1971年根据帮德的第三破碎功理论，即破碎功指数的概念，通过一系列漏斗实验和台阶爆破实验，得出了一个计算均质连续岩体爆破块度分布的经验公式：

$$P_S = a W^b \left(\frac{S}{B}\right)^c \tag{12-44}$$

式中 P_S——筛下累积百分率；

W——爆破单位重量岩石所需炸药能量，可由炸药的爆热计算得到，kW·h/t；

S——块度尺寸；

B——炮孔的负荷；

a,b,c——经验系数，取决于炸药类型，岩石性质和爆破参数。

1983年，伽玛博士根据在巴西几个采石场节理发育岩体中进行的现场爆破研究的数据，运用多元回归分析方法，对式（12-44）作了修改：

$$P_S = a W^b \left(\frac{S}{B}\right)^c F_{50}^{-d} \tag{12-45}$$

式中 F_{50}——爆破前台阶岩体被节理裂隙切割成的天然岩块的平均尺寸；

d——经验系数。

天然岩块的块度分布是根据在台阶岩体上所作的地质测量数据，用伽玛博士于1977年开发的COMPART计算机程序计算完成的。

12.2.5.2 别兹马特雷赫模型[14]

苏联学者别兹马特雷赫等人（В. Х. Безматлих）于1971年提出了一个计算节理裂隙岩体爆破块度分布的数学模型。别兹马特雷赫的观点与苏联其他研究节理裂隙对爆破块度分布影响的学者，如托马谢夫、费拉索夫、法捷耶科夫等人的观点基本上是一致的，因此具有一定的代表性。其基本思想是：

（1）如果已知爆破前岩体中由节理裂隙切割成的尺寸不大于X_k的岩块的概率为$P_0(X \leqslant X_k)$；

（2）又知炸药的爆炸能量使完整岩体破碎产生的不大于X_k的岩块的概率为$P_1(X \leqslant X_k)$；

（3）那么，炸药在有节理裂隙的岩体中爆炸形成的不大于X_k的岩块的概率应为以上两项的概率和；

（4）根据随机破碎理论，P_0和P_1均应服从于泊松分布。据此，别兹马特雷赫推导出节理裂隙岩体中爆破块度的R-R分布函数为：

$$P(X \leqslant X_k) = 1 - \exp[-(X_0^{-1} + \beta_0 J)X] \tag{12-46}$$

式中 X_0——爆前岩体中被节理裂隙切割成的天然岩块的平均尺寸。如果现场测得的单位长度上节理裂隙数为α_0，则：$X_0 = 1/\alpha_0$；

J——炸药爆炸的比冲量，$J = qD$，其中，q为炸药单耗，D为爆速；

β_0——与爆破条件有关的常数。

（5）如果规定尺寸大于X_H的为不合格大块，则由式（12-46）可得到爆破产生的不合格大块率为：

$$X_h = \exp[-(X_0^{-1} + \beta_0 J)X_H]$$

或

$$X_h = \exp\left(-\frac{X_H}{X_0}\right)\exp(-\beta_0 J X_H) = V_e \exp(-\beta_0 J X_H) \tag{12-47}$$

式中，$V_e = \exp\left(-\frac{X_H}{X_0}\right)$为爆前岩体中含有的天然不合格大块率。

式（12-47）经格拉夫雷露天矿的实测数据验证，计算所得的大块率与实测大块率是很接近的。

12.2.6 SABREX 模型

SABREX 是英帝国化学工业公司（ICI）炸药集团公司（后来卖给了 ORICA）开发的用于露天和地下爆破模拟的计算机程序包。它可以在微型计算机上运行并以彩色动态图形和表格输出预计的爆破结果。图 12-10 是 SABREX 计算机模拟程序包的框图。

（1）炸药程序包含有 BLEND 和 CPEX 两个程序。前者是一个理想爆轰模拟程序，后者是非理想爆轰模拟程序，它要求输入由现场和实验室试验获得的必要数据。

（2）岩石性质程序。要求输入岩石的实验室试验数据，包括：密度，泊松比，杨氏模量，非约束状态下的抗压强度，静态抗拉强度和动态抗拉强度以及冲击吸收率。有时还要求对被爆岩体经行实地量测，一般只进行声波测试和岩体地质素描。

当完成炸药和岩石程序后即可在 SABREX 中通过改变以下一些可控参数而对爆破效果经行调试，如炮孔直径、孔网参数（负荷-孔距及自由面条件）、炮孔倾角、超深、孔口填塞高度、起爆网络、延时长度、煤层深度和爆堆位置（专为煤矿的抛掷爆破）和爆破器材和钻孔成本预算。

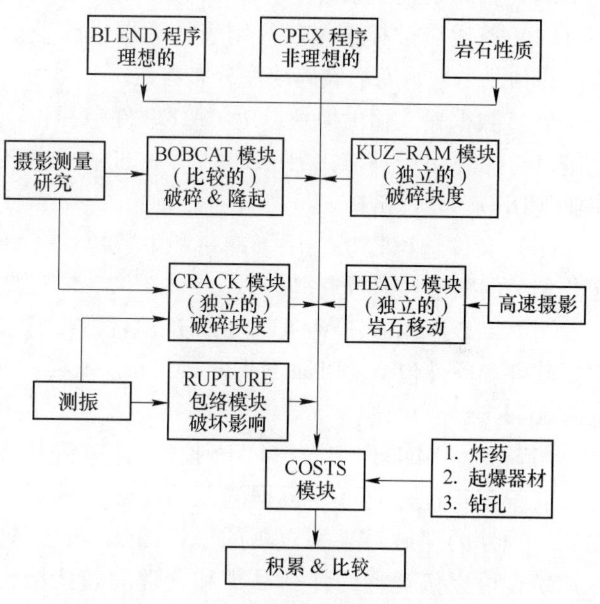

图 12-10 SABREX 计算机模拟程序包框图

SABREX 计算机模拟程序主要有以下几个模块：

（1）爆破破碎模拟。KUZ-RAM 模型（12.2.3 小节）和 CRACK 模型（即 12.2.1 小节中 Harries）可单独地分别预测给定的爆破的爆破块度结果。

（2）HEAVE 模型。这一模型根据爆炸气体膨胀过程可计算负荷方向岩块开始移动的时间和速度以及运动轨迹直至它们落下。计算中的因数包括前排孔岩石的运动对之后起爆的各排孔的限制，松散系数和安息角。

（3）破坏模拟。RUPTURE 包络模型可以模拟爆破可能造成的破坏范围。该程序对设计和维护矿山结构是一个很有用的工具。该模型根据输入的岩石性质，可作出几种不同炸药品种的球状药包的破坏包络区。药包的破坏半径包括了所形成的漏斗半径和对底板的穿透裂隙。

（4）COSTS 模型。在低成本的前提下，求得最佳的爆破效果，即合格的爆破块度，抛起和允许的破坏程度和飞石范围，从而达到爆破最优化。

运用 SABREX 软件的现场经验证明，它是一个有用的工具，可以帮助矿山取得好的经济效益。

12.3 几个典型的计算机辅助爆破设计程序

12.3.1 BLAST MAKER

BLAST MAKER 是一家名为 BLAST MAKER 的工业企业（www.blastmaker.kg）和一家通讯和信息技术研究所（ICIT，Institute of Communications and Information Technology）的合作产物。BLAST MAKER 连同吉

尔吉斯-俄罗斯斯拉夫大学的通讯和信息技术研究所在国际科学技术中心（www. istc. ru）的支持和法国MEPHI 高等巴黎矿业（Ecole des Mines de Paris）的协作下开发的露天矿大爆破计算机辅助设计系统。

钻孔和爆破作业计算机辅助设计程序包（DBO CAD）是 BLAST MAKER® HSC 的一个组成部分，用于准备与露天矿山的钻孔爆破作业有关的技术文件。CAD 软件包由一组分开的模块组成。它们可以联合运行，也可以单独运行。因而可以根据矿山企业的任务量大小组织软件包的结构。模块之间的数据交换通过一个单独的包含有 CAD 软件包所必需的所有信息的数据库进行。

CAD 软件包的主要模块包括：

（1）岩层的数字化模块。用于收集，分析和储存岩层的地质，物理，力学数据并处理岩层的三维信息。

（2）露天矿地表的数字化模型。提供露天矿地表的数字化三维模型和开采的几何分析。

（3）钻孔爆破作业（DBO）设计模块。用于计算单次爆破的参数和爆破岩体上炮孔的位移。

（4）单次爆破模拟模块。用于评估爆破作业的质量并预测爆破岩石的破碎块度分布参数。

（5）数据输入输出模块。为 CAD 软件包提供一个接口与计划用于该矿山开采的第三者的钻孔爆破作业（DBO）软件链接。

（6）文件输出模块。用于准备和生成单次爆破作业相关的图形和分析资料。

图 12-11 是 BLAST MAKER 系统的流程图。它的主要软件和硬件包括：Blast Maker、Kobus、Stress 和 Split Analysis。

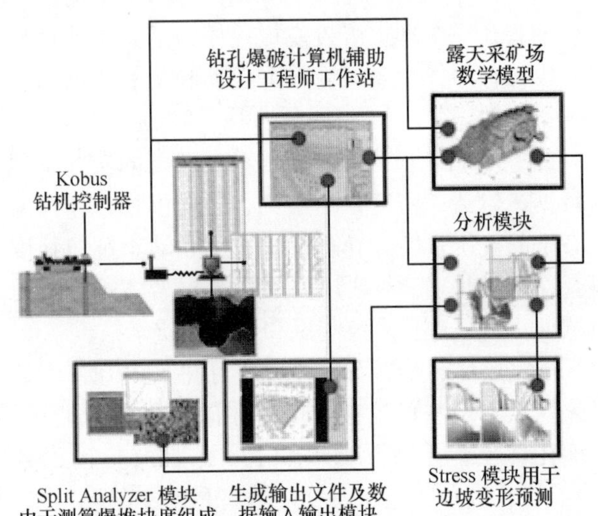

图 12-11 BLAST MAKER 系统流程图

（1）Blast Maker。Blast Maker 技术-计算机复合体具有很多功能。它可以根据选取的参数预计爆破结果。预计的爆破结果用直观的三维图形表达。这一系统也可以按选择的炸药品种和合理的装药结构进行成本计算。设计者可以检视不同的爆破方案及其结果，然后选择最优的方案。文件输出模块可生成所有必须的图形和表格。

（2）KOBUS 控制器。它是一台非常有用的设备。它直接从钻孔设备的钻进过程中取得岩体的有关信息，包括钻进比能的参数。KOBUS 控制器是露天矿钻孔爆破 CAD 系统的一个硬件。这一系统连续地采集钻机钻炮孔时的参数并同时生成一个钻孔检测模型。利用钻机原有的软件确保了控制器的有效运作。控制器对采集的数据进行过滤和处理，估测每一个炮孔钻进时的瞬时能量强度，并用图形显示输入的信息以便累积和分析钻进参数。KOBUS 钻机控制器的功能是采集、处理、显示并将由原有的或另外安装的检测传感器采集的数据传输到控制站，如图 12-12 所示。KOBUS 控制器安装在钻机的操纵室。

图 12-12 KOBUS-采集并记录钻孔信息的硬件

（3）应力（Stress）模块。应力模块用来评估露天矿的边坡、废石场和其他矿山技术构筑物的稳定性。这一模块是 Blast Maker 的组件之一。这些矿山构筑物稳定性的预报是根据岩石山体滑移模式的数值模拟和连续的变形监测数据作出的。这一地质力学模型包含了各种岩石破坏的机理。Blast Maker 系统通过与应力模块的数据交换，设计者可以选择一个既可获得最好爆破效果又能确保矿山技术构筑物稳定的最优钻孔爆破方案。

（4）斯普利特分析器（Split Analyzer）。这一系统用来评估爆后岩堆的块度组成。它对爆破质量作出一个客观的、不受人为因素影响的评估。它通过爆堆拍摄的数字图像对爆堆的块度组成进行分析。它可以对全部块度组成中的某一部分进行分析。系统可以打印出所有分析结果的图像和统计数据，并可以同时处理几张照片。

Blast Maker 已应用在俄罗斯、哈萨克斯坦和吉尔吉斯斯坦的一些露天矿山。

12.3.2　EXPERTIR

EXPERTIR 是由 FRANCE EPC 公司开发的，用于露天矿和采石场的爆破设计。它是由不同层次和不同特点的一些模块组成的复合软件包。其中，EXPLOBASE 是管理炸药及其性能的数据库模块。EXPLOCALC 是一个爆破优化计算机软件，它根据实际的炸药能量设计钻孔参数，达至降低成本的目的。EDITIR 是一个辅助设计起爆网络和起爆顺序的软件。它的工作是建立在一个理论上的切割面的基础上。FRONTIR 将 EDITIR 引伸到真实的三维的自由面。EXPERTIR 3D 是一个专家软件，它将 FRONTIR 的功能和爆破优化结合起来。EXPERTIR 有法文和英文版本。

（1）EXPLOBASE 可以生成和管理所有的炸药，雷管和其他爆破器材。它的所有数据如炸药能量，密度和成本等可以被其他模块用来爆破设计。

（2）EXPLOCALC 用于帮助设计者优化钻孔几何参数和装药量。最优的爆破方案不仅可达到满意的爆破效果而且每爆一立方米矿岩的成本（包括炸药，起爆器材和钻孔）最低。EXPLOCALC 可根据市场上各种不同的炸药品种迅速地对所有爆破方案进行比较，从而选择适合于该矿山的最经济的方案。它的结构以数据库为中心，通过反馈对爆破方案设计进行管理而形成一个适应该矿山实际的软件。

（1）人机交互设计。首先设定爆破的初始参数：岩石类型，自由面高度，炮孔直径等等。人机交互可以用图形的方式进行。

计算机根据炸药的能量，计算出最优的爆破几何参数，如负荷，孔距等等，并显示出相应的成本。计算机可以同时对几个方案进行比较。

（2）计算机自动生成。只需要给出可选用的炸药列表，计算机在几秒钟内即可给出针对指定岩石的既能让炸药能量得到充分利用又达到单位爆破量成本最低的最优爆破几何参数。不过在计算过程中也有可能出现卡机的情况。

（3）EDITIR、FRONTIR、EXPERTIR 3D 这三个模块其实是同一软件包的三个不同的版本。它们集合了 EPC FRANCE 和露天矿合作者们的专业意见。表 12-3 总结了它们的主要特点。

表 12-3　EDITIR、FRONTIR、EXPERTIR 3D 的主要特点

模　块	EDITIR	FRONTIR	EXPERTIR 3D
生成一个用人手画的典型的自由面	√		
生成炮孔布置图，包括孔数和排数	√	√	√
分别对每一个炮孔进行计算	√	√	√
根据同一平面和标记植入钻孔		√	√
迅速地对齐炮孔之孔底，孔口在台阶空间的位置	√	√	√
输入真实的前方自由面的三维图		√	√
对前方自由面进行摄影素描		√	√
输入炮孔的实际位置		√	√
输入用探测器（Tiara）测得的炮孔偏差	√	√	√
输入用（Pulsar，Boretrack）倾斜仪测得的炮孔偏差		√	√
逐孔集成并存储钻孔记录		√	√
输入并观察钻孔参数的连续信号		√	√
逐孔检查炮孔的前方负荷，避免产生飞石		√	√
记录前方自由面上的不连续面或可见的缺陷的位置		√	√
设计非电起爆系统的起爆网络和起爆顺序	√	√	√
半自动地设计电子雷管的起爆顺序	√	√	√
电雷管起爆顺序设计	√	√	√
地震波传播模拟	√	√	√
从数据库选取炸药和雷管	√	√	√
逐孔计算炸药单耗（g/m^3）	√	√	√
逐孔计算全孔和底部装药的比能（MJ/m^3）			√
自动装药，编辑爆破设计，打印			√
编辑爆破设计，打印	√	√	√
输出合同信息和技术数据（text，Excel，XML..）	√	√	√

12.3.3 Blast-Code 模块

Blast-Code 由北京科技大学 2001 年为北京水厂铁矿开发，随后在我国的一些大型露天矿得到应用[28]。

图 12-13 是 Blast-Code 的总体结构图。Blast-Code 模型是由一个描述矿山的地质和地形条件的数据库以及进行爆破设计并预测爆破后块度分布和岩体的位移的 Frag + 模块和 Disp + 模块组成的。这两个模块是根据水厂铁矿三个矿山的爆破漏斗理论定量分析结果和 85 次台阶爆破数据的多元非线性回归分析相结合的方法建立起来的。爆破参数的选择是在定量综合评价各种影响因数，诸如岩石性质、地质构造、自由面条件及所使用的炸药的爆轰特性等的基础上进行的。为了确保系统的实用性和可靠性，Blast-Code 模型可以对所选的参数，如负荷、孔距以及当地形不平整时或岩体的可爆性发生变化时对任何炮孔的炸药量进行自动调整。Blast-Code 模型的模拟部分包括预测爆破破碎块度分布和爆堆位移，并提供出爆堆的膨胀系数，Rossin-Ramler 分布公式的特征岩块尺寸 X_C 和分布参数及爆堆的三维形状。Blast-Code 模型也可以比较所预测的块度分布，位移和钻孔爆破成本，通过人机对话对选择的参数进行调整直至达到最满意的结果。

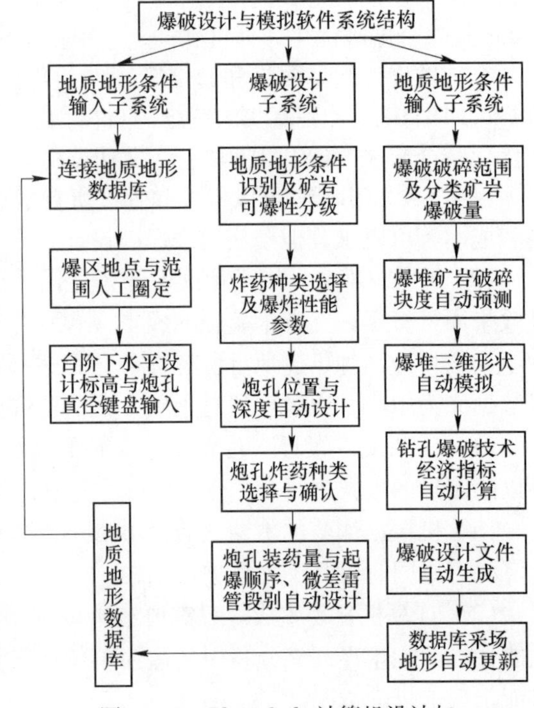

图 12-13 Blast-Code 计算机设计与模拟软件总体结构

12.3.4 IESBBD 专家系统

IESBBD 是“台阶爆破智能专家设计系统”，即 intelligence-expert system for bench blasting design 的缩写。它由张继春教授等人开发并于 2003 年发表[29]。它包括选择爆破参数、自动进行爆破设计、标准化设计图纸、系统化爆破管理和改进爆破设计的质量和速度。IESBBD 已在爆破生产中开始应用并已达到矿山生产所要求的爆破效果。

12.3.4.1 IESBBD 的组成和结构

IESBBD 由五部分组成：数据库、网络学习、设计、预测和分析。图 12-14 是 IESBBD 的组成和结构框图。

(1) 数据库。IESBBD 的数据库由八部分组成，见图 12-15。数据库有十项功能：编辑，扫描，询问，数据存取，爆破布孔参数，爆破区确定，设定参数，爆破区分布，爆破管理和打印。

(2) 知识库。知识的描述和知识库是建立专家系统的基础。爆破设计智能专家系统是一个用来进行爆破设计的计算机软件。它建立在理论，爆破专家的经验以及用神经网络学习所获得的知识的基础上。IESBBD 的知识库由五部分组成，见图 12-16。

(3) 推理机制。爆破专家系统的所有设计工作是在推理的基础上进行的。推理过程包括正向推理和反向推理，因此爆破设计时一个混合推理过程。

(4) 智能学习系统。智能设计和预测系统通过建立人工神经网络实现。神经网络的基本单元是神经元，整个网络分为输入区、处理区和输出区。利用神经元可以构成不同拓扑结构的神经元网络，其中最典型、应用最广的结构模型是反向传播的前馈网络模型，如图 12-17 所示，它由一个输入层、一个输出层和一个或多个隐层组成，各单元采用全联接。

输入部分接受外界的输入模式，经训练后部分调整权值参数 w，最后由输出部分产生输出模式。与此同时，输入所期望的输出作为教师信号，当实际输出与期望输出有误差时，系统通过自动调节机制调解相应的权值，向减小误差的方向改变。经过重复训练使误差逐渐趋于零，最后获得与期望输出十分吻合的结果。

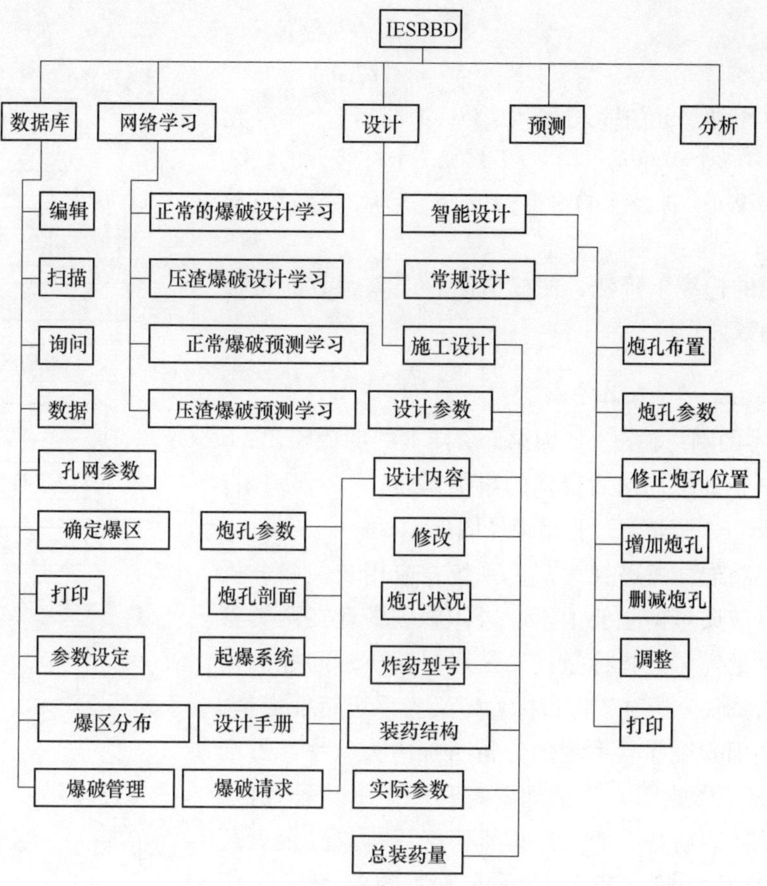

图 12-14　IESBBD 的组成和结构框图

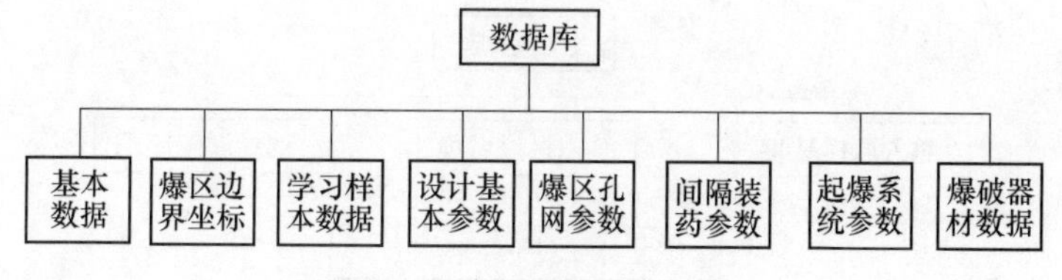

图 12-15　数据库基本内容

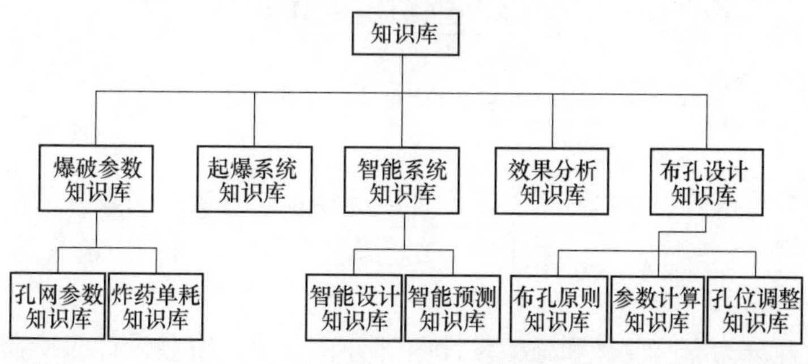

图 12-16　知识库组成

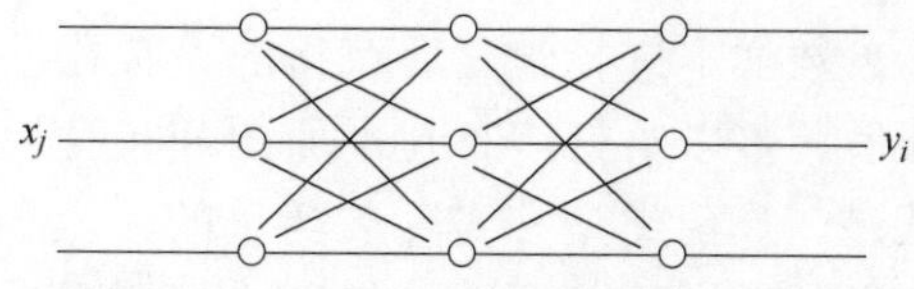

图 12-17　反向传播的前馈网络模型

网络的作用函数定义为：

$$p_i = \sum_j \omega_{ij} x_j \tag{12-48}$$

$$y_i = f(p_i, \nu_i) \tag{12-49}$$

式中，x_j 为第 k 层第 j 个神经元的输入；p_i 为第 $k+1$ 层第 i 个神经元的输入；ω_{ij} 为第 k 层第 j 个神经元至第 $k+1$ 层第 i 个神经元的联结权值；y_i 为第 $k+1$ 层第 i 个神经元的输出；$f(p_i,\nu_i)$ 为作用函数；ν_i 为偏置项。

利用非线性规划的梯度下降法，使权值沿着误差函数的负梯度方向改变。误差函数为：

$$E = \sum_k \sum_i \varepsilon_i = \sum_k \sum_i (y_i - \hat{y}_i)^2/2 \tag{12-50}$$

式中，y_i 为第 i 个样本的网络输出；$\hat{y}_i$ 为第 i 个样本的期望输出；E 为用 N 组样本完成一个训练周期后得到的累加误差；ε 为误差限。当网络训练时满足 $E \leqslant s$，则学习过程结束（图 12-18）。

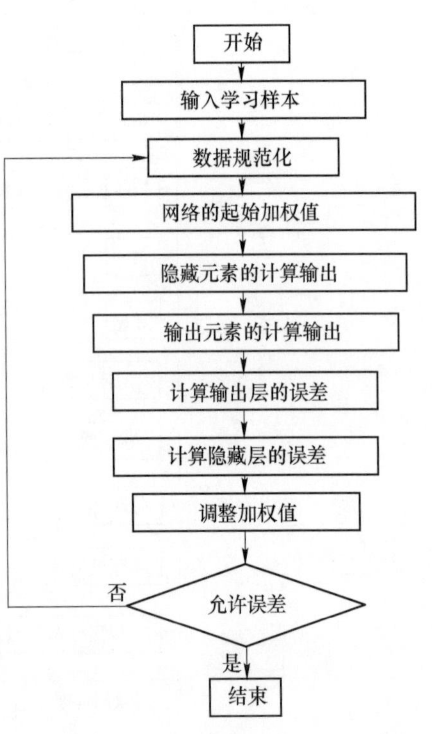

图 12-18 神经网络的学习过程

（5）分析系统。将岩体爆破视为灰色系统，应用灰关联分析方法确定影响岩体爆破质量的主要因素。岩体爆破中存在两类参量，一是衡量爆破质量优劣的指标量；二是对爆破质量起控制作用的因素量。进行灰关联分析时，将指标量定义为系统特征变量，将因素量定义为相关因素变量。系统的分析目标为大块率、爆堆最大高度、后冲距离，影响因素为节理发育程度、中间排孔距、底盘抵抗线、炸药单耗、后排孔距、后排排距、后排单孔最火药量、压渣宽度、渣堆松散度。灰关联分析方法的流程图见图12-19。

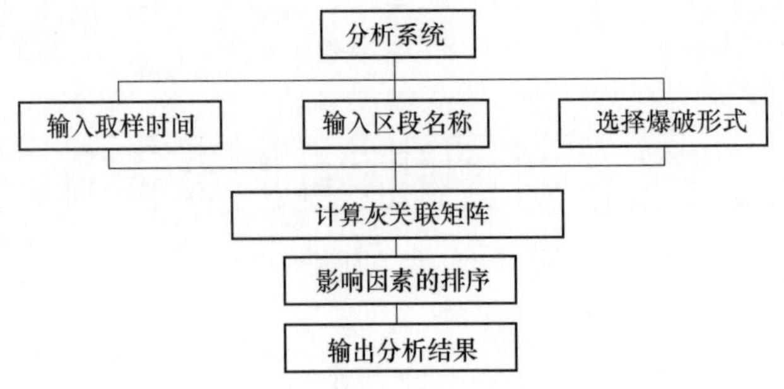

图 12-19 IESBBD 的灰关联分析计算过程

系统分析结束后，显示或打印输出对 3 个分析目标及其总体影响作用较大的前 5 个影响因素的名称，且按照其作用大小依次排序。

12.3.4.2 IESBBD 的设计流程

系统将整个爆破设计分为布孔设计和施工设计两部分，其中，按照设计时所需爆破参数的来源不同，布孔设计义分为常规布孔设计和智能布孔设计。常规布孔设计时，通过调用专家系统中的知识库数据完成（专家确定的生产爆破布孔参数和炸药单耗）。智能布孔设计时，从知识库调用的有关数据则是按照神经网络模型对已进行的爆破的实际参数样本进行学习后获得的。布孔设计具有修改爆区后边界控制点和炮孔位置、增加或删除炮孔、布孔后调整以及打印布孔平面图和布孔说明书的功能。施工设计是在验孔后进行。其主要功能是进行炮孔状态、炸药类型和实际装药量的输入和选择，设计装药结构、起爆网络和微差方式，选择绘制单孔或多孔的装药结构剖面图，打印输出爆破设计说明书、爆破命令书和炮孔剖面图。IESBBD 系统的设计流程如图 12-20 所示。

IESBBD 系统已经在中国攀枝花钢铁集团兰尖铁矿的生产爆破中得到验证和应用。

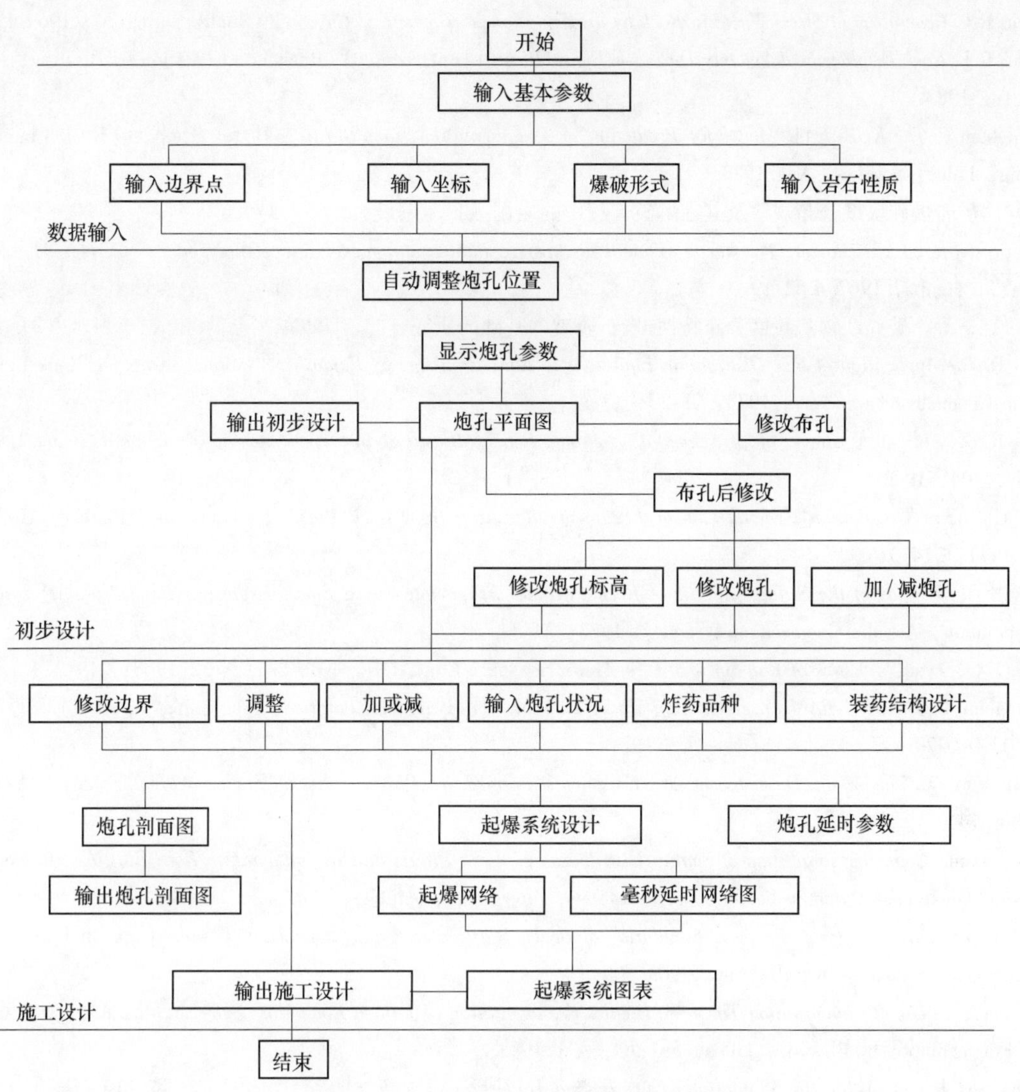

图 12-20　IESBBD 系统的设计流程图

参 考 文 献

[1] 杨军，等. 岩石爆破理论模型及数值计算［M］. 北京：科学出版社，1999.

[2] Alabamian Z，et al. *Simulation of dynamic Fracturing of Continuum Rock in Open Pit Mining.* Geomaterials，2013，3：82-89.

[3] Zou D. *A three Dimensional Mathematical Model in Calculating the Rock Fragmentation of Bench Blasting in the Open Pit.* 2nd Int. Symp. On Rock Fragmentation by Blasting，Keystone，Colorado，Aug. 1987.

[4] Favreau R F. "Blaspa" *a Practical Blasting Optimization System.* 6th Conf. on Explosives and Blasting Technique，1980，2/5-8，Tempa.

[5] Harries G，et al. *The Use of a Computer to Describe Blasting.* 15th APCOM Symp.，Brisbane，Australia，1977：317-324.

[6] *A rigid Block Mechanics Code*，University of Minesota and Dames and Moorre Ltd. 1987.

[7] Yang R，Scovian D S. *A model for Near and Far-field Blast Vibration Based on Multiple Seed Waveforms and Amplitude Attenuation.* Blasting and Fragmentation，4 (2)：91-116.

[8] Trivedi R，et al. *Prediction of Blast-induced Flyrock in India Limestone Mines Using Neural Networks.* Journal of Rock Mechanics and Geotechnical Engineering，6 (2014)：447-454.

[9] Harries G. *The modeling of Long Cylindrical Charge of Explosives.* 1st Int. Symp. On Rock Fragmentation by Blasting，Lulea，Sweden，Aug. 1983.

[10] Harries G. *Development of a Dynamic Blasting Simulation.* 3rd nt. Symp. On Rock Fragmentation by Blasting，Brisbane，Australia，Aug. 1990.

[11] Favreau R F. *Generation of Stress Waves in Rock by an Explosion in a Spherical Cavity*. J. Geophys, Res. 74, 1969. P4267-4280.

[12] Favreau R F. *Rock Displacement Velocity During a Bench Blast*. 1st Int. Symp. On Rock Fragmentation by Blasting, Lulea, Sweden, Aug. 1983.

[13] Cunningham C. *The KUZ-RAM Model for Prediction of Fragmentation from Blasting*. 1st Int. Symp. On Rock Fragmentation by Blasting, Lulea, Sweden, Aug. 1983.

[14] 邹定祥. 矿岩爆破块度分布规律及其在爆破工程中的应用［J］. 爆破，1985（2）.

[15] И Барон и др. *Тест Розин- Раммлера УравнениеЗаявка надиаметррасчетаВзрывныхрок.* // Санкт- П. "Взрывные работы", Недра, 1967. # 62/19.

[16] 大塚一雄，等. 破砕产物の粒度分布特性-岩石爆破の基础的研究［J］. 日本鉱業会誌. 1981, 1121（97）: 521-526.

[17] Just G D. *The Application of Size Distribution Equations to Rock Breakage by Explosives*. National Symp. On Rock Fragmentation, Astralia Geomechanics Society, 1973: 18-23.

[18] Dick R A, et al. *A study of Fragmentation from Bench Blasting in Limestone at a reduced Scale*. USBM Report Inv. No. 7704, 1973.

[19] Gama C D. *Size Distribution General Law of Fragments Resulting from Rock Blasting*. Trans. Soc. Min. Eng. AIME Vol. 250, No. 4. 1971: 314-316.

[20] Lovely B G. *A Study of the Sizing Analysis of Rock Particles Fragmented by a Small Explosives Blast*. National Symp. On Rock Fragmentation, Astralia Geomechanics Society, 1973: 24-34.

[21] Austin L G, et al. *Statistics of Random Fracture*. Trans. Soc. Min. Eng. AIME, Vol. 241, No. 2. 1968: 219-224.

[22] Cunningham C. *The KUZ-RAM Fragmentation Model-*20 *Years On*. Brighton Conference Proceedings, 2005, EFEE 2005 ISBN 0 =9550290-0-7.

[23] Kuznetsov V M. *The Mean Diameter of the Fragments Formed by Blasting Rock*. Soviet Mining Science, Vol. 9, No. 2: 144-148.

[24] Zou D, et al. *Computer simulation of Spatial Distribution of Weak Planes and Its Influence on Rock Blasting*. Proceedings of the Int. Symp. On Intense Dynamic Loading and Its Effects, June 1986, Beijing, China.

[25] Zou D. *Experimental Study of Computer Simulation of Bench Blasting in Production Scale*. 3rd nt. Symp. On Rock Fragmentation by Blasting, Brisbane, Australia. Aug. 1990.

[26] Da Gama C D. *Use of Comminution Theory to Predict Fragmentation of Jointed Rock Mass Subjected to Blasting*. 1st Int. Symp. On Rock Fragmentation by Blasting, Lulea, Sweden, Aug. 1983.

[27] Jorgenson G K, et al. *Blasting Simulation- Surface and Underground with SABREX Model*. Canada Inst. Min. Met. Bul. 1987: 68-71.

[28] Qu S, et al. *The BLAST-CODE model-A Computer-Aided Bench Blast Design and Simulation System*. Fragblast, Vol. 6, Issue 1, 2002: 85-103.

[29] Zhang J C, et al. *An intelligence-expert system for bench blasting design and its application at the Lanjian iron mine*. Explosives and Blasting Technique. Proceedings of the EFEE 2nd World Conference, Prague, Czech Republic, Sep. 2003: 617-624.

第三篇　地下开挖

13　绪　　论

13.1　地下开挖的种类和特点

地球表面以下是一层很厚的岩石圈，岩层表面风化为土壤，形成不同厚度的土层，覆盖着大部分的陆地。岩层和土层在自然状态下都是实体，在外部作用下才能形成空间。在喀斯特地层中，由于水的作用，往往形成很多地下空间，称之为地下溶洞、地下河。人类很早就开始利用这些天然空间，如属于类人猿中一类的山顶洞人，并且逐渐开始进行人工的地下开挖以获得居住空间，如中国西北地区黄土层中的窑洞。此外更为广泛的是为获得所需要的资源进行的地下采矿。随着科学技术的迅速发展，除了由于工业发展而进行的大规模地下采矿外，人类也开始通过大规模的地下开挖来拓展生存空间，改善生存条件。

按照地下开挖工程的功能和用途，可以作如下分类：

类别	功能和用途
1. 运输/输送	人和货物 （1）地下人行/环行通道； （2）铁路和地铁隧道和车站； （3）公路隧道 地下输水/排污工程 （1）隧道/竖井/涵洞； （2）水力发电电站
2. 地下仓储/工厂	民用仓储/工厂 （1）地下停车场； （2）地下商业城； （3）地下油库； （4）地下污水处理厂； （5）地下核电站； （6）放射性废物弃置场 军事用途 （1）地下军火库； （2）地下军工厂
3. 人防/军事掩护	防空硐室； 地下医院/救护站
4. 地下采矿工程	军事掩护工程（地下飞机/船掩体等）

从一个地质工程师的角度，对地下开挖工程最为重要的分类方法是根据其开挖空间四周地层的稳定性和安全程度进行分类。反过来，开挖工程对稳定性和安全程度的要求也取决于开挖工程的目的和用途。巴顿、莱恩和伦德建议对地下开挖工程作如下分类（摘自参考文献［1］）：

（1）临时的采矿空间。

（2）竖井。

（3）永久的采矿空间，水电工程的输水隧道（不包括高压导水管），大型开挖工程的导硐、信道等。

（4）地下仓库、水处理厂、小型公路、铁路隧道、水电工程的调压室和通道。

（5）地下动力站的硐室，主要公路和铁路干线隧道，人防工程，隧道口和隧道交汇处。

（6）地下核电站、火车站、运动场等公共设施，地下工厂等。

显而易见，地下工程对围岩稳定性的要求越高，相应地为满足这一要求而对开挖空间进行支护的费用（包括地质勘探、支护设计和支护工程）越高。进行支护的费用按照上列项目由（1）至（6）逐渐升高。

地下开挖工程的特点，即与地表开挖工程的不同之处主要表现为以下几点：

（1）地下开挖空间周围的地层的状况，包括岩石性质、地质构造和地层稳定性对于开挖工程至关重要。其重要性远超对于露天开挖的重要性。地层条件决定开挖方法、开挖设计和设备、开挖过程的安全措施、临时和永久支护的方法和设计以及整个开挖工程的成本。

（2）对于大多数地下工程来说，地下水通常是一个严重的问题，必须在开工前和工程进行中有效地控制地下水。在永久支护设计中也要包括地下水的封闭和疏导措施。

（3）地下开挖相对于露天开挖是一项更为复杂和困难的工程，因为它只有开挖面这一个可以用来开始对岩石进行开挖破碎的自由面。当用钻孔爆破方法进行开挖时，由于极强的夹制作用，需要用大量的炸药，因此它所需的炸药单耗远高过露天台阶爆破。图 13-1 说明炸药单耗随隧道断面大小变化而变化。

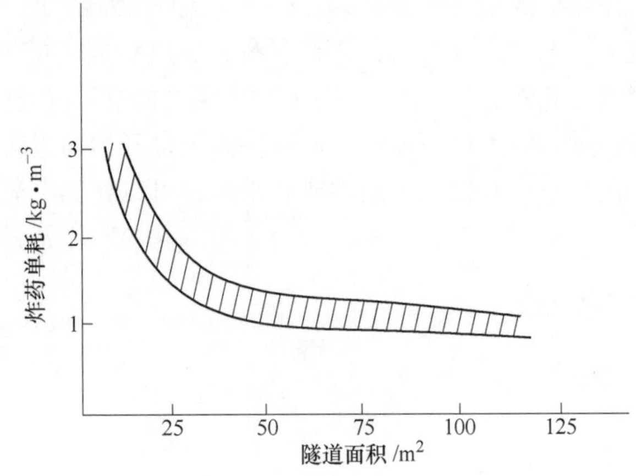

图 13-1　炸药单耗同隧道面积的关系

（4）在地下开挖中，所有的工作都在一个密闭的空间中进行。爆破时关闭爆破门，防止飞石对于附近的人员和物件的危害。但其他的风险，如爆破产生的炮烟毒气，开挖中和开挖后的地表沉陷，开挖空间周边墙帮和顶板岩石的塌落，开挖时突然挖穿了一个事先未知的地下水源而造成的水浸等风险在施工中都有可能发生。因此必须采取不同于露天开挖的安全措施。

13.2 地下开挖同环境的关系

13.2.1 地下开挖对环境的影响

地下开挖会对环境造成以下的影响：

（1）造成地表沉降，如图 13-2 所示；

（2）造成地表水或地下水的水位下降或流失；

（3）采用钻孔爆破方法时，会引起地层震动；

（4）爆破时会产生空气冲击波超压和噪声，特别在隧道刚开始阶段；

（5）爆破时会产生炮烟毒气；

（6）当采用爆破方法时，运输和储存炸药对附近的公众带来潜在的风险。

13.2.2 周围环境对地下开挖的限制

周围环境对地下开挖工程有以下限制：

（1）对地下爆破产生的振动（PPV）的限制：

1）附近的建筑物的结构、公共设施、居民房屋、历史文物和寺庙；

2）斜坡（已有的和新建的）、挡土墙、斜坡上的大石和天然山坡。

（2）地下和地表的水源有可能在开挖过程中和开挖后渗入地下开挖空间，因此可能要求施工方采取措施保护这些水源。

（3）为了减轻对附近公众和交通的影响，可能会对运送炸药的时间和路线，每日爆破的时间进行限制。

因此，地下开挖工程必须提交一份详尽的评估报告。

图 13-2 2015 年 6 月深圳市地铁七号线地下开挖期间的地陷事故造成一死四伤

13.3 岩石中地下开挖的方法

根据不同的地质条件和周边的环境，岩石中的地下开挖工程通常可以采用以下一些方法：

（1）机械开挖：

1）钻孔和液压冲击锤。

2）掘进机开挖：

① 天井掘进机；

② 臂式掘进机开挖；

③ 隧道掘进机开挖；

④ 竖井掘进机开挖。

（2）钻孔爆破开挖。

（3）其他地下开挖方法：

1）敞开式开挖；

2）管道推进机。

以上这些方法在后续章节中将会一一介绍。

图 13-3 和图 13-4（取自参考文献［3］）给出了各种开挖方法的岩石条件和它们适用岩石的单轴抗压强度（UCS）。

钻孔爆破方法始终是中硬至坚硬岩石中最为典型的开挖方法。它可以应用的岩石条件很宽。它的一些特点，如多功能的设备，快速的启动和相对低的设备投资等使其得到广泛应用。但另一方面，钻孔爆破方法的循环工作的特点需要较好的现场组织工作。爆破产生的振动和噪声也限制了它在市区中的应用。

硬岩掘进机可以应用于中硬至硬的岩石条件，特别是事先已对岩石中的裂隙和破碎带有所了解。对于长的隧道，隧道掘进机的开挖成本是最低的，因为它的高设备投资和长的准备时间可以与它的高开挖速度相抵消。隧道掘进机开挖形成一个光滑的隧道表面，因而降低了支护成本。它光滑的表面也降低了作为通风或输水隧道的阻力。

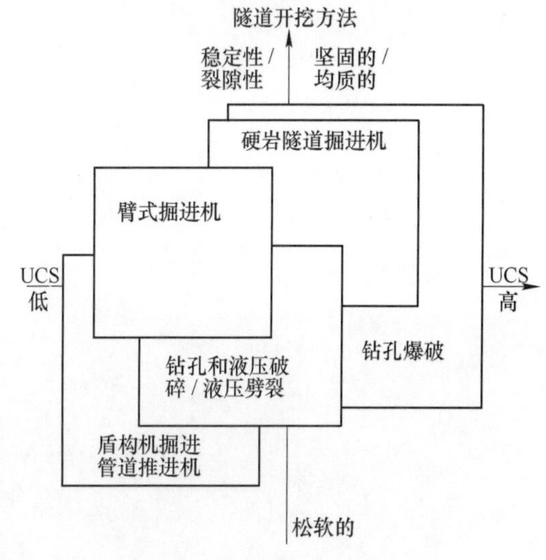

图 13-3 不同岩石或土层条件下的隧道开挖方法[3]

护盾式隧道掘进机或其他盾构式机械用于松软的土层和混合地层，并且常有较大的地下水出现。机械式或压力平衡式盾构可以防止地层沉陷和地下水的涌出。由于它可以连续的控制地层而且没有爆破振动，这一方法常用于市区内的隧道开挖。管道推进是一种特别的应用技术。当隧道向前延伸时，重型的液压千斤顶将隧道的衬砌连续不断地向前推进。在无人进入的小型管道开挖中，微型隧道掘进机得到特别的应用。

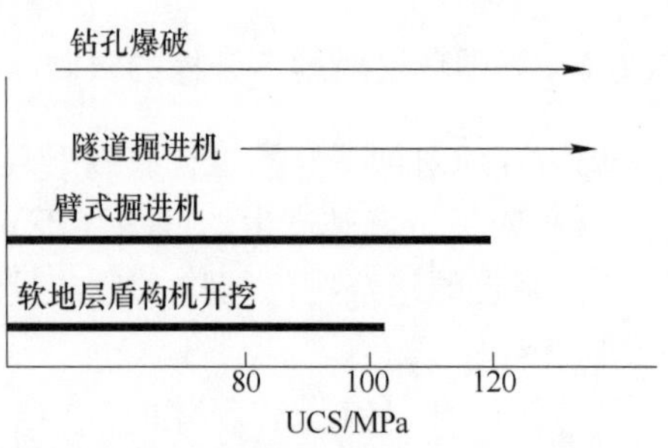

图 13-4　各种开挖方法与岩石单轴抗压强度的关系[3]

臂式掘进机用于低至中等硬度且稳定的岩石条件。臂式掘进机配合灵活机动的钻孔爆破方法，可以在隧道断面经常变化的情况下实现隧道的全断面开挖。由于它不产生爆破振动，这种方法可以用于敏感的市区隧道开挖。但在硬的岩石条件中，由于切割头的寿命显著缩短而使得开挖成本激增。

钻孔和液压破碎方法设备成本低，对周围环境和地层的影响相对较小。主要在地中海国家、中国香港和日本得到较为广泛地应用，特别是当隧道从海床或河床下通过时主要应用钻孔和液压破碎方法。用这种方法，隧道断面不受限制，特别适用于低至中等强度且节理裂隙相对发育的岩层。在坚硬且完整的岩石中，它的应用受到低生产率的限制。

参 考 文 献

[1] Hoek E, Broun E T. *Underground in Rock. Institution of Mining and Metallurgy*. London, 1980.

[2] Tatiya R R. *Surface and Underground Excavation, Methods, Techniques and Equipment*. 2nd Edition, CRC Press, 2013.

[3] Matti Heinio. *Rock Excavation Handbook for Civil Engineering*. Sandvik & Tamrock, 1999.

14 岩石的地下机械开挖

14.1 钻孔和液压锤开挖

当爆破作业可能会影响到公众的安全和附近的建筑物、结构物以及特别敏感的物件，或隧道施工经过河床（湖床，海床）而爆破可能破坏地层使外部水涌入时，就必须采用钻孔和液压锤开挖的方法进行地下开挖工程。通常这一类工程的规模和量相对较小。

钻孔和液压锤开挖通常也用于隧道口的开挖。

如果开挖的岩石的节理裂隙很发育，仅仅使用液压锤就可以完成的开挖工作，又称为液压锤开挖（hammer tunneling）。

对于坚硬的岩石，机械开挖除了钻孔和液压锤外，也常用液压劈裂机来劈裂岩石，其工序是：钻孔—劈裂—液压锤破碎。

（1）钻孔：孔径通常为 76 ~ 110mm，这主要取决于液压劈裂器的直径。孔深为 2 ~ 3m，孔间距为 400mm × 400mm ~ 600mm × 700mm，取决于岩石的强度和液压劈裂机的功率。

（2）劈裂：有多种劈裂机（图 14-1 ~ 图 14-3）可选用，参见第 7.2 节。

图 14-1 往钻孔中安装液压劈裂器

图 14-2 用液压劈裂器的鸭嘴楔插入钻孔劈裂岩石

图 14-3 用液压锤破碎岩石开挖隧道

（3）液压锤破碎：通常采用重型液压冲击锤。

开挖通常从隧道中部距下部 1.0 ~ 1.5m 处开始。有时钻一个大孔（直径 110mm）为劈裂岩石提供一个自由面（参见图 14-5）。劈裂和破碎从大孔附近开始向隧道两边和底板进行直至隧道边帮。完成这一阶段后，继续用同样的方法由下向上进行劈裂和破碎直至隧道顶部（见图 14-4，取自文献［3］）。

图 14-4 钻孔和液压锤破碎的开挖顺序

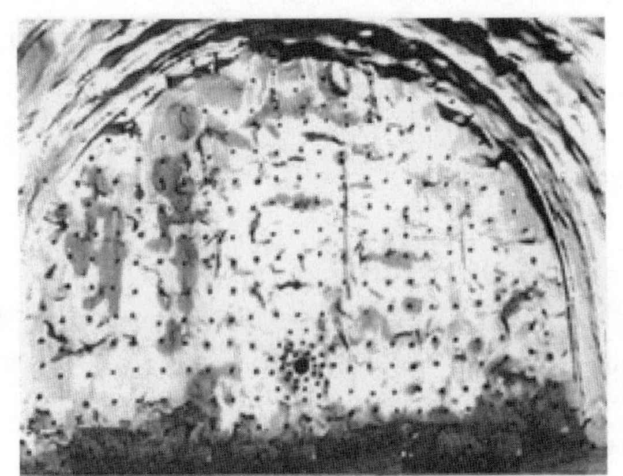

图 14-5 隧道工作面上钻好孔以便劈裂和破碎岩石

14.2 臂式掘进机开挖

臂式掘进机又称阿尔派开采机（Alpine miner）或臂式开采机（boom miner）。它只能一部分一部分地开挖而不能全断面同时开挖。它最初是由煤矿发展起来的，但现在得到广泛的应用，不仅仅应用于隧道开挖。同全断面掘进机类似，它的旋转挖掘头压在岩石面上，因此最适合于软岩。

臂式掘进机是一种部分断面掘进机，其切割臂可以上下、左右自由摆动，能切割任意形状的隧道断面。臂式掘进机集开挖、装渣和自动行走于一身，进退自如，操作灵活，对复杂地质适应性强，便于支护，可以适应中-软岩隧道不同的施工方法。因而中小型臂式掘进机是中、软岩隧道的理想开挖工具。

臂式掘进机由一个装有挖掘头的臂，一个连接到皮带运输机的装载机和使它向前压向岩石面的履带式行走机构组成。

根据挖掘头的旋转方向，臂式掘进机分为两种类型：纵轴式（图 14-6）和横轴式（图 14-7）。

图 14-6 日本三井公司的 Misui Milk S300A 轴向臂式掘进机

图 14-7 山特维克（Sandvik）的 ATM105 阿尔派隧道掘进机（横向）

如果挖掘头马达的功率相同，纵轴式的臂式掘进机比横轴式的臂式掘进机重以吸收挖掘头向前挖掘时的反推力。

臂式掘进机根据其重量，挖掘头的功率进行分类。表 14-1（取自文献［1］）给出它们的分类，主要特点和适用范围。

表 14-1　臂式掘进机的分类

臂式掘进机的分类	重量范围/t	挖掘头的功率/kW	应用范围			
			标准挖掘头		增长的挖掘头	
			最大隧道面积/m^2	岩石单轴抗压强度/MPa	最大隧道面积/m^2	岩石单轴抗压强度/MPa
轻型	8～40	50～170	25	60～80	40	20～40
中型	40～70	160～230	30	80～100	60	40～60
重型	70～110	250～300	40	100～120	70	50～70
特重型	>110	350～400	45	120～140	80	80～110

目前，臂式掘进机的重量已扩展到 13～135t，其挖掘功率最高可达 500kW，一些特大的臂式掘进机可以挖掘相对坚硬的岩石。例如，山特维克 MT720 臂式掘进机可用于单轴抗压强度达 206.8MPa（30000psi）的岩石。横轴式臂式掘进机可用于一些大断面的隧道，大型臂式掘进机可达 $100m^2$（$1076ft^2$）。

岩石由挖掘头切割下来后落在装渣铲板上，岩渣由扒渣臂扒到输送带上。输送带将石渣送到挖掘机尾部落入到另一台输送带或其他装载设备上，如斗车，梭式矿车，自卸汽车等。图 14-8 中给出了常用的几种装渣铲板结构。

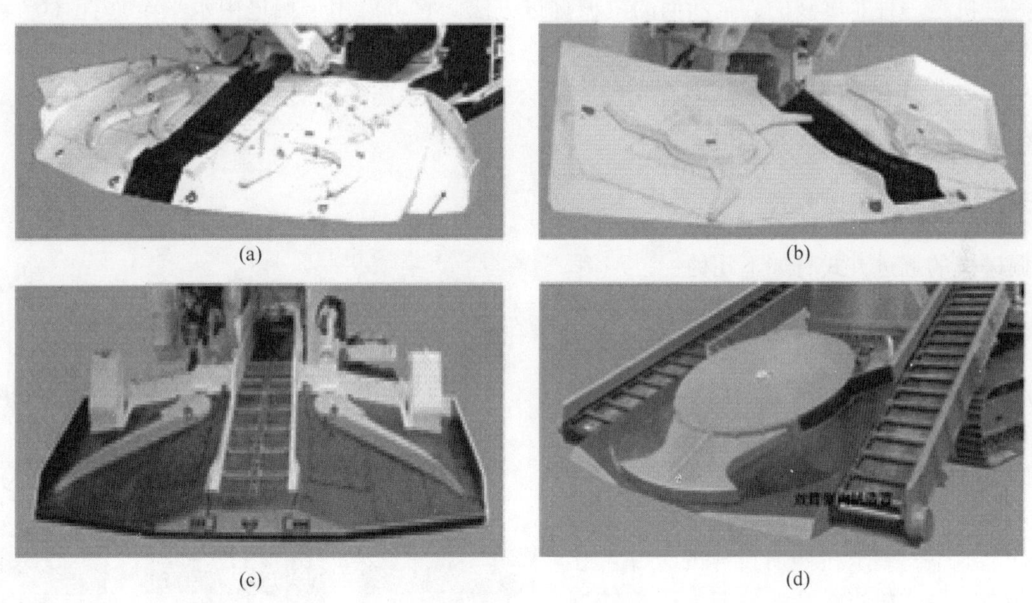

(a)　(b)　(c)　(d)

图 14-8　臂式掘进机常用的几种装渣铲板结构[3]

（a）蟹爪式扒渣臂；（b）转盘式扒渣臂；（c）双侧臂式扒渣臂；（d）中央转盘式扒渣臂

臂式掘进机有很多优点。它具有多功能和机动性，因而多用于截面多变的隧道的开挖，而且工人可直接抵达开挖工作面，便于进行及时支护。大断面的隧道可以分成几个小断面同时开挖。其开挖成本相对较低，根据臂式掘进机和 TBM 设备的大小，臂式掘进机的开挖成本大约是 TBM 开挖成本的 20% 左右（在 10%～30%）。臂式掘进机通常可以向供应商租用，这对于一些小型工程特别有利。臂式掘进机的启动也相对容易得多。

臂式掘进机的掘进速度，相对于爆破法和 TBM 开挖，更加取决于岩石的强度。对于坚硬的岩石，挖掘头的成本及其消耗非常高因而加大了整个开挖成本。一般来说，限制臂式掘进机使用的岩石的单轴抗压强度大约为 100MPa（有些重型臂式掘进机可以达到 120MPa）。另一个限制臂式掘进机广泛使用的因素是它产生的大量粉尘所造成的环境问题。良好的通风和采用集尘装置可以有效地缓解这一问题，但仍不能完全消除粉尘。由于这一原因，臂式掘进机一般不能用于含有大量石英的地层，因为石英粉尘可至癌。

图 14-9 安装有臂式掘进机掘进机头 AQ-4 的液压挖掘（Andraqulp 制造）

臂式掘进机的挖掘头安装于液压挖掘机或类似的液压设备上作为一种辅助的挖掘设备起始于 20 世纪 70 年代早期。如今这种挖掘头可安装于工作重量为 2 ~ 150t 的挖掘机上（参见图 14-9）。随着液压挖掘机的不断改进，其工作液压力不断增大，挖掘头的工作效能也随之提高。安装于挖掘机上的挖掘头用于大型隧道开挖时清理岩面，挖掘人洞，处理角落和过多的注浆等具有极大的灵活性。它的缺点是不能在挖掘的同时清理挖下的岩渣，而必须停止等岩渣清理后才能继续工作，因而影响了它的工作效率。

14.3 向上式（天井）全断面掘进机

几十年前，所有的竖井和天井（由下向上掘进的竖井或斜井）都采用钻孔爆破法开挖。然而近几十年来，在采矿和土木工程中全断面掘进机方法已超越了钻孔爆破方法。

天井掘进机是一种非爆破的，全断面的机械掘进方法。它可以用于掘进由水平至垂直（0° ~ 90°）的任何倾斜角度的井巷。

天井掘进机装备有专门设计的装嵌有特殊硬质合金柱（片）的刀头。刀头安装在扩孔头上，扩孔头经由导向杆连接到掘进机的旋转机构上。

14.3.1 天井掘进机的掘进方式

天井掘进机的掘进方式有如下几种：

（1）常规的（标准的）天井掘进。在这种方式下，天井掘进机主体设置于两个将要联通的上部水平的平台（通常为混凝土平台）上。首先自上向下钻一个可以通过掘进机钻杆的超前孔至需要联通的下一水平，钻孔的直径通常为 230 ~ 445mm（9 ~ 17.5in）。当钻孔钻透至下水平，将钻头从钻杆上取下，装上按照所设计的天井尺寸设计的扩孔头。掘进机将扩孔头升起向上旋转掘进天井。扩孔头切割的岩屑由于重力落到下水平底板上。完成的天井的井壁平整，可以无需再打锚杆或其他形式的支护。图 14-10 说明了常规的（标准的）天井掘进方式的工作程序。图 14-11 和图 14-12 中是一台天井掘进机和一个扩孔头。

常规天井掘进程序

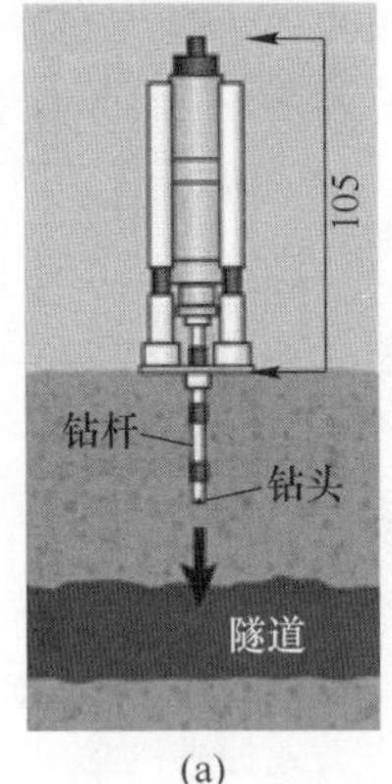

(a)

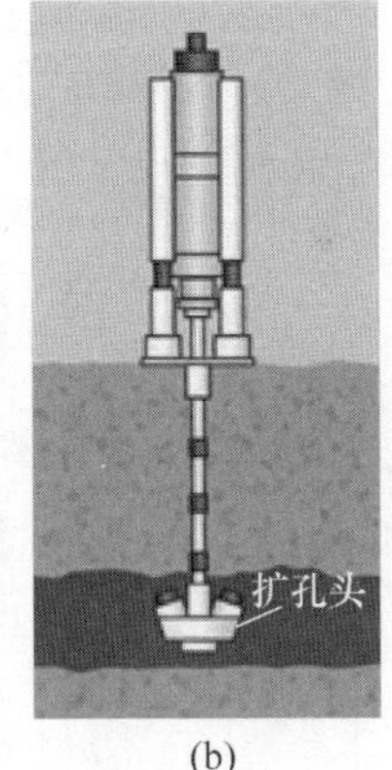

(b)

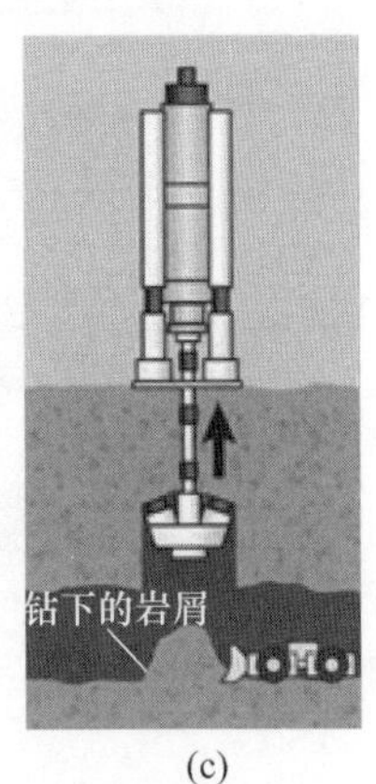

(c)

图 14-10 常规天井掘进机的天井开挖程序

（a）天井掘进机先从上向下钻一个导向孔；（b）扩孔头装到钻杆上；（c）钻杆将旋转的扩孔头向上拉，扩孔头切割下的岩屑落到下层隧道中，然后被装载机运走

（2）盲天井掘进。当要钻凿一个天井但又无法进入上一水平或无须钻达上一水平时，只能由下向上钻凿盲天井（blind boring）。有时可事先钻一个导向孔（box-holing 或 box-hole boring）至设计的高度。盲天井掘进需要采用特殊的扩孔钻头。扩孔头中间伸出一个钻头用以钻凿导向孔，扩孔头再同时掘出所要求尺寸的天井。扩孔钻头一边旋转一边向上推进，钻屑由于重力而落下。

图 14-11 由 Master Drilling 制造的一台天井掘进机（mining magazine）

图 14-12 扩孔头正在向上提升开始扩孔（sandvik）

通常盲天井的直径为 0.6～1.8m。由于钻杆在钻进过程中处于压力状态，它需要采用特制的大直径稳杆器来支撑钻杆。盲天井通常用作溜矿井或人的通道。图 14-13 说明盲天井的掘进工作情形。

（3）有导向孔的向下掘进。这种天井掘进方式，天井掘进机的安置有两种安排方法。

一种安排是将掘进机安装在上一水平（参见图 14-14，取自 Tamrock）；另一种安排是将掘进机安装在下部水平（参见图 14-15，取自文献［7］）。两种安排都要事先钻一个导向孔联通上下两个水平。

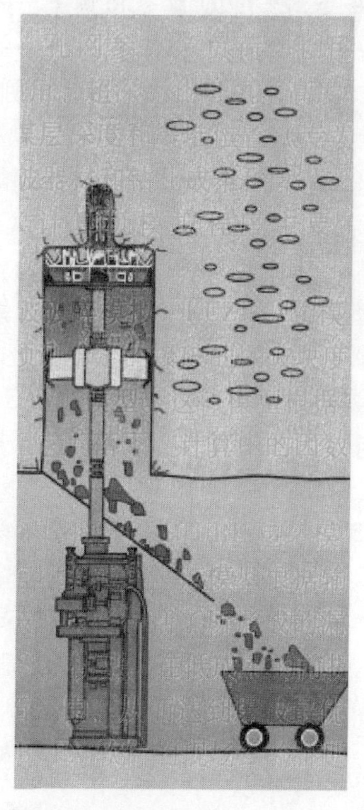

图 14-13 盲天井掘进（tamrock）

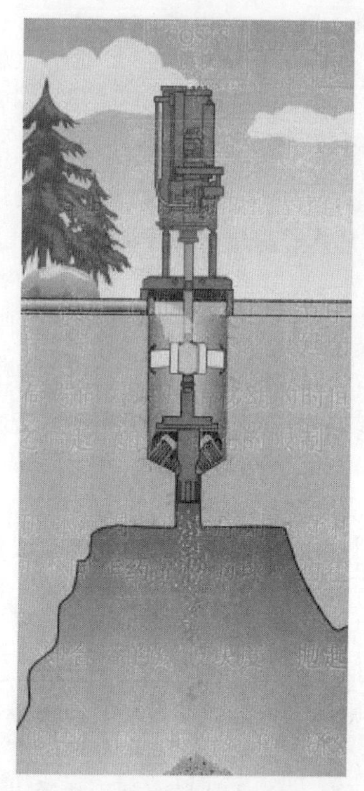

图 14-14 天井掘进机安装在上水平向下掘进天井（tamrock）

采用第一种安排时，完成导向孔钻凿后，钻杆和钻头都退出，在装上扩孔头。扩孔头一边旋转一边向下推进。扩孔头中间装有一个“钻鼻”，插入导向孔中给扩孔头导向。钻屑由于重力沿着导向孔落到下一水平。由于钻杆处于受压状态，它需要采用特制的大直径稳杆器来支撑钻杆。

在第二种安排中，钻屑从钻杆与导向孔之间的环状空隙中落下到下一水平。钻屑在下落过程中会磨损，甚至损坏钻杆。

（4）水平掘进。对于那些市区内钻孔爆破方法受到限制甚至禁止而隧道掘进机又过于庞大的工程项目，采用天井掘进机进行水平掘进是一个非常好的方法。采用这一方法首先要钻一个水平孔。如有必要，钻凿水平孔时可借助于钻孔导向设备。当导向孔钻通后，取下钻头换上扩孔头。由于天井是水平的，扩孔头上必须装上一个特制的排钻屑装置（参见图14-16，取自Tamrock）。

图14-15　天井掘进机安装在下水平向下掘进天井[7]

用天井掘进机掘进水平巷道的直径一般为0.6～4.5m。这种方法开挖的巷道主要用于电缆隧道，逃生通道，排水隧道等，它不会对周围环境造成影响。用天井掘进机掘进水平巷道要求岩石的稳定性好。

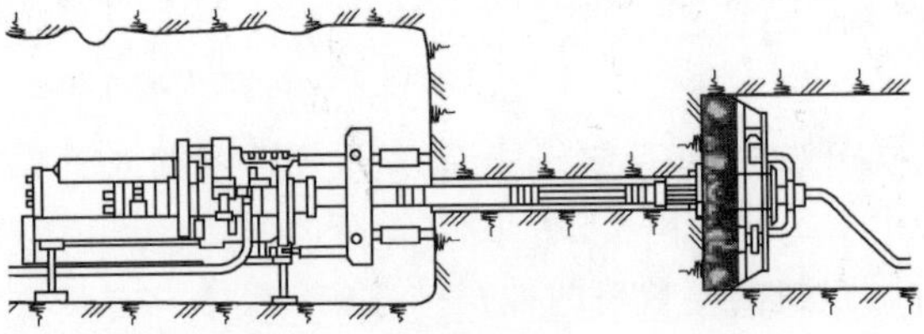

图14-16　用天井掘进机水平掘进（tamrock）

14.3.2　天井掘进机在土木工程中的主要应用

天井掘进机在土木工程中的主要应用[3]：

（1）公路和铁路隧道的通风孔；

（2）水电站和地下储仓的各种硐孔和天井；

（3）用作大直径竖井的超前孔；

（4）在那些受到环境限制（如噪声、振动等）而不允许采用其他方法的地方，例如市区、核电站或核电站的储水库附近等；

（5）必须注意的是天井掘进机只能用于稳定的，能自我支撑无需任何临时支护的岩体。当天井掘进机的扩孔头扩孔时，没有任何通道进入天井中，如果岩体不稳定，一旦发生岩石塌落，不仅会卡住扩孔头，而且会导致天井报废。

14.3.3　采用天井掘进机的主要优点

采用天井掘进机的主要优点[3]有：

（1）安全。

1）所有的操作人员都在安全的地方工作，无人位于刚爆破后的顶板下；

2）环境清洁、无粉尘、无炮烟、无废气和油污；

3）低噪声、极小的振动（相对于爆破）。

（2）高速度，高效率。

1）天井掘进机的掘进速度比老方法一般高出2～3倍；

2）一台先进的天井掘进机只需要一名操作工。

（3）高质量。

1）圆形的断面和光滑的井壁对于输送流体，如通风、输水等特别有利，而且所要求的支护量也最小；

2）规则的圆形断面使得在井内安装各种设备和预制件更为便利；

3）它不会对周围岩石造成任何裂隙和破坏；

4）圆形断面的天井最有利于承受岩石的压力。

14.4　全断面隧道掘进机（TBM）

14.4.1　引言

隧道掘进机是一种全断面掘进多数为圆形断面（也有椭圆形，双圆形，准矩形等异型断面的）的掘进机（Tunnel Boring Machine，简称为 TBM），它可以在各种土壤和岩石地层中应用。自从 20 世纪 50 年代中期第 1 台隧道掘进机面世以来，隧道掘进机的不断发展证明：机械开挖几乎可以应用于从硬岩（单轴抗压强度（UCS）大于 400MPa）到沙土的任何岩石条件。隧道的直径从 1m（采用微型隧道掘进机）至最近完成的 19.25m。隧道掘进机在硬岩中可替代钻孔爆破方法，在土层中可取代传统的人工开挖。

相对于传统开挖方法（主要为钻孔爆破方法），隧道掘进机开挖具有以下一些优点：

（1）高的多的掘进速度。根据德克萨斯州大学于 1963 ~ 1964 年主要对北美和欧洲 631 个 TBM 的工程项目的统计，其平均的掘进速度为每月 375m，最高可达 2084m（参见文献 [8]）。半个多世纪过去了，随着 TBM 技术的高速发展，TBM 的各项性能指标都有了极大的提高，特别是它在硬岩中的掘进速度。

（2）具有准确而且光滑的隧道壁。这一点显著地减少了支护成本而且更适于应用。

（3）对周围环境的影响，如噪声、爆破气体和振动极小。当工程在市区中进行时，它不会对周围的公众和居民造成滋扰。

（4）对周围地层的破坏非常小。这一点对于隧道在水下（如河床、湖床或海床）通过时，防止水穿入隧道尤为重要。

（5）安全和良好的工作条件。

（6）需要的操作人员少。

（7）自动化和连续的工作。

（8）如果隧道足够长，其成本也较低。

隧道掘进机开挖的缺点是：

（1）比钻孔爆破方法要求更详尽的地质勘探工作和地质资料。

（2）需要高的投资。

（3）较长的启动期，包括设备设计、制造和运输安装。

（4）断面形状（主要为圆形）固定不变。

（5）应对极端的地质条件缺乏灵活性。

（6）隧道的转弯半径和断面大小变化受到限制。

（7）员工需要较长时间学习和熟练操作。

（8）设备需要用拖车运到隧道口。

隧道掘进机（TBM）是一个完整的开挖系统，它具备推力、转矩、稳定旋转、出渣、方向控制、通风和地层支护等全部功能。多数情况下，这些功能在每一个开挖循环中连续地完成。

TBM 的刀盘一边旋转，一边压入岩石表面。刀盘上的刀具切入并破碎隧道面上的岩石。刀盘的推力和转矩产生的反作用力通过支撑（靴）传到隧道岩壁上。刀盘和护盾与岩壁之间的摩擦力作用于安装在 TBM 后部的支撑上。

TBM 基本上由以下四部分组成（参见图 14-17）：

（1）旋转挖掘系统。

（2）推进及夹紧系统。

（3）出渣系统。

（4）支护系统。

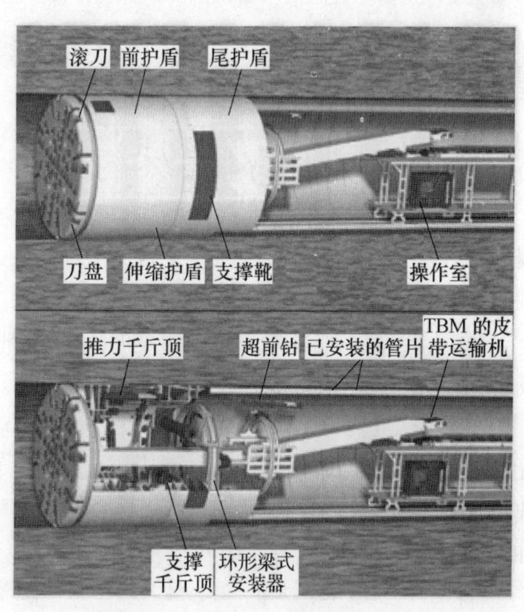

图 14-17　双护盾隧道掘进机的基本组成（取自 Robbins）

14.4.2　隧道掘进机面（TBM）的分类

对于全断面隧道掘进机有各种不同的分类方法。如图 14-18 所示的分类主要根据其工作面不同的支护方式。

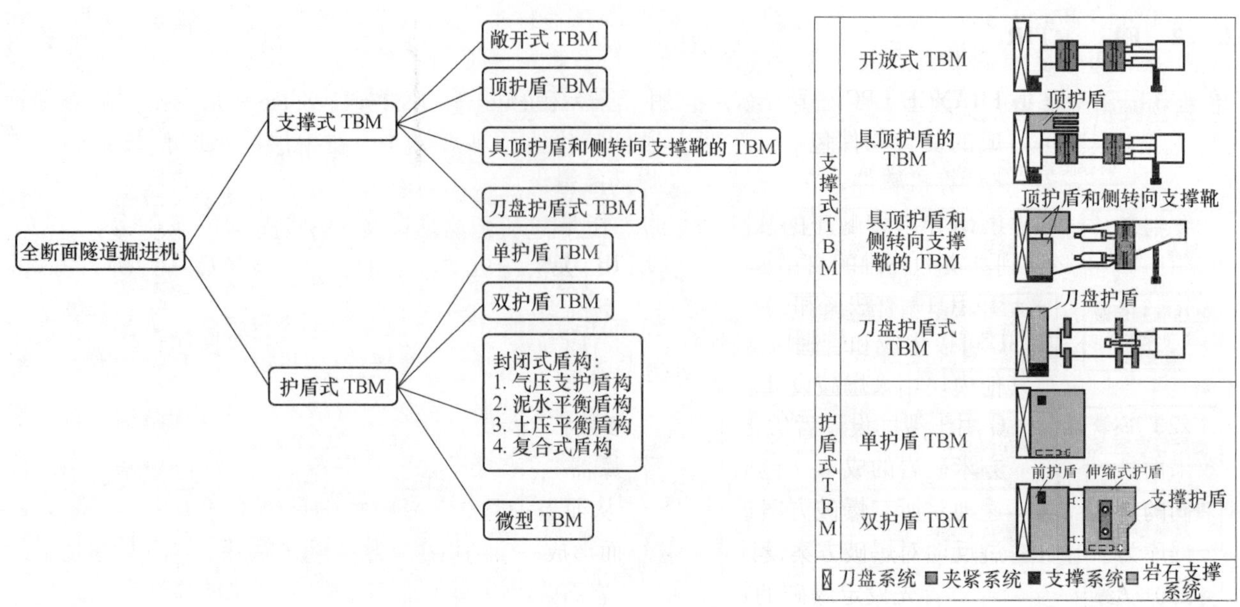

图 14-18 各种全断面隧道掘进机的示意图[9]

14.4.2.1 支撑式 TBM

支撑式 TBM，很多人又称之为开放式 TBM 或主樑式（main bean）TBM，用于地下水很少的稳定的岩石条件。它的支撑装置采用液压驱动支撑靴撑在隧道壁上以形成对前方工作面的压力。支撑式 TBM 又进一步分成开放式 TBM 及部分护盾的顶护盾 TBM 和刀盘护盾 TBM（见图 14-18）。

根据支撑装置的数目，它又分成两种：单支撑 TBM 和双支撑 TBM（参见图 14-19 和图 14-20）。单支撑 TBM 更常见用于标准的隧道工程中。

图 14-19 用于硬岩的单支撑掘进机

图 14-20 用于硬岩的双支撑掘进机

14.4.2.2 护盾式 TBM

对比支撑式 TBM，护盾式 TBM 有一个护罩，称之为护盾，罩住 TBM 的前部。护盾的作用是用来支撑围岩以保护在内工作的工人安全地进行隧道的支护工作。用于硬岩的护盾式 TBM 有两种：单护盾和双护盾。

单护盾 TBM 主要用于比较破碎的，支撑时间短，有坍塌危险的坚硬岩石。在这一类 TBM 中，推进力靠轴向支撑于已安装好的衬砌管片上。它的一个优点是如果遇到高的地下水时它可以转变成封闭模式（参见图 14-21）。

双护盾 TBM 也称伸缩护盾式 TBM，结合了支撑式 TBM 和单护盾 TBM 的技术思想，因而它适用于各种地质条件。双护盾 TBM 由两个主要部分组成：前部的护盾联着刀盘并有一对带支撑靴的支撑装置，后部的护盾和辅助推进千斤顶。两部分护盾通过一个伸缩护盾相互连接在一起。双护盾 TBM 相对于单护盾 TBM 有一个严重的缺点：当它应用于高强度的裂隙发育的岩体时，坚硬的石块会进入伸缩护盾的结合部位中将后护盾卡住（参见图 14-22）。

14.4.2.3 封闭式盾构 TBM

封闭式盾构 TBM 也称压力支撑（平衡）式 TBM。其原理是在护盾前方产生一个压力，以支撑和稳定

图 14-21　由 Herrenknecht 公司制造的直径 13.21m 的单护盾隧道掘进机于 2010 年 2 月在俄罗斯索契 2014 年冬季奥运会钻凿了一条长 3.1km 的公路隧道

图 14-22　由 Terratec 公司制造的直径 5.74m 的双护盾隧道掘进机于 2014 年在老挝的一个水电站工程项目

隧道工作面并控制地下水流入隧道中。封闭式盾构 TBM 分为三种类型：气压支护盾构、泥水平衡盾构（STMs）和土压平衡盾构（EPBMs）。封闭式盾构 TBM 主要用于地下水位以下的泥土或极其破碎的地层挖进。

（1）土压平衡盾构（EPBMs）。土压平衡盾构利用挖掘下来的泥土来支撑隧道掌子面，刀盘切削下的疏松土体落入土仓，并与改良土体的添加剂进行混合，形成稳定的塑流体。在千斤顶的推力作用下土仓内渣土保持一定的压力以平衡掌子面土体压力和水压力，以利稳定（参见图 14-23（a））。同时，渣土通过螺旋输送机排出土仓，调节螺旋输送机的转速可以调节渣土的排出量，进而保持图仓的压力平衡。由螺旋输送机排出的渣土通过传送带运出隧道外。土压平衡盾构（EPBMs）的支护和推进系统与单护盾 TBM 相同。

（2）泥水平衡盾构（STMs）。英文：Slurry Tunnelling Machines（STMs），在掘进机开挖时用一种泥浆流体稳定掌子面。目前有两种系统用于维持掌子面内压力的平衡。一种是简单地应用刀盘后面的压力仓内的流体提供掌子面的压力，另一种采用空气泡沫系统来提供压力（参见图 14-23（b））。

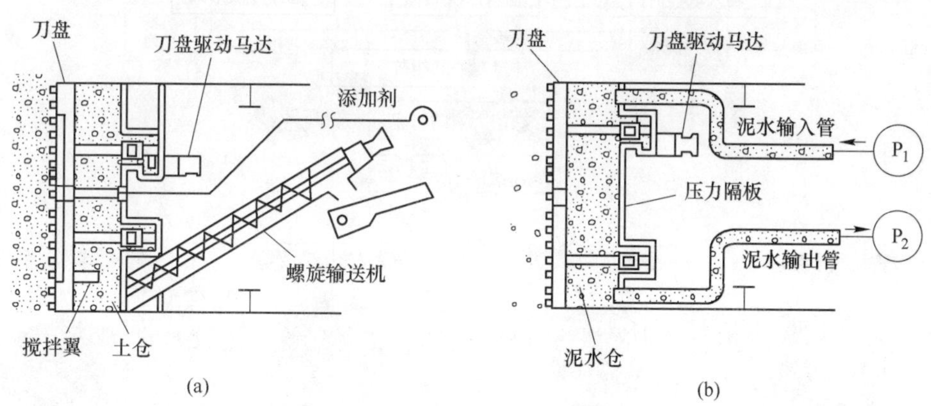

图 14-23　土压平衡盾构（a）和泥水平衡盾构（b）

（3）复合式盾构或 TBM。以两种或两种以上模式运行的盾构或 TBM 称为复合式盾构或 TBM。这类机器的构想是要应用于多变的地质条件。其最初的构想是将一些技术结合运用于泥水平衡盾构、土压平衡盾构和气压支护盾构中。实践证明一些硬岩 TBM 的技术可以同这些护盾式掘进机结合起来应用。

14.4.3　刀具破碎岩石的机理

刀具是掘进机开挖和切削岩土的关键部件。掘进机使用的刀具的种类取决于它所掘进的岩土的种类和性质。非常软的地层要求非常高的转矩和小的推进力。软至中硬的地层需要大的推进力和中等转矩。

硬岩则同时要求高推进力和高转矩。TBM 的刀具根据其设计，主要有齿刀，盘形滚刀或带硬质合金柱的滚刀。表 14-2 给出了应用于不同岩石的各类刀具。

表 14-2 应用于不同岩石的各类刀具（取自文献［4］）

岩石种类	UCS/MPa	刀具	切入岩石的形式
非常软至软岩	0～124	齿刀（齿刀、铲刀、刮刀）	点接触，作用力平行于岩石面
软至硬岩	140～180	滚刀	与岩石小面积接触，作用力垂直于岩石面
硬岩	>180	带硬质合金柱的滚刀	大面积接触岩石面，作用力垂直于岩石面

注：UCS—岩石的单轴非约束抗压强度。

TBM 的刀盘上刀具的分布分为三个区：中心滚刀、面板滚刀（正滚刀）和边滚刀（参见图 14-24 和图 14-25）。碟式或滚筒式（包括齿刀，参见图 14-26）根据岩石的硬度通常都作为面板滚刀。边滚刀安装于面板的边缘，它的开挖使隧道保持一定的尺寸。当刀盘旋转时，边滚刀行走的距离最长，因而最容易磨损。

图 14-24 由 SELI 公司制造的直径为 7.27mTBM 的面板

在本书 2.1 节中已经讨论过工具侵入岩石，岩石的破碎机理。图 14-27 进一步说明了滚刀破岩的过程。当滚刀压向岩石面时，刀刃与岩石之间的接触压力使接触点的岩石粉碎，其产生朝向相邻切口的侧向裂隙从而形成碎片剥落。要取得最好的效果，对于每一种岩石，切槽间距（两相邻滚刀之距离）和滚刀的载荷都有一个最适宜的值。通常滚刀间距值按经验确定。根据制造公司的设计，滚刀间距值通常在 65～95mm 之间。但随着大滚刀的应用并增大滚刀的载荷，现在滚刀间距已增大到 80～95mm。随着技术的不断发展和更高强度材料的使用，滚刀的直径和载荷也会不断增大。滚刀的直径为 11～20in，其相应的滚刀载荷列于表 14-3。最常见的滚刀直径为 17in 和 19in。

图 14-25 TBM 面板上三个区的滚刀（JUN 工程公司制造）

图 14-26 软岩 TBM 用的齿刀

表 14-3 滚刀直径和相应的载荷值（取自文献［11］）

直径 /in	11	12	14	15.5	16.5	17 (432mm)	19 (483mm)	20 (500mm)
载荷 /kN	80	133	178	222	245	267	311	320

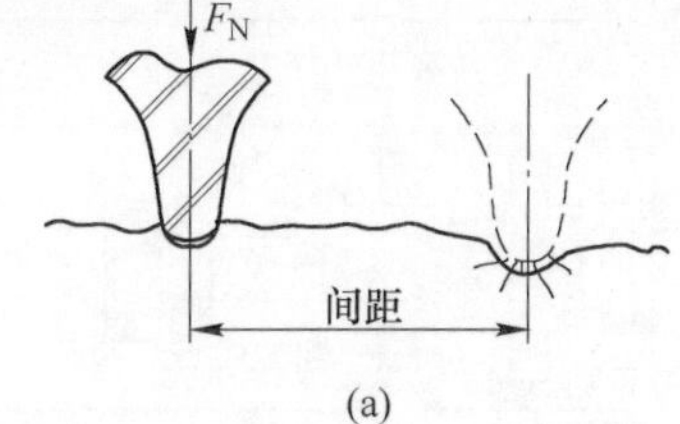

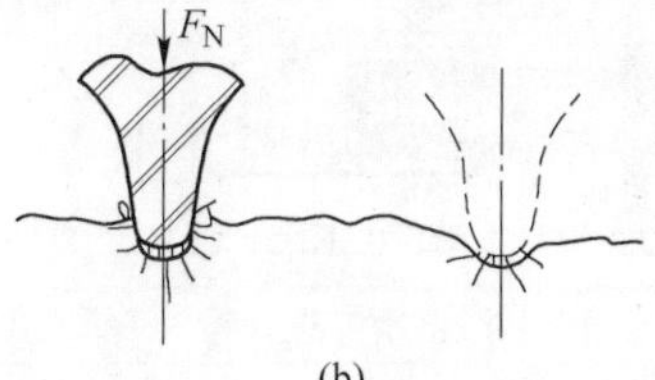

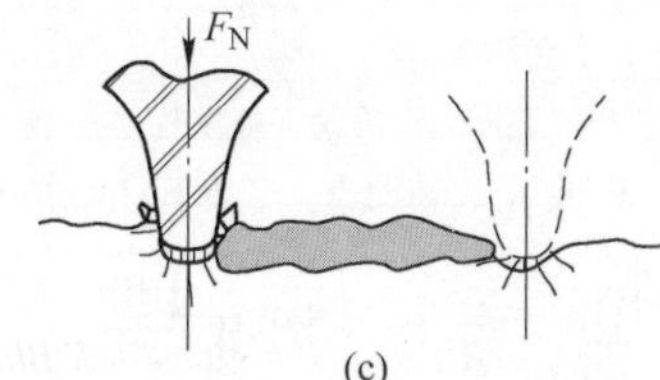

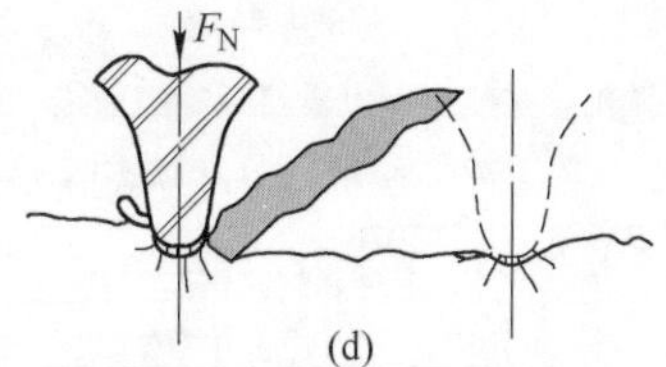

图 14-27 滚刀切割岩石的过程[10]

（a）滚刀刃压入岩面，在准流体静态应力状态下，在刀刃下生成粉碎区；（b）继续压入，在粉碎区外产生张裂隙；（c）当压入超过裂隙发展的临界阶段时，碎片形成；（d）碎片剥离，应力释放

14.4.4 TBM 的操作系统

14.4.4.1 刀盘及其驱动系统

刀盘系统是 TBM 最重要的部分，它决定了 TBM 的性能。刀盘系统基本上由装置于刀盘体上的滚刀座和滚刀组成。刀盘体是一个坚硬的钢结构，滚刀座和出渣的铲斗安装在刀盘体上，铲斗随着刀盘的转动将石渣装入到刀盘后面的传送带上。根据刀盘的大小和施工现场的条件，刀盘体可以是一个整体或设计成几部分焊接而成。滚刀在刀盘体上的分布使得当刀盘旋转时所有的滚刀按同心圆的轨迹与整个岩面接触。这些同心圆轨迹和滚刀的间距取决于岩石的性质及方便切割。旋转的刀盘用高压将滚刀压向岩石面。当施加于滚刀刃上的压力超过岩石的抗压强度时，滚刀将岩石碾碎。图 14-28 上可以见到滚刀在岩面上碾过的刀痕。刀盘的驱动系统位于刀盘的背面，主要为环形分布的一系列驱动马达。马达的驱动有两种方式：电动和液压驱动。电机驱动是一种成熟的技术，体积小，成本低，因而得到广泛应用。

图 14-28 滚刀在岩石面上的碾痕

14.4.4.2 支撑及推进系统

支撑和推进系统负责将 TBM 向前推进并提供刀盘破碎岩石所需要的压力。刀盘由其后的千斤顶按照要求的压力推向隧道工作面。推进千斤顶的长度决定了它的行程，通常最大可达 2.0m。在低地下水的稳定岩石条件下，可以采用支撑机构。图 14-29 说明了支撑机构的工作原理。双护盾 TBM 的工作原理就是

依靠支撑靴牢牢地支撑在隧道壁上，使得掘进工作和管片的安装可以同时进行（管片的安装在整个机器的后部进行）。图 14-30 说明了双护盾 TBM 的前进模式。

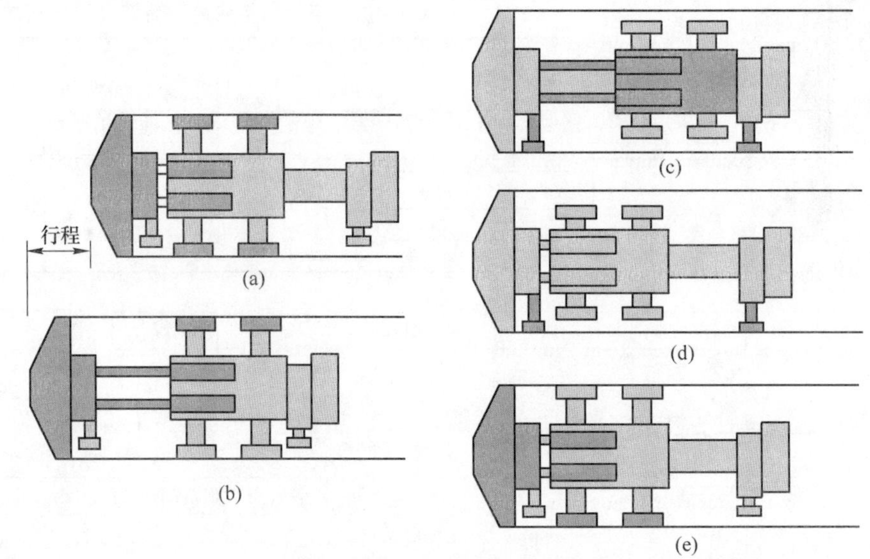

图 14-29　双支撑 TBM 推进的工作原理

（a）机器用支撑靴撑在隧道壁上机器开始向前进；（b）完成一个行程；（c）辅助支撑撑住隧道壁支撑靴收回；（d）支撑机构向前进；（e）机器用支撑靴撑在隧道壁上，收回辅助支撑开始下一个循环

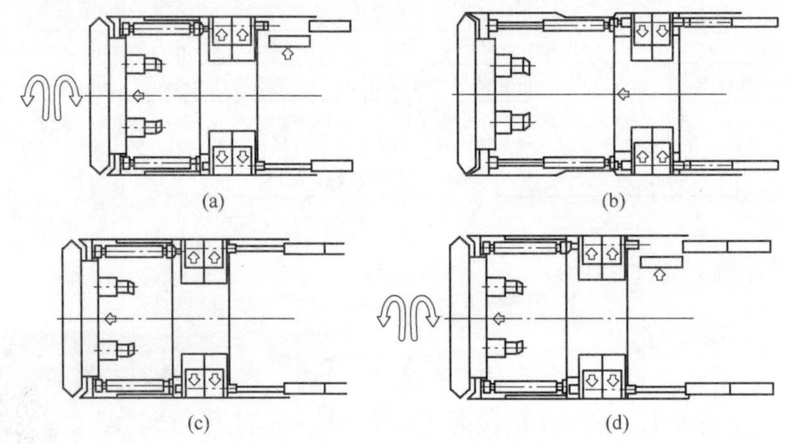

图 14-30　双护盾 TBM 的推进模式

（a）TBM 用支撑靴撑住岩壁，主千斤顶将 TBM 向前推。安装管片；（b）放开支撑靴，伸长辅助千斤顶；（c）TBM 用支撑靴再次撑住岩壁；（d）开始下一个工作循环安装管片

14.4.4.3　出渣系统

石渣由位于刀盘边缘的铲斗铲起，经刀盘体上的溜槽进入刀盘后面的传送带送走。如图 14-31 所示，有各种不同的方式在 TBM 掘进时将石渣运走。为了将隧道开挖时的全部石渣运走又不影响 TBM 的供给和必要的支护工作，必须选择一个合适且高效率的石渣输送系统。

14.4.4.4　支护系统

由 TBM 开挖的隧道需要在开挖时和开挖后进行支护。采用何种支护方法取决于 TBM 的类型和岩石条件。例如，敞开式 TBM 在岩石条件差时，可采用于灌浆，锚杆，挂钢筋网，喷射混凝土，安装钢拱架等支护措施，对于护盾式 TBM，通常都采用钢筋混凝土预制的构件（管片）进行支护。TBM 支护系统根据其在 TBM 中的不同部位可分为三个区域，即 L1 区、L2 区和 L3 区。

L1 区直接位于 TBM 的刀盘后面，主要是对 TBM 开挖的隧道进行及时支护，以保证人员和设备的安全。当围岩条件不好时，可以用防尘护罩后的一对锚杆机打锚杆支护顶板（参见图 14-32）以进行初步的支护。在一些 TBM 中具备有一些设备如工作平台、喷射混凝土机械手、环形梁安装器、钢筋网安装器、钢筋网输送系统等等，特别是在一些大直径 TBM 中。

大多数 TBM 都装备有超前钻设备，一种液压冲击式钻机，最多可以向前钻达 50m 的超前孔（参见图 14-33）。如果有必要，还可以装备钻取岩芯的钻机。

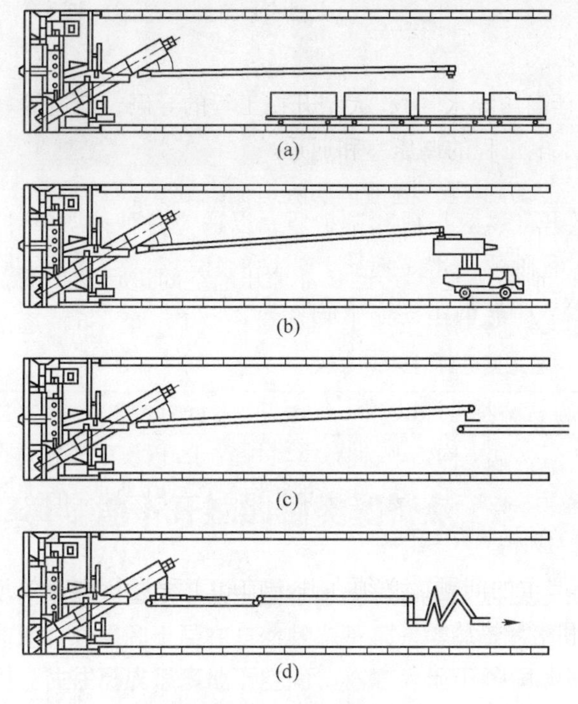

图 14-31　各种出渣方式[4]

(a) 用列车出渣；(b) 用卡车出渣；(c) 用连续皮带运输机出渣；(d) 由输送管道泵送出渣

图 14-32　支护顶板的锚杆由紧接护盾后面的一对锚杆机进行安装

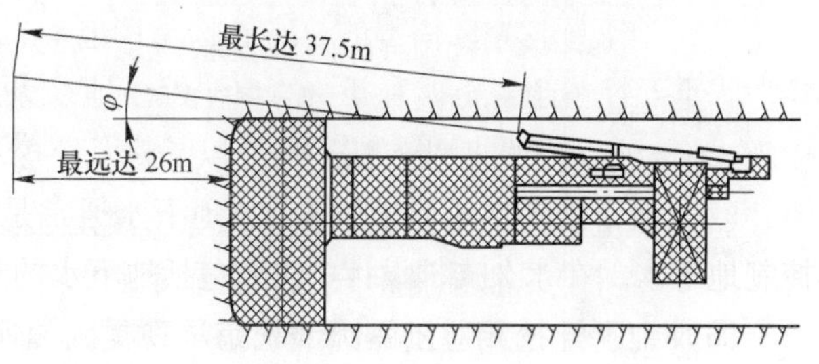

图 14-33　超前钻钻孔[10]

L2 区紧接着 L1 区。敞开式 TBM 通常在这一区进行系统的锚杆支护，铺设钢筋网或环形梁和喷射混凝土。护盾式 TBM 在这一区进行钢筋混凝土管片的安装。

L3 区主要是支护补强区。前两个区域过后，如果隧道洞壁出现坍塌，松动过大，或者是采用管片支护后出现地面沉降过大等不良状况时，要采取相应的补强措施。例如，敞开式 TBM 采用喷锚支护后，可以再次加大喷射混凝土的厚度来保证洞壁稳定；采用管片支护的，可采用壁后补强注浆的措施。

14.4.4.5　操作系统

操作系统控制整个 TBM 的工作。它主要通过可编程逻辑控制器（PLC）对 IBM 进行控制。PLC 位于控制箱内，由一台计算机模块，多个输入/输出模块和一些通信模块组成（参见图 14-34）。一般情况下，除了少量硬接线的安全电器元件外，TBM 上所有的电器设备都由 PLC 控制。

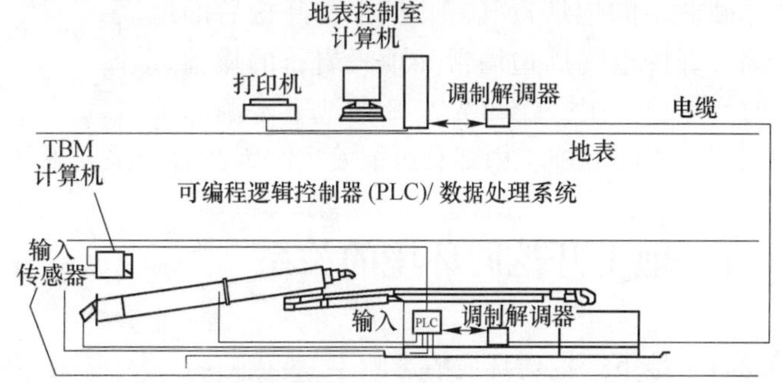

图 14-34　通过可编程逻辑控制器（PLC）/数据登录系统对 TBM 进行控制[4]

PLC 可以控制 TBM 的掘进，根据所开挖的岩体条件，TBM 可选用三种控制模式：自动扭矩模式、自动推力模式和手动控制模式。自动扭矩模式适用于软岩，自动推力模式适用于均质硬岩，而手动模式是由操作者根据工程经验手动操作进行掘进，适用于各种地层条件。

14.4.4.6　其他后配套系统

除了出渣系统，支护系统和操作系统外，其他的后配套系统有：

(1) 通风系统：降尘（湿式或干式），柔性通风筒和中继通风机；

(2) 电气系统：高压电缆卷筒，备用发电机和备用照明；

(3) 水和压缩空气：挂载的备用压缩机（或喉管卷筒），压缩空气分配系统和供水系统（包括循环水系统）；

(4) 列车和其他设备的信号灯系统；

(5) TBM 同后配套系统，和隧道口之间的通信系统；

(6) 定向测量系统（中心线和水平线激光测量设备）。

14.4.5 TBM 选型

全断面隧道掘进机（TBM）主要分成三种类型：敞开式、双护盾和单护盾，以适应各种地质条件。选择 IBM 的型号应该综合考虑所有方面的因素，例如工程地质、水文地质、建设的环境、要求的工期、经济和技术条件等。表 14-4 给出了不同条件下三种类型的 TBM 的比较（取自文献［12］）。

表 14-4 开敞式掘进机和护盾式掘进机对比

对比项目	开敞式掘进机	双护盾掘进机	单护盾掘进机
地质适应性	一般在良好的地质中使用，硬岩掘进的适应性好，软弱围岩需对地层超前加固。较适合于Ⅱ，Ⅱ级围岩为主的隧道	硬岩掘进的适应性同开敞式，软弱围岩采用单护盾模式掘进，比开敞式有更好的适应性。较适合于Ⅲ级围岩为主的隧道	隧道地质情况相对较差的条件下（但开挖工作面能自稳）使用。较适合于Ⅲ，Ⅳ级围岩为主的隧道
掘进性能	在发挥掘进速度的前提下，主要适应于岩体较完整-完整，有较好自稳性的硬岩地层（50～150MPa）。当采取有效支护手段后，也可适用于软岩隧道，但掘进速度受到限制	在发挥掘进速度的前提下，主要适用于岩体较完整，有一定自稳性的软岩-硬岩地层（30～90MPa）。	适用于中等长度隧道有一定自稳性的软岩（5～60MPa）
施工速度	地质好时只需进行锚网喷，支护工作量小，速度快。地质差时需要超前加固，支护工作量大，速度慢	在地质条件良好时，通过支撑靴支撑洞壁来提供推进反力，掘进和安装管片同时进行，有较快的速度。在软弱地层，采用单护盾模式掘进，掘进和安装管片不能同时进行，施工速度受到限制	掘进与安装管片不能同时进行，施工速度受到限制
安全性	设备和人员暴露在围岩下，需加强防护	处于护盾保护下，人员安全性好。在地应力大时，有被卡的危险	处于护盾保护下，人员安全性好。在地应力大时，有被卡的危险
掘进速度	受地质条件影响大	受地质条件影响比开敞式小	受地质条件影响比开敞式小
衬砌方式	根据情况可进行二次混硬土衬砌	采用管片衬砌	采用管片衬砌
施工地质描述	掘进过程可直接观测到洞壁岩性变化。便于地质图描绘。当地质勘查资料不详细时，选用开敞式掘进机施工风险较小	不能系统地进行施工地质描述，也难以进行收敛变形量测。地质勘查资料不详细时，风险较大	不能系统地进行施工地质描述，也难以进行收敛变形量测。地质勘查资料不详细时，风险较大

14.5 竖井的机械开挖

竖井的机械开挖可采用臂式掘进或全断面掘进两种不同的方式：

14.5.1 臂式掘进机开挖-垂直井开挖机（VSM）

VSM[13] 竖井开挖机于 21 世纪初（Suhm，2006）开始应用于含水土层的浅竖井的机械开挖。与隧道开挖的臂式掘进机相同，挖掘臂前端的挖掘头上装有切割刀头或软岩切割铲。图 14-35 是一台典型的 VSM

竖井开挖机。

挖掘臂安装在设备的主架上，主架靠支撑垫支撑在井壁上以稳定和支撑整个机器。整台机器的设计可以在水下工作，从地表进行控制（参见图 14-36）。

图 14-35　垂直竖井挖掘机 VSM[13]

图 14-36　VSM 竖井掘进机在地下水位以下工作

竖井壁的支护根据井壁岩石条件可以有两种方法：

（1）预制的混凝土管片。

（2）锚杆、钢丝网和喷射混凝土。

管片在地表垂直装配好，随着竖井的向下开挖而随之下沉。这种方法常用于软地层的开挖支护。在稳定的软岩中，可在专门设计的工作平台上用设备本身已装备的钻机和机械手对井壁围岩进行锚杆，挂网和喷射混凝土支护。

VSM 技术已在很多工程中使用。施工的地层由土层至软岩（岩石强度最高达 120MPa）。在地下水位以下的土层中开挖，通常采用泥浆循环泵送系统进行排渣。干地层通常钻一个超前孔疏干。

14.5.2　全断面竖井挖掘机

全断面竖井挖掘机（SBM）实际上是将成熟的全断面开挖机技术在竖井中应用。SBM 用一个垂直的装有滚刀的旋转刀盘轮进行竖井开挖。刀盘轮被液压千斤顶压向井底岩石，刀盘轮一边旋转一边在井底绕竖井中轴转动。岩渣由刀盘轮上的型似蚬壳的铲斗挖起然后由斗式提升机运送至地表。整个机器靠支撑靴支撑井壁上下移动。这些支撑及其千斤顶同时也负责保持竖井的垂直和机器的稳定。SBM 以一种垂直的方式运用了隧道掘进机的原理。其他的竖井建筑工作，如锚杆支护，管线安装和竖井的混凝土衬砌等工作均于竖井的掘进同时进行。SBM 开挖的成本当井深达到 460m（1500ft）时与普通的掘进方法相近，而超过这一深度，SBM 方法就明显具有优势。SBM 的最大优点是它的开挖速度要远快过钻孔爆破方法。

SBM 的开挖过程可分为两步：第一步，刀盘轮像一个圆形的锯盘向下切入井底，开出一个深 1.5m 的槽。第二步，刀盘轮绕机器的垂直轴转动，将竖井的全轮廓切割出来。当它绕机器的垂直轴转动，刀盘轮不单松动岩石而且像一个桨轮一样将石渣通过收集槽传送到轮中心。在轮中心再传到一个垂直的皮带运输机上，再由此传送到竖井的传送机的转运点。在开挖过程中整台机器至少有三个支撑系统支撑竖井壁以保持机器的稳定。

SBM 可以分成几个主要的功能区，如图 14-37 所示。

在 SBM 的发展过程中，操作者的安全一直是关注的重点。应用于硬岩的 SBM，直接在刀盘轮后面安装有遥控的喷射混凝土机械手。替换滚刀的工作也在一个特别的安全的工作空间内进行，既易于进入又不会受到落石伤害。因而不会有任何操作人员在操作过程中需要留在任何危险的地方（参见图 14-38）。

图 14-37　SBM 的总观及其主要功能部分[13]

图 14-38　SBM 的刀盘轮如同一个盘锯切入岩石，滚刀的替换在一个安全的工作空间进行

14.6　岩石中钻孔灌注桩

钻孔灌注桩现已普遍用作建筑物基础，特别是桥梁，挡土墙和高层建筑物。

钻孔灌注桩是一种原地浇灌的钢筋混凝土桩柱，适用于各种地层条件。其主要优点有：

（1）能承受很高的载荷/剪力/扭矩；

（2）建造时低噪声，低振动；

（3）建造过程中可以见到地层情况，从而可以验证设计时的地质评估；

（4）可以排除地层中各种天然的和人为的不利障碍物；

（5）可以做到极小的建筑误差。

钻孔灌注桩可以用吊机车载的或轨道式液压钻机钻孔。可选用的钻机种类很多，如回转式、吊机车载、挖掘机载、低净空等。

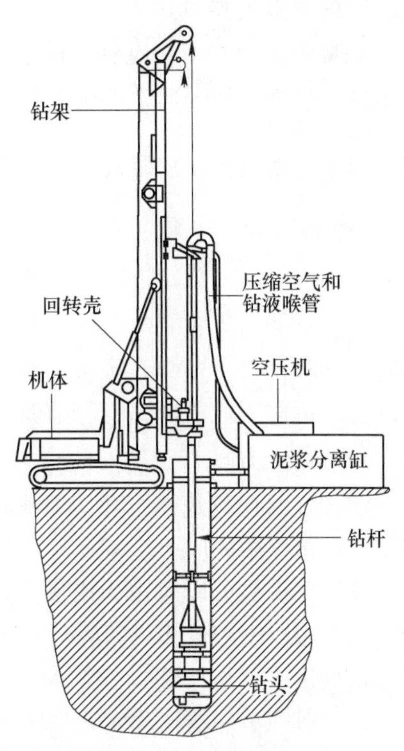

图 14-39　钻机钻桩孔[16]

14.6.1　小至中直径的钻孔灌注桩

（1）选择合适的钻机。由于钻孔过程中孔壁有可能坍塌，通常要求要用钢套管或某种钻孔液，例如膨润土浆，保护孔壁。

（2）由于各种高效率的钻孔机械的迅速发展，这种钻孔灌注桩技术在世界各地已被广泛地用作中至高层建筑物的基础。图 14-39 中是一台钻机在钻小至中等直径的钻孔灌注桩孔。

14.6.2　大直径混凝土灌注桩

（1）大直径桩孔可以人工开挖也可以机械开挖，由于安全问题，近年来3m以下的桩孔人工开挖（俗称沉箱法）已少见或已被当地政府禁止。一般直径1.0～3.0m的桩孔采用机械钻凿。

（2）大直径桩孔可以采用凿和抓斗或反回旋钻（RCD）开凿，两者在开凿时都要用钢套管保护孔壁。

（3）有时，直径达6～8m的混凝土灌注桩需要开凿。此时，要采用钢板桩，排桩或现场浇制的混凝土桩围堰构成挡土墙。

图14-40是反回旋钻（RCD）开凿设备的工作情形。图14-41中的桩孔采用凿和抓斗开挖，用钢套管保护孔壁，说明了如何从桩孔中取出土/石渣的方法。

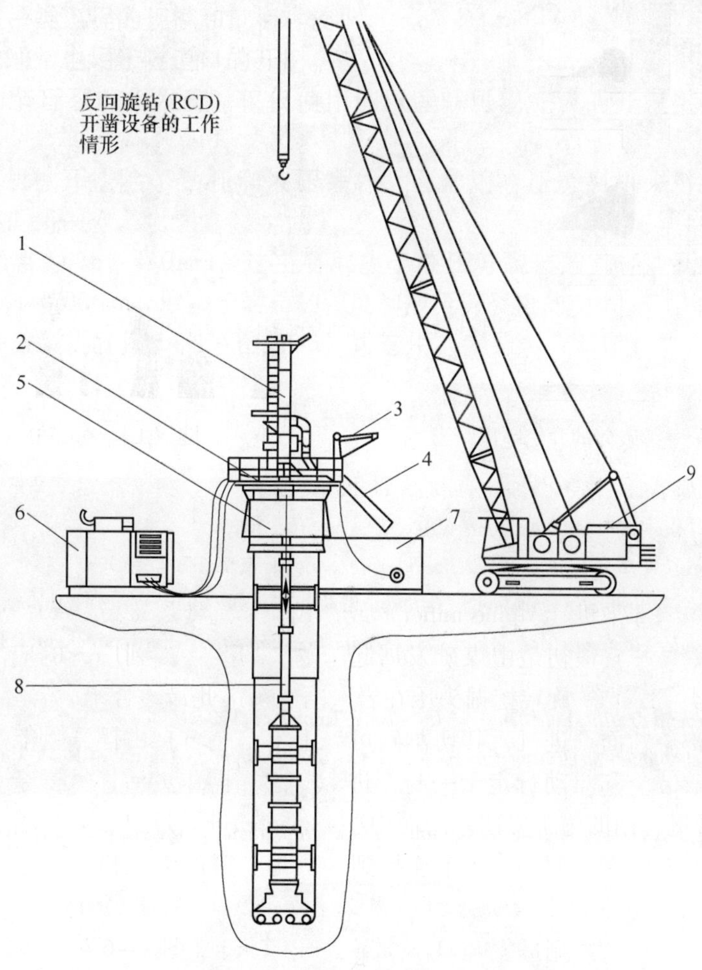

图14-40　用反回旋钻法开凿混凝土灌注桩[16]

1—钻桩孔机上部；2—工作平台；3—辅助吊机；4—钻管斜槽；
5—夹板装置；6—液压动力系统；7—泥浆（箱）循环系统；
8—连接孔底钻头组装（BHA）；9—用来调起钻机和钻具的吊机车

从桩孔中取出土/石渣的方法：

（1）钻杆带动刀盘头钻凿桩孔。

（2）岩/土渣由从桩孔中泵出的水带出。

（3）循环水带出的岩/土渣在沉淀箱中分离。

（4）水再被泵回桩孔中重复带出岩/土渣。

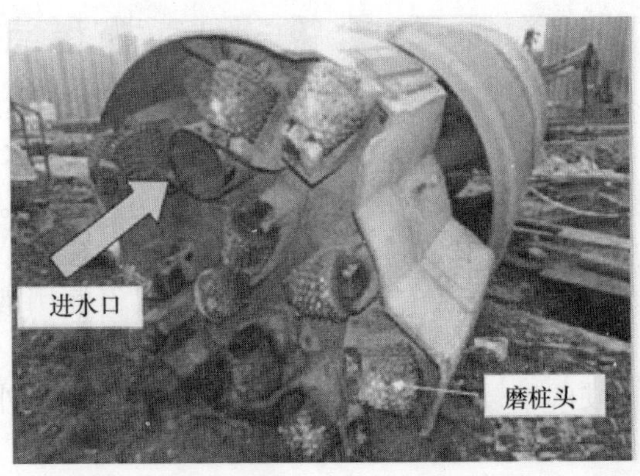

从桩孔中取出石渣

图 14-41 用反回旋钻法时从钻孔中取出岩/土渣[16]

参 考 文 献

[1] Chapman D, et al. *Introduction to Tunnel Construction.* Spon Press, 2010.

[2] Hemphill G B. *Practical Tunnel Construction.* John Wiley & Sons, Inc. 2013.

[3] Matti Heinio. *Rock Excavation Handbook for Civil Engineering.* Sandvik & Tamrock, 1999.

[4] Tatiya R R. *Surface and Underground Excavation, Methods. Techniques and equipment.* 2nd Edition, CRC Press, 2013.

[5] Copur H, et al. *Roadheader Application in Mining and Tunneling Industries.* Earth Mechanics Institute, Colorado School of Mines, Golden Colorado, 1997.

[6] Tuula Puhakka. *Underground Drilling and Loading Handbook.* Tamrock, 1997.

[7] Liu Z, Meng Y. *Key Technologies of Drilling Process with Raise Boring Method.* Journal of Rock Mechanics and Geotechnical Engineering (2015), http: // dx. org/10. 1016/j. jrmge, 2014. 12. 006.

[8] Williams O. *Engineering and Design-Tunnels and Shaft in Rock.* Department of the Army, U. S., Army Corps of Engineers, 20 May 1997.

[9] Maidl. B, et al. *Hardrock Tunnel Boring Machines.* Erst & Sohn, Berlin, Germany, 2008.

[10] 白云，等. 隧道掘进机施工技术（第二版）[M]. 北京：中国建筑工业出版社，2013.

[11] 龚秋明. 掘进机隧道掘进概论 [M]. 北京：科学出版社，2014.

[12] 中华人民共和国铁道部铁路隧道全断面岩石掘进机法技术指南，铁建设 [2007] 106 号. 2007.

[13] Rennkamp P. *Shaft Boring Machine (SBM) Safe and Quick Construction of Bblind Shafts Down to Depths of* 2,000 *meters.* Herrenknecht AG, 2015/8/23.

[14] Frenzel C, et al. *Shaft Boring Systems For Mechanical Excavation of Deep Safts.* Newsletter, Australian Centre For Geomechanics, Volume No. 34, May 2010.

[15] ITA Working Group No. 14 ("Mechanized Tunneling"): *Guide lines for Selecting TBMs for Soft Ground.* Japan and Norway, Published in "Recommendations and Guidelines for Tunnel Boring Machines (TBMs)" pp. 1-118, Year 2000, by ITA-AITES, www. ita-aites. org, Cedex France.

[16] Wong, Raymond. *Foundation*, (PowerPoint), City University of Hong Kong. http://bst1. cityu. edu. hk/e-learning/building_info_ pack/learnNet/pdf/Powerpoint%20presention-Foundation. pdf.

15 其他地下开挖方法

15.1 明挖法

明挖法又称基坑开挖，英文：cut-and-cover。顾名思义，先露天开挖一个基坑（堑沟），达设计深度后在坑内进行结构建筑，完成后再覆盖起来。当地下工程较浅时，明挖法是一种比地下开挖更经济有效的替代方法。一些管道如排污管道、行车隧道和地铁隧道等常采用明挖法，而深度达 30m 的地铁隧道建设，明挖法也有先例。

15.1.1 明挖法的建造方法

采用明挖法有两种基本的建造方法：

（1）由底部向上的建造方法。这一技术采用分步开挖并用临时墙和支撑系统支撑开挖面的方法。当遇到特别差的地质情况，可采用对地层预加固的方法，以减小或避免开挖时的坍塌发生。然而，对硬岩用锚网喷的方法，对软地层用加锚的挡土墙，钢板桩或连续墙等方法已在明挖法中成为最常用的方法。当开挖达到设计的基底水平，开始进行隧道的混凝土工程，然后做防水，最后进行回填。图 15-1 和图 15-2是两个工程范例。

图 15-1　用明挖法建造温哥华捷运加拿大线（Shani Wallis，May2007）

图 15-2　香港于 1996 年下半年于中环填海区用明挖法建造机场铁路隧道

（2）由上部向下的建造方法（盖挖逆筑法）。这一方法原本是在拥挤的市区中进行浅层地下结构建设而发展起来的。在繁忙拥挤的市区中露天开挖可能造成严重的交通阻塞。

这一方法的施工分几个阶段进行。首先用连续墙或相邻钻孔灌注桩方法从地表建成两帮的支撑墙和冠樑。然后进行浅层开挖，并用预制梁或现场浇筑隧道的顶盖。随后出留出通道外将地表恢复原状。这一方法可以尽早地恢复路面交通，地表的服务设施。地下隧道及其底板开挖和构筑随即可以在隧道的永久顶盖下进行。

由上部向下的建造方法又称之为盖挖逆筑法（cover and cut）。图 15-3 是这一方法的六个施工步骤

（取自文献［2］，略有修改）。

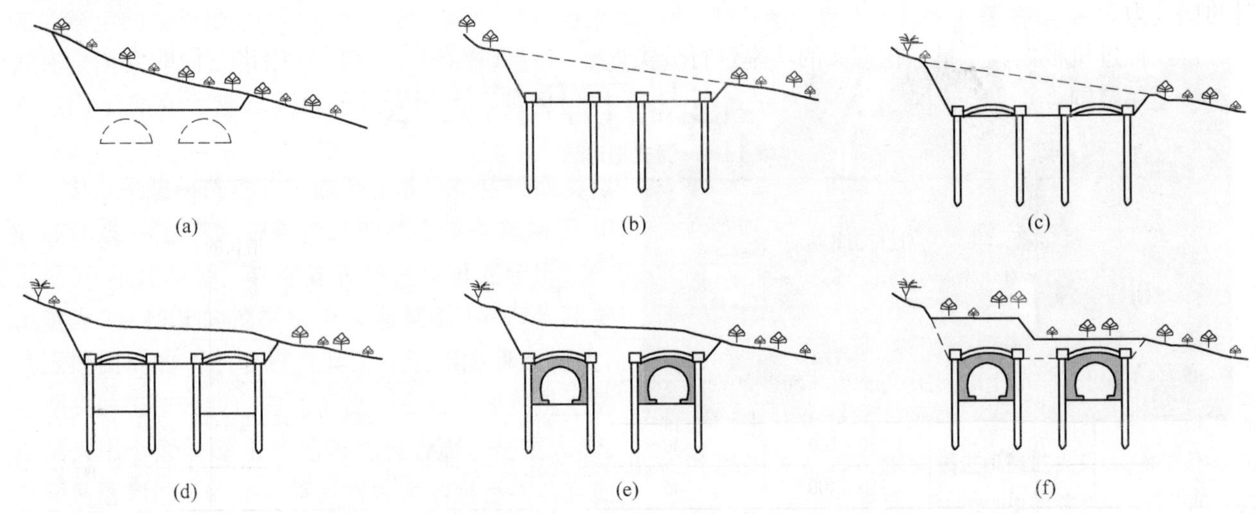

图 15-3 盖挖逆筑法的六个施工步骤（取自文献［2］，略有修改）

（a）开始开挖；（b）建造柱桩；（c）建造隧道顶板；（d）初步回填开始地下开挖；（e）进行隧道的混凝土衬砌；（f）最后回填并恢复地表原状

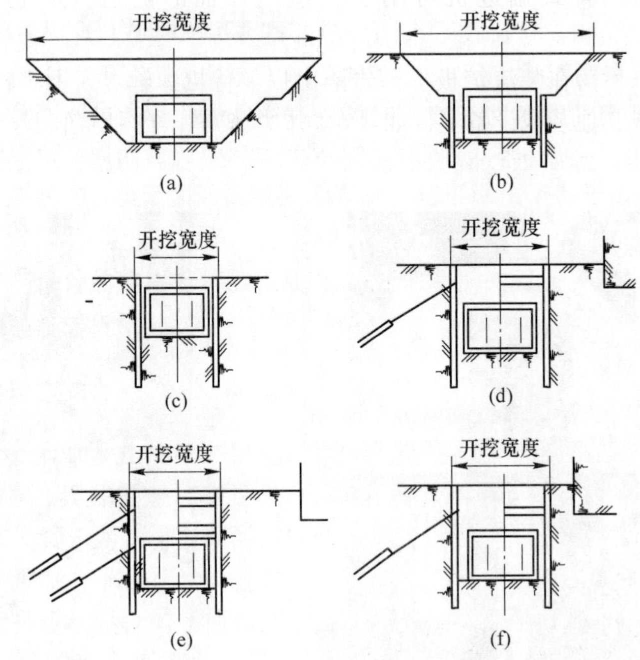

图 15-4 明挖法基坑两帮的支撑方法

（a）放坡开挖；（b）部分放坡开挖；（c），（d）钢板桩墙；（e）排桩用钢或木支撑；（f）连续墙桩墙用横支撑或锚固（d）~（f）

15.1.2 明挖法边帮的支撑方法

明挖法中有很多种方法用于支撑开挖后的两边帮岩土（图 15-4）。开挖边帮支撑设计取决于很多因素，它们包括：

（1）工程地质条件，包括岩/土的性质，开挖区的地下水位等；

（2）开挖堑沟的大小、宽度、深度和长度；

（3）开挖区与邻近的建筑物的大致距离；

（4）跨越或邻近于开挖区的公用设施的数目、大小和种类；

（5）邻近的交通或建筑设备对开挖区产生的附加载荷；

（6）开挖工程对周边环境的影响及市区中对噪声和粉尘的限制等。

根据实际的施工环境和条件，以下的一些支撑方法通常应用于明挖工程中：

（1）喷射混凝土，多数情况下与岩石锚杆和铁网一同用于稳固的岩石边帮（见图15-5）；

（2）钢板桩及横撑和支柱或锚杆；

（3）土层锚杆；

（4）竖桩和横板支撑；

（5）连续墙；

（6）大直径钻孔灌注桩，密集或交错排列。

图15-5 1996年香港中环机场明挖隧道基坑一段用竖桩加锚杆支撑两帮

15.2 箱涵隧道顶入法和顶管法

由于箱涵隧道顶入法和顶管法主要用于软地层如土壤、沙层或污泥层（当采用微型TBM时，顶管法也可用于岩石地层），因此，本节中只作一个简单介绍。

15.2.1 箱涵隧道顶入法（jacked box tunneling）

箱涵隧道顶入法是建造铁路或地铁隧道，大型涵洞或桥洞的一种非直接的开挖式方法，它采用一套特制的推顶设备和液压千斤顶将巨大的钢筋混凝土制的箱体推顶并穿透土层。这一方法最显著的优点是它对其穿过的土层上部的已有的基础或结构的影响最小。图15-6概略地描述了在一条四线铁路下面建造一个车辆隧道桥洞的分阶段施工过程。在图15-6（a）中，钢筋混凝土的隧道箱体在铁路或高速公路路堤旁边现场浇注完成。在隧道箱体的头部安装有一个特制的护盾，推进千斤顶安装于隧道尾部并反顶住千斤顶底座。减阻力系统（ADS）分别安装于隧道的顶部和底部，隧道箱体朝向路基推进。在护盾的掩护下用挖掘机小心地向前开挖，每挖掘150mm，隧道箱体也相应地向前推进150mm，如此循环操作（参见图15-6（b））。当隧道箱体抵达最终位置（参图15-6（c）），拆去护盾及千斤顶设备等，然后建造隧道口和翼墙，铺设路面，整个工程完成（参见图15-6（d））。

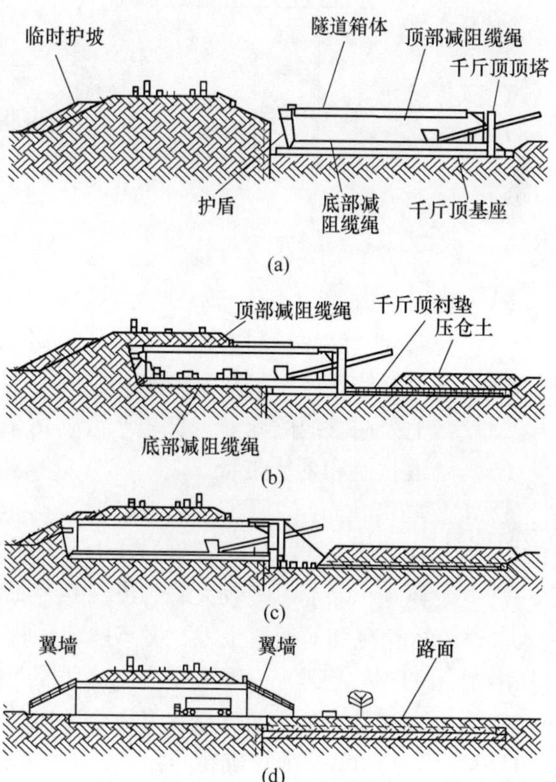

图15-6 隧道箱体顶入法施工过程[3]
（a）隧道箱体已就位；（b）隧道箱体部分顶入；（c）隧道箱体完全顶入；（d）整个工程完成

这一方法在施工过程中可以让其上部的建筑物原位不动，道路不受影响。由于开挖过程中十分小心地控制着地层的扰动，使得地表的沉降可保持在可接受的限度之内，图15-7为澳大利亚铁路基下箱涵正在用顶入法施工。

15.2.2 顶管法

顶管法是一种非露天开挖的敷设地下管道的施工方法。其原理是用液压千斤顶将一节一节的跟随于护盾开挖机后的特制的管道从始发井开始向前推进直到回收井为止（参见图15-8）。有时也用微型隧道掘进来描述这一安装管道的方法。

顶管法用于下列各种管道的安装：

（1）排污管道；

图 15-7 澳大利亚昆士兰州威金斯岛煤矿向格拉德斯顿出口港铁路基下由 Tunnelcorp 公司建造的箱涵正在用顶入法施工（Tunnelcorp 公司提供）

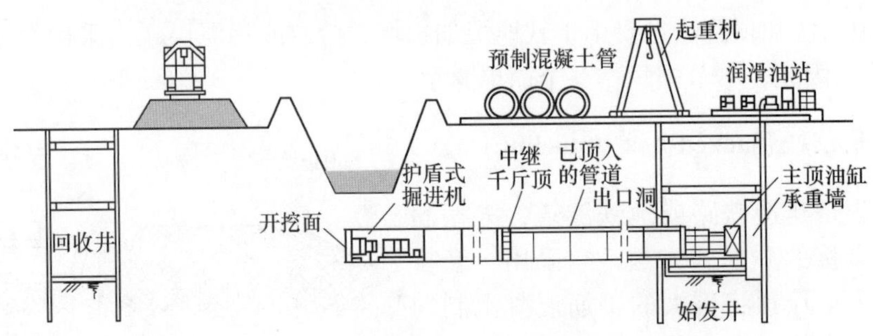

图 15-8 顶管法（微型隧道掘进）施工的基本原理

(2) 排洪管道；

(3) 公路和铁路的涵洞；

(4) 压力管线；

(5) 其他公用管线的套管（如输水管、污水管、输电和通信电缆等）；

(6) 管道替换和重新布管线。

管道通常用高强度的混凝土预制以承受高的推压力。它们既是开挖过程中的元件同时又是承担永久的支护。中继千斤顶既可减轻管道的压力又用来实现管线的弯线推进。如管线较长，管线的中间可以布置一些中继竖井。除了一些较大的管道（直径最小 1m 以上）由人工或机械开挖时，工人需要进行顶管时进入管道进行挖掘和输送渣土外，微型隧道掘进机（MTBM）已常用于顶管法施工。在美国的土木工程协会标准中，MTBM 定义为一种遥控的，自动导向的顶管技术，它对开挖面提供连续地支护而无需人员进入开挖空间。这一系统在开挖隧道并将渣土运出的同时安装管道。图 15-9 和图 15-10 分别为岩石和土层用的 MTBM。图 15-11 是顶管机在始发井中工作的情景。

图 15-9 YS-1800 岩石泥水平衡多用途顶管机

图 15-10 美国 AKKEMAN 公司制造的用于土层中顶管的土压平衡盾构机（EPBMs）

图 15-11 在始发井中进行顶管施工的情景（ZUBLIN 公司提供）

参 考 文 献

[1] Chapman. D, et al. *Introduction to Tunnel Construction*. Spon Press, 2010.

[2] Mouratidis A. *The "Cut-and-Cover" and "Cover-and-Cut" Techniques in Highway Engineering*. EJGE, Vol. 13, Bund. F, 2008.

[3] Allenby D, Ropkins J W T. *Jacked Box Tunnelling Using Ropkins System™, a Non-intrusive Tunnelling Technique for Constructing New Underbridge beneath Existing Traffic Arteries*. Lecture presented at the Institution of Mechanical Engineers, London, 2007.

[4] Ropkins J W T, Allenby D. *Jacked Box Tunnelling, a Non-intrusive Technique for Constructing Underbridges*. Underground Space Use: Analysis of the Past and Lessons for the Future-Erdem & So/ak (eds), © 2005 Taylor & Francis Group, London, ISBN 04 1537 452 9.

[5] Dinescu S, Andras A. *Environmental Friendly Equipment And Technology For Underground Civil Excavations*. Annals of the University of Petrosani, Mechanical Engineering, 2008 (10): 47-52.

16 地下开挖的钻孔爆破法概论

16.1 引言

16.1.1 钻孔爆破法的工作循环

钻孔爆破法是隧道和其他地下开挖工程中最常采用的方法。工作时，首先要确定岩石上钻凿炮孔的直径、孔深和孔间距，然后将炸药放入炮孔中，引爆炸药，炸药的能量将岩石破碎。

地下工程的钻孔爆破开挖是一个循环作业过程，它由以下的几个工序组成：

（1）钻孔：在岩石上钻孔以便于安放炸药；

（2）装药：将炸药连同雷管装入钻好的炮孔中；

（3）起爆炸药然后通风：起爆炸药后等候至爆破产生的所有粉尘和炮烟被通风机引入的新鲜空气清理干净；

（4）清理松石：将地下空间内顶板和四周墙帮上振松的浮石清理干净；

（5）进行临时支护；

（6）装载和运走所有爆下的岩石（爆堆）并准备下一个循环的钻孔。

最后两道工序的先后次序可能调换。图 16-1 说明了钻孔爆破法的循环作业过程。

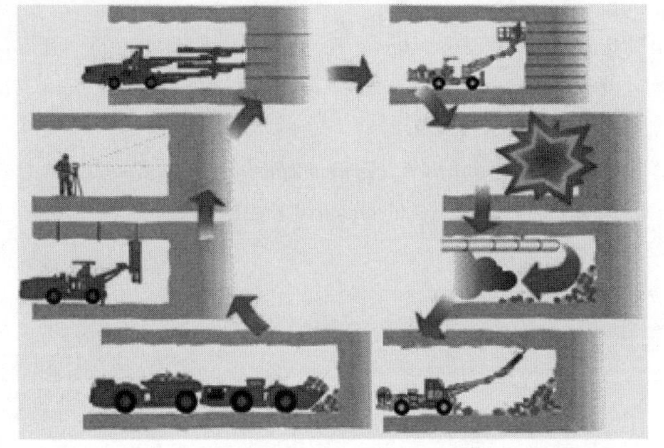

图 16-1 地下开挖的钻孔爆破方法的循环工作模式[1]

16.1.2 钻孔爆破法的工作条件

钻孔爆破法在地下开挖中可适用的地质条件从低强度的岩石，如泥灰岩、亚黏土、黏土、石膏、白垩土等，至最坚硬的岩石，如花岗岩、片麻岩、玄武岩或石英岩等。如此广泛的应用范围，使它特别适用于地质条件变化的地下开挖工程。此外在隧道开挖时，钻孔爆破法相对于采用 TBM 或臂式掘进机具有优势，例如当隧道较短时，采用投资高昂的隧道掘进设备就很不经济；又例如当岩石特别坚硬时，滚刀等工具的高磨损率导致成本升高而变得不经济。钻孔爆破法还适用于沿隧道或硐室轴线其断面变化或断面为不规则形状的情况。

16.1.3 钻孔设备、炸药和爆破设计

钻孔设备，炸药和起爆器材在第 2 章、第 3 章和第 4 章中已作了详细介绍。

采用钻孔爆破法进行地下开挖的爆破设计将在后面的章节中作详细介绍。

16.2 隧道和硐室的开挖方法

图 16-2 中是用于地下隧道和硐室的钻孔设备。根据隧道或硐室断面的大小，可在单臂至四臂之间选择。

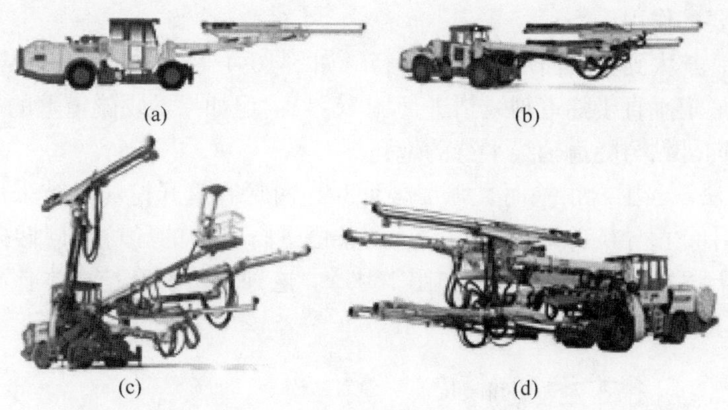

图 16-2　地下开挖用的钻孔设备（Atlas Copco）

（a）单臂钻机；（b）双臂钻机；（c）三臂钻机；（d）四臂钻机

16.2.1　全断面开挖

当符合下列条件时，建议采用全断面开挖：

（1）钻机的钻臂及用以进行临时支护的钻机其工作升降台可覆盖全断面（其高 × 宽由 7m × 11m ~ 11m × 18m，参见第 2 章图 2-29 和图 2-30）；

（2）岩石的质量，主要指爆破时和爆破后整个隧道顶板可以无支护地暴露一段时间以便清渣和进行临时支护；

（3）一个循环的炸药量，爆破时产生的振动不超过所允许的振动限制。

全断面开挖通常是最经济的开挖方式。

16.2.2　部分断面开挖

当上述条件不能满足时，只能采用部分断面分部开挖的方法。部分断面开挖法包括有：顶部超前下部台阶开挖法、超前隧道开挖法和两帮巷道开挖法。

（1）顶部超前下部台阶开挖法。这是最常采用的部分断面开挖方法。拱顶部分先行开挖，然后下部采用台阶爆破的方法开挖（参见图 16-3）。拱顶部分开挖后立即进行喷锚支护，为下部地开挖创造了安全的条件。

采用与露天开挖相同的台阶开挖方法比隧道掘进的成本和效率高得多，因为它有更多的自由面。台阶部分的支护成本也低得多，因为隧道顶部已经支护只剩下两帮部分面积需要支护。

台阶爆破可以同露天爆破一样采用垂直孔爆破方法，或使用顶部隧道钻孔用的同一部钻机钻凿水平炮孔进行爆破。

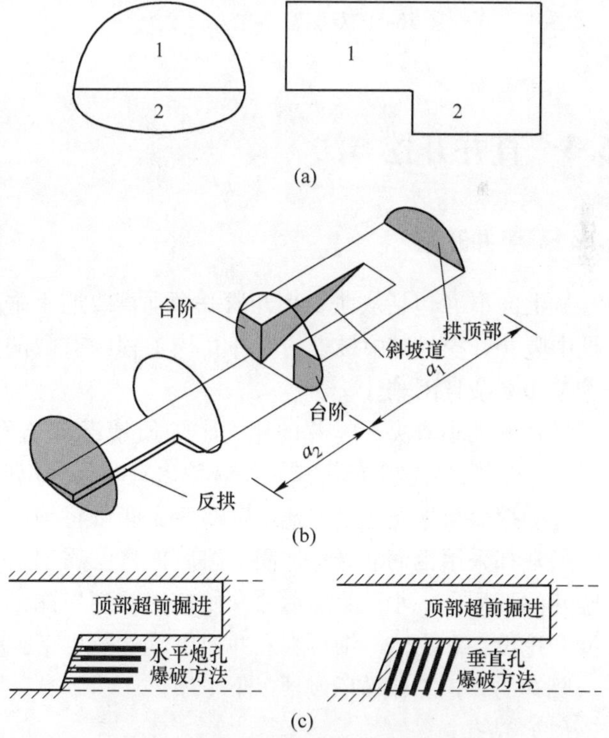

图 16-3　隧道掘进采用的顶部超前下部台阶的部分开挖方法

（a）顶部超前下部台阶开挖法的横、纵截面；

（b）顶部超前下部台阶开挖法示意图；

（c）用水平炮孔或垂直炮孔进行台阶爆破

1—拱顶部；2—下部台阶

（2）超前隧道开挖法。另一类常用的部分断面开挖法是超前隧道开挖法。先在大隧道断面的顶部或中部掘进一个小断面的超前隧道（导坑）（参见图 16-4）。超前隧道可以在扩大至全断面之前先超前掘进一段距离或一直贯通全条隧道然后再扩大到全部面积。当开挖条件复杂而且全条隧道的地质情况不十分清楚时，超前隧道对掌握全条隧道的地质情况有着十分重要的作用。

当岩石条件较差时，扩大到全断面可以分部进行，如图16-4（a）所示。如果岩石条件好，扩大至全断面的炮孔可以从超前隧道垂直于隧道轴线钻进（图16-4）。但如果发现隧道壁的超爆较为严重，最好还是从超前隧道帮面开始向外钻与隧道轴线平行的炮孔。

（3）两帮巷道开挖法。当围岩很差而且强度很低时，两帮巷道开挖法常被采用。大断面隧道两帮首先开挖两条如同走廊的小断面导坑并进行支护。这两条已进行支护的导坑如同两条支柱支撑着隧道的拱部。隧道的拱部随即进行开挖（参见图16-5和图16-6）。这种方法的开挖成本比顶部超前下部台阶开挖方法高约50%，开挖速度也慢约50%。

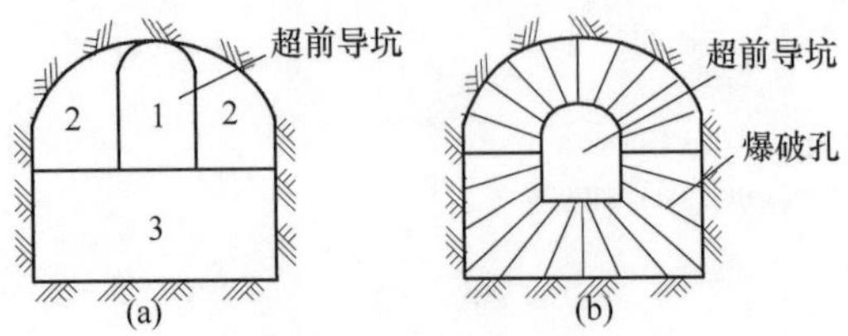

图16-4　超前隧道开挖法

（a）顶部超前图中数字为开挖顺序；（b）中部超前开挖

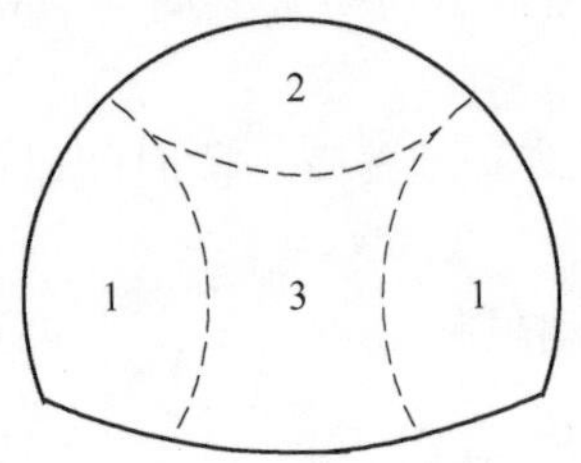

图16-5　双侧壁导坑法

图16-6　德国下恩豪森隧道采用双侧壁导坑开挖法[3]

16.3　直井开挖方法

16.3.1　竖井开挖

从上向下（包括从地表）开凿一个垂直或近于垂直（斜井）的地下通道，称之为竖井开挖。在地下开挖中竖井开挖是其中最难的一种开挖工程：有限的空间、重力的影响、地下水和专门的施工工艺使得开挖工作复杂且困难。

竖井的大小取决于竖井的用途、地质情况和岩石的性质。多数竖井的直径为5～8m，少数可达到10m。竖井多数为圆形但为满足特殊用途有时也为矩形。

经勘探取得地质和水文地质资料后，即可将地表覆盖层清除直至露出石面。如果井口覆盖层需要加固，通常都采用钢筋混凝土加固。然后再将已露出的岩石进行加固或注浆。井口的锁口圈的施工通常要等竖井向下掘进一小段距离后才开始施工。锁口圈的施工和进口提升井架基础一起进行。井架用来提升竖井开挖设备和出渣。锁口圈和井架等设备安装完成后，竖井的开挖才算真正开始。

竖井的开挖工作循环包括以下工序：

（1）钻孔；

（2）爆破；

（3）装渣和提升石渣；

（4）井筒支护（包括临时和永久支护）；

（5）辅助工序，包括：

1）排水；

2）通风；

3）照明；

4）测量和对中。

竖井钻孔可以用手持式钻机，但现代化的竖井开挖通常都根据竖井断面大小和竖井工作平台的大小使用装有2～6台（或更多）风动或液压钻机的专用竖井钻车或钻架。图16-7和图16-8是其中的两种钻孔设备。竖井爆破的钻孔布置和药量计算将在后面的章节讨论。

图16-7　简易的双臂凿岩台车用于竖井凿岩

图16-8　青岛谋划科技有限公司生产的竖井钻机

竖井的钻孔爆破开挖方法可以分为三种：

（1）全断面开挖。全断面开挖是应用得最多的方法。它适合于矩形或圆形等各种断面形状。

（2）台阶式开挖（半断面开挖）。当岩石条件不适合全断面开挖时，可采用台阶式开挖。台阶式开挖是一种古老的方法，它适用于方形断面的竖井。台阶爆破一半一半地进行。爆破的这一半炮孔呈扇形钻凿，处于低位的另一半用以存水并容纳爆下的爆堆（参见图16-9）。爆完这一半再爆另一半，交替进行下去。

（3）螺旋形开挖。螺旋形开挖是台阶式开挖的变种，用于圆形竖井。开挖爆破呈螺旋形向下进行。这一方法适用于较大的圆形或椭圆形竖井但不能进行全断面开挖的情况。每一次钻爆全断面的一半。炮孔互相平行且深度相同，从而在下降的时候始终保持有一个自由面（参见图16-10）。

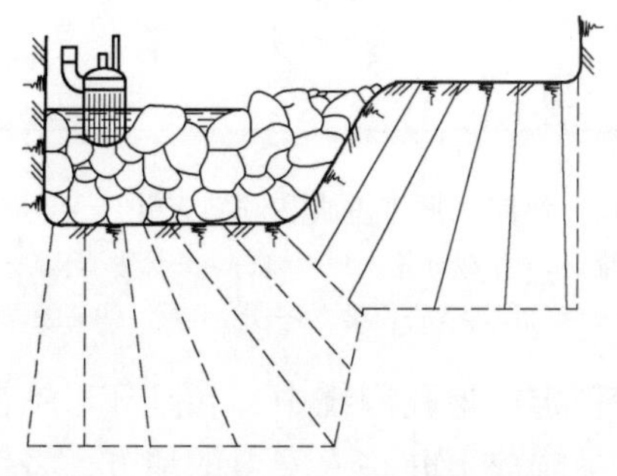

图16-9　矩形竖井的台阶式开挖方法

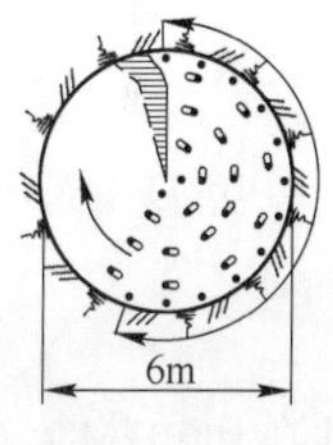

图16-10　圆形竖井的螺旋形向下开挖爆破法

16.3.2　天井开挖

天井是一种从下向上垂直或近于垂直开挖的直井，它可以是从下一水平的隧道通向上一水平的隧道，也可以是从地下隧道通往地表。

天井在很多土木工程和建筑工程中起着重要的作用：

（1）水电工程；

（2）供水工程；

（3）排污工程；

（4）隧道工程，如：通风隧道，加油站隧道或通道。

天井开挖有时也用于市区隧道的开挖以减轻对地表的影响。

采用钻孔爆破法开挖的天井根据其钻孔的方法分为向上钻孔和向下钻孔两类。

（1）向上钻孔。采用手持式钻机向上钻孔的旧式双隔间掘进、吊罐法掘进和爬罐法（Alimak）掘进。这一类开挖方法都需要人进入工作面钻孔装药，是一项艰苦而危险的工作。

（2）向下钻孔。向下钻凿深孔并采用超前孔掏槽、漏斗掏槽或 VCR（垂直漏斗后退式）掏槽。它也是一种全断面掘进的方法。这一类方法要比上述的向上钻孔方法安全得多，因为工人不需要直接在开挖工作面以下工作。它要求高的钻孔精度和较好的岩石条件（相对完整和稳定）。

16.3.2.1 双隔间人工向上开挖

双隔间人工向上开挖（旧式人工开挖）天井是一种最古老的天井开挖方法。工人将整个天井断面用木材分隔成两隔间，一格用于容纳爆下的渣石，另一格内安装楼梯作为人和材料的通道。工人站在渣堆上向头顶上钻孔和装药。所有的工作完全靠人力来完成。工人从楼梯爬上去，用绳将钻机和材料绑住吊上去。在上面钻好炮孔，装好炸药，将钻机放下来后自己再爬下来，最后引爆炸药。这种人工双隔间向上开挖方法由于工人的劳动强度太大，一般限于 50m 以下。因此，这种古老的方法大多被更为先进的方法所取代。图 16-11 显示了这一方法的大致概念。

16.3.2.2 吊罐法

这一方法可以用于开挖垂直或倾斜的天井。它的特点是先从上向下钻一个直径 75～100mm 的通孔，提升机的钢丝绳从钻孔中由上穿至下水平。其主要部件由工作平台、吊罐和提升机组成，如果是斜天井还需要导轨，参见图 16-12。

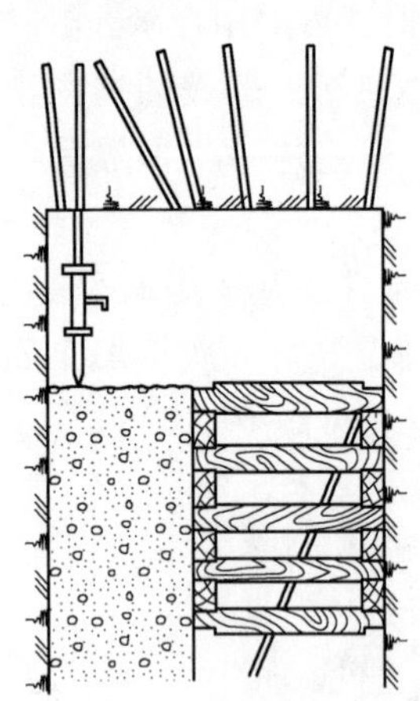

图 16-11 双隔间人工向上开挖天井[6]

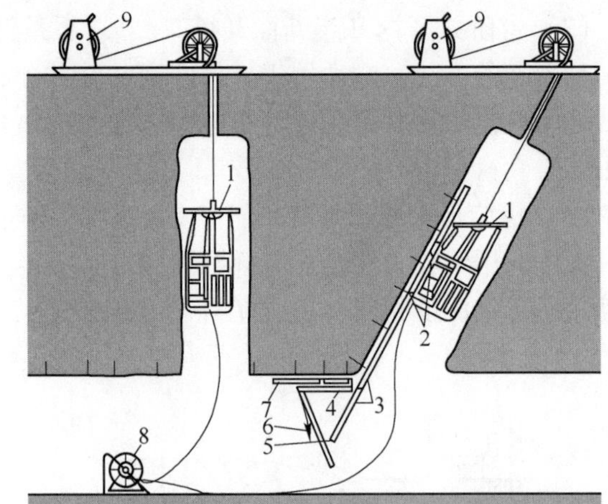

图 16-12 吊罐法掘进垂直和倾斜天井（Atlas Copco）

1—吊罐；2—吊罐导轮；3—导轨；4—运输器；5—支撑；6—控制器；7—顶梁；8—尾绳卷轮；9—绞车

当钻孔和装药时，工作平台由气动千斤顶撑在井壁上保持稳定。炮孔围绕中心孔呈环形钻凿。中心孔既作为爆破时的自由面也作为新鲜空气的进入口。爆破前将吊罐放下并移入安全的地方，将钢丝绳拆下从中心孔收上去，否则爆破时会损坏钢丝绳。这一方法的主要缺点是必须钻一个中心超前孔，因此开挖天井的最大高度取决于中心孔轴线的精确度，其经济适用的天井高度为 30～100m。

16.3.2.3 爬罐（Alimak）法

瑞典的阿里玛公司（Alimak）于 1957 年最先采用这一方法，直至今日它仍被用于开凿高的盲天井。

图 16-13 在 Alimak 平台上钻孔

用这一方法可以开凿长的、垂直的或倾斜的、直的或弯曲的且多数为矩形的天井。矿井中多数采用气动马达作为动力用来开凿短的天井。长（高）的天井多采用电动或内燃机-液压动力。Alimak 爬罐完全按照瑞典工业安全局的指标进行设计。有关安全的各项指标，如材料的破坏强度，爬罐的安全装置都有足够的安全系数，对于可能发生的事故都考虑十分充分。它的气动爬升齿轮装有气动的刹车装置，当气动马达的供气突然中断时它会自动地刹停爬罐。当爬罐超速时，安全装置也会自动启动。当供气突然中断时，重力式速度调节制动器可以让爬罐安全地下降到天井底部。爬罐沿着上面焊有齿条的导轨升降，导轨同时也是供压气和水的管道。随着天井的向上延伸，导轨可按 1m 或 2m 的长度延伸。导轨用 Alimak 特别设计的膨胀式锚杆固定在井壁上，工人和材料可以很容易从下面的罐内送到上层平台而无需爬危险的高楼梯，使工人在罐内和平台上都得到很好的保护（图 16-13）。爬罐法的最大优点是它的灵活性和多功能。不论开凿直井或斜井，不论天井有多高，爬罐法都可以提供一个安全的工作条件。

爬罐法开凿天井分为五个步骤。这五个步骤构成一个工作循环。这五个步骤都离不开爬罐。爬罐既充当工作平台又是人员和材料运送到工作面的运输工具（图 16-14）。这五个步骤为：

（1）钻孔。钻孔在爬罐的顶部平台上进行。平台的大小和形状适合于天井断面的大小和形状。

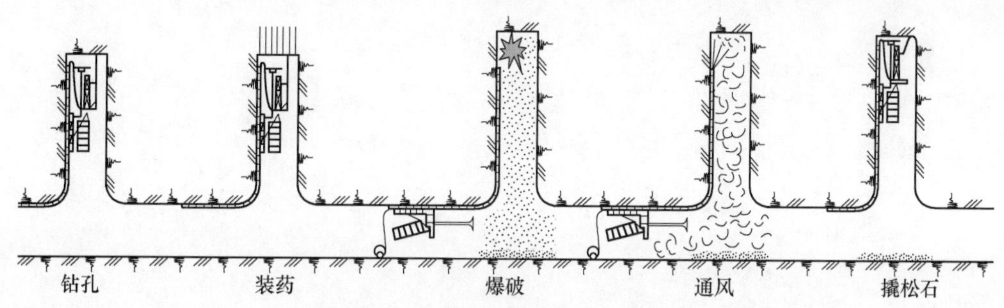

图 16-14 Alimak 天井掘进的工作循环

（2）装药。装药也在平台上进行。炸药用人手装入炮孔。

（3）爆破。爆破前，爬罐先放下来并移入安全的位置以免落下的石头砸坏。然后爆破工藏身于附近的安全位置引爆炸药。

（4）通风。爆破产生的炮烟和粉尘用从导轨顶部喷出的气水混合气流清除。

（5）撬松石。在爬罐的平台上在保护遮檐下将天井顶板和井壁上的松石撬下。

爬罐（Alimak）法可以安全地应用于任何长度和倾角的天井掘进。对于建筑工程中开凿少量不同长度的天井，它是一种相对廉价的方法。

16.3.2.4 深孔爆破成井法

深孔爆破成井法适用于大于 45°的天井开挖（以便于岩石落下）见图 16-15，取决于钻孔的精度，炮孔的校准方式和地质条件，这一方法开挖的天井长度通常为 10～60m。为了确保天井开挖成功，钻孔的偏差不能超过 0.25m（10in）。

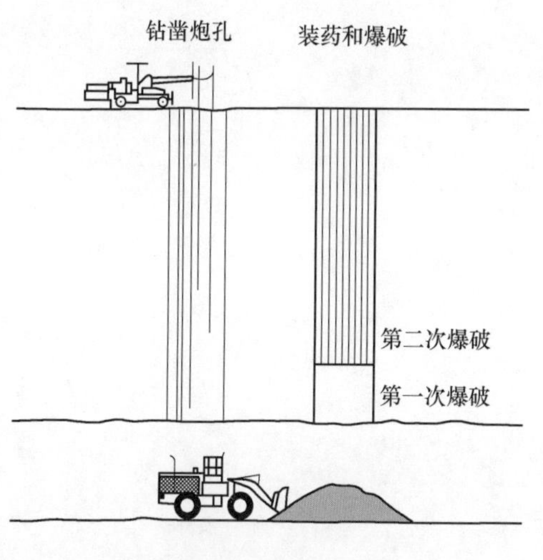

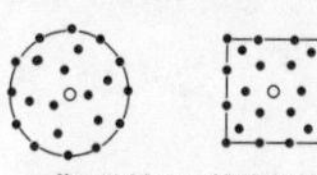

图 16-15 深孔爆破掘进天井的炮孔布置和施工顺序

深孔爆破成井法首先从上一水平按天井全长钻凿炮孔，然后用绳吊住的炸药包从下向上分阶段爆破。通常钻一个大直径（100～200mm）的孔作为自由面更为有利于取得好的爆破效果，参见图 16-11。

参 考 文 献

[1] MAtti Heinio. *Rock Excavation Handbook for Civil Engineering*. Sandvic & Tamrock，1999.

[2] Chapman D，et al. *Introduction to Tunnel Construction*. Spon Press，2010.

[3] Kolymbas D. *Tunnel and Tunnel Mechanics*. Springer. 2008.

[4] Geoguide. *Guide to Cavern Engineering*，GEO，CEDD，Hong Kong，1992.

[5] Hemphill G. B. *Practical Tunnel Construction*. John Wiley & Sons，INC. 2013.

[6] Jlmeno C L，et al. *Drilling and Blasting in Rock*. A. A. Balkema，1995.

17 光面爆破技术

17.1 光面爆破的特点和机理

在实际施工中，爆破后经常会沿设计的边界和轮廓造成破坏（超爆）。超爆会使支护成本增加，清渣量增加，在围岩中形成裂隙，甚至有时造成顶板冒落。

为了减小对开挖轮廓外围岩的破坏并在顶板和隧道壁形成一个比较平整的表面，光面爆破技术是地下开挖时最常采用的轮廓爆破技术，特别是隧道和硐室开挖。一些大型的非地下隧道和硐室，有时也采用预裂爆破技术。

光面爆破和预裂爆破的机理在第10章中做了详细的讲解，本章只重点讲解它们在地下开挖工程中的应用。

光面爆破包括沿最终开挖轮廓面钻一行孔距较密的平行炮孔，在这些炮孔中不偶合地安放低密度炸药，然后再在其前方的炮孔起爆后将它们同时起爆。爆破后将在最后的开挖面上形成一个平整的表面，参见图17-1。

在大多数情况下，光面孔、掏槽孔和其他开挖炮孔在同一隧道开挖循环中一起装药和爆破。但在一些情况下，特别是在采用超前导坑法开挖隧道时，掏槽孔和主炮孔在一个循环中先爆，而光面孔在随后的循环中再爆。

图17-1 用光面爆破形成的隧道岩石平整的表面

虽然光面爆破技术有着很多优点如节省成本等，但如果岩石十分破碎或风化严重，又或者岩石的节理方向不利于形成平整的表面，在这种情况下，爆破效果取决于地质条件，光面爆破的效果受到限制甚至完全无效。但事实证明，当岩石条件不好时，隧道周边开挖如果控制得好，仍然可以取得好的效果，此时周边孔的间距应缩小，药量要进一步减少[2]。

17.2 光面爆破炸药量计算

在光面爆破中，光面孔的间距通常为孔径的15～16倍，而负荷（即光面孔至紧邻前排炮孔爆破所形成自由面的距离）则为光面孔间距的1.25倍（参见图17-2）。

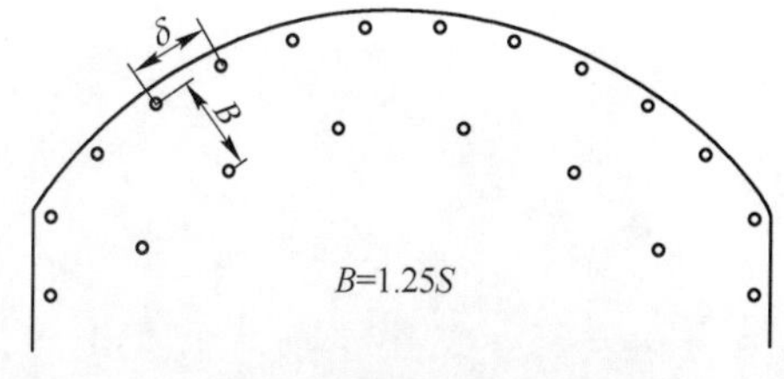

图17-2 光面爆破的炮孔参数

按照斯万霍摩（B. Svanholm）等人的理论，光面孔的最小线装药密度（即每米炮孔的装药量）由式（17-1）计算：

$$w = 90 \times d^2 \tag{17-1}$$

式中 w——与ANFO等当量的炸药的线装药密度，kg/m；

d——光面孔直径，m。

斯万霍摩等人还推荐在地下开挖的光面爆破中采用表17-1中的值，q取自文献［1］。

在17.1节中已指出，岩石的质量对光面爆破的效果起着重要的作用。表17-2根据岩石的质量给出了轮廓孔的间距和负荷的推荐值。这些推荐值是按一般条件所给出的，孔间距和装药量的选取要根据初步爆破实验的结果和岩石变化的情况进行适当的调整。采用所推荐的小装药量，甚至在较为破碎的岩石中，也应取得50%～90%半孔率的好效果。

表 17-1 斯万霍摩等人（Svanholm et al）推荐的光面爆破参数[1]

光面孔直径/mm	炸药直径/mm	线装药密度（ANFO）/kg·m^{-1}	负荷/m	间距/m
25～32	11	0.08	0.30～0.45	0.25～0.35
25～48	17	0.20	0.70～0.90	0.50～0.70
51～64	22	0.44	1.00～1.10	0.08～0.90

表 17-2 隧道轮廓孔控制爆破推荐的初始间距、负荷和药量[2]

孔径		岩石质量	负荷		间距		初步的线装药密度	
in	mm		ft	m	ft	m	lbs/ft	kg/m
1.0～1.5	25～38	好	2.00	0.61	1.5	0.46	0.10	0.15
		差	1.3	0.40	1.0	0.31	0.5	0.07
1.5～2.0	38～50	好	2.75	0.83	2.0	0.61	0.15	0.22
		差	2.25	0.69	1.5	0.46	0.08	0.12
2.0～3.0	50～70	好	3.5	1.02	3.0	0.91	0.30	0.45
		差	3.0	0.91	2.0	0.61	0.15	0.22

17.3 光面爆破的装药结构和方法

光面爆破孔可采用几种不同的方法装药：

（1）用小直径的条装炸药按一定间距分布在一条轻型导爆索上。为了容易装药，通常都将炸药和导爆索绑在一条小竹片上再塞入炮孔，见图 17-3。

（2）用两条重型导爆索，其尾端绑一根条状炸药置于孔底。通常根据岩石的质量，导爆索的药量为 40g/m 或 80g/m 以及一条 ϕ25mm×200mm 或 ϕ32mm×400mm 的乳化炸药置于孔底，参见图 17-4。

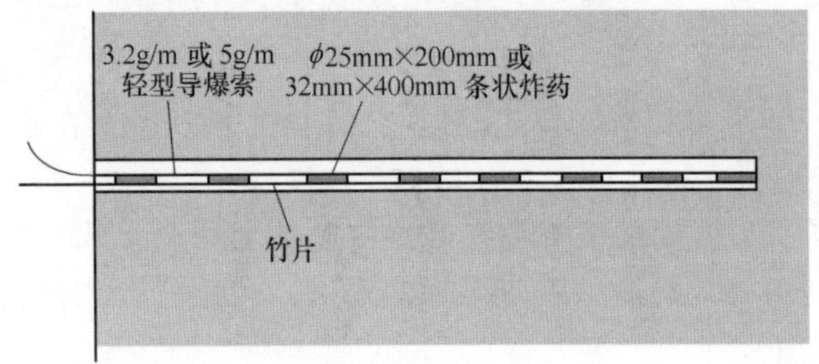

图 17-3 光面孔用小直径条状炸药及一条轻型导爆索装药

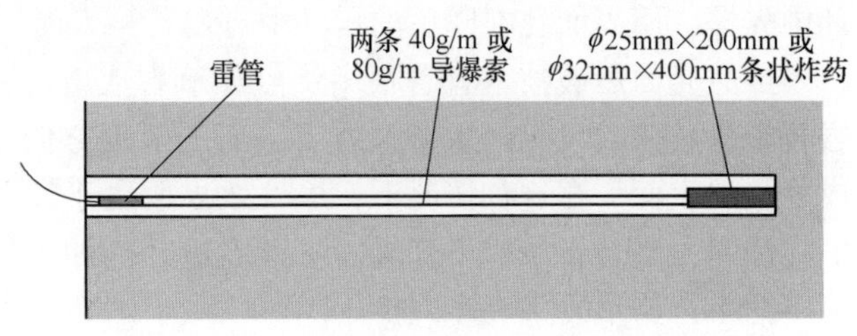

图 17-4 光面孔采用重型导爆索爆破

（3）用于光面爆破的专用炸药。一些国家的炸药厂家生产有专门用于光面爆破的炸药。参见图 17-5 和图 17-6。

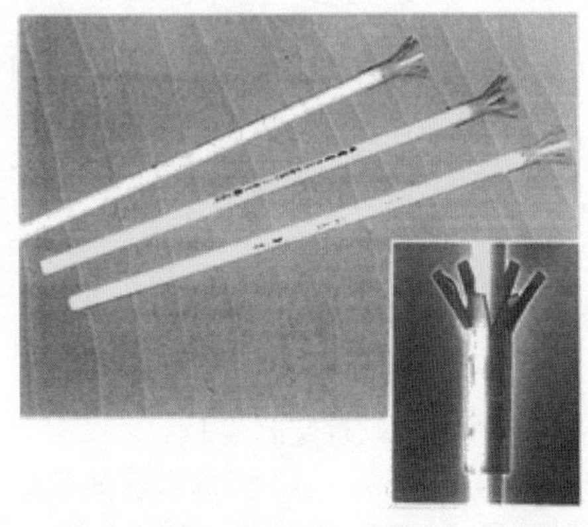

图 17-5 用于光面爆破的小直径硬塑料管装炸药

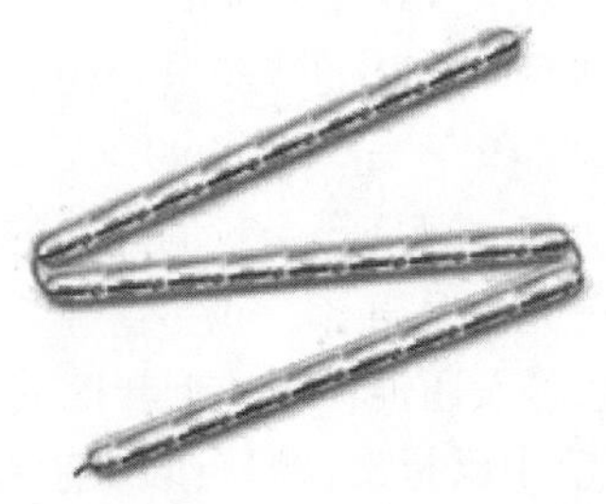

图 17-6 Orica 公司的用于光面爆破的具雷管感度，中心贯穿一条导爆索的乳化炸药

（4）用小药量的散装乳化炸药。隧道爆破采用散装乳化炸药时，当装光面孔时装药机（或人手）将装药管以比其他主炮孔稍快的速度从孔中拖出，使留于炮孔中的炸药量为炮孔容积的1/4。参见图17-7。

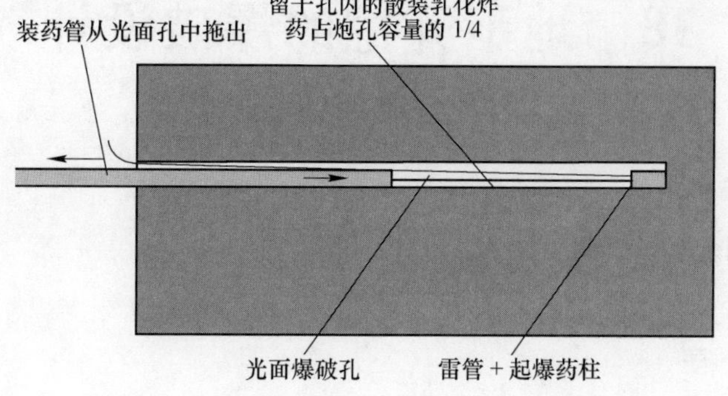

图 17-7 用散装乳化炸药装光面爆破孔

参 考 文 献

[1] Hoek E. , Brown E T. *Underground Excavation in Rock.* The Institution of Mining and Metallurgy, London, 1980.

[2] *Blasters' Handbook.* 17th Edition, ISEE, 1998.

18 地下开挖的爆破设计

18.1 隧道及硐室的爆破设计和施工

18.1.1 炮孔布置及爆破顺序

隧道爆破的一个重要特点是除了隧道正面的工作面外，在爆破即将破碎岩石的方向没有自由面。因此，隧道爆破的首要任务是在隧道工作面上先开凿出一个口子，即掏槽，然后其他的炮孔朝着掏槽一侧向自由面一继续爆破。为了便于讨论隧道爆破的顺序，我们将隧道工作面分为 A ~ E 五个区（参见图 18-1）：通常的爆破顺序是：A→B→C→D→E。

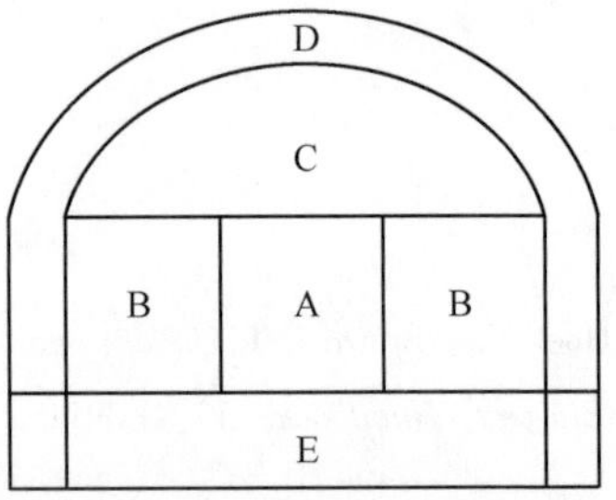

隧道爆破最重要的步骤是首先在隧道工作面上打开一个口子为其他炮孔的爆破提供一个新的自由面，这就是掏槽孔的功能。如果这一步失败了，那么这一个循环的爆破就不会成功。

图 18-1 隧道爆破的分区
A—掏槽区；B—水平方向的崩落区；C—朝向下方向的崩落区；D—轮廓区；E—抬炮区

18.1.2 掏槽（抽炮）孔布置

掏槽（抽炮）孔可以分为斜孔掏槽和平行孔掏槽两大类。

这是目前用的最多的两种掏槽方式。斜孔掏槽是一种较老的掏槽方式但目前仍在使用。当隧道较宽时，它是一种很有效的掏槽方式，因为所需的炮孔数少于平行孔掏槽。

随着第一台机械化钻孔设备的出现，人们可以准确地钻凿平行炮孔从而使平行孔掏槽得到应用。

18.1.2.1 斜孔掏槽

斜孔掏槽也就是一种钻凿对称倾斜炮孔的传统掏槽。由于平行孔掏槽可以取得更大的爆破循环进尺而导致斜孔掏槽不再像以前那样被广泛应用。但当隧道宽度足够大且钻机钻斜孔不受限制时斜孔掏槽仍然受到欢迎，它的优点在于很好地运用了隧道的自由面而且可以利用隧道面上岩石中可见不连续面的方向，从而可以用比平行更少的炮孔和炸药而取得好的爆破效果。它的缺点是爆破时岩石被猛烈地抛出并飞出相当大的距离，可能对隧道内的各种设施，如通风、电缆、压气和通信等造成破坏，这一点是绝大多数隧道开挖工程所不能接受的。以下介绍常见的斜孔掏槽方式。

A V 形掏槽

V 形掏槽又称为楔形掏槽。采用这种掏槽时，隧道中部呈楔形对称的掏槽孔首先循序起爆，然后隧道面上的其他炮孔再随后起爆。V 形掏槽可以垂直布置或水平布置，也可根据岩体的节理或层面方向按一定角度布置成单一或多阶段楔形。图 18-2 是一水平 V 形掏槽。

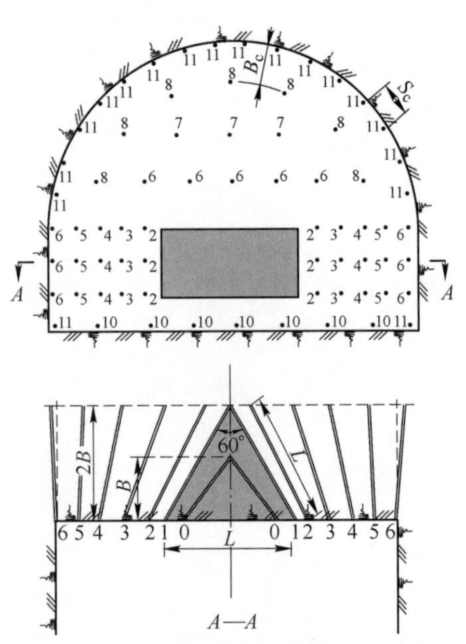

图 18-2 水平布置的 V 形掏槽隧道爆破

V 形掏槽炮孔的底部角度应不小于 60°，要保证这一点是 V 形掏槽钻孔的主要困难，当隧道较窄时它也限制了钻孔的深度和循环进尺（参见图 18-3）。隧道的宽度限制了 V 形掏槽的应用。在窄的隧道中，每一循环的进尺少于隧道宽度的三分之一。

B 扇形掏槽

扇形掏槽也是一种斜孔掏槽。在扇形掏槽中一些炮孔呈扇形布置，它们按不同的长度和角度钻凿。图 18-4 是一个扇形掏槽的例子。扇形掏槽以前曾被广泛应用，但由于钻孔过于复杂，现在已较少应用。

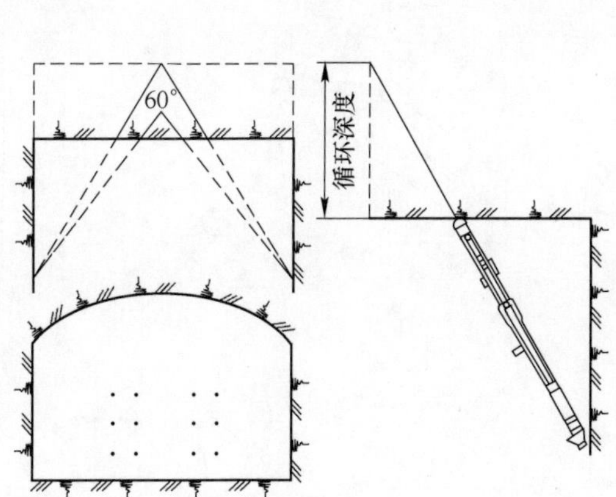

图 18-3 V 形掏槽对钻孔和循环进尺的限制

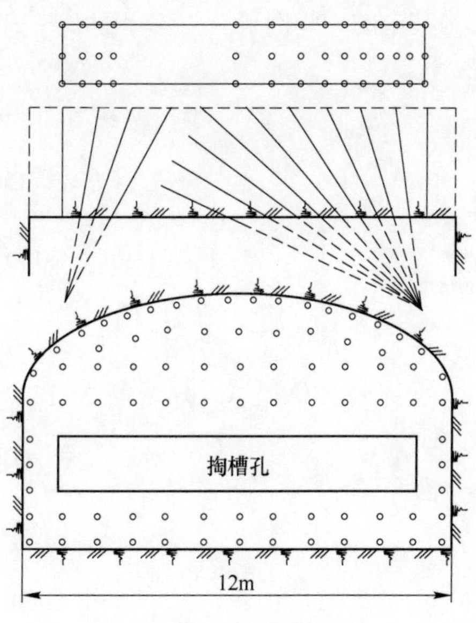

图 18-4 水平扇形掏槽

18.1.2.2 平行孔掏槽

平行孔掏槽也称为柱状掏槽。这一掏槽方式的特点是所有掏槽孔的长度相同而且相互平行。现在不论隧道或硐室大小，平行孔掏槽已成为应用最广的掏槽形式。在这种掏槽形式中普遍采用一个或几个不装药的钻孔，临近的装药炮孔则按一定的延时顺序朝向这些不装药孔爆破。

平行孔掏槽的主要优点包括：

(1) 每一循环炮孔的深度不会受到钻孔时由于角度问题而造成的工作空间限制；

(2) 即使在坚硬岩石中也能达到较大的爆破进尺；

(3) 由于所有的炮孔都相互平行，使得钻孔变得简单；

(4) 具有较小的抛掷距离而且具有好的爆破破碎；

(5) 形成的爆堆较高，因而便于处理松石和进行锚杆支护；

(6) 爆破进尺可长可短，不会有任何困难。

平行孔掏槽的主要缺点包括：

(1) 如果采用较大的不装药孔，需要用扩孔钻或大的钻孔设备；

(2) 钻孔工作量和炸药用量（炸药单耗）较大；

(3) 钻孔必须准确否则会影响爆破效果。

有两种不同的平行孔掏槽：钻孔直径相同的直线掏槽和具有大直径空孔的平行孔掏槽。下面将对它们分别进行讨论。

A 直线掏槽

直线掏槽又称为瑞典式掏槽。在这种掏槽中，所有的炮孔相互平行而且直径相同。其中一些炮孔装满炸药而另一些炮孔则不装药。这些空孔为装药孔爆破提供自由面用以释放冲击波。为了要取得好的爆破效果，所有炮孔必须钻得十分准确而且相互平行。图 18-5 是一些直线掏槽的例子。

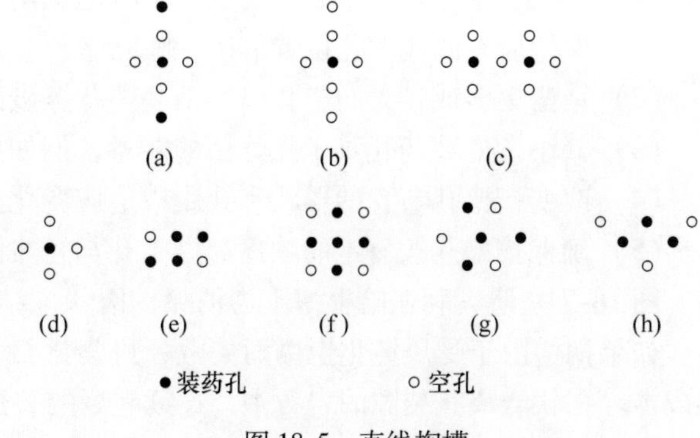

图 18-5 直线掏槽

由于装药孔的装药量大，炸碎的岩石都集中在掏槽孔底部很难抛出来，因而影响到爆破进尺，一个爆破循环的进尺不超过2.5m。

B　具有大直径空孔的平行孔掏槽

它与直线掏槽的不同处是它的不装药的空孔的直径大于装药孔。大直径的炮孔（76～175mm）通常都采用扩孔钻头因而可以使用钻其他炮孔同一钻杆。掏槽区的所有的炮孔相互距离很近而且相互平行。图18-6是其中的一些例子。

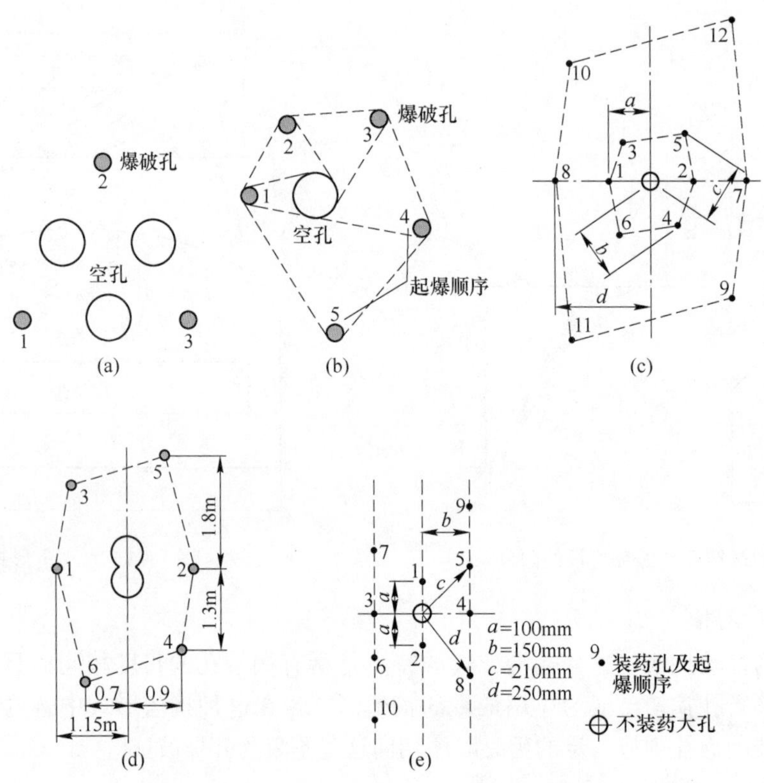

图18-6　具有大直径空孔的平行孔掏槽

（a）三角形布孔掏槽；（b）螺旋形掏槽；（c）双螺旋掏槽；（d）克罗曼特掏槽；（e）法杰斯塔掏槽

18.1.3　对掏槽孔和隧道爆破的讨论

18.1.3.1　掏槽“冻结”问题

由于掏槽孔之间距离很近而且线装药密度大，因而可能会产生一些殉爆和动态压力造成的问题。其中任何一种情况都可能造成掏槽孔“冻结”而使掏槽失败。殉爆现象的产生通常由于使用敏感度高的炸药，比如炸药成分中含有硝化甘油之类的炸药。先起爆的炮孔有可能使临近的炮孔殉爆。炸药钝化现象可能发生在很多种炸药的使用中，如使用含水的乳胶炸药，水胶炸药等。当这类炸药受到靠得过近炮孔爆炸产生冲击波的动态压力超过其临界密度而被“压死”情况下就会产生拒爆，参见本书3.7节。

为了避免这种掏槽“冻结”问题，可考虑采用以下一些措施：

（1）保持所有的掏槽孔位置准确，相互平行；

（2）钻凿更多或较大的空孔以容纳装药孔爆破破碎而膨胀的岩石；

（3）减小掏槽装药孔每米孔炸药的能量，例如用小直径的条装炸药装掏槽孔；

（4）改变掏槽孔布置的形状和孔距以适应变化的岩石情况；

（5）确保掏槽孔按一定的顺序起爆，孔与孔之间有适当的延时。

图18-7是澳大利亚哈根博士为消除掏槽“冻结”问题而建议的“屏蔽掏槽”布置方式。

如果掏槽由于受压钝化拒爆而失败，可尝试拉开孔距。加密孔距只可能使问题恶化而且增加不必要的成本。在软岩或有裂隙的岩石中，连续起爆的装药孔之间的孔距至少要保持30cm的距离。如果孔深超过2.5m，采用平行孔掏槽时，要考虑有足够的空孔空间以容纳装药孔破碎的岩石，空孔的面积应不少于

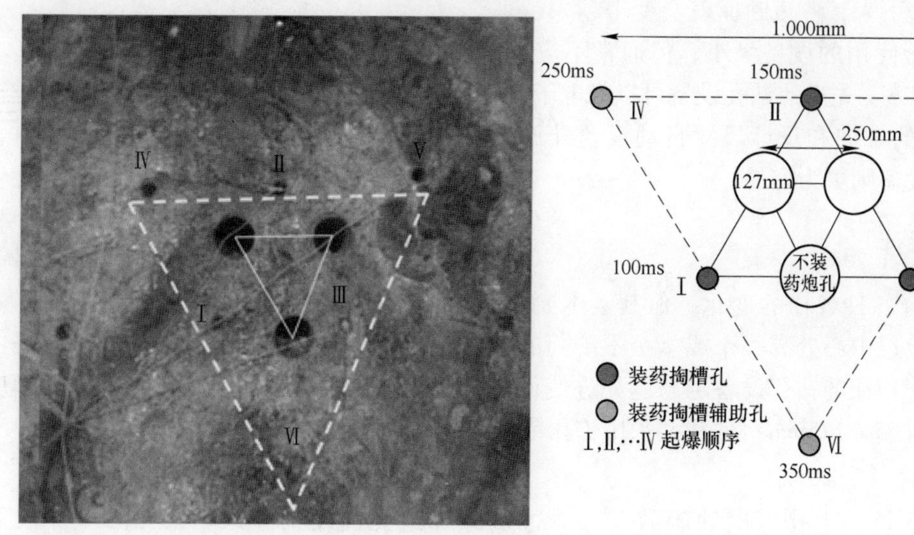

图 18-7 哈根建议的硬岩石采用“屏蔽掏槽”的布孔方式

整个直接掏槽孔（图 18-7 中Ⅰ，Ⅱ，Ⅲ孔）区面积的 25%。

为了帮助岩石从掏槽孔中抛出，可以在空孔底部放一小节炸药或小起爆弹并让其在掏槽孔起爆后立即起爆将岩石抛出。

通常掏槽孔都采用长延时以确保每一个炮孔在随后顺序的炮孔起爆前有充分的时间让岩石破碎和抛出。通常如果在掏槽区有炮根（即残留的掏槽炮孔）出现，那么这一循环其他炮孔的进尺也会相应地短小甚至短小更多。为了尽可能减少这种现象，确保应有的进尺，只要钻杆长度允许，掏槽孔的深度应比其他炮孔深 15 ~ 30cm（6 ~ 12in）。如果这多钻的孔深可换来全断面所应取得的进尺，这也是值得的。

18.1.3.2 有关填塞

填塞是指用惰性材料放置于炮孔中炸药顶部和炮孔口之间，以阻塞炸药爆炸时从炮孔冲出。

对于填塞的作用，存在着两种完全相反的观点。

一种观点认为在隧道爆破时根本没有必要进行填塞。他们认为：“有研究发现：在隧道爆破中，长炮孔的填塞并不能改善爆破效果。炮孔中空气柱分子的惯性（相对于非常高的爆轰速度）足以起到炮孔填塞的作用。”因此无需进行炮孔填塞，以节省经费和时间。（参见文献［3］）。

但是更多的实践显示出有必要将炸药限制在炮孔内以充分发挥爆炸气体的作用。当一个填塞的炮孔中炸药爆炸时，填塞物立即将爆炸能量限制在炮孔内，尽管只有短短的几毫秒但这已经足够了。如果炮孔填塞得不好或完全不填塞，必定产生射孔，将填塞物冲出炮孔，如同枪筒发射一样。射孔的结果是产生高的空气冲击波，效果差的爆破破碎和大块。

填塞材料可以是砂和碎石等，但最常用的是含砂黏土。有时也采用纸箱盒纸、湿报纸或麻袋片等，但这些材料效果都较差。实践证明用大小约为炮孔直径 1/7 的破碎小石子（参见文献［4］），装入薄塑料袋中作为填塞材料可以取得最好的效果。因为这些石子带有棱角，其相互之间及与孔壁的阻力很大，可以将孔口“锁住”。表 18-1 给出了不同炮孔直径下最理想的碎石颗粒大小。

表 18-1 按炮孔直径选取填塞碎石颗粒大小[4]

炮孔直径		填塞碎石（石片）颗粒大小	
mm	in	mm	in
38	1.5	≤10	≤0.375
50 ~ 90	2 ~ 3.5	10 ~ 13	0.375 ~ 0.5
100 ~ 127	4 ~ 5	16	0.625
≥127	≥5	≤19	≤0.75

注：取自 Atlas Powder Company（1987）。

一般来说，填塞料的填塞长度为 $0.7B \sim 1.0B$，B 代表负荷，或十倍炮孔直径。填塞长度也受岩石的性质的影响，节理裂隙发育的岩石需要较长的填塞。

18.1.3.3 外放角

为了确保下一个循环的设计断面尺寸不致变小，所有的轮廓炮孔都要从设计边界向外偏斜一定角度，其目的是使得钻下一个循环炮孔时留有钻机钻孔所要求的空间。如果钻凿轮廓孔时炮孔都平行于设计轮

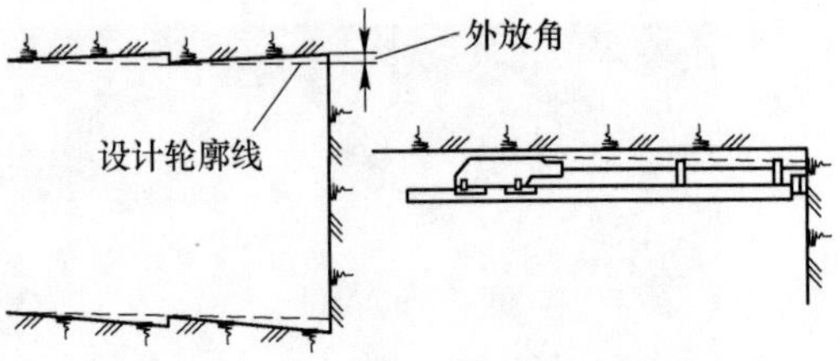

廓线，那么一个个循环下来，隧道断面就会变得越来越小。外放角的大小取决于所使用的设备大小，但通常不应小于0.1～0.2m，参见图18-8。先进的钻孔设备可以靠电子或自动化的装置按照隧道的方向和设计尺寸自动设置外放角，采用电脑控制的钻孔设备则更为容易。

图18-8 隧道钻孔的外放角示意图

18.1.4 平行孔掏槽设计

平行孔掏槽可以有各种各样的变化，但其基本原则始终是在掏槽的中心或接近中心处有一个或多个不装药的大孔，这些空的大孔为其邻近的爆破孔提供一个岩石鼓胀的空间。由于现在的钻孔设备越来越先进使得钻这种大孔更容易，因而使得平行孔掏槽应用越来越广泛。钻凿大孔（65～175mm）通常都采用扩孔钻头和钻其他炮孔同样的钻杆。

18.1.4.1 大孔直径和数目

已经证明，大孔直径是炮孔深度的函数。为了达到95%炮孔深度的进尺，大孔的“等效”直径（d_f），可按式（18-1）计算：

$$d_f \approx (3.2 \times l)^2 \tag{18-1}$$

式中 d_f——大孔的“等效”直径，mm；

l——炮孔深度，m。

则大孔的直径可按式（18-2）计算：

$$d_1 = \frac{d_f}{\sqrt{n}} \tag{18-2}$$

式中 n——大孔数目。

18.1.4.2 掏槽炮孔间距

最靠近大孔的装药孔称为掏槽炮孔。一般来说，从大孔中心至掏槽炮孔中心之间的距离大约取大孔直径的1.5倍。即掏槽炮孔的负荷v应按式（18-3）计算：

$$v = 1.5 \times d_f = 1.5 \times d_1 \times \sqrt{n} \tag{18-3}$$

对于两个或多个掏槽炮孔，v可按图18-9计算，其他的炮孔可按形成一个方形加上去。

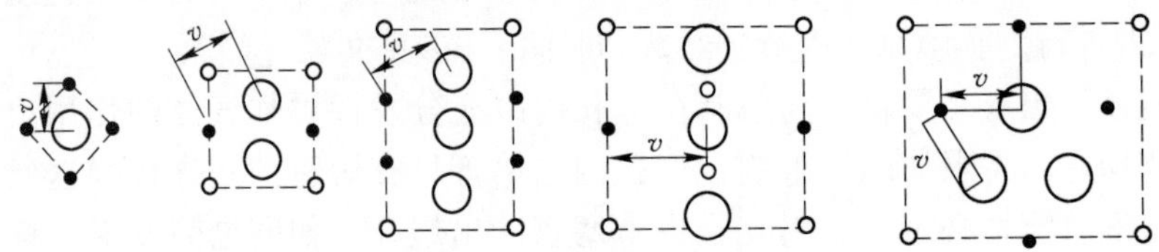

图18-9 掏槽孔的负荷

兰基弗斯（U. Langeforce）和基尔斯托姆（B. Kilhström）指出：v值不应大于1.7 d_f，否则岩石得不到破碎和移动[5]。岩石破碎的效果在很大程度上取决于炸药的种类，岩石的性质和炮孔的负荷。如图18-10所示，当炮孔负荷大于$2d_f$时，由于破碎角太小，爆破孔与大孔之间的岩石只能产生塑性变形。

显然，钻凿这些炮孔的准确性十分重要。当钻孔的误差大于1%时，实际的炮孔负荷可按式（18-4）计算[6]：

$$v_1 = 1.7d_f - E_p = 1.7d_f - (\alpha L + e') \tag{18-4}$$

式中 E_p——钻孔误差，m；

α——角偏差，m/m；

L——炮孔深度，m；

e'——空口偏差，m。

18.1.4.3 平行孔掏槽的四个正方形设计法

为了掏出足够的空间以利于崩落孔爆破，有必要设置一些掏槽扩展炮孔。为了方便安排这些炮孔，以掏槽孔为中心画出四个正方形，参见图18-11。

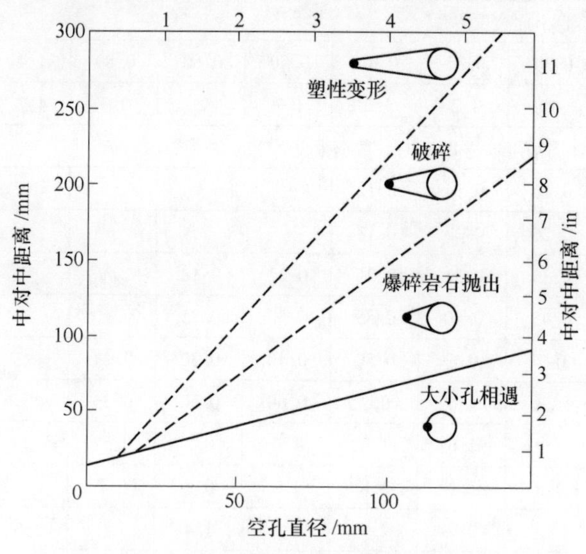

图18-10 掏槽装药孔与空大孔的距离及大孔直径对掏槽孔爆破效果的影响[5]

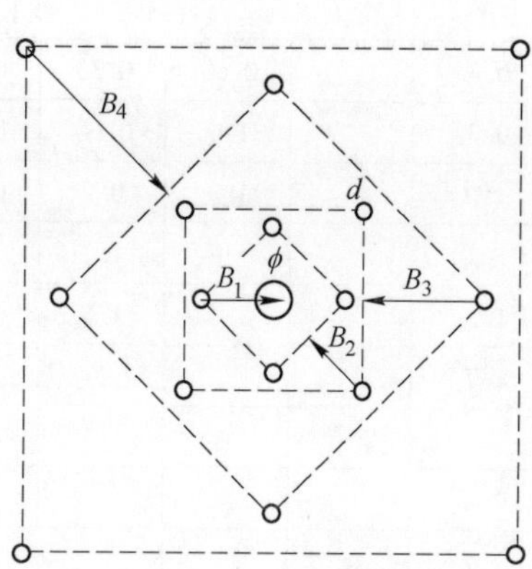

图18-11 四个正方形掏槽孔布孔法

四个正方形设计法是一种地下开挖及隧道爆破的经验方法。这一方法常用于隧道断面大于$10m^2$的隧道掘进爆破中。

这一方法是因平行孔掏槽而出现的，最先由兰基弗斯（U. Langeforce）和基尔斯托姆（B. Kilhström）于1963年提出，随后得到进一步发展。霍姆贝格（R. Homberg）于1982年发表了完整的设计模型，2001年A. 帕森（A. Persson）又对它进一步完善。

这一方法的计算公式列于表18-2。表18-2中X是每一个正方形的边长，参见图18-11。

四个正方形设计法中有一个中心大孔。如果大孔不止一个，可按式（18-2）计算，即$d_f = d_1\sqrt{n}$。表18-2中，$\phi_{e2} = d_f$大孔的“等效”直径。

表18-2 四个正方形设计模型的计算公式（取自文献［7］）

正方形	负荷B	间距X	填塞长度S_t
第一个正方形掏槽炮孔	$B_1 = 1.5\phi_{e2}$	$X_1 = B_1\sqrt{2}$	$S_{t1} = B_1$
第二个正方形	$B_2 = B_1\sqrt{2}$	$X_2 = 1.5B_2\sqrt{2}$	$S_{t2} = B_1\dfrac{\sqrt{2}}{2}$
第三个正方形	$B_3 = 1.5B_2\sqrt{2}$	$X_3 = 1.5B_3\sqrt{2}$	$S_{t3} = \dfrac{\sqrt{2}}{2}\left(B_1\dfrac{\sqrt{2}}{2} + B_2\right)$
第四个正方形	$B_4 = 1.5B_3\sqrt{2}$	$X_4 = 1.5B_4\sqrt{2}$	$S_{t4} = \dfrac{\sqrt{2}}{2}\left[\dfrac{\sqrt{2}}{2}\left(B_1\dfrac{\sqrt{2}}{2} + B_2\right) + B_3\right]$

18.1.5 崩落孔布孔设计

掏槽孔爆破的目的是在隧道工作面上打开一个新自由面使其他炮孔可以朝着这个新自由面爆破。崩落孔的作用是将掏槽孔开出的自由面不断扩大使得这一循环内的岩石获得满意的破碎并抛离工作面，同时也使得下一循环的工作面不受破坏。表18-3是兰基弗斯（U. Langeforce）和基尔斯托姆（B. Kilhström）所推荐作为初步设计的崩落孔的最大负荷值（参见图18-12）（取自参考文献［5］）。

表18-3 最大负荷V和自由面宽度B所需的炸药线装药密度

最大负荷V		自由面宽度B											
		m	0.10	0.15	0.20	0.25	0.30	0.35	0.40	0.50	0.60	0.80	1.4
		ft	0.3	0.5	0.7	0.8	1	1.2	1.3	1.7	2	2.7	4.7
m	ft	线装药密度/kg·m^{-1}（当采用单位lb/ft时，数据乘以2/3）											
0.10	0.3		0.12	0.08	0.06								
0.15	0.5		0.30	0.18	0.13	0.11	0.09						

续表 18-3

最大负荷 V		自由面宽度 B											
		m	0.10	0.15	0.20	0.25	0.30	0.35	0.40	0.50	0.60	0.80	1.4
		ft	0.3	0.5	0.7	0.8	1	1.2	1.3	1.7	2	2.7	4.7
m	ft	线装药密度/kg · m^{-1}（当采用单位 lb/ft 时，数据乘以 2/3）											
0.20	0.7		0.60	0.35	0.24	0.20	0.16	0.14	0.12				
0.25	0.8		1.0	0.60	0.35	0.30	0.26	0.22	0.18				
0.30	1		1.3	0.9	0.60	0.50	0.35	0.31	0.26	0.22	0.18		
0.35	1.2			1.2	0.9	0.65	0.45	0.40	0.35	0.30	0.25		
0.40	1.3			1.6	1.2	0.9	0.7	0.6	0.50	0.40	0.30	0.24	
0.50	1.7				2.0	1.6	1.3	1.0	0.7	0.60	0.50	0.36	
0.60	2					2.2	1.9	1.6	1.3	1.0	0.7	0.52	
0.70	2.3						2.5	2.2	1.8	1.3	0.9	0.7	
0.80	2.7							3.2	2.4	1.8	1.4	1.0	0.6
1.00	3.3								4.0	3.0	2.4	1.4	0.9
1.20	4									4.4	3.8	2.5	1.2
1.40	4.7										5.0	3.6	1.6
1.60	5.3											4.8	2.4
2.00	6.7												4.0

在设计时，崩落孔的负荷不应大于表 18-3 中最大负荷 V 的数值。在布孔时最好采用多重方框的原则。图 18-13（取自文献［5］）右边崩落孔布孔的图形即是按这一原则所作，它不仅明确显示了起爆顺序而且每一个炮孔爆破时也不会撕裂其相邻的炮孔。而左边的崩落孔布孔图则应该避免。图 18-14 是一些崩落孔布孔的范例。

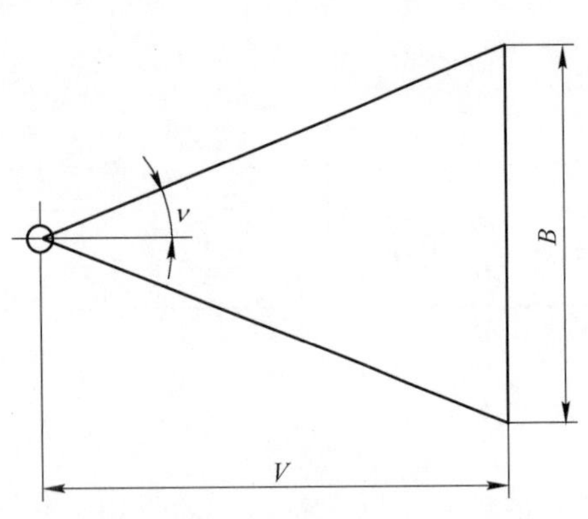

图 18-12　炮孔朝向窄的开口爆破

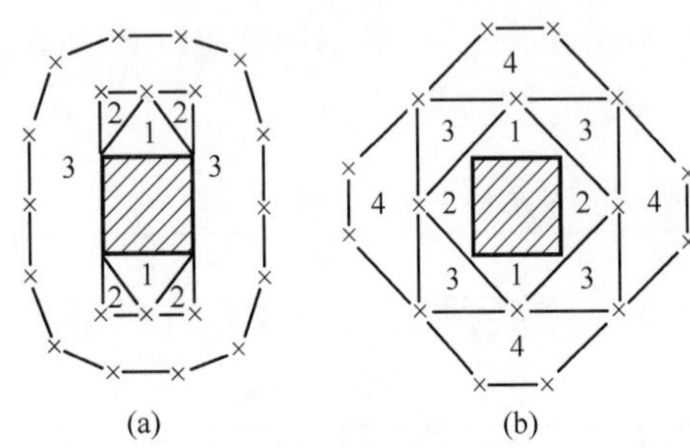

图 18-13　崩落孔正确布置[5]

（a）不正确；（b）正确

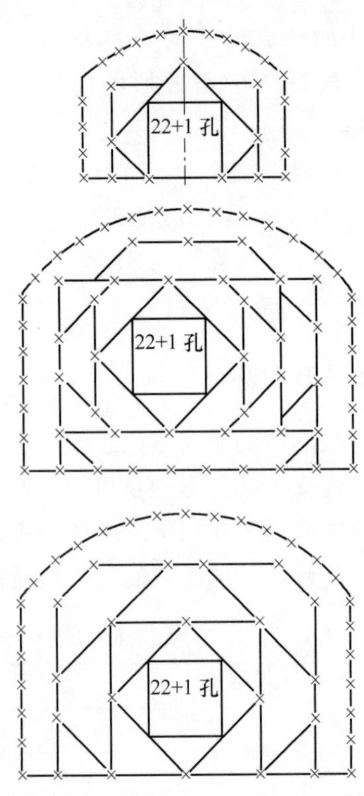

图 18-14　围绕中心掏槽区布置炮孔的范例[5]

18.1.6 抬炮孔

抬炮孔的设计类似于露天台阶爆破，隧道的进尺深度即相当于台阶高度。抬炮孔的负荷可按式(18-5)计算：

$$B = 0.9\sqrt{\frac{q_e \mathrm{PRP_{ANFO}}}{\bar{c}f\frac{S}{B}}} \tag{18-5}$$

式中 f——夹制因子，考虑到重力和孔间时差一般取 $f = 1.45$；

q_e——炸药装药密度，kg/dm^3；

$\mathrm{PRP_{ANFO}}$——炸药相对于 ANFO 的重量威力，一般取 1～1.4；

$\frac{S}{B}$——孔距与负荷之比，一般取为 1；

$\bar{c}$——岩石常数，它由常数 c 得出：c 是爆破破碎 $1m^3$ 岩石所需要的炸药量，通常在露天爆破的硬岩中 $c=0.4$。当 $B\geqslant 1.4$m 时，$\bar{c}=c+0.05$，当 $B<1.4$m 时，$\bar{c}=c+0.07/B$。

负荷 B 应满足条件：$B \leqslant 0.6L$，此处 L 是炮孔深度。

抬炮孔的设计也要考虑外放角 γ，以提供足够的空间便于钻机钻凿下一循环的炮孔。如果循环进尺是 3m，外放角为 3°，相当于 6cm/m，应已足够，但它仍取决于钻孔设备的特性。参见图 18-15。

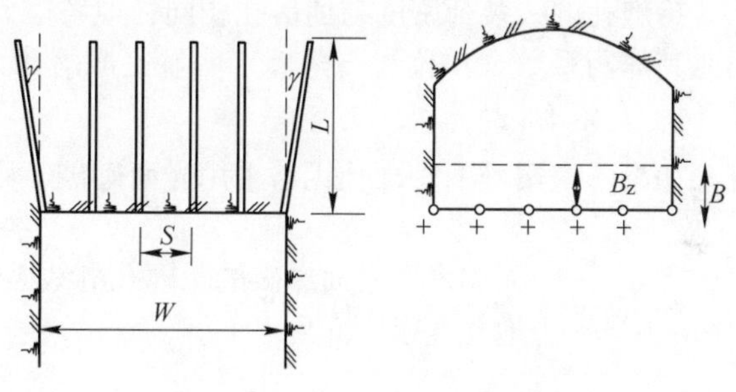

图 18-15 抬炮孔的布置

抬炮孔的数目按式（18-6）计算（INT 为取整数）：

$$N_B = \mathrm{INT}\left(\frac{B + 2L \times \sin\gamma}{B} + 2\right) \tag{18-6}$$

填塞长度为：$T=10d_1$，d_1 为炮孔直径。

18.1.7 轮廓孔

轮廓孔又称为周边孔，包括隧道的顶板和两帮，爆破开挖时，尤其是顶板通常都采用光面爆破技术。有关光面爆破的技术和参数计算在第 17 章已作了详细探讨。

如果轮廓孔无需进行光面爆破，其爆破参数可用类似抬炮孔的方法但夹制因子 f 取 1.2，$S/B=1.25$，而炮孔的柱状装药密度为 $q_c=0.5q_f$，q_f 为底部装药密度。

18.1.8 炮孔的线性装药密度

18.1.8.1 掏槽孔

兰基弗斯（U. Langeforce）和基尔斯托姆（B. Kilhström）给出了最接近不装药大孔的掏槽孔其线装药密度的指导性意见，见表 18-4 和图 18-16（取自文献［5］）。

表 18-4 柱状掏槽爆破装药孔的线装药密度 (kg/m)

ϕ/mm		50	2×57	75	83	100	2×75	110	125	150	200
D/mm	32	0.2	0.3	0.3	0.35	0.4	0.45	0.45	0.5	0.6	0.8
	37	0.25	0.35	0.35	0.4	0.45	0.53	0.53	0.6	0.7	0.95
	45	0.30	0.42	0.42	0.50	0.55	0.65	0.65	0.7	0.85	1.10
a/mm		90	150	130	145	175	200	190	220	250	330

注：D 为装药孔直径；ϕ 为大孔直径；a 为装药孔与大孔最大距离。

18.1.8.2 崩落孔

兰基弗斯（U. Langeforce）和基尔斯托姆（B. Kilhström）推荐的崩落孔的线装药密度已列于表 18-3。

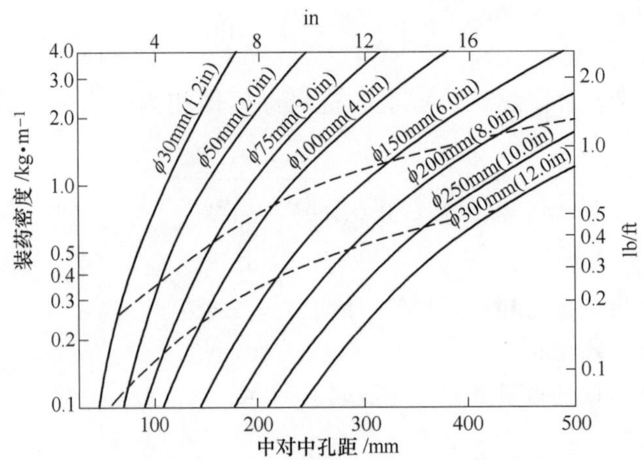

图 18-16　装药量与装药孔和空大孔距离的关系（对应图 18-10 中的破碎线，大孔直径为 30～150mm，装药孔直径 $D=32$mm[5]）

18.1.8.3.　抬炮孔

抬炮孔的线装药密度与崩落孔相同。但考虑到重力作用和夹制作用影响，其负荷与孔距比崩落孔小，因此其炸药系数（单位岩石药量）明显比崩落孔大。

18.1.8.4　轮廓孔

如果隧道爆破的轮廓孔无需采用光面爆破，则轮廓孔的线装药密度可以按式（18-7）计算：

$$q_{lc}=90d_1^2 \tag{18-7}$$

式中　q_{lc}——无需采用光面爆破的轮廓孔的线装药密度，kg/m；

d_1——炮孔直径，m。

18.1.9　隧道爆破设计的其他参考资料

以下一些图表可以作为隧道设计阶段的参考资料应用，但必须根据实际的地质条件和爆破实践进行适当的调整。

18.1.9.1　隧道钻孔爆破设计的快速计算表（见表 18-5）

表 18-5　平行掏槽时隧道钻孔爆破设计的快速计算表

炮孔分区	负荷/m	间距/m	孔底药包长度/m	炮孔线装药密度/kg·m⁻¹		填塞/m
				孔底	柱状部分	
抬炮	B	$1.1B$	$L/3$	q_f	q_f	$0.2B$
帮①	$0.9B$	$1.1B$	$L/6$	q_f	$0.4q_f$	$0.5B$
顶板①	$0.9B$	$1.1B$	$L/6$	q_f	$0.36q_f$	0.5B
崩落孔						
向上	B	$1.1B$	$L/3$	q_f	$0.5q_f$	$0.5B$
水平	B	$1.1B$	$L/3$	q_f	$0.5q_f$	0.5B
向下	B	$1.2B$	$L/3$	q_f	$0.5q_f$	0.5B

注：q_f—炮孔底部线装药密度，$q_f=7.85\times10^{-4}\times d^2\rho$；$d$—炸药直径，mm；$\rho$—炸药密度，g/cm³；$B$—崩落孔的负荷，$B=0.88q_f^{0.35}$；$L$—循环的炮孔深度。

①如果必须采用光面爆破，则以上数据不适用。

18.1.9.2　炮孔数目和隧道断面积的关系

（1）兰基弗斯（U. Langeforce）和基尔斯托姆（B. Kilhström）的图表[5]（参见图 18-17）。

（2）ICI 爆破表格手册中的图表[8]（参见图 18-18）。

（3）吉门诺等人的图表[1]（参见图 18-19）。

18.1.9.3　炸药消耗与隧道断面积的关系

（1）ICI 爆破表格手册中的图表[8]（参见图 18-20）。

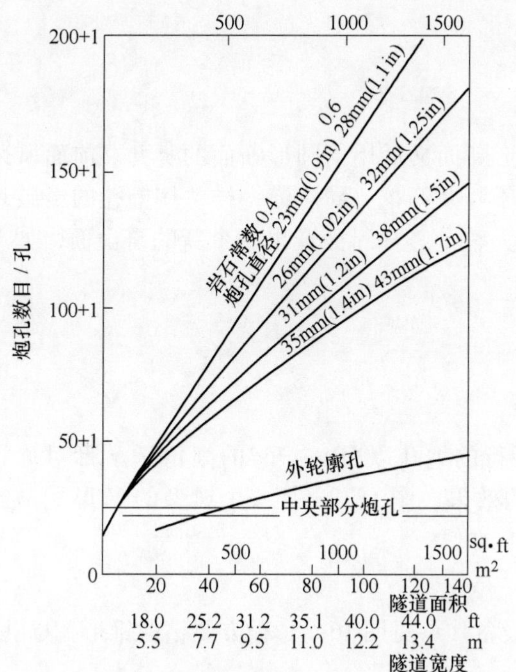

图 18-17 采用平行掏槽时不同炮孔直径的炮孔数与隧道面积的函数关系[5]

（岩石常数 $c=0.4$ 和 $c=0.6$，钻孔孔底偏差假设为 0.25m（0.85ft），图中曲线包括光面爆破孔在内）

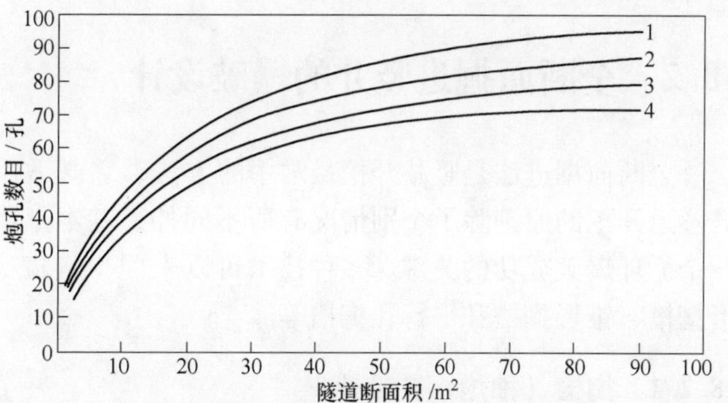

图 18-18 炮孔数目与隧道断面积的关系

1—片岩；2—花岗岩；3—砂岩；4—页岩

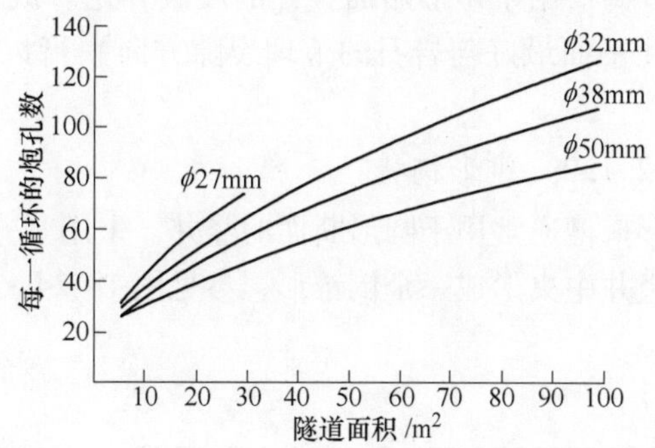

图 18-19 每一循环的炮孔数与隧道断面积的函数关系

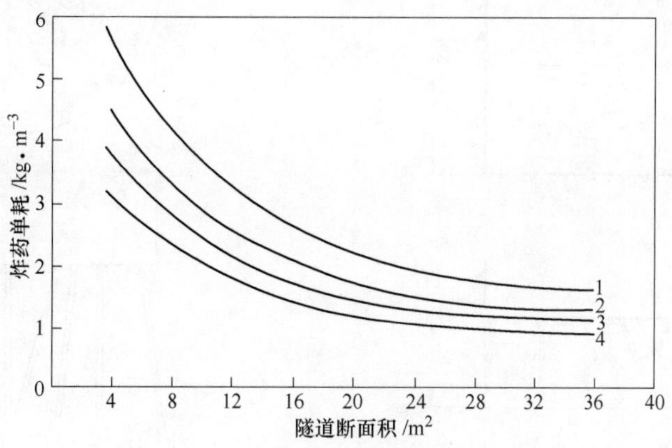

图 18-20 炸药单耗与隧道断面积的关系

1—片岩；2—花岗岩；3—砂岩；4—页岩

（2）TAMROCK 的图表[9]（参见图 18-21）。

18.1.9.4 单位钻孔量（每爆 1m³ 岩石所需的钻孔长度）[1]（参见图 18-22）。

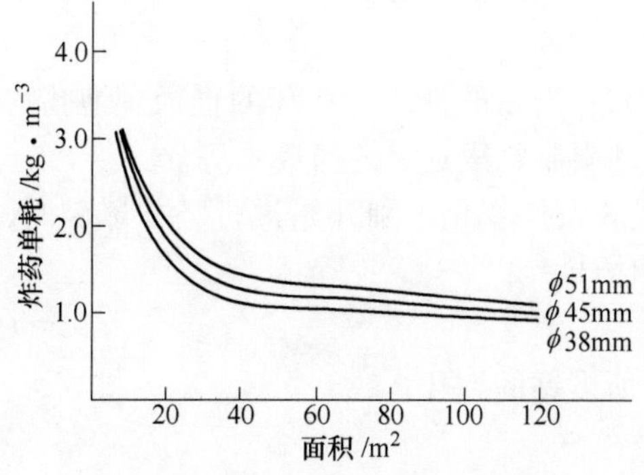

图 18-21 不同炮孔直径的炸药单耗与隧道断面积的关系[9]

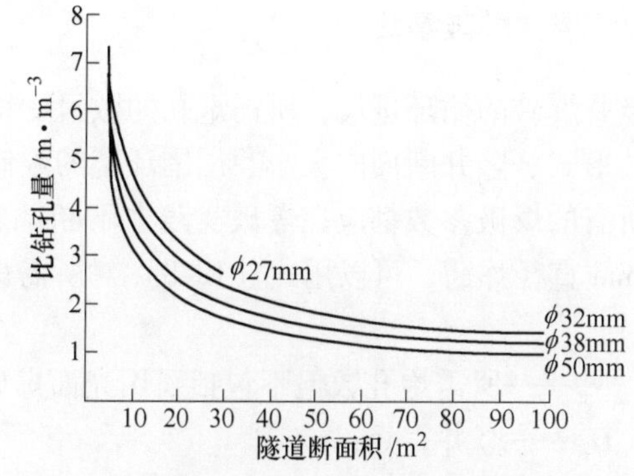

图 18-22 每立方米岩石爆破钻孔量与隧道断面积的关系

18.2　全断面掘进竖井的爆破设计

全断面掘进法是竖井开挖最常用的方法，它既适用于矩形断面又适用于圆形断面的竖井。前面所述的隧道开挖的原则除了个别情况有所不同外，基本上都适用于竖井开挖。同隧道一样，掏槽孔的爆破是一个循环爆破成功的关键。多种技术可以来用少量掏槽炮孔为整个竖井断面开出一个新的自由面，如V形掏槽、锥形掏槽和平行孔掏槽等。

18.2.1　掏槽（抽炮）孔设计

18.2.1.1　V形掏槽

V形掏槽用于矩形断面竖井的爆破开挖。成排的相互平行的炮孔以50°～75°的倾角呈V形对称钻孔。钻孔平面最好与岩石的节理裂隙方向平行以取得最好的效果。图18-23是一个典型的V形掏槽的范例。

18.2.1.2　锥形掏槽

锥形掏槽通常用于圆形断面的竖井。采用竖井专用钻孔设备（参见图16-8）很方便钻凿锥形掏槽孔。炮孔在竖井中央形成一个倒锥形，参见图18-24。

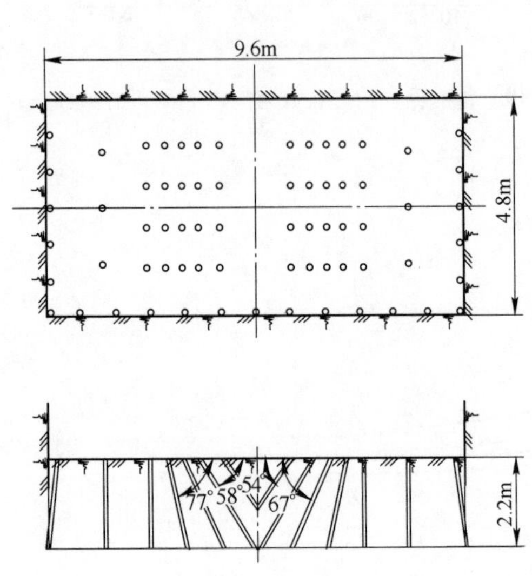

图18-23　矩形断面竖井采用V形掏槽的范例

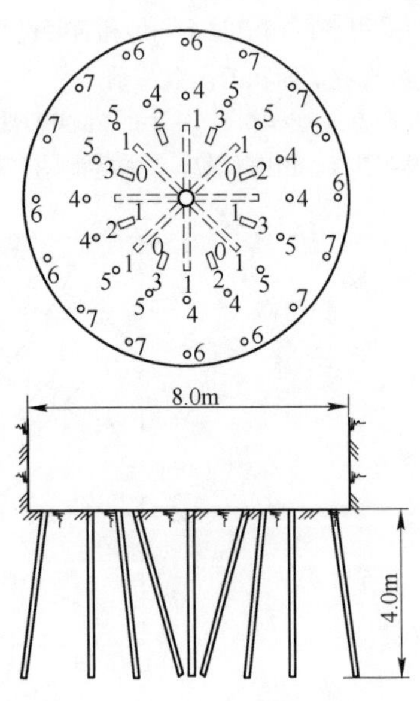

图18-24　竖井的锥形掏槽布孔

18.2.1.3　钻有大孔的平行孔掏槽

同隧道爆破一样，钻有大孔的平行孔掏槽也广泛地应用于竖井爆破，特别是断面相对较小的竖井。图18-25是一例。

18.2.2　竖井爆破参数

竖井爆破的循环进尺，所需炮孔的数目受很多因素影响如：岩石的性质、炸药的直径、炮孔的布置、掏槽的形式、竖井断面的大小、周围环境的限制（如爆破震动限制每段延时的药量）等。

所有的爆破参数都应在爆破实践中不断调整以适应客观的条件变化。刚开始进行竖井爆破时，如采用32mm直径炸药，可以用式（18-8）对所需炮孔数目进行估计：

$$N_B = 2D_p^2 + 20 \tag{18-8}$$

式中　N_B——所需炮孔数但不包括采用光面爆破于周边孔时所多钻的炮孔；

D_p——竖井直径，m。

图18-26～图18-28也可用于初始阶段对不同直径竖井的爆破参数进行估算。

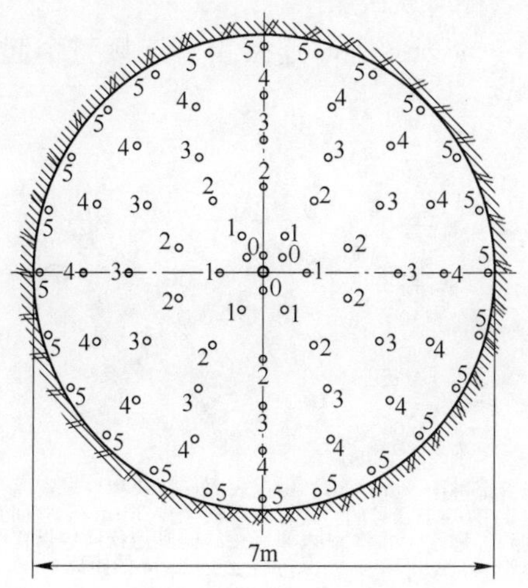

图 18-25　一个大空孔的平行孔掏槽的竖井爆破布孔

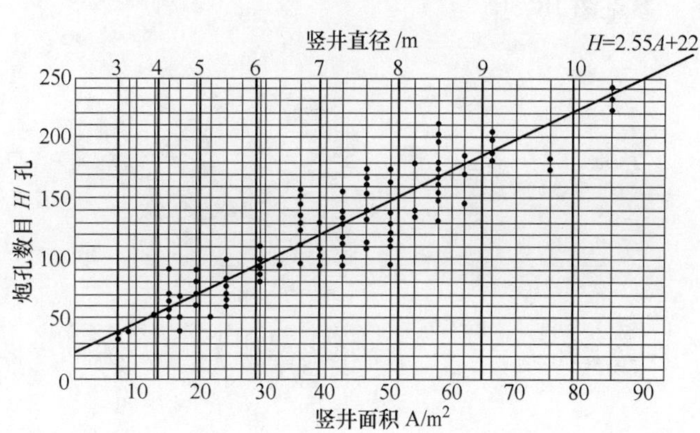

图 18-26　不同断面积竖井所需炮孔数的统计数据图[8]

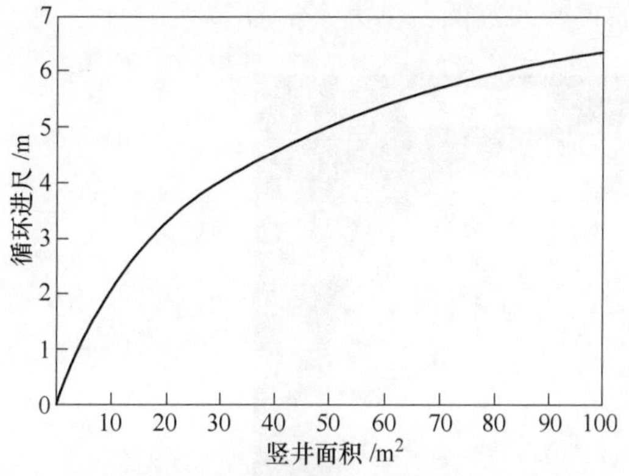

图 18-27　循环进尺与竖井断面积的关系

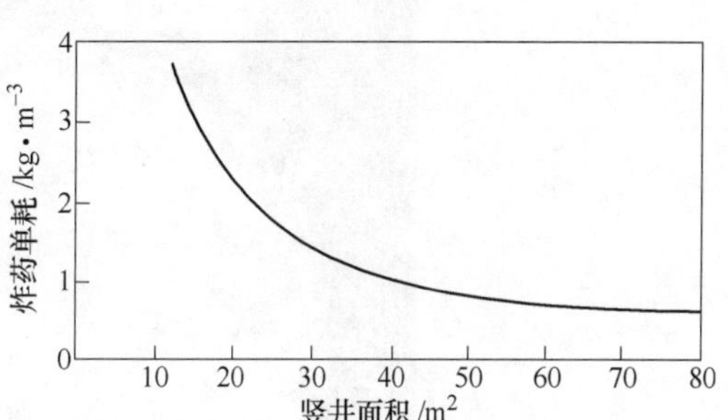

图 18-28　炸药单耗与竖井断面积的关系

18.3　地下爆破的起爆设计

18.3.1　起爆设计的原则

由于地下爆破通常只有一个自由面（台阶爆破除外），所有炮孔必须按照一定的顺序起爆。在起爆设计时必须确保每一个炮孔都朝向新开的自由面爆破。对于掏槽孔来说，他们的破碎角最小，只有 50° 左右。设计崩落区的起爆顺序时，应确保其破碎角不小于 90°，参见图 18-29。

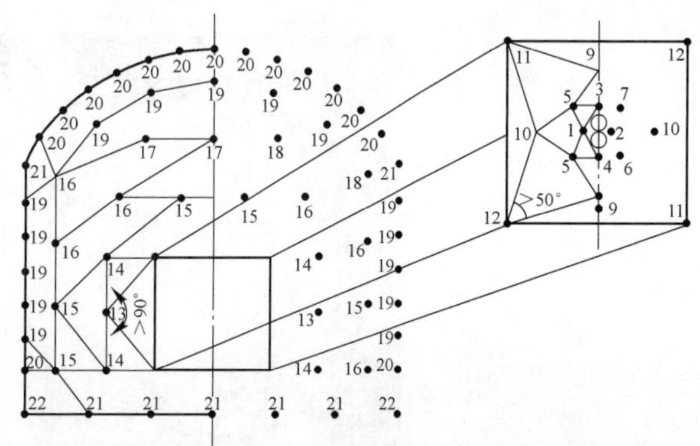

图 18-29　小断面隧道的起爆顺序（按图中数字顺序）

有一点必须注意的是：隧道爆破必须保证先后起爆的两炮孔之间有足够长的延时。对于掏槽炮孔，其孔间延时必须确保有足够时间破碎岩石并从那窄小的空孔中抛出。实验证明岩石抛出的速度为 40 ~ 70m/s。当掏槽孔深为 4 ~ 5m 时，必须有 60 ~ 100ms 的延时才可将破碎的石头从空孔中清出。通常采用 75 ~ 100ms 延时。

（1）小断面隧道的起爆设计。如果起爆用的雷管有足够的延时段数，则可以进行全断面一次起爆，图 18-29 即是一例。

（2）大断面隧道的起爆设计。对于大断面的隧道或硐室，爆破工作面可以分成几个区，进行分区全断面一次起爆。分区全断面起爆有两种方法：分扎连接法和导爆索环形连接法。

1）分扎连接法。将每一区炮孔的导爆索扎在一起，然后用一个表面延时连接雷管连接整个起爆网路，参见图 18-30。

将最少 5 根，最多 20 根导爆管抓到一起

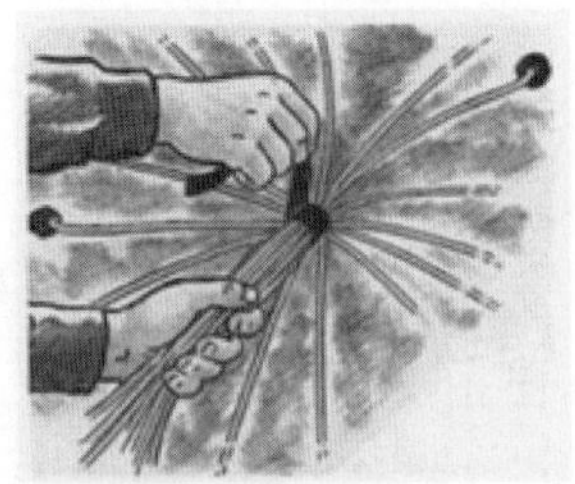
用胶布将每扎的导爆管在尽可能靠近岩石面的位置紧紧地扎起。在相隔 40cm 的位置再次用胶布扎一把

将扎起的导爆管塞进由 5g/m 导爆索制成的环中，有一个 0 号的表面连接块驳接到导爆索上并将它移至靠近导爆管

确保表面连接块和导爆索离开隧道岩石面至少 20cm 远，而且表面连接块同其他任何导爆管都保持有至少 20cm 的距离

图 18-30　大断面隧道起爆网采用分扎连接法的示范（取自 NONEL 使用指南）

图 18-31 是一个大断面隧道用分区分扎连接起爆网路的很好的范例，供大家学习参考。

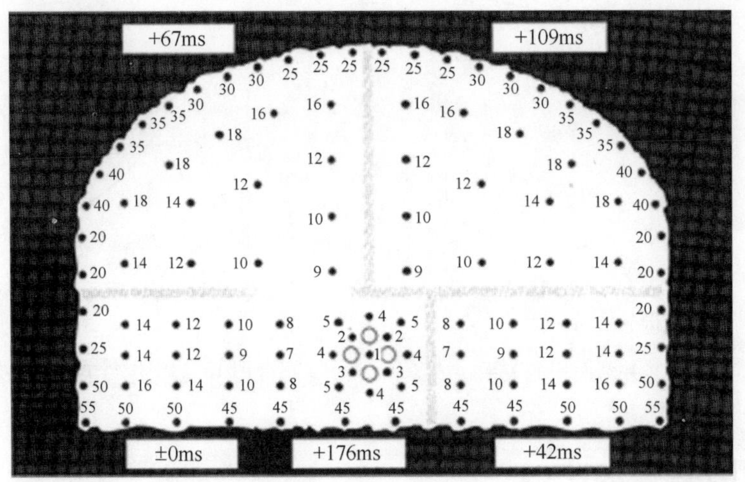

(a)

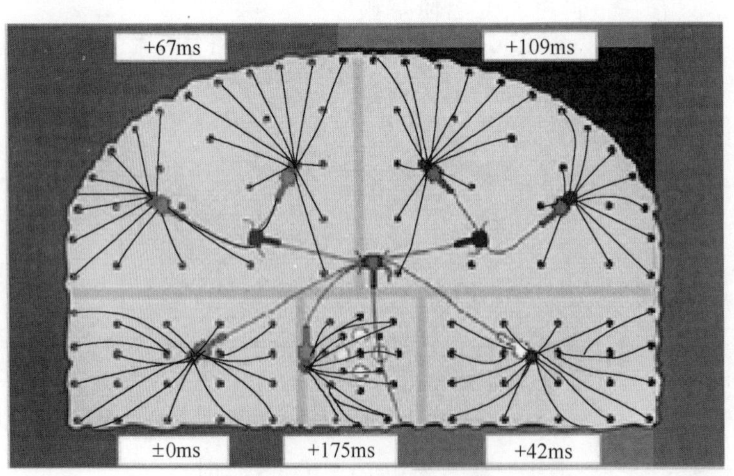

(b)

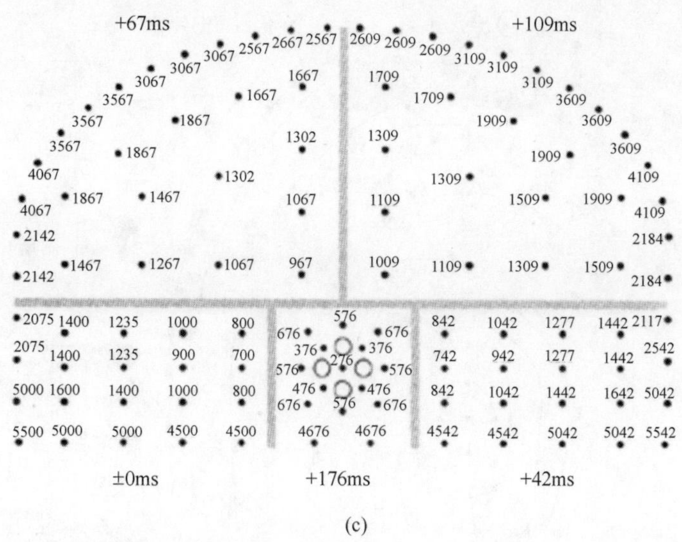

图 18-31 大断面隧道分区扎接一次全断面起爆的范例（Dyno Nobel）

（a）孔内延时雷管的延时号码。掏槽区内最小延时为 100ms（LP 系列 No. 1）以避免切断其他导爆管；（b）五个不同延时的表面连接块连接五个分区；（c）各炮孔的起爆时间（ms）

2）导爆索环形连接法。采用这一方法时，所有孔内雷管的导爆管尾端都带有一个 J 形塑料连接钩用以钩连到一个由双股 5g/m 导爆索制成的环形上（参见图 18-32）。大断面隧道用分区分扎法连接起爆网路的很好的范例，减小同时起爆炸药量以控制爆破引起的振动。此例中，共分为五个区，用五个不同延时表面延时连接块连接，使每一个炮孔以不同时间起爆。

①雷管的导爆管尾端都带有一个 J 形塑料连接钩钩连到导爆索上（参见图 18-32）。

②环形的导爆索平行于隧道石面。导爆索不能接触任何相邻分区的任何导爆管。

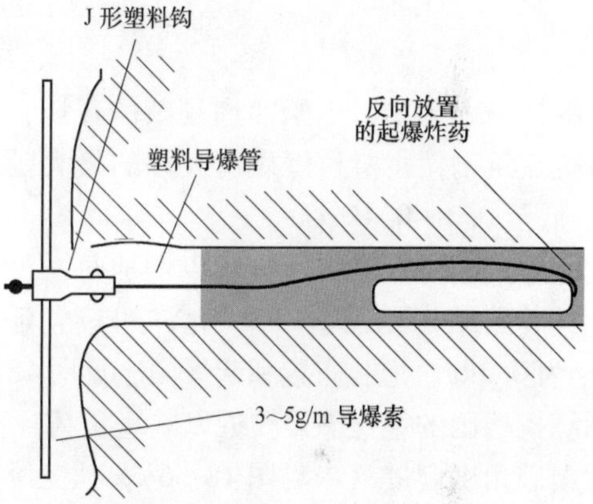

J 形塑料钩 反向放置的起爆炸药 塑料导爆管 3~5g/m 导爆索

图 18-32 雷管的导爆管尾端 J 形塑料钩钩连到导爆索上

③每一分区的延时用相应的表面延时连接块连接。

④表面延时连接块连接到一个 0ms 连接块上，0ms 连接块连到每一分区的环形导爆索上（参见图 18-33）。

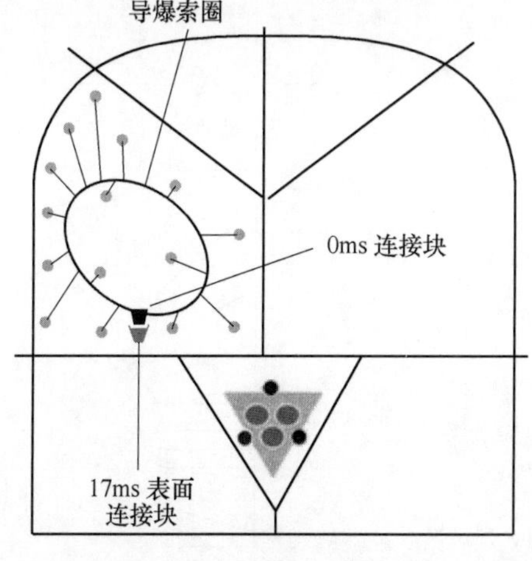

图 18-33 导爆索环形连接法

18.3.2 电子雷管用于隧道爆破

电子雷管由于具有极高的延时精度，因而对爆破安全特别是控制爆破振动更有保证。电子雷管现在已越来越广泛地应用于一些敏感环境的建筑工程爆破，包括地下爆破以及市区内的工程。下面以几个简单的例子说明电子雷管在隧道爆破中的应用。

（1）用 Smartshot 电子雷管的隧道爆破设计（参见图 18-34）。

图 18-34 中全隧道断面分为五个分区：SS1，SS2，…，SS5。

图中的起爆顺序为：SS3→SS4→SS1→SS5→SS2。各分区的起爆时间分别为：0ms、2151ms、2181ms、2593ms、2691ms。各分区内炮孔之间的延时间隔也有不同。

（2）采用电子雷管的双层装药隧道爆破[11]。

图 18-35 和图 18-36 中的隧道爆破设计采用了 Orica 公司的 eDev™电子雷管。该隧道开挖进行于 2013

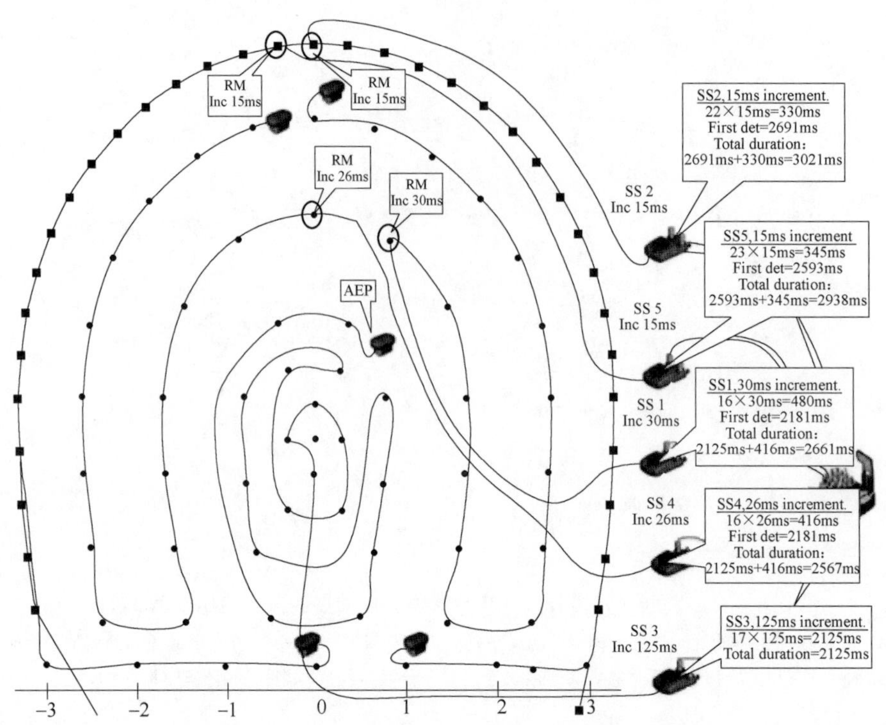

图 18-34 用 Smartshot 电子雷管的起爆顺序设计

年香港的繁华市区中。由于四周复杂的环境，高度敏感的各类建筑物使得隧道爆破所允许的最大延时药量（MIC）低至 0.2 ~ 0.4kg。

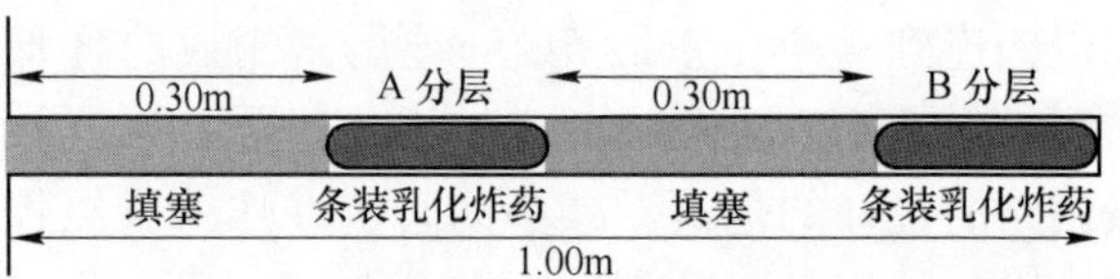

图 18-35 炮孔装药设计

设计中采用了双层装药技术以增加每一循环的爆破量。其装药结构见图 18-35。允许的最大延时药量（MIC）为 0.2kg。炮孔布置和起爆顺序见图 18-36。

围绕掏槽区的炮孔靠得较近以减轻负荷，而且起爆顺序也有明显的变化。由开始时的逐孔起爆转化为加大爆破角度起爆（参见图 18-36），从三维来看，起爆锥的锥角逐步扩大。

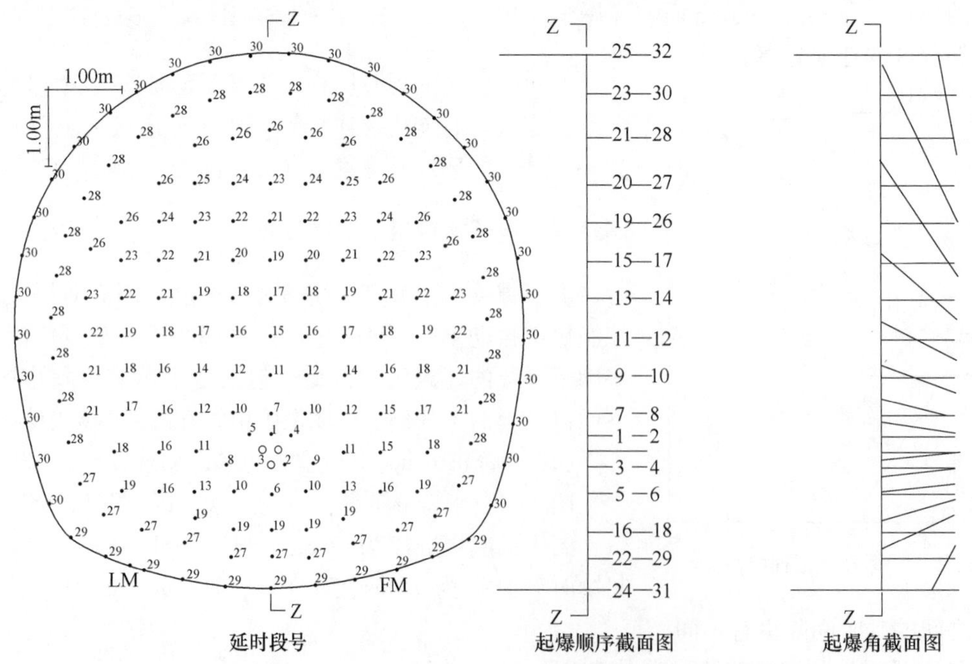

图 18-36 采用电子雷管的双层装药技术隧道爆破设计

一次爆破共要装药和连线358分段，费时185min。经过几次爆破的经验积累，其效果立即显现出来，爆破产量显著增大，而且并没发现安全上的问题和风险有所增加。所有监测到的爆破振动均低于1mm/s，有的甚至低于触发值。爆后隧道工作面上仅有极少的凸凹不平（摘录自文献［11］）。

18.4 计算机辅助隧道爆破设计和管理

一些钻机公司与大学合作开发出一些计算机软件以帮助工程师们进行隧道爆破设计和管理。钻机公司在销售钻机的同时培训钻机手、爆破员和隧道工程师使用这一软件。

在这一类软件中，阿特拉斯（Atlas Copco）的Underground Manager和山特维克（Sandvik）的iSURE软件尤为突出。它们的突出的特点是这些计算机软件同钻机有着紧密的联系，它不仅指导钻机按照设计的炮孔设计图准确地钻孔，而且用一个称为MWD（measure while drilling）的数据采集软件对钻孔过程中的所有信息进行实时监测和记录，用以对所钻岩体的性质和地质特征进行分析和评估，指导隧道爆破设计。

Underground Manager和iSURE都是采用Windows作为工作平台，因而对于熟悉Windows的使用者应用起来并不困难。

18.4.1 山特维克的iSURE® ——隧道管理软件

DTi是山特维克的多功能自动化隧道钻车的一个系列。iSURE® 软件[12,13]同DTi实现无缝连接。iSURE® （i Sandvik Underground Rock Excavation）的指导思想是要提供一个实用的优化钻孔设计的工具，同时为改进钻孔爆破工序提供必要的信息。

iSURE® 软件包由四个层次的模块组成：

（1）iSURE® Ⅰ：隧道模块Ⅰ；

（2）iSURE® Ⅱ：报告Ⅱ（要求有隧道模块Ⅰ）；

（3）iSURE® Ⅲ：分析模块Ⅲ（要求有模块Ⅰ和Ⅱ）；

（4）iSURE® Ⅳ：锚杆模块Ⅳ（仅适用于DTi系列钻车，要求有模块Ⅰ、模块Ⅱ和模块Ⅲ）。

最近山特维克建筑部增加了一个新的实时的，形象化的岩体分析软件geoSURE。这一新的软件完全同iSURE® 隧道项目管理软件集成一体。它根据钻孔中采集的数据提供岩体的信息对隧道开挖爆破进行优化。

18.4.1.1 iSURE® Ⅰ

iSURE® Ⅰ，即隧道模块Ⅰ是iSURE® 的基础模块，每一个模型都必须从它开始。它包括项目文件管理、隧道外形轮廓、隧道位置、钻孔爆破设计、钻孔和爆破图等。这一模块的突出特点是它在每一个循环之后进行设计，从对炮孔负荷的微分析，优化炮孔的布置。隧道轮廓的设计可以人工绘制也可以从iSURE® 提供的标准图册中选择，还可以用.dxf格式从AutoCad中导入。作为钻孔爆破设计的一部分，该模块还包括雷管起爆延时（包括表面分组延时）的设计。它显著地加快了设计速度并减小了出错率。所需要的雷管和炸药数量立即可列表给出（参见图18-37）。

在钻孔设计中iSURE® 还可以进行多项钻孔设计如轮廓孔、崩落孔、灌浆孔等。钻孔时，钻机以预设的参数进行钻孔。例如钻轮廓孔时，钻速会慢一点以提高准确性，而钻崩落孔时就会加大功率以加快钻速。

iSURE® 的进尺分析软件将炮孔的起点位置同上一循环炮孔的孔底位置进行比较，用于改进炮孔的装药量和炮孔距离以达到改进爆破效果，提高开挖进度。

18.4.1.2 iSURE® Ⅱ（报告Ⅱ）

iSURE® Ⅱ（报告模块）可以直接生成符合当局要求的内容和格式的报告文本。它可以按钻进工作的四个不同水平的数据分别提出报告：每一循环、每一个操作者、每一维修（维修间隔）和每一使用寿命。报告中给出钻孔过程中每一阶段，每一事项的日期和时间，钻进工具的消耗等（参见图18-38）。

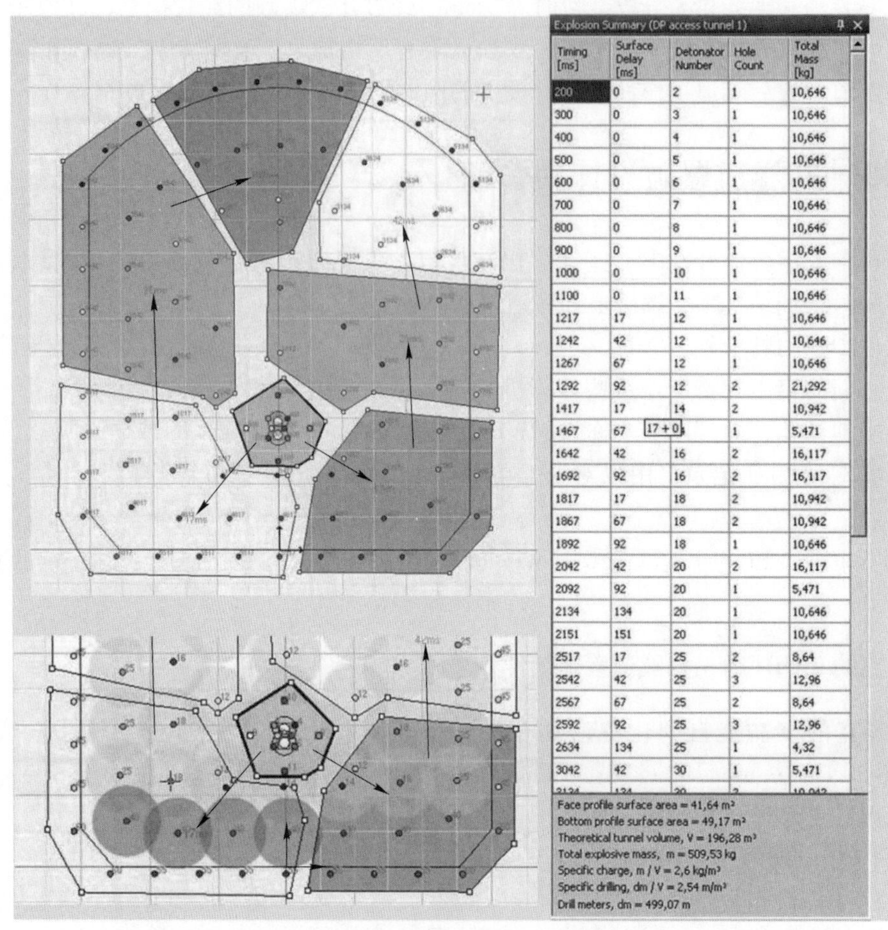

图 18-37　应用 iSURE 隧道模块进行爆破设计及设计起爆顺序

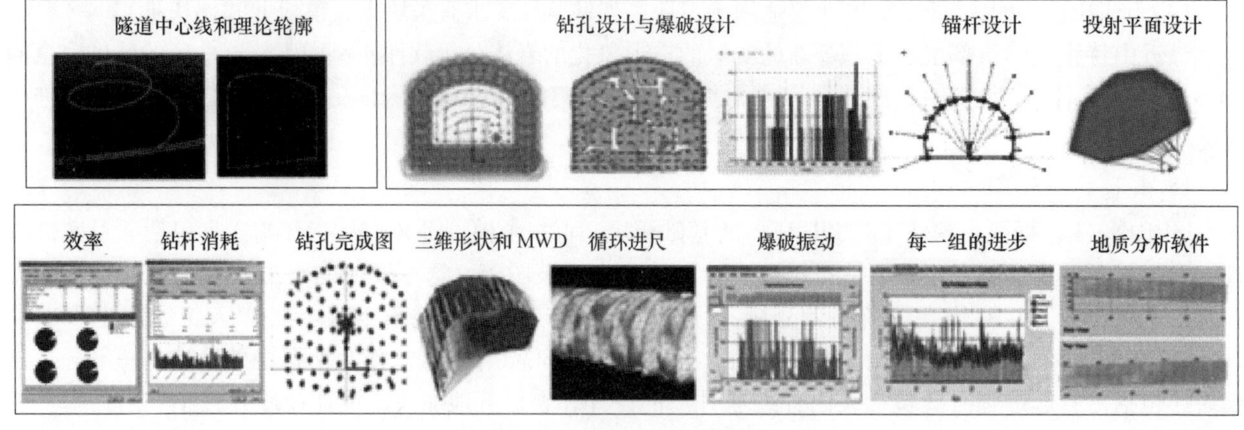

图 18-38　iSURE 的报告功能

18.4.1.3　iSURE® 爆破振动分析

iSURE® 提供了一个控制爆破振动实用工具，因为它已知每一个炮孔的炸药量，起爆时间和起爆顺序及炮孔布置图，再从第三方取得爆破振动的监测数据并将其输入 iSURE® 系统即可进行爆破振动分析。将爆破振动同每一个炮孔的装药量进行比较就可在炮孔图中找出产生问题的炮孔（参见图 18-39）每段延时的炸药量及它所产生的 PPV 大小可以逐孔地在钻孔爆破图上找出。只要调整每段延时药量、起爆顺序、时间间隔以及每一循环进尺就可以对应每一个敏感地段的爆破振动进行控制。

18.4.1.4　iSURE® 分析模块

iSURE® 分析模块（MWD 数据采集和报告）的功能是用钻进采集的钻进过程中的各种数据（Measuring-While-Drilling）对岩体的结构和特性进行分析和报告。这一模块可采集多达 19 项数据，如压气流量、

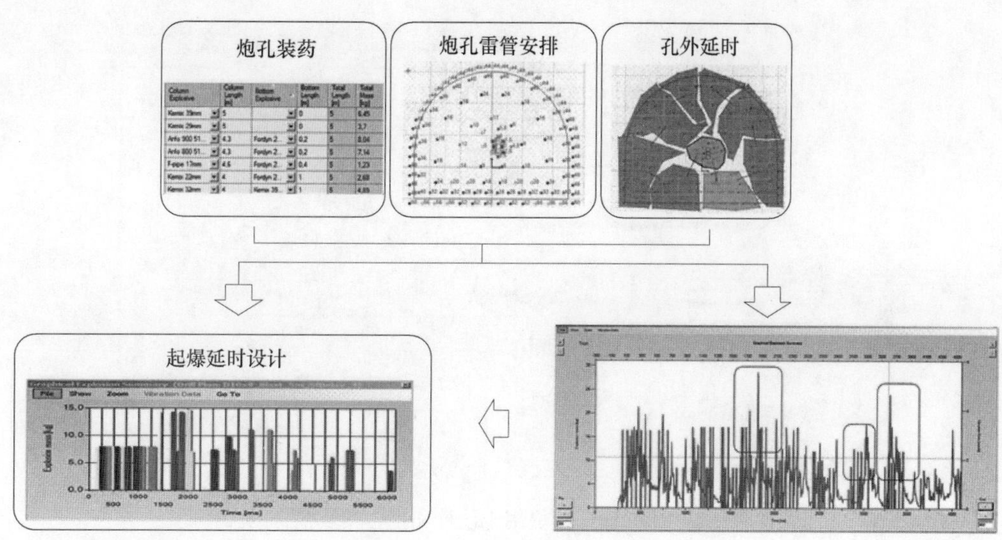

图 18-39 iSURE 爆破振动分析

进给压力设定、回转速度设定、反卡钻状态、钻进控制设定等，多过其他一些软件。由 MWD 采集的数据在钻孔完成后由分析模块进行分析研究。

作为一个选项，MWD 也可以对数据进行实时处理并可对钻孔工作面上的岩体性质输出三维的形象化的报告（参见图 18-40）。这些数据可经 iSURE® 输出由外部程序在另一个分析平台上作进一步的分析。

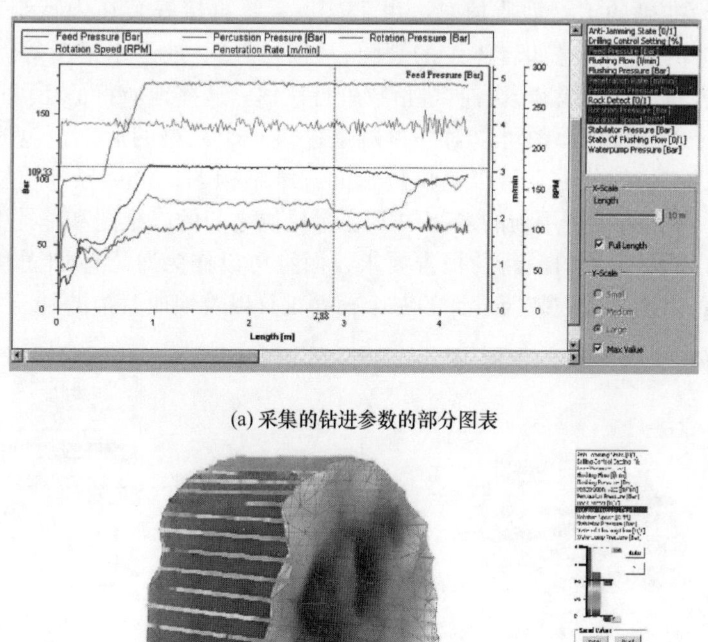

(a) 采集的钻进参数的部分图表

(b) MWD 可以在钻进过程中产生形象的可自由转动的显示岩体性质的三维实时图像

图 18-40 iSURE® 分析模块界面及功能

18.4.1.5 iSURE® 锚杆模块

iSURE® 锚杆模块（仅适用于 DTi 系列钻机）可以使钻机同时进行工作面炮孔钻进和锚杆孔钻进。如果钻机导航点符合要求，这一模块可以同时应用炮孔平面图和锚杆图进行工作。模块可以在工程的坐标系统下输出炮孔和锚杆孔的实际位置的报告。此外，iSURE® 分析模块还可以根据锚杆的实际位置描绘出隧道的实际轮廓图（参见图 18-41）。

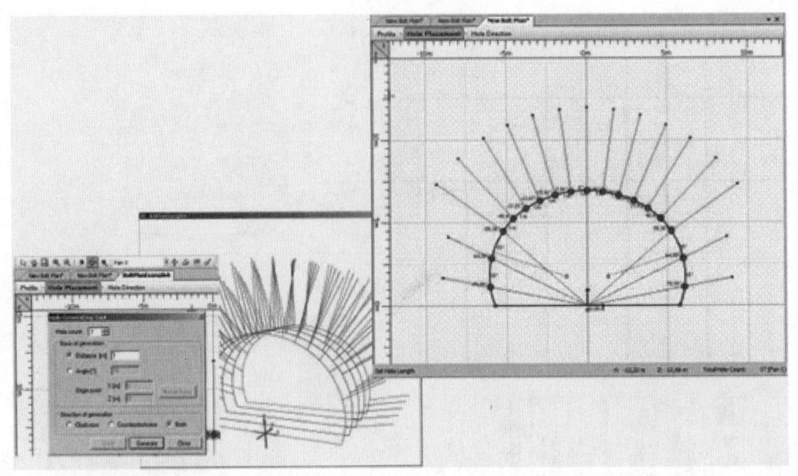

图 18-41 iSURE® 锚杆模块用于设计和报告钻装锚杆的工作

锚杆模块最多可以在同一平面上设计五个锚杆扇形。设计平面包括锚杆孔的位置和方向，炮孔母线和扇形管理工具以及三维图形。

18.4.1.6 geoSURE

在 MWD 的基础上山特维克的建筑部最近发布了称为 geoSURE 的软件包（图 18-42）。这一新的系统通过一个全新的，集成在钻机操纵电脑中的岩体分析和形象化的系统，可为从事隧道工程的公司、工程师和钻机操作者提供更为准确的工程地质信息。由于这一系统直接安装在山特维克的地下钻机电脑中，因此它可以实时监测岩体的地质信息如岩体中的裂隙、岩石强度、地下水情况等。进一步的分析它还可以对岩体的强度分级、岩石质量分级和岩石质量指数进行评估。这些地质特征还可以用 iSURE® 的隧道管理程序形象化地表达出来。二维片面图可以对一段隧道提供一个完整的形象，包括二维的插值图、侧面图、顶面图和展开图。进一步的分析它可以提供隧道的三维结构图，包括三维插值、片面插值、等表面图和曲线图。iSURE® 系统也可以使用新的 geoSURE 变量提供之前的三维图和单孔 MWD 图表。

这一新系统不仅可以满足工程的最新的报告要求，而且可以作为对岩体加固和灌浆工作进行评估的重要手段。此外，它还可以作为爆破装药设计的一个辅助工具以及地质素描的补充手段。

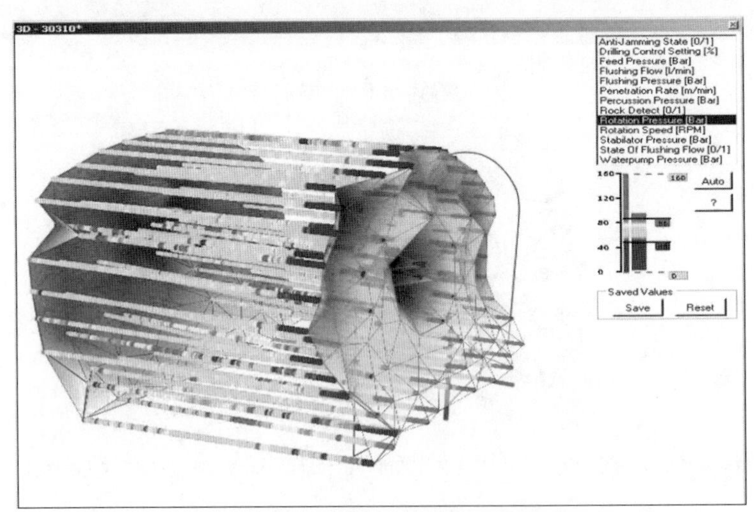

图 18-42 geoSURE 岩体分析和形象化软件

18.4.2 阿特拉斯的“地下工程管理 MWD”软件

阿特拉斯的“地下工程管理”又称为“隧道工程管理”（Underground Manager/tunnel Manager）[14,15]是用于地下矿山和隧道钻孔爆破工作的计划、管理、设计和评估的一个软件包。这一软件系统是以微软的 Windows 为平台开发的，它只适用于阿特拉斯的由电脑操纵的凿岩台车。这一系统又分为三个层次：

Underground Manager、Underground Manager Pro 和 Underground Manager MWD。

最高层次 Underground Manager MWD 的功能最新和最为完整。它是在瑞典勒律欧工业大学多年研究成果的基础上开发出来的。

(1) Underground Manager 只提供基本的功能，如炮孔布置和设计及爆破效果分析。

(2) Underground Manager Pro 还包括采集钻孔的数据：Measure While Drilling。

(3) Underground Manager MWD 除了以上两个软件的功能外，它还能对采集的数据进行分析，也即它可以从钻孔时采集的数据迅速地转换为钻进岩体的性质，如岩石硬度和裂隙情况。

阿特拉斯的“地下工程管理（UM）”是以微软的 SQL（Server Compact Edition）数据库为基础建立的，所有的隧道数据如隧道轴线、激光定向线、炮孔图、隧道轮廓图、截面记录档、MWD 记录档等，都按照特定的结构存储于数据库中。

程序首先用 UM 的工具建立起隧道的三维图像，它包括隧道的中轴线、轮廓线、固定点和激光定向点。

18.4.2.1 钻孔图生成器、装药和起爆设计图

钻孔图设计是 UM 的一个关键功能，图 18-43 中包括所有的线条、隧道形状和炮孔（位置、深度、角度、种类和直径）。对于每一个隧道断面所生成的隧道轮廓分别进行钻孔图设计。对于新定义的或新插入的隧道断面，所有的炮孔数目和位置都可以进行修改。炮孔设计完成后即可输入阿特拉斯的台车钻机遥控系统。

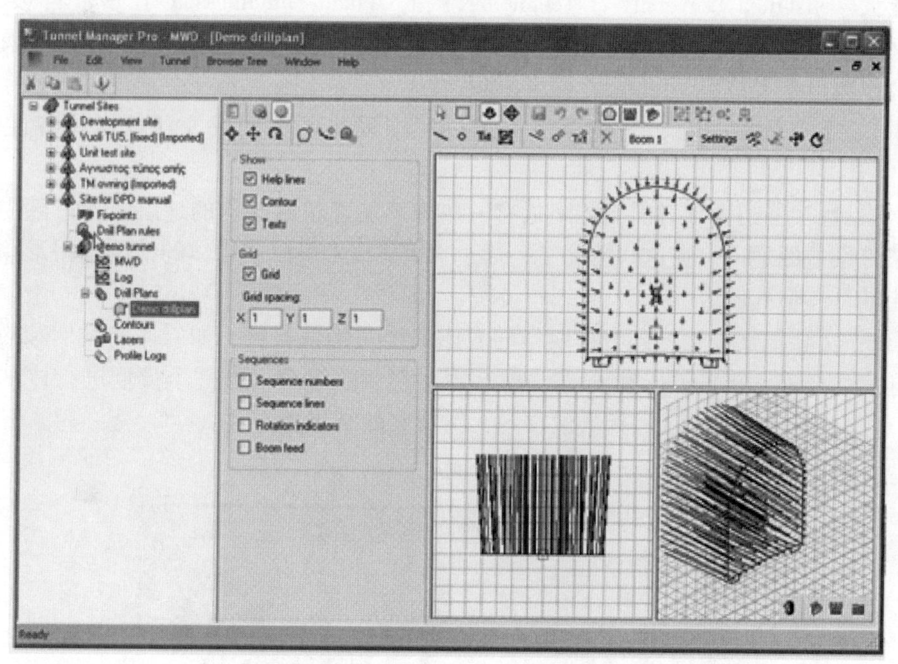

图 18-43 用 Tunnel Manager MWD 进行钻孔设计

为了取得好的爆破效果和隧道轮廓并确保爆破振动不超过工程项目规程限制，UM 的模拟程序会在分析了隧道断面大小和岩体的性质后，选择合适的炸药品种和设计起爆顺序。

UM 的模拟程序还能提供装药和爆破的动态作图工具。通过选择一个隧道断面使用作图工具，UM 可以对不同爆破参数下的爆破结果进行演示和测试。隧道断面上的炮孔可以选择不同的延时方式和顺序，包括分区和表面延时，进行演示，参见图 18-44。这一功能对于确保选择正确的起爆顺序很有用。对炮孔图所作的任何改变，在起爆和装药图上都会同步显示出来。

18.4.2.2 MWD 和报告

从岩石钻孔时提取岩体性质的技术叫 MWD（Measure while Drilling）。钻孔时采集的参数有：钻进速度、推进力、冲击油压、旋转油压、转速、阻尼油压、水压和水流速。

MWD 技术由两个部分组成：采集并记录数据和分析，转换和评估数据。

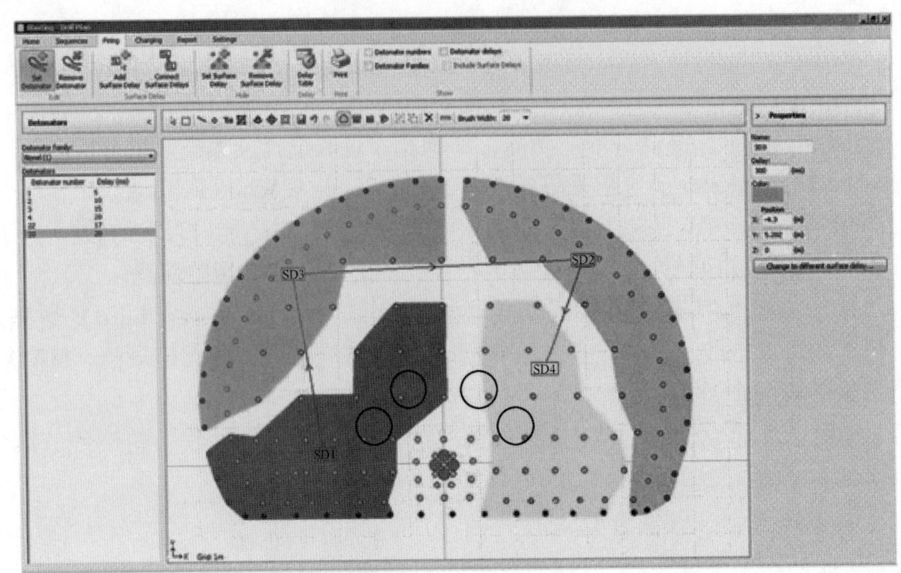

图 18-44 起爆顺序设计

尽管钻孔台车的电脑控制技术发展的越来越先进，准确地采集和记录各种数据仍然是一个关键的过程。

勒律欧工业大学（Luleå University of Technology）的 Håkan Schunnesson 于 1997 年发表的博士论文《通过对冲击式钻机钻进过程的监控以得到被钻进材料的结构特征》，使得对钻进过程中采集的数据进行转换和评估的工作取得重大进展。

MWD 技术是一个有效的工具，它使得由钻进过程中采集的数据成为评估岩体特性时更有价值的信息。

MWD 技术常常用于隧道所穿过的岩体附近有一些敏感的建筑或结构的地层，如市区中的一些基础设施或者是地质条件很差的地段。在这些情况下，通过 MWD 技术可以使岩体的情况变得形象化并显示于隧道断面图或指定的一些炮孔图上。

MWD 也可以按需要输出根据钻孔数据所作的岩体的地质特性报告，如岩体的硬度和裂隙指数。根据钻进时的钻进速度、转速、推进油压和其他一些参数及它们的组合，由一个模型进行评估而得出表征岩体性质的指数（参见图 18-45）。这些指数通常同实际观察的结果相吻合。

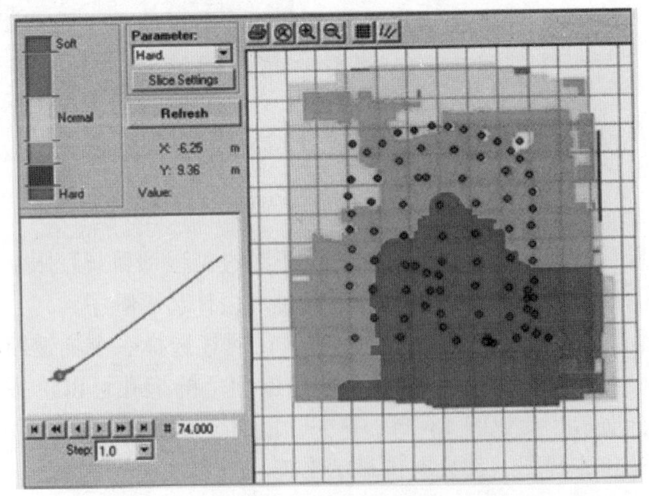

图 18-45 应用 MWD 技术输出隧道断面岩石硬度分布图

18.4.2.3 总站导航系统

这是一种采用总站导航系统的测量输入方法。总站测量仪安装在一个三脚架上，对准一个已知的点或建立一个自由站。在图 18-46 中仪器设置于一个已知坐标的点则设备的方向可以参照另一个已知点的方向而得知。第二种方法，采用的是后方交会的方法，即总站仪器可以设在任何位置，最好是设在离目标物旁边以取得更高的精确度。总站的位置确定可通过测量其他已知点来得到。从已知点测量是最常用的方法，但后方交会的方法更适用于小范围的地域。

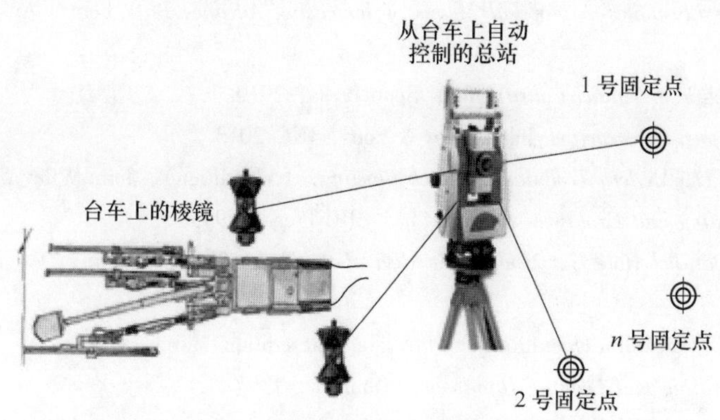

图 18-46　安装在三脚架上的总站导航系统

近年来，总站测量法变得越来越自动化，测量工作也变得更加简单。其中所谓自动棱镜锁或称为自动目标认定（ATR，Automatic Target Recognition）采用了一种 CCD 相机可使仪器自动地对准棱镜。这一技术只需要将仪器粗略地对着目标棱镜，仪器就会自动地进行微调。ATR 技术连同称为 LOCK（锁或自动目标跟踪）的自动棱镜技术发展使这一方法更加有效。

将总站的控制盘直接附加在棱镜杆上，通过无线电与仪器进行交流，计量器可以直接从仪器移至要测量的目标。现在，只需要一个人在现场工作即可。另外更准确地反射或减少测量，而且无需棱镜和反射镜的技术在研发中，距离的测量直接在目标点通过激光束的反射来完成。这一技术使得两点之间无通道距离的测量得以实现，但相对于棱镜的方法其准确度要稍差一点。

18.4.2.4　隧道轮廓分析器

隧道轮廓分析器用于测量隧道的开挖轮廓并与设计轮廓进行比较（参见图 18-47）。它扫描隧道表面的精确度可达 3 ~ 5cm。从扫描的轮廓图上所显示的超挖，系统会适当地调整钻孔布图以减小超挖。通过限制超挖，可以减小二次支护的混凝土量及超挖的岩土装运量，降低工程成本并节省了工程时间。

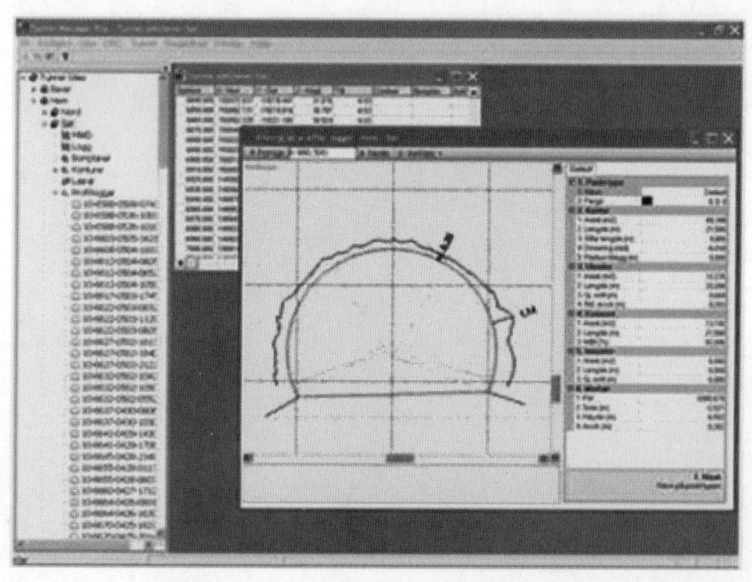

图 18-47　应用隧道轮廓分析器测量超挖

参 考 文 献

[1] Jimeno C L, et al. *Drilling and Blasting in Rock*. A. A. Balkema. 1995.

[2] Hagan T N. *Large Diameter Blastholes-A proposal Means of Increasing Advance Rate*. Fourth Australian Tunnelling Conference, Melbourne, 1981.

[3] Chapman D, et al. *Introduction to Tunnel Construction*. Spon Press, 2010.

[4] Hemphill G B. *Practical Tunnel Construction*. John Wiley & Sons, INC. 2013.

[5] Langefors U, Kihilstron B. *The Modern Technique of Rock Blasting*. (3rd edition), John Wiley & Stone, N. Y. 1978.

[6] Persson P, et al. *Rock Blasting and Explosives Engineering*. CRC Press, 1993.

[7] Sharma P D. *Four-section Parallel Hole Cut Model (Swedish Method) for Tunnel Blasting Design*. http://miningandblasting.wordpress.com.

[8] *Handbook of Blasting Table*. Australia Operations Pty Ltd., Metric edition. March 1980.

[9] Puhakka T. *Underground Drilling and Loading Handbook*. Tamrock, 1997.

[10] MAtti Heinio. *Rock Excavation Handbook for Civil Engineering*. Sandvic & Tamrock, 1999.

[11] Iwata O, et al. *Double Deck Blasting for Rapid Tunnel Advance in Hong Kong*. The Journal of Explosives Enginnering, ISEE, Vol. 30, No. 4. July/August, 2013.

[12] *Sandvik iSURE-Tunnel Management Software*. Technical Specification, 5-9700-D, 2012-11-02.

[13] iSURE Brochure 2013. *Sandvik iSURE-A Revolution in Precision*.

[14] Atlas Copco. *Specifications of Underground Manager*. Version 1.0, Mar. 05 2015.

[15] Atlas Copco. *Underground Constrction-Talkin*.

19 地下工程的装载和运输

19.1 隧道开挖的装载和运输

在16章中我们已指出，将开挖的物料从工作面搬走即装载和运输，是隧道开挖工作循环中的一个重要环节。

根据工程项目的条件，有着各种不同装载和运输的设备、方法以及不同的组合方式。

（1）转载设备和方法：

1）翻斗式装岩机（参见图19-1），这种设备通常用于小的且装有窄轨的巷道。

2）连续装载机。

3）履带或轮胎式挖掘机。

4）铲运机（LHD）。

（2）运输设备和方法：

1）轨道运输，也即机车运输（电机车、电瓶车、内燃机车或电动-内燃机双动力机车）。

2）自卸式卡车。

3）梭车。

4）皮带运输机。

图19-1　轨道式翻斗装岩机

（3）最常见的装-运组合是：

1）轮胎式装载机配自卸式卡车。

2）连续装载机配梭车/皮带运输机。

3）履带或轮胎式挖掘机/轮胎式装载机配梭车。

4）履带或轮胎式挖掘机/翻斗式装岩机配轨道运输。

确定采用何种装载运输方式需要考虑的主要因素有[1,2]：

（1）隧道的大小尺寸；

（2）隧道的长度（也即运输距离）；

（3）物料的种类；

（4）根据工程进度所要求的装运工序在每一个掘进循环中所必须完成的时间；

（5）能够得到的设备，以及能得到的设备经费。

隧道的尺寸大小直接决定了装载设备的尺寸。很明显，大断面的隧道可以采用大型装载设备。隧道的长度不一定影响选择装载设备的大小和种类，但却影响着选择开挖岩土的运输设备。如果从隧道工作面到隧道口的距离很大，采用铲运机的工作效率就会很低，而应该考虑采用装载机将岩土装入卡车或梭车或皮带运输机的承载斗中。物料的种类也影响装载运输设备的选择。软和轻的岩土适合采用连续装载设备，而磨蚀性大的岩石容易损坏运输机的皮带。

众所周知，隧道掘进进尺的快慢完全取决于开挖循环过程中每一道关键工序所需要的时间，这也正是承建商总是尽可能地减小每道工序所占用时间的原因。例如，只需简单地改变对装载设备的选择就会对隧道的掘进速度产生极大的影响。

究竟采用什么设备，要考虑工程的投资和成本。对于一条短的隧道，承建商会考虑采用已有的设备或租用/购买二手设备而不会购置新的更适合此项工程的设备。新的、先进的设备可能具有更高的效率，但却不一定符合整体的成本效益。无论选择什么设备都应考虑它是否可以使得整个项目的成本最低。工程成本始终是一条底线。

19.1.1 轮胎式装载机配自卸式卡车

当隧道断面足够大，轮胎式装载机可以方便地转身时，配自卸式卡车或梭车在隧道开挖中是最常见的组合（参见图 19-2）。

为了适用于地下工程有限的空间，制造商设计了一种矮车身的矿用卡车，图 19-3 是其中一例。

图 19-2 轮胎式装载机配自卸式卡车在隧道中是最常见的组合（Atlas Copco）

图 19-3 Atlas Copco 的 MT5020 型矿用自卸卡车

铲运机（LHD）。铲运机正如其名称所述：铲装-运输-卸载一体的机械。它的功能如同将前装机和自卸式卡车联成一体。它的高度小于前装机但车身较长（图 19-4）。

铲运机最初是为瑞典地下矿山的无底柱分段崩落法的开采设计的，但现在已广泛地应用于隧道开挖中。它的应用可以加快工作面的清理，大大缩短循环时间。

使用 LHD 的主要目的是用它将工作面上的爆堆清出并装入等候的卡车运走（参见图 19-5（a））。如果隧道足够大，往卡车中装载可以直接在隧道中进行而无需在隧道帮上开一个岔硐。如果卡车来不及返回，LHD 可以先将岩土卸到另一个堆放点，以便尽快地清出工作面，尽早进行下一道工序（参见图 19-5（b）和图 19-5（c））。

图 19-4 Sandvik 的 LH203E 型铲运机

19.1.2 连续装载机配梭车或皮带运输机

隧道开挖中用于装载岩石的连续装载机装有一个或两个挖掘臂将岩石装入链板运输带上再传输入后面的卡车或梭车中。图 19-6 即是一例。图 19-7 是另一类适用于软岩的连续装载机。

图 19-8 是一台梭车。梭车多数都采用电力驱动的轮胎车。它有一个底部刮板传输的装载槽。驾驶位于车身的一边。刮板传输带的尾端有一个可抬起的卸载板。车的四轮都可转向。驱动的电力由一条拖曳电缆从最近的供电站取得。收放电缆的卷轮安装在驾驶位的另一侧。

梭车也有采用轨道移动的，它适用于长的而且隧道地板难于维护的隧道。导轨式梭车可以单个使用，也可以几个梭车连接起来，其地板相互搭接形成梭式列车（参见图 19-9）。底部的刮板输送带将载料由前段移向尾端直至整个车厢装满。其足够大的车厢可以将爆破后的岩土一次装完运走。这一方法省去了卡车在隧道里掉头和就位的时间，从而大大地缩短了装载运输时间，特别是在软岩中采用连续装岩机时效果最为显著。

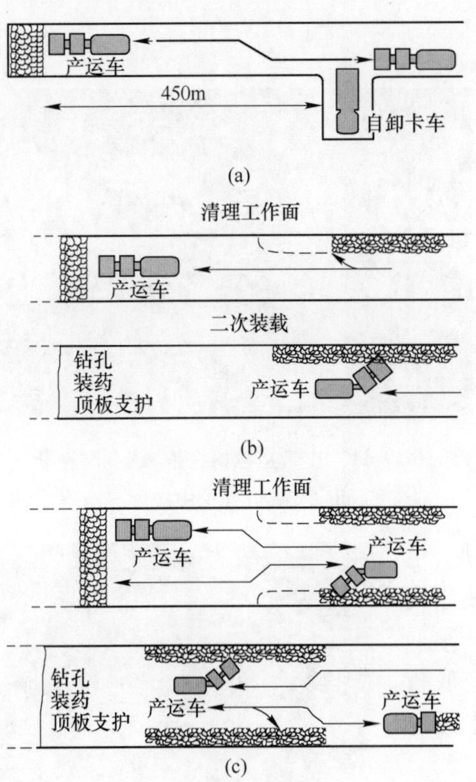

图 19-5 铲运机（LHD）在窄和大断面隧道中都可以迅速地清理出工作面[3]

（a）铲运车在窄的隧道中向停于岔硐中的卡车装载；
（b）铲运车在大断面隧道中装卸无需岔硐；
（c）用两台铲运车在隧道中工作

图 19-6 Atlas Copco 的 Haggloader 10HR/10HR-B 型连续装载机

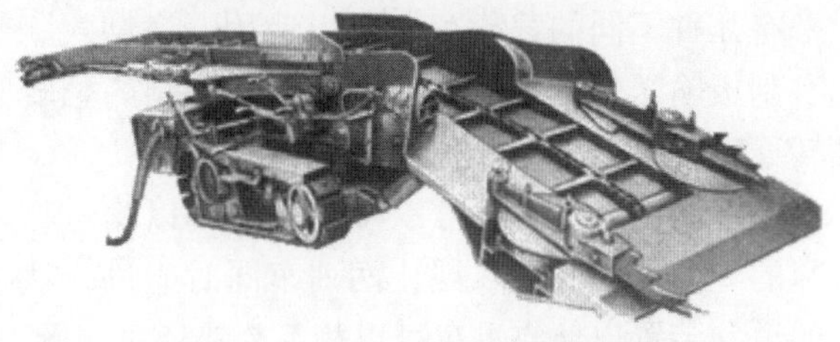

图 19-7 适用于软岩的连续装载机

图 19-8 从卸载端方向看典型的梭车

（取自 http：//www.undergroundcoal.com.au）

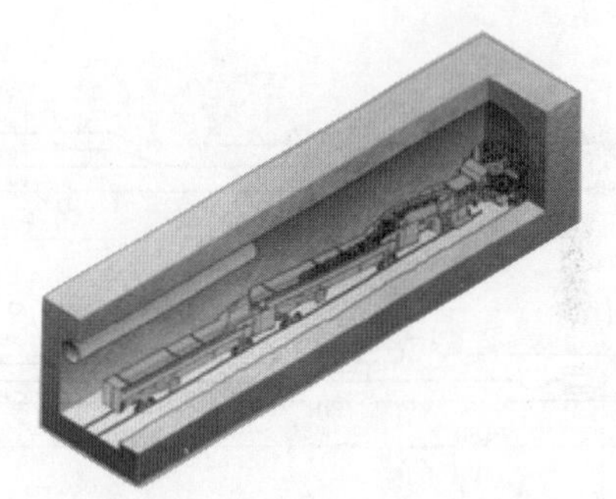

图 19-9 挖臂式连续装载机与轨道式梭式列车配合使用[2]

皮带运输机通常是最为经济的运输方式，但它在隧道开挖中的应用受到爆堆的块度最大不得超过300mm 的限制。因此，当皮带运输机作为隧道开挖的运输方式时通常都要有一台移动式或半移动式的破碎机先将石料破碎。破碎机要尽可能靠近工作面（参见图 19-10），这样就可以用这种最经济的连续运输方式来完全取代车辆运输。破碎机-皮带运输系统可以用任何设备进行装载。它的另一个优点是可以进行长距离输送，其效率不会受距离长度影响（参见图 19-11）。

19.1.3 轨道运输

轨道运输最适用于底板坡度为 1/200 ~ 1/300 的长隧道运输（图 19-12）。轨道运输的应用比皮带运输机更为灵活。良好的路面，高效的维护，高运输量和良好的通风是使用这一系统的基本要求。良好的排水，合适的坡度，尽可能减少弯路，拐弯处轨道保持平滑使运行更为畅顺。选择合适规格的铁轨（每米轨道的质量），良好的敷设质量是确保这一系统成功的关键。不同的铁轨质量取决于机车的质量和车轮的数量（一般为4 ~ 6 个）。5 ~ 100t 的机车采用的铁轨由 15 ~ 50kg/m(30 ~ 100lb/yd)。

图 19-10 Sandvik 的移动式地下破碎机[4]

图 19-11 皮带运输机在挪威 14.3 公里 Solbakk 隧道开挖中应用[5]

地下开挖中所使用的机车基本上都用内燃机或电力驱动。电力驱动包括蓄电池驱动或架空电缆驱动，或二者并用。当使用内燃机车时要求有好的通风系统。

有几种不同的载货车卡可以使用：底卸式、侧卸式、车底板装有刮板输送带从端部卸载，或采用特制的翻转笼，当车卡通过翻转笼时翻转车卡将石渣倒出等。

一些断面大的隧道可以敷设双轨用以输送材料和人员。但一些窄的隧道无法敷设双规让两列车同时通过，就必须设置一些临时的道岔装置以便空重车可以相互交错通过。图 19-13 和图 19-14 是两种不同的错车形式。图 19-15 是用于架设在单轨线路上的双轨浮动道岔。

图 19-12 隧道开挖运输用的一种机车

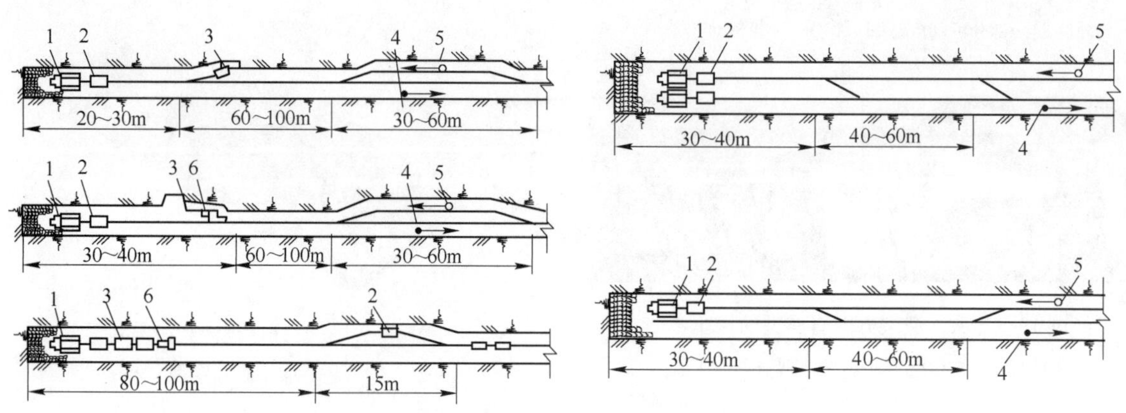

图 19-13 固定错车道的布置形式[6]

1—装载机；2—正在装卡车；3—空卡车；4—重车线；5—空车等候线；6—机车

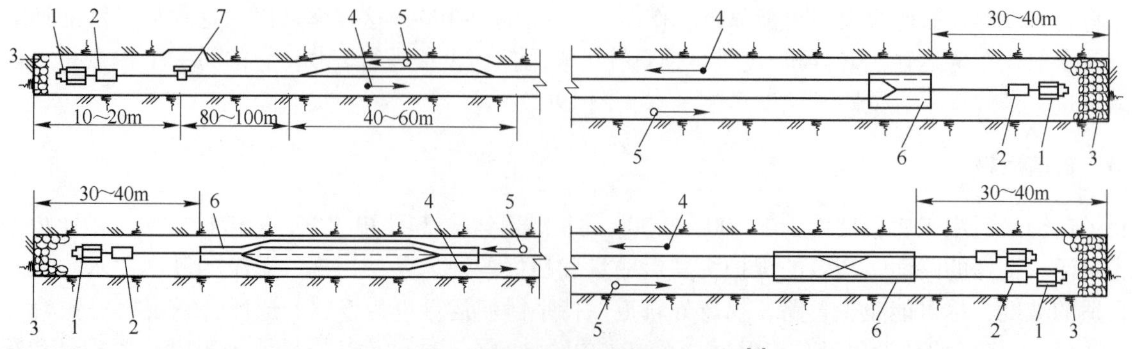

图 19-14 非固定错车装置的布置形式[6]

1—装岩机；2—矿车；3—矿堆；4—重车方向；5—空车方向；6—浮放道岔；7—平移调车器

19.2 竖井开挖的装载和提升

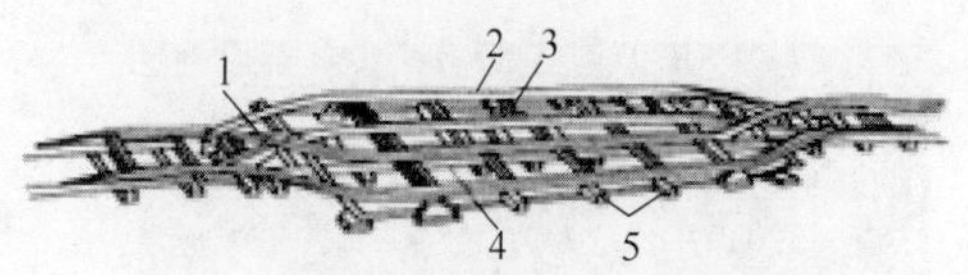

图 19-15 单线轨道上铺设浮动错车道岔[6]
1—道岔；2—浮动双轨；3—轨枕；
4—单线轨道；5—支撑块

完成对竖井的地质和地下水的勘探后，首先清除井口处的表层覆盖物并进行井颈的开挖。如果地层不够稳固，需要随时进行支护和加固。如覆盖层不是特别厚，井颈的开挖一直要达到岩石面，然后用钢筋混凝土构筑第一个井壁座。如果井颈及井壁座周围的地层不够稳固，必须增加井壁厚度并对周围地层进行灌浆加固，因为井颈部分是竖井的咽喉并承受着井口上部建筑包括井架和提升系统的负荷。只有完成了井颈和井口上部的井架和提升系统的建设，竖井才可正式开始下掘。

19.2.1 人工竖井开挖的装载和提升

人工竖井开挖是一项十分艰苦的工作，耗时多，进度慢。采用的设备简单，如手持式钻机，用人力将爆破的岩石装入小的提斗内。一台吊车将装满的提斗提升出竖井然后将空桶再放入井底。

由于在井下的工人不可能多，装载和提升能力很小，人工开挖的竖井一般都不深，断面也不大。

19.2.2 机械化竖井开挖的装载和提升

19.2.2.1 简易的装载和提升设备

如果竖井的深度不大（小于 100m）或竖井只是作为临时工程而且断面不是很大，一些简易的装载设备，如小型挖掘机和吊斗，一般工程用的吊机车或龙门吊都可以用作竖井的装载和提升设备。图 19-16 中即是一些常见的设备。要注意，吊斗的装载量不得超过容量的 75% 以避免岩石从斗边跌落。

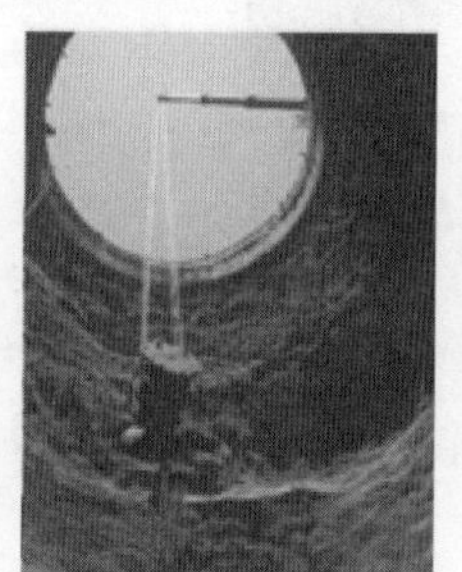

图 19-16 深度不大的竖井开挖使用的简易装载和提升设备

19.2.2.2 竖井开挖专用的装载和提升设备

对于一些开挖较深、断面较大或服务时间较长的竖井，从安全和高效的方面考虑，有必要采用一些，专门用于竖井开挖的装载和提升设备，如专用的抓岩机、吊桶、卷扬机和卸载装置（翻矸装置和矸石仓）。

（1）装载设备。有多种装载设备可供选择，最常见的有：

1）人力操作的气动抓岩机，通常悬吊于工作吊盘下（当竖井深度不大时则直接从地表悬吊至井底），由工人站在井底矸石上用手把操作，劳动强度较大。

2）大型机械化操作的抓岩机。按驱动形式分为风动和液压（包括电动-液压）两种。按安装方式分为靠壁式、中心回转式和环形轨道式三种。图 19-17 和图 19-18 中即为其中两种液压抓岩机。

3）小型的斗式前端装载机，如图 19-19 中的 Eimco-630 装载机。这种装载机除竖井外也可用于隧道作为装载设备。

（2）提升设备。竖井开挖中通常用钢制的吊桶作为提升装运设备。图 19-20 即是一例。

竖井开挖的提升系统包括井架、天轮、卷扬机、吊桶和井口卸矸装置，如图 19-21 所示。图 19-22 和图 19-23 分别是竖井井架（包括井口卸矸装置）和卷扬机。

图 19-17　由 dhMining Systems 制造的竖井抓岩机
（取自 http：//www. dhms. com）

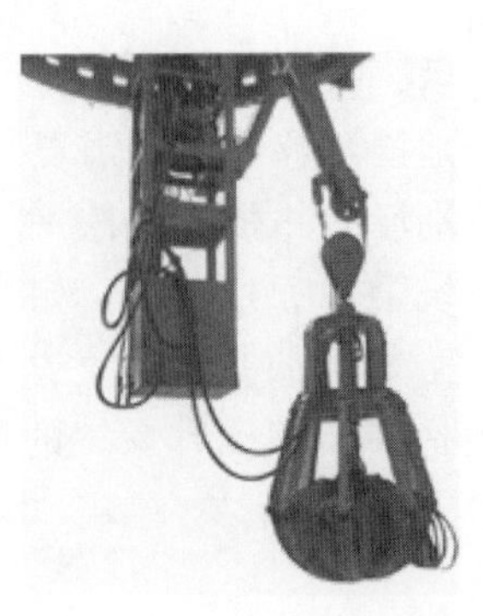

图 19-18　徐州汉元科技制造的 HZDY 中心回转式抓岩机

图 19-19　Eimco-630 风动装载机

图 19-20　用于竖井开挖提升矸石的钢制吊桶

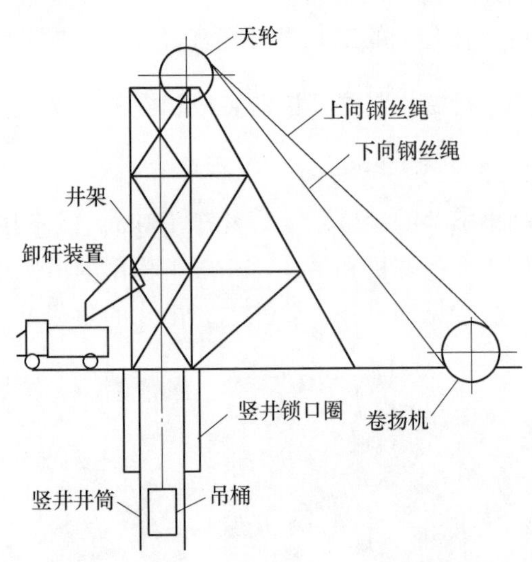

图 19-21　竖井开挖的提升运输系统

图 19-22　竖井井架和卸矸装置

图 19-23　竖井卷扬机

参考文献

[1] Hemphill G B. *Practical Tunnel Construction*. John Wiley & Sons, INC. 2013.
[2] Atlas Copco. *Underground Constrction-Talking Technically*. 1st Edition. 2015.
[3] Matti Heinio. *Rock Excavation Handbook for Civil Engineering*. Sandvic & Tamrock, 1999.
[4] *Construction Projects around the world-Tunnel and Underground Civil Engineering*. Leighton Contractors (Asia) Limited, Hong Kong, 2013.
[5] Peter Kenyon. *Norway advances Ryfast Mega-Project*. TunnelTalk, July 2014.
[6] 赵兴东. 井巷工程 [M]. 北京：冶金工业出版社，2012.

20 地下开挖的通风

20.1 开挖工程对通风的要求

对隧道和竖井进行通风的目的是对它们供给新鲜空气并抽走污浊空气以提供一个良好的工作环境。所供给的新鲜空气不仅是为了提供人的呼吸而且也是为了稀释污浊空气和提供一个凉爽的工作环境。

所有的隧道、竖井和其他地下的所有空间都必须采用机械通风，从外部送入清洁的，适宜人呼吸的非循环空气。在人进入任何地下工作点之前必须首先开动通风系统，保持其正常运转直至所有人员离开地下工作点。

20.1.1 地下空间空气质量的要求

在所有地下空间的空气体积分数必须不少于19.5%的含氧量，考虑人暴露时间、温度、湿度和几个联合作用的影响，其有毒气体、蒸气及粉尘污染不得大于安全浓度。易燃物浓度不得超过7%（最小爆炸浓度）的炸药爆炸浓度下限。

关于地下工程的空气质量的要求，将在本书第23章进行详细讨论。

20.1.2 对新鲜空气供气量的要求

在设计通风系统的方法和容量时必须考虑以下所有因素：

（1）同时在工作面工作的人数；

（2）隧道的断面大小和长度，硐室的空间大小，隧道的坡度；

（3）环境条件；

（4）是否有水、粉尘或甲烷气；

（5）同时使用机械的种类和数量。

此外，如果会有危险的粉尘或有毒气体出现或有可能出现，通风系统的方法和容量必须作特别考虑。

根据英国标准BS6164：2011（参阅文献［1］），供应每人0.3m^3/min的新鲜空气量通常是足够的。但当使用机械时（特别是以内燃机为动力的机械）应增加通风量。对于有严格控制的机械至少应按每工作千瓦增加3.0m^3/min增加供风量。建议隧道中带走粉尘的最小风速为0.5m/s，防止甲烷聚集的风速为2.0m/s。

20.2 通风设备

隧道通风最常用的是轴流式通风机，图20-1即为一例。

图20-1 阿特拉斯公司为隧道通风生产的轴流式风机

20.2.1 对通风设备的要求

按照美国内务部开垦局2014年7月的安全和健康标准（RSHS），只有第一类第一级（class 1，division 1）（用于空气中可能存在可燃可爆蒸气或气体环境中的防爆型电器）的电机，风扇，驱动器和包括布线、起动机和控制器在内的辅助设备可以用于隧道和竖井的开挖建设，在最近的人员工作点测得通风机的噪声水平不得超过90dB。

20.2.2 地下通风系统的风机种类

地下隧道或硐室中的空气受通风机产生的压力而流动。通风机可以根据不同用途分为以下几种类型：

（1）主通风机。即地下空间中空气流动的（压入或抽出）主要动力来源。

（2）辅助通风机。即供主通风机和增压风机之外的风流，主要用于掌子面和主通风机风流不足的地方。

（3）增压风机。用于较为复杂的地下工程中，以接力的方式将已减弱的主通风机风流增压。

（4）除尘风机。它带有过滤除尘的装置。它将地下风流中的粉尘清除后再输入地下空间循环使用。

20.3 通风系统设计

20.3.1 通风机流量计算

通风机的送风量（单位时间的流量）可用式（20-1）计算[4]：

$$Q = Q_1 + Q_2 + Q_3 + Q_4 \tag{20-1}$$

式中 Q——总的风机流量；

Q_1——隧道中同时工作人数最多时所必需的供风量，$Q_1 = q_1 \times N_1$，其中，q_1为每一个人所需风量，N_1为人数；

Q_2——消除爆破产生的粉尘所需的风量，$Q_2 = (V_{21}/T)\{1-(K_2 \times V_{21})/V_{22}\}$，其中，$V_{21}$表示需要通风的隧道的体积，$V_{21} = A_2 \times L_2$，而$A_2$为隧道面积，$L_2$为需要通风的隧道长度；$T$表示通风时间，$K_2$表示所允许的有毒气体的浓度（参见表20-3），$V_{22}$表示爆破产生的有毒气体量（参见表20-1）；

Q_3——消除喷射混凝土产生的粉尘所需的风量，$Q_3 = q_3/K_3$，其中，q_3为每单位时间内喷射混凝土产生的粉尘量，K_3为允许的粉尘浓度（参见表20-2）；

Q_4——消除装运矸石和材料的机械和车辆所产生的有毒气体所需要的通风量，$Q_4 = Q_{41} \times \alpha \times N_4/K_4$，其中，$Q_{41}$为消除一台机械产生的废气所需要的通风量，$Q_{41} = \beta \times V_{41} \times N_{41}$，其中，$\beta$为由发动机型号决定的系数，$Q_{41} = 0.4 \sim 1.2\text{m/min}$；$V_{41}$为发动机的排量，$N_{41}$为发动机的转速（r/min）；$\alpha$为有毒气体在废气中的含量（体积比：有毒气体/废气），N_4为机械数量，K_4为有毒气体允许的浓度（参见表20-3）。

如果爆破，喷射混凝土和装运工作可以分开进行而不相互交叉，式（20-1）可以用式（20-2）代替：

$$Q = Q_1 + \text{Max}(Q_2, Q_3, Q_4) \tag{20-2}$$

表20-1 产生有毒气体的体积[4]（取自隧道标准规范（山地隧道）由日本隧道工程师协会发布）

毒气源	分 类	有 毒 气 体	1kg炸药产生CO的体积/m^3 1台内燃机产生NO_x的体积/$m^3 \cdot min^{-1}$
炸药	2号埃诺基-代那买特	一氧化碳CO	8×10^{-3}
	其他代那买特	一氧化碳CO	11×10^{-3}
	浆状炸药	一氧化碳CO	2×10^{-3}
	乳化炸药	一氧化碳CO	5×10^{-3}
	铵油炸药（ANFO）	一氧化碳CO	30×10^{-3}
内燃机	铲装机	氮氧化物NO_x	55×10^{-6}
	自卸卡车	氮氧化物NO_x	20×10^{-6}
	其他机械	氮氧化物NO_x	20×10^{-6}

表 20-2　粉尘的允许浓度[4]

分类	粉尘的种类	允许浓度/$mg \cdot m^{-3}$	
		能吸收的粉尘	总粉尘
Ⅰ	云母、滑石、矽藻土、铝、膨润土等	0.5	2
Ⅱ	矿物粉尘、氧化铁、煤、波特兰水泥、石灰岩等	1	4
Ⅲ	其他有机的或无机的粉尘	2	8
石棉	阳起石等	0.12	

表 20-3　有毒气体允许浓度[4]

有毒气体	允许浓度/10^{-6}
一氧化碳 CO	100
氮氧化物 NO_x	25

20.3.2　风压计算

通风机所要求的风压可按式（20-3）计算[2]：

$$p = RQ^2 \quad 或 \quad p = \frac{ksQ^2}{A^3} \tag{20-3}$$

式中　p——风压，Pa；

R——等效阻力，$N \cdot s^2 \cdot m^{-8}$；

Q——空气流量，m^3/s；

k——摩擦系数，见表 20-4；

s——摩擦表面积，即长度与周长乘积，m^2；

A——风路断面积，m^2。

风压受风路（通道）的断面积控制，因此，风路断面的大小对于通风计划和设计很重要。

表 20-4　基于风路条件计算摩擦阻力 k[2]

衬砌条件	全部为光滑的混凝土表面	混凝土板或木材横板使凸缘间具弹性	混凝土板、木材或砖凸缘间使具弹性	拱后衬以背板，良好的直线风路	不规则的顶板、侧壁和底板，粗糙的条件
k	0.0037	0.0074	0.0093	0.0121	0.0158

20.3.3　风机和风筒设计

风机的功率和风筒的大小根据伯努利（Bernoulli）理论进行设计[4]：

$$V = Q/A \tag{20-4}$$

$$h = \lambda\left(\frac{L}{D}\right)\left(\frac{V^2}{2g}\right)\gamma \tag{20-5}$$

$$N = Qgh\rho_W \tag{20-6}$$

$$B = \left(\frac{N}{\eta}\right)\alpha \tag{20-7}$$

式中，V 为风速；Q 为通风机的风量，参见式（20-2）或式（20-3）；A 为风筒的截面积；h 为风头的摩擦损失；λ 为摩擦损失系数，参见表 20-5；D 为风筒直径；L 为风筒长度；g 为重力加速度；γ 为空气的密度，$\gamma = 0.0012$ g/mL；N 为风机的理论功率；ρ_W 为水的密度；B 为风机实际需要的功率；η 为风机的功率效率；α 为安全系数，$\alpha = 1.15 \sim 1.2$。

表 20-5　风筒的特征参数[5]

风　筒　种　类	摩擦损失系数 λ	主动泄露表面 $f/mm^2 \cdot m^{-2}$
柔软的送风筒，S 级	0.015	5
柔软的送风筒，A 级	0.018	10
柔软的送风筒，B 级	0.024	20
用螺旋形弹簧钢加固的易弯曲的抽风筒	0.025	5 ~ 20
金属薄板风筒	0.010	2

20.3.4　风机选择

通常风机制造商都有一个根据流体力学理论建立的通风优化系统软件，输入工地的条件，要求的风量和风压及实验室实验的数据，输出一张风机特性图表用以选择风机。图 20-2 即是阿特拉斯公司为香港一隧道工程选择风机的风机特性图。

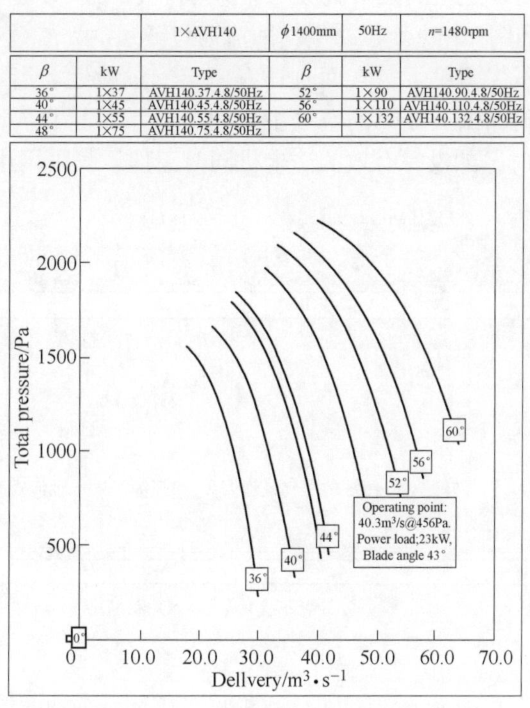

		1×AVH140	ϕ1400mm	50Hz	n=1480rpm
β	kW	Type	β	kW	Type
36°	1×37	AVH140.37.4.8/50Hz	52°	1×90	AVH140.90.4.8/50Hz
40°	1×45	AVH140.45.4.8/50Hz	56°	1×110	AVH140.110.4.8/50Hz
44°	1×55	AVH140.55.4.8/50Hz	60°	1×132	AVH140.132.4.8/50Hz
48°	1×75	AVH140.75.4.8/50Hz			

图 20-2　阿特拉斯公司于 2013 年为香港一隧道工程提供的 AVH140 型轴流式风机的总风压-风量特性图

20.3.5　通风筒

用于隧道通风的有三种通风筒：

（1）柔性光滑的塑料纤维风筒（参见图 20-3）。用于压入式通风。

（2）用螺旋形弹簧钢加强的可弯曲的风筒（参见图 20-4）。它可用于压入式和抽出式通风。

（3）用金属薄板制成的刚性风筒。用于抽出式通风时隧道中易于受碰撞或刮擦的地方，特别是接近工作面和隧道拐弯的地方。

图 20-3　塑料纤维风筒

图 20-4　用螺旋形弹簧钢加强的可弯曲风筒

20.4　地下开挖工程的通风方式

20.4.1　压入式通风

当工作面的粉尘不是很严重，达不到需要优先考虑级别时，压入式通风系统可将新鲜空气直接输送到工作面（参见图 20-5（a）和图 20-6）。但当空气回流通过隧道时，空气会变得越来越污浊。特别是爆破后炮烟逐渐弥漫于空气中，不仅污染了空气而且还有一定的危险性。当隧道长度超过 1000m 后，仅采用单一的压入式通风就不足以确保供人呼吸的空气中其粉尘含量维持在安全限度以下。当工作面采用机械开挖（如臂式挖掘机）工作时，如没有有效的洗尘机同时工作，仅采用压入式通风是不恰当的。

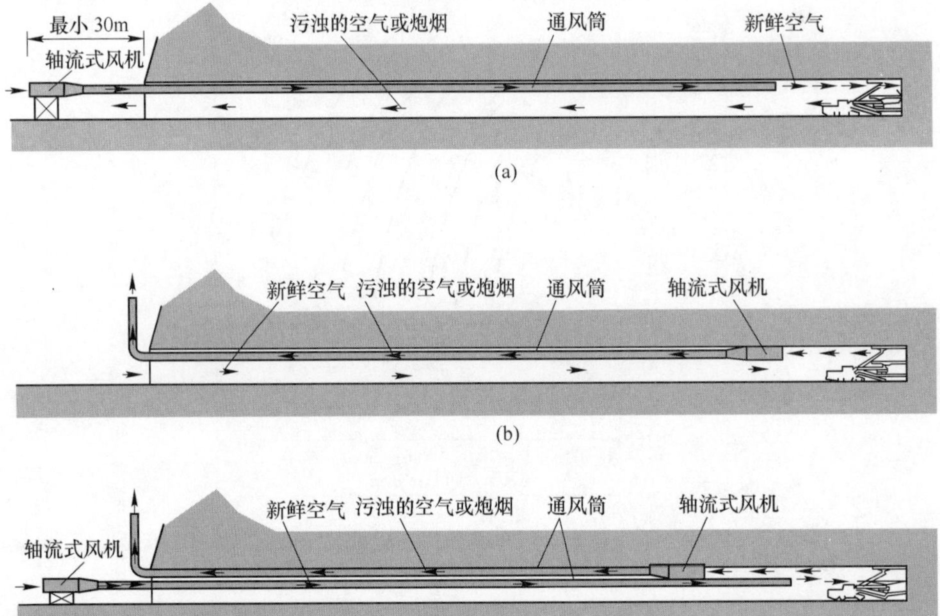

图 20-5　三种常用的隧道通风系统
（a）压入式通风；（b）抽出式通风；（c）混合式通风

20.4.2　抽出式通风

当通风机安装于隧道内接近工作面的地方，通风机可将工作面的粉尘或炮烟通过风筒抽出隧道外（参见图 20-5（b））。在抽出污浊空气的同时新鲜空气经隧道口进入隧道内。但在空气经过隧道时，一路上的粉尘、热度和湿度也在空气中积累并带到工作面。抽出式通风机可以安装在隧道内接近工作面的地方或其他需要抽走污浊空气的地方。通风机在隧道中会造成很大的噪音。当然通风机也可以安装在隧道口外但需要采用昂贵的刚性风筒或用螺旋形弹簧钢加强的可弯曲（半刚性）风筒以抽出隧道内的污浊空气。当采用抽出式通风时，通风机或刚性（半刚性）风筒头必须经常随着工作面或污染源移动以确保良好的抽出效果。

图 20-6　轴流式通风机安装于隧道口外用压入式向隧道提供新鲜空气
（取自 www.worldhighways.com）

20.4.3　混合式通风

混合式通风是一种压入式和抽出式交错布置在隧道内部的通风系统，如图 20-5（c）所示。它结合了二者的长处，克服了短处。其风筒的布置使得风流在两台风机处形成一个循环风流。为了减小对周围环境的影响，有必要在抽出式风机前端装一台粉尘收集装置用以过滤粉尘。粉尘收集器分为湿式和干式两种。粉尘过滤器属于湿式，电子粉尘收集器和离心式粉尘收集器属于干式。图 20-7 是过滤式粉尘收集器和电子粉尘收集器的原理。

20.5 优化通风

近年来变频技术被一些风机制造商应用到隧道通风机中。风机通过一个频率转换器，使风机的转速按照每一工序所需要的风流大小而变化，从而实现优化通风。例如，爆破后为了尽快排出炮烟，需要加大风机的转速以增大风量和风速，然后再转换为正常转速以节省能量。通常采用变频技术的风机所节省的能量和成本比传统风机最高可达 50%。图 20-8 是阿特拉斯的变频风机工作理念[8]。

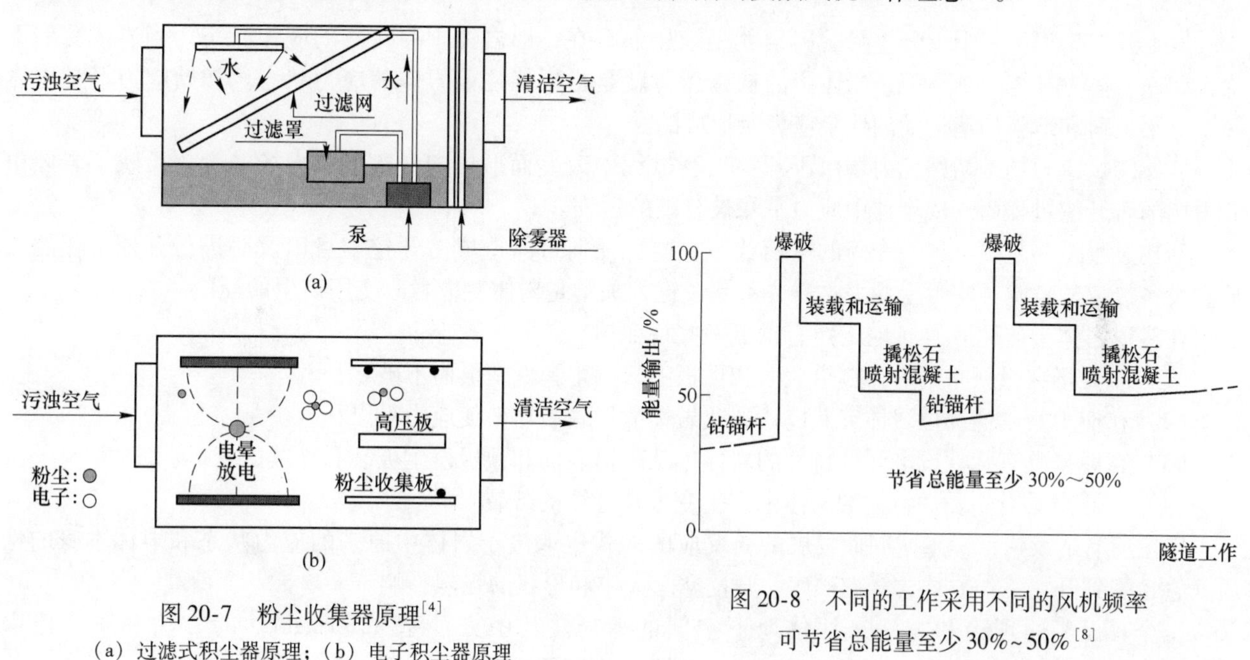

图 20-7　粉尘收集器原理[4]

（a）过滤式积尘器原理；（b）电子积尘器原理

图 20-8　不同的工作采用不同的风机频率可节省总能量至少 30%~50%[8]

参考文献

[1] British Standard. BS6164：2011，*Code of Practice for Safety in Tunnelling in the Construction Industry*. 2011.

[2] *Ventilation in Underground Mines and Tunnels*，*Approved Code of Practice*. New Zealand Government，February，2014.

[3] *Section 23*，*Tunnel and Shaft Construction*，*Reclamation Safety and Health Standards*. U. S. Department of the Interior Bureau of Reclamation，July 2014.

[4] Yoshihiro Takano. *Ventilation System in Tunnel during Construction Works*. Proceedings of the Sino-Japanese Modern Engineering and Technology Symposium，2001.

[5] Drost U，et al. *Tunnel Construction Site Ventilation And Cooling*：*An Integrated Flow And Heat Load Solver Applied To The Lyon-Turin High-Speed Railroad Tunnel Project*. TMI International Conference：Tunnel protection and security against fire and other hazards，15-16. May 2006，Torino，Italy.

[6] Hemphill G B. *Practical Tunnel Construction*. John Wiley & Sons，Inc.，USA，2013.

[7] Tatiya R R. *Surface and Underground Excavations- Method*，*Technique and Equipment*，2nd *Edition*. CRC Press，London，UK，2013.

[8] Atlas Copco. *Underground Construction-talking Technically*. *First Edition*，2015.

21　地层的加固和支撑

21.1　岩体的稳固性对地下开挖的影响

21.1.1　地压的概念和地下空间周围的应力分布

地下开挖工程中一个十分重要的因素就是地压的存在，即岩体中存在着的应力状态。当岩体受到干扰，如在岩体中开挖一个空腔，岩体中的初始压力就是指干扰之前岩体的应力状态。初始应力场是岩体受到上层负荷和地壳构造运动的残余应力所形成的。

岩体的次应力场是初始应力场由于开挖工程过程中改变而形成的。次生应力场的变化反映了岩体中应力场随着开挖过程而造成岩体中应力平衡被打破的过程。

开挖过程最终是要取得一个新的平衡状态，避免任何可能造成对开挖本身以及对进行开挖工作的人员和设备造成的危险。实际上应力本身并不是关键，关键是岩体对应力改变所产生的反应。

在隧道岩体中的地应力（地压）有以下一些特征：

（1）应力场在重新布局后在隧道表面和顶板上只产生弹性变形而不破坏。

（2）在应力集中的部位岩体突然以片裂或岩爆的形式破坏，使应力得以释放。

（3）在原来具有弹性或准弹性特性的岩体中从隧道表面和顶板发生破裂和连续的变形。

（4）在原来具有塑黏性特性的岩体中产生变形和持续的破裂。

以上所有的反应都是随时间而发展的。反应的形式也取决于岩体中原来的应力状态和岩体本身的性质。它也受到开挖工作方式、开挖顺序、开挖空间大小和形状的强烈影响。

至今有很多的理论和方法来评估地下空间的地压。其中太沙基（Terzaghi）的方法和毕尔巴墨（Bierbäumer）的理论是最受认可的经验方法，以下将作简要的介绍。

（1）太沙基的岩石载荷理论。[1,2] 太沙基（1946）用图 21-1 中所示的破坏机理模型计算在无黏性的干粗粒土壤中的隧道衬砌上的地压载荷。对于浅埋的隧道的垂直压力建议用式（21-1）计算：

$$p_{\mathrm{roof}} = \frac{\gamma B}{2K\tan\varphi}\left(1 - \mathrm{e}^{K\tan\varphi\frac{2H}{B}}\right) \tag{21-1}$$

式中，B 为放松的范围，$B=2[b/2+m\tan(45^\circ-\varphi/2)]$；$\gamma$ 为岩体的单位重量；K 为侧向地压力系数；φ 为摩擦角；b、m 和 H 分别为隧道的宽、高和埋深。

对于深埋的隧道的垂直压力建议用式（21-2）计算：

$$p_{\mathrm{roof}} = \frac{\gamma B}{2K\tan\varphi}(\text{常数}) \tag{21-2}$$

这一方法是偏保守的，因为它是建立在非常差的岩石条件下的，隧道采用的是钢肋架支撑用木块塞紧。太沙基的塌落拱概念和在松散的颗粒材料实验中发现隧道顶板拱的厚度同开挖的尺寸成正比。这一点反映在图 21-1 中。

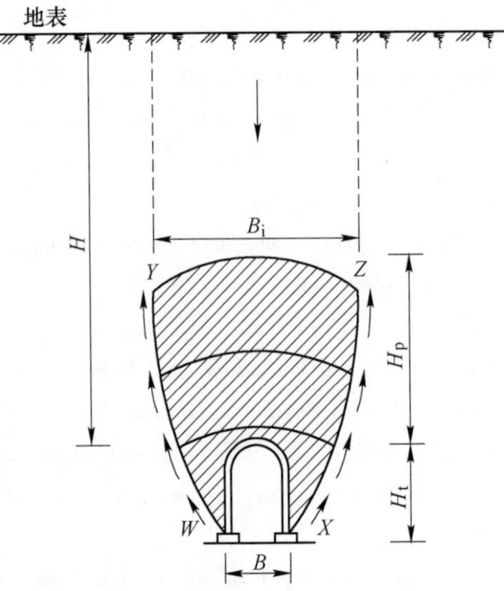

图 21-1　太沙基的隧道地压载荷概念[1]

辛哈（Singh）等人（1992）和柯尔（Goel）等人（1995）应用 Q 系统对隧道尺寸对支撑压力的影响进行了研究。根据对测量和观测隧道的支撑压力同处于挤压和非挤压地层条件下各种隧道尺寸之间的相关分析，他们得出没有哪一类岩体适用于挤压的地层条件的结论。隧道的支撑压力和岩体的 Q 指标的关系可以用方程式（21-3）表示：

$$p_{\text{roof}} = \frac{200}{J_r} Q^{1/3} \tag{21-3}$$

式中　p_{roof}——隧道顶板支撑压力，kPa；

J_r——Q 系统中的节理面粗糙度系数。

巴辛（Bhasin）和格里牧斯达（Grimstad）于1996年根据挪威隧道的数据对式（21-3）作了进一步的修改：

$$p_{\text{roof}} = \frac{40D}{J_r} Q^{1/3} \tag{21-4}$$

式中　D——隧道的跨度（直径），m。

（2）毕尔巴墨理论[2]。毕尔巴墨（Bierbäumer）理论是在建设阿尔卑斯山大隧道时发展起来的。这一理论指出：作用于隧道的地压是由一个高 $h=\alpha H$，宽为 B 的顶部呈抛物线的释放岩体造成的，如图21-2所示，图中 φ 是岩体的内摩擦角。

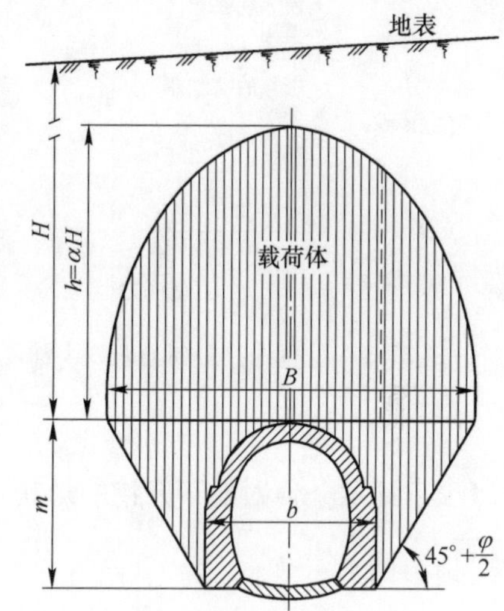

图21-2　毕尔巴墨（Bierbäumer）理论的假设释放区[2]

由图21-2中可见，上部的垂直荷载沿角度为 $45°+\varphi/2$ 的倾斜面作用在隧道上。释放区的高度 h 假设同隧道的高度成正比，即 $h=\alpha H$（其中 α 为减弱系数）。在隧道的冠顶，释放体形成的垂直载荷 p_{roof} 可按式（21-5）计算：

$$p_{\text{roof}} = \alpha H \gamma \tag{21-5}$$

式中　γ——岩体的单位质量。而减弱系数可按下面的条件得到，

当 H 非常小时：

$$\alpha = 1 \tag{21-6}$$

当 $H \leqslant 5B$ 时：$$\alpha = 1 - \frac{\tan\varphi \tan^2(45-\varphi/2)H}{b + 2m\tan(45-\varphi/2)} \tag{21-7}$$

当 $H \geqslant 5B$ 时：$$\alpha = \tan^4(45-\varphi/2) \tag{21-8}$$

（3）建立在Q系统上的方法[2]。巴顿（Barton）等人于1974年在Q系统的基础上提出了一个经验公式用以计算隧道顶板的垂直负荷（p_{roof}）：

当节理组数≥3时：$$p_{\text{roof}} = 2Q^{-1/3} J_r^{-1} \tag{21-9}$$

当节理组数<3时：$$p_{\text{roof}} = \frac{2}{3}\sqrt{J_n}\, Q^{-1/3} J_r^{-1} \tag{21-10}$$

式中，Q 为Q系统中的 Q 值；J_n 为节理组数；J_r为节理面的粗糙度系数。

隧道侧壁上的岩体负载（p_{wall}）可从式（21-9）和式（21-10）中计算出 p_{roof}，公式中的 Q 值按表21-1中的转换值 Q' 代入。

表21-1　转换 Q 值

Q 值范围	Q'
$10<Q$	$5Q$
$0.1 \leqslant Q \leqslant 10$	$2.5Q$
$Q<0.1$	Q

（4）现场实测应力结果。霍克（E. Hoek）和布朗（E. T. Brown）从世界各地收集了大量的现场实测的地压数据，而且他们自己也参加了南非研制地应力测量设备的工作。他们的成果显示于图21-3和图21-4中。

从图21-3中可以看到：实测的地应力值与测点所在的深度近似地呈简单的直线关系，即：

$$\sigma_z = \gamma z \tag{21-11}$$

式中　γ——岩石的比重，通常为20~30kN/m^3；

z——测点离地表的深度[3]。

图21-4给出了水平应力与垂直应力的比值 k 同地表以下深度的关系。

从图21-4中可以看到：所有的数据点，即 k 值都在如下范围内：

$$\frac{100}{z} + 0.3 < k < \frac{1500}{z} + 0.5 \tag{21-12}$$

从图 21-4 中可以看出：当深度小于 500m 时，水平应力明显大于垂直应力。当深度超过 1000m（3280 英尺）时，平均的水平应力和垂直应力趋于相等[3]。

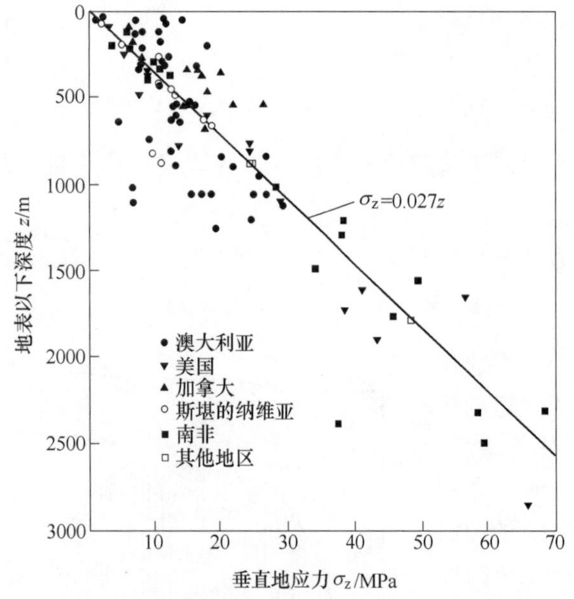

图 21-3　垂直地应力同地表以下深度的关系[3]

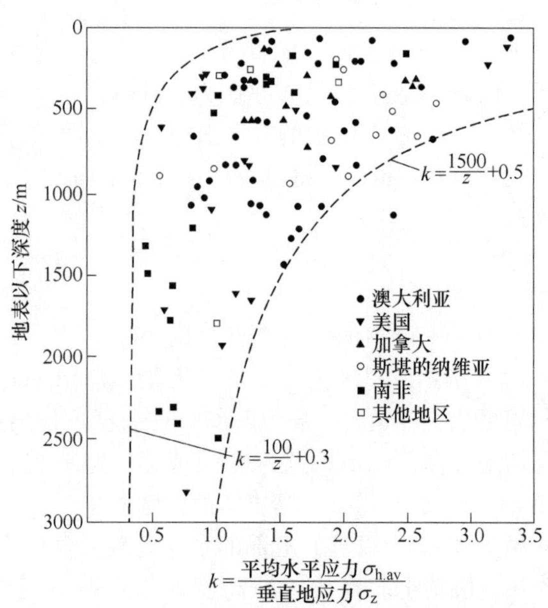

图 21-4　平均水平应力对垂直应力之比的变化与地表以下深度的关系[3]

21.1.2　地层条件对地下开挖的影响

请参阅 1.4 节。

21.1.3　岩体开挖的稳定性分级

在 1.5 节中，我们讨论了岩石的综合性分级，即岩石的坚固性分级。本章我们将进一步讨论岩体的稳定性分级。岩体的稳定性分级同岩石开挖工程，特别是地下开挖工程的关系更为密切。

在一个工程项目的可行性和初步设计阶段，由于缺乏详细的岩体信息、地应力情况和水文地质资料，利用岩体的分级体系是一个行之有效的方法。可以简单地用一张岩体分级表，逐项检查是否将分级系统中每一项指标已经考虑进去。另一方面，还可以初步地利用分级系统中岩体的组成和特征对开挖时所需的支护作初步估计并初步估计岩体的强度和变形特性。

一百多年以来，岩体的分级的研究和讨论一直没有停止过。一些重要的分级系统在第 1 章中已作了一些介绍，本章将进一步进行介绍。

21.1.3.1　太沙基（Terzaghi）的岩体分级系统

最早应用岩体分级系统于隧道设计和支护方法的是太沙基于 1946 年发表的论文。在他的论文中，作用在隧道钢支架上的载荷是根据他的地压理论（参见 21.1.1 节）所作的岩体分级的方法进行估算。

迪尔（deere）等人在 1970 年通过引入岩石质量指标（RQD）作为衡量岩石质量的唯一指标对太沙基的分类系统进行了修改，见表 21-2。他们将爆破开挖和机械开挖的隧道区分开来，并对 6～12m 直径隧道中的钢肋架、岩石锚杆和喷射混凝土支付系统的选择提出了指引，见表 21-3。

表 21-2　由迪尔等人修改后的按太沙基的地压理论的岩体分级[1]

岩体等级和条件	RQD/%	岩体载荷（H_p）	注　解
Ⅰ级：坚硬且整体性好	95～100	0	仅在片裂或鼓出发生时作轻度支护
Ⅱ级：坚硬的层状或片状岩石	90～99	0～0.5B	轻度支护主要防止片裂。载荷在不同地点随机变化
Ⅲ级：大范围中等节理	85～95	0～0.25B	

续表 21-2

岩体等级和条件	RQD/%	岩体载荷（H_p）	注　解
Ⅳ级：中等程度块状且有裂缝	75～85	$0.25B \sim 0.35(B+H_t)$	由于地下水位对岩体载荷有小的影响，第Ⅳ、Ⅴ和Ⅵ级岩体的载荷从太沙基的值减小 50%（太沙基 1946，布里克（Brekke）1968）
Ⅴ级：非常块状且有裂缝	30～75	$(0.2 \sim 0.6)(B+H_t)$	
Ⅵ级：完全破碎的	3～30	$(0.6 \sim 1.0)(B+H_t)$	
Ⅴa 级：沙和砾石	0～3	$(1.1 \sim 1.4)(B+H_t)$	
Ⅶ级：中等深度的受挤压岩石	NA	$(1.10 \sim 2.10)(B+H_t)$	极大的侧压，要求采用反拱。建议采用圆形肋架
Ⅷ级：很深的受挤压岩石	NA	$(2.10 \sim 4.50)(B+H_t)$	
Ⅸ级：膨胀岩石	NA	最大至 80m 同（$B+H_t$）值无关	要求用圆形肋架。在极端情况下建议采用可缩性支护

注：B 为隧道跨度，m；H_t为空间高度，m；H_p 为隧道拱顶以上的释放岩体载荷高度（参见图 21-1）。

迪尔等人将岩体和支护系统看成一个整体。表 21-3 仅适用于那些不会松散和全面崩溃的岩体。他们还假设机械开挖可以减少岩体载荷的 20%～25%。

表 21-3　对 6～12m 直径隧道的钢件支护[1]

岩石质量	开挖方法	钢肋架		岩石锚杆		素混凝土总厚度/cm		附加支护
		钢件重量	间距/m	锚杆方阵间距/m	附加要求	拱部	两帮	
极好（RQD>90）	TBM 开挖	轻型	不用或偶尔	不用或偶尔	少见	不用或偶尔	不用	不用
	钻孔爆破	轻型	不用或偶尔	不用或偶尔	少见	不用或偶尔	不用	不用
好（RQD：75～90）	掘进机	轻型	偶尔或 1.5～1.8	偶尔或 1.5～1.8	偶尔用铁网和捆扎	5～7.5（局部用）	不用	不用
	钻孔爆破	轻型	1.5～1.8	1.5～1.8	偶尔用铁网和捆扎	5～7.5（局部用）	不用	不用
较好（RQD：50～75）	掘进机	轻型至中等	1.5～1.8	1.5～1.8	要求用铁网和捆扎	5～10	不用	岩石锚杆
	钻孔爆破	轻型至中等	1.2～1.5	1.2～1.5	要求用铁网和捆扎	≤10	≤10	岩石锚杆
差（RQD：25～50）	掘进机	中等圆形	0.6～1.2	0.9～1.5	可能能锚住；考虑用铁网和捆扎	10～15	10～15	需要时用岩石锚杆（1.2～1.8m 中对中）
	钻孔爆破	中等至重型圆形	0.2～1.2	0.6～1.2	可能能锚住；考虑用铁网和捆扎	≤15	≤15	需要时用岩石锚杆（1.2～1.8m 中对中）
非常差（RQD<25）	掘进机	中等至重型圆形	0.6	0.6～1.2	不可能锚住；100% 要求用铁网和捆扎	≤15（用于全部）	≤15（用于全部）	要求用中型钢肋
	钻孔爆破	重型圆形	0.6	0.9	不可能锚住；100% 要求用铁网和捆扎	≤15（用于全部）	≤15（用于全部）	要求用中型至重型钢肋
非常差的挤压和膨胀岩体	两种方法	超重型圆形	0.6	0.6～0.9	不可能锚住；100% 要求用铁网和捆扎	≤15（用于全部）	≤15（用于全部）	要求用重型钢肋

21.1.3.2　*岩石质量指标*

RQD 即称为岩石质量指标，由美国伊利诺斯大学的迪尔（D. U. Deere，University of Illinois）于 1964 年提出。RQD 定义为岩芯钻探中长度大于 100mm（4 英寸）的完整岩芯占全部岩芯长度的百分比，即式(21-13)：

$$\mathrm{RQD} = \frac{\text{长度大于 100mm 的完整岩芯长度}}{\text{全部岩芯总长度}} \times 100\% \tag{21-13}$$

岩芯直径最小为54.7mm（2.15英寸），而且必须采用双层套管钻进。正确的测量和计算RQD的程序见图21-5。

帕姆斯特隆（Palström，1982）建议当没有岩芯钻但可以在岩石暴露的表面或探硐中量测岩体的不连续面时，RQD可以从单位体积的不连续面数量估算。其建议的没有黏土岩体的关系式为式(21-14)：

$$\mathrm{RQD}=115-3.3J_v \tag{21-14}$$

式中 J_v——单位长度中所有节理（不连续面）组之和作为节理的体积数。

RQD是一个同钻进方向有关的参数，由于钻进的方向不同其值会显著变化。采用节理组的体积数对于减小这一方向变化带来的影响很有用。

采用RQD的目的是要用它来表示现场岩体的质量。当采用金刚石钻进时应十分小心，以防止在取芯或钻进时岩芯的破裂。岩芯的破裂和缺失都会影响RQD的值。

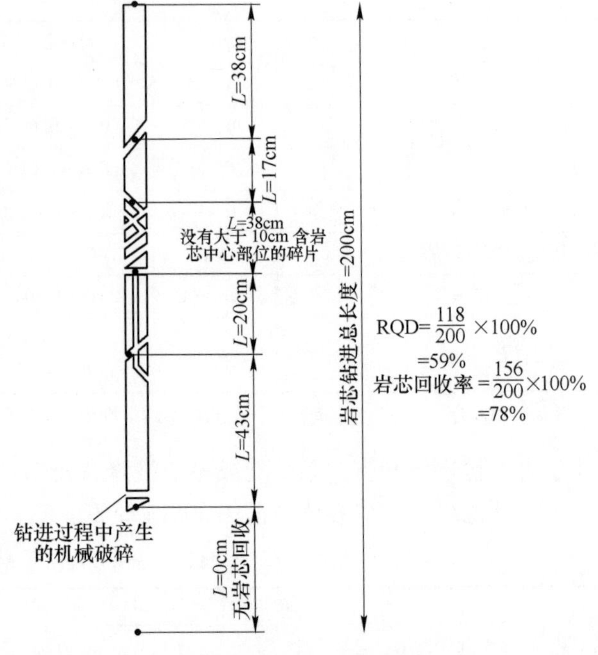

图21-5 测量和计算岩石质量指标RQD的程序[1]

应用帕姆斯特隆的关系式进行岩体素描，当计算 J_v 值时爆破产生的破裂面不应该包括在内。

迪尔提出RQD指标后，得到了广泛的应用，特别是在北美。迪尔还试图在RQD和太沙基的地压载荷以及隧道总所需要安装的锚杆数量建立联系（见表21-2和表21-3）。在本章中RQD的最重要的应用是将它作为岩体分级RMR和Q系统中的一个重要的参量。

21.1.3.3 RMR岩体分级系统——地质力学分级系统

RMR是1973年由南非科学和工业研究委员会（CSIR）的宾尼阿乌斯基博士（Dr. Z. T. Bieniawski）发表的岩体分级系统，称为地质力学分级系统又称为岩体指数系统（Rock Mass Rating System）。

RMR系统用下述六个方面的参数将岩体分为五个等级：

（1）岩石材料的单轴抗压强度；

（2）RQD值；

（3）不连续面间距；

（4）不连续面的状况；

（5）地下水状况；

（6）不连续面的方向。

表21-4和表21-5是于1989年更新后的RMR分级表。

表21-4 节理岩体的RMR地质力学分级表（分级参数及其指数分配）

<table>
<tr><td rowspan="4">（A）岩体的五个基本分级参数及其指数</td><td colspan="2">1. 岩石材料强度：点载荷强度/MPa
单轴抗压强度/MPa
指数</td><td>>10
>250
15</td><td>4~10
100~250
12</td><td>2~4
50~100
7</td><td>1~2
25~50
4</td><td>
5~25
2</td><td>
1~5
1</td><td>
<1
0</td></tr>
<tr><td>2. RQD/%
指数</td><td>90~100
20</td><td colspan="2">75~90
17</td><td colspan="2">50~75
13</td><td colspan="2">25~50
8</td><td><25
3</td></tr>
<tr><td>3. 节理间距/m
指数</td><td>>2
20</td><td colspan="2">0.6~2
15</td><td colspan="2">0.2~0.6
10</td><td colspan="2">0.06~0.2
8</td><td><0.06
5</td></tr>
<tr><td>4. 节理状况
指数</td><td>不连续，节理面非常粗糙，无风化，节理面闭合
30</td><td colspan="2">节理面粗糙，轻微风化，节理张口小于1mm
25</td><td colspan="2">节理面略粗糙，节理强风化，节理张口小于1mm
20</td><td colspan="2">节理连续，表面有擦痕，或有小于5mm的夹杂物或张口1~5mm
10</td><td>节理连续，有大于5mm的软夹杂物或张口大于5mm
0</td></tr>
</table>

续表 21-4

<table>
<tr><td>（A）岩体的五个基本分级参数及其指数</td><td colspan="2">5. 地下水每10m 隧道的流量/L·min^{-1}
节理水压力/现场主应力
开挖面一般条件
指数</td><td>无
0
完全干
15</td><td><10
0~0.1
有湿气
10</td><td>10~25
0.1~0.2
潮湿
7</td><td>25~125
0.2~0.5
滴水
4</td><td>>125
>0.5
有流水
0</td></tr>
<tr><td rowspan="4">（B）按节理方向对指数（Rating）的调整</td><td colspan="2">节理的走向和倾向</td><td>非常有利</td><td>有利</td><td>中等</td><td>不利</td><td>非常不利</td></tr>
<tr><td rowspan="3">指数
（Rating）</td><td>隧道</td><td>0</td><td>-2</td><td>-5</td><td>-10</td><td>-12</td></tr>
<tr><td>基础</td><td>0</td><td>-2</td><td>-7</td><td>-15</td><td>-25</td></tr>
<tr><td>斜坡</td><td>0</td><td>-2</td><td>-25</td><td>-50</td><td>-60</td></tr>
<tr><td rowspan="3">（C）隧道中节理方向的影响</td><td colspan="4">节理走向与隧道轴线垂直</td><td colspan="2" rowspan="2">走向平行于隧道轴线</td><td rowspan="2">倾角0°~20°</td></tr>
<tr><td colspan="2">掘进方向与节理倾向相同</td><td colspan="2">掘进方向与节理倾向相反</td></tr>
<tr><td>倾角45°~90°
非常有利</td><td>倾角20°~45°
有利</td><td>倾角45°~90°
中等</td><td>倾角20°~45°
不利</td><td>倾角45°~90°
非常不利</td><td>倾角20°~45°
中等</td><td>走向不定
中等</td></tr>
</table>

表21-4中（B）是按节理的方向对岩体指数的调整值，它必须同表21-4（C）一起考虑。表21-4（C）是对表21-4（B）的进一步说明。岩体的总指数（Total Rating）是岩体按表中五个参数所得指数之和再按表21-4（B）调整后所得的值，从而确定该岩体的质量等级。岩体质量的五个等级列于表21-5中。该表也给出了各等级岩体中隧道中岩石的维持时间及岩体的黏聚力和内摩擦角。

表21-5　节理岩体的RMR地质力学分级表（按总指数对岩体的分级）

RMR指数（Total Rating）	81~100	61~80	41~60	21~40	<20
岩体分级	Ⅰ	Ⅱ	Ⅲ	Ⅳ	Ⅴ
岩体质量描述	非常坚固的岩体	坚固的岩体	中等岩体	较差的岩体	非常差的岩体
开挖空间维持时间	15m跨度10年	8m跨度6个月	5m跨度1星期	2.5m跨度10小时	0.5m跨度30分钟
岩体的黏聚力/kPa	>400	300~400	200~300	100~200	<100
岩体的摩擦角/(°)	>45	35~45	25~35	15~25	<15

以下是应用RMR分级系统的一个范例：

某花岗岩体含有三组节理，其平均RQD为88%，节理平均间距为0.24m，节理表面呈一般梯级状粗糙，紧密闭合，无风化，偶尔可见锈斑。开挖面潮湿但不滴水。岩石材料的单轴抗压强度为160MPa，隧道在地表以下150m，无不正常的地应力。该岩体的RMR各项指数和总指数列于表21-6。

表21-6　某花岗岩体的RMR各项指数和总指数

岩石材料抗压强度/MPa	160	分项指数	12
RQD/%	88	分项指数	17
节理间距/m	0.24	分项指数	10
节理状况	非常粗糙，无风化，闭合	分项指数	30
地下水	潮湿	分项指数	7
RMR总指数			76

根据该岩体的RMR总指数76，它应属于第二级，岩体性质坚固。

21.1.3.4　*Q* 系统，NGI隧道工程岩体质量指数

Q 系统是由挪威土力工程研究院的巴顿（N. Barton）等人于1974年提出的。这一系统根据从大量地下工程收集的大量稳定性数据和资料，提出一个确定隧道岩体质量的指数。这一指数的数值由式(21-15)确定：

$$Q = \left(\frac{\mathrm{RQD}}{J_n}\right) \times \left(\frac{J_r}{J_a}\right) \times \left(\frac{J_w}{\mathrm{SRF}}\right) \tag{21-15}$$

式中 RQD——岩石质量指标，按式（21-13）计算，它反映了岩体的破碎程度；

J_n——节理组数；

J_r——节理面的粗糙度；

J_a——节理的蚀变系数，它反映了节理面的风化程度、变质程度和充填情况；

J_w——裂隙水的折减系数；

SRF——地应力的影响系数。

实际上 Q 值可以粗略地看作仅仅由三个参数组成：

（1）被节理切割成的岩块尺寸：RQD/J_n；

（2）这些岩块之间的剪切强度：J_r/J_a；

（3）起作用的应力：J_w/SRF。

各指标及其指数见表21-7～表21-12。

表21-7 Q 系统中的岩石质量指标 RQD 取值

岩体质量分级	RQD 指数	岩体质量分级	RQD 指数
A. 非常差	0～25	D. 好	75～90
B. 差	25～50	E. 非常好	90～100
C. 中等	50～75		

注：1. 如果测得的 RQD 指数不大于10（包括0），在式（21-15）中取 RQD＝10；2. RQD 取值以5为间隔，例如：100、95、90等，其精确度已足够。

表21-8 Q 系统中的节理组数 J_n

节理表观	J_n	节理表观	J_n
A. 整体没有或很少节理	0.5～1.0	F. 三组节理	9
B. 一组节理	2	G. 三组节理加一些不规则的节理	12
C. 一组节理加一些不规则的节理	3	H. 四组或多组节理，不规则分布，节理非常发育，岩体被切割成方糖形状	15
D. 两组节理	4		
E. 两组节理加一些不规则机的节理	6	J. 破碎的岩石，像土一样	20

注：1. 隧道交叉处取 $3J_n$；
2. 隧道口取 $2J_n$。

表21-9 Q 系统中的节理面粗糙度 J_r

节理面粗糙程度	J_r
1. 岩壁接触	
2. 岩壁面在剪切错动100mm之前接触	
A. 不连续的节理	4
B. 粗糙或凹凸不平、起伏的	3
C. 平整，起伏的	2
D. 有擦痕、起伏的	1.5
E. 粗糙或凹凸不平、平面的	1.5
F. 平整、平面的	1.0
G. 有擦痕、平面的	0.5
3. 剪切后岩壁没有接触	
H. 夹含黏土矿物带，其厚度足以阻止岩壁接触	1.0
I. 砂，砾石或破碎。其厚度足以阻止岩壁接触	1.0

注：1. 该取值适用于小规模及中等规模的节理；2. 如果相关节理组的平均间距大于3m，则 J_r 增加1.0；3. 平直，有擦痕且具有线理的节理，如果线理方向是其强度最小的方向，则 J_r＝0.5。

表 21-10 Q 系统中的节理蚀变系数J_a

节理蚀变态	J_a	内摩擦角（近似值）φ_r/(°)
1. 节理面接触		
A. 紧密闭合，坚硬的无软化，不透水的充填物，如石英或绿帘石	0.75	—
B. 节理面未蚀变，仅表面有斑点	1.0	25 ~ 35
C. 节理面轻微蚀变，面上有没软化的矿物覆盖层，夹砂质颗粒，无黏土的岩屑	2.0	25 ~ 30
D. 节理面有粉砂或砂质覆盖层，小部分黏土（没有软化）	3.0	20 ~ 25
E. 节理面有软化的，低摩擦力黏土矿物覆盖层，例如高岭、云母。还有绿泥石、滑石、石膏、石墨及少量膨胀性黏土	4.0	8 ~ 16
2. 剪切错动 100mm 前节理面接触		
F. 含砂粒，无黏土的岩屑等	4.0	25 ~ 30
G. 充填物物为坚固的超固结，无软化的黏土矿物（连续但厚度小于 5mm）	6.0	16 ~ 24
H. 充填物物为中等坚固的轻度超固结，软化的黏土矿物（连续但厚度小于 5mm）	8.0	12 ~ 16
J. 充填物为膨胀性黏土，例如蒙脱土（连续但厚度小于 5mm）。J_a 数值取决于膨胀性黏土颗粒尺寸的百分比及水浸入的途径	8 ~ 12	6 ~ 12
3. 剪切错动 100mm 时节理面不接触		
K. L. M. 破碎的岩屑带或粉碎的岩石和黏土（见 G，H，J 对黏土条件的说明）	6，8 或 8 ~ 12	6 ~ 24
N. 粉质或砂质黏土带，黏土成分较小（无软化）	5.0	—
O. P. R. 厚的连续的黏土带（见 G，H，J 对黏土条件的说明）	10，13 或 13 ~ 20	6 ~ 24

表 21-11 Q 系统中的裂隙水折减系数

裂隙水状况	J_w	水的大致压力 /kPa
A. 开挖时干燥或局部有小水流（小于 5L/min）	1.0	<100
B. 中等水流或压力。偶有冲出充填物	0.66	100 ~ 250
C. 含有未充填节理的坚固岩体，有大的水流或高的水压	0.5	250 ~ 1000
D. 有大的水流或高的水压，有相当多的节理充填物被洗出	0.33	150 ~ 1000
E. 爆破时有特别大的水流或高的水压，但水压随后逐渐降低	0.2 ~ 0.1	>1000
F. 有特别大的水流或高的水压，并持续而无明显降低	0.1 ~ 0.05	>1000

注：1. C 至 F 的 J_w 值是粗略估计的，如果安装有排水设备 J_w 值应增大；
2. 因冰冻而造成的问题未考虑。

表 21-12 Q 系统中的应力折减系数（SRF）

应力状态		SRF
1. 与开挖方向交叉的软弱带，开挖时会导致岩体体松动		
A. 含黏土或化学风化碎石的软弱带多次出现，围岩很松散（在任何深度）		10
B. 含黏土或化学风化碎石的单一软弱带（开挖深度不大于 50m）		5.0
C. 含黏土或化学风化碎石的单一软弱带（开挖深度大于 50m）		2.5
D. 坚固岩石中多个剪切带（无黏土），围岩松散（在任何深度）		7.5
E. 坚固岩石中单一剪切带（无黏土），围岩松散（开挖深度不大于 50m）		5.0
F. 坚固岩石中单一剪切带（无黏土），围岩松散（开挖深度大于 50m）		2.5
G. 松动或张开的节理，节理非常发育或呈小块状等（在任何深度）		5.0
2. 坚固岩石，岩石应力问题		
H. 低应力，接近地表	$\sigma_c/\sigma_1>200$、$\sigma_t/\sigma_1>13$	2.5
J. 中等应力	$\sigma_c/\sigma_1=200\sim10$、$\sigma_t/\sigma_1=13\sim0.66$	1
K. 高应力，非常紧密的结构（通常有利于稳定，可能不利于边墙稳定）	$\sigma_c/\sigma_1=10\sim5$、$\sigma_t/\sigma_1=0.66\sim0.33$	0.5 ~ 2
L. 轻度岩爆（整体岩石）	$\sigma_c/\sigma_1=5\sim2.5$、$\sigma_t/\sigma_1=0.16\sim0.33$	5 ~ 10
M. 严重岩爆（整体岩石）	$\sigma_c/\sigma_1<2.5$、$\sigma_t/\sigma_1<0.16$	10 ~ 20

续表 21-12

应 力 状 态	SRF
3. 挤压岩石：高压力下软岩呈塑性流动	
N. 轻度挤压岩石应力	5~10
O. 极强的挤压岩石应力	10~20
4. 膨胀岩石：化学膨胀程度取决于水压力	
P. 轻度的岩石膨胀压力	5~10
R. 严重的岩石膨胀压力	10~15

注：1. 如果仅受有关的剪切区影响但剪切面并非与开挖方向交叉，折减系数 SRF 可以减少 25%~50%。

2. 对于很强的各向异形原始应力场（如测量到）：当 $5 \leqslant \sigma_1/\sigma_3 \leqslant 10$，将 σ_c 和 σ_t 减至 $0.8\sigma_c$ 和 $0.8\sigma_t$。当 $\sigma_1/\sigma_3 > 10$，将 σ_c 和 σ_t 减至 $0.6\sigma_c$ 和 $0.6\sigma_t$。此处 σ_c 是无约束抗压强度，σ_t 是抗拉强度（点载荷），而 σ_1 和 σ_3 是最大和最小主应力。

3. 顶部覆盖层小于跨度的情况很少见。遇见这种情况，建议将 SRF 由 2.5 增加至 5（见 H）。

将 Q 值运用于估计一个已知尺寸的隧道的支付方法可参见图 21-6。图 21-6 中 D_e 称之为隧道的当量尺寸（equivalent dimension）。ESR 称之为支护比（support radio），ESR 值见表 21-13。

$$D_e = \frac{\text{开挖空间的跨度,直径或高度}}{\text{支护比(ESR)}} \tag{21-16}$$

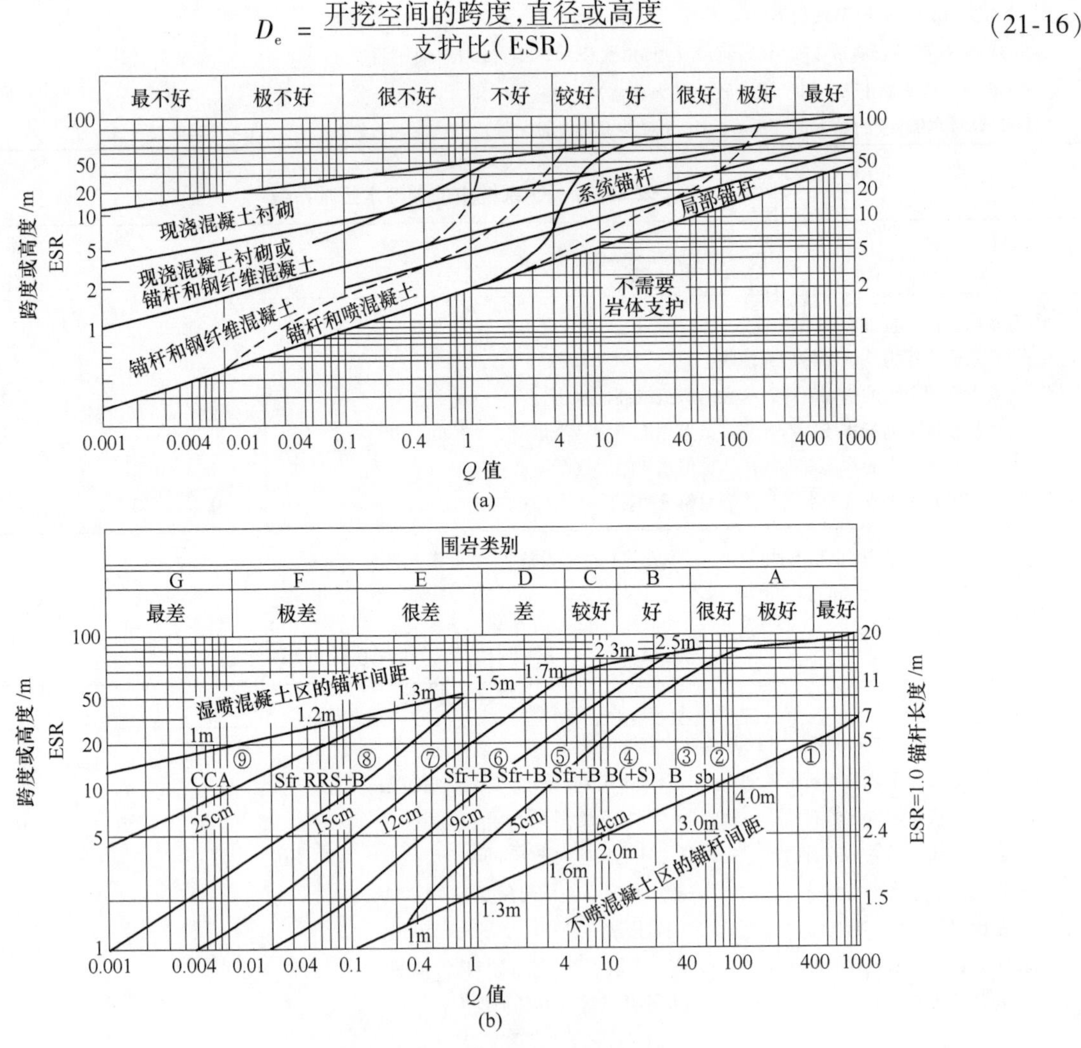

图 21-6　Q 系统支护设计图

（a）以 Q 法为基础的岩石支护设计简图；（b）Q 系统支护卡

①—不支护；②—sb 局部锚杆；③—B 系统锚杆；④—B(+S) 系统锚杆（及喷混凝土，厚 4~10cm）；⑤—Sfr+B 钢纤维喷混凝土及锚杆，喷层厚度 5~9cm；⑥—Sfr+B 钢纤维喷混凝土及锚杆，喷层厚度 9~12cm；⑦—Sfr+B 钢纤维喷混凝土系统锚杆，喷层厚度 12~15cm；⑧—Sfr，RRS+B 钢纤维喷混凝土厚度 >15cm，钢纤维喷混凝土拱肋及锚杆；⑨—CCA 模筑混凝土衬砌

表 21-13 各种开挖空间的支护比

开挖空间		支护比 ESR
A	临时探硐	3~5
B	永久矿硐，水电工程输水隧道，超前隧道，大型开挖空间的导硐	1.6
C	储存硐室，水处理厂，较小的公路和铁路隧道，水电工程的调压室和通道	1.3
D	地下发电站的硐室，大型公路和铁路隧道，隧道硐口和交叉处	1.0
E	地下核电站，铁路车站，运动场私公共设施，地下工厂	0.8

应用 Q 系统要求对涉及的所有地质特征进行详细的勘测、素描和分析。为了简化岩体质量的分级工作和评估对岩体的支护措施，通常将 Q 值分成不同的等级，见表 21-14 和图 21-6。

表 21-14 Q 系统岩体质量分级

Q 值	分级	岩体质量	Q 值	分级	岩体质量
400~1000	A	特别好	1~4	D	差
100~400	A	非常好	0.1~1	E	很差
40~100	A	很好	0.01~0.1	F	非常差
10~40	B	好	0.001~0.01	G	特别差
4~10	C	中等			

应用 Q 系统的范例：

砂岩岩体含有两组节理加一些无规则的裂隙，其平均 RQD 为 70%，平均节理间距为 0.11m。节理面轻微粗糙，强风化并具锈斑和风化表面但不见有黏土。节理面基本上闭合，缝隙小于 1mm。岩石材料的单轴抗压强度平均为 85MPa。隧道在地表面下 80m 开挖，地下水水头在地表以下 10m。该岩体的各项 Q 参数及对应的 Q 值见表 21-15。

表 21-15 某砂岩岩体各项 Q 参数及对应 Q 值

RQD	70%	RQD	70%
节理组数	二组加不规则裂隙	J_n	6
节理面粗糙度	节理面轻微粗糙（粗糙或凹凸不平、平面的）	J_r	1.5
节理蚀变系数	强风化并具锈斑（节理面轻微蚀变）	J_a	2
裂隙水折减系数	70m 水头 $=7\text{kg/cm}^2$	J_w	0.5
应力折减系数	$\sigma_c/\sigma_t = 85/(80\times0.027) = 39.3$	SRF	1
Q 值	$(70/6)\times(1.5/2)\times(0.5/1)$		4.4

该岩体 Q 值为 4.4，岩体的质量等级为中等。

1976 年宾尼阿乌斯基（Bieniawski）建立起 RMR 系统和 Q 系统之间的相互关系：

$$\text{RMR} = 9\ln Q + 44 \tag{21-17}$$

21.2 开挖前对地层的预先加固

21.2.1 冻结法开挖

21.2.1.1 地层冻结法

地层冻结法作为一种建筑技术已有一百多年的历史，用以临时对地层进行支撑和控制地下水。它常用于地下土木工程、采矿和一些环境修补工程。

地层冻结法通常用很多钻管钻到地层中，由一台大型的冷冻设备将地层泥土中的孔隙水冻结，使地层变成坚硬如石头或混凝土的冻结层。坚硬的冻土构成了一个开挖的支撑系统而不需要再进行额外的支撑和锚固（图 21-7）。用冻结法开凿的竖井可超过一千英尺。它的不透水性使得开挖过程中不用排水，而且可以构成一道有效的防水屏障。这一防水屏障可减小开挖过程的排水量或阻止水流，包括阻止或限制受污染的水流进入开挖空间。

冻结法最常用的是盐水循环法。将冷的盐（氯化钙）水泵入地下冷却管中，当盐水从地下抽出时将地层中的热量带出。另一种方法是使用液态氮，单位抽出热量的成本用液态氮要比盐水高，但对于一些小的短期的工程它还是具有竞争力的。图 21-8 中是一辆流动的冷冻设备。

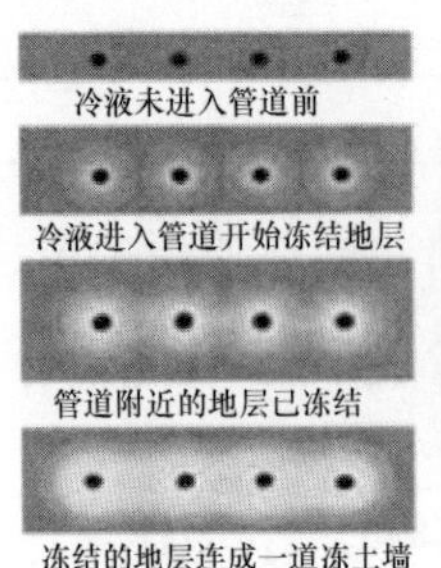

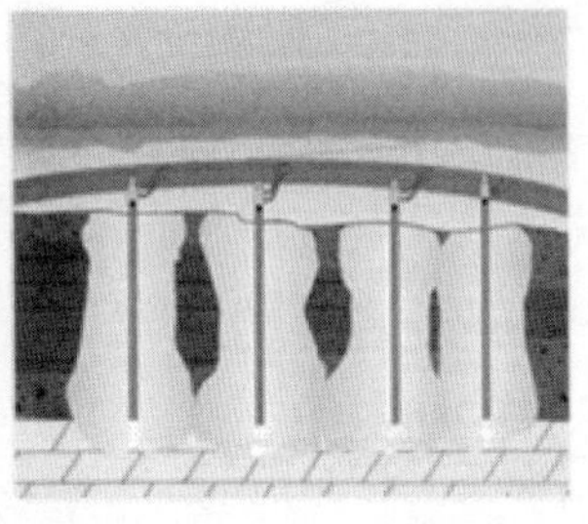

图 21-7 冻结法的步骤

图 21-8 移动式制冷设备

（取自 www. mmrefrigeration. com）

冻结法可应用于任何土层和任何结构、颗粒大小、渗透性的岩石。当然它最适合于软土层而不是岩石。冻结的范围大小、形状和开挖深度都不受限制，同一台设备可以用于不同的工程项目。由于不透水的冻结屏障在开挖前已建好，一般来说，开挖时不再需要压缩空气设备和排水设备，也不用担心由于排水而造成地层坍塌。

21. 2. 1. 2 冻结法的原理

（1）冻结法的有效性取决于地层中有水，水变成冰使地层的颗粒胶结起来，使地层的强度增强至相当于软至中硬的岩石。

（2）如果地层饱和或接近饱和水，冻结层就成了不透水层。

（3）如果地层中的含水量不饱和，就有可能要加水。

（4）冻结层的强度取决于冻结的温度、水分的含量和土层的性质。

（5）在稳定的淤积层中冻结法特别有效，因为淤积层的泥沙很细特别易于注入任何普通灌浆料。

（6）在冻结层中，水的体积会膨胀约 9%，但它不会在冻土中形成严重的应力和应变，除非水被限制于一个有限的体积内。随着水的含量增加至 30%，土层冻结后会膨胀约 3%。在淤积层和土壤中会出现霜涨这种轻微的不同现象。

（7）在岩石和黏土中会产生冰晶，而发生的体积膨胀会使其中的裂隙变大，冰融化后使地层的渗透性增大。

（8）如果进行冻结时有水流进入冻土层，则冷冻的时间要延长，因为水的流入也带来了热量。如果水流过大而且水温又高，则冻结层可能完全融化。

21. 2. 1. 3 冻结法在地下开挖中的应用

（1）竖井。在地下水与竖井开挖区相连接的部位采用冻结法切断地下水是最早开始并沿用至今的普遍采用的方法。对于深层矿井来说尚没有比这更好的方法。但最近 20 多年来，地层冻结法已成为不论土地层或硬岩石地层都普遍采用的方法（参见图 21-9）。

采用冻结法开挖竖井具有它多方面独特的优点：冻结法可以成功地应用于土层和岩石层的交界位而用其他方法则要采用特别的方法来处理这一特别困难的地质区段；只要采用适当的设备就可以确保在开挖前，一次就可以冻结

图 21-9 冻结法在竖井开挖中的应用

（取自 www. moretrench. com/services/ground-freezing）

到竖井全深度。

（2）隧道工作面冻结。当地下水成为隧道开挖的主要问题时，冻结法可以确保开挖的稳定性。冷冻管道可以垂直或近于垂直地从隧道面上钻进，或者从竖井通道中水平钻进沿与隧道轴线平行方向形成一个包络面（参见图 21-10 和图 21-11）。取决于开挖方法，采用上述两种方法作全断面冻结可能是一个好的选择，因为开挖的对象将是一种均质的材料。

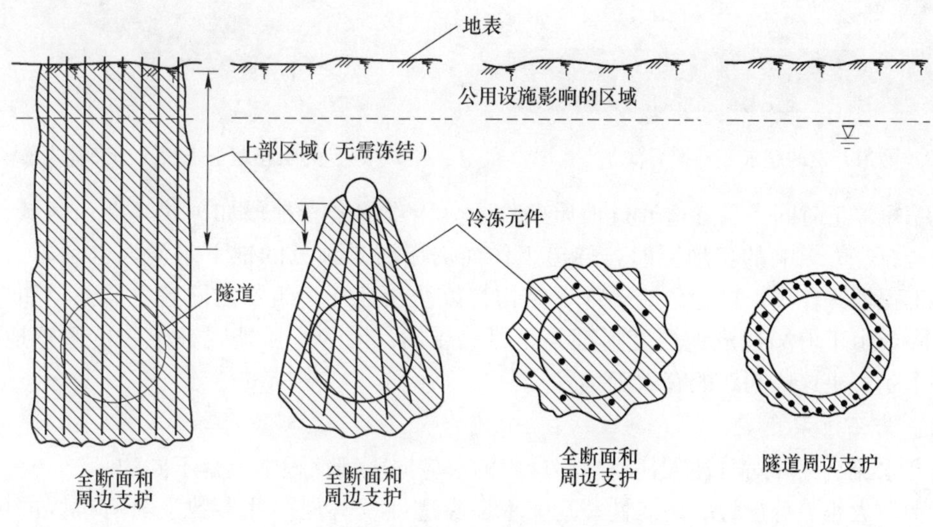

图 21-10　隧道工程的冻结法开挖

（3）TBM 隧道。当硬岩隧道掘进机（TBM）遇到复杂的混合岩层时，冻结法能在掘进面上创造一个冻结的均质岩体使掘进机可以安全地通过这一区域从而缓解这一问题。沿着隧道轴线方向的一定范围内对地层进行冻结可以为掘进机进行检查和更换刀头提供一个安全保护区。

21.2.2　地层预注浆开挖

地层预注浆技术可以切断地下水，增加地层土岩强度以利于隧道支护，弥补在软地层开挖隧道造成的地陷，巩固结构物的基础，增加颗粒状土层的密度以防止其液化，建造或加固挡土墙，建造竖井通道等等，地层预注浆技术被广泛地应用于地层的加固工程。如图 21-12 ~ 图 21-14 所示。

图 21-11　冻结法用于建造布达佩斯的地下隧道

（取自 www. freeassociationdesign. worldpress. com/2011/03/04/）

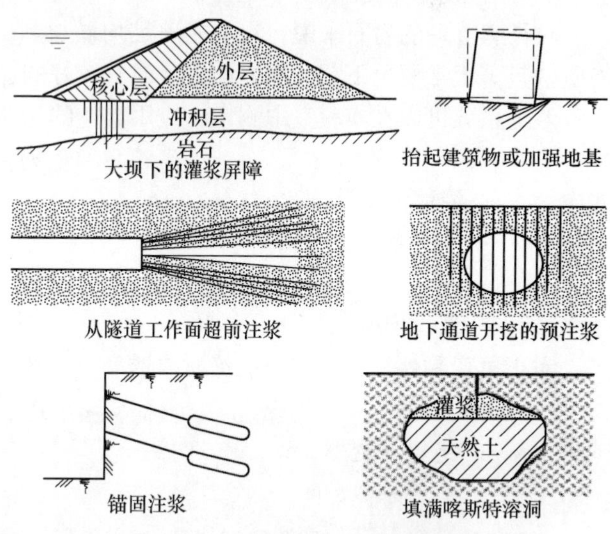

图 21-12　灌浆技术的典型应用

在地下岩石开挖中采用预注浆或开挖面超前注浆在很多情况下具有显著的优点。特别当遇到一些困难的岩石条件，如地下水的浸入或机械开挖困难的岩石，预注浆技术可以防止由于这些问题造成的严重延误。当前在地下工程中采用的具有高成本效益的方法和新材料技术可以尽快地达到满意的效果，从而

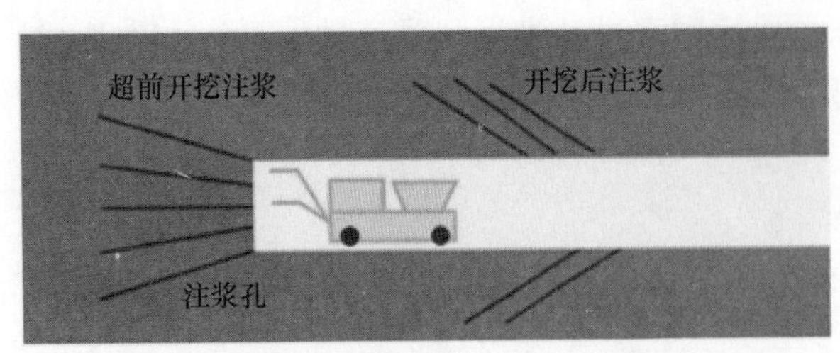

图 21-13　隧道开挖的超前和开挖后注浆[6]

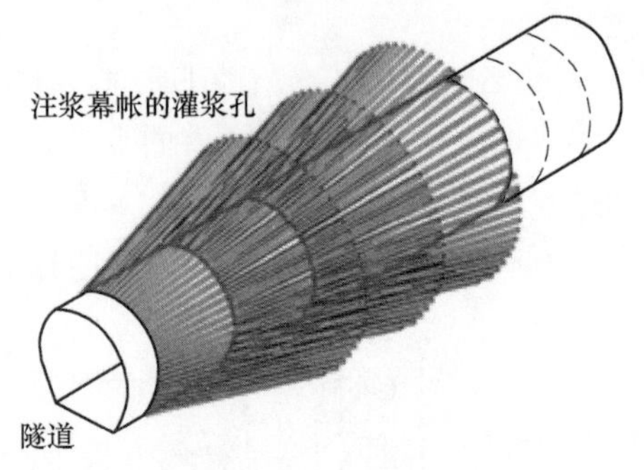

图 21-14　为阻止地下水浸入的交叠式幕帐式注浆法[7]

可以尽可能地缩短停工时间。当隧道通过地质条件十分困难的岩石地段如阿尔卑斯山区域，或隧道穿过受风化的或低岩石应力影响的浅地层时，隧道工作面坍塌或未预见的地下水涌入也是非常罕见的事故。市区内的隧道工程埋深较浅，接近已有的地下结构物以及在地下建筑物之间建立联系。如果这些工程导致地下水位下降或由于坍塌造成地层变形都是不可接受的，因为它可能对建筑物的敏感地基造成破坏。地层灌浆技术正是解决这些问题的有效工具。

21.2.2.1　*岩石灌浆*[4]

岩石材料在水流特性和对其注入任何灌浆材料的效应同土壤在根本上是不同的。

土壤在其颗粒大小、分层性、压实性、孔隙率、渗透性及其他一些参数上具有很大的可变性。从根本上来说，土壤是由颗粒组成的，其渗透性直接和颗粒之间的孔隙有关。但对于多数岩石来说，非连续面之间对水和灌浆材料是不可渗透的，因而漏浆和通导只能同岩体中的非连续面有关。因此必须明了和接受岩石与土壤之间的这种重要的差别才能正确地评估岩石隧道压力灌浆的所有问题，了解岩石灌浆技术同土壤灌浆技术的不同之处。

一个材料的渗透性表示一种液体或一种气体从这个材料中通过的快慢。达西（Darcy）定律建立在一种具有一定黏性的不可压缩协调的层流的基础上，对于均质材料有式（21-18）[4]：

$$v = ki \tag{21-18}$$

式中　v——流动速度；

k——渗透系数；

i——液压梯度。

对具有节理的岩石来说，它不能满足均质材料的要求，只有当考虑的范围足够大时才可勉强当它为均质材料。正常情况下，节理的渗透性或其较好的通导性都应采用。

渗透系数可以在实验室中测定，应用上述的达西定律：

$$q = kAi \tag{21-19}$$

式中　q——液体流动速度，m^3/s；

k——渗透系数，m/s；

A——流体通过试样的截面积，m^2；

i——液压梯度。

对于可变黏性液体，材料的绝对渗透率可以通过式（21-20）求得：

$$K = k(\mu/\gamma) = k(\nu/g) \tag{21-20}$$

式中　K——绝对渗透率，m^2；

k——渗透系数，m/s；

μ——动态黏性，mPa 或 cP；

ν——运动黏性，m^2/s；

g——自由落体加速度，$g = 9.81m/s^2$；

γ——液体的体积重力，N/m^3。

为了测试液体通过钻孔在岩体中的通导性，最常用的单位是“吕容”。吕容的定义是在 10^6Pa 的净压力，每分钟通过 1m 钻孔注水的体积（L）（参见图 21-15）。

吕容值需要作说明而不能将它看作是孤立的。如果测量一个长的，比如10m长的钻孔，原则上所有的水总有机会从一个单一的裂隙漏掉。也就是说，就同一钻孔按每0.5m长度的增量测量，其中19个的吕容值会是0，而其中一个会是其他的测量平均值的20倍。

为了避免从一个长孔（10～30m）同一个短孔（如1m）之间差别的极端情况，技术规程有时对于深度大于5m的钻孔只计算其5m的吕容值。

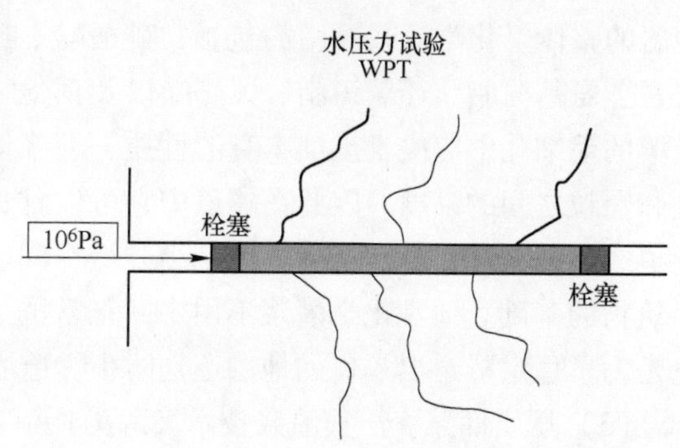

图21-15　实验室水压试验[4]

21.2.2.2　灌浆的种类

如图21-16所示，灌浆技术分为以下五类：

（1）水泥灌浆；

（2）化学灌浆；

（3）压实灌浆；

（4）裂隙灌浆；

（5）喷射灌浆。

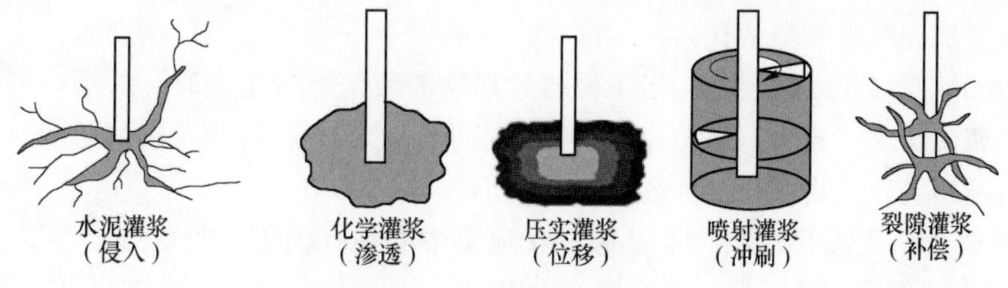

图21-16　灌浆的分类

（1）水泥灌浆。水泥灌浆又称为高流动性灌浆，它将流动性的特殊浆液充填到粒状土壤的毛孔或岩石及土层的空隙中。控制水泥浆液的渗透能力的两个重要参数是浆液中颗粒的大小和颗粒大小的分布。浆液颗粒的平均尺寸可以表示为一定量的浆液中所有颗粒的比表面积。研磨得越细，比表面积越高，即布莱因数（Blaine value）（m^2/kg）越高。

从大多数水泥供应商都能买到的，无需特别水泥质量的典型水泥型号列于表21-16中。

表21-16　普通的水泥的细度（最大颗粒尺寸40～150μm）

水泥型号/比表面积	布莱因数/$m^2 \cdot kg^{-1}$	水泥型号/比表面积	布莱因数/$m^2 \cdot kg^{-1}$
大型结构物用的低热量水泥	250	速凝波特兰水泥（CEM 52.5）	400～450
标准波特兰水泥（CEM 42.5）	300～350	特细速凝水泥（有限的有效性）	550

布莱因数最高的水泥通常也最贵，因为要磨得更细。细颗粒的水泥更易穿入细的裂隙和孔隙。

根据应用要求波特兰水泥和特细水泥通常用在关键的地方，通过一个或多个注浆管道用压力注入。灌浆液的颗粒大小必须和土/岩的空隙尺寸相匹配，浆液才能进入土/岩的毛细孔和裂隙。灌浆后的土/岩体的强度和刚度增加而渗透性降低。这一技术已应用于阻止水流通过岩石裂隙从大坝下面流出和用水泥胶结土壤以加固地基或提供开挖时的支撑。

膨润土是一种来自火山灰的自然黏土，它的主要矿物是蒙脱石，一直以来都用它作基浆加入水泥对土/岩灌浆。采用它的原因是标准水泥在水中总是和水分离而浮在水面，特别是通常采用的水/泥比大于1时尤为显著。使用膨润土可以减轻这种分离现象，当水泥采用标准的3%～5%的配比时可达到非常稳定的效果。在大多数情况下灌浆体的最终强度并非重要。但是在高地下水头的情况下，或灌浆体所要起的稳定作用十分重要时，采用膨润土在正常配比下会使灌浆体的强度下降50%或更多。采用先进的超细水泥混合灌浆可以避免这一问题而不必牺牲灌浆体的稳定性和穿透能力。

（2）化学灌浆。化学灌浆是一种灌浆技术，它通过渗入一种低黏度的浆使粒状的土壤转换成类似于沙岩的整体。化学灌浆可用的包括：硅酸盐、酚醛树脂、木质素磺酸盐、丙烯酰胺和丙烯酸钠、羧基纤维素、氨基树脂、环氧树脂、聚氨酯以及其他外来材料。它不用取代土壤或改变土壤的结构，浆液流入土壤的毛细孔中取决于土壤本身的性质，灌浆体可以永久地或暂时地硬化或胶体化。它增大了土壤的强度和颗粒之间的黏度，因此在隧道中它可以延长隧道围岩的自我支撑时间，阻止上方或附近的结构物向隧道或竖井位移。最常见的应用是当开挖空间接近已有的建筑物时，它既可以支撑开挖空间又可以加固建筑物的基础。通常化学灌浆不用中断正常的运作。化学灌浆设备也非常适合于市区中的隧道工程，无论是为了稳定隧道出入口的地层还是防止隧道通过区段上部结构物的沉降都十分方便。

（3）压实灌浆。压实灌浆技术又称为低流动性灌浆技术。压实灌浆是一种地层处理技术，它用压力将一种稠的泥土-水泥浆液压入土体并固化，使四周的土壤密度原地增大。注入的浆体占有了土体由于受压至密而腾出的空间。典型的做法是：先将注浆管钻到最大的处理深度，将稠的浆液注入的同时慢慢地升起注浆管，生成一个一个相互重叠的球体。当低流动性浆体膨胀时压实周围的土体。当它应用于颗粒状土壤时，压实灌浆使四周的土壤的密度增大，摩擦角增大，刚度加大。压实灌浆已用于增大地层的承载能力，减小将建或已建建筑物沉降和液化的潜在问题。当遇到喀斯特地质时，压实灌浆用于处理已有的溶洞或减少潜在溶洞的风险。

（4）劈裂式灌浆。劈裂式灌浆也称为穿入式灌浆，它是一种采用灌入纯浆将现场的土/岩用液压劈裂开的灌浆技术。在要加固的地基中钻孔到一定深度，在孔中下一根有灌浆口的套管，用压力将纯浆液从灌浆管从关键部位的灌浆口注入地层中。当压力超过地层的液压劈裂压力时，地层中的裂隙劈裂开来并立即被随之注入的浆液扩大并充满。这种技术可控制注浆位上部地层或建筑物的起伏，因而被用于重新置平建筑物或当有隧道从建筑物下通过时防止建筑物沉降。

（5）旋喷式灌浆。高压旋喷灌浆技术是通过在地层中的钻孔内下入喷射管，用高压（300～600 巴（4350～8700psi））/高速射流（水、浆液或空气）直接冲击、切割、破坏、剥蚀原地基材料，受到破坏、扰动后的土石料与同时灌注的水泥浆或其他浆液发生充分的掺搅混合、充填挤压、移动包裹、凝结硬化，从而构成坚固的凝结体，成为结构较密实、强度较高、有足够防渗性能的构筑物，以加固地层的一种技术措施。

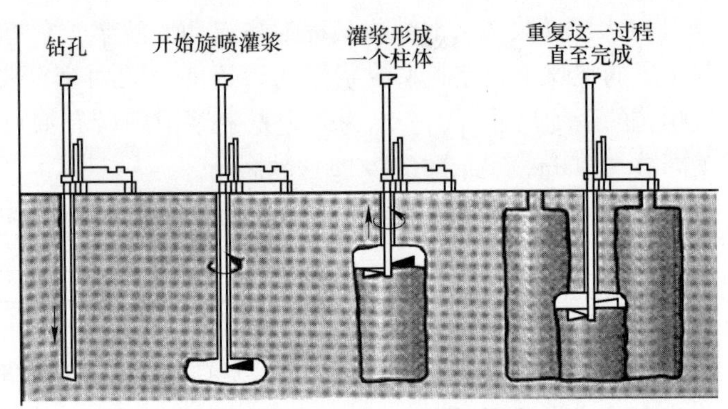

图 21-17　旋喷灌浆法的施工顺序

高压喷射灌浆方法常用的有单管、双管、三管三种。但自 20 世纪 90 年代早期开始已发明了一种新技术，采用聚集射流来增大固结柱体的直径，称为超级喷射灌浆法。高压旋喷灌浆的施工顺序和不同的灌浆方法见图 21-17 和图 21-18。

一般单管法形成凝结体的范围（桩径或延伸长度）较小。一般桩径为 0.5～0.9m，板状凝结体的延伸长度可达 1～2m。加固质量较好、施工速度较快、成本较低。双管法生成的凝结体直径可达0.6～1.5m。三管法是使用能输送水、气、浆的三个通道的喷射管，从内喷嘴中喷射出压力为 30～40MPa 或更高的超高压水汽流气冲击切割地层土体，其生成的凝结体直径有 1.0～2.0m，比单管法大 20

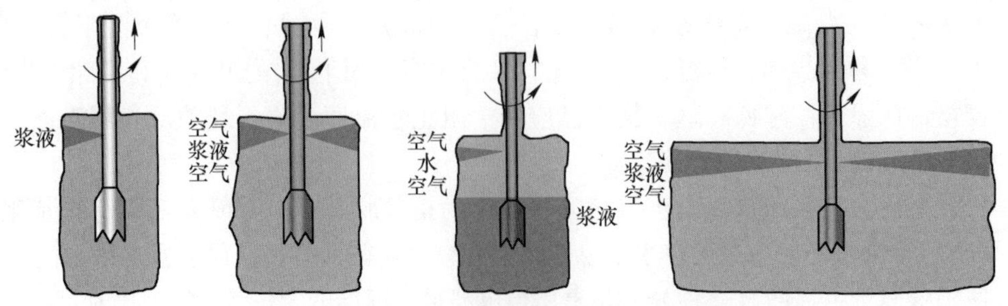

图 21-18　单管、双管、三管和超级喷射灌浆法

倍。而超级喷射灌浆法所形成的凝结体直径可高达5m，在软地层中甚至可达9m。但三管旋喷灌浆法仍是最常用的方法。

21.2.2.3　灌浆设备

灌浆设备在灌浆过程中的基本功能是：混合灌浆材料，将它泵压至灌浆孔中，控制和记录全部操作参数和过程。其主要的组成包括混合器、搅拌机、泵和记录仪，如图21-19所示。图21-20是一种移动式灌浆设备。

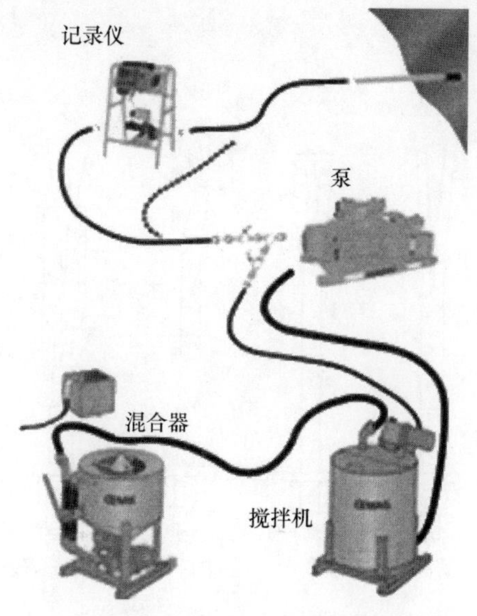

图21-19　一条灌浆线的灌浆设备[6]

图21-20　装备有两台Caterpillar发动机、两台STM TWS 600S和连续混合系统Dwupompowy灌浆移动设备

（取自http：//polskiproducent.pl/eurotech-sp-z-oo/dwupompowy-agregat-cementacyjny-cpt-600d-550）

21.3　新开挖空间的初始支护

按21.1节所述，新开挖空间的初始支护首先应在按Q系统或RMR系统的岩体分级的基础上进行评估。通常在Q系统或RMR系统方法的帮助下，根据所观测到的现场岩体的实际情况进行设计。也就是说，支护的方法和数量要根据随着开挖工程进行中所暴露出的岩体状况和支护工作的情况，才能作出决定。

岩体加固和岩体对开挖和支撑的反作用是一个复杂的互动系统，其中元素与元素之间都是相互作用和相互依赖的。节理岩体加固后的整体强度是由节理岩体本身的性质（如节理面的粗糙度、充填情况、岩石材料性质、节理的方向等）和支护系统的支撑效果共同决定的。因此，设计一个岩体的支护方案，设计者的丰富经验以及其对岩体性质和状况的充分观测是十分重要的。

新开挖空间的初始支护应该越快越好，以确保工作面和施工人员的安全。一般情况下，由承建商根据工程合同上列出的各种支护方法确定采用什么方法进行支护。从经济效益考虑，如果可能的话，初始支护应成为最终支护的一部分。

最常用的初始支护方法是钢拱架、岩石锚杆、铁网和喷射混凝土的不同组合。当遇到恶劣的地质条件时，可能同时要求进行开挖前和开挖后的支护，如超前支护、格拱梁和钢拱肋等，特别是隧道的入口处。

所有这些支护技术都将在本节中一一介绍。

21.3.1　岩钉、岩石锚杆和岩石锚固

岩钉、岩石锚杆和岩石锚固是最常用的岩体加固方法。它们的主要作用是将松动的或在原位破裂的岩石加固使它们不会塌落或剥落，并让岩体形成一个自我支撑的结构。

岩钉是一种没有内张力的岩石加固元件。它由一根杆（通常是钢杆）面板和螺帽组成，钢杆用水泥或灰浆灌注在钻孔中。

岩石锚杆是类似于岩钉但在安装时对杆施加张力。钢杆用机械方法或灌浆法锚固在孔底，然后用面板和螺栓对杆施加拉力压紧岩体。

岩石锚固也是一种加固岩体的方法，其原理同锚杆但施加的拉力要大得多，杆（或钢丝绳）要比锚杆长很多。

在本节中以上三种通称为“岩石锚杆”。

21.3.2 岩石锚杆的种类

按照它们的工作机理，岩石锚杆可以分为三类：机械式锚杆、摩擦式锚杆和灌浆锚杆。

21.3.2.1 机械式锚杆

机械式锚杆通常用楔子或涨壳以点接触的形式锚固在孔底，如图21-21所示。锚杆的头部可以涨开，当杆体塞入孔底，旋转（涨壳式）杆体或用锤击/压杆体（楔式）使杆头涨开紧紧地压在孔壁上，也即锚固在孔底。为了保证锚固质量，钻孔的尺寸（孔径和深度）必须准确，岩石也要较硬。

楔式和涨壳式锚杆是临时支护的典型方法。

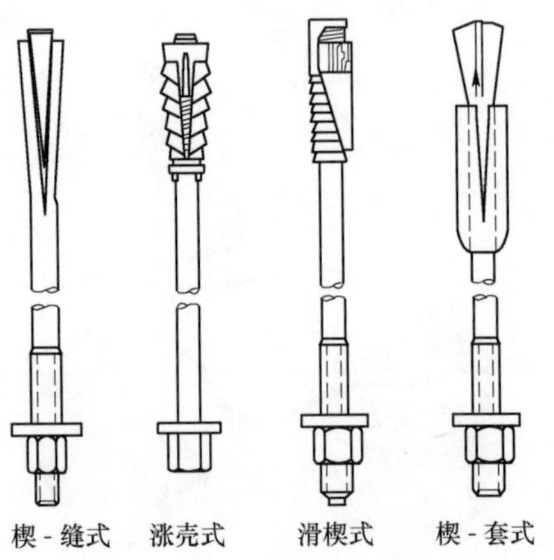

图21-21 不同形式的机械式锚固锚杆

21.3.2.2 摩擦式锚杆

典型的摩擦式锚杆有缝管式锚杆（split-set）和膨胀式锚杆（swellex）两种。这两种锚杆都有安装快而易的优点，因而可以立竿见影地对岩体进行支护。但它们不能用作长期支护。

图21-22 缝管式锚杆

缝管式锚杆由两个部件组成，一个开缝的钢管和一个与其相配的带半球形隆起的钢板，如图21-22所示。钢管直径比钻孔稍大，用锤将钢管打入孔中。因此管径和钻孔直径的恰当匹配是取得成功的关键。缝管式锚杆最适合于层状岩体。它可以立即对岩体进行支撑，但只能维持一个较短的时间。

膨胀式锚杆的作用时间比缝管式锚杆长。安装时将锚杆插入孔中，用高压水将其撑涨开而锚固在孔中，如图21-23所示。它可用于粗糙和破裂的钻孔表面。同缝管式锚杆一样，它们都不耐腐蚀，因而限制了它们的应用。

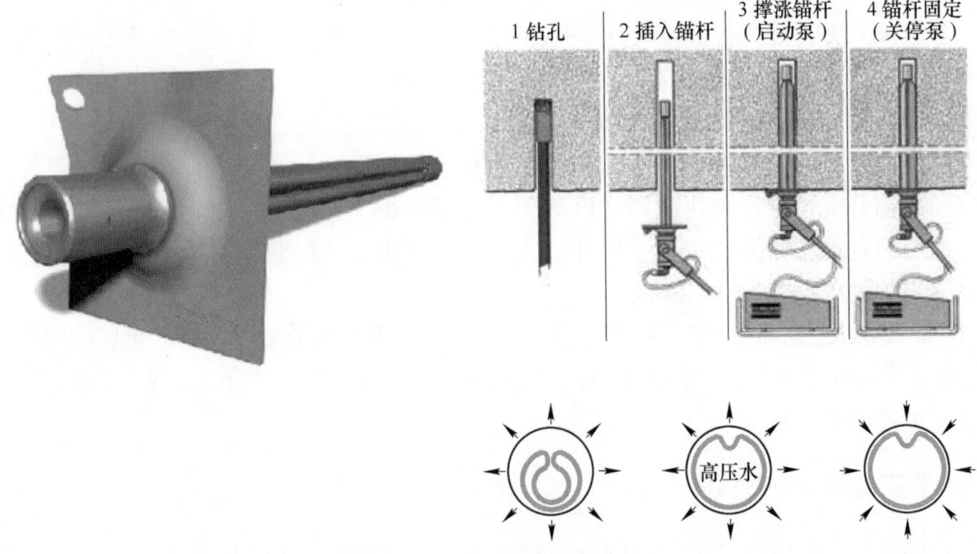

图21-23 膨胀式锚杆及其工作原理（Atlas Copco）

21.3.2.3 *灌浆锚杆*

(1) 水泥灌浆螺纹钢锚杆。水泥灌浆螺纹钢锚杆始终是最便宜和应用最广的锚杆，因为它安装简单快捷，可以使用机械或手工安装。安装得好，水泥灌浆螺纹钢锚杆可以支护岩体很多年（参见图21-24）。灌入的水泥可以保护螺纹钢不受腐蚀。特别镀锌的或有环氧树脂涂层的锚杆可以用于极为恶劣的条件下。水泥灌浆螺纹钢锚杆的主要缺点是水泥灌浆需要较长的硬化时间。由于水泥浆需要15~25小时的硬化时间，因而它不能提供及时的支护。当需要立即支护时或需要对锚杆施加预张力时，可以用楔式或涨壳式锚杆代替螺纹钢。在水泥中加一些添加剂可缩短硬化时间但也增加了成本。

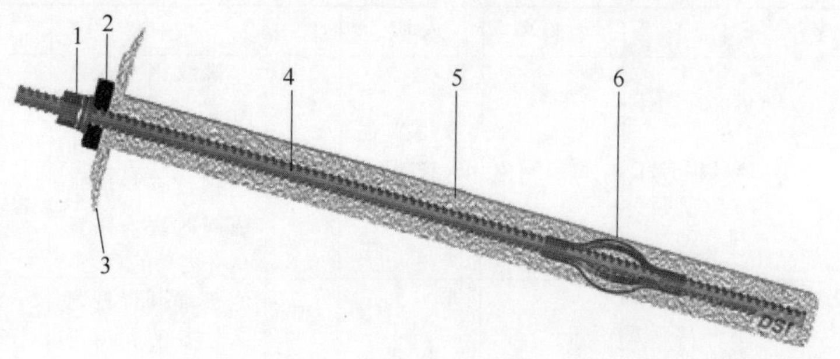

图21-24 全灌浆岩石锚杆

1—锚固螺帽；2—承压板；3—岩石面；4—GEWI® or GEWI® Plus 螺纹钢；5—水泥灌浆；6—置中器

(2) 树脂灌浆锚杆。树脂灌浆锚杆（参见图21-25）由于其硬化时间短，因而可提供相对快的支护。只要安装正确的全灌浆的树脂灌浆锚杆可以作为永久支护而使用20~30年。如果采用两种不同的硬化时间的树脂，快硬的用于孔底，而慢硬的用于杆身，则可以对锚杆施加预张力。如仅对孔底灌浆则它也可以作为短期支护用。

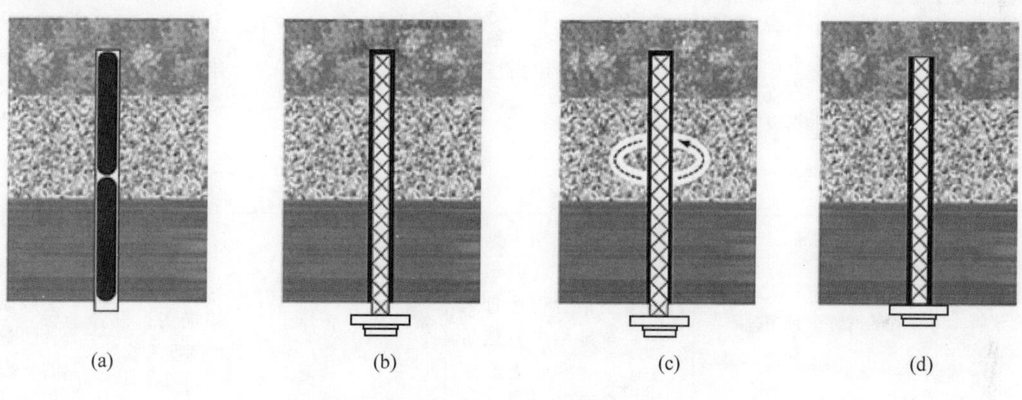

图21-25 用FASLOC®树脂卷安装树脂锚杆

（取自 www.dsiunderground.com/productd/mining/resins-and-cement-cartridges/fasloc-resin-cart.html）

(a) 将FASLOC@树脂卷塞进钻孔；(b) 将杆推入孔中使其刚好在岩石面以下一定点，也可以慢慢地转动杆；(c) 按上图中的方向转动杆，用机器的最大的推力将杆推到底并停住直至树脂硬化；(d) 全灌浆锚杆，顶住锚杆一直到树脂完全硬化

(3) 空心自钻式锚杆。空心自钻式锚杆由一根有螺纹的空心的带钻头的而且可以灌浆并锚在孔内的锚杆，如图21-26所示。空心杆可以让压气和水在钻孔时通过将钻孔的岩屑冲出，钻好孔后又可以立即用来灌浆。浆液充填入孔中将杆完全包住。螺纹连接头可以加长空心杆而螺母和面板可以用来提供所需要的张力。

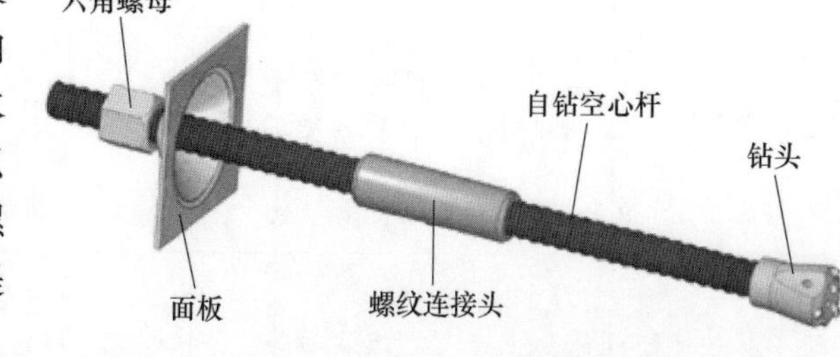

图21-26 空心自钻式锚杆

（取自 www.jennmar.com/pdfs/JENNMAR_ SelfDrillHollowBar.pdf）

21.3.3 岩石锚杆的安装

21.3.3.1 *岩石锚杆使用指南*

表21-17是美国运输部，联邦公路管理局发表的《公路隧道设计和建设技术手册》[9]中的一个应用指南。它总结了岩石隧道初始支护常用的各种锚杆的使用条件和要求，本书引用它以供读者参考。

表 21-17 岩石隧道中通常应用的岩石加固元件的使用意见[9]

序号	名 称	材料①	锚固	张力	安 装	岩石条件②	优 点	限 制
1	螺纹钢岩钉	螺纹钢	用水泥或树脂全包灌浆	无	螺纹钢塞入钻好的孔内再灌满浆； 螺纹钢与灌浆管同时塞入钻好的孔内再灌浆	整体型岩体至节理高度发育的岩体	低成本，易安装；如果安装恰当可达到很好的支护效果	需要技术好有经验的安装工人；孔内坍塌影响安装
2	玻璃纤维岩钉	特制的玻璃纤维杆	用水泥满灌浆，更常用树脂灌浆	无	玻璃纤维杆塞入钻好的孔内再灌满浆； 玻璃纤维杆与灌浆管同时塞入钻好的孔内再灌浆	整体型岩体至节理高度发育的岩体； 常用于紧接着要开挖的地方（例如掌子面锚杆，破坏区等）	高性能的重载荷支撑； 随后的开挖时很容易从之前支护的岩体中取出	需要技术好有经验的安装工人； 有剪切阻力时受限制且坍塌的钻孔影响安装
3	摩擦式锚杆	纵向开缝的钢管	靠钢管的弹性沿管全长的摩擦力	无	将锚杆用力推入直径比锚杆管略小的钻孔中	整体型岩体至有节理的岩体	立即产生支撑作用；安装简单，无需灌浆	有剪切阻力时受很大限制；支撑能力低；对腐蚀很敏感；不能用于坍塌的钻孔
4	膨胀式锚杆（Swellex）	纵向折叠的可膨胀的钢管	靠钢管的膨胀沿管全长的摩擦力	无	将杆插入钻好的孔中用高压水将管张开	整体型岩体至有节理的岩体	立即产生支撑作用；有好的支撑能力	有剪切阻力时受限制而且不耐用；不能重新加张力；需要专用设备来涨开钢管；材料消耗大；不能用于坍塌的钻孔
5	灌浆管	穿孔的钢管	用水泥或树脂全包灌浆	无	将杆插入钻好的孔中（或将厚壁钢管直接打入软地层中）然后从管和管上的穿孔灌浆	节理岩体至非常破碎的（像土一样）地层	安装简单；有支撑能力；很容易控制埋入效果	有剪切阻力时受限制（取决于管壁厚度）；坍塌的钻孔妨碍安装
6	空心自钻式锚杆	厚壁钢管及一次性钻头	用水泥或树脂全包灌浆	无	钻好孔后作为支护元件的钻头和钻杆留在孔内然后从冲洗孔灌浆	节理岩体至非常破碎的岩体	只要两个步骤安装（快速安装）；高的支撑能力，能承受重载荷	比一般锚杆贵很多；遇到坍塌孔时会卡在孔中因为没有反转切割工具
7	打入式岩钉	螺纹钢或厚壁钢管	岩钉和地层之间的剪切阻力（摩擦力、黏合力）	无	打入地层	风化岩，土壤	对地层的干扰最小；立即产生支撑作用	依赖于岩钉和地层之间的阻力；要求有打击设备；限于软地层条件
8	螺纹钢杆	螺纹钢	（1）端部用水泥或树脂锚固； （2）全灌浆：两种树脂	有	（1）在封浆塞后通过出气管灌浆； （2）树脂灌浆分两种不同的硬化时间	整体型岩体至节理高度发育的岩体	低成本；有支撑能力；如果安装恰当，高的支撑能力，能承受重载荷	需要技术好有经验的安装工人；坍塌的钻孔妨碍安装。 （1）需要封浆塞； （2）树脂较贵；要求两种不同型号的树脂

续表 21-17

序号	名 称	材料①	锚固	张力	安 装	岩石条件②	优 点	限 制
9	玻璃纤维岩钉	特制的玻璃纤维杆	(1) 端部用水泥或树脂锚固；(2) 全灌浆：两种树脂	有	(1) 在封浆塞后通过出气管灌浆；(2) 树脂灌浆分两种不同的硬化时间	整体型岩体至节理高度发育的岩体	高的支撑能力，能承受重载荷；由于有限的剪切阻力，易于取出	需要技术好有经验的安装工人；坍塌的钻孔妨碍安装。(1) 需要封浆塞；(2) 树脂较贵；要求两种不同型号的树脂
10	涨壳式锚杆	钢杆	机械式头部锚固	有	将杆插入钻好的孔中，拉紧杆体使头部的涨壳涨开	整体型岩体至节理发育的岩体。要求合适的岩体材料	立即产生支撑作用；可以提供高的支撑能力	相对较贵；滑出或岩石破碎时有发生；受振动（爆破）或地层变形会失去张力

① 加固材料；

② 地层条件是典型的应用范例，加固元件也可能用于其他地层条件。

岩石锚杆的应用不可能同物理学或几何学一样，靠几个参数计算得出，通常都是根据岩石的条件在现场决定，即常说的“边施工，边设计”。但一般按隧道拱部径向锚固的概念可以分为三种方法：点锚固、系统地无张力锚固和系统地预张力锚固，如图 21-27 所示。

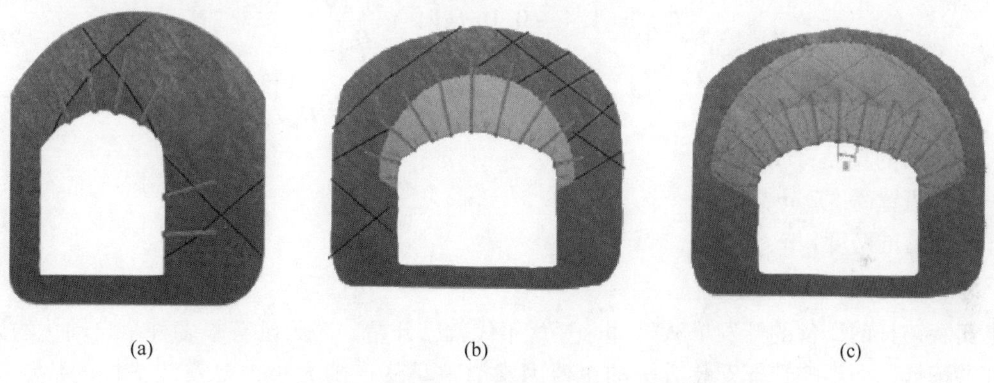

图 21-27 三种锚杆的支护方法[10]（Atlas Copco）

（a）非系统点锚固；（b）非张力锚固；（c）预张力锚固

点锚固是指用少量的锚杆在某些需要加固的“点”进行锚固。锚固的位置和锚杆的长度由工程地质师在现场根据岩体的状况作出评估，针对有可能松动的岩块决定。可能松动岩块的大小可以从观察岩体中破裂面的位置和方向来确定。通常用测斜罗盘即可测量破坏面的倾斜方向，特别是大的岩块。

当岩块的尺寸已知，其质量即为其体积与岩石密度（通常为 2.6 ~ 2.8t/m^3）的乘积。为了确定岩块的形状和质量以及岩块或岩楔在顶板和隧道壁上的潜在的滑移方向，可采用霍克（Hock）和布朗（Brown）于 1980 年提出的赤平投影技术并用计算机作三维模拟[3]。这一技术在本书第 1 章中已经作了介绍。它可以为锚杆工程师提供松动岩块的一个形象描述和岩块的尺寸。这一点对于确保选择的锚杆有足够的长度很重要。作为一个经验法则，锚杆应锚固到稳定的岩体内至少 1 ~ 2m。

选择系统锚固通常是当岩体受到地下水的侵蚀或其他因素影响看起来很破碎需要系统地加固时才采用。从图 21-27 中可以看到，图中的灰色区域是岩体在隧道开挖后由于应力重新分布所形成的一个自然拱。拱中的岩石主要承受压应力。图 21-27（b）中未经张力的锚杆用以增加这一自然拱的稳定性。由于大多数隧道都是永久性的，锚杆和岩石孔壁之间都灌以水泥或树脂浆。

无张力锚固一般用于节理中等发育的岩体，其自然拱区相对比较接近隧道顶板。这类锚杆适用于岩体的自然位移。锚杆的长度按照隧道拱部的岩块的体积、质量和密度计算出来。锚杆的数量和它们的间距由节理的密度决定。

当岩体的结构不是很好，其自然拱下边界离开隧道拱顶较远，通常采用预张力锚杆加固。如图 21-27（c）所示，预张力锚杆同岩体在开挖区顶板处形成的一个人工的拱，用以增加节理面的抗剪阻力和节理面上的正应力。有很多公式可以用来计算锚杆的长度和间距，然而所有的锚杆应该同样长度。

当应用预张力锚杆在隧道顶部构成一个人工拱或梁时，对锚杆施加的张力应使岩石内产生大约 0.5kg/cm^2 的压应力。岩石中原有的任何应力必须同这一值叠加。

霍克和布朗于 1980 年建议采用下列经验法则来检查计划采用的锚杆长度和间距[3]：

（1）锚杆的最小长度必须大于：

1）两倍锚杆间距；

2）三倍于关键的和潜在的不稳定岩块的宽度，这一宽度由岩体中节理的平均间距确定；

3）如果隧道跨度小于 6m（20ft），锚杆长度应不小于跨度的一半。如果隧道跨度为 18 ~ 30m（60 ~ 100ft），顶板的锚杆应不小于四分之一跨度。当开挖高度高过 18m（60ft），锚杆长度不应小于壁高的五分之一。

（2）锚杆的最大间距须小于：

1）锚杆长度的一半；

2）1.5 倍于关键的和潜在的不稳定岩块的宽度，这一宽度由岩体中节理的平均间距确定；

3）当应用焊接网或编织网时，而锚杆间距大于 2m（6in）使得其固定铁网有困难（但并非不可能）。

式（21-21）和式（21-22）是由挪威的珀斯托姆和尼尔松[11,12]（A. Palmstöm 和 B. Nilson）于 2000 年建议的单一松动岩块顶板和墙壁的锚杆长度：

$$L_{\text{roof}} = 1.4 + 0.16\,D_{\text{t}}\left(1 + \frac{0.1}{D_{\text{b}}}\right) \tag{21-21}$$

$$L_{\text{wall}} = 1.4 + 0.08\left[D_{\text{t}} + 0.5\,W_{\text{t}}\left(1 + \frac{0.1}{D_{\text{b}}}\right)\right] \tag{21-22}$$

式中　D_{b}——岩块的直径，m；

W_{t}——隧道壁高度，m；

D_{t}——隧道的跨度，m。

21.3.3.2　安装锚杆的设备

机械化安装锚杆的设备的开发早从 20 世纪 70 年代就已开始。今天已有很多种全自动化的设备和各种安装方法可供选择。而影响选择安装方法的主要因素通常是隧道的大小，要安装锚杆的数量以及掘进工作循环时间安排。

人工安装，用手持式凿岩机钻孔和安装锚杆主要采用于小断面隧道和矿山巷道。通常这些隧道和巷道也用手持式凿岩机钻凿爆破孔，而且要安装的锚杆数量也不多。

半自动化锚杆安装仍然是隧道工程的主要安装方法。锚杆孔由钻炮孔的钻机钻孔，安装锚杆则在钻机的液压臂工作篮中或其他独立的设备或车辆的工作篮中进行，如图 21-28 所示。

图 21-28　工人在液压升降工作台上安装锚杆

采用当今全自动的锚杆机，一个人即可完成从钻孔到灌浆和锚杆的安装全过程。安装工人在远离尚未安装锚杆的地方在安全顶棚的保护下操作，避免被松石伤害。

第一台全自动的锚杆机，如塔姆洛克（Tamrock）的 cabolt 和阿特拉斯（Atlas Copco）的 Boltecd 都是在 1979 年投入应用的，图 21-29 即是一例。机械化安装一开始只用于水泥灌浆的螺纹钢。但很快就发展到其他类型的锚杆。现在，几乎所有应用中的锚杆都能用全自动锚杆机安装。事实证明机械化、自动化安装锚杆在地下工程中既保证了施工安全又能保证施工质量。

21.3.4 铁网在岩石面上的安装

在岩石面上铺设铁网早已在地下采矿中普遍应用，现已普遍地同锚杆和喷射混凝土一起应用于地下工程。在隧道中铺设铁网主要靠人工在安装锚杆时一起进行。它也可以采用机械化安装，即在锚杆机或混凝土喷射机上加装一个铁网铺设装置（参见图21-30）或由一台专用的铺网机铺设。

图21-29 全自动化锚杆机（Tamrock）

图21-30 Sandvik 的 Robolt320 带铺网机的锚杆机[8]

21.3.5 喷射混凝土和钢纤维喷射混凝土

喷射混凝土是一种在建筑工程中广泛应用的支护方法。它可以用作临时的或永久的支护，既可作衬砌又可以用作衬砌后的回填。通常喷射混凝土同锚杆一起应用以得到最好的支护和支撑效果。

喷射混凝土是用压缩空气和混凝土泵将混凝土以高速喷向岩石表面。混凝土经专用设备的喷嘴喷出靠其黏性冷凝在岩石表面而对岩体形成稳定效果。

随着科学技术的发展喷射混凝土技术在过去的一个多世纪中也得到很大的发展。当1907年它首次申请在隧道和采矿业应用专利时的名称是“喷浆”（Gunite），是一种沙、石仔骨料和水泥的简单混合物然后再喷嘴处加入水在喷向目标物。现在它已发展为有多种不同成分及相应设备的技术以适应越来越多的应用要求。

最常见的应用形式是干混和湿混两种，如图21-31所示。

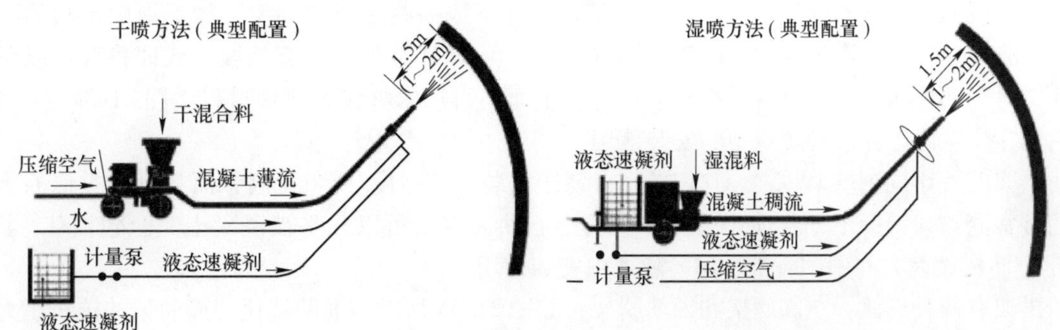

图21-31 干喷和湿喷两种方法的工作原理[10]

在干式方法中，骨料（通常为8mm石头）、水泥、沙和速凝剂的混合料由压缩空气推动经喉管喷出，而水由一个阀控制在喷嘴处加入。干法适合于人工操作因为它所要求的设备通常都较便宜和轻小。但干式喷射混凝土也带来工人的健康问题因为它比湿式法产生相当多的粉尘和回弹料。干式法的质量也取决于操作的全体人员，因而有较大的变数。

湿式喷射混凝土技术起始于20世纪70年代，骨料、水泥、添加剂和水在输送前按一定量混合好。现在，由于湿式喷浆易于实现机械化，生产能力也高过干喷法，因而得到越来越广泛地应用。湿喷的回弹率也比干喷低，质量也比较平稳。

喷射混凝土的强度可以通过加入钢或聚乙烯纤维进一步加强（参见图21-32）。加纤维喷射混凝土有一定的弯曲强度而且有在锚杆之间形成跨接而形成一个连续的支撑。

一般来说，喷射的每一层混凝土的厚度为5cm左右，总的喷射厚度通常为15cm。由于喷射混凝土层的黏附能力，隧道开挖空间周边的岩块相互之间联成一体使得岩体中的荷载的分布更均匀。

现在人工操作喷射混凝土大多已被机械化操作取代。多功能设备的生产能力比人工操作高数倍而且喷射层的质量也更均匀一致。此外，在工程安全、人体工学和环境改善是机械化操作的另一重要方面，如图21-33所示。

图21-32　加入喷射混凝土的钢纤维样品

图21-33　在隧道中进行喷射混凝土作业的机械手

21.3.6　钢拱架和钢肋拱架

锚杆，包括喷射混凝土由于已成为岩体的一部分而增强了岩体的支撑能力，因而是一种主动支撑，而钢拱架和钢肋拱架是对岩体的被动支撑，它们只是在岩体下方支撑住岩石重量而不能穿入岩石中，一旦失去了它们的支撑，岩石可能会立即塌落。钢拱架和钢肋拱架在一些文献中统称为“钢架支撑”。如前面所述的太沙基的岩体分级中。

在不稳固的岩体开挖时，钢拱架和钢肋拱架的支撑同锚杆支护一样，通常都是在一个开挖循环完成后立即进行支撑。它们也常常在隧道进行永久支护之前的喷浆时安装作为临时支护。

现在钢拱架的应用已不如几十年前。但在某些情况下或一些重要的部位，如不规则形状的隧道，隧道交汇处，隧道口，钻孔爆破开挖不稳固岩体时，在使用TBM前的短的起始段，或即将有可能遇到挤压或鼓胀地层时仍要使用它。现已广泛应用喷射混凝土而不再用木材作为垫板材料。图21-34（a）中是钢拱架和它们在中国香港沙田岭隧道中的安装使用。

钢肋拱架的使用同钢拱架一样。它们较轻，易于安装，其强度/质量比高，而且具有类似的抗扭矩能力。它们常常同喷射混凝土一起使用，由于它的空心肋架因而可以几乎被混凝土完全包覆住。图21-34（b）中是钢肋拱架及其在中国香港沙田岭隧道中安装使用。

钢肋拱架有两种形式：三筋肋架和四筋肋架，如图21-35所示四筋肋架比三筋肋架的抗正压力和弯矩能力大。钢拱架和钢肋拱架在安装时需要用垫块和衬板。钢支架需要用木块和木楔来稳定住。木块应该均匀地分塞在钢架和岩石之间使岩石的载荷均匀分布在钢支架上。

支撑在每两个钢肋架之间的横板称为衬板。衬板的作用是防止岩石剥落或塌落并将岩石的压力传到肋架上。衬板的材料可以是木板或铁板，如图21-35的左下图所示。

图 21-34　钢拱架和钢肋拱架及其在中国香港沙田岭隧道中安装应用

21.3.7　超前锚杆和管棚预支撑

超前锚杆通常用于软弱岩体中开挖时的临时支护。超前锚杆是指用钢管或钢杆通过钢肋架插入工作面前方顶板岩石中为向前开挖和安装下一个钢肋架提供临时的安全防护。一般情况下，超前锚杆采用图 21-36 中所显示的相互重叠排列，从而覆盖总个顶板而不会出现空漏。超前锚杆的设计主要根据现场岩体的实际情况灵活地进行调整。一开始设计时，其深入顶板的高度可以是隧道跨度的 0.1 ~ 0.25 倍，建议上翘的角度可以用 10° ~ 15°。采用这一技术的关键是要确保超前锚杆的尾端在下一次爆破前已得到有效的锚固。最常用的方法是采用钢带，径向锚杆和钢纤维喷射混凝土来加强尾端的锚固。超前锚杆可以同喷射混凝土一起构成隧道的临时支护。在这种情况下要做好防腐蚀。

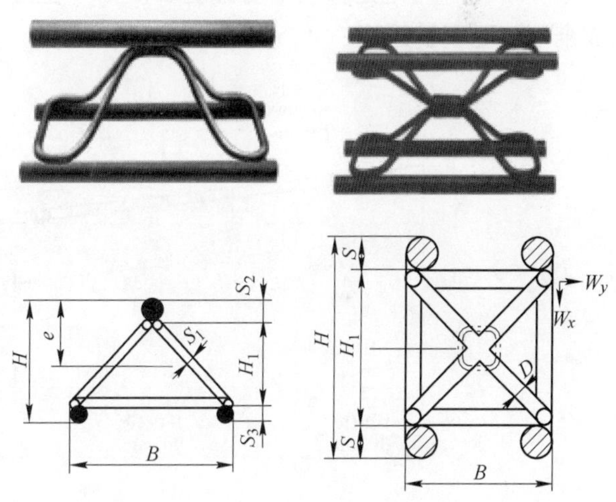

图 21-35　三筋和四筋的钢肋拱架结构

（取自 http：//www. dsiunderground. com/products/tunneling/）

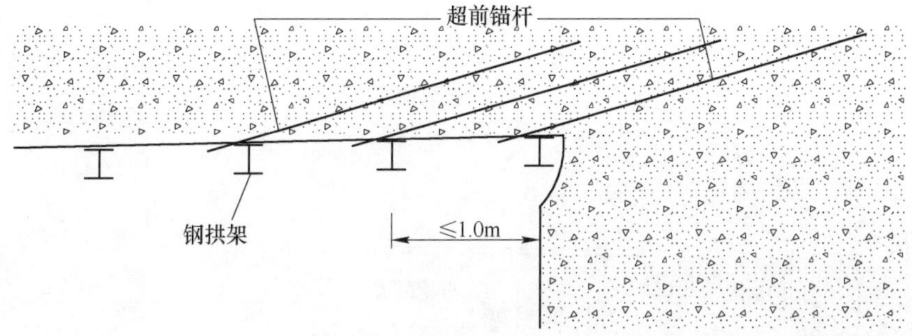

图 21-36　用超前锚杆支护前方的工作面

另一种对工作面进行超前支护的方法叫管棚支护。这是一种在松软地层中采用的传统方法。现在它主要应用于隧道中较宽的软弱带和软岩体中开挖隧道口。这种方法是从工作面的顶板向前沿拱顶线安装一排长钢管覆盖整个拱部。通常采用的钢管直径为76.2～139.7mm，厚度为5～7mm，如图21-37和图21-38所示。

图21-37　用管棚法开挖隧道口

（取自 http：//mitac. sptc. com. tw）

21.3.8　软弱地层的坑口开挖

隧道口的开挖和支护通常都是最复杂和最困难的工作，因为通常的地质条件都很差。在最恶劣的情况下，如非常破碎的岩石，严重的地下水渗流或非常松散的材料如流沙等，需要采用予以加固技术，如前面所述的冻结法或灌浆技术，以确保开挖时地层的稳定。

通常情况下，可以根据实际的地质情况采用上述的大多数临时支护技术。图21-39作为一个范例，显示了隧道口的开挖程序和临时支护方法以供参考。其开挖步骤：

（1）连续进行上部超前开挖和钢拱肋架支护。

（2）连续进行下部台阶开挖，中间部分用爆破法开挖。

（3）一个一个地延长钢拱肋架腿部支撑于岩石上，临时喷射混凝土，安装锚杆入岩体，完成全部临时支护至岩石面。

（4）一个一个地延长钢拱肋架腿部支撑于隧道底板反拱水平；临时喷射混凝土，安装锚杆入岩体，完成全部临时支护系统。

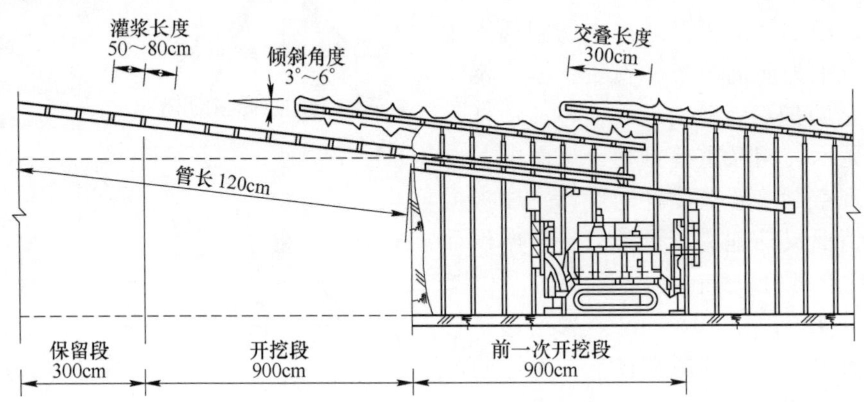

图21-38　隧道开挖中安装管棚

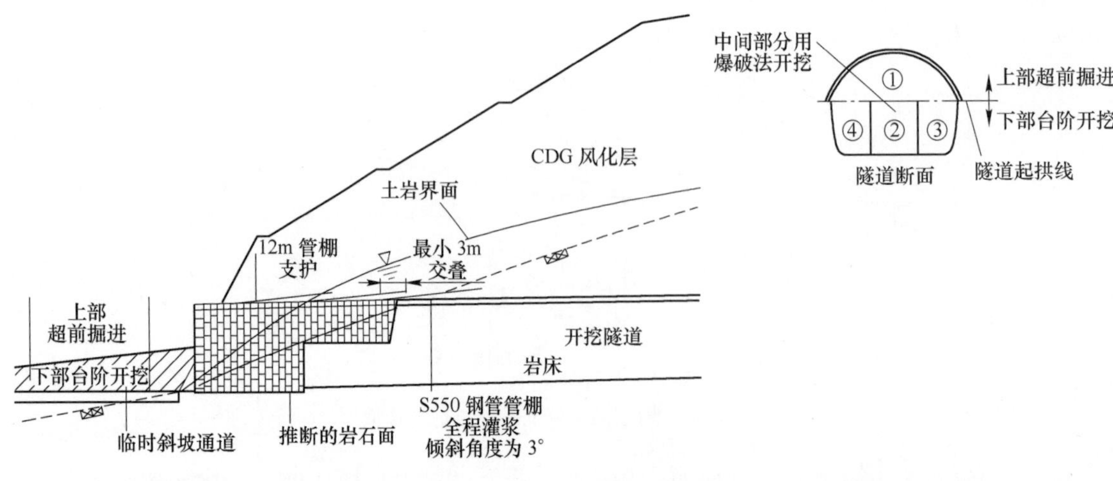

图21-39　一个马蹄形隧道的隧道口在软岩中开挖的开挖方法、开挖顺序和支护方法

21.4 地下开挖的永久支护

21.4.1 永久支护的选择

永久支护的目的是要维持地下开挖空间在其经济上合理的服务年限期间围岩的稳定。临时支护可以部分或全部地同永久支护结合一起进行。在通常情况下，工程的业主负责决定永久支护的类型和数量以取得其所要求的安全条件。如前文中所指出，岩体支护的方法和数量只有在开挖中或开挖后在现场对岩体素描和研究后才能做出决定。

开挖空间支护系统的目的是要稳定地层地移动而不是被动地支撑地层的压力。最成功的隧道支护系统应是通过控制岩体有一定的变形而充分调动岩体自身的强度从而与岩体一起形成一个稳定的系统。

选择和设计地下空间的永久支护系统应该主要考虑以下几方面：

（1）最首要的因素是开挖空间的岩体。它包括：

1）支护系统要承受的地压；

2）地下水。在作支护设计时可能需要考虑封水措施；

3）岩石的性质和岩体的结构，包括岩石抗风化的能力。

（2）适合岩体性质的开挖方法，特别是岩体开挖后的自稳时间。支护系统的安装时间影响地层的变形大小和对支护系统的载荷。

（3）地下建筑的永久支护系统的目的、功能和服务年限。

21.4.2 永久支护的种类

21.4.2.1 *无衬砌岩石隧道*

很多老的山地铁路隧道没有任何衬砌或仅仅在隧道口或软岩区有衬砌而已。例如美国加州的优胜美地隧道（Yosemite Tunnel）（图21-40）已服务了60多年，它的大部分隧道长度都没有衬砌。无衬砌隧道通常只限于稳定的，整体性好的岩体结构。

21.4.2.2 *喷射混凝土*

喷射混凝土永久支护广泛地应用于用钻孔爆破方法开挖的稳定的岩石隧道中。喷射混凝土可以喷射覆盖在作为增强支护的钢格拱架上。喷射混凝土通常用作临时支护，其最大的优点是它可以为自稳时间短的岩体提供较早的支撑。喷射混凝土有时也用作永久支护。图21-41是采用喷射混凝土支护的伦敦地铁隧道。作为永久支护的喷射混凝土通常都是分多次（层）喷射。表层的混凝土有时喷在铁网上使其具有长时间的柔性（不易开裂）。有时也加入钢纤维或人造纤维以增加其韧性和柔性。图21-42是一个具有防

图21-40 美国加州优胜美地隧道

（取自：www.flickr.com/photos/tomaint/）

图21-41 采用喷射混凝土支护的伦敦第二条地铁隧道

（取自：www.theguardian.com/uk/crossrail）

水功能的永久喷射混凝土衬砌的剖面图，它包含有焊接网（WWF）、钢格拱架、灌浆管和最后一层含聚丙烯纤维的喷射混凝土。

21.4.2.3　钢肋架

钢肋架作为一种传统的支护方法已应用了几十年。这一技术由按一定间距安装的按隧道轮廓弯曲成拱形的钢架组成，如图21-43所示。近年来，钢拱架都同喷射混凝土一同应用，钢拱架的腿固定在混凝土块中将上部地压力分布到地板岩体中以减小拱架的沉降。近年来用钢肋拱架代替钢拱架也越来越常见。

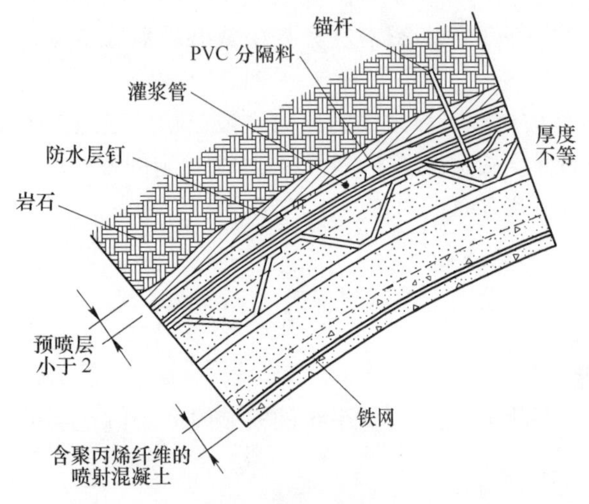

图21-42　带有钢格拱架和PP纤维喷射混凝土支护层剖面图[4]

图21-43　英国中部的霍尔米隧道正在更换新的钢拱架（取自 www.railmagazine.com）

21.4.2.4　预制块衬砌

预制块衬砌是指用在地面工场预制的能相互扣接的混凝土部件在隧道中安装用以支撑隧道。它最常用于使用隧道掘进机（TBM）开挖的隧道。它可以用于软地层也可用于硬岩。由几个弧形的预制块在TBM尾部安装成一个完整的圆形的整体。每一块预制件的厚度相对较薄，20～30cm（8～12in），常见的沿隧道的长度方向的宽度为1～1.5m（40～60in）。

预制块衬砌也可以用作初始支护随后再作现场浇注的永久支护，这种方式称为两次过（two-pass system），也可同时作为初始和永久支护直接在TBM尾部完成，称为一次过（one-pass system）。

预制块作为初始支护一般较轻，安装时无需用螺丝锁紧成一体，而且不防水。

同时作为初始和永久支护的预制块制作的质量和精度都较高，一般都有较重的钢筋在里面，所有的接触面都有垫层用以防水，相互之间用螺杆拴紧，在完成整个圆周后，在TBM继续前进之前压紧垫层以达到防水效果，如图21-44和图21-45所示。

图21-44　预制混凝土块衬砌由相互锁紧的钢筋混凝土构件构成一个整体对围岩进行支护

图21-45　用于隧道支护的预制混凝土构件

预制块砌衬也用于竖井的永久支护，如图21-46所示。

21.4.2.5　现浇混凝土衬砌

图 21-46　预制混凝土构件用于竖井支护

现浇混凝土衬砌可用于任何方法开挖的任何隧道。它的应用需要有某种方式的初始支护使开挖空间有足够的支撑时间对它进行混凝土砌衬。现浇混凝土衬砌通常用于用钻孔爆破方法开挖的隧道或用顺序开挖方法（新奥法）在软地层中开挖的隧道。现浇混凝土衬砌适用于任何形状的开挖空间，因此可满足其服务用途的最优形状。

在含水地层，有水流出通常是不希望见到的现象，因此常在初始支护层和现浇混凝土衬砌层之间要铺一层防水薄膜（防水布）。图 21-47 是美国坎伯兰山口隧道（Cumberland Gap Tunnel）现浇混凝土衬砌的典型剖面图。坎伯兰山口隧道是在岩石中开挖的一条高速公路隧道。沿隧道长度采用了各种不同的初始支护方法。

在现浇混凝土衬砌施工时，首先浇筑隧道地板的反拱，再在上面构建隧道拱部和墙身的模架，如图 21-48 所示。

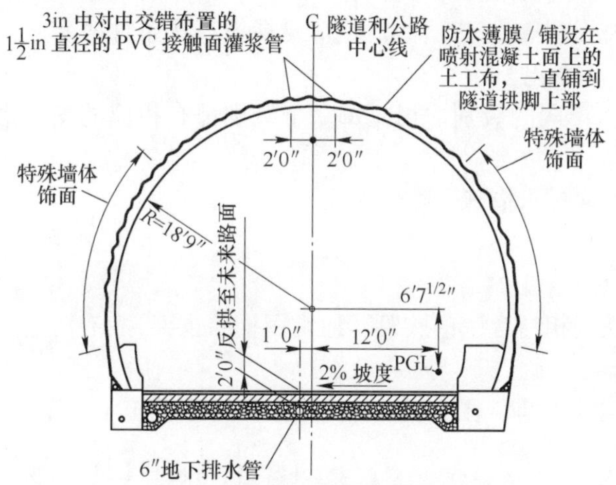

图 21-47　坎伯兰山口隧道现浇混凝土衬砌剖面图[9]

图 21-48　混凝土浇灌隧道反拱
（港珠澳大桥香港段隧道施工）

图 21-49 中是在隧道内的喷射混凝土面上铺设防水布。图 21-50 是浇灌混凝土的移动式模架。

图 21-49　在港珠澳大桥香港段隧道内喷射混凝土面上铺设防水土工布

图 21-50　用于港珠澳大桥香港段隧道现浇混凝土衬砌的移动式模架

21.5　新奥隧道工法

新奥隧道工法（New Austrian Tunnelling Method（NATM））也称为顺序开挖法（Sequential Excavation Method（SEM））（主要在美国）总结了已普遍应用的现代隧道设计和施工的方法。它首先由奥地利于1957—1965年期间提出。1962年在萨尔茨堡正式起名为新奥隧道工法以区别旧的奥地利隧道工法。对其做出主要贡献的有拉布采维茨等人（Ladislaus von Rabcewicz，Leopold Mliller 和 Franz Pacher）。其主要思想是充分利用隧道围岩中的地质应力稳定隧道本身。

L. Müller 和 E. Fecker 用22条原则完整地描述了新奥工法的内容，其主要原则可归纳为以下8点：

（1）利用岩体的强度。应充分利用岩体本身的内在强度，使围岩自身承担主要的支护作用。

（2）喷射混凝土保护。尽可能减小围岩的松弛和变形，应对开挖面施作保护层，及时喷混凝土封闭岩壁。

（3）现场进行测量。测量监控是新奥法的基本特征，测量的重点是围岩和支护的力学特征随时间的变化动态。

（4）灵活的支护。隧道中需要加强的区段，不是增大混凝土的厚度，而是加钢筋网、钢支撑和锚杆。采取主导的支护而不是被动地支撑。

（5）用反拱形成封闭体。隧道支护在力学上可看作厚壁圆筒。圆筒只有在闭合后才能在力学上起圆筒作用，所以除在坚硬岩层之外，尽早敷设反拱（仰拱）使衬砌闭合是特别重要的。

（6）合同（契约）安排。由于新奥法是建立在现场的监测的基础上，经常要根据现场条件改变支护的形式、方法和数量。因此在施工合同中要写明允许这种变化。

（7）按岩体分级决定支护措施。隧道的岩石可分为不同的级别，相应每一个级别都有相应的支护措施。岩体分级系统应作为隧道支护的指南。

（8）降低地下水位。岩层内的渗透水压力，必须采取排水措施来降低。

新奥工法作为一套施工方法，它的关键是：

（1）隧道采用顺序开挖和支护，而且开挖顺序可以改变。

（2）初始支护采用喷射混凝土同加纤维，或敷设铁网相结合，钢拱架（通常用钢肋拱架），有时也采用地层加固措施如泥钉，超前锚杆等。

（3）永久支护通常（并非总是）采用现场浇灌混凝土衬砌。图21-51描述了新奥工法的施工程序。

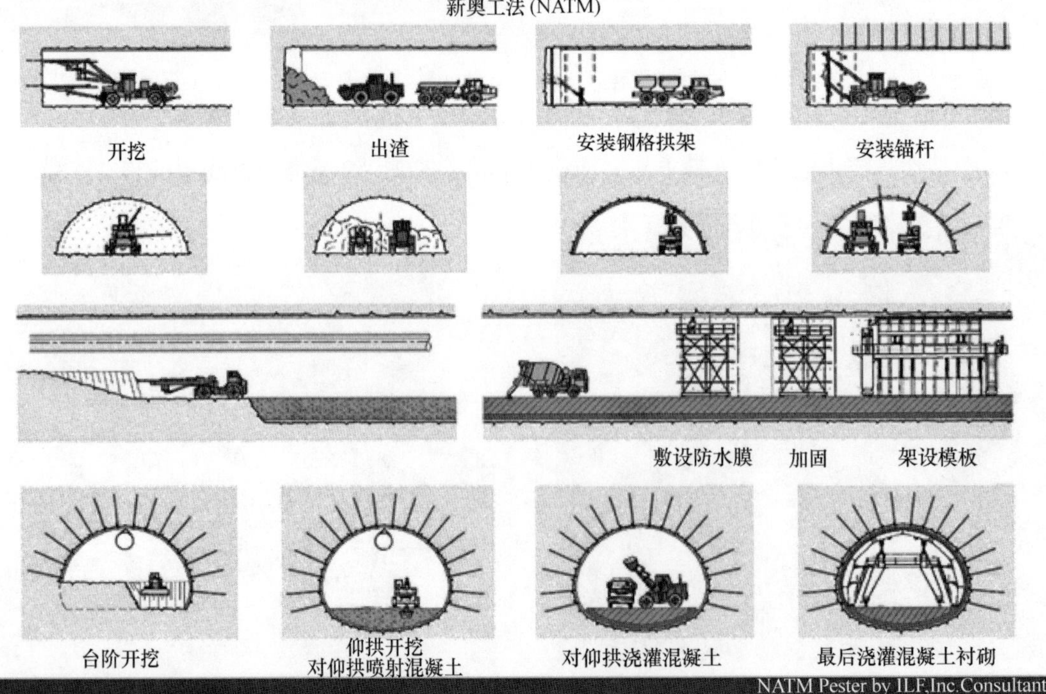

图21-51　新奥工法施工程序

（取自 www. oil-electric. com/2015/07/yulhyeon-tunnel-opening. com）

参 考 文 献

[1] Singh B, Goel R K. *Engineering Rock Mass Classification: Tunnelling, Foundations and Landslides.* ELSEVIER, AMSTERDAM · BOSTON · HEIDELBERG · LONDON NEW YORK · OXFORD · PARIS · SAN DIEGO SAN FRANCISCO · SINGAPORE · SYDNEY · TOKYO, 2011, ISBN 978-0-12-385878-8.

[2] You K, et al. *Estimation of Rock Load for the design of 2-arch Tunnel Lining.* Underground Space—the 4th Dimension of metropolises—Bartak, Hrdina, Romancov & Zlamal (eds)© Taylor & Francis Group, London, ISBN 978-0-415-40807-3.

[3] Hoek E, Brown E T. *Underground Excavation in Rock*, Institution of Mining and Metallurgy. London, 1980.

[4] Garshd K F. *Pre-excavation Grouting in Rock Tunnel.* MBT International Underground Construction Group, Division of MBT (Switzerland) Ltd., 2003.

[5] Ehsanzadeh B, Ahangari K. *A Novel Approach in Estimation of the Soilcrete Column's Diameter and Optimization of the High Pressure Jet Grouting Using Adaptive Neuro Fuzzy Inference System (ANFIS).* Open Journal of Geology, 2014, 4: 386-398.

[6] Garshol K F, Tam J. *Pre-excavation Grouting of Underground Construction in Hard Rock—Site Practice* (http://www.ags-hk.org), 2013.

[7] Garshol K F, et al. Deep Subsea Rock Tunnels in Hong Kong. WTC 2013, Switzerland, Geneva.

[8] Heiniö. M. *Rock Excavation Handbook for Civil Engineering.* Sandvik & Tamrock, 1999.

[9] Hung C J, et al. *Technical Manual for Design and Construction of Road Tunnels—Civil Elements.* National Highway Institution, U. S. Department of Transportation Federal Highway Administration, Washington, December 2009.

[10] Atlas Copco. *Underground Construction—a Global Review of Tunnelling and Subsurface Installations.* 1st Edition, 2015.

[11] Palmstöm A, Nilson B. *Engineering Geology and Rock Engineering.* Oslo, Norway: NBG, 2000.

[12] Hjalmarsson E H. *Tunnel Support, use of Lattice Girders in Sedimentary Rock.* Master's Thesis, University of Iceland, Reykjavik, Iceland, 2011.

[13] Bickel J O, et al. Tunnel Engineering Handbook (Second Edition). Chapman & Hall, Boston/Dordrecht/London, 1996.

[14] RailSystem Net. New Austrian Tunneling Method (NATM), Source: http://www.railsystem.net/natm.

22　地下开挖的监测及其设备

22.1　绪言

所有的地下开挖工程都必须通过直接观察或用仪器实施监测。监测点目的为：

（1）避免对地下工程附近的公众和环境造成显著影响，包括对建筑物、结构物和公用设施造成影响。

（2）验证设计，揭露开挖中和开挖后出现的各种负面的问题，以便及时采取措施予以解决，特别是进行大型地下硐室、隧道的开挖或开挖地质条件较复杂时尤为重要。采用新奥工法开挖隧道时，对开挖过程进行实时监测是新奥工法不可分割的部分。

在本章中，我们将对各种典型的监测技术和设备进行介绍：

（1）隧道中的地层移动。

（2）影响范围内建筑物和结构物的移动。

（3）建筑中的隧道或临近的隧道的位移。

（4）由于地下开挖引起的地下水流动和压力变化。

（5）爆破产生的振动和空气冲击波超压。

前三项是原位点的准静态变化。最后一项只有采用钻孔爆破法开挖时才进行。

定期地监测由于地下开挖所引起的所有变化是整个工程项目中一项非常重要的工作。

（1）初始记录必须在设备安装好而且安装对设备的影响已消除后立即进行。

（2）所有的监测工作必须与地下开挖工作的进程同步进行。

（3）按照设备的不同读数，设立三“A”（Alert，Action and Alarm），即警觉、行动和警报三级水平，并针对每一级警示水平采取必要的措施和行动。

22.2　沉降监测

22.2.1　地面沉降监测

由地下开挖造成的地面沉降采用水准测量进行监测。最好不要仅记录和绘制几个点或一个剖面的沉降水平变化，而要记录和绘制整个开挖影响区的沉降水平变化。水准测量也应用于隧道内，如隧道拱顶的沉降（水准标尺杆可以从拱顶悬挂）。

有几种不同的设备可用作地表沉降监测：

（1）深埋水准点；

（2）测量水准点；

（3）波罗杆（Borros point）；

（4）指示器或顶板监测点。

图 22-1 是测量点，图 22-2 是深埋水准点的剖面图。图 22-3 和图 22-4 是三重指示器。

22.2.2　公用设施和建筑物沉降监测

由地下开挖工程引起的地面沉降可能造成附近的建筑物、结构物和公用设施破坏，特别是不均匀的沉降。

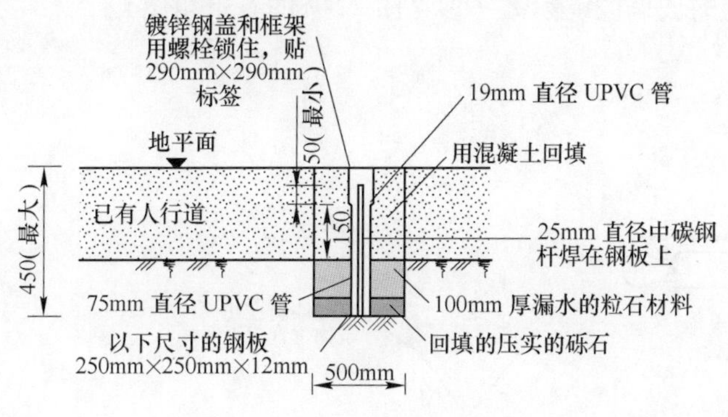

图 22-1　测量水准点（左图无比例）

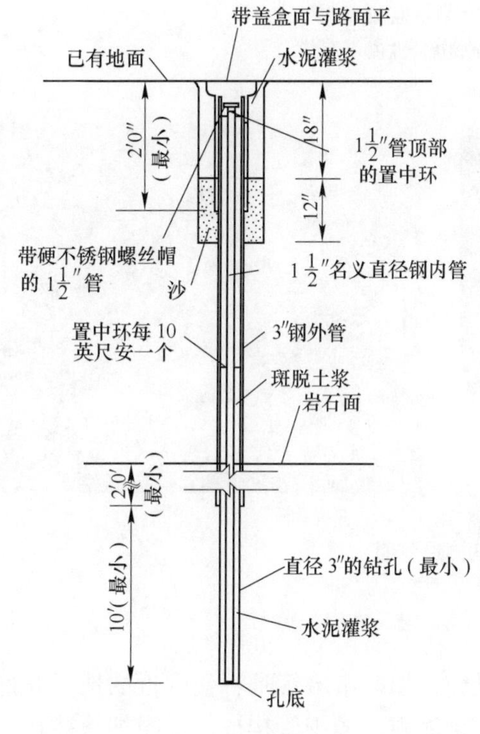

图 22-2　深埋水准点[4]

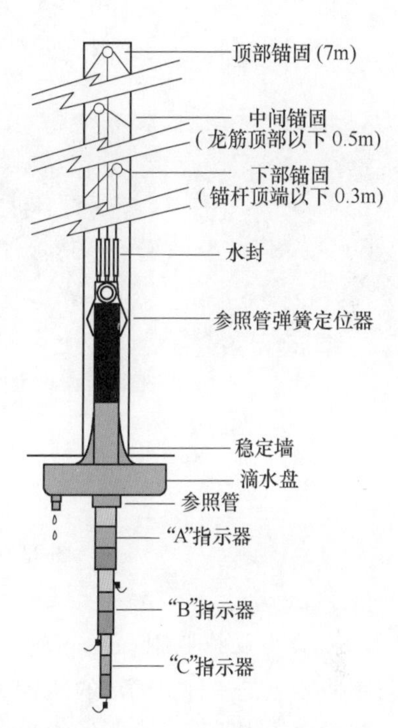

图 22-3　三重指示器

有多种设备可以用于监测建筑物、结构物和公用设施的沉降。最常用的如下。

22.2.2.1　结构监测点

结构监测点是直接设置在需要监测的结构物上，多数是安置在建筑物或结构物的垂直墙面上如图 22-5 和图 22-6 所示。

22.2.2.2　全自动全站仪

图 22-4　监测隧道顶部沉降的三重指示器

全自动全站仪在当测量人员不能直观连续地获取数据时，它可以自动地获得几乎是实时的三维数据。全自动全站仪（经纬仪）采用电磁能测距离和角度的电子距离仪（EDM）及其本身带有的微电脑来完成这一工作，其精确度远高于传统的光学测量。基于 EDM 的全自动全站仪可以监测到目标物在 x、y，和 z 三个方向上的移动。全自动全站仪用于地质和结构监测时的电子–光学装置同时采用激光和红外线信号发生器。如图 22-7 所示，它们半固定地安装在某一点，安装预定的时间间隔自动启动，按一定的方位对准特制的玻璃棱镜标靶（参见图22-7的右下角图）。

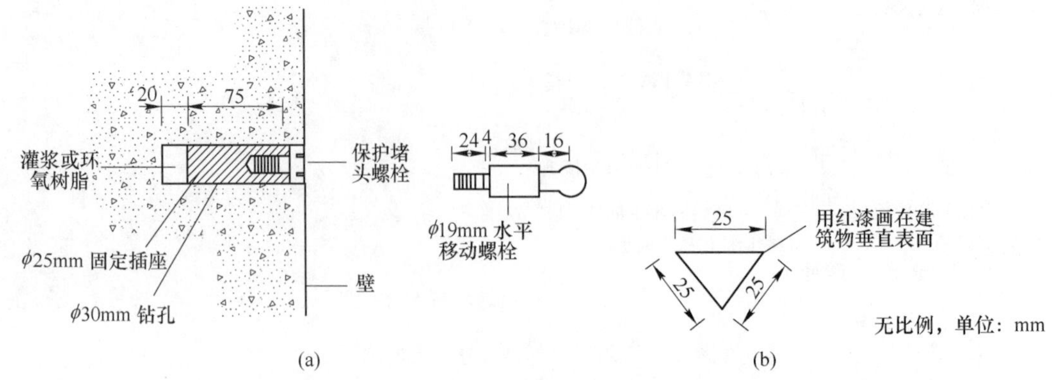

图22-5　建筑物和结构物的沉降测量监测点

（a）建筑物沉降监测点1；（b）建筑物沉降监测点2

图22-6　建筑物和结构物的测量监测

22.2.2.3　公用设施监测

公用设施监测点是一种很简单的装置，用来监测公用设施，如一条水管是否受附近的地下开挖影响而下沉。该装置由一根带有一个圆形测量点或在上端装有一个测隙规的细管构成。这根细管装在一个大一点的套管中，套管上部有一个平地面安装的铁盒子。细管的下端要接触到公用设施（如管道）顶部，以便监测公用设施是否下沉，如图22-8和图22-9所示。

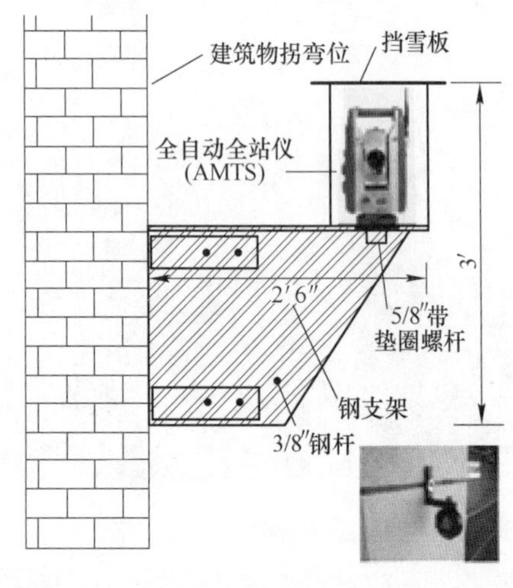

图22-7　全自动全站仪[1]

图22-8　公用设施沉降监测点及其安装

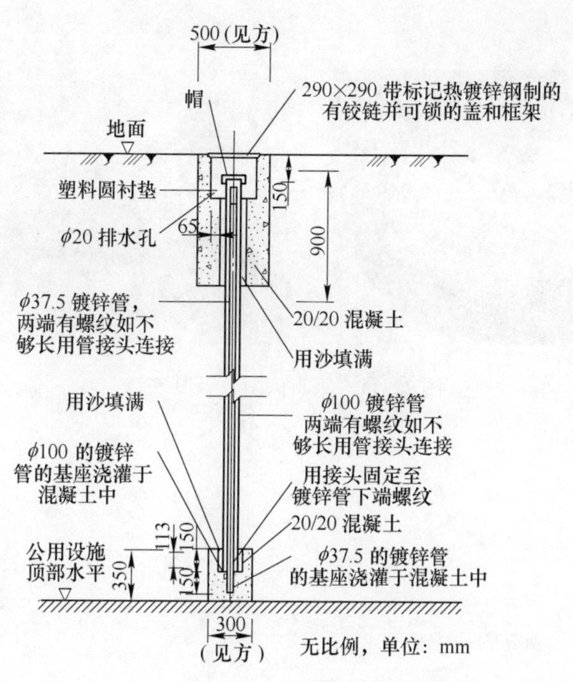

图 22-9　公用设施沉降监测点

22.3　位移和变形监测

22.3.1　倾斜仪监测

垂直倾斜仪的原理是测量嵌入地下或结构中的导向套管变形时所产生的相对水平位移。倾斜仪的传感器通常测量两个相互垂直方向的位移，再计算出位移的大小和方向（矢量）。导向套管的底端作为一个稳定的参照物（基准）必须嵌入位移区之外。随时间推移的相对位移通过重复在同一深度的测量和比较数据集来确定。在大多数应用中导向套管垂直安装以测量底层的水平移动。图 22-10 和图22-11是垂直倾斜仪的结构和外形。

水平倾斜仪用来检测高精度的轮廓沉降和隆起。数字水平倾斜仪由倾斜仪套管、一个水平传感器、控制电缆、拖拉钢缆和读数装置组成。水平倾斜仪套管安装在台阶面上或钻孔中，如图 22-12 所示。套管可安装在一个两头开口的孔中，也可以安装在另一端不通的盲孔中。如安装在盲孔中，需要安装一条回绳管。传感器、控制电缆、拖拉缆和读数器用来测量套管的水平变化。安装后取得初始读数，如果地层有所移动，则可以通过之后的读数变化揭露出来。

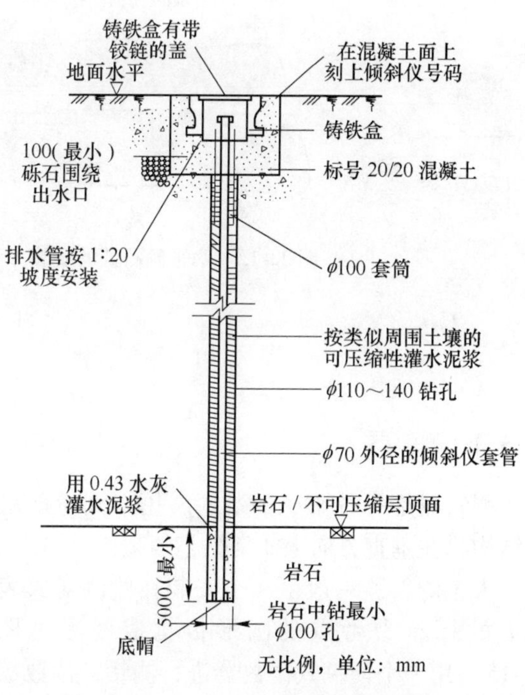

图 22-10　岩石和土壤中用的垂直倾斜仪

22.3.2　磁性沉降计

磁性沉降计用于检测土壤、堤坝、堆填坝或岩墙在不同深度的沉降和隆起。这一系统由外面带波形的通道管，磁环，装有基准环的可伸缩的端部部件和浮头组成。磁性环是固定的，伸出到通道管外至可能产生位移的土层中。磁环可随同四周的土层沿通道管轴线移动，如图 22-13 和图 22-14 所示。将簧片开关传感器放入通道管中，数据从一个便携式读数仪中读取。对经过一段时间测得的数据进行比较就可以得知地层的沉降和隆起情况。

图 22-11 垂直倾斜仪及其安装

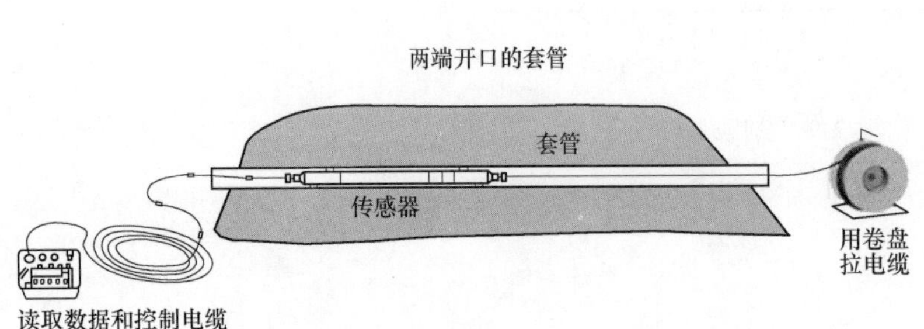

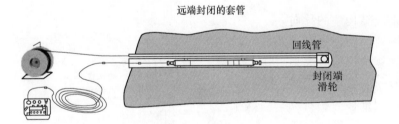

图 22-12 水平倾斜仪的安装方法

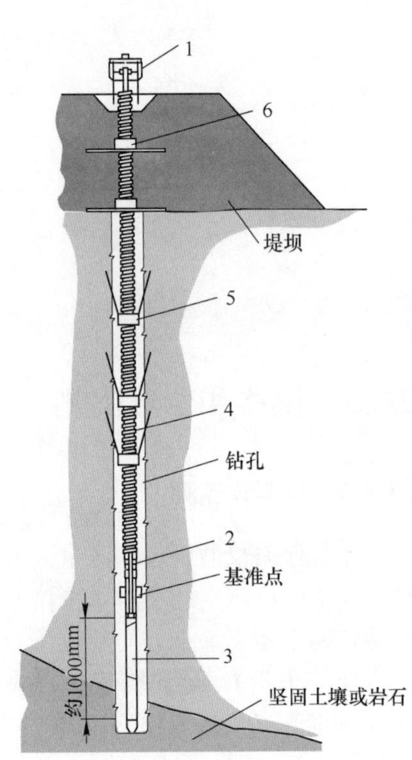

图 22-13 磁沉降仪的安装示意图
（取自：www. sisgeo. com/）
1—浮头；2—通道管；3—底端伸缩杆；4—波形管外壳；5—沉降环；6—沉降盘

22. 3. 3 测斜器

测斜器是一种敏感的装置，用来测量地层或结构物在垂直方向上非常微小的倾斜。

人工侧斜器一般由一个安装在监测对象表面上的标有参考点的圆形板构成（参见图22-15），用一个便携式读数器进行测量，读数器是一种加速度传感器。现代的电子侧斜器采用简单的水准泡原理如同木匠常用的水准泡一样。如图 21-16 所示，玻璃管上安装的电极可以极准确地感知电解液中水泡的位置。标准的数据记录仪可记录下任何微小的变化。这一装置对温度不是很敏感，但可以由内置的热电子装置

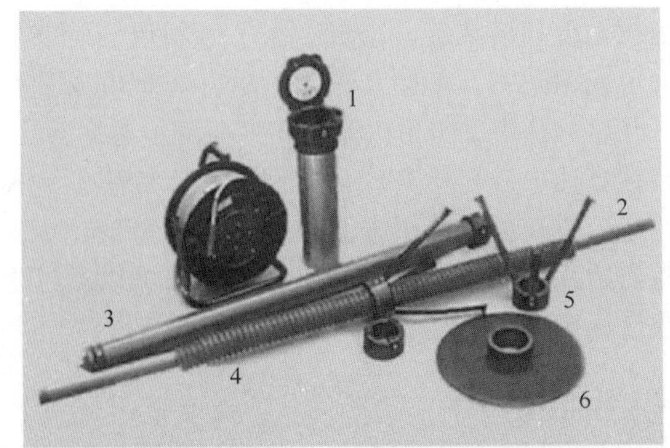

图 22-14 磁力沉降仪的组成部件
（取自：www. sisgeo. com/）
1—浮头；2—通道管；3—底端伸缩杆；4—波形管外壳；5—沉降环；6—沉降盘

进行补偿。

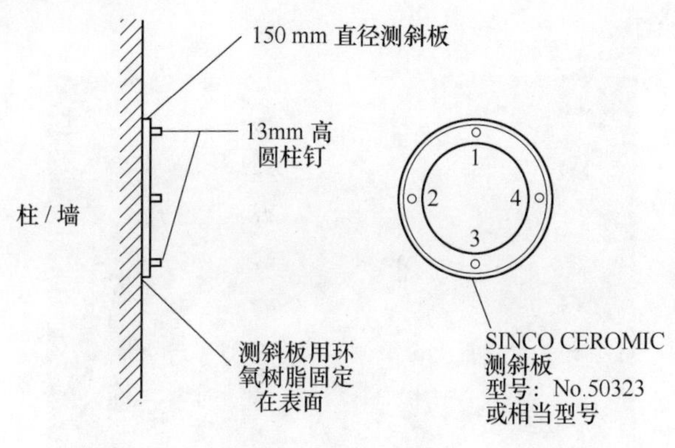

图 22-15 人工测斜仪

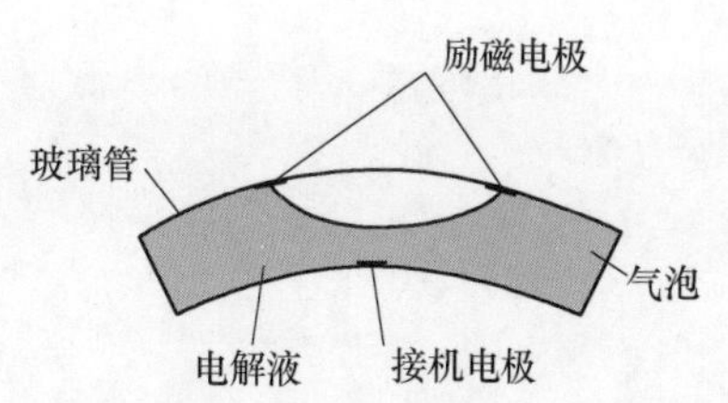

图 22-16 电子测斜仪原理

22.3.4 裂缝监测

裂缝监测通常用裂缝标尺。它由两片部分相互交错重叠组成。一块板上有经标定的毫米刻度，另一块板是透明的刻有发丝游标。当裂缝张开或合拢时，一块板相对于另一块板相对移动。游标在刻度标尺上读数的变化反映了这一移动。其量程为 ±20mm，精度为 1mm。裂缝标尺用螺栓和胶水跨裂缝固定。标准的裂缝标尺用丙烯酸树脂制成，用于监测结构物表面在垂直和水平方向上裂缝的移动。其线膨胀系数为 $7\times10^{-5}K^{-1}$（参见图 22-17）。

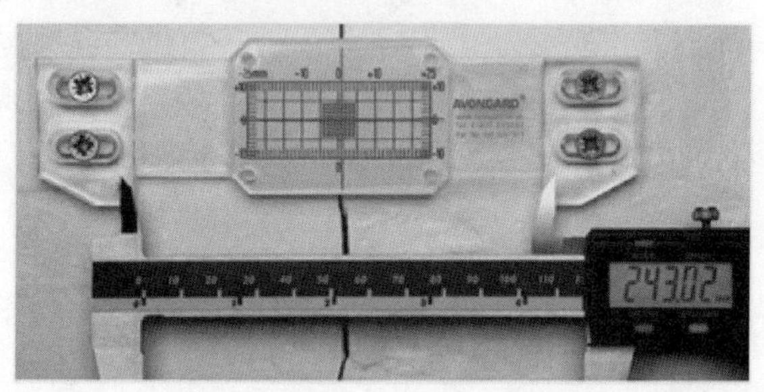

图 22-17 裂缝标尺

22.3.5 收敛矩阵监测

为了监测隧道衬砌的变形，常采用测量安装在隧道壁上的测钉或标靶的收敛矩阵方法。为了确定隧道的收敛情况，应及时地将同一断面各个测点的读数绘制在图纸上。图 22-18 是用图 22-19 中的伸长仪对隧道临时衬砌进行收敛矩阵监测的传统方法。

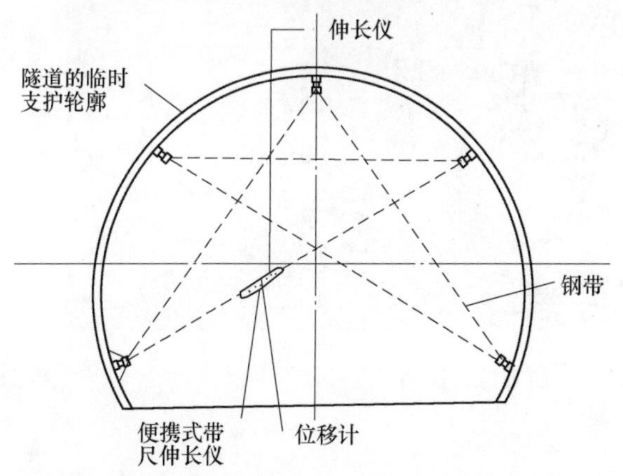

图 22-18 用伸长仪对隧道的临时衬砌进行收敛矩阵监测

图 22-19 带尺伸长仪

近几十年来量测位移的技术有了很大的改进。隧道开挖过程中用光学设备进行监测早已实现。例如，用光学三维矩阵量测法已应用于很多隧道开挖工程中（参见文献［6］）。光学方法的优点是监测工作不会影响隧道工程的进度。三维光学测量系统由下列主要元件组成：带有一个集成的光电距离测量系统（总站）的电子经纬仪，专用的反射标靶（参见图 22-20）。硬件包括 PC 电脑或笔记本电脑，由经纬仪输送数据到电脑的接口和输出装置。综合软件系统包括数据库管理、大地测量计算、图形化的评价、实用程序和驱动程序。采用三维光学测量系统而不是常规的位移监测方法可以帮助自动记录数据，以便能适当作出判断，迅速安全评价从而监测原始数据，如图 22-21 所示。

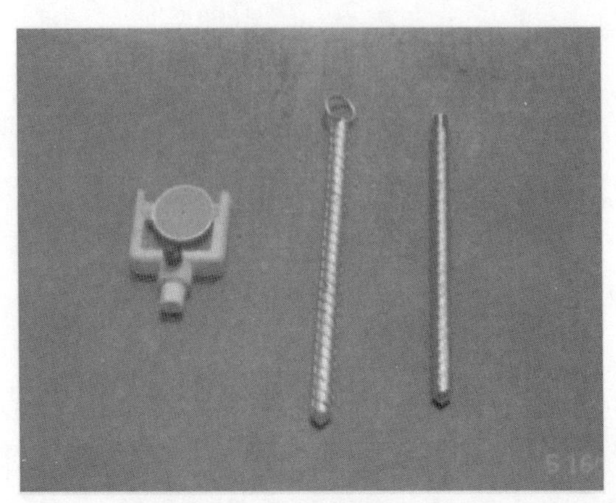

图 22-20　双向折射标靶，收敛点和沉降测钉[7]

图 22-21　三维光学收敛测量[6]

（监测地下空间内壁变形的精度可达 1.2mm）

22.3.6　时域反射计传感装置——斜坡位移探测器

时域反射计（TDR）传感装置是采用时域反射计对在金属电缆（如双绞线或同轴电缆）进行故障定位并确定其特点的电子仪器。它也可以用于在连接器、印刷电路板或任何其他电气的路径中找到断路的位置。另外还有一种采用光纤的光学时域反射计有类似的功能。图 22-22 是一台用太阳能为动力的时域反射计。它通过固定在斜坡表面的同轴电缆或光纤监测斜坡的移动并用无线电向控制中心报告。

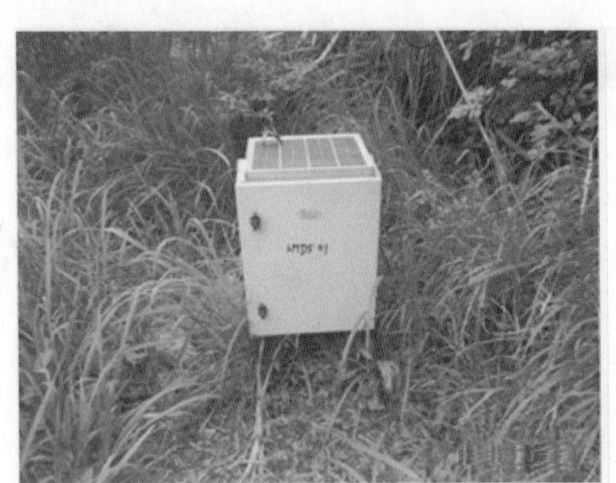

图 22-22　时域反射计传感装置——斜坡位移探测器

22.4　地下水监测

22.4.1　测水管/水压计

测水管/水压计用于监视测压管地下水位。它的主要用途有：

（1）监测孔隙水压力来确定斜坡、堤防和垃圾填埋场坝的稳定性。

（2）监测的降水方案的有效性。

（3）渗流场与地下水运动中路堤、垃圾填埋场坝和坝的监测。

立管水压计由一根立管加一个滤嘴组成。过滤器有 60～70μm 毛孔，由聚乙烯或多孔的石头构成。立管通常都用 PVC 塑料管。水位指示器用来监测水压计的水位，如图 22-23 和图 22-24 所示。

图 22-23　立管式水压计监测水压

22.4.2　振弦式水压计

振弦式水压计用于监测孔隙水压力。它可用于监测水位高度。它的主要用途为：

（1）监测孔隙水压力以确定充填或开挖的速度；

（2）监测孔隙水压力以监测斜坡的稳定性；

（3）监测为开挖而建的抽水系统的效果；

（4）监测地面改进系统竖向排水井和砂井等的效果；

（5）监测孔隙水压力检查土坝和堤围的稳固性；

（6）监测孔隙压力检查堆填区和尾砂坝的维护系统的状况；

（7）监测水塘和围堰的水位。

振弦式水压计通过横膈膜、预应力的钢丝和电磁线圈将水压力转换为频率信号。水压计的设计将水压力在横膈膜上压力的变化引起钢丝的张力变化。电磁线圈用来激发钢丝按其本身的自然频率振动。钢丝的振动在其旁边的线圈中产生一个频率信号并传送到读数装置。读数装置按其频率的赫兹数记录下来，再通过一个转换系数转换成压力的工程单位。振弦式水压计可以安装在灌浆的钻孔中而无需沙过滤区，这使得在同一钻孔中安装多个传感器的工作变得简单，而且可以在一钻孔中同时安装压力计和倾斜仪。图 22-25 是振弦式水压计在隧道衬砌中的安装图。图 22-26 中的振弦式水压计带有两种不同型号的水压计。振弦式水压计的精度可达 0.025% 的频率标准。

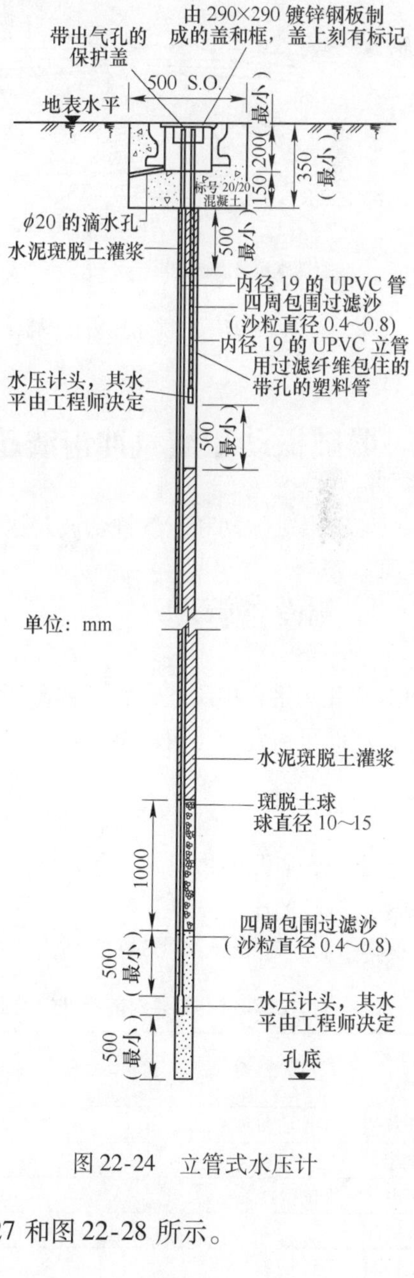

22.4.3　孔隙水压力传感器

孔隙水压力传感器同振弦式水压计的区别在于孔隙水压力传感器不需要完全灌浆在岩石中，而只需将一个引流管灌浆安装在混凝土衬砌中用以收集岩石中的水，如图 22-27 和图 22-28 所示。

图 22-24　立管式水压计

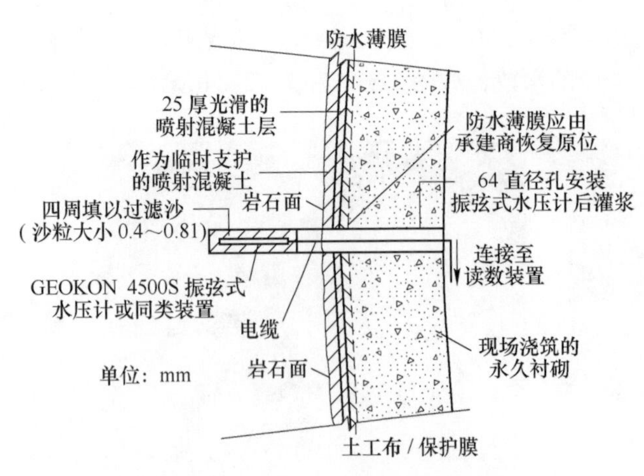

图 22-25　振弦式水压计结构图

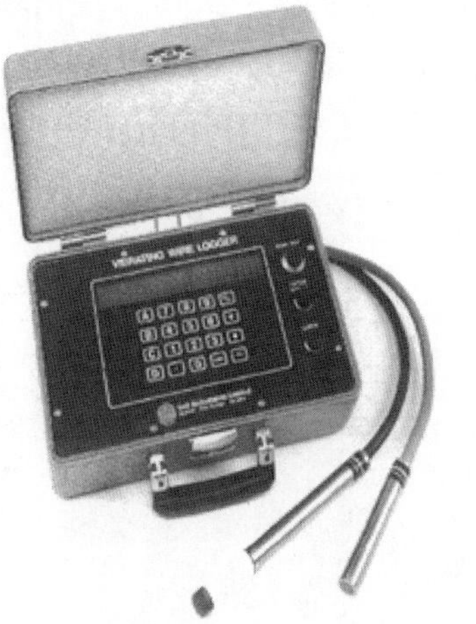

图 22-26　振弦式水压计

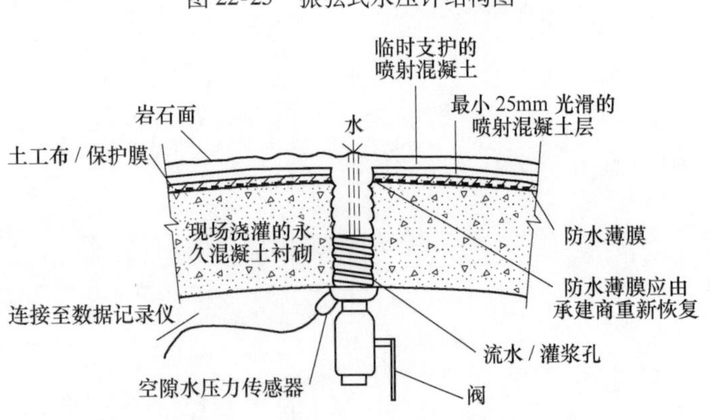

图 22-27　孔隙水压力传感器结构图

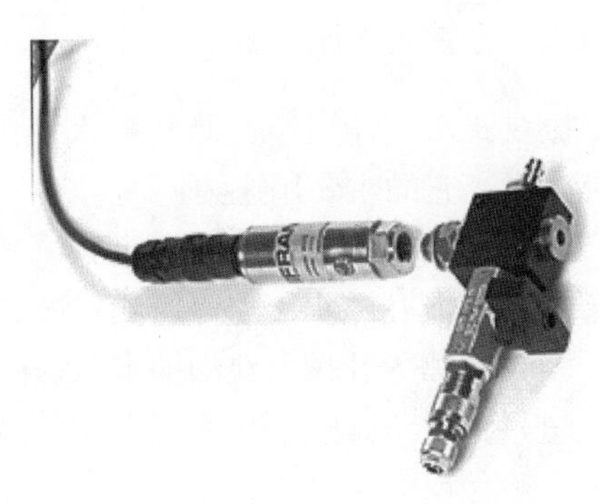

图 22-28　孔隙水压力传感器

22.5　爆破振动和空气冲击波超压监测

用以监测爆破振动和空气冲击波超压的设备和方法同地表爆破完全一样，可参阅前面章节。

22.6　监测设备管理

如本章开头绪言中所述，大多数监测设备的主要功能是监测地下工程进行中的各项指标，以求发现其异常，从而可避免或尽可能减轻产生的问题。

22.6.1　设备选择

一般来说，监测的物理参数有：应变，相对位移，隧道衬砌的曲率变化，衬砌和岩体中的应力，岩体或地层对隧道衬砌的压力，地下水压，岩石锚杆的受力和测压管水位（地表和隧道沉降）等。国际隧道协会第 009 号报告（ITA Report N° 009）[6]列出了典型的一般隧道开挖和 TBM 隧道开挖的监测项目，见表 22-1。

表 22-1　需要对隧道开挖监测的主要参数（AFTES2005 的修订版）（参见文献［6］）

参 数 项 目	一般开挖方法（市区薄覆盖层）	护盾式 TBM（市区）	开挖中隧道，蠕变地层
0. 肉眼检查（工作面和两帮）	●		●
1. 几何参数			
表面挤出（水平位移）	●		
地表沉降	●	●	
地表转动	○	○	

续表 22-1

参 数 项 目	一般开挖方法（市区薄覆盖层）	护盾式 TBM（市区）	开挖中隧道，蠕变地层
工作面前方地层挤出（挤出仪）	■		×
钻孔位移（伸长仪，倾斜仪）	○	○	
两帮收敛	●		●
裂缝监测	○		●
永久衬砌变形	×	×	●
2. 力学参数			
工作面（拱基，锚固杆，岩石锚杆等）	●		
地层应力			○
支护件/衬砌中应力	○	×	○
3. 水力学参数			
泵出水速度	○		○
地表降水量	×		
地面测压管水位		●	●
暂时渗水			
4. 其他参数			
隧道空气温度		○	×
隧道气压		×	
隧道湿度计	×	×	○
日期和时间	●	●	●
爆破产生的振动	●		

注：●—基本参数，通常都要求监测；○—要求频繁监测的重要参数；■—基本参数，当采用预夹制（Pre-confinement）的全断面开挖推进时必须要监测；×—通常为第二位的参数。

国际隧道协会在此报告中还列出了用于定时监测的典型设备，见表 22-2。

表 22-2 监测设备型号（隧道衬砌设计指南 2004①的修改版）（参见文献［6］）

目 的	监 测 设 备	测量范围	分辨率	精度
工作面前地层挤出	Increx 探针	0.1mm	0.01mm	±0.003mm/m
	滑动式测微计	1m	0.01mm	0.002mm/m
	滑动式变形测定器		0.01mm	0.02mm/m
相对垂直移动	安设在结构物上的精确的水准测点，沉降点，结构物或隧道衬砌上的测量标靶	无要求	0.1mm	0.5～1.0mm
	在结构物表面安装的具有 LVDT 的精确液体水平沉降传感器	100mm	0.01～0.02mm	±0.25mm
	钻孔磁力伸长仪	无要求	±0.1mm	±1～5mm
	钻孔杆式或因瓦（镍铁）合金带式伸长仪	100mm	0.01mm	±0.01～0.05mm
	卫星大地测量	无要求	至 ±50mm	至 ±1mm
侧向位移	表面水平反转线伸长仪	0.01%	0.001%～0.005%	0.01～0.05mm
倾斜度变化	钻孔电子水平仪	无要求	±10mm	±10～20mm
	结构物上的电子水平梁，隧道中的伸长计	≤175mm	≤0.3mm	
	水平钻孔挠度计	±50mm	±0.02mm	±0.1mm
	钻孔倾斜仪传感器	从垂直 ±53°	0.04mm/m	±5mm/25m
地压变化	“推入”式总压溪谷（dells）	≤1MPa	≤0.1%FS	≤1.0%FS
水压变化	直管水压计	无要求	±10mm	±10～20mm
	气动水压计（孔隙水压同气压平衡），电子水压计（振弦式）	2×10^4Pa（0.20 巴）	1×10^3Pa（0.01 巴）	0.5%FS ±0.02 巴

续表 22-2

目　的	监　测　设　备	测量范围	分辨率	精度
裂缝或节理移动	裂缝标尺	±20mm	0.5mm	±1mm
	游标卡尺的针脚/微米或机械应变计	≤150mm	0.02mm	±0.02mm
	振弦式节理计	≤100mm	≤0.02%FS	≤0.15%FS
结构部件或隧道衬砌中的应变	振弦式传感器	≤3000με	0.5~1.0με	±1~4με
	光纤	≤10000με（1%应变）	5με	20με
隧道直径变形	通过固定的弦用带式伸长仪	≤30mm	0.01~0.05mm	±0.003~0.5mm
	3D 大地光纤水准测量，标靶，二极管水准仪或棱镜	无要求	0.1~1.0mm	0.5~2.0mm
	从安装在隧道内的应变测量钻孔伸长计	100mm（3000με）	0.01mm（0.5με）	±0.01~0.05mm（±1~10με）
	收敛系统	±50mm	0.01mm	±0.05mm
衬砌应力	总压力（应力）盒	2~20MPa	0.025~0.25FS	0.1%~2.0%FS
衬砌渗水	流量计	无要求	1L/min	2L/min
振动	测振仪	250mm/s	0.01~0.1mm/s	3%在15Hz

① 隧道衬砌设计指南 2004 由英国隧道协会，土木工程学会和汤姆斯-德福有限公司提出。

22.6.2　监测数据采集频率

监测数据的采集频率根据监测阶段不同而变化：

（1）设备安装阶段：记录下量测的信号，仪表的刻度数字和数据通道，检查是否有不正常的现象。以上这些都是很重要的。

（2）初始读数阶段：所有监测设备的初始读数都是它们的“基准读数”。

（3）定时循环监测阶段：在这一阶段，读数的频率必须根据监测数据变化的大小和不同的监测阶段而选择，即正常监测和密集监测。它还应该根据观察到的结果加以定期的审查。此外，各种数据采集系统的时间同步性，读数的季节性变化都必须考虑进去。

表 22-3 是一个香港某隧道的监测数据采集频率要求，以供参考。该隧道主要是在花岗岩中开挖，部分地段在市区地下通过。

表 22-3　监测设备的数据采集频率

设备型号	深　度	目　　的	监测的最小频率		
			背景监测	标准监测	积极监测
测水管/水压计（关键地段）	实际施工深度	监测土/岩中水位或水压头变化	每月	每周	每天
其他型号测水管/水压计	实际施工深度	监测土/岩中水位或水压头变化	每月	每周	每天
建筑物沉降标记	选择的建筑物/结构物	监测建筑物沉降	每月	每周	每天
沉降板/沉降标记	地表	监测地表沉降	每月	每周	每天
公用设施沉降标记	选择的公用设施	监测公用设施沉降	每月	每周	每天
倾斜仪	选择的建筑物/结构物	监测结构的倾斜	每月	每周	每天
裂缝监测片	选择的建筑物/结构物	监测任何裂缝	每月	每周	每天
倾斜仪/伸长仪	选择的地表以下	监测地下空间表面的侧向/垂直方向的位移	每月	每周	每天

22.6.3　警报机制

监测系统必须是危机管理系统的重要组成部分，可以将它用作一种预警手段使承建单位有时间及时采取预防措施，防止事故发生。最常采用的警报机制是根据一些关键指标（参数，如位移、应变或压力）建立起的所谓 3-A 机制：警觉（alert）、行动（action）、警诫（alarm）。当指标达到每一级警戒水平，都要采取相应的措施。表22-4是香港一隧道工程的3-A机制，仅供参考。

表22-4 隧道开挖监测的3-A机制

种 类	警觉水平（alert）		行动水平（action）		警诫水平（alarm）	
	沉降/mm	沉降槽斜率	沉降/mm	沉降槽斜率	沉降/mm	沉降槽斜率
已有建筑物/结构物	13	1/600	20	1/375	25	1/300
已有地铁结构	10	1/2000	16	1/1500	20	1/1000
已有历史建筑物/食用水库	6	1/2000	8	1/1500	10	1/1000
已有道路	13	1/500	20	1/312	25	1/250
已有/在建的斜坡和挡土墙	15	1/600	24	1/375	30	1/300
已有的公用设施	13	1/600	20	1/375	25	1/300
平地		1/600	24	1/375	30	1/300
水压计中地下水下降②	1000①	—	1600①	—	2000①	—
	1500①	—	2400①	—	3000①	—
	2500①	—	4000①	—	5000①	—

① 地下水位下降应参考施工现场测得的最低水位；

② 允许的地下水位下降水平必须提前测定，根据不同地点的敏感度可能设置不同的3A水平。

当3A标准建立起来后，还要同时建立起：

（1）数据的上报处理程序；

（2）业主，监管单位，设计单位和承建商各自应承担的责任；

（3）每一个负责人传递信息和作出决定所规定的时限；

（4）处理可预见情况的补救行动。

作为参考，表22-5是以上同一工程针对超过3A水平时应采取的行动。

表22-5 超出3A水平必须采取的措施

3A机制	最低限度应采取的措施
警觉水平（alert）	1. 必须立即向监管工程师汇报； 2. 承建商应提交调查报告，说明正在进行工程的状况。查看仪器响应，研究过度反应的原因； 3. 如果适用的话，承建商应审查并增加仪表监测和报告的频率； 4. 承建商应提交一份详细的行动计划。计划中应提出如果关注的监测指标进一步超出行动水平（action）要采取的措施报监管工程师批准
行动水平（action）	1. 必须立即向监管工程师汇报； 2. 根据监管工程师检查监测的数据情况，正在建设的工程可能被要求暂停； 3. 承建商应立即按照详细的行动计划中订明的措施采取行动以防止地层的进一步移动或地下水进一步下降等负面指标进一步恶化； 4. 承建商应准备一份详细的报告，分析研究造成这一指标超过的原因； 5. 承建商应提交一份当监测指标达到或超过警诫水平时的应变计划并报监管工程师批准； 6. 承建商应准备一份当采取了应变计划后仍不能控制指标恶化时的紧急计划并报监管工程师批准； 7. 承建商应约见监管工程师一起讨论监测设备的响应情况及所采取的措施的有效性； 8. 承建商应检讨其执行工程设计的情况
警诫水平（alarm）	1. 应考虑暂停所有在建工程的所有工作，并立即向监管工程师汇报； 2. 承建商应立即按照应变计划订明的措施采取行动； 3. 当采取了应变计划后仍不能控制指标恶化时承建商应立即按照紧急计划订明的措施采取行动； 4. 承建商应提交一份完整的报告，检讨施工方法，根据监测设备的监测数据的历史记录监视设备的响应状况，检讨是否有必要改进设计； 5. 承建商应向监管工程师显示并让监管工程师满意所有的工作都是安全的，得到监管工程师批准后，可恢复工程

注：监管工程师是由业主聘请的代表。

参 考 文 献

[1] Hung C J, et al. (2009), *Technical Manual for Design and Construction of Road Tunnels—Civil Elements*. U. S. Department of Transportation, Federal Highway Administration, Publication No. FHWA-NHI-10-034, December 2009.

[2] Chapman D, et al. (2010), *Introduction to Tunnel Construction*. Spon Prest, London and New York, 2010.

[3] Hoek E, Brown E T. (1980), *Underground Excavations in Rock*. Institution of Mining and Metallurgy, London, 1980.

[4] Kolymbas D. (2008), *Tunnelling and Tunnel Mechanics*, Springer. Verlag, Berlin, Heidelberg, 2008.

[5] DGSI (2006): *Horizontal Digitilt Inclinometer Probe*. DGSI (Durham Geo Slope Indi-cator), 2006.
http://www.slopeindicator.com/pdf/manuals/digitilt-horizontal-probe-manual-2006.pdf.

[6] AITES/ITA WG2-Research (2011), *Monitoring and Control in Tunnel Construction*. ITA Report N° 009/November 2011, N° ISBN: 978-2-9700776-3-3.

[7] DGSI (2013): *Standpipe Piezometer & Water Level Indicator*.
http://www.slopeindicator.com/pdf/standpipe%20piezo%20datasheet.pdf.

[8] DSGI (2014): *Vibrating Wire Piezometers*.
http://www.slopeindicator.com/pdf/vw-piezometer-datasheet.pdf.

[9] Wang I Te, et al. (2000), *3d-Optical Deformation Measurement And Its Automation Applications In Tunneling*. China Engineering Consultants, Inc, Taiwan, ISARC, 2000.
http://www.iaarc.org/publications/fulltext/isarc2000-192_ MD4.pdf.

23　地下工程的健康、安全和风险管理

23.1　引言

同地面开挖相比，地下开挖的工作条件和工作环境要复杂得多，主要表现在：

（1）地下开挖的工作空间通常都非常窄小且拥挤，与外界的联系和通道受到限制，工作环境通常都很恶劣。这些负面的因素常给在内工作的工人和设备带来危险，并对所有的工作都造成不利的影响；

（2）地下开挖不仅是一个封闭空间的问题，而且其恶劣的工作环境，如能见度低、高温、潮湿、有害气体、有水等都会给在内工作的人员的工作造成困难和危险；

（3）工作面的岩石情况繁杂，各种地层，如软弱或挤压的地层、流沙或含水含泥土的喀斯特溶洞等各种地质情况都可能遇到；

（4）有可能给工人带来一些职业病如石棉沉滞病、矽肺病、风湿病等。此外，火灾、爆炸、水浸和地层坍塌在地下开挖中也并不罕见。

在过去的几十年中，世界各地在地下开挖中曾发生过一些严重的灾害和事故（参见文献［1］），造成了人员伤亡、财产损失和相关的政治经济影响。这些灾害和事故大多数是由于不当的风险管理和安全控制。要确保工人的健康，现场工作安全，避免任何事故和疾病发生，首先要找出并控制所有的安全风险。

风险管理目前已广泛地在建筑工程项目中采用。有关隧道工程安全和隧道工程风险管理的规程和指引可以在一些文献中找到，如英国标准：BS 6164：2011，参见文献［2］，国际隧道协会报告：ITA Report N° 001，参见文献［3］，以及国际保险集团的实践规程：A Code of Practice by the ITIG（2012），参见文献［4］。

安全系统和风险管理的要点包括以下几个方面：

（1）危害定义。当一种工作环境或工作方式有可能带来如下一些不应发生的结果称为危害：

1）人员伤害；

2）财物损坏；

3）环境破坏；

4）经济损失；

5）工程延误。

（2）危害所带来的风险。危害所带来的风险是其发生的频率和所造成的结果的集合。表 23-1 列出了主要的地质危害，它们对隧道工程的影响和可能带来的负面结果及预防措施。这一表格虽主要指的是钻孔爆破的隧道工程，但原则上也适用于采用隧道掘进机（TBM）的隧道工程。

表 23-1　主要地质危害及其有可能造成的事故（膨胀地层可以包括在第 2 列、第 4 列和第 5 列）（取自文献［5］）

危害	压力水	未加固区	高岩石应力	岩体自稳性差	破碎或块状岩体	瓦斯（沼气）
造成的影响和潜在危险	1. 水淹； 2. 塌陷； 3. 换钻杆时危险	1. 立即塌陷； 2. 工作面失控	1. 岩石剥裂或岩爆； 2. 大片或大块塌落	大块塌落	1. 岩块塌落； 2. 塌陷	1. 爆炸； 2. 延误工程
警告信号	1. 水从超前孔或炮孔中涌出； 2. 水从工作面岩石节理中涌出； 3. 喀斯特特征	水、泥浆、沙从超前探孔或炮孔中涌出	1. 在应力释放的裂隙中钻孔困难； 2. 裂隙爆开发出响声； 3. 可见变形； 4. 可能没有信号	1. 在开节理中钻孔困难； 2. 可能没有信号	1. 岩石中钻孔常卡钻杆； 2. 持续的毛毛雨； 3. 在块状岩石中可能没有信号	1. 岩石渗水中有泡泡； 2. 气体有腐臭气味

续表 23-1

危害	压力水	未加固区	高岩石应力	岩体自稳性差	破碎或块状岩体	瓦斯（沼气）
预防措施	1. 用探孔找出有可能的水流位置； 2. 预灌浆并/或排水； 3. 在处理好之前暂停爆破	1. 同压力水相同的处理； 2. 工作面前方采用冻结法开挖	1. 清理松石、打锚杆、喷浆； 2. 钻应力释放孔	1. 打超前锚杆； 2. 清理松石、打锚杆、安装钢拱架并喷浆	1. 隧道轮廓完整时：喷射混凝土并打锚杆； 2. 隧道轮廓不完整并有水压时：现浇混凝土衬砌	1. 打超前探孔； 2. 增强通风稀释有害气体； 3. 及时测量和定时监测

表 23-2 根据对隧道工程的风险分析，列出了隧道工作中可能对人员造成伤害的各种潜在的危害。

表 23-2　隧道工程中可能对人体造成伤害的危险因素（挪威隧道协会 NFF2003：爆破工手册）（参见文献［6］）

工　序	落石	爆炸	火灾	岩爆或飞石	物体进入眼中	气体或粉尘	触电	物件翻倒砸伤	交通事故	夹伤
钻孔	×	×	×	×	×		×			×
装药	×	×			×			×		
爆破	×	×		×		×				
装载	×		×	×		×	×		×	×
从渣堆上清除松石	×				×	×		×		
机械清除松石	×	×			×					×
爆堆洒水	×						×		×	×
运输	×		×	×		×			×	×
从升降台清理松石	×					×		×		×
储存炸药		×	×							
在工地放置炸药		×	×							
工地内运送炸药		×	×							
储存燃油和机油		×	×							
储存气体		×	×			×				
通风工作					×			×		×
锚杆灌浆①	×				×	×		×		×
电气工作	×		×		×		×			
热力工作		×	×		×					

① 灌浆时某些化学添加物可能使皮肤受伤。

（3）可接受的风险指数。对于一个给定的系统用定性或定量的形式表达的可以接受的最高风险水平。

（4）风险分析。对于一个给定的行为所能产生风险概率和相应结果的结构化过程。风险分析包括定性或定量的对危害进行定义以及对风险进行描述。

（5）对已指定的风险的评估。风险评估是定义危害和评估它们的后果以及其发生的概率，并同时提出适当的预防措施和应急方案的行动策略的正式过程。

（6）风险消除。风险控制的第一步是在可能的情况下消除危害和完全消除风险。这一步可以在规划项目和制定规范阶段时通过选择适当的工程项目和正确的设计方案时实现。

（7）风险评价。用可接受的风险指数或其他决定指数对风险分析的结果进行比较。

（8）对残余风险的消除措施和控制措施。通过减轻其后续效应或发生的频率来减轻风险的行动。这一风险控制策略对于那些在工程建设阶段仍要处理的风险是必要的。

（9）订明安全工作方法。这一过程的最终目的是要建立起确保该工程项目的全部工作安全的操作方法。

（10）对于工程中所能预见的各种风险必须准备好一套应变计划和应急方案。

地下开挖中的主要危害和风险将在23.3节中进行阐述。

23.2 地下开挖的一般安全要求

除了所有土木工程中需要遵循的对健康和安全的一般要求外，对地下开挖工程还必须提出一些特殊的要求。

23.2.1 员工识别系统

所有的地下工程出入口都必须有一套有效的进出入登记制度，使承建单位有每一个在地下工作的人的准确记录。这一系统必须能够确定每一个人是否在地下及其大致的位置。所谓大致位置包括工作面、跟车、维修、仓储区、测量站等等。图23-1所显示的是一种“翻牌仔”系统。在这一系统中，每一个人在地下工作的人都有一个记名的小牌，进入地下时将他的牌仔取下并挂到其准备去的位置。当他从地下出来时再将他的牌仔挂到它进入地下前的位置。这一系统是多年来行之有效的管理地下工程人员出入的可靠方法。

图23-1 竖立于隧道/竖井口的出入名牌板

23.2.2 照明

地下开挖的照明系统和亮度必须遵守有关工业照明（包括紧急照明）和供电设备的规程。规程要求所有的不具备充分自然光照的工作场所及通道必须设置人工照明，而且在工作场所还必须设置紧急照明，一旦主要照明系统发生故障而可能发生危险时必须立即开启。

良好的照明对于保障地下工程的安全十分重要。对照明亮度的总要求是在人行道和车行道上的任何危险都可以清楚地看到。表23-3是英国标准，BS6164：2011，建议的平均照度水平（参见文献［2］）。

表23-3 平均照度水平（取自BS6164：2011）

区　域	照度/lx
人行道和车道	10（人行道的水平）
一般工作地点	100（工作面）
隧道工作面，开挖区域，吊机工作地点	100（至少从两个相隔较远的光源照射使不致产生阴影）

23.2.3 通讯

整个工程地盘的良好通讯联络是确保地下工程各项工作的安全和效率的基本要求，特别是对于传递信息和指令，传送监测数据，控制提升系统的操作，运输人员、材料和设备，突发事件管理时尤为重要。

隧道工作面和隧道口，竖井底下和竖井上口以及这些地点与救护站之间都必须安装电话或类似的通讯系统。这一通讯系统的电力供应必须独立于隧道的电力供应系统，而且这一系统中任何一个点出现故障都不应影响任何其他点的通讯。

23.2.4 信号/警戒标志

地下空间中任何一个工程无法或暂时无法控制的危险地点必须设置可见到或可听见的信号或警戒标志，如红灯、标牌、自动报警器等。

23.3 地下工程的主要危害和危险及其排除措施

23.3.1 地层塌陷

地层沉降和塌陷是隧道建设中严重的地质灾害。它有可能造成人员伤亡及财产损失等一系列社会经济问题。

图 23-2 中是一次由地铁工程引起的地表塌陷造成 1 人死亡 4 人受伤的严重事故。隧道中岩石的塌落不仅会影响工程进度、经济损失而且有可能造成人员伤亡。图 23-3 是一起隧道建设中由隧道帮上的岩石塌落造成 1 名工人死亡的事故。

图 23-2 2015 年 6 月深圳地铁 7 号线地下开挖引起地表塌陷造成 1 死 4 伤重大事故

图 23-3 2011 年纽约东部通道工程中隧道岩帮塌落使正在工作的 1 名工人被击中头部而死亡

排除措施：

(1) 了解清楚施工地段的地质情况包括地层的稳定性、不连续面、地下水、所含有的气体和污染物等等，是施工前必须做的基本工作；

(2) 在地表和隧道内同时进行密集的监测；

(3) 密切地对地下水的变化进行监测；

(4) 密切地对周围岩体和支护系统包括岩石锚杆、岩体锚固、喷射混凝土和永久支护进行监测；

(5) 每一次爆破后仔细地检查整个地下开挖空间岩石表面，从隧道面上清除所有松动的岩石，需要进行的岩体加固工程必须尽早进行。

23.3.2 爆破产生的地层振动

隧道建设中由爆破产生的地层振动可能会对附近的建筑物、结构和公用设施造成破坏和不良影响。地震波的特点和在地层中的传播，各个国家对爆破地震强度的限制，监测设备和方法以及控制爆破地震的措施已在前面的章节中进行了阐述。

根据作者的经验，由地下爆破产生的地震波地下传播有以下一些特点：

(1) 当爆破在离地表很浅的土层或严重风化的岩体中进行爆破时，地震波的传播同地表爆破没有明显差别；

(2) 当爆破发生在地表覆盖层以下较深的坚硬岩体中时，地震波的强度有可能比相同比例距离的地表爆破要大，特别是在附近的地下建筑（如临近的地铁隧道）中监测到的振动强度。图 23-4 是作者于 2000 年在中国香港特别行政区的一项隧道工程中在附近地铁隧道中录得的数据制成的回归分析图。由图 23-4 可以看到：在坚硬的花岗岩中进行的隧道爆破在临近的地铁隧道中引起的振动（PPV）绝大多数都高于按政府矿务部公式计算得到的数值（该公式由全港一百多个露天（多数）和地下爆破的数据统计而成，参见第 6 章参考文献［5］）。

23.3.3 隧道掘进机（TBM）

隧道掘进机已变得越来越先进但也更为复杂的机器，随之也带来很多的安全问题。目前已有不少国家制定了很多规程来规范隧道掘进机的操作。

隧道掘进机中最常见的危害和危险有以下几种。

A 粉尘

特别是在硬岩中工作时的粉尘危害必须预防控制措施包括：

(1) 隔离粉尘产生的部位。

(2) 建立一个抑制和吸收的系统，虽然用洒水来抑制粉尘并非总是有效但只要有可能仍被经常使用。

B 炎热工作环境

控制措施为：向工作人员供给适当的新鲜空气风流并冷却周围环境。

C 更换刀具或传送物件时人员进入掘进机刀盘前的暴露空间

控制措施包括：

(1) 应有一个安全通道和包括一个气闸在内的相应的安全措施进入刀盘前的空间。

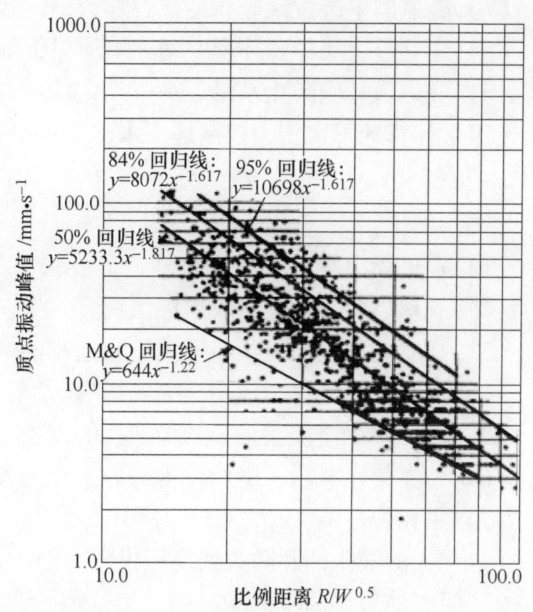

图 23-4 2000 年 6 月在香港地铁 612 工程中在临近的蓝田过海地铁线隧道中录得的爆破振动回归分析图
（M&Q 回归线由中国香港特别行政区政府按公式 $PPV=644(R/W^{0.5})^{-1.22}$ 计算得到）

(2) 采用单独的通道进行刀具更换，从背面安装刀具和保护刀具轴承。

(3) 当进行刀盘维修或进入刀盘时应限制其他的维修工作。

(4) 严格按安全操作手册进行工作。

D 隧道支护

包括工作通道，安装管片，使用吊机吊装管片，衬砌后面环形空间的充填及振捣等。控制措施包括：

(1) 采用遥控设备安装锚杆。

(2) 正确地操作管片安装设备，安装前操作工应先用眼目测一下安装的空间。

(3) 确保：

1) 操作人员已完全掌握设备的操作技术并严格按制造厂的操作指引进行操作；

2) 安装管片的工人能清楚地看见管片移动时与周围物件的碰撞；

3) 工人的四肢不被机械碰撞。

4) 认真检查已完成的管片支护。

E 水涌入包括淹水（水浸）

控制措施包括：

(1) 采用：

1) 在隧道口和竖井口建造防洪门以防止洪水；

2) 喷水屏障；

3) 在工作面与工人操作仓之间用可封闭的门隔离；

4) 密封输送渣石的螺旋输送管；

5) 自动或遥控操作的排水泵。

(2) 用地质工程模型设计排水系统。

(3) 执行紧急逃生计划。

(4) 监测地下水流量。

(5) 在海底或河底施工时，进行超前探测。

(6) 在隧道支护设计中计入流体静力学压力。

（7）隧道的中线设计应和地质力学数据一致。
（8）建立隧道支护和环形空间充填质量保障程序。
（9）隧道设计应防止水浸。
（10）计算地下水压力控制地下水。

F　火灾

控制措施包括：
（1）提供灭火装置。
（2）有单独的防火电箱和灭火系统。
（3）在有润滑油，机油，燃油管和油箱的地方设置水成膜泡沫灭火系统。
（4）设计的隧道衬砌应不受火灾影响。
（5）选用较少使用柴油或其他油类的设备。
（6）建立使用氧割、电焊一类热力工作的安全操作规程（SWMS）。
（7）采用：
1）耐火的液压油和防火的高压供电电缆；
2）阻燃的盾尾润滑油脂。

G　电力灾害

控制措施包括：
（1）所有的关键的电力设备应是防爆型的。
（2）采用切断开关和锁定系统。
（3）建立动力系统故障时的工作程序。
（4）设立警报信号。

23.3.4　隧道运输

隧道中人和物资，特别是渣石的运输总是十分繁忙。隧道是一个密闭空间，由于光线不足视觉通常都不清晰。因此存在很高的人和机械发生碰撞的风险，以致造成人员伤亡的严重事故。为了减灭这一类事故，必须采取有效的控制措施：

（1）提供人行通道。每一个隧道从隧道口到工作面都必须提供一条安全的人行通道。人行道只能安排在隧道的一边。在考虑隧道中运输安排时必须将人行道和车行道分隔开；

（2）运送人员的车辆必须设计成当车行走时人的身体的任何部位都不会伸出到车厢外；

（3）在地下使用的列车和自由操纵的车辆都应该设计成使驾驶者能完全清楚地看到其前后两个方向的危险范围。在地下使用的列车和自由操纵的车辆都应该在其行进的前方配备有两个白光灯，后方有两个红灯，并配有警号声响；

（4）特别运输车辆，如运送炸药车和救护车，应该装备有特别的标志，例如旋转的橙色灯。

23.3.5　建造中的竖井

建造竖井通常是为了将人员、材料、设备和新鲜空气经竖井送入地下的隧道。竖井的建造方法和开挖技术取决于竖井的地质条件和用途。竖井可以是垂直的或倾斜的，可以有各种砌旋方法或不使用砌旋方法，其形状大小也各异。

以下是竖井建设中最令人关注的3个问题（危害）：

（1）工人在竖井底部窄小的空间内工作。而且在大多数情况下身边就有正在移动的机械或者头顶上还在提升物料；

（2）提升系统发生故障；

（3）当竖井地下有人正在工作时，突然有东西从顶上或井帮掉落下来。

为了减灭这些危险必须采取的措施包括：

（1）在工程进行中应尽可能将在井底工作的人员维持到最少。

（2）物件在竖井中升降必须有严格的操作规程，尽可能避免人员直接位于吊起的物件正下方。当有物件要从上部送到井底时，必须向井底的人发出警号。

（3）当有液压挖掘机或抓斗机在井底工作时，在井底的人员在机械开始工作前应或位于有保护的安全位置或离开井底。

（4）当用吊机或提升机升降物料时，必须格外谨慎并确保：

1）不能让物料或吊桶摆动或旋转以致它有可能撞到井壁或其他井中的结构物上；

2）当物料或吊桶下降或提升时不能挂住任何东西以致使它翻侧或将物料（包括岩渣或人员）甩出；

3）当物料或吊桶停在井底或中间平台上时，吊机的绳索不能放松得太多以致挂住井中的结构件，当绳索拉紧时将结构物拉坏。

起吊物件的标准操作是：先将物件稍提起一点高度，停下，等它稳定，再次检查，然后起吊。

（5）井口的布置和安排设计必须确保任何人员、物料、设备和矸石不会落入井内。

（6）竖井提升。浅的竖井通常采用的提升设备有履带式吊机、轮胎式吊机、龙门吊机和塔式吊机。而深的竖井（50m 以上）可能要求安装专门的提升机。钢丝绳的长度必须确保当吊钩放到设计的井深底时其尾端在卷筒鼓上仍然留有至少两圈。

当提升尺寸较长的或困难的物料时要特别小心。

在每一次安装之后和每一班上班开始工作之前都必须由合资格的人员对提升系统检查一遍。

（7）人员通道。竖井中的人员升降通道应是一种固定的设备，如楼梯、导轨式升降机及专门载人的提升机（参见图 23-5 和图 23-6）。当主要的人员通道出故障时应有备用的人员升降设备。

图 23-5　竖井中人员上下的楼梯和导轨式升降机

图 23-6　用于竖井主提升系统人员升降的罐笼

如果一台吊机（提升机）用作人员的提升设备时，它必须符合有关的安全规程。

（8）通信。良好的通信系统对于控制竖井升降和交流竖井上下信息是最基本的要求。紧急通信频道必须始终保持清晰和畅通。

最少要配备两套通信系统。一套应为语音系统，而另一套用作紧急通信系统。一般情况下，升降操作应由井底控制。

吊装工和信号员必须由指定的经过训练的人员担任。不允许任何全自动的提升系统用于竖井提升。

23.3.6　隧道空气和空气质量控制

控制隧道中空气的质量十分重要，空气中的任何污染物会影响到在隧道中工作的所有人。

A　空气质量的要求

根据美国垦区安全和健康标准（RSHS）（2014）和英国标准 BS 6164：2011，地下工程的空气质量必须符合以下要求：

（1）空气中氧的体积分数必须为19.5%~22.0%。如果隧道中空气中氧的含量低于19%，应认为是缺氧。

（2）一氧化碳浓度不得超过百万分之25(RSHS）或百万分之30(长时间）和百万分之200(短时间）(BS)。

（3）二氧化碳浓度不得超过百万分之5000(RSHS）或百万分之5000(长时间）和百万分之15000(短时间）(BS)。

（4）二氧化氮浓度不得超过百万分之3(RSHS）或百万分之3(长时间）和百万分之5(短时间）(BS)。

（5）硫化氢浓度不得超过百万分之10(RSHS）或百万分之10(长时间）和百万分之15(短时间）(BS)。

（6）沼气（甲烷）浓度不得超过低能炸药极限值（4.4%）的20%（RSHS)。

（7）其他可燃气体或蒸汽的浓度不得超过低能炸药极限值的10%（例如汽油/柴油约为1.0%）。

（8）其他空气中的悬浮物，包括粉尘，不得超过有关职业健康的标准或规程要求。根据英国标准BS 6164：2011，工作场所供呼吸的空气中不明的粉尘危害，包括含晶体二氧化硅少于1%的粉尘不得超过5mg/m^3。长期暴露于含晶体二氧化硅粉尘的空气中的最大极限值（MEL）为0.3mg/m^3。

注：长时间定义为8小时加权平均值；短时间定义为15min。

此外，只要有可能，任何工作场所的湿球温度不应超过27℃(BS)。

B　空气质量控制

（1）精心设计和良好维护的通风系统是保证隧道工程有一个舒适的、高效率的工作环境最有效的措施；

（2）定时循环地、有步骤地在隧道中监测空气中的氧气、粉尘、有毒气体或炮烟或有害气体的浓度和含量不会超过国家法律规定和有关规程。如果隧道中某处在进行会产生显著污染的工作，例如焊接，应该对该工作场所进行监测。

23.3.7　消防和救护

在隧道工程中所有的会对人和财物造成危害中，火和烟是最危险的灾害。相对于明火的热辐射，火灾产生的烟的危险更大，它会迅速蔓延到整个隧道并导致人员死亡。

在大多数在建隧道中，使火得以蔓延的物资主要是各种机械设备上的大量塑料、橡胶和其他易燃材料以及大量的液压油和可能存于地下的柴油。

图23-7是2012年一条在建的隧道中发生的火灾的照片。

图23-7　发生在隧道中的火灾

减灾措施包括：

（1）绝对不要在隧道中存放任何易燃物资，特别是燃油、液压油。汽油和液化石油气不允许在地下使用。

（2）减少机械设备中对液压油的使用，在所有的地下机械设备中，包括隧道掘进机（TBM）中使用阻燃的润滑脂。所有的液压系统应很好地维修保养。只允许经有关部门认可的阻燃液压油在地下设备中使用，除非该设备装备有防火保护系统。

（3）必须建立起一个有效的消防系统并随着隧道的前进而不断延伸。这一系统必须包括在所有机械设备上装备有固定的灭火器和可移动的搜吃式灭火器、带卷喉轮和消防龙头的消防水喉。

（4）应经常进行针对各种有可能发生的如塌方、水浸、有害气体，爆炸、火灾及其他灾害的疏散程序、消防和扑救演习和训练。

（5）保持整洁的隧道环境，经常清理各种聚集的可燃垃圾也是一种至关重要的措施。

救护措施包括：

（1）隧道中抵达任何位置的通道必须无条件和无障碍地对消防部门的设备和人员开放，并保持良好的维护直至消防部门满意为止。

（2）在地表通向隧道的每一个控制的通道附近应建立起紧急控制中心，并建立起紧急点名制度。所有进入隧道的其他通道应设置警卫以防止未经许可的人员出入。

（3）在紧急控制中心应有一张经常更新的隧道布置图，图中应标明庇护所的位置、消防装置的位置和指定的集合地点，以供消防部门人员参考。

（4）当隧道长度超过200m，应准备好合适的车辆以运送消防部门的人员和设备进入灭火现场。还应提供拖车以运送消防设备进入事故地点。

（5）一个记录任何时候进出入隧道的“翻牌仔”系统应设立于每一个隧道的出入口，准确地记录下正在隧道中的人员。

（6）必须设立一个专用的以电话形式的内部通信系统直接联系紧急控制中心，并在隧道内每隔不超过60m的位置设立通话点。

（7）应设立有音响和可见的人手报警装置。无线的通信系统（TDTRS）也应同时建立。如果采用其他替代通信系统必须事先得到消防部门批准。报警系统应联结到紧急控制中心。

（8）隧道中应设置自我照明的出口和出口指向的标示以及紧急照明装置。

（9）每一个隧道口和紧急控制中心都应配备能测定可燃气体、氧含量和有害有毒气体的仪器并随时可以使用。

（10）第二套或备用电源应能在主电源断电后支持隧道的照明、通风系统和所有的紧急服务设施。

（11）应提供由消防部门指定的靠近隧道出入口的独立的隔间或硐室，作为一个缓冲区用以维护消防操作和佩戴呼吸器进入事故区的控制点。

（12）应制定一个包括紧急救护程序在内的所有隧道内员工的综合疏散程序计划。该计划应由安全负责人每月复审和更新并上报消防部门备案。最新版本的计划应张贴于紧急控制中心内。

（13）从隧道开建以及整个隧道建设过程中都要同消防部门保持紧密的接触，沟通和咨询关系。

表23-4和表23-5（取自英国标准BS 6164：2011，参见文献［2］）列出了适用的消防设备。

表23-4　应提供的灭火装置

火灾地点	灭火介质				
	射水	洒水	泡沫	惰性气体	粉末
一般隧道	F		P	P	P
TBM隧道（一般）			P	P	P
TBM隧道（液压）			F		F
TBM隧道（电力）				F	F
柴油设备			F		F
电瓶机车					F
燃油储存处			P		P
电瓶充电处					P
压缩空气操作	F	F	P		
木材顶棚、木排柱等	F		P		

注：F—固定的；P—携带式。

表23-5　携带式灭火装置

着火材料分类	灭火介质
着火材料通常为有机材料，其燃烧通常产生发光的余烬	水剂灭火器
着火材料中有液体或液化的固体	泡沫、二氧化碳、干粉灭火器
着火材料中有气体	洒水冷却气缸，当阀门已关闭时用泡沫灭火
着火材料中有金属材料	干粉、干沙
电气设备（可能正在运行）	惰性气体、干粉、干沙

23.3.8 炸药和爆破工作

采用钻孔爆破方法开挖的隧道，其主要危害是粉尘、噪声、振动以及储存和使用炸药所带来的危险。使用炸药的主要风险包括炸药早爆和由爆破而产生的粉尘和炮烟造成的空气污染。

23.3.8.1 一般要求

有关炸药和爆破工作的一般要求包括：

(1) 所有运送到工地的炸药应立即运送到工作面并开始装药。不允许在隧道中作临时存放。

(2) 只有注册的炮王可以准备和安装炸药。

(3) 由于地下岩体中存在杂散电流，有可能导致电雷管早爆，地下工程只允许使用非电导爆管雷管或电子（数码）雷管。但使用非电导爆管雷管时，可以用一发（另加一至两发作为备用）电雷管引爆非电导爆管雷管起爆网路。这些电雷管必须锁在一个木箱中放在炮王随时可以看到的干燥的安全地方。炮王必须始终将木箱的钥匙带在身边。只有当疏散程序全部完成，随时可以起爆时，炮王才能将电雷管从木箱中取出驳接到非电导爆管雷管起爆网路上。

(4) 隧道爆破装药时，只允许炮王和其助手可留在隧道中工作外，其他人都必须离开隧道。

(5) 装药完毕后，应立即执行已经批准的疏散程序。首先炮王应将隧道中的人清理出隧道，如果附近有地下工程，其中的人员也一并要清理至地面。

(6) 隧道出入口的翻牌系统（参见 23.2.1 节）要确认所有的人在起爆前已离开隧道。所有的人应离开隧道口至一个指定的安全的地点。

(7) 爆破门必须关闭。警戒人员在爆破完成后经充分通风并得到进入许可之前不能让任何人进入隧道内。

(8) 如果发现有盲炮（失响），炮王必须再次将隧道中所有人清理出去并继续执行疏散程序。盲炮（失响）只能由炮王按照既定的安全方法单独进行处理。

(9) 爆破后隧道的顶板和周帮岩石面都必须仔细地进行检查，所有地松石都必须橇下。凡岩石不稳固需要作临时支护的地方必须尽快进行支护。

23.3.8.2 爆破门

爆破门用角钢和 5mm 厚的钢板制成并牢固地安装在隧道口的岩石上。爆破门距离爆破工作面的距离不得小于 5m，如图 23-8 所示。

23.3.8.3 减小爆石撞击和爆破噪声

为了减小爆破噪声和爆破岩石撞击爆破门产生的巨响，在爆破工作面与爆破门之间可以设置一些缓冲材料，如悬挂废运输带和铁丝网（参见图 23-9）并在爆破门后面安置一层如隔音棉之类的隔音材料。

图 23-8 安装于隧道口的爆破门

图 23-9 在爆破工作面与爆破门之间悬挂废运输带和铁网减轻爆破石块对爆破门的撞击

23.4　工地临时炸药仓及炸药在工地内的运输

23.4.1　工地内临时炸药仓

进行地下爆破工程时，通常都需要有一个临时炸药仓用以储存爆炸品。临时炸药仓的位置、结构、存储量、安全和保护措施都必须严格遵守当地政府有关的法律和规程并且要向当地有关当局申请取得合法的储存爆炸品的执照。

23.4.1.1　临时炸药仓的种类

在美国，按美国酒类、烟草、烟花和炸药管理局（ATF）的规程，爆炸品的储存仓库分为五类（参见文献［12］）：

（1）猛炸药的永久性储存仓库。其他类炸药也可存于此类仓库。

（2）储存猛炸药的可移动的室内和室外仓库，如图23-11所示。

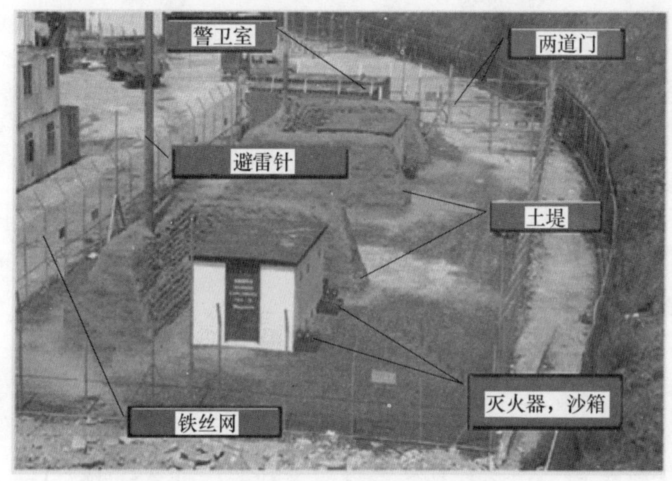

图23-10　中国香港的一个典型的工地内炸药仓库

图23-11　典型的可移动爆炸品室外临时仓库

（3）一次出清（如一天中用尽）的猛炸药的可移动室外临时仓库。

（4）用于储存低能量爆炸品的仓库。爆破剂、C级雷管、导火索、导火管、点火器和点火索也可以储存于此类仓库。

（5）用于储存爆破剂的仓库。

在澳大利亚，仅分为地面和地下两类仓库，参见文献［13］。

在中国香港特别行政区，爆炸品仓库分为两类。甲类爆炸品仓库用于储存爆破用猛炸药，乙类爆炸品仓库用于储存非爆破用的爆炸品，参见文献［15］。

根据中国大陆《爆破安全规程》（GB 6722—2014），爆炸品仓库分为五类：永久性地面爆炸品仓库、小型爆炸品仓库、永久性地下和土覆盖的爆炸品仓库、移动性爆炸品仓库和地下矿山爆炸品仓库，参见文献［14］。

23.4.1.2　工地内爆炸品仓库的要求

A　工地内爆炸品仓库的位置

各国政府颁布的炸药（爆破）安全规程中根据每一个仓库中储存爆炸品的数量规定了爆炸品仓库与附近住人的建筑物、公共道路、载人铁路和其他爆炸品仓库之间的最小距离，其目的是万一该爆炸品仓库发生爆炸时保护附近的公众。有关的最小距离表可参阅：澳大利亚规程AS 2187.1—1998中的表3.2.3.2（参见文献［13］）；英国规程UK ER 2014 No.1638中的表2（Schedule 2）（参见文献［16］）；中国标准GB 50089—2007中的表4.3.2；美国规程US ATF中表555.218（参见文献［12］）。但要注意：

（1）表中的距离适用于室外的爆炸品仓库；

（2）当确定该仓库与公路之间的距离时，要测量仓库每一个边角到公路边的距离然后取最小值；

(3) 如果两个或两个以上爆炸品仓库之间分开的距离小于表中规定的距离，则所有这几个仓库应当作一个大仓库考虑；

(4) 在一些距离表中已注明按一定规格建筑的土堤（防护屏障）可以显著地减小所要求的距离。

B 允许的储存量，分隔和兼容

一些规程或指引中都列明各种仓库中允许储存的爆炸品的最大储存量。当地有关当局批准的执照中也会规定该仓库所允许储存的爆炸品的最大储存量。

在中国香港，按照特区政府土木工程与发展署矿务部的“如何申请储存爆破用爆炸品的甲类危险仓”指引，为了减小对公众安全和保卫工作的风险，甲类危险仓应将储存该工程项目所需的爆炸品数量维持在最小水平（通常为2~3天的用量）。

C 分隔和兼容

任何种类的雷管、导爆管继爆器和已安装雷管的导火索都不能同爆破用炸药、导爆索储存在一起。

烟花产品不能和爆破用炸药和雷管一起储存。

23.4.1.3 室外工地爆炸品仓库的建造

A 总的要求

建造储存爆炸品的仓库的基本的应考虑的问题包括：

(1) 为爆炸品提供一个良好的储存条件；

(2) 保证爆炸品不被非授权人士取得；

(3) 尽量减小万一发生爆炸事故时的危险和后果。

建筑物应有适当的通风但又要防止非法进入，外界的干扰并有防子弹能力。仓库的选址应尽可能利用天然的地形条件以有助于减小火灾和爆炸带来的危险。

所有的爆炸品仓库都必须用白底红字显著地标示：“炸药”或“雷管”以让附近的人都能看到。

B 建造

在大多数情况下，爆炸品仓库必须用坚固的材料建造，如：钢材、钢筋混凝土或加钢筋的砖结构。个别情况下，也允许用轻型材料建造，如用货柜（集装箱）改造而成，参见澳大利亚标准 AS 2187.1—1998 的附件 E[13]。

按照中国香港特别行政区最新的标准，工地的爆炸品仓库采用砖类材料做墙身，用木材做屋顶。该设计的用意是：一旦发生爆炸，仓库材料会成小的碎片而不是大块的物件飞出，可以减小伤害。

爆炸品仓库应有全天候的道路和良好的排水系统。为了防止火灾仓库四周的植物，包括树木都必须清理干净，形成一个5m宽的火障或8m宽的空旷带。

在仓库之间或仓库与建筑物、铁路或公路之间构筑一道土墙（天然的或人造的）是一道有效的屏障。土墙的具体要求可参考澳大利亚标准 AS 2187.1—1998 的附件 E[13]。

仓库区四周必须用铁丝网围住以防止闲杂人员进入。铁丝网的高度应为2.5m，距离土墙底部外沿至少600mm，离开储存库外侧至少3m。

照明可以是天然的或人工的。电器配件和电线必须符合危险场地电器设备有关规程。

必须设置雷击保护，其构造和日常维护必须遵照有关规程执行。

所有铰链和锁都必须是非铁金属制造。任何铁件都不许遗留于储存仓内。

用红黑色绘制的列明禁止带入库区的各项物件或必须事先经批准可带入的物件的警告牌必须竖立在库区大门口。图23-12是在中国香港使用的警告牌（经中国香港特别行政区土木工程及发展署矿务部批准使用）。

23.4.1.4 工地爆炸品仓库的管理

(1) 不同日期入库的产品必须分堆摆放，按先入先出的原则出货，避免因存放时间超过其储存期而变质。

(2) 任何爆炸品从仓库领出都必须登记在册并由注册炮王、承建商职员和监管单位职员分别签字。所有从仓库领出的爆炸品只能用于拥有由政府批准的爆破许可证的爆破工地。

（3）爆破后剩余的爆炸品必须送还仓库，登记在册并由注册炮王、承建商职员和监管单位职员分别签字。但任何已损坏的爆炸品（包括包皮已撕开的包装炸药条）不能再返回仓库而必须按制造厂建议的安全方法销毁。

（4）任何引火物（火柴和打火机）、收音机、通信设备、电话、酒类或其他可能产生火花的物件，包括带铁钉的鞋都不许带进仓库区。如图23-12所示的警告牌必须竖立在库区大门口。

（5）为使储存仓有适当通风，储存仓不应直接对住内部的墙。

（6）开箱或封箱的工具必须是不产生火花的材料而且不能存放于爆炸品仓库内。

（7）清洁整齐：

1）库内必须保持清洁、干燥。砂砾、纸张和空的包装盒和箱都要清理出来；

2）地板必须定期清扫；

3）库外必须将垃圾、树叶、干草或小树清除干净。

图23-12　工地爆炸品仓库大门口竖立的告示牌

注：1. 用中文和英文书写并绘有禁止带入的物件和材料示意图的警告板（最小尺寸：500mm×500mm）必须设立在保安围网的门口。

2. 每一个红黑颜色的示意图之间的距离至少为100mm。

23.4.2　爆炸品运输

（1）用于运输爆炸品的车辆必须是柴油驱动的（图23-13），按有关规程或有关当局规定的装备的并经有关当局检查和批准的车辆。

（2）雷管和其他爆炸品不能装在车辆的同一货仓内运输，除非这一货仓已按当局的要求（参见中国香港特别行政区土木工程及发展署矿务部指引中的附件B[18]）进行了改装。运送爆炸品过程中，不论装车或卸车都必须非常小心，抛掷、翻滚等动作是决不允许的。

（3）运送爆炸品的车辆的“允许装载重量”不得超过车辆本身的最大运载量。“允许装载重量”可按式（23-1）计算（参见文献［18］）：

$$P_{LW} = P_{GVW} - (V_{NW} + 75N) \tag{23-1}$$

式中　P_{LW}——允许装载重量，kg；

P_{GVW}——车辆的允许载重量，kg；

V_{NW}——车辆净重，kg；

N——车辆的准载人数。

（4）装车时，雷管必须在所有其他爆炸品已装上车之后再装上车。到达工地后卸车时，雷管必须最先卸下并放置于一个安全平坦的地点后再卸下其他爆炸品。

（5）运输爆炸品的车辆在工地之外行驶时，应有一名持枪护卫同注册炮王跟车。

（6）载有雷管的车辆应行驶在最前面，载炸药的车辆随后。两车之间应保存大约30m的适当距离。运输炸药的车上应配备无线通信设备以便有紧急情况时可直接同工地负责人、警察、消防局和其他有关当局联系。运输雷管的车辆的无线通信设备在车辆行驶时应关闭。

（7）定期维修保养使车辆始终保持良好的状态。在装载爆炸品前应将油箱装满油。装车前司机应对车辆的状况，包括引擎、电路、水箱和刹车系统再检查一遍。

（8）运输爆炸品的车辆禁止中途停车买东西、加油或停泊于公众地方。未经有关当局事先批准，固定的行车路线不得改变。

（9）当装载、运输和卸载爆炸品时，不允许在车上和车附近吸烟。

（10）运载爆炸品的车辆必须按固定路线安全行驶，遵守交通规则，不许超速和危险驾驶。

图23-13　运送爆炸品的车辆

23.4.3　爆炸品仓库和运输车辆的消防设备和应用

（1）爆炸品仓库中必须配备一下灭火器材：四个灭火器其中两个水剂的两个二氧化碳型，四桶沙（参见图23-14）。

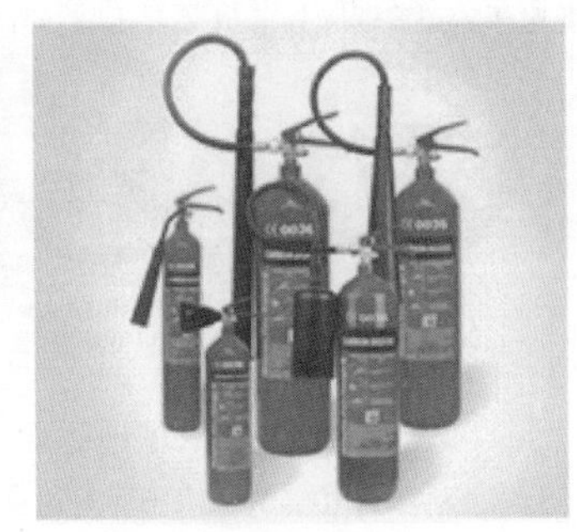

图23-14　工地爆炸品仓库必备的消防器材

（2）以上器材应分别放置于两个架子上，位于保安铁丝网与爆炸品仓室之间。

（3）灭火器应定期检查和更新并取得有效的测试证书。

（4）一辆毛重不小于9t的运载车辆，应配备具备测试证书的两个2.5kg干粉式和两个9L泡沫灭火器，并安置于车前后两侧易于获取并用能快速打开的夹箍固定的位置。对于毛重小于9t的车辆，灭火器的数量应经有关当局（在中国香港特别行政区为土木工程署矿务部）同意。

（5）所有的仓库管理员、警卫和司机都必须经安全部训练，能熟练地使用以上灭火器。

（6）水剂灭火器只能用于扑灭木材、纸张和衣物，决不能用于易燃液体（如油类）或电器火灾。油类或电器着火应用二氧化碳灭火器。

（7）当使用灭火器时应对准火的根部喷射。

23.4.4　紧急计划

（1）联络有关部门，如将工地负责人、安全负责人、有关当局（在中国香港特别行政区为土木工程署矿务部）、警察、消防局和救护站的电话号码表应张贴于仓库警卫室的电话机旁和车辆的驾驶室内。

（2）如果爆炸品仓库发生火灾，应按图 23-15 所示的程序执行。

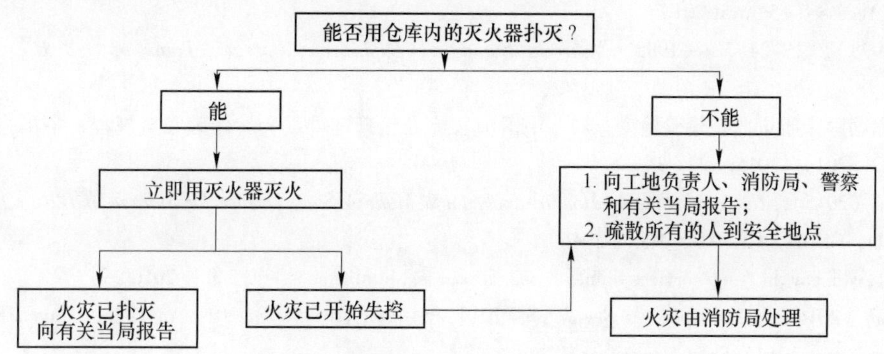

图 23-15　爆炸品仓库发生火灾后执行流程

（3）如果运送爆炸品的车辆行驶中的发生火灾：

1）如果发生火灾的车辆装载的是雷管，所有的人包括司机、车上的所有人及附近的行人都必须立即离开车辆，疏散到安全地点，封锁现场，并立即向警察、消防局和有关当局（在中国香港特别行政区即是土木工程署矿务部）和工地负责人报告。

2）如果发生火灾的车辆装载的是炸药，首先估计一下火灾是否可以扑灭。如果有可能控制住火势，立即用车上的灭火器将火扑灭。如果火势无法控制，所有的人包括附近的行人都必须立即离开车辆，疏散到安全地点，封锁现场，并立即向警察、消防局和有关当局（在中国香港特别行政区即是土木工程署矿务部）和工地负责人报告。

3）如果仓库发现失窃，立即封锁现场，向警察、有关当局（在中国香港特别行政区即是土木工程署矿务部）和工地负责人报告。

4）如果在运送爆炸品过程中发生交通事故，首先疏散所有的行人和附近的车辆，然后向警察、有关当局（在中国香港特别行政区即是土木工程署矿务部）和工地负责人报告。

5）如果广泛地区或工地所在地区有雷暴，停止爆炸品仓库中的所有工作，将所有的人疏散到安全地点直到雷暴过去。

参 考 文 献

[1] Geotechnical Engineering Office（2015）：*Catalogue of Notable Tunnel Failure—Case Histories*（*up to April* 2015）. GEO, CEDD, HKSAR, 2015.

[2] United Kingdom（2011）British Standard, BS 6164：2011, *Code of Practice for Safety in Tunneling in the Construction Industry*. 2011. ISBN 978-0-580-71086-5.

[3] ITA Report N°001（2008）：*Guidelines for Good Occupational Health and Safety Practice in Tunnel Construction*. Nov. 2008.

[4] ITIG（2012）：*A Code of Practice for Risk Management of Tunnel Works*.（2nd Edition）, The International Insurance Group, Aug. 2012.

[5] Blindheim O T.（2004）, *Geological Hazards—Causes, Effects and Prevention*. Norwegian Tunnel Society, Publication No. 13, P23-29, 2004.

[6] Bjerkan R K.（2004）, *Health and Safety System*, Norwegian Tunnelling Society. Publication No. 13, P31-34, 2004.

[7] ITA/AITES（2007）：*Standards/Manuals of Mechanized Tunnelling*. March 2007.

[8] Safe Work Australia（2013）：*Guide for Tunnelling Work*. Nov. 2013. ISBN 978-1-74361-239-2 [PDF]：http：//www. swa. gov. au. Accessed 15 April 2016.

[9] ITA Work Group-Health and Safety in Work（2008）：*Guidelines for Good Occupational Health and Safety Practice in Tunnel Construction*. ITA Report No 001/ November 2008.

[10] Chapman D, et al.（2010）, *Introduction to Tunnel Construction*. Spon Press, London and New York, 2010.

[11] USA（2014）, *Reclamation Safety and Health Standards*. U. S. Department of the Interior, Bureau of Reclamation, July 2014.

[12] USA（2011）, *ATF—Explosive Magazine Construction Requirements*. U. S. Department of Jastice, Bureau of Alcohol, Tobac-

co，Firearms and Explosives，Office of Enforcement Programs and Services. ATF Publication 5400. 17，October 2011. http：//www. atf. gov. Accessed 15 April 2016.

[13] Australia（1998）. *AS* 2187. 1—1998，*Australia Standard*，*Explosives—Storage*，*Transport and Use. Part* 1. *Storage*. 5 July 1998.

[14] 中华人民共和国国家质量监督检验检疫总局，中国国家标准化管理委员会. 爆破安全规程，中华人民共和国国家标准 GB/T 6722—2014. 2015.

[15] Mines Division（2015）. *Guidance Note on How to Apply for a Mode A Store Licence for Storage of Blasting Explosives*. Mines Division，GEO，CEDD，HKSAR，March 2015.
http：//www. cedd. gov. hk/eng/services/mines _ quarries/index. html. Accessed 15 July 2016.

[16] United Kingtom（2014）. *The Explosives Regulations* 2014，*Statutory Instrument* 2014 *No.* 1638. United Kingdom（see also *Explosives Regulations* 2014—*Safety Provisions*）.

[17] 中华人民共和国国家质量监督检验检疫总局. 民用爆破器材工程设计安全规范，中华人民共和国国家标准 GB/T 50089—2007. 2007.

[18] Mines Division（2013）. *Guidance Note on Requirements for Approval of an Explosives Delivery Vehicle*. Mines Division，GEO，CEDD，HKSAR，June 2013.
http：//www. cedd. gov. hk/eng/services/mines_ quarries/index. html. Accessed 15 July 2016.

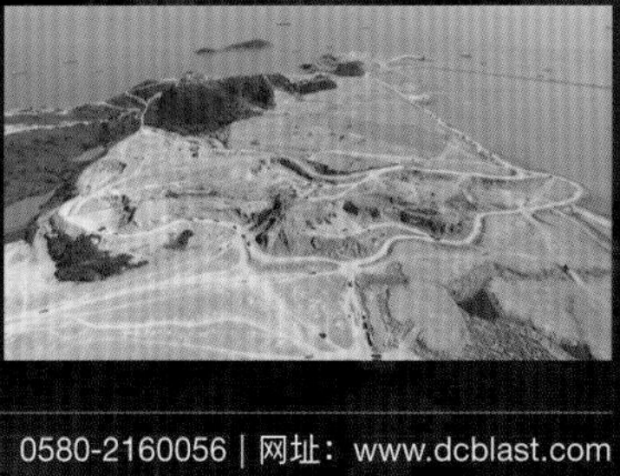

1套性能优异的工业炸药产品

1套安全可靠的工业炸药生产系统

1套生产成本低廉的工业炸药运营体系

全系列生产线、混装车、地面站、装药机、包装机

乳化炸药
生产线

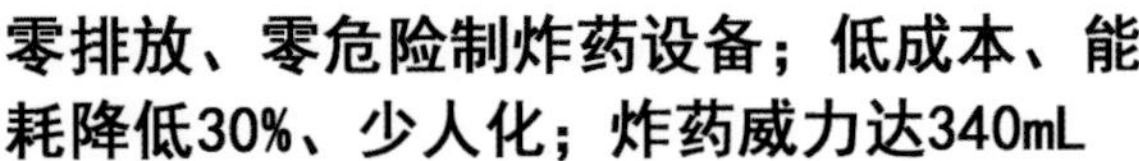

零排放、零危险制炸药设备；低成本、能耗降低30%、少人化；炸药威力达340mL

全球首家实现无机械转动制炸药，炸药制备设备本安化。炸药殉爆达10cm，猛度达24mm，储存期达2年。无固定操作人员、一键启停、智能生产、MES管理。

粉状炸药
生产线

零排放、低成本、少人化；炸药威力达380mL

采用静态液混、静态制粉、冷却后添加木粉，安全性高。炸药爆速达4200m/s，有毒气体含量低至30mL，散装密度0.65g/cm^3，爆破单耗低。产品不含有毒物和猛炸药，塑膜装药。无固定操作人员、一键启停、智能生产、MES管理。

地面站

零爆炸危险设备、能耗降低50%

全球首家实现无机械转动制炸药、无胶体泵，生产本安化。基质粒度小于1μm，爆炸威力大，黏度小，储存期长。无固定操作人员、一键启停、智能生产、MES管理。

露天装药型
系列混装车

无基质螺杆泵；炸药威力达340mL

混装车系列化：乳化炸药车、多功能混装车。炸药品种系列化：乳化炸药、乳化铵油炸药、重铵油炸药、铵油炸药全面满足爆破需求。采用胶体低转速软质转子泵替代螺杆泵，安全性高。

石家庄成功机电有限公司　　中国·河北

H-D-H 凱霆

香港凯霆有限公司（**Happy Dynasty Holdings Limited**），是一家具有25年历史、政府认可的爆破工程公司， 针对市区近距离具有高风险的石方处理工程， 承接以钻爆方式处理岩石破碎各种合约工程。凯霆向客户提供一条龙式服务， 根据建筑承建商指定规格， 按期完成工程师设计图纸上最终的形态规格要求。 我们服务范围包括如下：

1. 评估爆破对周边环境的影响，制定爆破限制及施工方案。
2. 制定可行及最有效率的施工时间表。
3. 提供爆破工程所需的岩石钻孔机械及其他辅助器材。
4. 提供工程所需的高品质炸药产品及炸药车等相关设备。
5. 提供有丰富经验的专业技术团队，包括合格爆破工程师、施工总监等，负责整体计划、监督及带领工作队严格执行既定施工方案。
6. 分析每次爆破结果，改进爆破设计，加快进度及提升工程效率。
7. 提供合格专业爆破施工团队，包括合格资深爆破人员及相关经验技术员工，确切安全执行指定的爆破程序。
8. 提供各式监察系统，确保将周边环境受爆破的影响程度减至最低。
9. 提供设计制造及工地安装所有必需的爆破飞石御防及保护装置，确保工地及公众安全不受影响。

开山平整工程用的爆破保护装置

阿特拉斯·科普柯
天涯变咫尺
有了阿特拉斯·科普柯高效设备建造的隧道，美丽而遥远的目的地也变得近在咫尺。
不仅如此，阿特拉斯·科普柯创新环保的矿山与岩石开挖设备以高效可持续的方式助力露天和地下矿山、基础设施、土建工程和地质勘探等领域的建设，致力于实现可持续的生产力。
www.atlascopco.com.cn
联系电话：025-86967800
Atlas Copco
Atlas Copco
官方微信